6F级燃气-蒸汽联合循环发电设备与运行

(热 机 分 册)

国电电力发展股份有限公司
国电电力发展股份有限公司浙江分公司
国电湖州南浔天然气热电有限公司
上海电力大学
编

同济大学出版社
TONGJI UNIVERSITY PRESS

内 容 提 要

本书以国电湖州南浔天然气热电有限公司6F级燃气-蒸汽联合循环机组为例，介绍了燃气轮机的发展概述、热力学原理、本体结构、辅助系统、启停操作、典型事故及处理、高级诊断方法，联合循环汽轮机结构原理、本体与凝气设备、辅助系统、调节与保护系统、启停操作、典型故障及处理，余热锅炉和燃气锅炉的设备与系统特点、启停操作、常见事故及处理，化学水处理及热力设备水质控制。

本书可作为从事燃气-蒸汽联合循环电厂中电气设计、调试、运维的技术人员、管理人员的培训教材，也可供电力工程专业师生阅读参考。

图书在版编目(CIP)数据

6F级燃气-蒸汽联合循环发电设备与运行. 热机分册/国电电力发展股份有限公司等编. --上海：同济大学出版社，2019.12

ISBN 978-7-5608-8892-7

Ⅰ. ①6… Ⅱ. ①国… Ⅲ. ①燃气-蒸汽联合循环发电—发电设备—热力发动机 Ⅳ. ①TM611.31

中国版本图书馆CIP数据核字(2019)第277944号

6F级燃气-蒸汽联合循环发电设备与运行(热机分册)

国电电力发展股份有限公司
国电电力发展股份有限公司浙江分公司
国电湖州南浔天然气热电有限公司
上海电力大学
编

责任编辑 朱 勇 张平官　　责任校对 徐春莲　　封面设计 陈益平

出版发行 同济大学出版社　　www.tongjipress.com.cn
(地址：上海市四平路1239号　邮编：200092　电话：021-65985622)
经　销 全国各地新华书店
印　刷 启东市人民印刷有限公司
开　本 787mm×1092mm 1/16
印　张 25
字　数 624 000
版　次 2019年12月第1版　2019年12月第1次印刷
书　号 ISBN 978-7-5608-8892-7

定　价 86.00元

《6F级燃气-蒸汽联合循环发电设备与运行》

编委会

主　　任：冯树臣　钱忠文

副 主 任：许　琦　顾玉春　任井利

委　　员：仝　声　曹震岐　虞天敏　史建忠　林爱荣
傅晓军　武存生　王索宇　杨泽荣　宋录利
王颖晖　陈　笔　周　密　朱　云　任建兴

本册编写人员

主　　编：严玉堂

副 主 编：应雨龙　郑正茂

编写人员：齐　进　郑莆燕　龚云峰　胡志平　段丽璇
徐建兵　刘　森　杨　辉　诸　巍　邢亚楠
李玺龙　姜悦辉　姚　全　虞建飞　潘　琦
陆　斌　苏　敏

序

燃气轮机被誉为机械制造业“皇冠上的明珠”，是迄今为止热功转换效率最高的动力机械，具有热效率高、建设周期短、占地少、污染小、启停快等优点。据统计，2017 年全球天然气发电量占总发电量的比例为 23.4%，我国天然气发电量占总发电量的比例仅为 3%，远低于全球平均水平，我国天然气发电行业发展空间较大。

国电湖州南浔天然气热电有限公司（简称“南浔公司”）是国电电力发展股份有限公司所属首家天然气热电公司，目前建成运营 2 台 6F 级燃气-蒸汽联合循环发电机组，总装机容量 23.2 万 kW。南浔公司自成立以来，一直高度重视技术资料的收集整理工作，在总结机组建设、安装、调试、运行、检修、维护等方面实践经验的基础上，联合上海电力大学，组织编写了《6F 级燃气-蒸汽联合循环发电设备与运行》丛书。该丛书系统、全面地介绍了 6F 级燃气-蒸汽联合循环发电机组的技术原理、运行操作及典型案例，内容深入浅出，对燃气-蒸汽联合循环电站、特别是 6F 级燃气-蒸汽联合循环电站运维人员具有一定的指导意义。

未来，随着天然气资源的开发和应用，燃气发电机组装机在我国电力装机中的比重必将逐渐加大，燃气发电在我国电力工业中的作用必将逐渐增强。希望本丛书能够为燃气发电从业人员提供一些理论参考。

国电电力发展股份有限公司总经理

2019 年 10 月

前 言

燃气-蒸汽联合循环发电技术由于热效率高、建设周期短、占地少、污染物排放量少等优点，自20世纪80年代以来，在世界很多国家得到了广泛应用。伴随着我国天然气"西气东输"工程的建设，进入21世纪，燃气轮机及其联合循环发电也日益成为我国电力系统的重要组成部分。当前，随着世界范围内人们对环保质量要求的提高，以燃烧洁净燃料天然气为主的燃气轮机及其联合循环发电技术将会迎来更大的发展。

国电湖州南浔天然气热电有限公司是国电电力发展股份有限公司所属首家天然气热电公司，目前建成运营2台6F级燃气-蒸汽联合循环发电机组，总装机容量23.2万kW。自成立以来，国电湖州南浔天然气热电有限公司对技术资料进行了广泛、深入的钻研，在安装、调试、运行、检修、维护等方面积累了许多经验。鉴于我国目前燃气-蒸汽联合循环电站编写的专业书籍较少，特别是针对6F级燃气-蒸汽联合循环电站运维人员的培训教材尤其缺乏，国电湖州南浔天然气热电有限公司本着总结技术、不断提高的宗旨，组织技术力量，与上海电力大学合作，共同编写了这套《6F级燃气-蒸汽联合循环发电设备与运行》丛书，丛书分为"热机分册"和"电仪分册"两册。

"热机分册"着重对6F级燃气-蒸汽联合循环发电的各热力设备和系统进行阐述，从国电湖州南浔天然气热电有限公司燃气-蒸汽联合循环机组的实际情况出发，系统、全面、有针对性地对6F级燃气-蒸汽联合循环机组各热力设备和系统进行技术原理介绍、运行工况分析、操作难点指导、案例情况剖析，深入浅出。全书共分为14章：前6章介绍了燃气轮机的发展概述、热力学原理、本体结构、辅助系统、启停操作、典型事故及处理、高级诊断方法；第7—10章介绍了联合循环汽轮机结构原理、本体与凝汽设备、辅助系统、调节与保护系统、启停操作、典型故障及处理；第11章和第12章介绍了余热锅炉和燃气锅炉的设备系统、启停操作、常见事故及处理；第13章和第14章介绍了化学水处理及热力设备水质控制。

本书主编为严玉堂，副主编为应雨龙、郑正茂，参与编写的人员有齐进、郑莆燕、龚云峰、胡志平、段丽璇、徐建兵、刘森、杨辉、诸巍、邢亚楠、李玺龙、姜悦辉、姚全、虞建飞、潘琦、陆斌、苏敏。本书是一部为6F级燃气-蒸汽联合循环电站运维人员提供基本理论、系统设备、机组实际操作、典型事故处理及培训的实用性较强的教材。

由于作者水平有限，书中如有不足之处，恳请广大读者批评指正。

编者

2019年10月

目 录

第1章 概 论

1.1 燃气轮机发展概述

燃气轮机是以连续流动的气体为工质带动叶轮高速旋转而将燃料的能量转变为有用功的内燃式动力机械，是一种旋转叶轮式热力发动机。根据用途，燃气轮机分为航空燃气轮机、舰船动力燃气轮机、车辆与工业驱动燃气轮机、重型(发电)燃气轮机、小型燃气轮机和微型燃气轮机等。在20世纪下半叶，随着燃气轮机在航空工业中的广泛应用，因其具备快速启停、调载能力强、热效率高及环保等优异性能，而越来越多地受到舰船工业领域、石油和天然气管道运输领域以及工业电站领域的关注。

自1939年世界第一台发电用重型燃气轮机在瑞士诞生以来，重型燃气轮机制造和发电产业在全球迅速发展。迄今为止，重型燃气轮机主要燃用天然气和燃油，同时也在大力开发燃用煤气化合成气等富氢燃气乃至纯氢的燃气轮机，以扩大重型燃气轮机燃料的范围；与此同时，表征重型燃气轮机技术水平的燃气温度和压比及热效率还在不断提高，单机容量继续加大。目前最先进的重型燃气轮机单循环和联合循环的热效率已分别达到了40%～41%和60%～61%，成为所有热-功转换发电系统中效率最高的大规模商业化发电方式。国内外科技界与产业界已认识到，重型燃气轮机将是21世纪乃至更长时期内能源高效转换与洁净利用系统的核心动力装备。

我国重型燃气轮机产业建立于20世纪50年代，与发达国家相比起步并不晚，但是六十多年来，行业的发展基本呈马鞍形，目前与发达国家差距很大。在早期阶段(1950—1970)，我国在消化吸收苏联技术的基础上自主设计、试验和制造燃气轮机，开发出200～25000kW多种型号的燃气轮机，包括车载燃气轮机、机车燃气轮机和重型燃气轮机等，培养了我国第一代燃气轮机核心技术自主研究开发、试验研究、产品制造和工程服务技术队伍，全行业技术水平进步很快；在中期阶段(1980—2000)，由于全国油气供应严重短缺，国家不允许使用燃油/燃气发电，重型燃气轮机失去市场需求，全行业进入低潮，全国除保留南京汽轮机厂一家重型燃气轮机制造厂外，其他制造企业全部退出，人员和技术流失，大学燃机专业改行，人才培养和国家研发投入基本停止，与国际水平差距迅速拉大。近期阶段从2002年开始，随着“西气东输”和进口液化天然气(LNG)的增加，我国启动了重型燃气轮机国内市场需求，通过引进国外先进的E/F级重型燃气轮机制造技术，并成功实现了国产化制造，满足了我国电力工业的需要，至2013年底，全国燃气轮机电站装机超过34000MW，约占全国发电总装机容量的3%。按照我国国民经济发展前景，在未来长时期内我国发电总装机还需要大幅度增加，同时我国电力工业面临的资源、环境压力与日俱增。减少煤炭消耗，增加绿色、可再生、低碳发电的比例，最终达到大幅度减少二氧化碳和污染排放，构建可持续发展的能源电力系统已经成为全民的共识。在这个历史进程中，重型燃气轮机在我国迎来了前所未有的发展机遇。

1.1.1 燃气轮机在电力工业中占据重要地位

2013年，我国国民经济的总规模名列世界第二，发电设备总装机已经达到12.3亿kW，为世界第一，但人均发电装机和人均用电量为美、英、德、法、日等发达国家的1/4～1/3。为了实现我国的工业化、城镇化和农业现代化，我国电力工业还将继续扩大规模，据预测，到2030年，我国发电总装机将再翻一番,约达到25亿kW。燃用天然气的燃气-蒸汽联合循环是人类已经掌握的高效洁净发电技术,目前最先进的联合循环电站效率高达60%~61%,NO_x排放降低到15mL/m^3,甚至个位数,没有SO_x和粉尘排放,二氧化碳排放只有超临界燃煤电站的约40%。由燃用天然气的燃气轮机组成的热电冷多联供系统的能源利用效率可达75%,是分布式发电和区域能源系统的主要形式。随着我国国民经济的发展和城镇化的推进,我国电力工业对燃气轮机的需求将是巨大的。

2013年,我国天然气消费量是2004年的4倍,达到1676亿m^3,国务院提出,到2020年要达到4000亿m^3。世界各国使用天然气的现状是发电约占1/3,按照此比例,到2020年,我国天然气工业可以为1.6亿kW燃气-蒸汽联合循环电站提供足够的燃料。目前我国正在有序发展煤气化联合循环(IGCC电站)、多联产和煤化工产业,其中也要采用燃气轮机,再加上石油化工和冶金工业生产过程中需要的燃气轮机,未来十年内我国天然气工业和其他工业需要的重型燃气轮机的市场规模可以达到4000亿~5000亿元人民币。

"十二五"期间,我国财政科技投入和全社会研发投入(R&D)持续增长,2013年已经超过12500亿元,占国内生产总值(GDP)的2%左右,在发展中国家处于领先地位。近十年来,国家通过设立"863计划""973计划"等基础研究,对燃气轮机的研发投入显著增加。除了中央政府的投入之外,地方政府、企业和社会各界也积极参与到燃气轮机的研发中,从而为发展燃气轮机技术和产业提供强有力的资金保障。

1.1.2 国际燃气轮机技术现状和发展趋势

燃气轮机研发技术难度大、投资大、周期长,在美、德、日、法等国家,每一代产品的基础研究和核心技术研发都是在政府的资助下,组织相关企业、高等院校和科研机构共同开展的,在核心技术取得突破之后,企业就进一步增加投资和研发力度,并发展为产品。目前燃用天然气的E、F级重型燃气轮机技术已经基本成熟,H、J级产品也已经进入市场,基础研究与核心技术研发的重点是下一代更高温度、超低污染的天然气燃气轮机,以及用于IGCC、多联产、煤化工及未来近零排放的二氧化碳捕获利用系统(CCS)中的富氢燃料乃至纯氢燃料燃气轮机。美国能源部(DOE)在2005年同时启动为期6年的"先进IGCC/H_2燃气轮机"和"先进燃氢透平的发展"项目。这2个项目以NO_x排放3mL/m^3的燃气轮机为目标,主要研究内容包括富氢燃料/氢燃料的燃烧、透平及其冷却、高温材料、系统优化等。欧盟2007年在其第七框架协议(FP7)中启动了"高效低排放燃气轮机和联合循环"重大项目,以氢燃料燃气轮机为主要研究对象,预期为未来的近零排放和二氧化碳捕获利用能源系统打下理论基础。欧盟第七框架(FP7)在2008年又把"发展高效富氢燃料燃气轮机"作为一项重大项目,旨在加强针对富氢燃料燃气轮机的研究,为2015年实现其近零排放煤基IGCC系统奠定基础。日本将高效富氢燃料IGCC系统的研究作为未来基于氢的清洁能源系统的一部分列入其为期28年的"新日光计划"中(WE-NET),以效率大于60%的低污染煤基IGCC系统为目标展开研究。

1.1.3 进一步提高燃气轮机参数以提高循环热效率

表征燃气轮机循环热效率的2个主要参数是燃气初温与压气机压比。当代F级重型燃气轮机的燃气初温为1400℃左右,单循环效率达到38%以上,联合循环效率达到57%(表1-1);先进的G/H/J级燃气轮机燃气初温已经达到1500℃~1600℃,单循环和联合循环效率分别达到40%~41%和60%~61%(表1-2);未来重型燃气轮机燃气初温的目标是1700℃,其单循环和联合循环效率将分别达到43%和64%左右。

表 1-1 西门子重型燃气轮机在无进气压损、排气压损,ISO 工况下性能参数

机型	出力(MW)	热耗(kJ/kW·h)	效率	压比	透平前温(℃)	排气温度(℃)
SGT5-2000E(7)	168.9	10286	35%	12	1080	542
SGT5-4000F(2)	270	9266	38.8%	17.2	1230±10	579.8
SGT5-4000F(4)	285	9064	39.7%	17.894	1230±10	570.2
SGT5-4000F(4+)	300.3	8992	40%	18.9	1240	571

表 1-2 重型燃气轮机 G/H/J 级产品概述

公司	燃机型号	单循环功率(MW)	联合环功率(MW)	单循环效率	联合循环效率	燃气温度(℃)	压比	频率(Hz)
通用电气	9HA.02	470	701	41.5%	61.4%	/	21.8	50
西门子	SGT5-8000H	340	530	40.0%	60%	1550	19.2	50
三菱	M501G	267	399	38.7%	58.0%	1500	19.2	60
	M701G	271	/	39.5%	58.2%	1500	19.0	50
	M701G2	334	498	/	59.3%	1500	21.0	50
	M501H	225	330	/	60%	1500	25.0	60
	M501J	327	470	/	61.5%	1600	23.0	60

压气机作为燃气轮机三大部件之一,其技术参数正向着高负荷、超大流量的方向发展。目前较为成熟的F级重型燃气轮机压气机都属于中低负荷设计,如三菱的M701F压气机平均级压比为1.181,西门子的V94.3压气机平均级压比为1.194,通用电气的9FA压气机平均级压比为1.164。表1-3列出了通用电气、西门子、三菱最先进的G/H/J级重型燃气轮机压气机的基本参数。从表1-3中可以看出,G/H/J级重型燃气轮机的压气机级压比基本都已达到1.25左右。

表 1-3 G/H/J 级重型燃气轮机压气机技术特征

公司	燃机型号	压比	级数	流量(kg/s)	平均级压比	可调排数
通用电气	9HA.02	21.8	14	978	1.25	/
西门子	SGT5-8000H	19.2	13	800	1.26	4
三菱	M701G2	21.0	14	737	1.24	6
	M501H	25.0	15	560	1.24	6
	M701J	23.0	14	806	1.25	4

1.1.4 德国西门子(Siemens)公司燃气轮机介绍

自1905年法国人L. Lemale和R. Armengard研制出首台能输出有效功率的燃气轮机,1939年瑞士研制出第一台发电用燃气轮机(功率为4000kW,热效率18%),至今得益于航空发动机技术的发展,出现大批先进的重型和轻型燃气轮机,形成了以通用电气、西门子、阿尔斯通等为代表的3个流派的地面重型燃气轮机技术。其共同的特征:使用轴流式压气机、多级透平,燃烧室部分使用环形、环管形或筒形结构。图1-1所示为SGT5-4000F重型燃气轮机,其压气机、透平等与其他重型燃气轮机均为轴流式。

西门子早期生产的燃气轮机型号主要有VM1、VM2、VM3、VM5、VM80和VM51等,功

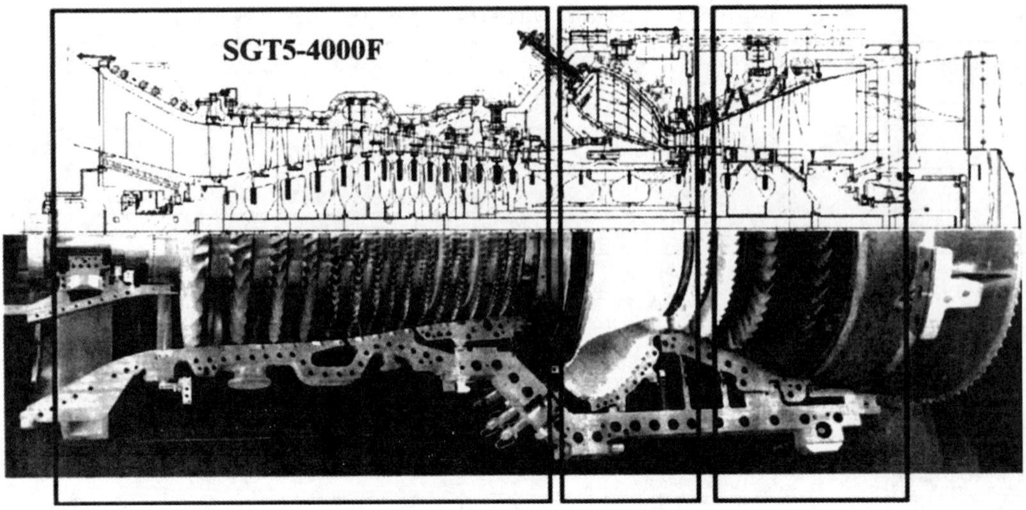

图 1-1　SGT5-4000F 重型燃气轮机

率从 1.5MW 到 23.4MW 不等,其中 VM3、VM80 采用回热。20 世纪 70 年代后研发的重型燃气轮机主要有 E 级(V94.2、V84.2、V94.2A、W501D5A)、F 级(V94.3A、V84.3A、V64.3A、W501F)、G 级(W501G)和最新的 H 级(SGT5-8000H)等。

西门子的重型燃气轮机分为 V 系列(西门子德国)和 W 系列(原美国西屋),现统一以"SGTX-YYYYE/F/G/H"表示(表 1-4)。

表 1-4　西门子的重型燃气轮机

燃机型号		功率(MW)	热效率	压比	压气机级数	空气流量(kg/s)	透平排气温度(℃)	第一台生产年份
旧名称	新名称							
V94.2	SGT5-2000E	163	34.5%	11.4	16	508.9	547.2	1981
V84.2	SGT6-2000E	110	/	/	16	/	/	1989
W501D5A	SGT6-3000E	118	/	14.8	19	376	541	583
W501F	SGT6-5000F	208	/	14.6	16	435	583	1993
V84.3A	SGT6-4000F	185	/	16.8	15	440	/	/
V94.3A	SGT5-4000F	278	38.6%	17	15	655.9	584.4	1995
V64.3A	SGT-1000F	68	34.93%	15.8	15	191.9	582.8	1996
V94.2A	SGT5-3000E	188	35.18%	13.8	15	519.8	567.2	1997
V501G	SGT6-6000G	230	/	19	16	544	/	1999
无	SGT5-8000H	375	39%	19.2	13	820	625	2007

1.1.5　意大利安萨尔多(Ansaldo)公司燃气轮机介绍

安萨尔多燃气轮机技术与西门子燃气轮机技术的合作历程如下:

(1) 1991 年,安萨尔多引进西门子燃机技术。

(2) 1993 年,安萨尔多以"联合开发"的形式与西门子联合开发 V64.3A(小 F 级)机组。

(3) 1995 年,安萨尔多以"联合开发"的形式与西门子联合开发 V94.2K(E 级,IGCC)机组。

(4) 2005 年,安萨尔多与西门子签署"Wind UP Agreement",标志着授权合作模式的结束。

(5) 2009 年,安萨尔多将 V94.3A、V94.2 更名为 AE94.3A、AE94.2,正式成为 OEM 的一员。

1. AE94.2——E 级燃气轮机(图 1-2)

安萨尔多公司 AE94.2 型燃气轮机技术特点如下:

- 压气机:16 级轴流式,对 1～4 级重新设计,约增加 4%空气流量;
- 燃烧室:2 个筒形燃烧室,采用陶瓷隔热瓦块;
- 燃烧器:16 个干式低 NO_x 组合式燃烧器,可适应多种燃料;
- 透平:4 级轴流式,采用单晶叶片技术、先进的冷却技术和叶片涂层设计;
- 转子:大直径鼓式转子刚度大,热惯性小具备快速启停能力,单转子,双轴承,采用轮盘中心拉杆结构,中空轴,叶轮之间通过 Hirth 齿啮合;
- 气缸:水平中分面结构,对称设计;
- 驱动端:冷端(发电机端)。

安萨尔多公司 AE94.2 型燃气轮机与西门子公司 SGT5-2000E(V94.2)型燃气轮机二者都采用了"微改进"的发展思路,主要体现在:对二次空气系统的改进(减少冷却空气量)和对涂层技术的改进(适应更高透平前温)。

图 1-2 AE94.2——E 级燃气轮机

2. AE64.3A——小 F 级燃气轮机(图 1-3)

安萨尔多公司 AE64.3A 型燃气轮机采用 AE94.3A 型燃气轮机作为气动学原型机,具有与 AE94.3A 相似的结构设计特征。

安萨尔多公司 AE64.3A 型燃气轮机与西门子 SGT-1000F(V64.3A)型燃气轮机,其压气机都源于同一母型(V64.3 型)机,其环形燃烧室为共同开发,其透平使用 V64.3 型燃机透平结构。

3. AE94.3A——F 级燃气轮机(图 1-4)

安萨尔多公司 AE94.3A 型燃气轮机总体升级思路:提高压气机空气流量、相应提高透平通流能力、提高透平前温、减少二次空气流量、优化燃烧室燃烧。

安萨尔多公司 AE94.3A 型燃气轮机技术特点如下:

- 压气机:进口导叶可调(2 级 IGV),15 级轴流式;
- 燃烧室:环形燃烧室,采用陶瓷隔热瓦块;
- 燃烧器:干式低 NO_x 组合式燃烧器(24 个),可适应多种燃料;
- 透平:安全可靠的双层缸设计,4 级(第一级单晶叶片)轴流式,采用先进的冷却技术和

叶片涂层设计;

- 转子:单转子,双轴承,轮盘中心拉杆结构,扭力盘,叶轮之间通过 Hirth 齿啮合,易于拆装检修的运行维护特性;
- 气缸:水平中分面结构,对称设计;
- HCO 系统:精细液压控制,调整叶片间隙,控制轴向移动,提高燃机出力。

图 1-3 AE64.3A——小 F 级燃气轮机

图 1-4 AE94.3A——F 级燃气轮机

AE94.3A 型燃气轮机采用了"微改进"的发展思路,主要体现在:对压气机的改进(增加流量)、对燃烧器的改进(降低排放)、对二次空气系统的改进(减少冷却空气量)、对涂层技术的改进(适应更高透平前温),如图 1-5 所示。

1.1.6 美国通用电气(GE)公司燃气轮机介绍

GE 公司生产的重型燃气轮机由五个系列组成,即 MS3002、MS5000、MS6001、MS7001、MS9001(MS—Machine Series),各个系列中又有若干个型号。例如:MS9001B、MS9001E、MS9001EC、MS9001F、MS9001FA、MS9001FB、MS9001G、MS9001H 等。每个型号的燃气轮机又可分为发电和机械驱动两个类型,例如:PG6541B 型是用于发电的,M6501B 型是用于机械驱动的。

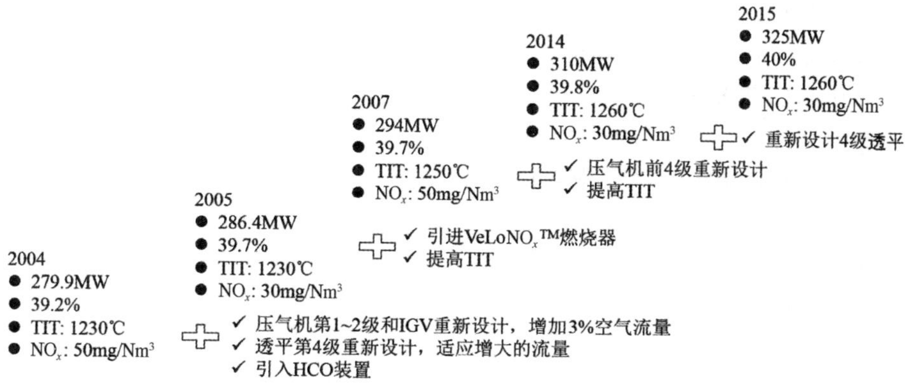

图 1-5 AE94.3A 型燃气轮机升级情况

1. GE公司燃气轮机型号中的字母和数字的含义

$$\frac{\text{M}}{1}\quad\frac{6}{2}\quad\frac{50}{3}\quad\frac{1}{4}\quad\frac{\text{B}}{5}$$

$$\frac{\text{PG}}{1}\quad\frac{9}{2}\quad\frac{35}{3}\quad\frac{1}{4}\quad\frac{\text{FA}}{5}$$

1——用途:M为机械驱动(Mechanical Drive),PG为箱装式发电设备(Package Generation);

2——系列号,3、5、6、7、9;

3——输出功率,以英制马力为单位的近似值;

4——轴的数量,单轴或双轴;

5——型号,B、E、F、G、H等。

2. GE公司燃气-蒸汽联合循环系列产品(S109FA-SS、S109FA-MS、S209FA-MS、S306B等)中的字母和数字含义

S——STAG表示联合循环(STAG是Steam and Gas的缩写);

1——燃气轮机的台数;

0——没有意义;

9——燃气轮机系列号;

FA——燃气轮机型号;

SS——单轴(Single Shaft);

MS——多轴(Multi Shaft)。

3. 用数字和字母命名的设备及元件名称

1) 数字命名的名称

12——机械超速机构;

20——电磁阀;

23——加热设备;

26——温度开关;

28——火焰检测器;

33——限位开关;

39——振动传感器;

43——手动开关;

45——火灾探测器;
49——过载保护装置;
59——火花塞或点火变压器;
63——压力开关;
65——用于燃料调节的电液伺服阀;
71——液位检测;
77——转速传感器;
86——复位或闭锁开关;
88——电动机;
90——电液伺服阀;
96——压力变送器。

2)第一字母

A——空气;
H——液压油或加热器;
C——离合器或压气机或 CO_2;
P——清吹;
D——柴油机或分配器;
S——截止或转速或启动;
F——燃料或流量;
T——遮断或透平;
G——气体;
W——水或暖机。

一般来说,第一个字母用来表示设备或元件所在地点。

3)第二字母

A——报警或附件或空气或雾化;
B——增压机或放气;
C——冷却或控制;
D——分配器或之差;
E——紧急;
F——燃料;
H——加热器或高;
L——液体或低;
M——中等或介质或最小;
N——正常;
P——压力或泵;
Q——润滑油;
R——松开或比值或棘轮;
S——启动;
G——气体;
T——透平或遮断或箱(罐);

V——阀或叶片。

一般来说,第二字母用来表示设备或元件的功能或使用状况。举例如下:

63QA——压力开关,用于润滑油系统的压力低报警;

63QT——压力开关,用于润滑油系统的压力低跳闸;

20VG——电磁阀,用于气体燃料系统的通风;

88QE——电动机,润滑油系统中的应急泵;

71WL——液位检测器,水系统低位检测。

1.2 燃气轮机结构概述

燃气轮机主要由压气机、燃烧室和透平三大部分组成。

各部分的作用:压气机——对进气增压;燃烧室——通过对压气机的压缩空气燃烧加热,增加工质的做功能力,增加比容;透平——通过膨胀做功,将燃气的热能转变为对燃气轮机大轴转动的机械能。旋转的压气机就像一把风扇,将进气加压驱动进入燃烧系统。流体工质在燃烧室中被燃烧、加热。透平则可看成是一个风车,被加热的流体(燃气)驱动旋转来带动压气机,并通过旋转轴将多余的功输出(带动发电机)。目前,能设计和生产重型燃气轮机的五个厂商是美国通用电气公司、德国西门子公司、日本三菱重工公司、法国阿尔斯通公司和意大利安萨尔多公司,制造的大型燃气轮机整体结构也基本相同,但都有各自的特点。燃气轮机是高温高速的旋转机械,运行时承受着高的离心力、振动应力、因高温引起的热应力、热冲击和热腐蚀等,具有很多不同于一般高速旋转机械的特点,因此,对结构布置提出了更高的要求。现在生产的大型燃气轮机均为压气机、燃烧室和透平连接成一体的整体式结构,尺寸紧凑、体积小,便于整体装箱运输。

随着透平进口温度的提高,同时受到污染物排放的限制,G/H/J 级重型燃气轮机燃烧室的技术特征主要体现在高稳定性、低排放以及燃料适应性等方面。表 1-5 所列为国外三家公司燃用天然气燃烧室的技术参数,三家公司在先进燃烧室的结构类型上都选择了环(管)形燃烧室来保证燃烧的稳定性,同时结合贫预混、多喷嘴和分级燃烧实现在较宽的工作范围内保持较低的污染物排放。为了减少冷却所消耗的冷气量,将空气更好地用于组织燃烧和保证燃烧室出口温度剖面,G/H/J 级重型燃气轮机燃烧室均采用了热障涂层和先进的冷却形式来保护燃烧室筒壁,提高冷气利用率。

美国通用电气公司的工业型燃气轮机的结构是通过航空发动机重型化途径演变发展起来的轻重相结合的整体快装型的燃气轮机。许多方面既保留了航空发动机的特点,又适合工业民用。例如,出厂前整机安装在一个刚性底盘上,气缸为有水平中分面的铸钢结构,在压气机进出口、透平进出口及扩压器进口等处有垂直横分面以便于维护检修等。美国通用电气公司的燃气轮机转子,采用的是由若干轴向长螺栓连接起来的盘鼓组合结构。小容量机组转子均为前后两点支承;20 世纪 80 年代设计的大容量机组(如 7E、9E 等)因转子较长,均为三点支承;20 世纪 90 年代生产的大容量机组(如 7F、9F、9G、9H 等)取消了中间的径向轴承,设计成两点支承的。重型机组的燃烧室全部为分管逆流式,每个燃烧室是相同且独立的,由火焰管、过渡段及燃料喷嘴组成,其最大优点是可用单个燃烧室在试验室内进行全压力、温度和流量的性能调整和试验,如图 1-6 所示。

表 1-5　　通用电气、西门子、三菱燃用天然气燃烧室的技术参数

	通用电气		西门子		三菱		
	9F DLN-2.6+	9H DLN-2.6+	F 级 DLN	G/H 级 DLN 或 ULN	F 级 DLN	G 级 DLN 或 ULN	J 级 DLN
结构类型	多喷嘴环管形		环形	多喷嘴环管形	多喷嘴环管形		
No_x 排放 @15%O_2(mL/m^3)	15	/	25	25	25	15	25
出口温度(℃)	1400	1430	1400	1550	1400	1500	1600
冷却设计	热障涂层，对流冷却、气模冷却		陶瓷隔热瓦，空气冷却	热障涂层，对流冷却、气模冷却	双层空气冷却、热障涂层	双层蒸汽冷却或空气冷却	
喷嘴设计	传统	Swozzle	传统	SFI	传统	V Nozzle	

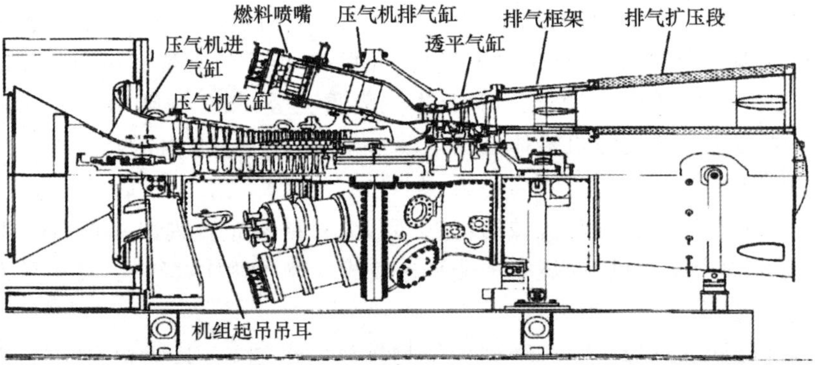

图 1-6　通用电气 PG6111FA 重型燃气轮机结构图

西门子公司发电用燃气轮机为重型整体式结构。转子为典型整体式盘鼓结构，由一根中心拉杆将压气机、透平的各级轮盘及压气机与透平前后两空心端轴、中间转扭筒体串起来，在拉杆两端用大螺母锁紧。为防止各级轮盘相互滑动，各轮盘外缘的两端面上加工有端面齿，有良好的传递转矩和对中性能，较轻的转子重量使其热惯性较小，启动较快。如图 1-7 所示。

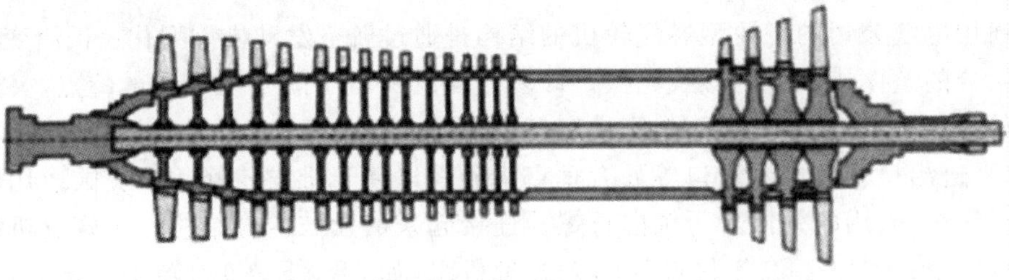

图 1-7　西门子重型燃气轮机带中心拉杆的大直径鼓式转子

传统的西门子公司重型燃气轮机的燃烧室是独具特色的，两个巨大的逆流双筒燃烧室在压气机与透平之间本体外分置主轴两侧，或立或卧，燃烧室体积比较大，便于组织各种燃料(包括低热值气体)的燃烧。如图 1-8 所示。

图 1-8 西门子 SGT5-2000E(V94.2)重型燃气轮机结构图

大型的 3A 系列机型沿袭了西门子公司的传统技术:盘鼓式转子,双径向轴承支承,压气机冷端输出功率,预混式的干式、低 NO_x 燃烧器,透平轴向排气等。与以往西门子公司的传统结构最大不同是采用了环形燃烧室,使机组结构更加紧凑。例如,V94.3A 型燃气轮机(图 1-9)的环形燃烧室有 24 个预混式燃烧器,保证了燃烧室出口温度场更加均匀、阻力损失更小、运行灵活、污染排放小,在燃烧天然气时排气中 NO_x 含量小于 25ppm。

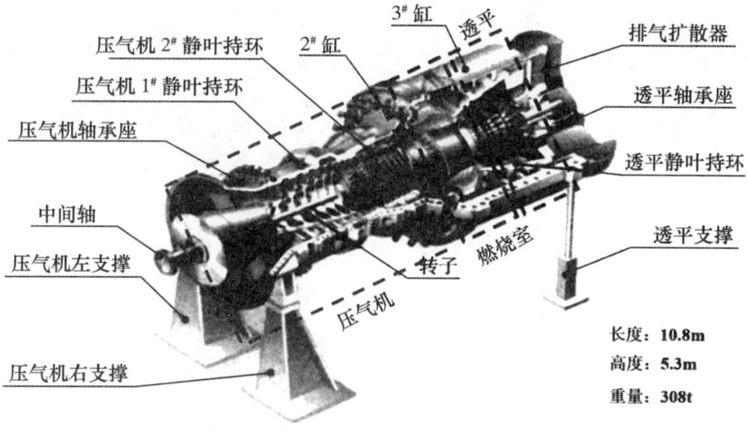

图 1-9 西门子 SGT5-4000F(V94.3A)重型燃气轮机结构图

三菱公司的燃气轮机主要是在美国西屋公司的技术基础上发展而来的。美国西屋公司的工业型燃气轮机结构也是通过航空发动机重型化途径发展而成的轻重结合的整体式结构,但构件比通用电气公司的机组稍粗重些。其结构的共同特点:单轴转子,用一个转矩筒体把压气机段与透平段联成一体,由两个径向轴承支承;气缸都有水平中分面和若干垂直横分面,气缸可以分段拆卸,便于检修维护;许多内部零件,如导叶和动叶、叶片环、轴承及燃烧室等都能在不起吊转子的状态下进行检查和修理;燃烧系统是环管式燃烧室,在燃烧室的环形外壳内,围绕转子中心线,沿圆周布置 8～20 只火焰筒,不同容量机组的燃烧室完全相同,只是火焰筒的数目增减。

阿尔斯通公司燃气轮机的结构是在汽轮机结构基础上进行轻型化发展起来的,属于典型的重型结构。其外形较笨重、尺寸较大,但运行维护方便、坚固耐用。燃气轮机的压气机与透平共置于一个带有水平中分面与若干垂直横分面的铸造气缸中。转子为特有的焊接式转子，它由若干个锻造段焊接而成为一个整体。焊接转子结构可靠、强度好。转子由前后两个径向轴承支承在气缸上，在压气机端设有可倾斜推力轴承，与径向轴承合为一体，转子冷端与负荷设备相连。阿尔斯通公司燃气轮机的燃气透平进、排气温度相对于同容量的其他燃气轮机较低些，但机组效率却不低。单筒燃烧室采用的是瑞士ABB公司的传统结构，但在新设计的CT13E2、GT24、GT26等型燃气轮机，改变了传统的单管结构，配置了多个EV型燃烧器的环形燃烧室(如GT13E2机组有72个EV型燃烧器)。它一方面可以降低NO_x排放，另一方面可以通过增减燃烧器数目来调整负荷，保证EV型燃烧器良好的工作特性。GT26型燃气轮机(图1-10)是阿尔斯通公司串联再热燃烧先进技术的代表，该机组是该公司与英国R-R公司合作研制的，结构上趋于轻型化，该机组也是双轴承支承的整体式单轴结构，采用盘鼓式焊接转子，压气机的冷端输出功率。

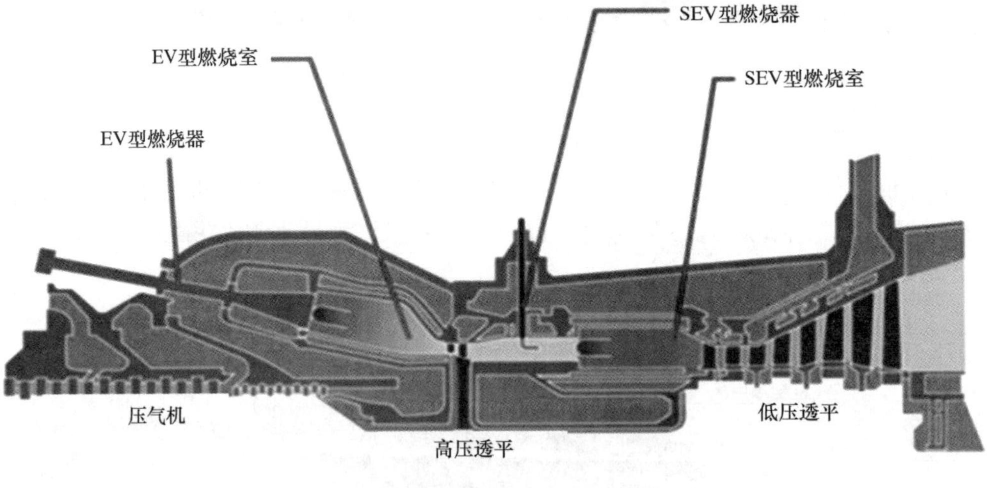

图1-10 ALSTOM GT24/GT26重型燃气轮机结构图

1.3 燃气-蒸汽联合循环发展概述

从2003年通用电气公司和东芝公司合作开发世界上第一台采用燃气轮机蒸汽冷却技术的商用联合循环发电机组投入运行起，到2016年搭载9HA的全球最高效联合循环电厂诞生，联合循环电力系统凭借其清洁高效的特点，已经在世界范围内得到更广泛的应用。

1.3.1 燃气-蒸汽联合循环概念

以一定方式将燃气轮机循环与汽轮机循环组合成一个整体热力循环，称为“燃气-蒸汽联合循环”，简称“联合循环”。燃气-蒸汽联合循环技术将具有较高初温的燃气轮机与具有较低排汽温度的汽轮机有机结合起来，取长补短，按能量品位高低梯级利用，实现扩容增效，是当今能源利用的先进技术之一。

燃气-蒸汽联合循环类型较多，通常可分为余热锅炉型联合循环、整体煤气化联合循环(Integrated Gasification Combined Cycle，IGCC)、给水加热型联合循环、增压流化床联合循环(Pressurized Fluidized Bed Combustion—Combined Cycle，PFBC—CC)、核电站TD循环、燃料电池循环等。

联合循环与其他动力装置一样，有着广泛用途，可应用于发电、热电(冷)联产以及驱动负载。

余热锅炉型联合循环是最常见、应用最广泛的循环类型之一。在余热锅炉型联合循环中，燃气轮机循环作为顶循环，汽轮机循环作为底循环，以余热锅炉作为热交换设备，实现燃气循环与蒸汽循环的联合。

大气中的空气经过进气过滤器，进入轴流式压气机增压；压缩后的空气与燃料在燃烧室中混合燃烧，产生高温高压烟气，推动燃气透平做功；透平排气进入余热锅炉，将水加热，产生高温高压蒸汽，推动蒸汽透平做功；燃气透平和蒸汽透平（共同或分别）推动发电机，对外发出电能。图1-11所示为理想典型余热锅炉型燃气蒸汽联合循环发电原理示意图，其中燃机排气通过HRSG传给水的热量为$b-5-4-c-b$，燃机排气通过烟囱传给外界的热量为$a-1-5-b-a$，水通过HRSG吸收的热量为$b-6-7-8-9-d-b=b-5-4-c-b$，汽机做功为6－7－8－9－10－11－6，水通过凝汽器传给外界的热量为$b-11-10-d-b$。

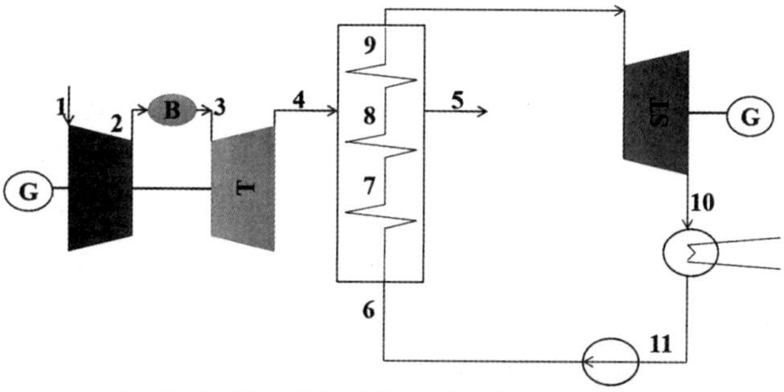

(a) 理想典型余热锅炉型燃气-蒸汽联合循环的热力系统

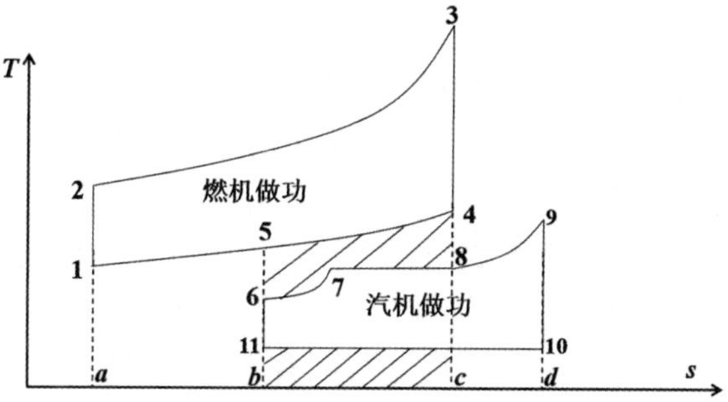

(b) 理想典型余热锅炉型燃气-蒸汽联合循环的T-s图

图1-11　理想典型余热锅炉型燃气-蒸汽联合循环发电原理示意图

1.3.2　我国发展燃气-蒸汽联合循环的必要性

我国是一个在一次能源的消耗上以煤为主的国家，随着近些年经济的高速发展，对电力的需求速度也基本与经济发展同步，尤其是经济更为发达的东南沿海地区，电力供需矛盾连年突出。全国总体缺电容量约为10%，而且许多地区电网的峰谷差相当大，急需启动快、调峰性能好、建设周期短的燃气轮机及其联合循环机组来适应建设发展的需要，特别是在某些沿海开放地区更是如此。因此，近些年来，在这些地区陆续引进了一批燃气轮机及其联合循环机组，也充分说明我国的电力工业对燃气轮机及其联合循环是有需求的，而且正在逐步打破我国过去长期实行的“发电设备只准烧煤”的燃料政策的限制。

环境保护政策的实施也为促进燃气轮机及其联合循环机组在我国的应用提供了机会。目前，因煤炭的燃烧而造成的环境严重污染已经引起我国各界的关注。在有天然气资源的条件下，用燃气轮机及其联合循环机组来改造燃煤电厂不仅是节约能源，更是改善中心城市环境污染最简捷的途径。必须指出的是,天然气的价格对于燃气轮机及其联合循环机组的发电成本有决定性的影响。这是因为,在燃气轮机发电成本的三项主要组成部分——设备的折旧、机组的运营维护费用以及燃料费用中,燃料成本的比例将高达 60%～65%,设法降低天然气的价格是降低燃料成本的关键。

我国天然气“西气东输”工程的建设以及广东省液化天然气工程的实施,奠定了我国大规模地建设大型燃气轮机及其联合循环电站的基础。为了配合这两大工程的建设,原国家计委(现名国家发展和改革委员会)于 2001 年 10 月发布了《燃气轮机产业发展和技术引进工作实施意见》,此后,又于 2004 年发布了 428 号文,委托中国技术进出口总公司,按照“市场换技术”的方针,就 17 个燃气轮机及其联合循环电站建设实施捆绑招标,为我国引进了 PG9351FA、M701F 和 V94.3A 燃气轮机的部分制造技术和 40 多套燃气轮机及其联合循环机组的设备。这一举措大大地加快了我国建设燃气轮机及其联合循环电站以及重建我国燃气轮机制造业的步伐。

按照引进技术合同规定的工程进度,我国哈尔滨动力设备股份有限公司、东方电气集团公司和上海电气(集团)总公司必须与美国通用电气公司、日本三菱公司和德国西门子公司合作,按时、按质地完成当时总共 40 多套 PC9351FA、M701F 和 V94.3A 燃气轮机及其联合循环机组的制造任务,以便向我国 17 个电站提供全套设备。与此同时,上述三大制造厂应逐渐完成设备和工艺的制造任务,达到并提高合同规定的机组制造的国产化率,完成对上述三种机组制造技术的消化和吸收工作,培训燃气轮机及其联合循环机组的设计研究人员,为今后进一步消化吸收机组的设计技术准备条件,以便建设我国燃气轮机的设计和研究体系。

通过近几年的发展,我国在 F 级机组的设计、制造、维修、调试和运行等方面积累了一定的经验,同时还将引进 F 级其他机型的燃气轮机制造技术,机组制造的国产化率也已超过 70%。燃气轮机及其联合循环机组将在我国经历新一轮的蓬勃发展时期,我国电力系统中的高峰将有相当一部分容量使用燃气轮机及其联合循环机组来实现。但是,由于在电力系统中燃气轮机所携带的负荷性质不同,燃气轮机的类型和功率等级应该是多种多样的,在规划我国电力系统中应用燃气轮机及其联合循环机组时必须注意到这个特点,防止“一刀切”或采取其他激进的措施。总体来说,电力系统中应该分别配备以下几种燃气轮机类型而不只是限于几种大容量机型,详细内容如下。

(1) 大型高效率的燃气轮机及其联合循环机组。这种机组主要在电力系统中承担调峰负荷、中间负荷和基本负荷。它的特点是功率大、效率高,在电网中能够长期稳定地运行,力求启动次数少,以保证机组的使用寿命和较高的可用率。目前我国正在使用的 F 级及国外正在发展的 G 级和 H 级燃气轮机及其联合循环机组主要是为此目的而设计的。

(2) 中型的、有快速启动和加载能力的燃气轮机。这种机组一般是航机改型的轻结构类型、功率等级比较小(20～50MW)的燃气轮机。这种机组主要在电力系统中承担快速启动和加载任务,以适应调峰负荷或处理电网紧急事故的需要。它并不刻意追求机组的效率(当然也是希望优选高效率机组的)。

(3) 适用于分布式电站的热电联产型或热电冷三联供型的燃气轮机及其联合循环机组。这种机组的功率与分布式电站的使用场所密切相关。对于比较大的小区来说,单机功率可以达到 20～30MW;对于大型的机场来说,单机功率一般为 4～5MW;大型医院和商城则为数百千瓦等级;一般银行、旅社仅需数十千瓦等,适宜选用微型燃气轮机系列的机组。对于分布式电站来说,特别侧重的是高效的能源利用效率。在热电联供的条件下,能源的利用效率可以达到75%以上；当采用热电冷联供时，则有望达到80%以上。应该说，采用热电冷联供的分布式电站方案可以使天然气资源获得最有效的利用。

此外，功率为数兆瓦的移动式电站（卡车电站或列车电站）也是电力工业使用的一种燃气轮机类型。

国外的实践经验证明，为了确保整个电力系统的安全性，燃气轮机的总装机容量应占全电力系统总容量的8%～12%。至2010年底，我国的比例仅为3.5%，因而在我国急需增大燃气轮机的使用量。

总之，我国的燃气轮机工业正进入一个重建和复兴的阶段，燃气轮机及其联合循环机组在我国电力工业中的作用将逐渐增强。到2030年左右，燃气轮机及其联合循环机组的装机容量有望达到全国发电设备总装机容量的10%左右。电力行业任重而道远，但发展的前景则是乐观的。

1.3.3 以天然气为燃料的燃气-蒸汽联合循环的发展前景

进入21世纪，环保问题日益突出，节约能源、保护环境、发展低碳经济、追求人与自然和谐共处，已成为当今世界发展的主题之一。2009年12月18日，国务院总理温家宝在哥本哈根气候大会上对全世界庄严承诺：我国"到2020年单位国内生产总值二氧化碳排放比2005年下降40%～45%""减排目标将作为约束性指标纳入国民经济和社会发展的中长期规划，保证承诺的执行受到法律和舆论的监督"。这一承诺体现了中国作为发展中大国的责任，也彰显了政府发展低碳经济、保护环境的决心。

在发展低碳经济的探索中，天然气作为一种清洁的资源，逐渐受到世界各国的重视，天然气年开采和使用量迅速上升。据统计，在天然气利用中，燃气-蒸汽联合循环机组的消耗量，占天然气资源利用量的30%以上。相对常规燃煤机组，以天然气为燃料的燃气-蒸汽联合循环机组几乎没有硫化物和烟尘排放，在产生相同品位的二次能源时，可以减少二氧化碳排放约50%，环保优势明显。燃气-蒸汽联合循环机组与常规燃煤机组相比，还具有占地面积少、用水少、初投资小、建设周期短、调峰性能好等优点。

20世纪80年代以来，随着高温材料技术和机械制造工艺的发展，燃气轮机技术突飞猛进，燃气轮机功率和效率不断提高。目前，世界上最先进的J级燃气轮机在ISO工况下，进口初温达1600℃，单机简单循环出力为460MW，简单循环发电效率达42%，单轴联合循环出力680MW，联合循环发电效率高达61.7%。

对中国这样一个发展中的经济大国，大力发展以天然气为燃料的燃气-蒸汽联合循环机组，逐步减少常规燃煤机组，是实现低碳经济的重要途径之一。21世纪伊始，中国开始"打捆"招标，引进了数十台大型燃气蒸汽联合循环机组，主要建设在东部发达地区，为改善电源结构、保护环境作了初步探索；我国三大动力厂商分别与国外燃气轮机厂商合资，开辟了大型燃气轮机技术引进和国产化之路。

中国经济正处于高速发展的时代，预计在未来十年内，随着国民经济发展水平提高，以天然气为燃料的燃气-蒸汽联合循环机组将迎来发展的黄金时期。

第 2 章　燃气轮机热力学原理

2.1　燃气轮机热力循环原理

燃气轮机热力循环是“布雷顿循环”,在可逆的理想条件下,它是由以下四个过程组成的:①理想的绝热压缩过程;②等压燃烧加热过程;③理想的绝热膨胀过程;④等压冷却过程。

2.1.1　理想简单循环

图 2-1(a)所示为一台典型单轴发电燃气轮机机组示意图,其中的数字表示每个热力过程的起点和终点。假定燃气轮机中的工质是理想气体,气体的热力性质和流量不变,并且各热力过程无损耗,这个循环就称为理想循环。

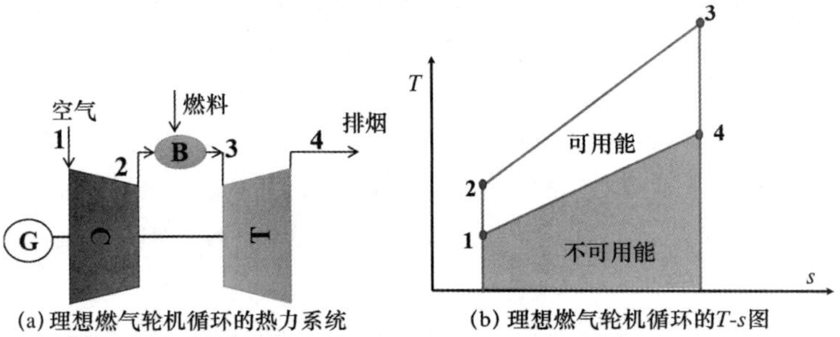

图 2-1　理想燃气轮机循环

理想简单循环的热力过程如图 2-1(b)的 T-s 图所示。过程 1→2 是空气在压气机中被等熵压缩,过程 2→3 是空气在燃烧室中与燃料等压混合、燃烧,过程 3→4 是燃气在透平中被等熵膨胀做功,过程 4→1 是透平排气在大气中等压放热。在燃气轮机热力循环中,一般用比功和热效率这两个指标来进行分析比较,这些是在循环计算中必须计算的,并作为确定循环参数的重要依据。在做功量相同时,比功大的循环所需工质的质量流量少;反之,就多。对于一台燃气轮机来讲,比功表明了单位工质质量流量输出功率的大小。因此,两台功率相同的燃气轮机,比功大的工质质量流量少,机组的尺寸就可能较小。热效率反映了燃料热量的利用情况,热效率高时表明燃料热量的利用率高;反之,表明利用率低。

2.1.2　实际简单循环

实际燃气轮机循环与理想循环存在着较大的差异。首先是由于循环中的各个过程存在着损失,如实际的压缩过程和膨胀过程都不是等熵的,使得实际压缩功大于等熵压缩功,实际膨胀功小于等胀功,即压气机效率和透平效率都小于 1;又如燃烧室中存在流动的压力损失和燃烧不完全损失。其次是作为工质的燃气和空气的热力性质不同,二者的质量流量也有差别。此外,还有其他的损失,如燃气轮机的进气和排气压力损失,轴承摩擦和辅机耗功等的机械损失。实际燃气轮机循环如图 2-2 所示。

2.1.3　复杂循环

1. 回热循环

燃气轮机的排气温度很高,简单循环的机组排气温度一般为 470℃～600℃,这一高温气体的热量如能回收,就能提高热效率。可采用高温排气来加热从压气机出口的空气,提高它进入燃烧室的温度,可使燃烧室中加入的燃料量减少,从而可提高热效率。图 2-3 所示为回热循

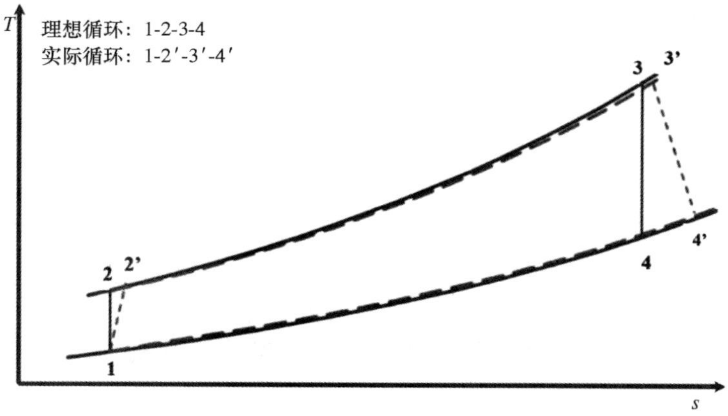

图 2-2　实际燃气轮机循环

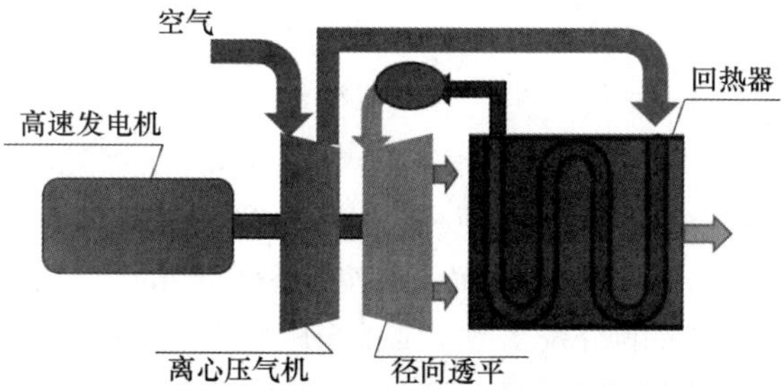

图 2-3　Turbec T100 回热循环微型燃气轮机

环微型燃气轮机示意图。

在燃气轮机中，一般采用板式回热器，仅在某些微型燃气轮机中用再生式(回转式)回热器。回热器中两侧分别为流动的空气和燃气，在管道中一样，也存在着压力损失，故加大了从压气机到透平之间的压力损失和排气压力损失。由于回热器加大了压力损失，使总的压力保持系数下降 4%～8%，比功下降。对于再生回热器，由于气流流程较短，其压力损失比板式的小些。但是再生式回热器中存在着压力高的空气向压力低的燃气侧漏气，该漏气量为回热器进口空气流量的 4%～6%，它增大了燃气与空气流量的差别，比功和热效率随之下降。采用回热循环虽可较多地提高燃气轮机效率，但目前实际应用并不很多，原因包括：一是，回热器的体积和尺寸较大，运行中回热器常需清洗使维护费用增加；二是，二十多年来简单循环燃气轮机发展迅速，机组效率已达到 43% 的高水平；三是，燃气-蒸汽联合循环和燃气轮机热电联供系统的迅速发展，使能源的利用率达到更高的水平。在某些应用场所，燃气轮机则必须采用回热方式，以有效地改善效率来与其他热机相竞争。典型的示例是用于车辆时的情况，采用回热循环燃气轮机后才能达到较低的平均燃料消耗率，从而增强与柴油机的竞争能力。近年来，随着分布式能源概念的兴起，微型燃气轮机回热循环有快速发展的趋势，这是因为微型燃气轮机自身的效率有了较大的提高，采用紧凑式高效换热器使得机组的体积增加不多，回热效果很好。这样，采用回热循环的微型燃气轮机发电机组的热效率可与柴油机相比，并且保持了燃气轮机重量轻、体积小、启动快、运转平稳可靠的优点。

2. 间冷循环

与其他热机相比较，燃气轮机的比功较小，导致在同样的功率下其工质流量大，限制了功率的提高。在压缩过程中,中间冷却工质(简称间冷)和在膨胀过程中间再回热工质(简称再热),就能有效地提高循环比功。在压缩过程中间,把工质引至冷却器冷却后,再回到压气机继续压缩以完成压缩过程,此即间冷循环。这种燃气轮机的示意如图 2-4 所示,其中中间冷却器(简称间冷器),由于它的应用,使压气机分为低压(LPC)和高压(HPC)两个部分。

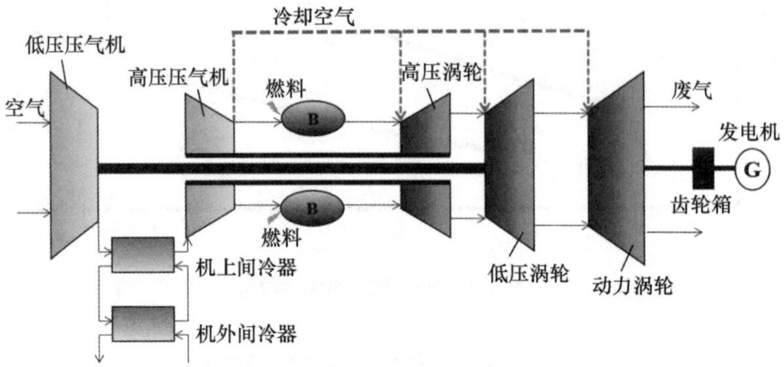

图 2-4　船用三轴间冷循环燃气轮机

理论上,间冷过程无穷多时,压缩过程就变为等温压缩,压缩耗功降至最低,循环比功增加最多。当然,实际上这是做不到的。实际使用中,间冷循环燃气轮机只用一次间冷,仅个别的用两次间冷。在各段压缩的压缩比分配方面,除按各段压缩的压缩比相等来分配以获得最大的比功增值外,也可采用不相等的分配方法,如适当降低低压段压缩比,并适当提高高压段压缩比。这样的比功增加量虽稍小,但减少了燃烧室中的加热量,对提高热效率有利。对于压气机是分别传动的燃气轮机,这样的选择还可适当地改善燃气轮机在变工况下的运行性能。

3. 再热循环

在膨胀过程中间,把工质引出至再热燃烧室(再热器)中加热后,再回到透平中继续膨胀以完成膨胀过程,此即再热循环。这种燃气轮机的示意如图 2-5 所示。

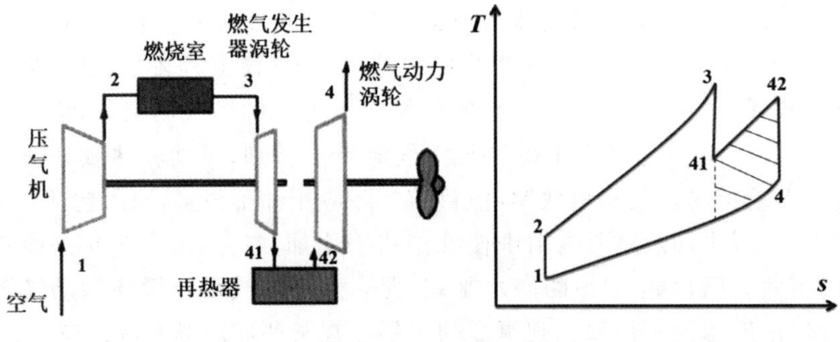

图 2-5　船用分轴再热循环燃气轮机

与间冷循环相同,也可把膨胀过程分为多段,并采用多次加热,以更大的增大比功。理论上,再热次数无穷多时,膨胀过程就变为等温膨胀,膨胀功达到最大,循环比功增加最多。当然,与无穷多次间冷一样,无穷多次再热也是做不到的。实际的再热循环中,再热燃烧室中有压力损失和存在不完全燃烧的情况,这会影响循环比功的增加和热效率变化。

实际的再热循环燃气轮机只用一次再热。将再热循环与间冷循环相比较,虽然再热的比功可增加得更多,热效率也可能稍高一些,但再热燃烧室因火焰冷却问题而设计难度较大,同时多了再热燃烧室燃料的调节问题,使控制系统趋于复杂。因此,在只采用间冷就能满足增大比功的要求时就不采用再热；当要求更多地增加比功时，才将再热与间冷一起使用。

4. 间冷回热循环

前面已经叙述过，回热能提高简单循环的效率。对于复杂循环，回热同样能提高效率，而且效率更显著。图 2-6 所示是应用较多的一种船用三轴间冷回热循环燃气轮机，它由动力涡轮经过减速齿轮箱输出功率。

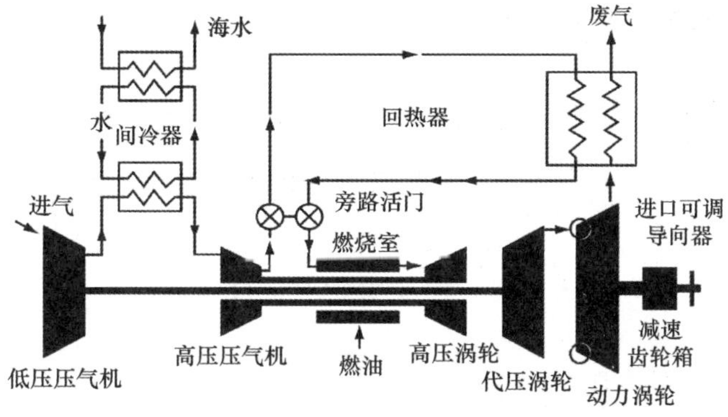

图 2-6　船用三轴间冷再热循环燃气轮机

2.2　压气机热力学原理

根据相似理论，有

$$\pi_C = f(M_u, M_{ca}) = f\left(\frac{u}{\sqrt{kR_g T_{in}^*}}, \frac{c_a}{\sqrt{kR_g T_{in}^*}}\right) \tag{2-1}$$

$$\eta_C = f(M_u, M_{ca}) = f\left(\frac{u}{\sqrt{kR_g T_{in}^*}}, \frac{c_a}{\sqrt{kR_g T_{in}^*}}\right) \tag{2-2}$$

式中　M_u——周向马赫数；

M_{ca}——轴向马赫数。

考虑到 $p_{in}^* V = GR_g T_{in}^*$，则有

$$\pi_C = f\left(\frac{D \cdot n}{\sqrt{kR_g T_{in}^*}}, \frac{G\sqrt{R_g T_{in}^*}}{D^2 p_{in}^* \sqrt{k}}\right) \tag{2-3}$$

$$\eta_C = f\left(\frac{D \cdot n}{\sqrt{kR_g T_{in}^*}}, \frac{G\sqrt{R_g T_{in}^*}}{D^2 p_{in}^* \sqrt{k}}\right) \tag{2-4}$$

式中　V——压气机入口空气体积流量；

D——压气机入口叶轮直径。

对同一台压气机而言，因 D 为定值，则

$$\pi_C = f\left(\frac{n}{\sqrt{kR_g T_{in}^*}}, \frac{G\sqrt{R_g T_{in}^*}}{p_{in}^* \sqrt{k}}\right) \tag{2-5}$$

$$\eta_C = f\left(\frac{n}{\sqrt{kR_g T_{in}^*}}, \frac{G\sqrt{R_g T_{in}^*}}{p_{in}^* \sqrt{k}}\right) \tag{2-6}$$

由于当大气温度 T_0、压力 p_0 和相对湿度 ϕ 变化时，空气的气体常数 R_g 值为 0.287～0.295kJ/kg·K，而比热比 k 变化幅度相对较小，由此可得

$$\pi_C = f\left(\frac{n}{\sqrt{R_g T_{in}^*}}, \frac{G\sqrt{R_g T_{in}^*}}{P_{in}^*}\right) \tag{2-7}$$

$$\eta_C = f\left(\frac{n}{\sqrt{R_g T_{in}^*}}, \frac{G\sqrt{R_g T_{in}^*}}{P_{in}^*}\right) \tag{2-8}$$

式(2-7)和式(2-8)适用于同一台压气机不同工质组分情况下的特性计算。

整理成通用的相对折合参数形式,有

$$G_{cor,rel} = f(n_{cor,rel}, \pi_{C,rel}) \tag{2-9}$$

$$\eta_{C,rel} = f(n_{cor,rel}, \pi_{C,rel}) \tag{2-10}$$

式中 $n_{cor,rel} = \dfrac{n}{\sqrt{T_{in}^* \cdot R_g}} \Big/ \dfrac{n_0}{\sqrt{T_{in0}^* \cdot R_{g0}}}$——相对折合转速;

$G_{cor,rel} = \dfrac{G\sqrt{T_{in}^* \cdot R_g}}{P_{in}^*} \Big/ \dfrac{G_0\sqrt{T_{in0}^* \cdot R_{g0}}}{P_{in0}^*}$——相对折合流量;

$\pi_{C,rel} = \dfrac{\pi_C}{\pi_{C0}}$——相对压比;

$\eta_{C,rel} = \eta_C / \eta_{C0}$——相对等熵效率。

压气机通用的特性线如图 2-7 所示。

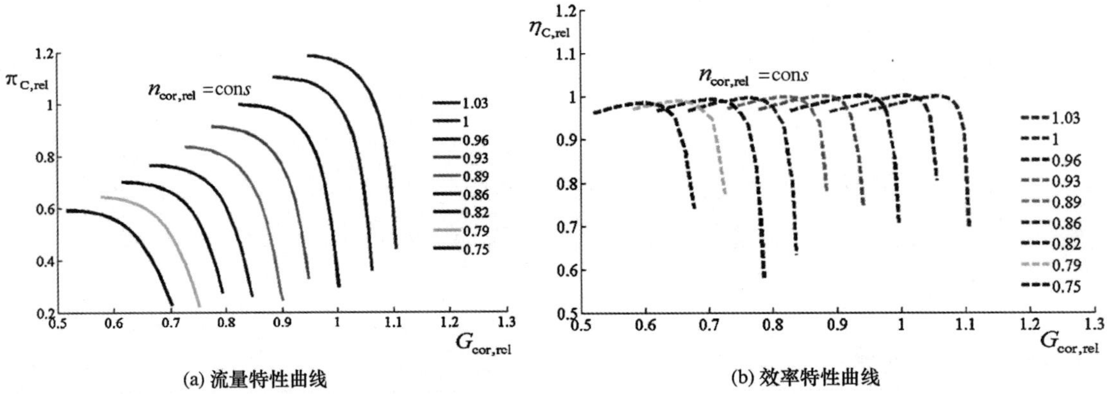

图 2-7 压气机通用的特性线示意图

压气机耗功 N_C 为

$$N_C = G_a(h_{out,C} - h_{in,C}) / \eta_{m,C} \tag{2-11}$$

式中 G_a——流过压气机的空气质量流量;

$h_{in,C}$——压气机实际空气入口比焓;

$h_{out,C}$——压气机实际空气出口比焓;

$\eta_{m,C}$——压气机轴上的机械效率。

2.3 燃烧室热力学原理

2.3.1 空气组分计算

对于干空气,其组分通常是固定的,如表 2-1 所列。

表 2-1　　干空气组分

	体积分数	质量分数
N_2	78.113%	75.553%
O_2	20.938%	23.133%
Ar	0.916%	1.263%
CO_2	0.033%	0.050%

然而，空气中通常含有水蒸气，实际空气的组分需要根据当前大气温度 T_0、压力 p_0 和相对湿度 ϕ 来计算。

首先计算空气的含湿度 d

$$d=\frac{y_{H_2O}}{y_{干空气}}=\frac{M_{H_2O}}{M_{干空气}}\cdot\frac{\phi\cdot p_{H_2O,max}(T_0)}{p_0-\phi\cdot p_{H_2O,max}(T_0)} \tag{2-12}$$

式中　y_{H_2O}——空气中水蒸气的质量分数；

$y_{干空气}$——空气中干空气的质量分数；

ϕ——相对湿度；

p_0——空气压力；

T_0——空气温度；

$p_{H_2O,max}$——空气温度 T_0 下的饱和水蒸气压力。

由空气的含湿度 d 可以确定空气中水蒸气的质量分数，结合干空气中各组分的质量分数，可以得到空气中所有组分的质量分数。

2.3.2　燃气组分计算

当压气机出口的空气与燃料 $C_xH_yO_zN_uS_v$ 进入燃烧室燃烧后产生燃气，通常空气一般是过量的，同时燃烧室中可能会注水或蒸汽以降低 NO_x 排放，所发生的燃烧化学反应如图 2-8 所示。

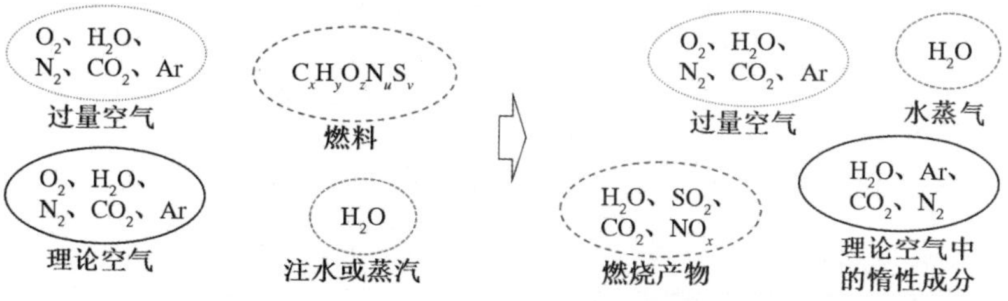

图 2-8　燃烧室中的燃烧化学反应过程

燃料 $C_xH_yO_zN_uS_v$ 的氮元素经过燃烧化学反应通常生成 NO_x，但由于其含量极低，在热力计算时可以计入最终的 N_2 成分中，可用如下燃烧化学方程式表示

$$\begin{aligned}&\beta C_xH_yO_zN_uS_v+\left(x+\frac{y}{4}+v-\frac{z}{2}\right)O_2+d\left(x+\frac{y}{4}+v-\frac{z}{2}\right)N_2'\\&\rightarrow\beta\left(xCO_2+\frac{y}{2}H_2O+vSO_2\right)+(1-\beta)\left(x+\frac{y}{4}+v-\frac{z}{2}\right)O_2\\&\quad+d\left(x+\frac{y}{4}+v-\frac{z}{2}\right)N_2'+\frac{u}{2}\beta N_2\end{aligned} \tag{2-13}$$

由上述燃烧化学方程式可以得出任意燃料 $C_xH_yO_zN_uS_v$ 的理论消耗空气摩尔量、理论生成燃气摩尔量、燃料系数 β 的燃气摩尔量和相应的燃气摩尔组分等。

(1) 理论消耗空气摩尔量 $n_{\beta=0}$(即 1mol 燃料完全燃烧时消耗的空气摩尔量)

$$n_{\beta=0}=(1+d)\left(x+\frac{y}{4}+v-\frac{z}{2}\right) \tag{2-14}$$

式中 d——空气中氮气与氧气的体积比。

(2) 理论生成燃气摩尔量 $n_{\beta=1}$(即 1mol 燃料完全燃烧时生成的燃气摩尔量)

$$n_{\beta=1}=n_{\beta=0}+\frac{y}{4}+\frac{z}{2}+\frac{u}{2} \tag{2-15}$$

(3) 理论消耗空气质量 L_0(即 1kg 燃料完全燃烧时消耗的空气质量)

$$L_0=\frac{n_{\beta=0}\cdot M_{\mathrm{air}(N_2+O_2)}}{M_{\mathrm{fuel}}} \tag{2-16}$$

式中 $M_{\mathrm{air}(N_2+O_2)}$——空气中仅计及氮气与氧气时的摩尔质量;

M_{fuel}——燃料的摩尔质量。

(4) 燃料系数为 β 时生成燃气摩尔量 n_β

$$n_\beta=n_{\beta=0}+\beta\left(\frac{y}{4}+\frac{z}{2}+\frac{u}{2}\right) \tag{2-17}$$

(5) 燃料系数 β

$$f=G_f/(G_a\cdot y_{O_2}+G_a\cdot y_{N_2}) \tag{2-18}$$

$$\beta=L_0\cdot f \tag{2-19}$$

式中 G_f——进入燃烧室的燃料质量流量;

G_a——进入燃烧室的压缩空气质量流量;

y_{O_2}——进入燃烧室的压缩空气中 O_2 的质量分数;

y_{N_2}——进入燃烧室的压缩空气中 N_2 的质量分数。

则燃料系数为 β 时的燃气摩尔组分

$$\begin{cases} r_{CO_2}=x\cdot\dfrac{\beta}{n_\beta} \\ r_{H_2O}=\dfrac{y}{2}\cdot\dfrac{\beta}{n_\beta} \\ r_{O_2}=\left(x+\dfrac{y}{4}+v-\dfrac{z}{2}\right)\cdot\dfrac{(1-\beta)}{n_\beta} \\ r_{N_2'+N_2}=\left[d\cdot\left(x+\dfrac{y}{4}+v-\dfrac{z}{2}\right)+\dfrac{u}{2}\cdot\beta\right]\cdot\dfrac{1}{n_\beta} \\ r_{SO_2}=v\cdot\dfrac{\beta}{n_\beta} \end{cases} \tag{2-20}$$

得燃料系数为 β 时的燃气摩尔质量

$$M_{\mathrm{gas}}=\sum_{i=1}^{5}M_i\cdot r_i \tag{2-21}$$

式中 M_{gas}——燃气的摩尔质量;

r_i——燃气中各组分的摩尔分数;

M_i——燃气中各组分的摩尔质量。

通过以上燃烧化学方程式,可以由已知组分和质量的空气和已知组分和质量的任意燃料计算得到燃烧后的燃气组分,再计及燃烧室中有无注水或蒸汽情况及过量空气和理论空气中未参与燃烧化学方程式的 H_2O、CO_2、Ar，即可得到最终的实际燃气组分。

2.3.3　空气、燃气热物性计算

通过 2.3.1 小节和 2.3.2 小节已论述的空气组分和燃气组分计算过程，之后可根据当前工质温度按照理想气体混合公式(2-22)～公式(2-24)计算得到当前空气、燃气的热物性

$$M_{\text{mixed}}=\frac{m_{\text{mixed}}}{n_{\text{mixed}}}=\frac{\sum_{i=1}^{k} n_i \cdot M_i}{n_{\text{mixed}}}=\sum_{i=1}^{k} r_i \cdot M_i \tag{2-22}$$

$$c_{\text{P,mixed}}=\sum_{i=1}^{k} y_i \cdot c_{\text{P},i} \tag{2-23}$$

$$h_{\text{mixed}}=\sum_{i=1}^{k} y_i \cdot h_i \tag{2-24}$$

式中　M_{mixed}——空气或燃气的摩尔质量；

r_i——空气或燃气中各组分的摩尔分数；

y_i——空气或燃气中各组分的质量分数；

$c_{\text{P,mixed}}$——空气或燃气的定压比热容；

h_{mixed}——空气或燃气的比焓。

2.4　透平热力学原理

同压气机特性推导过程一样，整理成通用的相对折合参数形式

$$G_{\text{cor,rel}}=f(n_{\text{cor,rel}},\pi_{\text{T,rel}}) \tag{2-25}$$

$$\eta_{\text{T,rel}}=f(n_{\text{cor,rel}},\pi_{\text{T,rel}}) \tag{2-26}$$

式中　$n_{\text{cor,rel}}=\dfrac{n}{\sqrt{T_{\text{in}}^* \cdot R_{\text{g}}}}\bigg/\dfrac{n_0}{\sqrt{T_{\text{in0}}^* \cdot R_{\text{g0}}}}$，$G_{\text{cor,rel}}=\dfrac{G\sqrt{T_{\text{in}}^* \cdot R_{\text{g}}}}{P_{\text{in}}^*}\bigg/\dfrac{G_0\sqrt{T_{\text{in0}}^* \cdot R_{\text{g0}}}}{P_{\text{in0}}^*}$，

$$\pi_{\text{T,rel}}=\frac{\pi_{\text{T}}}{\pi_{\text{T0}}},\ \eta_{\text{T,rel}}=\eta_{\text{T}}/\eta_{\text{T0}}$$

透平通用的特性线如图 2-9 所示。

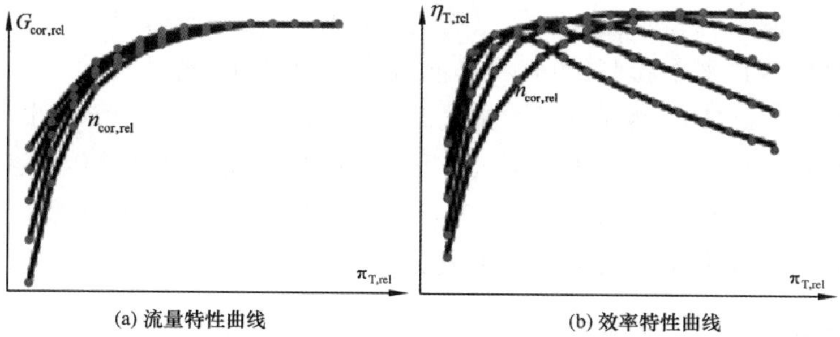

图 2-9　透平通用的特性线示意图

透平输出功 N_{T} 为

$$N_{\text{T}}=G_{\text{g}}(h_{\text{in,T}}-h_{\text{out,T}})\eta_{\text{m,T}} \tag{2-27}$$

式中　G_{g}——流过透平的燃气质量流量；

$h_{\text{in,T}}$——透平实际燃气入口比焓；

$h_{\text{out,T}}$——透平实际燃气出口比焓；

$\eta_{\text{m,T}}$——透平轴上的机械效率。

第3章　PG6111FA燃气轮机本体

3.1　燃气轮机本体结构介绍

20世纪80年代中期,美国通用电气公司投入了大量资金开始了F级燃气轮机的研制。该公司动力系统与航空发动机系统进行合作,将飞机发动机上先进的冷却技术和材料应用到重型燃气轮机上,使得透平进气温度一下提高了160℃,从而使燃气轮机的性能有了大幅度提高,为F级燃气轮机的研制奠定了基础。

燃气轮机具有启动速度快、运行方式灵活、占地面积小、用水量少、热效率高、建设周期短、对燃料的适应性广以及机动性能好且有极强的调峰能力等特点,近20年来,燃气轮机在电站中的应用得到了迅猛发展,而技术性能的大幅度提高,可保障电网的安全运行。到目前为止,燃气轮机单机容量已达600MW,简单循环的燃气轮机热效率达40%,已超过大功率、高参数的汽轮机电站的热效率。而燃气-蒸汽联合循环电站的热效率更高达70%左右。目前先进的燃气轮机已普遍应用模块化结构,使其运输、安装、维修和更换都比较方便,而且广泛应用了孔探仪定期检查、温度控制、振动保护、超温保护、熄火保护、超速保护等措施,使其可靠性和可用率大为提高。此外,由于燃气轮机的燃烧效率很高,燃烧后对环境污染少,未燃烧的碳氢化合物、一氧化碳、二氧化硫等排放物都能达到严格的环保要求,NO_x的排放能降至9～25ppm,与常规燃煤机组相比,燃气轮机机组具有明显的环保优势。

国电湖州南浔天然气热电有限公司(以下简称国电南浔公司)的2套燃气-蒸汽联合循环热电联产机组的燃气轮机由美国GE公司生产,型号为PG6111FA,即为箱装式发电机组MS6001系列FA型,简单循环机组出力为75.1MW(设计工况)。PG6111FA燃气轮机由进气系统、压气机、燃料模块、燃烧系统、燃气透平、排气系统、支撑系统、天然气系统和一些基本的辅助设备及控制系统组成,其输出功用来驱动发电机。燃气轮机额定转速5231r/min,通过减速齿轮箱将转速降至3000r/min,带动发电机运行。

燃气轮机是一种高速回转动力机械,它将空气压缩后,在燃烧室中加入燃料燃烧产生高温燃气,继而在燃气轮机透平中膨胀做功,将热能转换成机械能。燃气在燃气轮机透平做功后,有比较高的温度,PG6111FA燃气轮机的排气温度达到599.8℃,通过余热锅炉来回收这部分气体的热量,水在锅炉中受热后产生水蒸气,用蒸汽来推动汽轮机将热能转换成机械能,再拖动发电机将机械能转换成电能,组成了燃气-蒸汽联合循环,如图3-1所示。燃气轮机本体主要由压气机、燃气透平及燃烧室三大部件组成。

3.2　压气机结构与运行原理

压气机是燃气轮机的三大部件之一。PG6111FA燃气轮机的压气机是一台18级轴流式、压比为15.8∶1的多级轴流式压气机。其主要作用是将燃机进气系统吸入的满足系统需要的空气进行压缩,将空气压缩到一定压力,在压气机对空气做功的同时,空气的温度也相应地提高,然后连续不断的供应给燃烧室。压气机的主要部件有转子、进气缸、动静叶片、进口可转导叶等。

压气机在第9级和第13级以及排气端设有抽气,将抽气引至燃气透平和压气机进口,起

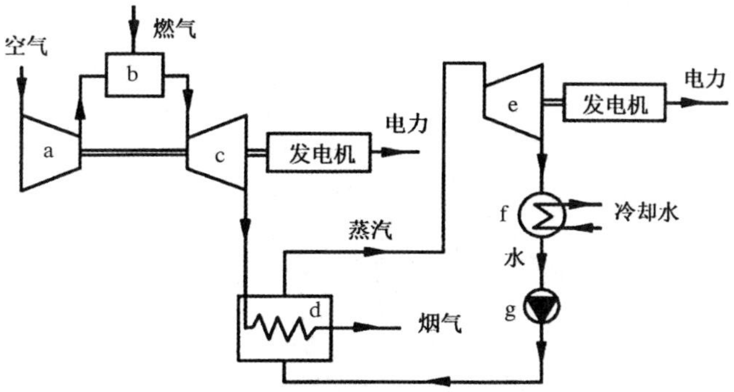

a—压气机；b—燃烧室；c—透平；d—余热锅炉；e—蒸汽轮机；f—凝汽器；g—循环泵

图 3-1　燃气-蒸汽联合循环系统图

到冷却透平、压气机进口空气加热、燃料系统吹扫、压气机进气小室滤芯反吹以及防止压气机喘振等作用。此外，在第 9 级和第 13 级抽气管道上设有直通燃气轮机排气段的防喘放气阀，在机组启动和停机过程中，为防止压气机发生喘振，抽气管路上设置的防喘放气阀都会打开，并且进口可转导叶调整到最小全速角，改变进气冲角。机组启动后，随着转速和负荷的变化，控制系统根据正常的机组运行模式，自动控制防喘放气阀和进口可转导叶的位置，满足机组运行要求。

在压气机内，空气被限制在转子和定子组成的气流通道内，经压气机压缩后的空气进入压气机排气缸，压气机排气腔室分流出一部分空气冷却过渡段后进入燃烧室，另一部分空气冷却火焰筒，最后通过压气机排气缸进入燃烧室。

PG6111FA 燃气轮机的压气机参数如表 3-1 所列。

表 3-1　　PG6111FA 燃气轮机的压气机参数

型式	轴流式
转速(r/min)	5 231
级数	18
压比	15.8
进气温度(℃)	16.6
进气压力(MPa)	0.101 62
进口可转导叶开度	86°(满负荷)

3.2.1　压气机气缸

整个压气机气缸分为压气机进气缸、压气机缸和压气机排气缸三部分，所有的气缸都是水平中分结构，便于检修。压气机进气缸和压气机缸的材料为球墨铸铁，压气机排气缸的材料为 CrMoV 或 NiCrMo。

1. 压气机进气缸(图 3-2)

进气缸在压气机前端，其主要作用是把空气平滑均匀的引入压气机，同时支撑＃1 轴瓦组件。＃1 轴瓦室下半部分与进气蜗壳的内侧整体铸造在一起。进气蜗壳的内侧和外侧由径向的翼形筋板连接在一起。

进口可转导叶安装在进气缸的末端。

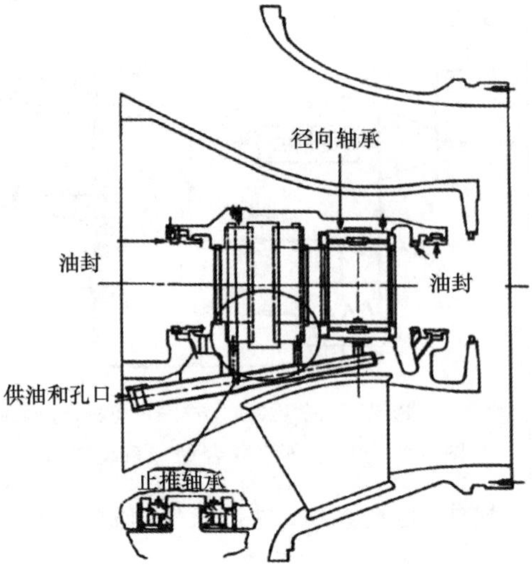

图 3-2　压气机进气缸

2. 压气机缸(图 3-3)

压气机缸分为前缸和后缸。

压气机前缸上安装有 0～4 级静叶。压气机缸的下半部分有两个整体铸造在上面的吊耳，用来从底座上整体吊其燃气轮机。

压气机后缸上安装有 5～12 级静叶。压气机后缸末端有 13 级抽气口,用于冷却和防喘放气。

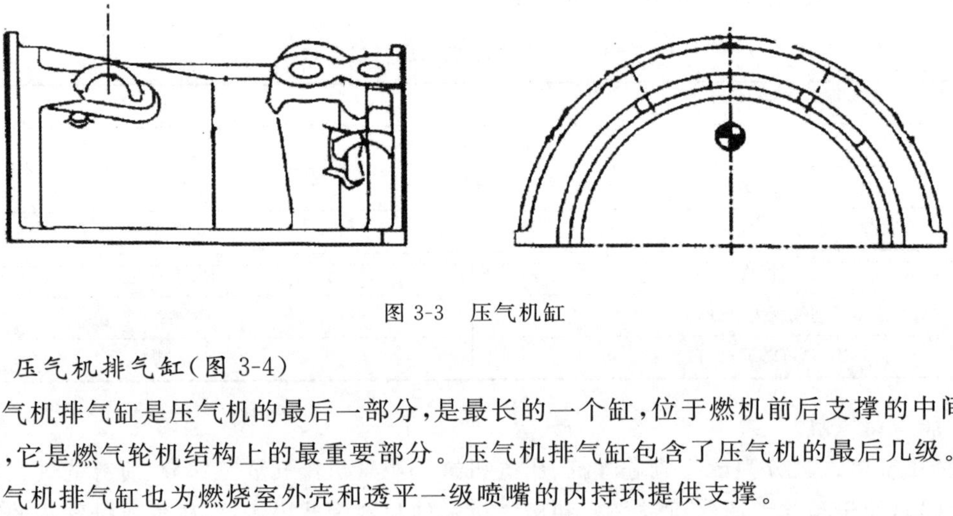

图 3-3　压气机缸

3. 压气机排气缸(图 3-4)

压气机排气缸是压气机的最后一部分,是最长的一个缸,位于燃机前后支撑的中间位置;事实上,它是燃气轮机结构上的最重要部分。压气机排气缸包含了压气机的最后几级。

压气机排气缸也为燃烧室外壳和透平一级喷嘴的内持环提供支撑。

压气机排气缸有两个缸体:外缸作为燃烧室外壳的支撑,内缸围绕压气机转子。两个缸体是同心的,通过 14 个径向的筋板连接在一起。

内外缸之间的排气扩散器是一个渐缩的环形,它把从压气机出来的气体动能进一步转换为压力势能。

3.2.2　压气机转子

压气机转子由转盘、测速环、拉杆螺栓、动叶和前后短轴组成。18 级轮盘通过 18 根拉杆连接成一个整体式压气机转子。压气机转子具有较好的刚性,离心力由轮盘承受。拉杆压紧

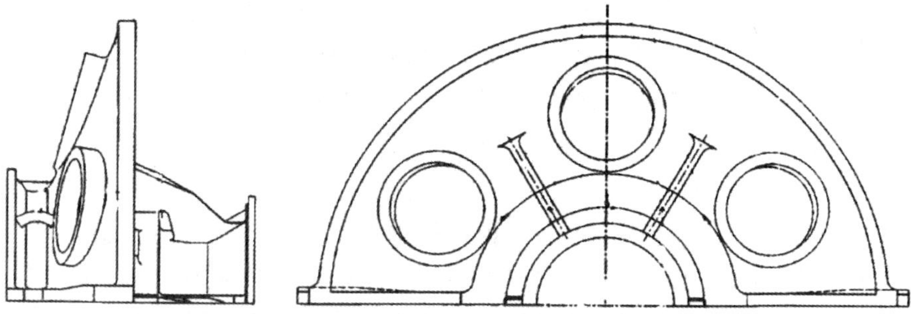

图 3-4　压气机排气缸

端面,靠摩擦传递扭矩。轮盘之间靠中心附近的止口销径向定位,确保各轮盘的同心度符合要求。转子每个叶轮以及每个短轴的叶轮部分周围都开有安装动叶的槽,每片动叶沿轴向装入轮盘,通过槽两端的凿缝将动叶轴向定位,防止运行中沿轴定向移动。组装期间有选择性地定位叶轮,以减少转子平衡修正。每个叶轮组装前单独平衡。组装后,转子必须做动平衡试验,组装到定子上之前还必须进行精密平衡。

第 1 级轮盘与压气机输出轴做成一个整体,作为压气机转子的前短轴,转子前短轴上设有推力盘,用以平衡机组运行时的轴向推力,短轴同时也为♯1 轴承提供轴颈,后短轴连接燃气透平转子。压气机转子剖面如图 3-5 所示。

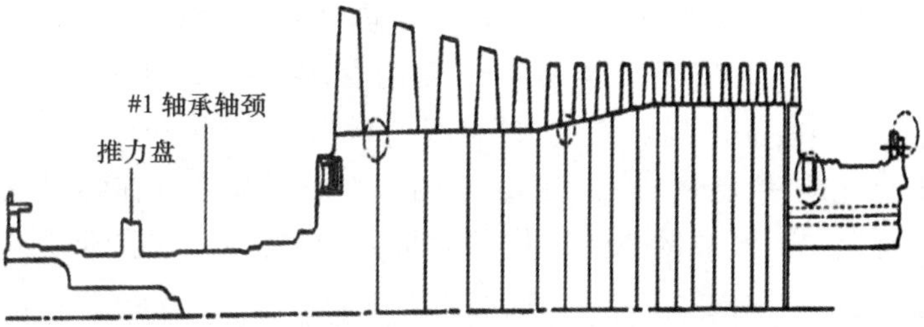

图 3-5　压气机转子剖面图

3.2.3　压气机定子

压气机定子主要包括进气缸、压气缸和排气缸三部分,缸体支承 18 级压气机叶片以及进口和出口导叶,这些气缸与燃气轮机气缸连接,构成燃气轮机的基本结构。

所有这些气缸均呈水平中开,以方便日后维护。压气机进气缸和压气缸的材料为球墨铸铁,压气机排气缸的材料为 CrMo 钢。气缸通过轴承支撑着压气机转子和透平转子,确定转子的轴向和径向位置。

进气缸位于燃气轮机的前端,主要作用是把空气从进气室平滑均匀的引入压气机。该气缸也支撑着♯1 轴承座。♯1 轴承座下部和进气喇叭口铸为一体,上部是单独的,用法兰和螺栓与下部连接。压气机进口可转导叶安装在进气缸的后端。

压气机压气缸分为前缸和后缸。压气机前缸上安装有 0～4 级静叶。压气机缸的下半部分有两个整体铸造在上面的吊耳,用来从底座上整体吊起燃气轮机。压气机后缸上安装有 5～12级静叶,并且有两个抽气口,分别抽取第 9 级和第 13 级压缩空气,用于冷却燃气透平和在启、停时防止压气机喘振。

压气机排气缸是压气机的最后一部分,是最长的一个缸,位于燃气轮机前后支撑的中间位置,是燃气轮机结构上的重要部分。压气机排气缸包含了压气机第 13～17 级压气机定子以及一排出口导叶。压气机排气缸也为燃烧室外壳和透平一级喷嘴的内持环提供支撑。压气机排气缸有两个缸体:外缸作为燃烧室外壳的支撑,内缸围绕压气机转子。两个缸体是同心的,通过 14 个径向的筋板连接在一起。内外缸之间的排气扩散器是一个渐缩的环形,扩散段把压气机出口压缩空气的一部分动能转化成静压,提供给燃烧器。

3.2.4 叶片

压气机动叶采用翼型设计,可以在高叶顶速度条件下高效压缩空气。这些锻制叶片通过燕尾槽接头连接到叶轮上。燕尾槽经过精密机加工,可将每个叶片固定在叶轮的要求位置。

定子叶片使用方形底座装在外壳槽内。第 0~4 级叶片使用轴向燕尾槽装在叶片环片中。叶片环片插装在外壳的环形槽中,使用锁定键固定就位。第 5~6 级叶片装在单独矩形底座上,底座直接插装在外壳的环形槽中。第 17 级叶片和出口导叶为铸制叶片。前 9 级叶片采用高强度、耐腐蚀的 GTD450 不锈钢材料。其余叶片,除第 17 级定子叶片和出口导叶外,采用高强度 AISI 403+Cb 合金材料。第 17 级定子叶片和出口导叶由高强度 AISI 403+Cb 铸制。

由于可变进口导叶和第 0~8 级叶片使用性能卓越的定制 GTD450 材料,所以无需侵蚀和腐蚀防护涂层。

3.3 燃烧室结构与运行原理

燃烧室是燃气轮机中三大部件之一,在整台燃气轮机中,燃烧室位于压气机与燃气透平之间。燃烧室主要有燃料喷嘴、燃烧端盖组件、燃料喷嘴外缸、火焰筒、过渡段、导流衬套、后缸、联焰管等组件构成,如图 3-6 所示。燃烧室外壳的材料为 SA/516-55 钢;火焰筒的材料为 HS-188(镍基合金钢),内表面加隔热涂层;过渡段的材料为 Nimonic263(镍铬钛合金钢)。

燃烧室最基本功能是:使燃料与压气机送来的一部分压缩空气在燃烧室进行有效的燃烧,另一部分压缩空气与燃烧后形成的燃烧产物均匀地掺混,将其温度降低到燃气透平进口的初温水平,以便送到燃气透平中做功,同时燃烧室能控制 NO_x 的生成,使燃气透平的排气符合环保标准的要求。

PG6111FA 燃气轮机采用干式低氮氧化合物燃烧系统 DLN2.6(Dry Low NO_x),DLN2.6 属于并联分级燃烧。控制分配燃料到多喷嘴的燃料喷嘴,所有的喷嘴都是预混燃烧。预混燃

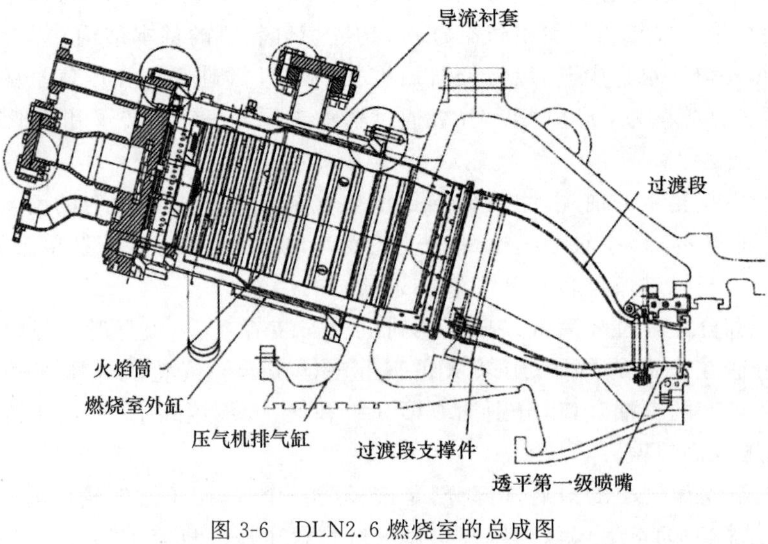

图 3-6 DLN2.6 燃烧室的总成图

烧是把天然气与空气预先混合成均相的、稀释的可燃混合物，通过对燃料与空气实时掺混比例的控制，使火焰面的温度永远低于 1650℃，控制 NO_x 的生成。燃烧系统由 6 个环形布置的逆流式燃烧室组成，每个燃烧室配有 6 个燃料喷嘴，“5 外 1 内”布置的燃料喷嘴装在燃烧器端盖上并伸入火焰筒中。顺气流方向看，♯1 到♯6 燃烧室按逆时针方向布置。顶部时钟 12 点位置为♯6 燃烧室。燃料通过 6 个喷嘴供给每一个燃烧室，分配到每一个喷嘴的燃料流量都是经过计算的，使燃气轮机在各种工况下都保持最佳的排放。整个燃烧系统包括燃料喷嘴、2 个可伸缩火花塞点火系统、4 个火焰探测器和联焰管。燃烧室产生的高温燃气，流过过渡段进入燃气透平。

燃烧室的冷却空气取自压气机排气，从压气机排气缸出来的压缩空气包围在过渡段外面，大部分空气进入燃烧室的导流衬套，小部分进入过渡段冷却孔对其进行冷却。进入燃烧室的空气分为两部分，通过火焰筒上的流量孔的空气参与正常燃烧；从火焰筒上的冷却孔进入的空气是为了冷却火焰筒本身。

PG6111FA 燃气轮机的燃烧室参数如表 3-2 所列。

表 3-2　　PG6111FA 燃气轮机的燃烧室参数

型式	分管回流式
数量	6 个（顺气流方向看，♯1 到♯6 燃烧室按逆时针方向布置）
布置	压气机周围同心布置
点火装置	2 个火花塞，分别布置在♯4、♯5 燃烧室
燃料种类	天然气
火焰检测	4 个紫外线式检测器，分别布置在♯1、♯2、♯6 燃烧室，其中♯1、♯2 燃烧室各布置 1 个，♯6 燃烧室布置 2 个；有冷却水套

3.3.1　燃烧室外壳和导流衬套

燃烧室外壳实际作用就是一个燃烧的压力容器，其上面装有燃料喷嘴、联焰管、火花塞、火焰检测器和启动失败排放管。导流衬套和火焰筒之间形成一个环形的空间，使助燃和冷却的空气流动到反应区域。燃烧室导流衬套一端嵌接在后缸法兰内，另一端通过浮动密封环与过渡段嵌接。过渡段将高温燃气从火焰筒引导到透平喷嘴。PG6111FA 机组的过渡段通过多孔冷却外壳空气冲击冷却，过渡段内表面涂有热障涂层。

燃料喷嘴的布置如图 3-7 所示。

3.3.2　联焰管

6 个燃烧室之间都装设有联焰管，联焰管由内套、外套、弹性支架和密封件等组成。通过联焰管相互连通，未安装点火器的燃烧室依靠联焰管传递火焰而着火。燃烧室外壳和联焰管外罩连接，火焰筒的主要燃烧区域通过联焰管连通。联焰管组件如图 3-8 所示。

3.3.3　火焰筒

火焰筒从头部到过渡段进口带有一定锥度。在空气侧，利用不连续的扰流片来强化冷却。在燃气侧，加隔热涂层。火焰筒的后部有一双层的圆柱段，在其周围有多条轴向冷却槽道，冷却空气由导流衬套流入该槽道，冷却后排入火焰筒下游。火焰筒的内表面涂有热障涂层，用来降低火焰筒的金属温度和各部分的温度梯度。

火焰筒冷却采用传统的冷却孔，但是制造材料用的是重质合金，除了与过渡段之间的密封片，全部采用哈司特（Hastelloy-X）镍基合金制造。密封片用因柯乃尔（Inconel）镍铬合金制

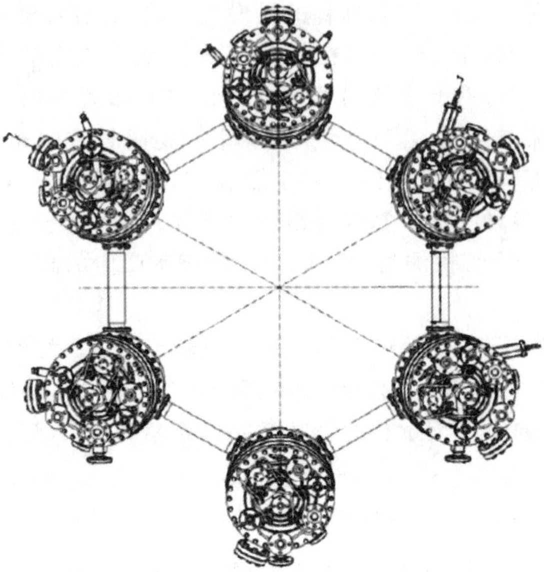

(a)

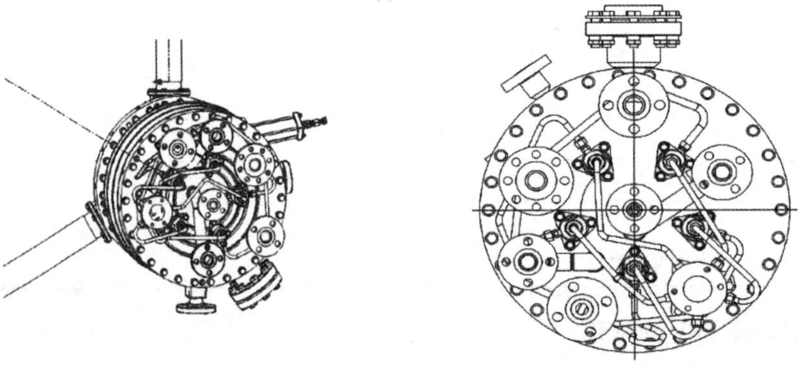

(b)

图 3-7　燃料喷嘴布置——完整的管道

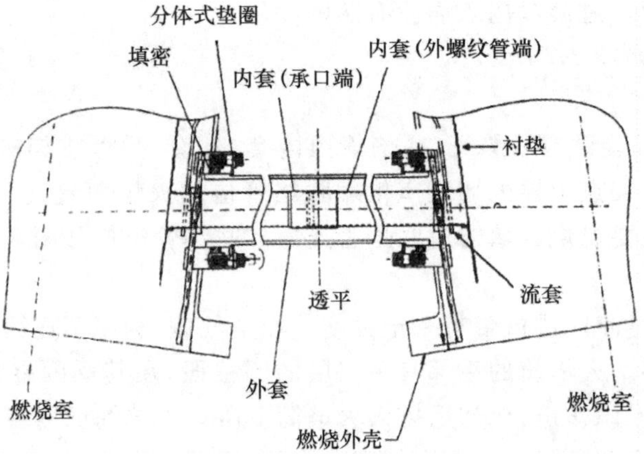

图 3-8　联焰管组件

造。火焰筒内表面涂有热障涂层，用来降低火焰筒的金属温度和各部分的温度梯度。火焰筒端盖上有 5 个浮动环，分别与 5 个燃料喷嘴的旋流罩配合。火焰筒采用气膜冷却、冲击冷却和内表面涂热障涂层等措施。

3.3.4　火花塞

燃气轮机燃烧由不同燃烧室的 2 个伸缩式电极火花塞放电起燃，PG6111FA 机组共有 2 个高压电极火花塞，#4、#5 燃烧室各 1 个。火花塞被螺栓固定在燃烧室外的法兰上，穿过燃烧室的衬里和导流衬套，插入燃烧室内。在点火阶段，弹簧将火花塞推入，火花塞产生的火花使天然气在燃烧室内点燃，其余燃烧室的燃料通过联焰管被点燃。火花塞可以伸缩，当点火后机组加速，转子转速升高、压气机排气压力升高时，火花塞被燃烧室中升高的压力压回，以免被烧坏。停机后，火花塞又被弹簧压进燃烧室，以便下一次点火启动。典型的火花塞结构如图 3-9所示。

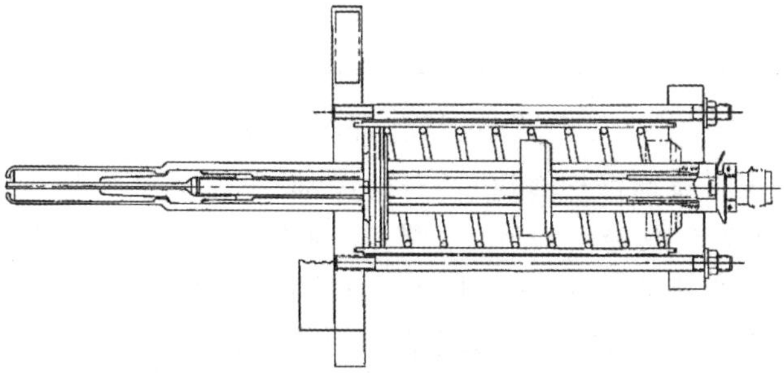

图 3-9　典型的火花塞结构图

3.3.5　紫外线火焰检测器

机组配备了多火焰探测器的监视系统，火焰探测器为紫外线火焰检测器，共 4 个，其中 #1、#2 燃烧室各布置 1 个，#6 燃烧室布置 2 个，如图 3-10 所示。4 个火焰检测器给出的信号传输到控制系统，控制系统进行逻辑判断后确认火焰是否存在或消失。为保护火焰检测器不被烧坏，火焰检测器配有冷却水夹层（即冷却水套），通入闭式水进行冷却，降低紫外线火焰检测器探头温度。每个燃烧室还装有一个嗡鸣探头，用来监测燃烧脉动压力。

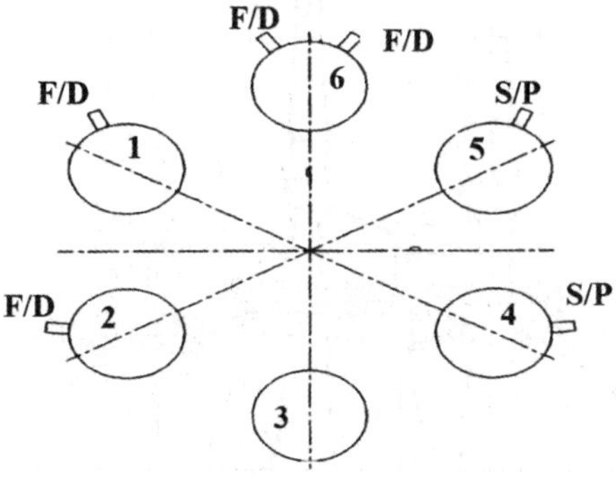

图 3-10　紫外线火焰检测器分布图

3.4　透平结构与运行原理

燃气透平是燃气轮机中一个重要部件。PG6111FA 燃气轮机采用三级透平结构，作用是将从燃烧室来的高温、高压燃气中的能量转变为机械能，其输出功率中 3/5～2/3 用以带动压气机工作,其余部分则作为燃气轮机的净输出功率以带动负荷,参数如表 3-3 所列。根据工质在透平内部的流动方向,燃气透平采用轴流式透平。每个透平级由一列喷嘴和一列动叶串联组成。PG6111FA 机组燃气透平设备主要包括:转子、气缸、喷嘴、护环、动叶、排气框架、排气扩压段。

表 3-3　　PG6111FA 燃气轮机的透平参数

型式	单轴、轴流式
转速(r/min)	5231
一阶临界转速(r/min)	1523
二阶临界转速(r/min)	1659
三阶临界转速(r/min)	3074
级数	3
排气温度(℃)	599.8

透平为 3 级轴流式透平,第 1、2 级动叶采用耐高温保护涂层,内部冷却空气取自压气机排气;第 3 级动叶采用堆积耐高温保护涂层,不进行冷却;第 1 级动叶叶冠无围带,第 2、3 级动叶叶冠采用整体的乙型围带;3 级透平动叶的材料均为 GTD-111。3 级静叶均采用空气内部冷却,第 1、2 级静叶设计成 2 片叶片为一整体的扇形段结构,并采用等离子耐高温保护涂层;第 3 级静叶设计成 3 片叶片为一整体的扇形段结构,并采用堆积耐高温保护涂层。第 1 级静叶的材料为 FSX-414 钴基超级合金;第 2、3 级静叶的材料为 GTD-222 镍基合金。

透平气缸的材料为 CrMo 钢,透平排气缸的材料为 SA/516-55 钢。透平叶轮、轴的材料为 Inconel 706 合金钢。

3.4.1　透平转子

透平转子组件包括转轴、透平前半轴、第 1～3 级叶轮、级间轮盘、透平后半轴、垫块、动叶片及拉杆螺栓组成,如图 3-11 所示。

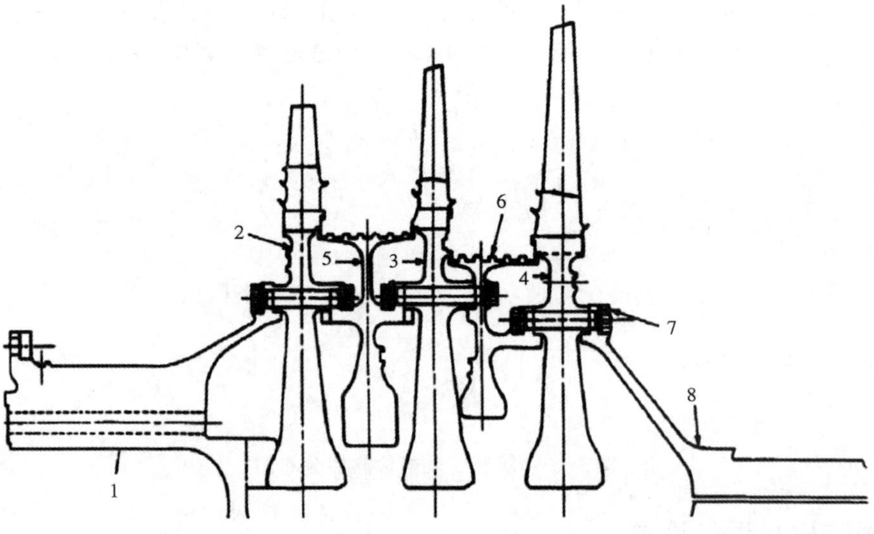

1—前半轴;2—第 1 级轮盘;3—第 2 级轮盘;4—第 3 级轮盘;5,6—级间轮盘;7—拉杆螺栓;8—后半轴

图 3-11　透平转子结构

透平转子前半轴通过压气机排气缸后段联轴器的隔板法兰用螺栓与压气机转子刚性连接，叶轮轮轴和级间轮盘上的配合止口控制各部件的同心度，用贯穿螺栓将它们压合在一起，透平转子后半轴由#2轴承支承。在第1级和第2级叶轮之间、第2级和第3级叶轮之间的级间轮盘为各叶轮提供轴向定位。级间叶轮设置有隔板密封齿，级间叶轮的前端面设有作为空气通道的径向缝。透平转子通过冷却保持适合的温度，以确保更长的运行寿命。从压气机抽取的冷却空气径向朝外从透平叶轮和定子之间的空间排出，顺流进入燃气主流。在结构上，透平转子前半轴法兰通过螺栓连接到压气机排气缸后段联轴器的隔板法兰，透平转子后半轴法兰，通过螺栓连接到排气框架的前法兰。在透平气缸中，有3级喷嘴(静叶)，它们引导燃烧产生的高速膨胀气流对准透平动叶，推动透平转子转动做功。隔板位于相邻两级叶轮之间，确定每个叶轮的轴向位置，隔板上有密封。第1、2级之间的隔板上有径向的冷却空气孔。

动叶的尺寸由第1级到第3级逐级提高，因为每一级的能量转化使得燃气压力减小，要求环形面积逐级增加以接收燃气逐级膨胀的体积流量。此外，3级透平动叶焓降较大，要求增加气流通道的面积，动叶尺寸方面的增加是必要的。3级透平动叶都是枞树形叶根，采用熔模铸造的长柄叶片。长柄动叶能够有效降低叶根和轮缘的温度，增加动叶振动的阻尼。为了进一步增加振动阻尼，第2、3级动叶在叶顶采用"Z"形齿，同时，在这些"Z"形齿外围有几道气封，能够降低叶顶间隙，增加燃气轮机效率。

3.4.2　透平静子

透平气缸、排气框架以及安装在透平气缸上的透平喷嘴与护环、支撑在排气框架上的#2轴承和排气扩压段共同组成了透平静子。

1. 透平气缸

透平气缸为铸造结构，用耐热铸铁或球墨铸铁制成。透平气缸作为承力骨架，承受着机组的重量、燃气的内压力和其他作用力。透平气缸固定了护环和喷嘴的位置，决定透平间隙和喷嘴与动叶的相对位置，它对透平性能有着决定性的影响。透平气缸采用双层结构，使用隔绝热源、冷却的方法控制受热，在内、外层之间接通冷却空气，能有效降低透平气缸工作温度，减少气缸的膨胀量和热应力，减少对气缸的热冲击，有利于控制动叶顶部径向间隙在运行中的变化，从而有利于机组快速启动、加载。从压气机第9级和第13级抽取冷却空气进入燃气透平气缸环形夹层空间进行冷却，再进入透平第2级喷嘴和第3级喷嘴进行冷却，最终进入叶轮间，对叶轮进行冷却。透平气缸的前法兰和压气机排气缸后法兰用螺栓连接，透平气缸的后法兰和排气框架前法兰用螺栓连接，耳轴浇铸在缸体外表面两侧，可用来起吊燃气轮机。图3-12所示为透平气缸结构。

2. 喷嘴

透平喷嘴共有3级，它的作用是使高温燃气膨胀加速，并以合适的角度进入动叶做功。因为喷嘴焓降较大，所以要求采用密封，防止泄露使透平做功能力损失过大。喷嘴处于高温高压燃气通道，承受严酷的热负荷和气动负荷。

在燃气透平气缸内共有3级喷嘴，其作用是使高温燃气在其中膨胀加速，推动转子旋转做功。喷嘴处于高温高压燃气通道内，承受严酷的热负荷和气动负荷，在喷嘴前后有较大的压差，因此，在喷嘴内侧与转子之间及喷嘴外侧与气缸之间都设有密封，以防止级间泄漏，造成能量损失，效率下降。

第1级和第2级喷嘴均由24个喷嘴组组成，每组含有2片静叶。第3级喷嘴带有20个喷嘴组，每组含有3片静叶。

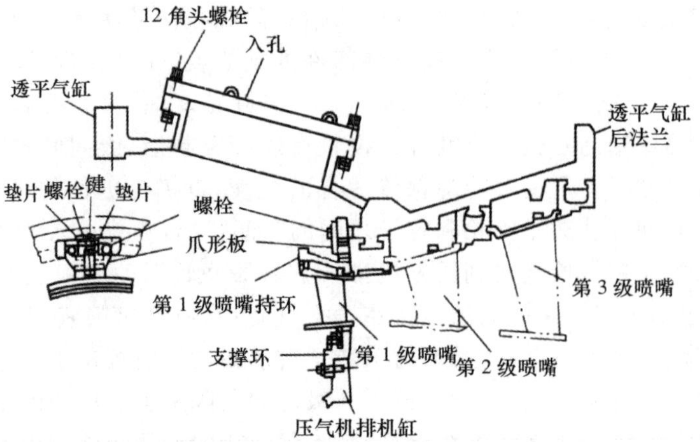

图 3-12　透平气缸结构

第 1 级喷嘴连接燃烧室的过渡段，接收从燃烧室出来的高温燃气，过渡段的内侧和外侧与第 1 级喷嘴连接部分采用浮动密封，最大限度减小压气机排气漏入第 1 级喷嘴。在第 2 级、第 3 级喷嘴内径侧设置隔膜块，在隔膜块的内径处设置有高低齿迷宫式密封，作用是减少燃气从第 2 级、第 3 级喷嘴与转子之间的间隙泄漏。

1）第 1 级喷嘴

从燃烧室出来的高温燃气，经过燃烧室的过渡段后进入第 1 级喷嘴。过渡段的内侧和外侧与喷嘴连接部分采用浮动密封，使泄露的燃气中的压气机排气减少到最小。MS6001 FA 系列的燃气轮机第 1 级喷嘴的叶片内部前后都有腔室，采用气膜冷却、冲击冷却和对流冷却多种方式，降低叶片和侧壁的温度。

每 2 片静叶精密铸造成一个喷嘴组，装在具有水平中分面结构的持环上。持环水平中分面位置有挂耳支撑在气缸上。持环的最上部和最下部有导向键。这样的结构允许持环径向膨胀，同时能够与气缸保持同心。

喷嘴外壁的后侧靠着一级护环前端面，起密封作用，防止压气机排气泄露。喷嘴内壁上焊有密封片。

2）第 2 级喷嘴

每 2 片静叶精密铸造成一个喷嘴组，喷嘴组外壁的前后侧都有挂钩，沿圆周方向插入 1 级护环和 2 级护环的槽子中，与透平气缸和转子保持同心。喷嘴组在气缸圆周上位置由装在气缸上的定位销确定。

第 2 级喷嘴由压气机第 13 级抽气冷却。

3）第 3 级喷嘴

每 3 片静叶精密铸造成一个喷嘴组，喷嘴组外壁的前、后侧都有挂钩，沿圆周方向插入 2 级护环和 3 级护环的槽子中，与透平气缸和转子保持同心。喷嘴组在气缸圆周上位置由装在气缸上的定位销确定。

第 3 级喷嘴由压气机第 9 级抽气冷却。

3. 隔板

第 2 级喷嘴和第 3 级喷嘴隔板都是通过螺栓连接在喷嘴内壁上，作用是减少喷嘴和转子之间的动静间隙漏气，隔板上装有蜂窝密封与转子上的齿形密封配合。

4. 护环

与压气机动叶不同，透平动叶的顶部是装在气缸上的一圈护环上，其主要作用就是减小动、静间隙。护环的另外一个作用是在热燃气与冷气缸之间提供一个高热阻，达到简化透平气缸冷却的要求，减少透平气缸热膨胀，保证了机组运行中透平气缸的动、静间隙。

1 级护环分两层：与燃气接触的内环和装在气缸上的外环，二者是独立的，内环安装在外环上，这样做考虑了热胀冷缩，因此提高了低周疲劳寿命。1 级护环采用气膜冷却、冲击冷却和对流冷却多种方式。

2 级护环和 3 级护环都是由很多单独的护环块组成。护环的工作表面焊有蜂窝密封。护环在缸体上的周向位置有定位销固定，护环块之间有密封键。

5. 排气框架

排气框架用螺栓连接到透平气缸的后法兰上。排气框架包括外套筒和内套筒，内、外套筒由 10 个径向撑杆互相连接，♯2 轴承座固定在内套筒上，如图 3-13 所示。燃气的排气穿过排气框架的径向支撑杆，这些支撑杆决定了内套筒和♯2 轴承相对于燃气透平外缸的径向位置。为了控制透平转子相对于定子的中心位置，必须保证每个支撑杆温度均匀且相对稳定。框架式冷却风机提供了进入支撑杆与燃气透平内、外缸夹层之间的冷却空气，使支撑杆保持温度均匀且恒定，并用于冷却透平第 3 级动叶轮的后空间。

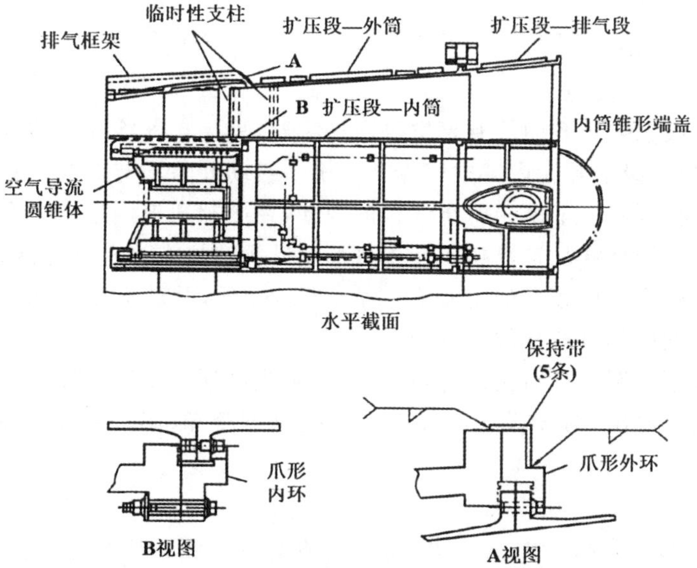

图 3-13　透平排气框架结构图

排气扩压段用螺栓连接在排气框架的尾部，从第 3 级动叶排出的燃气进入该扩压段，在扩压段内通过扩散降低速度并回收压力，从而提高燃机性能。排气框架组件的气路中装有 21 个用于透平运行控制的排气热电偶。在扩压段中，内环在出口端由内筒锥形端盖封闭，将♯2 轴承封闭在内环里，外环和内环之间由 3 根中空的支柱连接。

3.4.3　燃气透平的内部冷却

透平内部冷却是提高燃气透平进气初温，从而提高机组经济性能的有效措施。将燃气透平转子、喷嘴和动叶进行冷却，使其温度控制在合适的范围内，在提高机组经济效率的同时，延长热通道部件运行寿命，保证机组安全运行。

F 级以下的燃气轮机都采用空气冷却，即从压气机中抽出部分空气用于透平冷却。透平转子和静子由压气机排出或级间抽出的正向流动的相对冷却空气实现冷却，冷却原理如图 3-14所示。

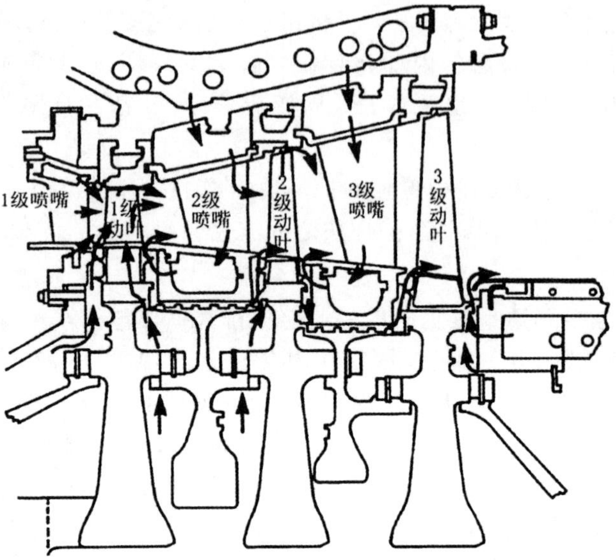

图 3-14　燃气透平冷却空气原理示意图

1．动叶冷却

第 1 级和第 2 级动叶片表面均有真空等离子涂层，采用空气冷却结构，冷却通道内表面再涂一层铝保护层，第 3 级动叶无内部空气冷却。第 1 级动叶除了有对流冷却外，在头部有冲击冷却，还有多处气膜冷却，为了增强对出气边的冷却，在冷却通道内还铸有多排针状的肋条，以增强冷却效果。第 2 级动叶片自枞树形叶根底面至叶顶布置有多孔动叶冷却用的纵向空气通道。冷却空气从枞树形叶根底部的冷却孔引入，流向叶顶，并从那里流出，叶顶由“Z”形围带封装。第 3 级动叶的内部没有冷却空气。

第 1 级动叶采用强制空气对流冷却，紊流气流被强制通过整体镶铸式蛇形管通道，并从叶顶和动叶尾缘上的孔排出；第 2 级动叶经由径向孔风道冷却；第 3 级动叶的内部无需空气冷却，如图 3-15 所示。

2．喷嘴冷却

3 级喷嘴全部具有空气冷却，第 1 级、第 2 级喷嘴设计成 2 片叶片一组的铸造喷嘴扇段，采用气膜冷却、冲击冷却和对流冷却的复合冷却方式。第 3 级喷嘴设计成 3 片叶片一组的铸造喷嘴扇段，仅采用对流冷却。第 1 级喷嘴由压气机排气冷却，第 2 级喷嘴由压气机第 13 级抽气冷却，第 3 级喷嘴由压气机第 9 级抽气冷却。

3．轮级间冷却

第 1 级轮级间前侧由压气机排气冷却。压气机排气缸内缸和转子之间采用蜂窝密封，第 1 级轮级间前侧就是由这个蜂窝密封间隙泄漏的压气机排气冷却。冷却后的空气进入透平第 1 级喷嘴后的主燃气掺混。第 1 级轮级间后侧由压气机第 13 级抽气冷却。压气机第 13 级抽气进入透平第 2 级喷嘴后，一部分从隔板前侧的孔进入第 1 级轮级间后侧，再流入透平第 2 级喷嘴前的主燃气掺混。

第 2 级轮级间前侧由压气机第 9 级抽气冷却。冷却后的空气进入透平第 2 级喷嘴后的主

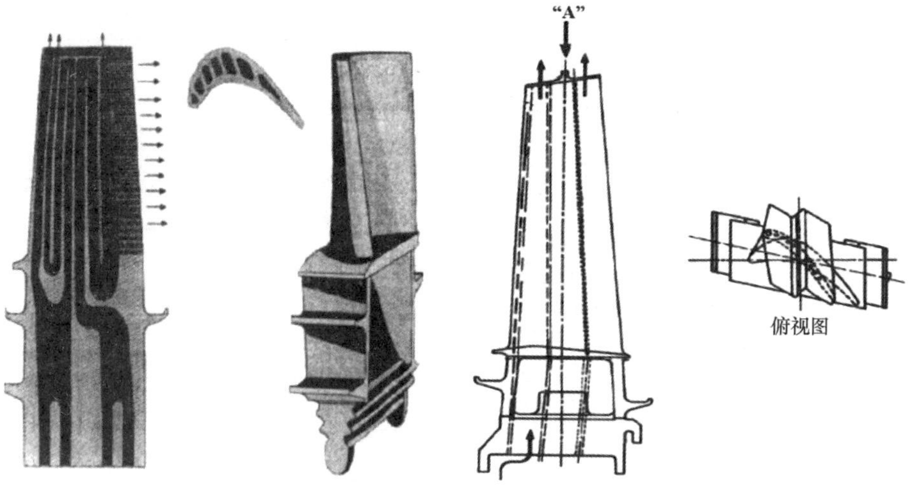

(a) 第 1 级动叶的冷却　　(b) 第 2 级动叶的冷却

图 3-15　动叶冷却

燃气掺混。第 2 级轮级间后侧由压气机第 9 级抽气冷却。压气机第 9 级抽气进入透平第 3 级喷嘴后，一部分从隔板前侧的孔进入第 2 级轮级间后侧，再流入透平第 3 级喷嘴前的主燃气掺混。

第 3 级轮级间前侧由压气机第 13 级抽气冷却。压气机第 13 级抽气进入透平第 3 级喷嘴后，一部分从隔板前侧的孔进入透平第 2 级轮级间后侧，部分空气经过透平第 3 级喷嘴隔板密封流入第 3 级轮级间前侧，再进入透平第 3 级喷嘴后的主燃气掺混。第 3 级轮级间后侧由排气框架冷却空气冷却，冷却后的空气进入排气扩散器的主燃气掺混。

3.5　负荷齿轮箱

负荷齿轮箱为装配式结构，高刚性设计，以便在极端负荷状态下维持转子对齐，并获得最大的轴承支撑刚度。齿轮箱分为上、下两部分，在轴的水平中心线处连接。下齿轮箱为基础界面提供支撑。轴承盖和轴承座与齿轮箱构成一个整体。齿轮箱设有隐蔽开口，便于检查齿轮。

燃气轮机的旋转速度高于发电机的旋转速度，机械功率通过减速齿轮进行传输。负荷齿轮为高速度、高精度、双螺旋形减速齿轮。小齿轮为单片合金钢锻造，轮齿与轴切割成一个整体。小齿轮由燃气轮机通过挠性联轴器驱动。小齿轮和齿轮轴承为钢背轴承，牢固地保持在轴承体范围内，防止轴向移动或转动。各类轴水平分开，以便拆卸。各齿轮轴和小齿轮轴由套筒轴承支撑，旨在提供最大的油膜阻尼和刚度，以防止在运行过程中发生转子临界转速和不稳定性现象。所有轴承均由燃气轮机润滑油系统提供的润滑油进行压力润滑。齿轮啮合润滑通过喷油嘴完成，喷油嘴喷出足够的润滑油，在齿轮啮合的整个宽度提供油膜。

低速盘车装置安装在负荷齿轮上，此外，还有一个用于检查的手动盘车装置，在高速小齿轮发电机旁边还安装有分离用内置盘车装置。

另外，还配有振动探头及热电偶测点，分别用于测量轴承振动和温度。在电机驱动的盘车齿轮和负荷齿轮之间有自动离合器。

负荷齿轮箱系统必须保证如下功能：①使燃气轮机转速和发电机转速相适应，并传递机械功；②完成冷机程序。

负荷齿轮箱系统各个部件功能如表 3-4 所列。

表 3-4　　负荷齿轮箱系统各个部件功能

部件代号	功能描述
23TG-1	防露加热器,防止电动机不运行时在内部产生凝结水
39V-4D	测量振动
39V-4E	测量振动
39V-4F	测量振动
39VS-51	测量负荷齿轮箱振动
39VS-52	测量负荷齿轮箱振动
39VS-61	测量负荷齿轮箱振动
39VS-62	测量负荷齿轮箱高速轴的振动
39VS-71	测量负荷齿轮箱振动
39VS-72	测量负荷齿轮箱振动
39VS-81	测量负荷齿轮箱低速轴的振动
39VS-82	测量负荷齿轮箱低速轴的振动
77RP-101	测量负荷齿轮箱轴的位置
88TG-1	低速冷机盘车
BT-RGB1-1A,1B	测量负荷齿轮箱轴瓦的油温
BT-RGB1-2A,2B	测量负荷齿轮箱轴瓦的油温
BT-RGB2-1A,1B	测量负荷齿轮箱轴瓦的油温
BT-RGB2-2A,2B	测量负荷齿轮箱的油温
BT-RGP1-1A,1B	测量负荷齿轮箱的油温

3.6　转子与支撑结构

3.6.1　轴承

轴承是支撑转子并允许转子高速转动的承力部件,机组运行中,轴承受到转子的径向及轴向作用力,再经过轴承座传至气缸或直接传至底盘上。燃气轮机机组均采用滑动轴承,滑动轴承具有承载能力强、工作寿命长、减振性能好等优点。按功能划分,滑动轴承可分为支撑和止推两种。径向轴承承受径向力,起支撑的作用;推力轴承承受轴向力,起承受轴向推力的作用。

PG6111FA燃气轮机机组包含两个轴颈轴承(支承燃气轮机转子)和一个双向推力轴承(保持转子与静子轴向位置)。轴承位于两个外壳中:一个在进口,另一个在排气框架中心。所有轴承均使用主润滑油系统供油加压润滑。#1轴承(轴颈轴承和推力轴承)可通过拆下压气机进气缸的上半缸进行检修。#2轴颈轴承可通过沿着排气扩压器中心线的风洞很容易接近,维护时无需拆下透平缸体。

保护装置包括振动传感器、轴瓦金属热电偶和回油温度热电偶。

#1轴承组件位于压气机进气缸组件中心,是一个复合轴承,它包括一个四可倾瓦自整位型径向轴承和有正副推力瓦的推力轴承;#2轴承是一个四可倾瓦自整位型径向轴承。这两

个轴承由主润滑油系统供油进行压力润滑。润滑油通过支管流进每一个轴承座的入口，润滑油进入轴承座入口后，流入环绕轴承轴瓦的一个环形通道，再经过轴衬内加工槽流到轴承表面。回油系统由润滑油模块保持负压，以防止透平轴漏油。

每一个轴承座上的挡油圈和径向表面共同构成迷宫式密封。在密封挡油圈和径向表面之间仅留有一个很小的间隙，防止润滑油沿着透平轴渗漏。

PG6111FA 燃气轮机径向轴承下部的两块可倾瓦中心各有一个顶轴油进油孔，在机组启动和停机时，顶轴油将顶起转子 0.05～0.075mm，以减少启动力矩。

燃气轮机的前支撑位于压气机进气缸两侧，燃气轮机后支撑位于透平排气缸两侧，整台机组共有四个支撑。机组的固定点设在“冷端”，允许气缸和转子沿轴向向“热端”膨胀。整台燃气轮机通过四个支撑将其固定在燃气轮机底盘上。

3.6.2　轴瓦

MS 6001 FA 的转子由♯1 轴瓦和♯2 轴瓦两个径向轴瓦支撑，两个径向轴瓦都是由四个瓦块组成的摆动瓦。转子的轴向位置是由推力瓦决定。♯1 轴瓦和推力瓦在一个轴承室内，位于进气蜗壳。♯2 轴瓦在一个轴承室内，位于排气蜗壳。这些轴瓦都是压力润滑的轴承。

3.6.3　联轴器

负荷联轴器连接燃气轮机轴和负荷齿轮箱高速轴，它是一个挠性联轴器，运行时允许轴向尺寸变化 ±25mm，两条轴线夹角 0.25°。负荷联轴器长度大约 1 250mm，法兰直径大约 573mm。

第4章 PG6111FA燃气轮机辅助系统

燃气轮机发电机组,除了燃气轮机本体压气机、燃烧室、燃气透平和发电机以外,还有许多辅助系统设备。如:空气进气系统、压气机进口可转导叶系统、压气机水洗系统、冷却和密封空气系统、通风和加热系统、火灾检测与保护系统、启动系统、润滑油系统等,这些系统保证了燃气轮发电机组安全、可靠、高效的运行。

4.1 天然气系统

天然气系统为燃烧室供给天然气,必须确保下述功能:

① 点火、暖机和加速机组到额定转速;

② 机组在基本负荷下实现较低排放;

③ 正常停机和紧急停机功能;

④ 计量天然气流量。

天然气系统是一个开式的回路系统,包括:

① 一个速度比率截止阀,用来调节天然气压力,其开度与燃机转速成正比,当燃气轮机停机时截断天然气;

② 一套控制阀,用来调整进入不同天然气母管和喷嘴的天然气流量;

③ 天然气过滤器,在燃气轮机试车阶段还必须有临时的过滤器;

④ 天然气阀间排空。

不同天然气母管包括:

① 预混回路1(PM1);

② 预混回路2(PM2);

③ 预混回路3(PM3);

④ 第四回路(QUAT)。

4.1.1 天然气燃料系统概况

国电南浔公司的天然气燃料来自浙江省天然气管网。基于浙江省天然气"多气源一环网"的总体格局,各类气源将从不同方向引入天然气管网互相连通,并网供气,互为补充气源,天然气气源种类和气质参数也会不尽相同。但上述气源的天然气的基本组分均为甲烷,还包括乙烷、丁烷等其他烷烃,燃烧特性、华白指数等指标也基本相同,热值差异在10%以内。

根据浙江省天然气开发有限公司的气质分析资料,天然气品质如表4-1所列。

表4-1 天然气品质

1. 天然气设计参数	
最高温度(℃)	30
最低温度(℃)	−10
天然气进前置系统压力(MPa)	≥2.0

续表

2. 天然气组成	
N_2	1.183%
CO_2	0.66%
CH_4	94.563%
C_2H_6	2.736%
C_3H_8	0.535%
i-C_4H_{10}	0.097%
n-C_4H_{10}	0.105%
i-C_5H_{15}	0.034%
n-C_5H_{15}	0.024%
低热值(0℃,1atm,MJ/m^3)	34.047
高热值(0℃,1atm,MJ/m^3)	37.729
水露点(℃)	−20.323
3. 天然气质量标准	
高位发热量(MJ/m^3)	>31.4
总硫(以硫计)(mg/m^3)	≤200
硫化氢(mg/m^3)	≥20
水露点(℃)	在天然气交接点的压力和温度条件下,天然气的水露点应比最低环境温度低 5℃
注:气体体积的标准参比条件是 101.325kPa,20℃。天然气交接点的压力和温度条件下,天然气中应无游离水	
4. 气体燃料流量	
设计流量(Nm^3/h)	2.5×10^4
最大工况流量(Nm^3/h)	2.5×10^4
最小工况流量(Nm^3/h)	0.075×10^4

天然气南浔末站的压力约 3.5MPa(g),经过约 18km 的管道运输到达分界点(厂区围墙外 1m 处),该供气压力能满足单台机满负荷运行。但若两台机同时满负荷运行,有可能达不到运行参数要求(天然气前置模块进口压力范围要求为 2.50～2.80MPa)。

(1) 燃气轮机前性能保证点:

天然气温度:10℃～60℃;

天然气压力保证值为:2.4～3.15MPa(g)。

(2) 燃气锅炉房燃气入口压力:0.04～0.06MPa(g)。

天然气直接从厂外供气专线管道引接,经过厂内的天然气调压站,对天然气进行过滤和压力调整,调压站出来后的天然气再经过天然气前置模块,在前置模块中,对天然气进一步进行过滤和加热,再进入天然气模块。在天然气模块中,燃气轮机控制系统对天然气的流量进行控制和分配后,进入燃烧室燃烧。

当空气中的天然气浓度达到 5%～15%时,遇到明火就会爆炸。由于天然气易燃、易爆的特性,在厂房内及屋顶布置有大量通风风扇和排风扇,天然气控制调节机构布置在封闭的天然气模块中,天然气模块和燃机间相连,配置有完善的漏气监测、报警、保护及二氧化碳灭火装置。

4.1.2 天然气调压站

天然气调压站由计量系统、过滤及排污系统、调压系统、天然气分配、电气仪表系统及相应的照明、充氮、接地等辅助系统组成,可以分成入口及计量部分、过滤分离部分及调压部分,其作用是对进厂的天然气进行过滤和压力调整。

调压站的主要运行参数为:

① 调压站天然气设计流量:25 000Nm³/h;

② 调压站进口天然气压力:2.6~3.15MPa;

③ 调压站出口天然气压力:2.5~2.8MPa;

④ 调压站进口天然气温度:4℃~28.5℃;

⑤ 调压站出口天然气温度:26.7℃~58.3℃;

⑥ 启动锅炉调压出口压力:0.04~0.05MPa;

⑦ 天然气调压站系统设备规范如表 4-2 所列。

表 4-2　　天然气调压站系统设备规范

1. 过滤分离器			
型号	XFS24B-12	供货商	上海飞奥
分离型式	过滤分离		
入口压力(MPa)	3.7~4.2	天然气流量(Nm³/h)	57 200
滤芯材料	玻璃纤维	入口温度范围(℃)	4~28.5
设计压力等级	300lb	设计压力(MPa)	4.62
入口管径(mm)	ϕ159×7	设计温度(℃)	60
本体材料	16Mn	设计压差(MPa)	−5~10
报警压差(MPa)	0.07		
5μ以上颗粒清除效率	100%	3~5μm 颗粒清除效率	99.9%
2~3μm 颗粒清除效率	99.1%	0.5~2μm 颗粒清除效率	99%
2. 入口隔断阀			
阀门类型	球阀	公称直径(mm)	150
最高工作压力(MPa)	10	水压试验压力(MPa)	15
气密封试验压力(MPa)	0.6	试验温度(℃)	−180~650
泄漏等级/标准	API598		
3. 入口紧急切断阀			
阀门类型	球阀	公称直径(mm)	150
开启时间(s)	3	关闭时间(s)	3
最高工作压力(MPa)	8.5	水压试验压力(MPa)	15
气密封试验压力(MPa)	10.5	试验温度(℃)	−20~60
开启方式/要求	气动	驱动介质	压缩空气
4. 调压器			
调压器型号	REFLUX 819/FO	供货商	GORTER CONTROLS

续表

调压器型式	GLOBE	天然气流量(Nm^3/h)	27000
入口温度(℃)	4～28	入口压力(MPa)	3.5
设计流量(Nm^3/h)	27000	最大流量(Nm^3/h)	27000
最小流量(Nm^3/h)	250	设计压降(MPa)	0.172
驱动介质	天然气		
5. 排污箱及排污泵			
设计压力(MPa)	1.0	材质	碳钢
容积(m^3)	1	设计温度(℃)	60
流量(m^3/h)	3.6	扬程(m)	16
电机功率(kW)	0.75		
6. 计量单元			
型号	3400-HA00	公称直径	DN150
入口压力范围(MPa)	3.7～4.2	入口温度范围(℃)	4～28.5
天然气流量(Nm^3/h)	57200	设计温度(℃)	60
入口管径(mm)	406×14	设计压力(MPa)	4.92

1. 天然气入口和计量部分

调压站入口和计量部分由绝缘接头、超声波流量计及进口紧急切断阀ESD三部分组成。入口绝缘接头用于将静电隔离在调压站之外，确保调压站安全运行。天然气流经绝缘接头后进入超声波流量计，该流量计还配有气相色谱仪，在对天然气流量计量的同时还对天然气的成分进行分析。

天然气先经过紧急切断阀ESD，再进入超声波流量计，进口紧急切断阀ESD的开与关决定整个调压站以及整个燃气轮机是否通气。当调压站或燃气轮机机组发生特殊情况时，将进口ESD关闭，紧急切断天然气，确保天然气供气系统乃至整个电厂的运行安全。

ESD的执行机构为气动执行机构(弹簧返回型)，如图4-1所示。在启动ESD之前，要确保整个天然气系统具备通气条件，各个设备、阀门处于正确的位置。进气前，由指挥人员统一指挥来决定是否可以开启ESD。运行中，若调压站系统发生故障，需要切断气源时，应第一时间关闭紧急切断阀ESD，切断天然气气源。ESD开启前，首先要打开ESD的旁路阀，使ESD阀门前后无压差，在控制室可以遥控打开ESD。

2. 天然气过滤及排污系统

天然气过滤及排污系统由过滤器和排污箱组成。天然气经过紧急切断阀ESD(计量单元)后进入过滤器，除去天然气中的杂质。由于天然气中存在着少量的水及重烃类，这些成分将严重影响燃气轮机燃烧室的正常工作，为确保燃气轮机机组长期稳定运行，必须要将水及重烃除去。过滤器共2台，一用一备，为挡板凝聚式，如图4-2所示。每个过滤器由安全阀、排空阀、碱性液位计等设备组成，其中安全阀用于在过滤系统超压时自动泄压，该阀设定值为4.5MPa，排放阀用于过滤器排放泄压；碱性液位计有2套，下半部的一套用于挡板分离出来的凝结物液位的判断，上半部的一套用于凝聚式过滤芯分离出来的凝聚物液位的判断。碱性液位计用于现场液位的监控，液位开关的信号用于控制排污阀及发出报警信号。另外，还配置了2套差压变送器，用于显示过滤器进出口的差压；当差压达到40kPa时，表明滤芯已经受到污

图 4-1　紧急切断阀 ESD

染，应考虑更换滤芯。

过滤器的过滤效率：5μm 以上的颗粒，过滤效率为 100%；2～5μm 的颗粒，过滤效率为 99.9%；0.5～2μm 的颗粒，过滤效率大于 95%。

排污系统由 1 个气动排污阀、2 个隔断阀和 1 个限流孔板组成。运行中，隔断阀全开，排污阀的开启和关闭由电磁阀控制。当液位高时，液位开关动作，电磁阀通电，排污阀开启；当液位降低时，液位开关返回，电磁阀失电，排污阀关闭。

图 4-2　立式双联过滤器

3. 天然气调压系统

天然气调压系统由 4 条调压支路为 2 台燃气轮机供气，每条调压支路的设计流量为 25 000Nm^3/h，调压部分将南浔末站输送过来的天然气压力调整至 2.65MPa 左右。每台燃气轮机都各有 2 条调压支路，均为一用一备。每条支路由隔断阀、快关阀、监控调压阀和工作调压阀组成。调压支路阀门设定值如表 4-3 所列。

表 4-3　　调压支路阀门设定值

支路名称	快关阀(MPa)	监控调压阀(MPa)	工作调压阀(MPa)
工作支路	2.85	2.70	2.65
备用支路	2.90	2.65	2.60

1）调压系统工作原理

（1）正常运行时，调压工作由工作调压器来完成。工作调压器为自力式调压器，通过指挥器来实现压力控制。指挥器感应调压阀的入口和出口压力，通过其内部的机械结构，将调压器的阀杆稳定在一个固定的位置。这样，当流量一定时，调压阀的前、后压降就不会发生变化，调压器的出口压力也就不再发生变化，从而达到调压的目的。运行时，指挥器的设定压力设为一个定值，当指挥器感应到调压器的出口压力有变化时，指挥器与调压器的膜片处相互配合，使调压器重新达到一个新的平衡，使调压阀后压力始终为设定值。

（2）备用支路工作调压阀的设定值比工作支路略低。工作支路将压力调节在设定值，当备用支路工作调压阀后的压力超过了设定值时，为了降低压力而不断关小；当工作支路故障，导致出口压力不断下降而低于备用支路设定值时，备用支路工作调压阀将逐渐开启来维持压力，起到备用作用。

（3）当工作调压阀故障，导致出口压力升高而超过监控调压阀的设定值时，监控调压阀将逐渐关小来调节压力。

（4）当调压阀出现故障，出口压力异常高时，快关阀的机械装置动作，快速关闭切断气源，起到保护作用。

2）调压站系统气密性试验及气体置换

调压站内的设备应保证气密性良好，不应有泄漏。正常运行中通常采用便携式检测仪来检验其气密性，检测调压站连接部分有无泄漏点。系统的气密性试验通常在初次投运前或系统大、小修之后进行。

当调压站有检修工作时，首先要将检修部分系统进行隔离，并用氮气将天然气进行置换。调压站设置的多个氮气接口，分别用于不同隔离范围的氮气置换，不需要停运整个系统，可以缩小隔离范围，节约天然气和氮气。

3）调压站安全辅助设施

为了安全，在调压站门口放置静电释放器，用于释放进入调压站人员身上的静电。调压站内还设置避雷针、天然气放散管路、危险气体检测器及灭火设备。调压站内的照明应采用防爆型照明。

天然气放散管作用：调压站内放散是在压力容器达到工作压力上限的时候进行放散，防止超压对设备造成损坏。

管道放散：设备维修前对压力容器进行放散，降压及排空天然气，从而达到能使维修安全进行。

4.1.3　天然气前置模块

天然气从调压站出来后要经过前置模块处理。PG6111FA 燃气轮机的前置模块由通用电气公司配套提供，主要由前置过滤器、出口计量装置、关断阀和放散阀等设备组成。

4.1.4　燃料控制和吹扫系统

1. 燃料控制系统

1）燃料控制系统的作用和工作原理

燃料控制系统的作用是将天然气燃料调整至适当的压力、温度和流量，再输送到燃气轮机燃烧室进行燃烧，满足燃气轮机点火启动、升速和加负荷的所有要求。

燃料控制系统的主要部件包括进口滤网、天然气辅助截止阀（VS4-4）、燃料速比截止阀（VSR-1）、燃料气放空阀（VA13-15）、燃料控制阀（VGC-1、VGC-2、VGC-3、VGC-4）、燃料压力传感器、温度传感器、机内输送支管和喷嘴等。所有部件组装在一个模块上,并封闭在燃气轮机旁的气体燃料小室。燃料输送管道和燃料喷嘴装在燃气轮机本体内。

燃料控制系统的基本工作原理是燃料流量由燃料速比截止阀(也称速比阀 SRV)和燃料控制阀控制,速比阀和各个燃料控制阀串联在一起,共同调节进入燃烧室的天然气流量。控制系统在机组运行的不同阶段,通过燃料供应集管(PM1、PM2、PM3、QUAT)及燃料控制阀(VGC-1、VGC-2、VGC-3、VGC-4)控制各路燃料供给之间的比例,实现低氮燃烧,同时根据透平转速和负荷的变化,不断地改变阀门开度,调节进入燃烧室的总燃料流量的大小。

2) 燃料控制系统主要设备

(1) 双联过滤器进口滤网

进口滤网设置在燃料调节系统进口的天然气管路上,当天然气通过该滤网时,滤网将固体颗粒从天然气中分离出来,保护燃气阀门和燃烧室,防止天然气中夹带的杂质损坏阀门密封面或堵塞燃料喷嘴,并造成机组燃烧异常。

制造厂建议新投产机组在首次启动阶段的运行中,应使用网孔尺寸为 40μm 的滤网,直至系统干净(其标准是系统连续运行 10h,滤网的前后压差不升高)。在随后的商业运行中,应使用网孔尺寸为 150μm 的滤网。在进口滤网的前后安装有差压表,在运行中,若差压指示增大,表明滤网发生堵塞,需要进行清理。清理滤网的频率取决于天然气的质量。在滤网底部安装有排污管道和阀门,利用排污管道可以定期对滤网进行排污,防止垃圾堆积,造成滤网频繁堵塞。

(2) 天然气辅助截止阀(VS4-4)

辅助截止阀主要是起到隔绝的作用,确保燃料调节系统能够可靠地切断天然气供给。该阀门为 4 寸蝶阀,开启和关闭行程为 90°,阀门设计最高进口温度为 226℃,打开时间小于4s,关闭严密级别为 6 级。该阀门安装在天然气供应管路上,布置在速比阀上游。该阀门采用气动控制,当控制系统发出辅助截止阀打开指令时,气缸控制电磁阀带电,辅助截止阀气缸进气克服弹簧力,阀门被打开。阀门打开或关闭是否到位通过行程开关来判定。在机组正常运行中,阀门始终处于全开状态;当机组停机或跳闸时,辅助截止阀迅速关闭,关闭时间小于 1s。

(3) 燃料速比截止阀(SRV-1)

燃料速比截止阀(速比阀),是采用液压油控制的 8 寸球阀,开启和关闭行程为 90°,阀门进口设计耐热温度为 260℃。阀门油动机为单侧进油,活塞一侧为液压油,另一侧为弹簧。速比阀关闭是通过伺服阀泄去油动机内的液压油,在执行机构弹簧力的作用下实现的;打开则是依靠电液伺服阀的控制,使油动机进油克服弹簧力实现的。

该阀门有两个功能:一是截止阀的作用,起到隔绝天然气,达到保护系统设备的目的。在机组紧急跳闸或正常停机时,阀门关闭切断天然气供应,防止天然气漏入燃烧室。二是调节进入燃料控制阀前的压力的作用,使其压力成为转速的函数。速比阀作为天然气压力调节阀,控制速比阀出口的天然气压力,即控制燃料控制阀的入口压力,从而使天然气控制阀的开度与天然气的流量成固定的对应关系,不受天然气可压缩性的影响。

打开速比阀前,必须满足的条件是:主保护电路必须投用,气体燃料系统吹扫阀必须关闭,火焰探测控制装置必须投用或者点火允许电路必须投运。

当机组燃烧室火焰熄灭、启动点火失败时,速比阀会自动关闭;当机组主保护回路或点火回路出现故障时,系统将阻止阀门打开,直到故障消除,满足投运条件。为保证阀门的严密性,在燃气轮机启动时,控制系统会自动进行阀门泄漏测试(一次在启动过程中,另一次在停机过程中)，主要目的是对速比阀和天然气控制阀的严密性进行检查。若严密性测试不能通过，机组就不能启动，需要对阀门进行检查。

(4) 燃料气放空阀(VA13-15)

燃料气放空阀安装在速比阀和燃料控制阀之间，当机组停机后，燃料气放空阀打开。由于速比阀和燃料控制阀都是金属阀头和金属阀座，因此不会非常严密。燃料气放空阀打开后，应确保在机组停机期间，速比阀和燃料控制阀之间的天然气不会堆积，同时保证不会有天然气漏过关闭的控制阀进入燃烧室或排气道而发生爆燃。

燃料气放空阀采用气动控制，当机组停机后，燃料气放空阀处于常开状态，将速比阀和燃料控制阀之间管路的天然气排空。当机组启动，随着透平转速升到点火转速以上时，该阀门的控制电磁阀通电，燃料气放空阀关闭。燃料气放空阀在机组运行期间始终保持在关闭状态。

(5) 燃料控制阀(VGC-1、VGC-2、VGC-3、VGC-4)

燃料控制阀的作用是根据透平转速和外界负荷的变化，不断地改变阀门的开度，调整进入燃烧室的天然气流量。

燃料控制阀使用带有裙边的蝶形体阀芯和文丘里型阀座。由于设计时已经考虑到在所有工况下确保燃料控制阀前后的天然气压比总是满足小于临界压比的条件，因而流过燃料控制阀的天然气流量与阀门前后的压力降无关，仍是阀前压力和阀门行程的函数。速比阀负责调节燃料控制阀前的压力，燃料控制阀根据控制系统的燃料行程基准 FSR，同速比阀联合起来工作，调节供给燃气轮机的总燃料量。

PG6111FA 燃气轮机使用天然气燃料，采用干式低氮氧化合物燃烧系统 DLN2.6 燃烧室，DLN2.6 控制系统调节多喷嘴总体预混合燃烧器的燃料分配，每个燃烧室燃料喷嘴的燃料流量分配均经过计算，以保证达到机组负荷要求和燃机最佳排放。DLN 2.6 燃烧系统每个燃烧室有 6 个燃料喷嘴，每个喷嘴都可作为一个完全预混合燃烧器，其中 5 个喷嘴径向布置，1 个喷嘴位于中心。中心喷嘴用 PM1(预混合 1)表示，2 个靠近交叉管的外部喷嘴用 PM2(预混合 2)表示，其余 3 个外部喷嘴用 PM3(预混合 3)表示。另一个燃料通道位于预混合喷嘴上游的空气流中，围绕燃烧室，称为第四燃料管(QUAT，有 15 个小的喷嘴)。

在燃料调节系统中共配备了 4 个燃料控制阀，分别称为 VGC-1、VGC-2、VGC-3 和 VGC-4。这些阀门都由油动机驱动，油动机为单侧进油。另一侧为弹簧，阀门打开依靠伺服阀控制油缸进油，从而通过油压克服弹簧力打开阀门，关闭则通过伺服阀泄去液压油来实现。当机组发生跳闸时，这些阀门在同一时间泄去液压油，弹簧力立即关闭阀门，切断燃料供给。

根据转速和外界负荷变化的要求，主控制系统将计算出每一个通道应有的燃料份额，不断调整伺服阀电流，不断地改变燃料控制阀的开度(阀门流通面积)，以调整送入燃烧室的天然气流量。

天然气调压站各部件功能如表 4-4 所列。

表 4-4　　天然气调压站各部件功能

部件代号	功能描述
20VG-1	阀间排空
33VG-11	排空阀关闭指示
63FG-1	检测天然气来气压力低

续表

部件代号	功能描述
63FG-2	检测天然气来气压力低
63GQ-1	检测天然气过滤器压差高
65GC-1	控制天然气阀开度
65GC-2	控制天然气阀开度
65GC-3	控制天然气阀开度
65GC-4	控制天然气阀开度
90SR-1	控制天然气阀开度
96FG-1	测量天然气来气压力
96FG-2A	测量天然气阀间压力
96FG-2B	测量天然气阀间压力
96FG-2C	测量天然气阀间压力
96GC-1	测量天然气控制阀开度
96GC-2	测量天然气控制阀开度
96GC-3	测量天然气控制阀开度
96GC-4	测量天然气控制阀开度
96GC-5	测量天然气控制阀开度
96GC-6	测量天然气控制阀开度
96GC-7	测量天然气控制阀开度
96GC-8	测量天然气控制阀开度
96SR-1	测量天然气速比阀开度
96SR-2	测量天然气速比阀开度
96VM-1	测量天然气流量
FG1	过滤天然气
FH7-1	液压油过滤器
FH8-1	液压油过滤器
FH8-2	液压油过滤器
FH8-3	液压油过滤器
FH8-4	液压油过滤器
FT-GI-1A,1B	测量天然气温度
FT-GI-2A,2B	测量天然气温度
MG1	天然气喷嘴——第一
MG2	天然气喷嘴——第二
MG3	天然气喷嘴——第三
MG4	天然气喷嘴——第四
VA13-15	阀间排空
VGC-1	调节 VGC-1 天然气流量
VGC-2	调节 VGC-2 天然气流量

续表

部件代号	功能描述
VGC-3	调节 VGC-3 天然气流量
VGC-4	调节 VGC-4 天然气流量
VH5-1	控制 VSR 液压油路的通断
VH5-2	控制 VGC-1 液压油路的通断
VH5-3	控制 VGC-2 压油路的通断
VH5-4	控制 VGC-3 压油路的通断
VH5-5	控制 VGC-4 压油路的通断
VM-1	测量 VSR 上游的天然气流量
VSR-1	调节天然气压力，使其与燃机转速成正比，停机的时候截断天然气

2. 燃料吹扫系统

1）燃料吹扫系统的作用

吹扫系统的主要作用是：当某个天然气燃料控制阀因燃烧方式的原因而关闭时，为了防止其下游管道天然气堆积，甚至发生燃烧回流现象，致使出现燃料喷嘴被燃烧室的高温烧化情况，需要对关闭的燃料控制阀下游管路和喷嘴进行不断的吹扫和冷却。燃料气喷嘴的吹扫空气来自压气机排气。提供吹扫空气的管路系统称为燃料气吹扫管路系统。采用 DLN2.6 燃烧室的燃气轮机，在 VGC-1、VGC-2、VGC-3 和 VGC-4 燃料控制阀后的燃气管道中都接入了吹扫管道。

2）燃料吹扫系统主要设备和功能

燃料吹扫系统主要由安装在冷却和密封空气系统、燃料气控制系统和压气机之间的一些部件组成，该系统所有部件均布置在燃料气小室内。来自压气机排气 AD6 接口的吹扫空气分为四路：三路分别通往燃料气喷嘴流道（PM1、PM2、PM3），另一路通往燃料喷嘴流道（QUAT）。

当流经某一气体燃料喷嘴的燃料停止流动时，就要启动对该燃料气喷嘴流道的吹扫。通过抽气支管将压气机排气导入气体燃料管，吹扫气体燃料喷嘴。需要不断地有空气从气体燃料喷嘴端流出，以保证气体燃料支管及其相连的管道里不再集聚易燃气体，并且冷却燃料喷嘴。

4.1.5　热水炉及热水交换器投运和退出

1. 热水炉投退时间规定

（1）燃气轮机启动前，投运热水炉，检查确认热水炉工作正常。

（2）燃气轮机解列，热水炉停运。

2. 热水炉投运操作步骤

（1）系统检查：检查调压站已投运正常，调压站供热水炉管道手动阀开启，天然气压力正常；检查热水炉循环水泵完整，电机外壳接地良好，绝缘合格已送电，符合启动条件；检查系统完整，待投运热水交换器进回水主管道上手动阀均开启，备用热水交换器进水阀开启，回水阀关闭，回水气动调节阀气源正常；检查热水炉水箱水位正常，热水炉及其水系统管路充满水。

（2）热水炉控制箱检查：检查热水炉控制盘指示正常，无异常报警；检查控制盘上“远程”

及“本地”指示在“本地”位,指示绿灯亮;检查锅炉状态指示在“锅炉停止”位,指示绿灯亮;检查热水炉循环水泵指示在“#1”或“#2”,且#1及#2循环水泵均在“停止”位,指示绿灯亮;检查热水炉水温设定值下限为45℃,上限为60℃;检查热水炉当前水温在上、下限之间。

(3) 在控制盘上所选择的循环水泵下方点击“启动”,“启动”指示绿灯亮;检查循环水泵自动启动正常。

(4) 在控制盘上点击“锅炉启动”,“锅炉启动”指示绿灯亮;检查热水炉风机启动正常,检查热水炉运行正常。

(5) 热水炉投运正常后,检查热水炉当前水温开始上涨,检查热水交换器出口天然气温度上升,检查调压站出口至燃气轮机供气温度上升。

(6) 联系集控监盘人员,热水炉已投运,注意监视天然气温度。

3. 热水炉停运操作步骤

(1) 确认燃气轮机已全部解列。

(2) 在控制盘上点击“锅炉停止”,“锅炉停止”指示绿灯亮;检查热水炉已停止运行。

(3) 检查热水炉当前水温开始下降。

(4) 在控制盘上显示“启动”的循环水泵下方点击“停止”,“停止”指示绿灯亮;检查循环水泵自动停止运行。

4. 热水炉运行维护

(1) 检查热水炉水箱水位正常。

(2) 检查运行热水循环水泵无异音、无振动,电机外壳接地良好。

(3) 检查备用热水交换器进水调节阀前手动阀及出水阀关闭,调节阀控制压缩空气压力大于0.5MPa。

(4) 检查热水炉控制箱正常:热水炉电源指示灯亮;热水炉无电源异常报警;热水炉电源急停指示灯灭;热水炉风机程控器(风机尾部)无红色或黄色报警;#1循环水泵控制开关在自动位置,运行指示灯亮;#2循环水泵控制开关在停止位置,运行指示灯灭;热水炉燃烧控制开关在自动位置,燃烧指示灯亮;观火孔火焰指示正常;热水炉供水温度正常(45℃~60℃)。

(5) 机组运行中,监盘人员对燃气轮机入口天然气温度连续进行监视,发现燃气轮机入口天然气温度异常降低,应派人就地检查热水炉运行情况。

(6) 机组运行中,监盘人员对热水交换器出口、调压站出口天然气温度加强监视,关注光字牌异常报警。发现天然气温度异常下降,应立即派人就地检查热水炉运行情况。

5. 注意事项

(1) 热水炉燃烧模式为自动控制模式:当水温降至设定下限45℃时,热水炉自动启动;当水温升至设定上限60℃时,热水炉自动停运。若运行中检查热水炉时发现燃烧控制开关在自动位置而燃烧指示灯灭,要引起高度重视。检查当水温降至45℃时,热水炉自动启动,否则联系检修处理。

(2) 水泵模式为自动控制模式:当水温升至设定上限60℃时,热水炉水泵自动停运;当水温降至设定上限60℃时,热水炉水泵自动启动。

(3) 水泵自动控制温度设定值、燃烧自动控制温度设定值运行中不作调整。

4.1.6 天然气系统投运前检查与启动

(1) 确认所有工作都已终结,安全措施已拆除。

(2) 所有将要投用的设备已经过气密性试验并合格。设备(包括管道)上的安全阀经试验台试验合格并安装在正确的位置。

(3) 打开所有压力表、差压计、流量计一次门。投入所有热工仪表，检查仪表指示正确。各设备的液位保护静态试验合格并投用，气控阀门的控制装置能投入正常使用。

(4) 按天然气投入检查卡检查与系统外相连的各阀门的关闭状态，系统内部的设备进出口门开位置。

(5) 在设备入口端送入氮气进行吹扫，打开各末段排放阀，直至空气放尽(氧气浓度小于1%)后停止氮气吹扫。整个系统可以一次完成置换或者分部进行。

(6) 打开各液位调整阀前后隔离门，调整门投入自动。

(7) 氮气置换的步骤如下：

① 把要进行置换的部分与其他系统完全隔离；

② 全开放散系统阀门；

③ 充氮气至0.15～0.20MPa；

④ 缓慢关闭系统放空截止阀(基本半开状态)，调节充氮系统减压阀门，保持压力在0.15～0.20MPa；

⑤ 在放散阀处检测氧气含量，直至氧气的体积含量小于1%，关闭放散阀，关闭充氮系统。

(8) 充压注意事项：

① 要确保系统的上、下游系统已经完成了气密性试验及氮气置换等相关工作；

② 充压时，应通过管道的进口球阀的旁路阀进行前后的压力平衡，防止压力高损坏下游设备；

③ 充压操作应缓慢进行，并开启各管道末段的排放阀，检测排放口天然气浓度达95%后关闭排放阀，将天然气升至全压；

④ 运行或备用中的天然气设备，应始终保持正压(0.1MPa以上)，防止空气进入设备内部；

⑤ 当燃气轮机启动时，调压站的远程压力调节系统会介入调压器的工作，逐步升高调压站的出口压力设定值，保证更高的调压器调节精度。

4.1.7 天然气系统停运

(1) 关热水炉进水总门。

(2) 关进气门和出气门，查旁路门关闭。

(3) 当设备内失去压力后，应尽快用氮气置换天然气，天然气浓度小于3%即合格。

(4) 在置换时，务必使每段管道的末端都能置换到。气体应排放到专用的排放口；没有专用排放口而必须排放的，应设置警戒线拦出禁止人员进入和禁火区域，并有安全人员监护。

4.2 燃气轮机进、排气系统

燃气轮机进气系统的作用是对空气吸入、过滤、消声并引至压气机进气匣。该系统由一个封闭的进气室和进气管道组成，在进气管道下游与压气机进气道相连接。

燃气轮机排气系统将燃气轮机排气引至余热锅炉，经余热锅炉受热面吸热后，通过烟囱排到大气中。燃气轮机排气通道安装有多个膨胀节，保证排气通道受热膨胀不受阻。为了保护燃气轮机，在燃气轮机排气通道内还设了一组叶片通道温度测量点、一组排气温度测量点、排气压力开关及可燃气体探测装置。

环境中的空气经过进气室一、二级过滤器后进入压气机进气室内，再经过消声器到达压气机入口;空气经过压气机压缩升压后进入燃烧室,在燃烧器内与天然气混合、燃烧产生高温高压烟气,进入燃气轮机透平做功,做功后的乏汽通过排气段引入余热锅炉。

4.2.1 空气进气系统

燃气轮机在燃烧时,需要大量的空气用于助燃和冷却,空气中含有浮尘,这些浮尘进入压气机会导致压气机通流部分结垢,造成压气机通流面积的减少以及燃气轮机的输出功率降低等问题。为了提高燃气轮机运行性能和可靠性,在空气进入燃气轮机压气机之前,对空气进行过滤处理,如表 4-5 所列。

表 4-5　　压气机进气处理系统

1. 入口过滤器室				
型号	/	供货商	/	
初阻	/	入口过滤器	/	
额定流量	/	最大入口温度	/	
2. 抽气加热系统				
最大温度(℃)		402		
最大压力(kPa)		1 517		
最大流量		/		
3. 热工元件整定值及功能				
Mark VIe 编号	名称	功能	设定值	单位
63TF-1	进气滤压差开关	报警	6±0.25	inH_2O
63TF-2A/2B	进气滤压差开关	自动停机	21±0.5	mbar
VPR41-1	IBH 控制气调压阀	恒定控制气	45±2	psig
96TF-1	进气滤网总差压			
96BH-1	进气加热控制阀上游压力变送器	监视压力	/	
96BH-2	进气加热控制阀下游压力变送器	监视压力	/	

1. 空气进气系统功能和组成

空气进气系统主要功能有:对压气机进口空气进行过滤,改善供给压气机进口的空气质量;对进口空气进行加热,使加热的压缩空气均匀地喷入;消声器能降低压气机入口的噪声;防止产生较高的进气压差,将进气压降保持在允许范围。

燃气轮机的进气系统由进气室、进气过滤器室、进气消声器、抽气加热系统、进气弯头和滤芯反吹系统等组成,如图 4-3 所示。进气系统与机组成 90°布置,进气过滤器室布置在机组罩壳上方,过滤器滤芯水平安装在过滤器室中。该过滤器为“脉冲自清洁型”,脉冲空气反吹下来的灰尘依靠重力排出,整个进气系统的压力损失较小。

进气过滤室包括进口滤网、除湿器和带自动过滤清洗系统的滤芯。在进口过滤器室后,顺气流而下安装有进气加热母管。进气加热系统包括控制阀、压力传感器、位置指示器和抽气加热管道。抽气加热管道将压气机抽气引入进气加热母管,有助于防止压气机结冰,并用来减少 NO_x 的排放。紧靠抽气加热管道后面有一排消声器,用来降低来自压气机的低频噪声,再由弯管重新将空气向下引入进气室。弯管内有两层格栅式滤网,防止异物进入燃气轮机。两个膨胀节,一个位于过滤室与进口消声器组件之间,另一个位于过渡导管与进气室之间。

进气部分由以下部件组成:进气防雨分离器(惯性分离器)、进口过滤器、进气室内爆门、消

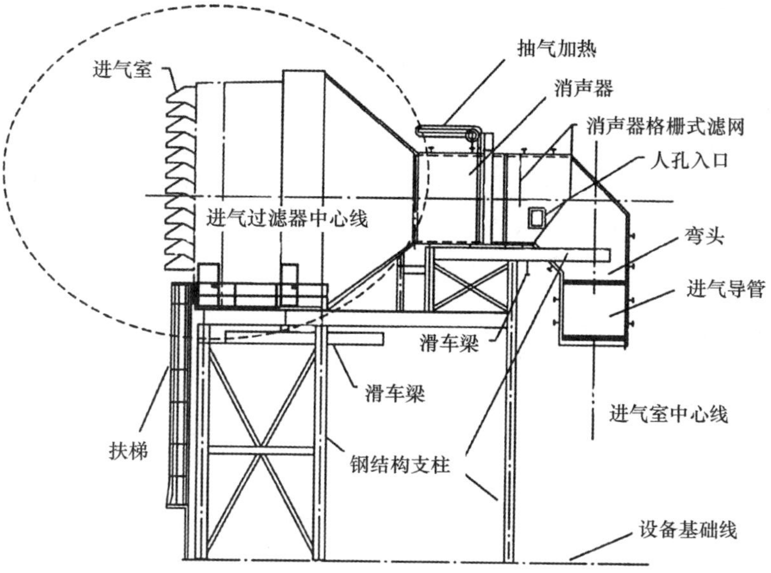

图 4-3　空气进气系统主要结构和管道

声器、进气导流板、压气机入口连结弯管、进气段膨胀节等部件组成。

1）进气防雨分离器

进气防雨分离器由两部分组成，包括进口雨水挡板及“S”形惯性分离挡板。在暴雨天气可将雨水有效分离排出，对湿度较大的空气（雨、雾天气）中的水蒸气能起到一定的分离作用，保证进气干燥度，防止潮湿带水空气缩短进气过滤器使用寿命。进气防雨分离器底部均设置有集水槽，将收集的雨水排出。同时，进气防雨分离器可以防止较大异物，如小鸟、树枝、纸片等进入压气机进气室。

2）进口过滤器

进口过滤器主要作用为过滤掉空气中的杂质，保证进入压气机内空气的洁净度。进口过滤器分两级设置：一级过滤器由机盖和设置在机盖内腔中的滤芯构成；二级过滤器由机身和设置在机身内腔中的滤芯构成。一级过滤器设置在二级过滤器上。在一级过滤器的出气面与二级过滤器的进气面之间设置密封件。

3）进气室防爆门

为了防止进气室过滤器差压突变，危及机组安全运行，设置有防爆门，防爆门在机组过滤器进气差压较大的情况下自动打开。

4）消声器

消声器是几块竖直平行布置的隔板，隔板由多孔吸声板做成，里面装着低密度的吸声材料。消声器将压气机叶片产生的高频噪声减弱，降低从进口滤网排出的噪声。

5）进气导流板

进气导流板的作用为平滑地改变气流方向，使进气在压力损尽可能小的情况下导入压气机入口。

6）压气机入口连结弯管

压气机入口连结弯管由一个经过声学处理的弯头组成，也起到一定的消声作用。

7）进气段膨胀节

膨胀接头是用螺栓连接到进气室和进气管道上，用来消除进气系统的膨胀及振动。

2. 进气抽气加热系统

进气抽气加热系统由手动隔离阀、进气抽气加热控制阀(IBH)、压力传感器及控制阀的气动回路组成，如图4-4所示。抽气加热系统从压气机排气缸抽出一部分高温、高压空气，通过一个手动隔离阀和气控调节阀，引入安装在进口消声器下游的加热管道，对压气机进口空气进行加热。

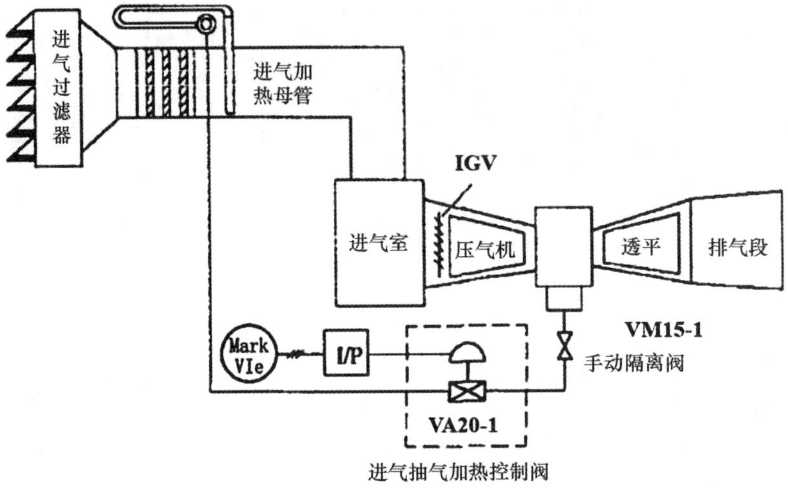

图4-4　进气加热系统

进气抽气加热系统的主要作用是防止空气中的水蒸气在压气机进口凝结或结冰，扩大DLN2.6燃烧室预混燃烧方式的运行范围，同时在部分负荷时，通过抽气加热回路使得压气机的容积流量增加，改变压气机进口可转导叶IGV的气流冲角，防止压气机喘振及提供压气机压比超限保护。

压气机进气抽气加热控制阀(IBH)全开时，流量为压气机流量的5%，阀门的动力气源是机组的仪表用气，阀门为失气开启，当失去仪表用气时，执行机构内的安全弹簧将使阀门处于全开状态。

在环境温度低于4.4℃或压气机入口温度低于−12.2℃的露点温度时，并且压气机进口温度和露点温度之差小于5.6℃，为了防止冰冻，若操作员将进气防冰按钮投入，将自动启动进口抽气加热功能。为取得最佳的稳定防冰控制，采用了露点温度的比例积分闭环控制，以使进口空气温度保持在高于露点温度5.6℃，防止水蒸气在压气机进口冷凝，甚至结冰。

露点传感器位于进口管内进口过滤器下游，环境温度热电偶在进口抽气加热总管上游。差压开关监控进口过滤器压降是否超出范围，压降过大说明已经发生冻结，会触发报警，提醒操作员有结冰现象。压气机抽气加热母管位于进口空气过滤器下游。在进口位置需要安装遮风雨装置以防雪防冻，使防冻系统更好地发挥效能。该系统还提供有手动控制方式，通过Mark VIe控制器，允许操作员手动发出升、降进气加热控制阀(VA20-1)的命令来启动进口抽气加热系统。

在机组加载运行中，为防止压气机压比超限保护，还设置了下列保护：

(1) 利用抽气加热进气对压气机压比进行保护。在机组的加载运行中，当压气机压比达到工作极限基准时，打开抽气加热控制阀。

(2) 在快速负荷变化时或在进气抽气加热系统有故障时，用燃气轮机 FSRCPR(压气机压比燃料控制基准)去限制燃料量，对压气机压比进行保护，保证压气机压比不超过压比极限。

3. 压气机进气处理系统的操作

当压气机进气滤网差压大于 6inH_2O 时，进气滤网差压高报警，应适当降低负荷使报警消失，避免压差到 8.43inH_2O 时引起燃机跳闸，此时应考虑及时更换压气机进气滤网。

4. 压气机入口空气加热装置

(1) 检查该系统检修工作全部结束，安全设施拆除，现场清洁。

(2) 检查设备系统完好，各表计齐全良好，仪表阀门均开启，操作系统阀门至正常运行状态。

(3) 自动控制：

① IBH 控制阀在 Mark VIe 的控制下将入口加热抽气流量作为 IGV 角度的函数来做调节，在最小 IGV 角度时，入口抽气流量控制在压气机总排放流量的 5%；

② 当环境温度低于 4.4℃并且压气机进口温度和露点温度之差(过热度)小于 5.6℃时，若操作员将进气防冰按钮投入，入口加热防冰系统将自动投入；

(4) 手动控制：入口加热防冰系统也提供手动控制，但只能由热工人员控制，从 Mark VIe 控制器通过控制阀 VA20-1 增加或降低的指令来启动入口空气加热。

(5) 快速开启：为了在应急情况下快速打开控制阀，在系统中设计了控制阀快速开启回路。当 I/P 转换器向气动执行器输入 4mA 电流或 20TH-1 失电时，快速开启回路的 VA40-1 和 VA42-1 阀放空，迅速把 IBH 控制阀开启。

压气机入口空气加热装置的各部件功能如表 4-6 所列。

表 4-6　压气机入口空气加热装置的各部件功能

部件代号	功能描述
20TH-1	控制抽气加热阀
33TH-3	指示抽气加热阀的开度
65EP-3	电-气信号转换(4～20mA)
96BH-1	测量抽气加热阀上游压缩空气压力
96BH-2	测量抽气加热阀下游压缩空气压力
96TH-1	测量阀的行程
VA20-1	调节抽气加热阀的空气压力
VA40-1	控制 VA20-1 阀
VA42-1	允许快速打开 VA20-1 阀
VM15-1	手动切断加热空气
VPR41-1	调节空气压力

5. 相关报警处理(表 4-7)

表 4-7　　空气进气系统相关报警处理

报警	报警内容	可能的原因	采取措施
L63TFH_SENSR L63CSH-SENSR	空气进口滤网差压开关故障	差压开关信号失真	1. 就地检查差压表; 2. 在 Mark VIe 上超弛差压报警和跳闸(防止误跳闸),检查开关标定值和开关接线
63TF-1A (L63TF1H-ALM) (L63CSH_ALM)	空气进口滤网差压高报警	过滤器堵塞或结冰	1. 就地检查差压表; 2. 若压差不能降低到正常范围内,应减负荷防止跳机; 3. 检查滤网有无大的异物引起压差高; 4. 根据实际情况决定是否停运机组并更换滤网
63TF-2A 63TF-2B (L63TFH_ALM) (L63TF2AH_ALM)	空气进口滤网压差高停机	过滤器堵塞或结冰	1. 检查机组已停运; 2. 检查滤网有无大的异物引起压差高并去除; 3. 检查滤网压差监视系统,确认其工作是否正常; 4. 更换滤网
L3BHFT_ALM	抽气加热系统没有运行-跳闸	抽气加热系统故障	1. 检查机组已停运; 2. 检查抽气加热系统确定跳闸原因,并处理
L33TH3_ALM	抽气加热系统手动隔离阀没有打开	抽气加热系统手动隔离阀关闭	1. 检查抽气加热系统,确认控制阀关闭,打开隔离阀; 2. 若透平停运,调整系统正常后重新启动
L3BHF1_ALM	进口空气加热控制阀没有跟踪		1. 处理控制阀故障; 2. 根据情况决定是否停机
LCPBHP_ALM	进口抽气加热变送器故障		1. 处理变送器故障; 2. 根据情况决定是否停机
L83MAI_ALM	防冰手动控制动作		表明防冰在手动控制,不需要采取措施
LATID_ALM	防冰大气温度热电偶故障		1. 处理进口大气温度热电偶故障; 2. 根据情况决定是否停机; 3. 故障处理结束后检查就地和 Mark VIe 中的大气温度,确认其在正常范围内
LCTBD_ALM	进口抽气加热热电偶故障		1. 处理进口抽气温度热电偶故障; 2. 根据情况决定是否停机; 3. 故障处理结束后检查就地和 Mark VIe 中的大气温度,确认其在正常范围内

4.2.2　燃气排气系统

燃气排气系统与通用电气公司的传统结构相比作了较大改进，将传统的侧排气改成了水平排气。这样，既可以直接与余热锅炉进气烟道相连，又能够减少排气压力损失。

此外，该机组还设有一套压气机水洗设备，可以离线或在线清洗压气机，以清除压气机动静叶片上的积垢，减少通流部分的堵塞，保持压气机的高效率。

排气部分主要由排气缸、排气通道及排气膨胀节组成，并安装有排气压力和温度监视装置。

1. 排气压力监视装置

在燃气轮机排气段安装有 1 个压力变送器及 3 个压力开关，压力变送器将排气压力传送到 DCS 上用于监视。3 个压力开关采用“3 选 2”的方法，当燃气轮机压力高，压力开关动作机组跳闸。

2. 叶片通道温度检测器

燃气轮机内部的高温烟气经过燃烧做功后没有在排气段混合，叶片通道温度测量点所测到的温度场，充分反映了燃气轮机内部燃烧、做功的温度场。因此，叶片通道温度检测主要用来监控燃气轮机燃烧工况，保护燃气轮机安全运行。

3. 排气温度检测器

排气段安装排气温度检测器，排气温度测量点安装在排气段中段部位，排气温度已充分混合，各测量点温度偏差较小。排气温度检测主要用于燃气轮机的燃烧控制及保护。

4.3　压气机进口可转导叶系统

压气机进口可转导叶(IGV)系统由液压控制系统和可转导叶回转执行机构组成，其主要作用有以下几点：

① 在机组启动、停机过程中起到防止压气机喘振的作用；

② 在燃气轮机联合循环的运行中，通过调节进口可转导叶的开度，调节燃气轮机的排气温度，实现 IGV 温度控制，以满足联合循环运行变工况时，对余热锅炉的温度要求，提高联合循环机组运行经济性；

③ 在单轴联合循环机组的启动、停机过程中，通过调节进气可转导叶的开度，调节燃气轮机的排气温度，实现燃气轮机排气温度与汽轮机汽缸温度的匹配；

④ 采用干式低氮氧化物燃烧室的机组，在加负荷时用减少 IGV 的最小全速角的设定值，再加上进气加热，能够扩大预混燃烧的运行范围。

系统由 HM3-1 进口可转导叶、90TV-1 进口可转导叶伺服阀、VH3-1 进口可转导叶跳闸阀、FH6-1IGV 伺服阀液压油回路滤网、96TV-1/2 进口可转导叶位置反馈、AH2-1IGV 液压油储能器及 VR81-21 IGV 液压油压力释放阀组成，如图 4-5 所示。

进口可转导叶在机组启动、停机过程中，以及机组带部分负荷运行的情况下，为避免压气机出现喘振，可控制关小 IGV 的角度，扩大压气机防喘裕度。可转导叶的动作由液压系统控制，导叶的开度自动根据控制系统的指令进行调整，以满足燃气轮机排气温度的控制和在机组启、停时压气机防喘的要求。在启动和停机过程中，对可转导叶进行 IGV 温度控制，使燃气轮机透平的排气温度保持在允许的最高水平，以提高联合循环在部分负荷时的热效率。当燃气轮机转速到 8.4%时，IGV 角度从 21°开至 29°，经过清吹、点火等程序，直至燃气轮机转速到达 88%左右时，IGV 开度开至 54°。随着机组转速的上升，到机组全速空载工作状态，到机组并网，排气温度上升，受 IGV 温控的控制，IGV 开度保持不变。机组进入燃气轮机排气温度与汽

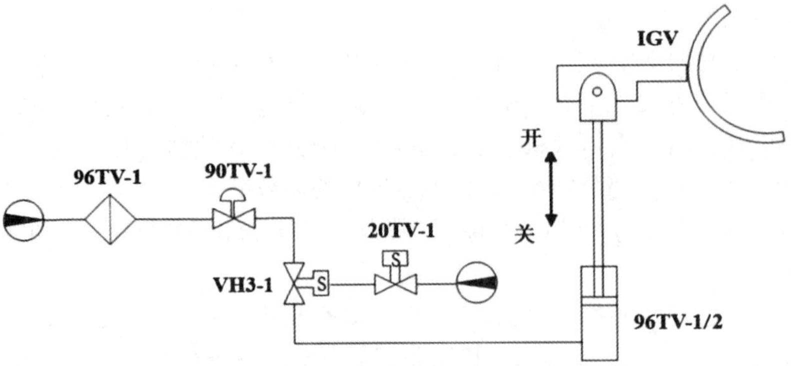

图 4-5 IGV 系统组成

轮机进汽室金属温度匹配程序。

燃气轮机排气温度与汽轮机进汽室金属温度匹配程序，在热态启动和冷态启动所采取的措施不同：

① 机组热态启动时，为了获得较高的燃气轮机排气温度与汽轮机较高的进汽室金属温度相匹配，IGV 开度保持不变，维持在 41.5°，增加机组负荷。一旦燃气轮机排气温度与汽轮机进汽室金属温度匹配，进行汽轮机冲转。当汽轮机初始加负荷完成，燃气轮机进一步加负荷，在 40%左右负荷 IGV 开始由 41.5°开始开大，随着负荷的增加 IGV 渐增至最大角度 86°。

② 机组冷态启动时，为了获得较低的燃气轮机排气温度与汽轮机较低的进汽室金属温度相匹配，在燃气轮机并网带初负荷后，采用投入燃气轮机排气温度匹配模式使 IGV 角度开大，从而控制较低的排气温度。IGV 开度的大小取决于汽轮机进汽室的金属温度高低。一旦燃气轮机排气温度与汽轮机进汽室金属温度匹配，汽轮机满足冲转参数开始冲转暖机，冲转至 3000rpm，汽轮机并网带初始负荷。当汽轮机初负荷暖机完成，通过缓慢提高燃气轮机温度匹配设定值使 IGV 关小，当 IGV 关小至 41.5°后，撤出燃气轮机温度匹配，投入预选负荷模式，燃气轮机进一步加负荷。负荷到 40%额定值左右时，IGV 开始由 41.5°开始开大，随着负荷的增加，IGV 开度增加到最大开度 86°。

燃气轮机达到全速前，若 IGV 的 CSGV(IGV 实时角度)与 CSRGV(IGV reference)相差 5°(LK86GVA)的绝对值，则发出报警；相差 7.5°(LK86GVT)的绝对值，则会出现 IGV 不跟随基准 CSRGV 而跳闸。

在采用 DLN2.6 燃烧技术的机组中，通过调整进口可转导叶的角度来控制压气机进气量，达到配合燃烧方式的切换。可转导叶液压系统中设置有蓄能器，在液压油系统泄漏或液压油泵断电情况下，提供能量及时关闭可转导叶，防止压气机损坏，保护压气机。

压气机进口可转导叶系统的各部件功能如表 4-8 所列。

表 4-8　　压气机进口可转导叶系统的各部件功能

部件代号	功能描述
90TV-1	控制 IGV 位置
96TV-1	测量 IGV 角度
96TV-2	测量 IGV 角度
ACV1-1	IGV 液压组件

续表

部件代号	功能描述
AH2-1	吸收和补偿压力波动
FH6-1	过滤器
HM3-1	IGV 组件
VH3-1	控制 IGV 液压油的通断
VR81-21	防止回路超压，蓄能器的油隔离和排放

4.4　燃气轮机冷却和密封空气系统

燃气轮机冷却和密封空气系统包括透平气缸中专门设计的气道、透平喷嘴和旋转部件、压气机抽气管道、透平排气框架冷却风机(88TK-1/2)、#2 轴承冷却风机(88BN-1/2)、空气过滤器(FA6-1)、压气机防喘放气阀(VA2-1/2/3/4)、压气机防喘电磁阀(20CB-1/2)、压气机排气压力变送器(96CD-1A/1B/1C)、透平排气框架冷却风机出口压力开关(63TK-1/2)、#2 轴承冷却风机出口压力开关(63BN-1/2)、防喘放气阀的限位开关(33CB-1/2/3/4)、分流式止回阀(VCK7-1/2/3/4)等各种相关的部件。

燃气轮机运行时，冷却和密封空气系统从压气机的第 9 级和第 13 级以及压气机出口抽取空气，向燃气轮机透平转子与静子的各部件提供必需的冷却空气。系统主要功能有冷却透平排气框架，冷却 #2 轴承区域，冷却透平喷嘴，清吹燃料喷嘴，在燃气轮机启动和停机时保护压气机，防止压气机喘振，此外还用于测量压气机排气压力以及提供仪表气源。

4.4.1　带喘振保护的压气机抽气系统

为防止机组发生失速喘振，燃气轮机通常采用压气机抽气和调节可转导叶角度作为防喘振措施，使机组在启动点火、加速和停机减速时避免发生喘振。

PG6111FA 燃气轮机配备有气动控制的防喘放气阀(VA2-1/2/3/4)，将从第 9 级和第 13 级的抽气排放掉。机组启动时，三通防喘电磁阀(20CB-1 和 20CB-2)处于失电状态，关闭各自的气路，防喘阀的气动执行机构与大气环境相通，它们是全开的。当需要关闭时，只要使电磁阀得电，打开各自的气路，从主厂房压缩空气母管获得气压，接通防喘阀的气动执行机构，关闭防喘阀。VA2-1/2 气动控制的防喘阀，从压气机第 9 级抽气，排入燃气轮机扩压段，由 20CB-1 电磁阀控制；VA2-3/4 气动控制的防喘阀，从压气机第 13 级抽气，排入燃气轮机扩压段，由 20CB-2 电磁阀控制。并网成功时，防喘阀自动关闭。停机过程中，当解列时，防喘阀自动打开。防喘阀的限位开关(33CB-1/2/3/4)，提供启动程序的允许逻辑和保证在启动时是全开的，并且提供报警。

4.4.2　透平喷嘴冷却空气供给系统

透平组件的冷却回路由内回路和外回路组成。透平第 1 级和第 2 级动叶、第 1 级喷嘴和第 1 级护环由内冷却回路提供冷却空气，而透平第 2、3 级喷嘴由外冷却回路提供冷却空气。内冷却回路的冷却空气分为两路，第一路来自压气机排气，自第 1 级喷嘴上、下两端进入喷嘴冷却通道，冷却第 1 级喷嘴和第 1 级护环。第二路来自压气机第 16 级和第 17 级级间的环形间隙，经过第 16 级叶轮内的导向叶轮，进入压气机转子后联轴节上的 15 个轴向孔，流到透平前半轴与压气机转子后联轴节相应的 15 个轴向孔。在 15 个轴向孔的出口处，即透平前半轴后端面有一导向叶轮，冷却空气流过导向叶轮再经过透平叶轮中心孔，进入透平第 1 级和第 2

级叶轮间的腔室去冷却叶轮轮间隔块,再径向流入透平第1级和第2级动叶的冷却孔。

外冷却回路的冷却空气分别来自压气机第13级和第9级上下半缸接合处抽出的空气,分别冷却透平第2、3级喷嘴和护环。两个分支管路系统用于将冷却空气从压气机第13级接到透平第2级喷嘴。此分系统管路与压气机抽气分系统共用,以减少管路系统。在每个管路敷设到第2级喷嘴时,放一个临时的锥形过滤器与第2级喷嘴串联,以保护静叶内小的冲击冷却孔,防止初始启动期间或大修后被脏物和铁锈堵塞。在机组初始启动和检修后需要由现场人员用差压表监视过滤器的状态。

4.4.3 透平排气框架和#2轴承区冷却系统

透平排气缸和透平排气框架的冷却空气来自安装在燃气轮机底盘外的两台离心式冷却风机(88TK-1/2),风机的进口带有滤网和消声器,排气流入框架外环上的喷嘴去冷却排气框架,部分冷却空气从排气框架与第3级护环的交接处排出。其他冷却空气拐弯经过若干根排气框架支柱与其翼形之间形成的空间,流过双锥装置进入第3级透平叶轮后空间,冷却叶轮后,汇入透平排气,同时阻止燃气从第3级透平叶轮后空间外泄。

#2轴承区冷却由#2轴承冷却风机(88BN-1/2)提供冷却空气。冷却空气流入三个扩压支柱中的一个进入#2轴承隧道区。被过滤后的冷却空气进入#2轴承隧道区,在#2轴承回油真空吸力的作用下,部分冷却空气进入#2轴承左端作为轴承密封。其余的冷却空气在冷却轴承隧道区后,排至燃气轮机后间,再由#2轴承冷却风机(88BN-1/2)排至厂房外。

压力开关(63TK-1/2)和(63BN-1/2)分别用来测定排气框架冷却风机和#2轴承冷却风机的出口压力。若运行中的风机发生故障,引起压力降低,系统发出报警并自动启动第二台冷却风机;若第二台冷却风机或者压力开关故障,机组自动减去负荷,直至停机。

4.4.4 冷却和密封空气系统运行

1. *机组启动*

启动前,应向防喘放气阀的控制电磁阀提供清洁、干燥的临时性空气,在HMI上进行压气机防喘放气阀测试,确保防喘放气阀操作平稳、无卡涩,并能在要求时间内开启。检查所有压气机防喘放气阀处于全开位置,无启动闭锁信号。

启动时,一旦机组达到95%额定转速时,一台排气框架主控冷却风机(88TK-1/2)自动启动运行。暖机结束后,一台#2轴承主控冷却风机(88BN-1/2)自动启动运行。机组一并网,压气机防喘放气阀(VA2-1/2/3/4)自动关闭。

2. *正常运行*

冷却和密封空气系统正常运行时,所有压气机防喘放气阀(VA2-1/2/3/4)关闭,压气机第9级抽气通入透平第3级喷嘴冷却,压气机第13级抽气通入透平第2级喷嘴冷却。一台排气框架冷却风机(88TK-1/2)和一台#2轴承冷却风机(88BN-1/2)处于运行状态,在线提供冷却空气。此外,应调整好空气流通通路,以保证过滤空气通过压气机防喘电磁阀(20CB-1/2),维持压气机防喘放气阀(VA2-1/2/3/4)关闭,同时保证压气机排气正常提供进气加热、燃料气吹扫以及控制空气系统的用气。

正常运行期间,操作员不需要采取什么措施,只要密切监视各系统参数,监测设备无报警。

3. *机组停机*

当机组停机解列信号发出时,电磁阀(20CB-1/2)就失电打开,压气机抽气经防喘放气阀(VA2-1/2/3/4)排入排气扩压段,以防止压气机喘振。

当机组紧急跳闸时,电磁阀(20CB-1/2)就失电打开,压气机抽气经防喘放气阀

(VA2-1/2/3/4)排入排气扩压段，以防止压气机喘振。排气框架冷却风机(88TK-1/2)和＃2轴承冷却风机(88BN-1/2)会按正常逻辑在不需要冷却时停止工作。

停机后，要立即检查系统是否正常，一旦发现系统出现异常情况，应尽快检查、处理。

冷却和密封空气系统的各部件功能如表 4-9 所列。

表 4-9　冷却和密封空气系统的各部件功能

部件代号	功能描述
20CB-1	控制防喘放气阀
20CB-2	控制防喘放气阀
23BN-1	防露加热器，防止电动机不运行时在内部产生凝结水
23BN-2	防露加热器，防止电动机不运行时在内部产生凝结水
23TK-1	防露加热器，防止电动机不运行时在内部产生凝结水
23TK-2	防露加热器，防止电动机不运行时在内部产生凝结水
33CB-1	检测阀门的开关位置
33CB-2	检测阀门的开关位置
33CB-3	检测阀门的开关位置
33CB-4	检测阀门的开关位置
63BN-1	检测通风气流
63BN-2	检测通风气流
63TK-1	检测风机出口压力
63TK-2	检测风机出口压力
88BN-1	驱动风机
88BN-2	驱动风机
88TK-1	驱动风机
88TK-2	驱动风机
96CD-1A	测量压气机出口压力
96CD-1B	测量压气机出口压力
96CD-1C	测量压气机出口压力
FA6-1	空气过滤器
VA2-1	防喘放气——连通压气机有关级和环境大气
VA2-2	防喘放气——连通压气机有关级和环境大气
VA2-3	防喘放气——连通压气机有关级和环境大气
VA2-4	防喘放气——连通压气机有关级和环境大气
VCK7-1	防止备用风机空气倒流
VCK7-2	防止备用风机空气倒流
VCK7-3	防止备用风机空气倒流
VCK7-4	防止备用风机空气倒流

注：压气机防喘放气阀用于燃气轮机启动和停止过程中保护压气机。若发生位置故障，必须立即分析原因、排除故障。

4.5 压气机水洗系统

4.5.1 压气机水洗系统介绍

燃气轮机在运行一段时间后,在压气机的动、静叶中会产生结垢现象,造成压气机效率损失。为减少压气机通流部分堵塞,保持压气机运行的高效率,要求定期对压气机通流部分进行清洁,对一些油性的污染物,如碳氢化合物,必须通过用含有洗涤剂的水溶液对压气机进行清洗。

压气机水洗有两种清洗方法:机组在接近基本负荷,进口可转导叶 IGV 全开时,将水喷向压气机进行清洗的方法称在线水洗;当机组以冷拖方式运行,向压气机喷射清洗液进行清洗则是离线水洗。在线水洗的优点是可以在不停机的状态下完成,但清洗效果比不上离线水洗。因此,在线水洗不能替代离线水洗。

压气机水洗装置由含喷嘴的水输送管路及压气机水洗模块组成。水洗模块包括水箱、洗涤剂箱、水系统泵和浸入式加热器,水洗模块上装有所有电器控制装置。

判断压气机是否需要水洗有两种办法:性能监测和目测检查。通过例行监测燃气轮机性能,并将其与基准性能比较后观察趋势的方法称为性能监测。若性能已显著降低,则有可能是压气机结垢,必须用目测检查来验证。用目测观察压气机进口及其叶片的方法称为目测检查。若发现结垢,应进行离线水洗。

4.5.2 压气机水洗模块

水洗模块是一个已组装好的、经过测试的、全封闭式的流体系统。具有自动在线清洗、轮间温度报警和水箱温度控制三个控制电路。两台燃气轮机共用一套水洗模块装置。水洗模块装置具有两种操作方式:自动在线清洗方式和手动离线清洗方式。水洗模块的操作由中央控制室进行控制。

水洗模块由水箱(容量为 $4m^3$)、洗涤剂箱(容量 230L)、具有可移动顶盖的外壳、单极离心式水泵、过滤器、水加热器(25kW,用于热水采暖)、电动机控制柜、喷射器及压力、温度、液位和流量开关及指示器和一些阀门等部件组成。

4.5.3 压气机水洗的基本要求

1. 水质要求

燃气轮机对离线水洗和在线水洗的水质要求如表 4-10 所列。

表 4-10　　水洗水质要求

全部固体物质(溶解的和不溶解的)	≤100ppm
全部碱金属量	≤25ppm
其他可能会产生热腐蚀的金属(如铅、钒)	≤1.0ppm
pH 值	6.5～7.5

2. 洗涤剂质量要求

洗涤剂应按制造厂说明的浓度与清洗水混合,其纯净状态的水质要求如表 4-11 所列。

表 4-11　　洗涤剂质量要求

全部碱金属 Na+K	≤25ppm
镁+钙 Mg+Ca	≤5ppm
钒 V	≤0.1ppm
铅 Pb	≤0.1ppm
锡 Sn	≤10ppm
硫 S	≤50ppm
氯离子 Cl^-	≤40ppm

3. 清洗介质的压力和流量要求

燃气轮机在离线水洗和在线水洗时对清洗介质的压力和流量要求如表 4-12 所列。

表 4-12　　清洗介质的压力和流量要求

	压力(kg/cm^2)	流量(L/min)
离线水洗	6	221
在线水洗	7	144

4. 允许水洗条件

在线水洗时压气机的进气温度(轮控盘上大气温度,CTIM)必须大于 10℃,以防止 IGV 进口和压气机进口结冰。

在进气加热系统工作时,不能进行在线水洗。

CTIM 小于 4℃时,不能在冷拖工况下进行离线水洗。

4.5.4　压气机手动离线水洗

燃气轮机操作一段时间后,由于通流部分叶片的积灰和结垢,造成燃气轮机出力及效率下降,因此,为恢复燃气轮机处理,提高效率,必须进行离线水洗。根据实际操作情况,燃气轮机每月或两个月左右应进行一次离线水洗。水洗由专业部门安排,事先须向调度提出申请,待批准并得到值长的许可后才能执行。

1. 水洗前检查与准备

(1) 清洗前,必须记录基本负荷下稳定操作的燃气轮机主要参数(包括 CRT 上的正常显示、大气压力、大气温度、进气压差、排气压差及操作报表上的其他数据)。

(2) 从凝结水箱向水洗箱补水,并投入水洗箱电加热。

(3) 水洗前,必须使燃气轮机得到充分冷却,以杜绝燃气轮机发生热震。水洗时,水温与透平轮间温度温差不能超过 66.7℃,清洗水温度在 10℃~82.2℃范围内。水洗时,最高轮间温度不超过 65.5℃。

(4) 为了使燃气轮机尽快降温,可以使用冷拖让燃气轮机轮间温度降低到一定水平。

(5) 压气机进口温度低于或等于 4℃时,禁止水洗。

(6) 检查烟气挡板在打开位置。

(7) 确认水洗系统处于完好状态,水洗箱注满水,水温符合要求,洗涤剂箱中有足够的洗涤剂。

(8) 清洗水和洗涤剂必须符合表 4-11 和表 4-12 所列的要求。

(9) 检查系统阀门状态正确。

(10) 检查燃气轮机处于连续盘车状态。

(11) 检查压缩空气系统在正常运行状态。

(12) 检查液压油泵及液压油系统在正常运行状态。

(13) 关闭水洗泵底部放水门。

燃气轮机停机且充分冷却后,第2级轮间温度没有超过65.5℃,水洗时水温与透平轮间温度差不能超过66.7℃,清洗水温度在10℃~82.2℃。水质和洗涤剂的质量符合要求,水洗隔离措施已经完毕,手动启动透平排气框架冷却风机和#2轴承隧道冷却风机,同时,Mark VIe控制系统上选择水洗状态,才可进行燃气轮机离线水洗工作。

2. 离线水洗步骤

1) 清水冲洗浸泡

如图4-6所示,在Mark VIe上选定离线水洗,使机组按冷拖方式下运行。HMI进行主复位及诊断复位,选择"Off-Line Water Wash"页面,点击"On"。

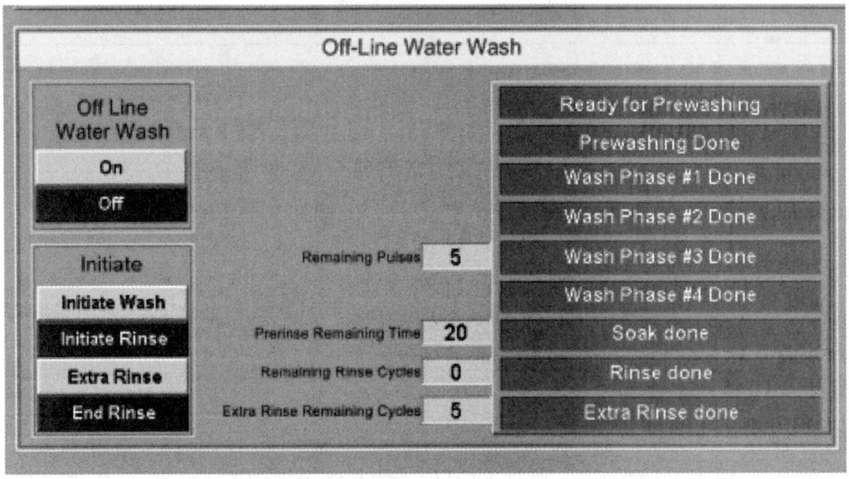

图4-6 Mark VIe离线水洗操作界面

然后,进入"Start Up"页面,如图4-7所示,点击"Crank+Start",机组启动。

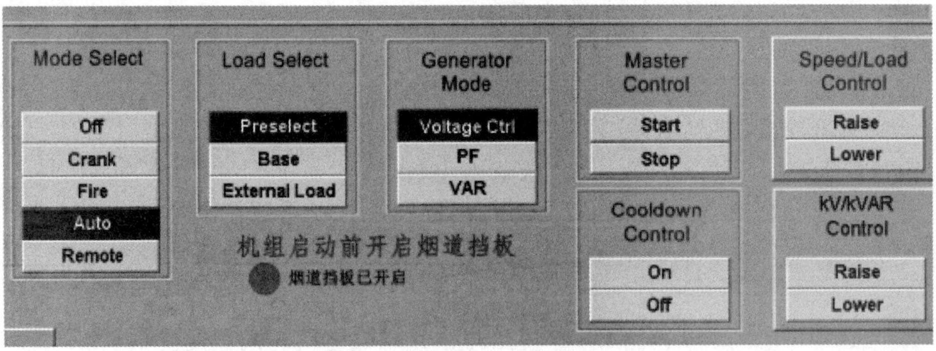

图4-7 Mark VIe启动界面

转速上升到699r/min,可转导叶IGV自动达到开度最大角度(86°),开始清水冲洗,喷射60s。

2) 加洗涤剂清洗

在完成清洗液置换后,在Mark VIe的水洗页面中,点击"Initiate Wash"(初次水洗),打开压气机离线水洗电磁阀，加洗涤剂，清洗开始，电磁阀共进行 8 次喷射，再在慢转速盘车转速下浸泡 20min。

在压气机的手动离线加洗涤剂清洗时，需关闭再循环管线球形阀以防止洗涤剂注入主水箱。

3）漂洗

浸泡期间完成清水换置。清水换置结束后，在 Mark VIe 的水洗界面中，如图 4-6 所示，点击“Initiate Rinse”（初次漂洗），机组升速至 699r/min，打开压气机离线水洗电磁阀，进入漂洗阶段，共进行 29 次喷射，约 125min。在初次漂洗完成后，如有必要可按下增加漂洗循环开关“5 Extra Rinse”（5 次额外的漂洗）。取水样与水箱内除盐水进行导电度比较，二者差值接近 10μS 且稳定后，可认为漂洗结束，在水洗界面点击“End Rinse”（结束漂洗）。

在漂洗循环完成以后，在 Mark VIe 的 HMI 上选择“Stop”，在 Mark VIe 的水洗界面选择“Off”，水洗结束。命令机组停机，机组将惰走到盘车转速，在主界面选择 Crank＋Start 进行冷拖甩干 20min，排除机内残留的水。

4）盘车和冷拖

盘车 30min，在此期间拆除环管低点输水堵头，再选择“Crank”冷拖 30min，检查环管低点输水口及排污口。

5）水隔离措施的恢复

恢复水洗隔离措施。最后在燃气轮机主控制界面上，选择“Off”按钮，24h 内启动燃气轮机至全速，空载烘干 5min，水洗模块恢复备用。

3. 离线水洗程序

（1）将排气框架冷却风机 88TK-1 和 88TK-2 开关打至自动位置。

（2）将水洗供给管道手动三通阀切至排污位置。

（3）手动起动水洗泵 88TW-1，观察水洗供给管道手动三通阀排放口应有水流出。将水洗供给管道手动三通阀切至供给位置。停水洗泵并将水洗泵 88TW-1 开关置于“Auto”位置。

（4）在 Mark VIe 控制盘上进行主复位和诊断复位。选择“Off-Line Water Wash”页面，点击“On”，此时，“On”灯不亮，仍显示“Off”。

（5）进入 Mark VIe 选择“Start Up”页面，在“Mode Select”下点击“Crank”，“Crank”灯亮。

（6）进入 Mark VIe 选择“Start Up”页面，在“Master Control”下点击“Start”，“Start”灯亮。检查“Off-Line Water Wash”页面“On”灯亮。检查排气框架冷却风机 88TK-1 或 88TK-2 自启正常。

（7）机组被升至水洗基准转速 KSSREF2（360r/min），检查 IGV 转向 75°位置。

（8）水洗泵 88TW-1 自动启动，离线水洗喷射电磁阀 20TW-4 通电，离线水洗喷射气动阀 VA16-1 开启，开始注水 1min 进行预清洗。

（9）预清洗结束后，进入 Mark VIe 选择“Off-Line Water Wash”页面，在“Off-Line Water Wash”下点击“Initiate Wash”，“Initiate Wash”灯亮。

（10）打开洗涤剂箱出口手动球阀。

（11）调节洗涤剂箱出口手动球阀开度，按洗涤剂和水的比例调整流量。

（12）开始第 1 次注入洗涤剂。洗涤剂第 1 次注入完成后延时 4min，进行第 2 次到第 6 次注入。每次注入 1min，每次注入之间有 4min 的延时。洗涤剂第 6 次注入完成后延时 3min，进行第 7 次注入，此时开始降速，注入时间为 1min。洗涤剂第 7 次注入完成后延时 3min，进行第 8 次注入。结束后,关闭洗涤剂箱出口手动球阀。

(13) 机组惰走至盘车转速,计时浸泡 20min。

(14) 在 Mark VIe 界面下选择"Off-Line Water Wash"页面,当 Rinse Counts 显示为 1 时,在 Mark VIe"Start Up"页面检查为"Crank",在"Off-Line Water Wash"页面下点击"Initiate Rinse","Initiate Rinse"灯亮,透平加速到水洗基准转速 KSSREF2(360r/min)。

(15) 当检测到水洗转速信号后,漂洗开始,并且以脉冲的方式进行:注水 60s,延时 210s 再注入一次。总共 29 次漂洗循环。

(16) 脉冲漂洗完成后,操作人员可以根据需要(化验水质)选择按钮"5 Extra Rinse"再进行 5 次漂洗循环。

(17) 结束后水洗泵自动停运,进入 Mark VIe 选择"Off-Line Water Wash"页面,在"Off-Line Water Wash"下点击"End Rinse"。

(18) 在 Mark VIe"Start Up"页面选择"Stop",在"Off-Line Water Wash"页面选择"Off"。检查 88TK-1、88TK-2 自动停运。

(19) 水洗程序结束,检查离线水洗电磁阀 20TW-4 失电,离线水洗气动阀 VA16-1 关闭。LCI 停止输出,转速到零,自动投入盘车运行。

(20) 在 Mark VIe 控制盘上进行主复位和诊断复位。进入 Mark VIe 选择"Start Up"页面,在"Mode Select"下点击"Crank","Crank"灯亮,在"Master Control"栏目下点击"Start","Start"灯亮。机组在 699r/min 转速下甩干 20min。

(21) 干燥直至各低点排放及疏水处不再有水后,在"Start Up"页面"Master Control"下点击"Stop","Stop"灯亮。再在"Mode Select"栏目下点击"Off"按钮,"Off"灯亮,闭锁程序启动。

(22) 检查机组停止冷拖,进入盘车运行。

(23) 恢复系统正确位置。

4. 离线水洗后的机组干燥程序

(1) 解列水洗系统和加药系统,将加药箱中的余水放尽,并将加药箱清洗干净。

(2) 打开系统低点排污。

(3) 在 Mark VIe 主显示界面上点中"Start+Ok"给燃气轮机启动信号,让燃气轮机加速到点火转速。

(4) 根据情况决定干燥时间。

(5) 干燥结束后,在燃气轮机 Mark VIe 主显示界面上点中"Stop+Ok"给燃气轮机停机信号。

(6) 在 Mark VIe 主显示界面上点中"AUX"命令靶,再选择"Off-Line Water Wash"页面,在"Off-Line Water Wash"中选择"Off",选择解除燃气轮机水洗程序。

4.5.5 压气机自动在线水洗

在线水洗,机组必须运行在全速,并且在水洗过程中不能停机。在线水洗一般不用洗涤剂,但水质必须符合要求。

启动前,在水清洗模块的控制盘上要做好在线水洗前的准备。在线水洗是自动进行的,当许可条件(压气机进口温度必须高于 10℃,进口导叶角度必须等于 86°)满足时,操作员选定在线水洗投入按钮,机组稍微将负荷减少约 3%,稍低于基本负荷运行,使燃气轮机从温度控制过渡到转速控制。机组控制器打开在线水洗进口阀,并发出水洗泵启动信号,若"允许"条件满足，开始在线水洗，在 Mark VIe 界面上选择“Water Wash”页面，如图 4-8 所示，在“Off-Line Water Wash”下点击“On”，启动在线水洗自动清洗程序。

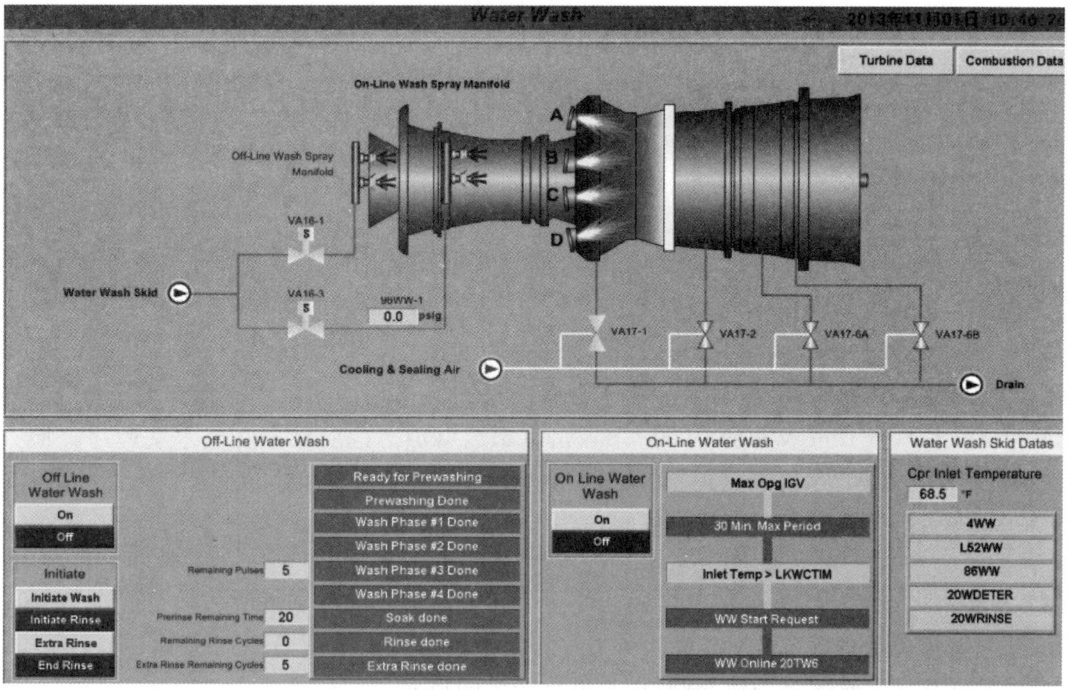

图 4-8　Mark VIe 在线水洗操作界面

水洗 30min 程序会自动结束。进入 Mark VIe 选择“On-Line Water Wash”页面，在“On-Line Wash”下点击“Off”按钮，“Off”灯亮，结束在线水洗程序。在停止或中止在线水洗后，操作员选择基本负荷或预选负荷运行，使机组回到正常运行状态。

对于在线水洗，须满足如下条件：

(1) 原则上不采用该种水洗方式，只有在特殊情况下经主管领导批准后方能实施。

(2) 进行水洗之前，需得到总工程师许可后方能进行水洗操作。

(3) 清洗前，必须记录基本负荷下稳定操作的燃气轮机主要参数(包括 CRT 上的正常显示、大气压力、大气温度、进气压差、排气压差及操作报表上的其他数据)。

(4) 清洗前，若燃气轮机带基本负荷操作，负荷将自动下降大约 3%。

(5) 清洗燃气轮机必须是在额定转速时进行，禁止停机过程中进行清洗操作。

(6) 压气机进口温度必须高于 10℃。

(7) 进口导叶角度必须等于 86°。

(8) 确认水洗系统处于完好状态，从凝结水箱向水洗箱补水，并投入水洗箱电加热。在线水洗不使用洗涤剂。

(9) 清洗水必须符合表 4-10 的要求。

(10) 清洗水温度应在 10℃～82.2℃。

(11) 检查系统阀门状态正确。

(12) 将位于水洗模块控制盘上的“Water Temp Setpoint”开关 43WK-1 置于“Cold”位置，将“Operation Selector Switch”开关 43WK-2 置于“Automatic”位置。

在线水洗过程具体步骤如下：

(1) 检查负荷接近基本负荷并保持稳定。

(2) 检查压气机进口温度和清洗水温度高于 10℃。

(3) 打开水洗箱出水阀。

(4) 打开水洗泵出口阀。

(5) 关闭水洗泵底部放水门。

(6) 进入 Mark VIe 选择“IGV Control”页面,在“ST Temp Matching”下点击“Off”按钮,“Off”灯亮(IGV 全开)。

(7) 关闭在线水洗母管放水阀,开启压气机进气室底部排放阀。

(8) 选择 Mark VIe“On-Line Water Wash”页面,在“On Line Water Wash”下点击“On”按钮,启动在线水洗自动清洗程序。

(9) 检查在线水洗电磁阀开,水洗泵启动。

(10) L2WWP 计时,水洗 30min 程序会自动结束。进入 Mark VIe 选择“On Line Water Wash”页面,在“On Line Water Wash”下点击“Off”,“Off”灯亮,结束在线水洗程序。检查在线水洗电磁阀已关闭,水洗泵已停止。关闭水洗箱出水阀和水洗泵出口阀。

(11) 关闭压气机进气室底部排放阀。

(12) 进入 Mark VIe 选择“Startup”页面,检查“Mode Select”下“Auto”灯亮。选择“IGV Control”页面,在“ST Temp Matching”下点击“On”按钮,“On”灯亮,IGV 投自动。

(13) 恢复系统正确位置。

(14) 打开在线水洗母管放水阀,待水放尽后关闭该阀。

(15) 燃机加负荷到基本负荷,操作稳定后记录各主要操作参数,以便与清洗前进行比较。

4.5.6 水洗工作注意事项

(1) 燃气轮机水洗工作应备有专用台账,用于记录每次清洗情况。

(2) 水洗工作开始前,原则上应对进气室内部和压气机进口进行仔细检查,清除积累的灰尘,以防水洗时被带进燃气轮机内部,灰尘的清扫可使用吸尘器或水管冲洗。

(3) 压气机入口空气加热装置投入时,不能进行在线水洗。

(4) 燃气轮机水洗时,应注意各部分操作情况,如有异常,应立即停止水洗。

(5) 在燃气轮机进水前应检查透平排气框架冷却风机 88TK-1/2 已经启动;如未启动,应开启该两台风机。

(6) 燃气轮机水洗后,若排气温度分散度高于正常值 8.3℃~16.6℃,应检查排气热电偶;若排气热电偶被积灰所覆盖,应清除积灰;若排气热电偶位置不正确,应重新安装。

水洗系统设备报警和跳闸条件如表 4-13 所列。

表 4-13　　水洗系统设备报警和跳闸条件

设备名称	报警条件	报警信息
80WW-1(PSH 171)	泵入口压力<0.87bar	压力或流量故障
80WW-1(PSL 173)	泵出口压力<7.31bar	压力或流量故障
80WW-1(FS 174)	水洗流量最小 0.2m^3/s	压力或流量故障
86WW-X(LSL 162)	水箱水位低	模块故障
86WW-X(TSLH 164)	离线水洗水温低于 79℃	模块故障
86WW-X(TSLH 163)	在线水洗水温低于 18℃	模块故障

压气机水洗系统各部件功能如表 4-14 所列。

表 4-14　　压气机水洗系统各部件功能

部件代号	功能描述
20TW-4	控制 VA16-1 阀
20TW-6	控制 VA16-3 阀
96WW-1	测量压力
HV503	调节离线水洗的流量
VA16-1	控制压气机离线水洗的流量
VA16-3	控制压气机在线水洗的流量
VA17-1	透平缸的液体排放
VA17-2	透平缸的液体排放
VA17-6A	透平缸的液体排放
VA17-6B	透平缸的液体排放
VPR80-1	调节水洗压力

4.6　盘车系统

盘车装置(表 4-15)的作用：

(1) 机组停机后，减小燃气轮机部件因不均匀冷却所引起的转子变形，防止转子受热不均产生弯曲而影响再次启动或损坏设备。

(2) 机组启动前，可以减小机组启动时转子的转动惯性力，同时避免因静止状态下突然升速摩擦力太大损伤轴承。

(3) 机组启动前，避免因阀门漏汽和轴封送汽等因素造成的温差使转子弯曲。

(4) 机组大小修好后，进行机械检查，以确认机组是否存在动静摩擦、主轴弯曲变形是否正常等。此时，一般先点动盘车电动机，确认无异常后再继续盘车。

(5) 较长时间的连续盘车还可以消除因机组长期停运和存放或其他原因引起的非永久性弯曲。

盘车装置是电驱动的，主要由盘车电动机、驱动组件、传动齿轮、啮合齿轮、限位装置等组成。在盘车电动机旁安装有点动按钮，在需要时将电源开关切换至点动位后，可通过按住按钮来保持盘车电动机运行。

表 4-15　　盘车装置

1. 盘车装置			
型号	00ZP41-111L	轴系盘转速(r/min)	4.3
额定电压(V)	380	功率 (kW)	11
生产厂家	连云港透平能源设备有限公司		
2. 盘车电机			
型号	X3-160M-4	功率因数	0.83
额定电压(V)	380	电机功率 (kW)	11
额定电流(A)	22.4	电机转速(r/min)	1470
生产厂家	安徽皖南电机股份有限公司		

4.7 润滑油、液压油和跳闸油系统

4.7.1 润滑油系统

1. 系统介绍

润滑油系统的主要作用是在机组正常运行时，向燃气轮机、燃气轮机发电机轴承、燃气轮机负荷齿轮箱等供应压力油作为润滑油及冷却油，向各转子联轴器供应润滑油作为冷却油，以及在机组盘车期间向燃气轮机转子提供顶轴油，并向跳闸油系统、液压油系统供油。润滑油系统主要有以下功能：

① 润滑各个轴瓦和负荷齿轮箱；

② 为跳闸油系统供油；

③ 为液压油系统供油。

润滑油系统是一个闭式回路，系统压力的建立依靠以下几台油泵：

① 2 台交流电动机驱动的主滑油泵，一台运行，一台备用；

② 1 台直流电动机驱动的事故滑油泵。

润滑油系统还包括：

① 润滑油加热设备，在寒冷的环境下加热润滑油，使润滑油黏度符合要求；

② 润滑油冷却设备，带走轴瓦、齿轮等产生的热量；

③ 润滑油过滤器；

④ 润滑油压力母管的压力调整阀；

⑤ 润滑油雾分离设备。

润滑油供油管线和回油管线是同心安装，供油管线在回油管线里面。润滑油靠重力流回油箱。有两个互为备用的油雾分离器为轴瓦提供密封空气。

润滑油系统由油箱、交流润滑油泵、事故直流润滑油泵、润滑油冷却器、润滑油过滤器、顶轴油泵、阀门、油雾去除装置及相关管道组成。轴承供油和回油，管线为各自公共母线，供油管线安装在回油管线中，既可以冷却润滑油回油，又能提高系统运行的安全性。

润滑油箱除储存润滑油、分离油气外，还作为交流润滑油泵、事故直流润滑油泵、润滑油冷却器、润滑油过滤器及相关阀门管道的基础。此外，润滑油箱中还装有电加热器用来加热冷态启动时的润滑油。

润滑油箱容积：23.470m^3；油箱高油位报警：406mm(离油箱顶部)；油箱低油位报警：690mm(离油箱顶部)。润滑油箱负压在－254～－300mmH_2O。润滑油油温高于 165 ℉(73.9℃)报警，高于 175 ℉(79.4℃)机组跳闸。当润滑油油箱油温低于 21.1℃时，启动电加热器；当润滑油油箱温度低至 10℃，Mark VIe 闭锁交流润滑油泵启动；当温度高于23.8℃时，停运电加热器。

润滑油系统配有 2 台立式轴流式交流润滑油泵，每台容量各为 100%，交流润滑油泵的额定流量为 216m^3/h，额定压力为 0.53MPa，作用是向燃气轮机发电机供应压力润滑油作为润滑和冷却。

在机组正常运行时，系统运行一台交流润滑油泵，另一台交流润滑油泵作为备用。PG6111FA 燃气轮机不设主油泵，正常运行时，交流润滑油泵向各轴承提供压力油，作为冷却和润滑。当交流润滑油泵出口母管压力低至(345±5)kPa 或运行交流润滑油泵所在 MCC 电压不正常时，润滑油压力开关 63QA-2 动作，备用交流润滑油泵启动。

润滑油系统配有 1 台直流润滑油泵，为交流润滑油泵提供备用。当交流润滑油泵失电、盘车投入 57min 后，#2 轴承金属温度高于 65.6℃、温度测点坏或者轴承润滑油压力母管低至 (103±3)kPa 时，开关 63QA-3 动作或交流润滑油泵停运，燃气轮机跳闸并自动启动直流润滑油泵。直流润滑油泵启动后，将轴系平面的润滑油压力维持在最低值，起到轴承断油的最后一道防线作用。从直流润滑油泵出口的润滑油不经过冷油器和过滤器，直接向轴承供油。在直流润滑油泵运行期间，若交流润滑油泵投运且油压正常，自动停运直流润滑油泵。

润滑油系统配有 2 台相同的 100% 容量的水-油交换板式冷却器，冷却介质是采用闭冷水，其作用是将润滑油控制在 54℃，再供应给各个轴承进行润滑和冷却。冷却器出口处都安装观察孔，用于手动运行设备时观察流油情况。

润滑油经过冷油器后，流入过滤器去除油中的颗粒和杂质，在机组运行中，过滤器对燃气轮机、燃气轮机发电机的轴承起到保护作用。在过滤器前后设有差压表，以便监视滤网的堵塞情况，当润滑油过滤器压差高至 (103±2)kPa 时，Mark VIe 系统将发出报警，这时则需更换滤芯。系统设置的 2 组过滤器在润滑油管道上并联布置，因此，在机组运行时可以在线更换滤芯。在冷油器和过滤器后面的润滑油母管上安装有压力调节阀 VPR2-1，通过该阀自动调节轴承润滑油母管压力，它是进入轴承之前的润滑油管路上的最后一个部件。

油雾去除装置的主要作用是清除润滑油系统运行中产生的可燃油气，将油收集到油槽，并返回到润滑油箱中，同时该装置的过滤设备是使排出的空气符合环保要求。依靠该装置上排烟风机的抽吸作用，使油箱内建立一定的真空，从而保证各轴承油挡处的密封。油雾去除装置主要由 2 台离心式排烟风机、1 个油雾过滤器、2 只逆止阀及相关管道组成。油雾去除装置安装在油箱顶部，正常运行时，一台排烟风机运行，另一台备用。当润滑油箱真空低至 (1±0.05)kPa[(101.5±5.08)mmH_2O]时，备用排油烟风机自动启动。

润滑油由交流油泵建立油压，使润滑油依次流经润滑油冷却器、润滑油过滤器，向燃气轮机和发电机轴承以及联轴器供油。除此之外，一部分润滑油分流出来经过过滤作为液压油、跳闸油、顶轴油的工作流体。润滑油系统还配备 1 台事故直流润滑油泵，在厂用电中断或交流油泵发生事故，造成润滑油压下降时，事故直流油泵自启动，使得机组安全运行(同时触发燃机跳闸)。润滑油在各轴承工作完后，依靠自身重力流回润滑油箱，2 个冗余设置的油雾分离器吸走润滑轴承后产生的烟雾。机组正常运行时，油温正常值为 54℃，最高允许油温为 71℃，最低允许温度为 32℃。燃气轮机润滑油系统各部件如表 4-16 所列。

表 4-16　　燃气轮机润滑油系统

1. 润滑油箱	
容量(L)	24000
低油位(mm)	690.12(距箱顶)
高油位(mm)	405.89(距箱顶)
2. 辅助润滑油泵	
型式	离心泵
转速(r/min)	2948
流量(L/min)	3600
工作压力(MPa)	0.53
驱动装置	交流电机 88QA

续表

3. 交流润滑油泵电机(88QA-1,88QA-2)	
型号	3～FLSC 280S2
电压(V)	380
电流(A)	133
功率(kW)	75
转速(r/min)	3000
功率因数	0.90
防护等级	IP55
4.事故润滑油泵	
型式	离心泵
转速(r/min)	2970
流量(L/min)	2016
驱动装置	直流电机 88QE
5.直流油泵电机(88QE-1)	
电压(V)	120
电流(A)	290
EXC(V/A)	120/1.69
功率(kW)	30
转速(r/min)	3000
防护等级	IP55
6.水冷冷油器	
热负荷(kJ/h)	1945
冷却器类型	板式换热器
进水温度(℃)	24.2
出水温度(℃)	41
润滑油流量(L/min)	3600
润滑油入口温度(℃)	/
润滑油出口温度(℃)	54
是否有不间断油切换功能	可在线切换
油温控类型	感温式
7.油过滤器	
类型	筒式
油流量(L)	3600
元件网孔	beta40=75
设计压力(MPa)	/
设计温度(℃)	/
8.排油烟风机电动机(88QV-1A,88QV-1B)	
电压(V)	380

续表

电流(A)	10.9
功率(kW)	5.5
转速(r/min)	3000
功率因数	0.88
防护等级	IP55
9.盘车装置	
类型	/
离合方式	交流电机连续盘车
转速(r/min)	12
运行最小压力(MPa)	/
10.燃机盘车电机	
电压(V)	380
电流(A)	38
转速(r/min)	1000
功率(kW)	18.5
功率因数	0.84
效率	92.7%
防护等级	IP55
产地	德国

2. 系统各部件功能

燃气轮机润滑油系统各部件功能如表 4-17 所列。

表 4-17　燃气轮机润滑油系统各部件功能

部件代号	功能描述
23QA-1	防露加热器,防止电动机不运行时在内部产生凝结水
23QA-2	防露加热器,防止电动机不运行时在内部产生凝结水
23QT-1T8	加热润滑油
23QV-1A	防露加热器,防止电动机不运行时在内部产生凝结水
23QV-1B	防露加热器,防止电动机不运行时在内部产生凝结水
63QA-2	润滑油压力低检测
63QE-1	检测事故滑油泵运行
63QQ-1	检测润滑油过滤器压差
63QQ-10	检测润滑油雾分离器性能
63QT-2A	润滑油压力低检测
63QT-2B	润滑油压力低检测
63QV-1	检测润滑油箱空气压力高
88QA-1	驱动主滑油泵
88QA-2	驱动主滑油泵

续表

部件代号	功能描述
88QE-1	驱动事故滑油泵
88QV-1A	驱动油雾分离器风机
88QV-1B	驱动油雾分离器风机
96QA-2	测量润滑油压力
96QH-1	测量润滑油压力
96QL-1	测量润滑油箱油位
LF3-1	过滤润滑油
LF3-2	过滤润滑油
LOHX-1	冷却润滑油
LOHX-2	冷却润滑油
LT-B1D-1A，1B	测量燃机＃1 轴瓦润滑油回油温度
LT-B2D-1A，1B	测量燃机＃2 轴瓦润滑油回油温度
LT-G1D-1A，1B	测量发电机＃1 轴瓦润滑油回油温度
LT-G2D-1A，1B	测量发电机＃2 轴瓦润滑油回油温度
LT-OT-1A	测量润滑油箱油温
LT-OT-2A	测量润滑油箱油温
LT-TH-1A，1B	测量润滑油母管油温
LT-TH-2A，2B	测量润滑油母管油温
LT-TH-3A，3B	测量润滑油母管油温
PQ1-1	正常情况下供应润滑油
PQ1-2	正常情况下供应润滑油
PQ2-1	事故情况下,供应润滑油
VCK20-1	防止空气倒流
VCK20-11	防止空气倒流
VCK20-13	调整润滑油箱真空
VPR2-1	调节润滑油母管压力

润滑油加热器:加热润滑油时,主滑油泵自动运行;主滑油泵试验:主滑油泵出口连接有一个按钮阀,用来试验备用泵的联动。润滑油取样:每 3 个月必须取样分析 1 次;润滑油流观察窗:润滑油流观察窗安装在过滤器排空、冷油器排空和轴瓦回油管线上,相关的操作和检修后必须确认观察;润滑油特性:润滑油特性必须符合 GEK 101941。

4.7.2 液压油系统

在燃气轮机系统中,液压油系统用来向机组中的液压执行机构提供液压油。例如,压气机进口导叶在启动与停机过程中的开大与关小,燃料控制阀以及速比阀都是用液压油作为动力来操作的。液压油取自润滑油系统,经过 88HQ 液压油泵加压后,送入 FH2-1/2 滤油器进行过滤后,送入液压油母管,供到操作系统中去。

系统由 2 台交流主液压油泵、双联过滤器、液压油储能装置及相应的辅助设施组成。

主液压油泵为柱塞式油泵,额定流量为 50.6L/min,最大压力为 24.1MPa。每台液压油泵都能够维持机组正常运行的需要，2 台冗余设置的液压油泵交替切换运行。当机组运行期间一台油泵出现故障时，另一台油泵将自动启动，保证机组安全、可靠运行。当液压油泵进口压力低至 190kPa 时，闭锁液压油泵启动；当液压油泵出口压力低至 7.24MPa 时，备用液压油泵自动启动；火灾保护跳闸时，液压油泵自动停运。

液压油系统配备对偶过滤器，用来清洁和处理液压油，保证液压执行机构的性能。当液压油过滤器压差高至(413±20)kPa 时，63FH-1 液压油过滤器压差开关动作，Mark VIe 系统报警。

储能装置的设置是为了在系统运行中用于吸收或补偿液压油母管压力的变化，同时满足在燃料控制阀等快速打开时所需要的最大液压油量，也同样用于备用泵紧急启动前维持液压油系统的压力，以及吸收油泵出口的高频脉动分量，稳定系统油压。

液压油系统的作用是提供压力稳定的高压油，控制天然气速比阀和天然气压力控制阀，以及压气机进口可转导叶。

液压油系统是一个闭式回路，油来自润滑油母管，有 2 台互为备用的交流电驱动的油泵，泵的入口来自润滑油压力母管，回油靠重力流回油箱。液压油系统的功能有：①自动清洗；②双过滤器；③缓冲压力波动；④蓄能。

液压油系统各部件功能如表 4-18 所列。

表 4-18　　液压油系统各部件功能

部件代号	功能描述
23HQ-1	防露加热器，防止电动机不运行时在内部产生凝结水
23HQ-2	防露加热器，防止电动机不运行时在内部产生凝结水
63HF-1	检测液压油过滤器压差高
88HQ-1	驱动液压油泵
88HQ-2	驱动液压油泵
96HQ-1	测量液压油压力
AH1-1	缓冲压力波动
FH2-1	液压油过滤器
FH2-2	液压油过滤器
PH1-1	提供液压油
PH2-1	提供液压油
VAB1-1	自动排除液压油回路中的空气
VAB1-2	自动排除液压油回路中的空气
VCK3-1	防止液压油倒流
VCK3-2	防止液压油倒流
VM4-1	手动切换过滤器
VPR3-1	调节液压油压力
VPR3-2	调节液压油压力
VR21-1	防止系统超压
VR22-1	调节泵的出口压力

4.7.3 跳闸油系统

跳闸油系统取自润滑油系统的溢流阀前,工作之后,将依靠自身重力回到润滑油箱。跳闸油系统供应压力油至燃料模块、进口导叶模块等,它是燃气轮机基本的控制和保护系统,在机组发生异常和事故情况下,遮断保护动作,打开油动机泄压阀,将所有的压力油放回油箱,然后依靠油动机的弹簧力迅速关闭燃料速比阀,燃料控制阀切断燃料,从而在极短的时间内切断轴系设备的驱动能量输入源,实现机组的快速停机,防止事故的扩大。同时,将压气机进口可转导叶关至最小。

跳闸油系统的功能有:①保证机组安全;②控制进口可转导叶。

跳闸油系统各部件功能如表 4-19 所列。

表 4-19　　跳闸油系统各部件功能

部件代号	功能描述
20FG-1	控制天然气阀
20TV-1	允许给 IGV 供油
AH1-3	吸收和补偿压力波动

压力开关试验:按钮阀用来试验系统的可靠性。这项试验必须每 3 个月做 1 次。

4.7.4 系统投运前的检查与准备

(1) 滑油系统检修工作结束,工作票已终结,管道和设备完整良好。

(2) 润滑油、顶轴油、跳闸油、液压油系统阀门位置正确。

(3) 压缩空气系统已正常投用。

(4) 闭式冷却水系统已正常投用。

(5) 冷油器、过滤器已投用一侧。

(6) 系统中各类测点、表计投运正常。

(7) 系统母管上的蓄能器已正常投用。

(8) 确认各油泵轴承已加入合格润滑油,泵、排油烟风机及有关电动阀的电机绝缘合格,电源已送上。

(9) 润滑油油箱油质合格,油位正常。

(10) 检查确认系统联锁保护合格,有关保护、报警已正常投入。

4.7.5 系统投运及要求

1. 润滑油系统的投运

(1) 若主油箱油温低于 21℃,投用电加热器提高油温。当润滑油泵运行后,油温达到 21℃,确认电加热器自动停运。

(2) 在燃气轮机“Startup”页面发盘车投入指令“Cooldown On”,检查 88QA 中的主泵自动启动。注意检查油泵运行情况、出口压力及油箱油位。

(3) 润滑油泵运行后,延时 5s 启动 88QV 中的主风机。注意调节排油烟风机进口 VCK20-13 装置,使油箱真空在 254～305mmH_2O。

(4) 润滑油泵运行后,延时 5s 启动 88BL 中的主风机。

(5) 检查滑油系统油压正常,检查盘车自动启动,注意测量盘车电流正常、无波动。

(6) 盘车投运后,注意检查润滑油管路、各轴承座及排油烟出口管路无漏油现象,润滑油各母管压力正常。检查各润滑油视窗,油流正常。

(7) 系统运行期间，注意检查确认油温自动调节正常。

(8) 在机组盘车运行及机组正常运行中，注意监视润滑油的油压、油温等运行数据。油温正常值为54℃，最高允许油温为71℃，最低允许油温为32℃。

2. 控制和跳闸油系统的投运

(1) 在确认润滑油系统投运后，给系统注油、放气。

(2) 液压油泵随燃气轮机同步启动，检查油泵运行情况、出口压力及主油箱油位。

(3) 检查并确认液压油蓄能器投用，液压油母管压力稳定。

(4) 检查并确认液压油管路和各用户模块无漏油现象。

(5) 在机组运行时，密切监视并记录液压油的油压、油温等运行数据。

4.7.6　润滑油、液压油滤油器切换

1. ＃1燃气轮机润滑油滤油器由A侧切至B侧

(1) 检查＃1燃气轮机润滑油滤油器B管道和设备完整良好。

(2) 检查＃1燃气轮机润滑油滤油器位置指针指向A滤油器侧。

(3) 检查＃1燃气轮机润滑油滤油器B底部排污阀12MBV22AA502在关闭位置。

(4) 开启＃1燃气轮机润滑油滤油器平衡阀12MBV20AA002。

(5) 观察＃1燃气轮机润滑油滤油器B油流窥视窗12MBV22CF502有连续的油流通过。

(6) 操作＃1燃气轮机润滑油滤油器切换阀手柄，由A侧切至B侧。注意监视燃气轮机润滑油压的变化。

(7) 关闭＃1燃气轮机润滑油滤油器平衡阀12MBV20AA002。

(8) 检查＃1燃气轮机润滑油滤网差压正常。

(9) 操作完毕，做好记录，汇报值长。

2. ＃1燃气轮机润滑油滤油器由B侧切至A侧

(1) 检查＃1燃气轮机润滑油滤油器A管道和设备完整良好。

(2) 检查＃1燃气轮机润滑油滤油器位置指针指向B滤油器侧。

(3) 检查＃1燃气轮机润滑油滤油器A底部排污阀12MBV21AA502在关闭位置。

(4) 开启＃1燃气轮机润滑油滤油器平衡阀12MBV20AA002。

(5) 观察＃1燃气轮机润滑油滤油器A油流窥视窗12MBV21CF502有连续的油流通过。

(6) 操作＃1燃气轮机润滑油滤油器切换阀手柄，由B侧切至A侧。注意监视燃气轮机润滑油压的变化。

(7) 关闭＃1燃气轮机润滑油滤油器平衡阀12MBV20AA002。

(8) 检查＃1燃气轮机润滑油滤网差压正常。

(9) 操作完毕，做好记录，汇报值长。

3. ＃1燃气轮机液压油滤油器由A侧切至B侧

(1) 检查＃1燃气轮机液压油滤油器B管道和设备完整良好。

(2) 检查＃1燃气轮机液压油滤油器位置指针指向A滤油器侧。

(3) 开启＃1燃气轮机液压油滤油器平衡阀12MBX11AA003。

(4) 稳定2～3min，缓慢操作＃1燃气轮机液压油滤油器切换阀手柄，由A侧切至B侧。注意监视燃气轮机液压油油压的变化。

(5) 关闭＃1燃气轮机液压油滤油器平衡阀12MBX11AA003。

(6) 检查♯1燃气轮机液压油滤网差压正常。

(7) 操作完毕,做好记录,汇报值长。

4. ♯1燃气轮机液压油滤油器由B侧切至A侧

(1) 检查♯1燃气轮机液压油滤油器A管道和设备完整良好。

(2) 检查♯1燃气轮机液压油滤油器位置指针指向B滤油器侧。

(3) 开启♯1燃气轮机液压油滤油器平衡阀12MBX11AA003。

(4) 稳定2~3min,缓慢操作♯1燃气轮机液压油滤油器切换阀手柄,由B侧切至A侧。注意监视燃气轮机液压油压的变化。

(5) 关闭♯1燃气轮机液压油滤油器平衡阀12MBX11AA003。

(6) 检查♯1燃气轮机液压油滤网差压正常。

(7) 操作完毕,做好记录,汇报值长。

4.7.7 润滑油、液压油和跳闸油系统正常运行监视

(1) 润滑油箱油位在406~690mm之间显示。

(2) 润滑油供油温度在54.4℃左右,当油温≥74℃时报警,当油温≥80℃时跳燃机。

(3) 润滑油滤网前后差压<0.1MPa。

(4) 液压油压力>8MPa。

(5) 液压油滤网差压<0.4MPa。

(6) 燃气轮机♯1轴承、♯2轴承、发电机轴承、负荷齿轮箱轴承回油温度<80℃或>93.3℃时报警。

(7) 各油泵、风机运行时的振动、声音。

4.7.8 系统停运

(1) 与启动情况一样,当机组正常或事故停机时,保持交流润滑油泵运行甚至启动直流润滑油泵,确保润滑油的供给。

(2) 一般情况下,当燃气轮机轮间温度<65.5℃且已熄火超过24h,方可停运盘车及润滑油系统。紧急情况下,因工作需要,当机组轮间温度<120℃,可以停运盘车,但停运盘车时间不得超过10min。

(3) 当机组需停运较长时间情况下,仍需每周运行润滑油30min以维持保护油膜,并同时运行盘车30min。

4.7.9 自动控制条件及报警信号

(1) 交流润滑油泵88QA:

① 燃气轮机完全停止时,发盘车投入指令“Cooldown On”,两台88QA中的主泵自动启动;

② 润滑油泵出口母管压力低至(345±5)kPa,开关63QA-2动作,备用润滑油泵自动启动;

③ 运行润滑油泵所在MCC电压不正常,备用润滑油泵自动启动。

(2) 润滑油箱排油烟风机88QV:

① 润滑油泵运行后,延时5s启动两台88QV中的主风机;

② 润滑油箱真空低至(1±0.05)kPa[(101.6±5.08)mmH_2O]时,63QV-1开关动作,备用排油烟风机自动启动。

(3) 直流润滑油泵88QE:

① 燃气轮机发启动指令后，88QE自动试运，5s后停运；

② 燃气轮机启动或正常运行中，轴承润滑油母管压力低至(103±3)kPa，开关63QA-3动作或交流润滑油泵停运，燃气轮机跳闸并自动启动88QE；

③ 燃气轮机停运熄火后24h内，轴承润滑油母管压力低至(103±3)kPa开关63QA-3动作或交流润滑油泵停运，当轴承金属温度高于121.1℃时，自动启动88QE；

④ 盘车投入57min后，#2轴承金属温度高于65.6℃或温度测点坏，且轴承润滑油母管压力低至(103±3)kPa，开关63QA-3动作或交流润滑油泵停运，则88QE投运3min后再停运57min，一直如此循环直至盘车计时结束(24h)；

⑤ 88QE运行期间，若交流润滑油泵投运且油压正常，自动停运88QE。

(4) 液压油泵88HQ：

① 液压油泵进口压力低至(55±3.5)kPa，闭锁液压油泵启动；

② 发"Cooldown On"指令后，两台液压油泵中主泵自动投运；

③ 发"Cooldown Off"指令后，液压油泵停运；

④ 液压油泵出口压力低至7.24MPa，备用液压油泵自动启动；

⑤ 火灾保护跳闸，液压油泵自动停运。

(5) 润滑油箱油温低至21.1℃，油箱加热器自动投运。

(6) 润滑油箱油温低至10℃，Mark VIe闭锁，燃气轮机停运。

(7) 润滑油箱油位高至406mm(油面与油箱顶部高度)，Mark VIe报警。

(8) 润滑油箱油位低至690mm(油面与油箱顶部高度)，Mark VIe报警。

(9) 跳闸油去燃气管路上的三个压力开关(63HG-1/2/3)在跳闸油压力低至(140±7)kPa时动作。

(10) 每一路上三个压力开关中的一个动作，Mark VIe发压力开关故障报警；两个开关动作，燃气轮机跳闸。

(11) 润滑油过滤器压差高至(103±2)kPa，Mark VIe报警。

(12) 液压油过滤器压差高至(413±20)kPa，开关63HF-1动作，Mark VIe报警。

4.8 通风和加热系统

燃气轮机间、扩压段间、燃料气模块小室、负荷轴间均配置了通风和加热系统。通风和加热系统的主要功能是：冷却舱室和加热舱室，以及将燃气轮机透平间、负荷轴间、燃料气模块等可能泄漏的天然气抽到安全区域。

配置通风和加热系统的目的是使燃气轮机各间室保持在固定温度范围内，从而保证人员的安全和设备的防护。通风系统还提供了稀释泄漏的烟气和燃料气体的功能，并且连续吹扫掉积聚在室内的泄漏气体。另外，各间室通风系统还能保持气缸四周温度均衡，有助于维持燃气轮机动静叶片间隙的作用。同时为灭火介质提供一个封闭的空间，此外还能降低隔间噪声。

每个舱室都有互为备用的交流电驱动的通风机。风向是根据各自舱室的需要而设计的。进风口的挡板用来限制空气流动，当燃气轮机火灾保护系统动作时，重力作用挡板的进口和出口自动关闭，使模块隔间密闭，有助于灭火。

排气扩散器依靠从进气框架底部到排气框架顶部的自然对流的空气来冷却。

4.8.1 燃气轮机透平间

燃气轮机透平间采用轴流式负压通风系统，安装了两台透平间冷却风机(88BT-1/2)，一台运行一台备用,两台风机定期切换运行。

在负压状态下,空气通过四个重力作用挡板进入燃气轮机间。侧挡板用来减少停滞在隔间内部的可能导致有害气体积聚的气穴。空气通过隔间顶部管道离开隔间,管道一分为二,每根管道连接单独的风机。

使用重力作用控制的进口挡板,在灭火系统动作时可自动保证隔间密闭。CO_2卸压,使得锁紧杆松开,从而使CO_2出口挡板保持在打开位置。CO_2排放时,施加在门闩上的压力迫使活塞顶住弹簧,松开门闩,推动锁紧杆,从而使出口挡板关闭。在正常运行恢复前,必须手动复位CO_2出口挡板。当检测到火灾并且CO_2排放后,CO_2气体挡板将关闭,通风终止。由于通风中断,将导致重力作用使进口挡板关闭,封闭隔间。

冷却风机启动与停止逻辑:

1. 透平间风机及加热器启停逻辑

(1) 风机启停逻辑:机组启动前,两台风机均未运行,当舱室温度低于15℃(59 ℉)时,加热器自动投入运行加热;若加热器未投入时,舱室温度低于13℃(55.4 ℉),出现"HEAT VENT VERY LOW TEMP. IN TURBINE COMPARTMENT"报警;当舱室温度升至20℃(68 ℉)时,加热器停止加热;机组运行时,舱室温度高于125℃(257 ℉),出现"HEAT VENT VERY HIGH TEMP. IN TURBINE COMPARTMENT"报警。若期间出现火灾报警,加热器23HT自动停止加热(当允许88BT运行,且两台风机出口挡板都不动作时,燃气轮机跳闸)。

(2) 加热器启停逻辑:机组启动前,两台风机均未运行,当舱室温度低于15℃(59 ℉)时,加热器自动投入运行加热;若加热器未投入时,舱室温度低于13℃(55.4 ℉),出现"HEAT VENT VERY LOW TEMP. IN TURBINE COMPARTMENT"报警;当舱室温度升至20℃(68 ℉)时,加热器停止加热;机组运行时,舱室温度高于125℃(257 ℉),出现"HEAT VENT VERY HIGH TEMP. IN TURBINE COMPARTMENT"报警。若期间出现火灾报警,加热器23HT自动停止加热。

2. 负荷齿轮间风机及加热器启停逻辑

(1) 风机启停逻辑:转速继电器14HM=1,88VG(Lead)自动启动,相对应运行风机的位置开关33VG动作,表示风机通风正常。燃气轮机停机过程中,轮间温度降至65.6℃(150 ℉)以下,88VG自动停止运行。但机组运行时,若出现火灾,即L45FTX1/2=TRUE时,88VG自动停止。

(2) 加热器启停逻辑:机组启动前,两台风机均未运行,当舱室温度低于15℃(59 ℉)时,加热器自动投入运行加热;若加热器未投入时,舱室温度低于13℃(55.4 ℉),出现"HEAT VENT VERY LOW TEMP. IN LOAD GEAR COMPARTMENT"报警;当温度升至20℃(68 ℉)时,加热器停止加热;机组运行时,舱室温度高于65℃(149 ℉),出现"HEAT VENT VERY HIGH TEMP. IN LOAD GEAR COMPARTMENT"报警。若期间出现火灾报警,加热器23VA30自动停止加热。

3. 滑油间风机及加热器启停逻辑

(1) 滑油间风机启停逻辑:机组启动时,交流滑油泵运行,88BL(Lead)自动启动,相对应运行风机的位置开关33BL动作,表示风机通风正常。燃气轮机停机后,交流滑油泵停止,风机停止;运行中若舱室温度达60℃(140 ℉)以上时,备用风机启动;若运行中4区出现火灾报警,88BL自动停止运行。

(2) 加热器启停逻辑：机组启动前，两风机均未运行，舱室温度低于 15℃(59 ℉)时，加热器自动投入运行加热；温度升至 20℃(68 ℉)时，加热器停止加热。加热器未投入或舱室温度低于 8℃(46.4 ℉)时，则出现“HEAT VENT VERY LOW TEMP. IN LUBE OIL COMPARTMENT”报警；机组运行中，舱室温度高于 65℃(149 ℉)时，则出现“HEAT VENT VERY HIGH TEMP. IN LUBE OIL COMPARTMENT”报警；若 4 区出现火灾报警，加热器 23HL1/2 自动停止加热。

4. 阀组间风机及加热器启停逻辑

(1) 阀组间风机启停逻辑：机组启动时，转速逻辑 L14HT＝TRUE 时，88VL(Lead)自动启动，相对应运行风机的位置开关 33VL 动作，表示风机通风正常。燃气轮机停机，前置模块上的天然气截止阀“SHUT OFF VALVE”关闭后，且 FPG1＜15Psi 或 63FG1 动作或 63FG2 动作，三取二，且 FPG2 压力为 0，且温度小于 149 ℉，88VL 自动停止运行。若运行中出现火灾报警，88VL 自动停止运行。

(2) 加热器启停逻辑：机组启动前，舱室温度低于 15℃(59 ℉)时，加热器自动投入运行加热；温度升至 20℃(68 ℉)时，加热器停止加热。若舱室温度低于 13℃(55.4 ℉)时，则出现报警“HEAT VENT VERY LOW TEMP. IN DLN COMPARTMENT”；舱室温度高于 65℃(149 ℉)，则出现报警“HEAT VENT VERY HIGH TEMP. IN DLN COMPARTMENT”，88VL 主风机运行 60min；若运行中出现火灾报警，23VL1 自动停止加热。

若透平间温度高于设定点(125℃)时，透平间温度传感器(AT-TC-1/2)发出报警。该温度开关位于透平间两侧，是用于保护透平间中的设备，防止过热。

正常运行中，若透平间门打开，将影响通风系统的性能。当门一打开，门开关会向控制室发送一个报警信号，提醒操作员注意。

燃气轮机透平间加热系统：空间加热器 23HT-30 用于控制湿度，透平隔间风机电动机配有空间加热器(23BT-1/2)用于防冰冻。

4.8.2　燃气轮机扩压段间

燃气轮机扩压段间依靠从进气蜗壳底部到排气蜗壳顶部的自然对流的空气来冷却。

空气从机罩板底部入口吸入，流过排气扩压段壳体四周，用来减少停滞在隔间内的可能导致有害气体积聚的气穴，然后空气通过隔间顶部管道离开隔间。每个挡板使用了重力作用控制的进口和 CO_2 锁闩的出口。

4.8.3　燃气轮机负荷齿轮间

负荷齿轮间安装了两台风机(88VG-1/2)，一台运行一台备用，两台风机定期切换运行。设有火灾检测与保护系统，配置了 CO_2 气体挡板。

负荷齿轮间的风机(88VG-1/2)，只要无火灾，机组转速大于或等于 14HM(允许投盘车)转速就运行。

4.8.4　燃料气模块小室

燃料气模块小室包括 3 台轴流式风机(88VL-1 或 88VL-2)，3 个进气加热器 23VL-2/3/4 和 1 个空间加热器 23VL-1，为隔间加热和防冰冻，并使空气通过出口挡板流入燃气轮机隔间，再由 88VL 抽出排到厂房外。

4.8.5　系统投运前检查与准备

(1) 通风和加热系统检修工作全部结束，安全设施拆除，现场清洁。

(2) 检查设备系统完好，各表计齐全良好，仪表一、二次阀门开启。

(3) 将各风机与加热器设备送电。

(4) 确定火灾保护系统已通电并可以运行,打开到 CO_2 动作挡板的供给管道。

(5) 确定所有的透平间、负荷联轴间、排气扩压器间门已关闭。

(6) 检查并确认复位 Mark VIe 控制系统中通风和加热系统的报警。

4.8.6 系统的投入与停止

(1) 确定所有的启动必要条件和界面已经满足要求。

(2) 通风和加热系统将由 Mark VIe 系统控制自动启动与停止。

4.8.7 燃气轮机通风和加热系统运行

机组启动前,要求检查所有 CO_2 气体挡板是否开启,所有重力作用挡板是否关闭,所有燃气轮机隔间门是否关闭。机组冷却期间,所有的透平间舱室门必须关闭,防止透平缸附近的空气过度流动。

正常运行和停机期间,除了应对检测任何异常运行状态的系统参数加以监视外,不要求操作员干预。

一旦火灾检测与保护系统检测,检测到明火(火灾保护动作),CO_2 气体释放,挡板关闭,燃气轮机机组跳闸,并中断所有通风风机的运行。

4.8.8 冷却风机及加热器启动与停止逻辑

1. 透平间风机及加热器启停逻辑

(1) 风机启停逻辑:当机组启动时,14HM=1,88BT(Lead)自动启动,相对应运行风机的位置开关 33BT 动作,表示风机通风正常。L4 主保护失去且 VSR 控制指令失去后运行 120min,运行的 88BT 自动停止,但舱室温度在 80℃(176 ℉)以上时,88BT 轮流启动运行 10min,直至舱室温度降至 80℃(176 ℉)以下。但机组运行时,若出现火灾,即 L45FTX1,2=TRUE 时,88BT 自动停止。

(2) 加热器启停逻辑:机组启动前,两台风机均未运行,当舱室温度低于 15℃(59 ℉)时,加热器自动投入运行加热;若加热器未投入时,舱室温度低于 13℃(55.4 ℉),出现"HEAT VENT VERY LOW TEMP. IN TURBINE COMPARTMENT"报警;当舱室温度升至 20℃(68 ℉)时,加热器停止加热;机组运行时,舱室温度高于 125℃(257 ℉),出现"HEAT VENT VERY HIGH TEMP. IN TURBINE COMPARTMENT"报警。若期间出现火灾报警,加热器 23HT 自动停止加热。

(3) 当允许 88BT 运行,且两台风机出口挡板都不动作时,燃机跳闸。

2. 负荷齿轮间风机及加热器启停逻辑

(1) 风机启停逻辑:转速继电器 14HM=1,88VG(Lead)自动启动,相对应运行风机的位置开关 33VG 动作,表示风机通风正常。燃气轮机停机过程中,轮间温度降至 656℃(150 ℉)以下,88VG 自动停止运行。但机组运行时,若出现火灾,即 L45FTX1,2=TRUE 时,88VG 自动停止。

(2) 加热器启停逻辑:机组启动前,两台风机均未运行,当舱室温度低于 15℃(59 ℉)时,加热器自动投入运行加热;若加热器未投入时,舱室温度低于 13℃(55.4 ℉),出现"HEAT VENT VERY LOW TEMP. IN LOAD GEAR COMPARTMENT"报警;当温度升至 20℃(68 ℉)时,加热器停止加热;机组运行时,舱室温度高于 65℃(149 ℉),出现"HEAT VENT VERY HIGH TEMP. IN LOAD GEAR COMPARTMENT"报警。若期间出现火灾报警,加热器 23VA30 自动停止加热。

3. 滑油间风机及加热器启停逻辑

(1) 滑油间风机启停逻辑：机组启动时，交流滑油泵运行，88BL(Lead)自动启动，相对应运行风机的位置开关 33BL 动作，表示风机通风正常。燃气轮机停机后，交流滑油泵停止，风机停止；运行中若舱室温度达 60℃(140 ℉)以上时，备用风机启动；若运行中 4 区出现火灾报警，88BL 自动停止运行。

(2) 加热器启停逻辑：机组启动前，两台风机均未运行，舱室温度低于 15℃(59 ℉)时，加热器自动投入运行加热；当温度升至 20℃(68 ℉)时，加热器停止加热。加热器未投入或舱室温度低于 8℃(46.4 ℉)时，则出现"HEAT VENT VERY LOW TEMP. IN LUBE OIL COMPARTMENT"报警；机组运行中，舱室温度高于 65℃(149 ℉)时，则出现"HEAT VENT VERY HIGH TEMP. IN LUBE OIL COMPARTMENT"报警；若 4 区出现火灾报警，加热器 23HL1/2 自动停止加热。

4. 阀组间风机及加热器启停逻辑

(1) 阀组间风机启停逻辑：机组启动，转速逻辑 L14HT＝TRUE 时，88VL(Lead)自动启动，相对应运行风机的位置开关 33VL 动作，表示风机通风正常。燃气轮机停机，前置模块上的天然气截止阀"SHUT OFF VALVE"关闭后，且 FPG1＜15Psi 或 63FG1 动作或 63FG2 动作，三取二，且 FPG2 压力 0，且温度小于 65℃(149 ℉)，88VL 自动停止运行。若运行中出现火灾报警，88VL 自动停止运行。

(2) 加热器启停逻辑：机组启动前，舱室温度低于 15℃(59 ℉)时，加热器自动投入运行加热；温度升至 20℃(68 ℉)时，加热器停止加热。若舱室温度低于 13℃(55.4 ℉)时，则出现"HEAT VENT VERY LOW TEMP. IN DLN COMPARTMENT"报警；舱室温度高于 65℃(149 ℉)，则出现"HEAT VENT VERY HIGH TEMP. IN DLN COMPARTMENT"报警，88VL 主风机运行 60min；若运行中出现火灾报警，23VL1 自动停止加热。

4.8.9 报警处理

通风和加热系统报警处理如表 4-20 所列。

表 4-20　通风和加热系统报警处理

报警内容	可能的原因	采取的措施
透平间温度高报警	1. 温度开关故障； 2. 运行风机出力低或故障跳闸； 3. 重力驱动挡板卡涩； 4. CO_2 驱动挡板未开启或卡涩	1. 检查备用风机已运行； 2. 检查温度开关是否故障； 3. 检查原运行风机故障原因并处理； 4. 检查重力驱动挡板有无卡涩； 5. 检查 CO_2 驱动挡板打开情况

4.8.10 系统各部件功能

通风和加热系统各部件功能如表 4-21 所列。

表 4-21　　通风和加热系统各部件功能

部件代号	功能描述
23BT-1	防露加热器,防止电动机不运行时在内部产生凝结水
23BT-2	防露加热器,防止电动机不运行时在内部产生凝结水
23HL-30	加热舱室
23VA-30	加热舱室
33BL-1	指示挡板位置
33BL-2	指示挡板位置
33BT-1	指示挡板位置
33BT-2	指示挡板位置
33VG-1	指示挡板位置
33VG-2	指示挡板位置
33VL-1	指示挡板位置
33VL-2	指示挡板位置
88BL-1	驱动通风机
88BL-2	驱动通风机
88BT-1	驱动通风机
88BT-2	驱动通风机
88VG-1	驱动通风机
88VG-2	驱动通风机
88VL-1	驱动通风机
88VL-2	驱动通风机
AT_DLN-1	测量天然气模块的环境温度
AT_DLN-2	测量天然气模块的环境温度(通风口)
AT_LC-1	测量舱室的环境温度
AT_LO-1	测量润滑油模块的环境温度
AT_TC-1	测量舱室的环境温度
AT_TC-2	测量舱室的环境温度
AT_TC-4	测量舱室的环境温度(通风口)

4.9　火灾检测与保护系统

火灾检测与保护系统由火灾检测和灭火系统两部分组成。灭火系统的主要设备有:CO_2储存,包括高压二氧化碳瓶、各类型喷放用歧管及释放系统。

火灾保护系统的功能有:自动检测火灾,给操作员发出火灾报警,启动紧急停机程序和关停通风机等操作,使用 CO_2 气体熄灭火灾,同时保持 CO_2 浓度,防止复燃,也允许手动释放 CO_2。

安装火灾保护系统的部位有:燃气轮机、负荷齿轮箱、燃气轮机＃2 轴承区域、润滑油模块和天然气模块,如图 4-9 所示。

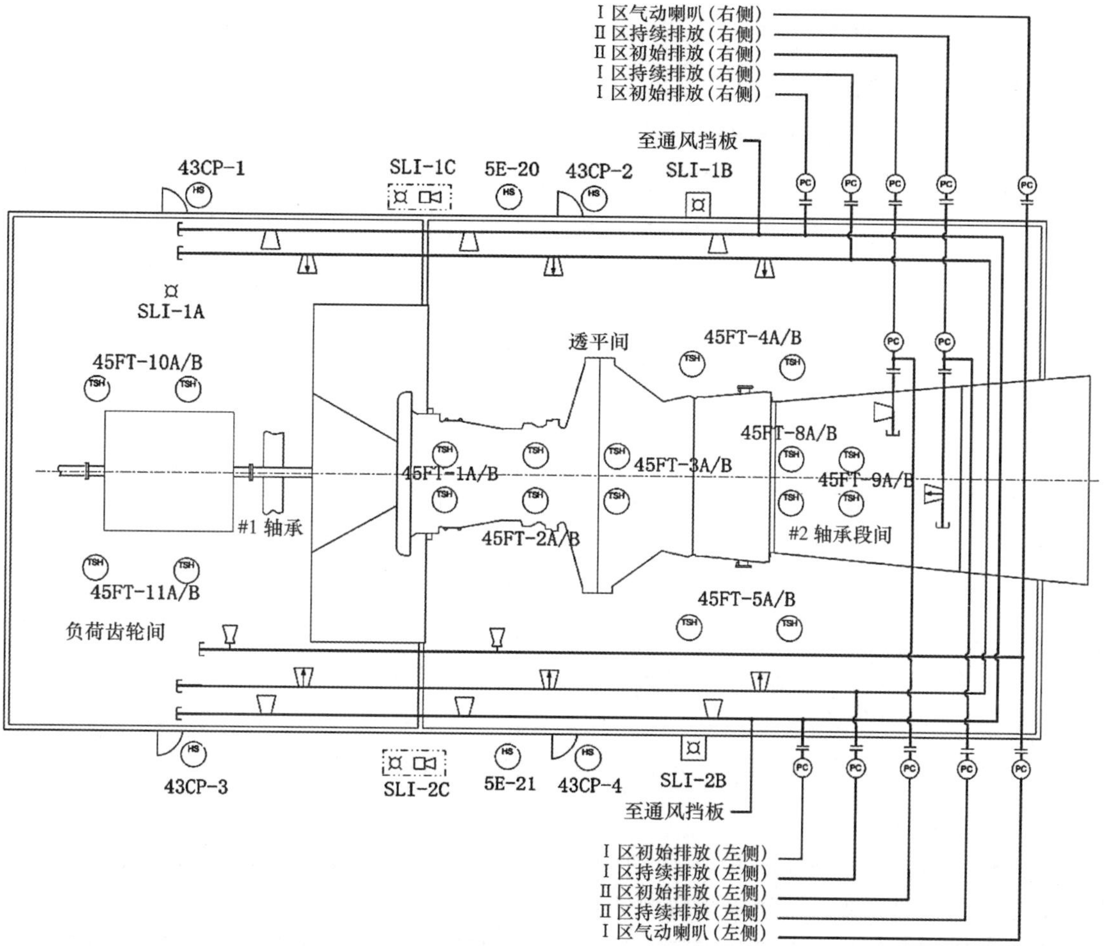

图 4-9　负荷齿轮间和透平间火灾保护系统

4.9.1　燃气轮机火灾检测系统

燃气轮机火灾检测系统由各隔间的火灾探测器、初续放喷射系统、气动喇叭及报警器组成。

燃气轮机组每个需防火的隔间都配有火灾探测器,可及时探测到火情。每一探测器的线路都连接到消防控制盘上,必须是 A 和 B 两个探测器都探测到火情,两个接点都通电闭合时,才能排放 CO_2。PG6111FA 燃气轮机机组划分为三个独立的火灾保护区域,分为 I 区、II 区和 IV 区(图 4-10)。每个区都配备火灾探测和控制装置。初续放喷嘴、启动喇叭及报警器装在隔间各部位都易于看到和听到的地方。

Ⅰ区:负荷隔间和透平隔间

负荷隔间通过隔板与透平隔间隔离。每个区域都带有独立通风系统。燃气轮机隔间带有 10 个火灾探测器、4 个初始排放喷嘴和 4 个持续排放喷嘴。透平隔间两侧门外侧的罩壳上都带有手动释放按钮。负荷隔间内有 4 个火灾探测器、2 个初始排放喷嘴和 2 个持续排放喷嘴。

Ⅱ区:#2 轴承区域

#2 轴承区域包含排气机架内缸以及轴承箱周围的扩压器。

#2 轴承区域内有 4 个火灾探测器、1 个初始排放喷嘴和 1 个持续排放喷嘴。

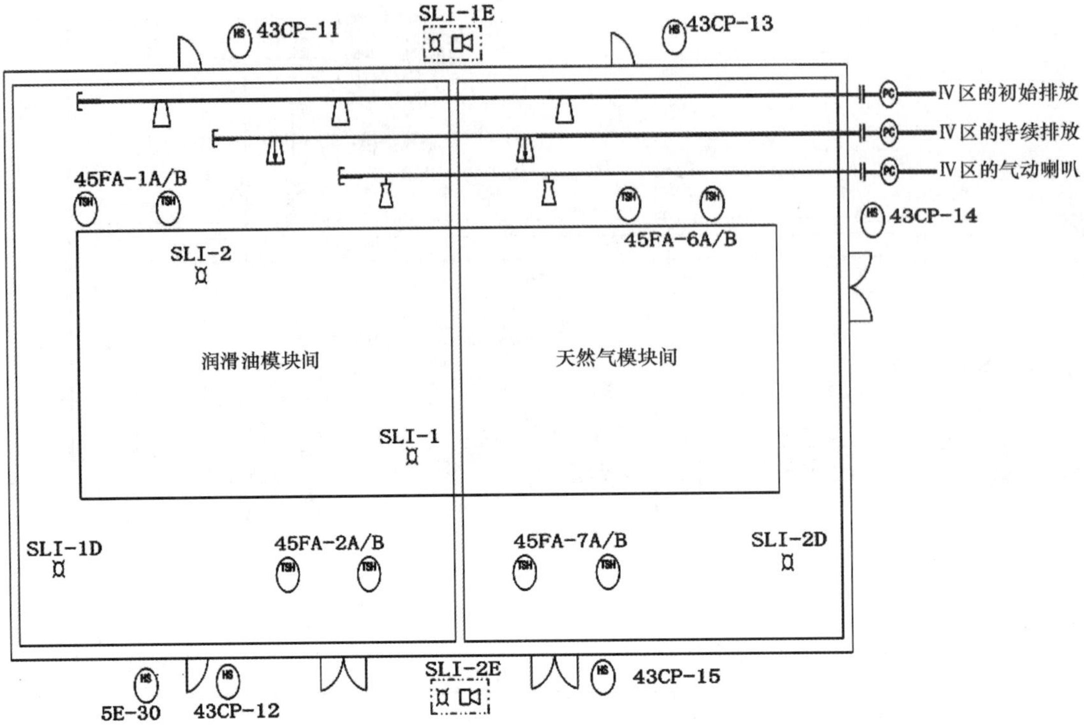

图 4-10　润滑油模块和天然气模块火灾保护系统

Ⅳ区:辅助模块

辅助模块包括 2 个独立隔间:润滑油隔间和气体燃料隔间。2 个隔间均由隔板分开,并且都带有独立的通风系统。每个隔间门的外侧罩壳上都带有手动释放按钮。

润滑油隔间和气体燃料隔间内各有 4 个火灾探测器、初始排放喷嘴和持续喷放喷嘴。

火灾探测系统的热开关探测器组成如表 4-22 所列。

表 4-22　　火灾探测系统热开关探测器组成

按照燃气轮机类型所需的火灾探测器数量	室型
4 个探测器,163℃	负荷齿轮间
10 个探测器,316℃	燃气轮机室
4 个探测器,163℃	天然气模块间/润滑油模块间
4 个探测器,316℃	＃2 轴承区域

按照“二选二”表决自动发布消防信号。火灾探测器按照双环布置。单环通电:火灾预警;双环通电:火警,燃气轮机跳闸并释放 CO_2。

4.9.2　燃气轮机灭火系统

燃气轮机灭火采用的办法是将机组隔间里的空气中的氧含量从 21%的大气正常体积浓度降低到制止燃烧所必需的浓度,通常为 15%的体积浓度以下。

燃气轮机灭火系统采用 CO_2 灭火系统。一旦发生火情,它将 CO_2 从储罐输送到所需的燃气轮机隔间。此储罐位于机组底盘外的模块上,储罐内装有饱和 CO_2。与机组互联的管道将 CO_2 从模块输送到燃气轮机隔间,接入底盘内的 CO_2 管道,并通过喷嘴排放。

CO_2 灭火系统有两个独立的分配系统:一个是初始排放,另一个是持续排放。触发后的一段时间内有足够量的 CO_2 从初始排放系统流进燃气轮机隔间,迅速地积聚起灭火所需的浓度(通常为34%),然后有持续排放系统逐渐地添加更多的 CO_2 以补偿隔间泄露,保持 CO_2 浓度(通常为30%)。CO_2 的流量由每个隔间的初始和持续排放管的管径及排放喷嘴的喷口尺寸控制。初始排放系统的喷口大,可迅速排放 CO_2,以便快速达到灭火所需的34%浓度。持续排放系统喷口较小,允许有较慢的排放速率,能长时间地保持灭火浓度,以减少火情重燃的可能。

4.9.3 系统相关其他部件

1. 释放电磁阀 SGJ12AA201A、SGJ12AA202A 等

初始排放管和持续排放管都配有释放电磁阀。持续排放没有电磁阀,直接用初放支管中的 CO_2 做驱动。当释放电磁阀带电时,接通 CO_2 汽雾引导管线,打开安装在排放总管上的选择阀。每只排放阀与排放计时器连接,由它控制释放的时间。初始排放电磁阀自动地受控于来自敏感的火灾探测器电信号的作用,火灾探测器固定在各间隔舱室的关键部位。对PG6111FA燃气轮机,系统在探测到火灾后可立即达到现行标准所要求的 CO_2 浓度。

2. 手动释放按钮(43CP)

每个排放装置都配有手动释放按钮。手动释放按钮的功能与释放电磁阀的功能一样。手动释放按钮位于电气控制柜上,贴有标记,说明其排放区及开启排放的持续时间。用于手动接通 CO_2 汽雾引导线,打开安装在排放总管上的选择阀。

3. 压力开关(45CP)

45CP位于每个区的排放支管上。当排放支管有 CO_2 压力出现时,它们会送一个信号到电动机控制中心(MCC)或者 Mark VIe,执行紧急停机程序和关停通风机等操作。

4.9.4 系统运行和维护

(1) 机组启动前的检查:

机组启动前,确认火灾检测与保护系统装置相关电源已经送上;检查消防控制盘上无报警;检查 Mark VIe 设备上有关火灾检测与保护系统报警装置正常;确认通风挡板已经复位;检查 CO_2 储罐内的液位和压力正常。

CO_2 系统正常是允许启动燃气轮机的先决条件,只有允许启动条件满足后,才能启动燃气轮机。

(2) 正常运行期间的操作:

正常运行期间,不论机组是否在运行或是处于停运状态,通常火灾检测与保护系统时钟是通电的,不需要操作员进行任何操作,主要监控系统的参数,监测系统有无异常运行情况。

火灾检测与保护系统已经配置有停用顺序逻辑,它能控制该系统如何以及何时停用,不需要操作员进行任何操作,主要监控系统的参数,监测系统有无异常运行情况。

(3) 火灾检测与保护系统启动引起机组紧急停机时,运行人员应执行以下任务:

① 火灾检测系统与保护系统启动报警时,若里面有人,应全部立即撤出。

② 立即汇报上级。

③ 确认燃气轮机机组已经跳闸。

④ 确认通风机已经关闭。

⑤ 确认通风挡板已经关闭。

⑥ 确认 CO_2 排放电磁阀在工作。

⑦ 确认在 Mark VIe 上相应区的排放压力开关发出报警。

⑧ 检查释放 CO_2 时就地控制盘和管线是否有结冰现象。

(4) 系统维护:

① 每月检查所有阀的压盖、螺纹接头和安全减压阀座处是否有 CO_2 泄漏;检查是否有外部损坏,如局部隆起或生锈,清洗损坏部位并重新上漆。

② 每年一次测试 CO_2 挡板和通风风机的联锁装置是否能正常工作。燃气轮机大修维护的同时应校准所有系统的仪表装置。

③ 平时为保证操作员的安全,必须对舱室的进出通道实行严格管理和工作许可制度。出现火灾报警,必须清查和立即处理。CO_2 释放,火灾熄灭后,确认不可能有任何起火的可能,才能打开舱室门通风。进入前,必须测量 CO_2 浓度,安全后才能进入。

4.10 危险气体检测系统

4.10.1 系统启动前准备

(1) 危险气体检测系统检修工作全部结束,安全设施拆除,现场清洁。

(2) 检查设备系统完好,探测器完好。

(3) 检查危险气体检测系统,确定监视器和所有的探测器连接正确。

(4) 检查危险气体探测器的报警和设定值正确。

(5) 检查火灾保护系统已投运。

(6) 检查所有舱室的门关闭。

(7) 检查并确认、复归 Mark VIe 控制系统中气体燃料系统的报警。

4.10.2 系统启动

① 确定所有的启动必要条件和界面已经满足要求。

② 给危险气体监视器通电。当首次通电时,所有的 LED 灯将闪烁。延迟片刻,显示读数为"0"。

③ 若 LED 显示有报警和故障,应确定原因并更正。

1. 系统停运

危险气体检测系统应始终投入,避免危险气体聚集。在透平正常停机期间,操作员除监视系统参数外不需要进行任何操作。在正常停机顺控期间及停运期间,危险气体检测系统应始终保持通电运行状态。

2. 报警处理

(1) 启动前,任意一通道出现故障或可燃气体浓度高报警,故障消除前,均不允许机组启动。

(2) 运行期间,任意一通道出现故障、可燃气体浓度高报警,控制系统上出现相应报警。同组中,两通道出现故障时,出现可燃气体检测组故障报警,延时 5s 后,自动减负荷停机。

(3) 同组中,任意一通道出现故障,另外两通道中检测到可燃气体浓度高报警时,延时 5s 后,自动减负荷停机。

(4) 同组中,任意两通道检测到可燃气体浓度高高报警时,机组跳闸。

(5) 同组中,任意一通道出现故障,另外两通道中检测到可燃气体浓度高高报警时,延时 5s 后,机组跳闸。

(6) 同组中,任意两通道出现故障,另外一通道检测到可燃气体浓度高报警时,延时 5s 后,机组跳闸。

第 5 章　PG6111FA 燃气轮机控制与保护

5.1　燃气轮机的启动

5.1.1　燃气轮机启动过程及启动曲线介绍

燃气轮机不能自己启动，必须有一种启动装置带动它进入自持转速。一台燃气轮机大约有 2/3 的功率用来驱动压气机工作，为了使燃气轮机能够开始工作，一定要有其他的动力先使压气机开始工作。当涡轮产生足够压缩比的气体，进入燃烧室的天然气开始燃烧，燃气轮机就可以自己维持旋转，即在此速度下，燃气轮机组可以产生使自己不断升速的功率，这就是燃气轮机机组的启动过程。PG6111FA 燃气轮机机组采用静态变频启动，即启动时将同步发电机作为启动电动机来使用，通过对发电机外加变频电源让它拖动燃气轮机机组升速，带动燃气轮机进入自持转速，在燃气轮机开始自己做功后，再退出电动机运行状态，然后又作为发电机并网发电。这种启动方式目前越来越多地被采用。

1．*启动过程*

单台燃气轮机具有快速启停的特点，一般来说，燃气轮机的启动过程可划分为三个阶段。

1）第一阶段，又称冷态加速阶段

在这个阶段中，由启动机把燃气轮机转子带动到允许向燃烧室喷入燃料点火的转速。所需要的能量主要是用来加速机组的转子，并克服轴承的摩擦力。通常，机组的点火转速大约为额定转速的 14%。

2）第二阶段，又称热加速阶段

这个阶段是从机组开始点火的瞬间起，一直到启动机把机组转子增速到脱扣转速为止。通常，脱扣转速大约为额定转速的 90%。当机组达到脱扣转速时，透平发出的功率不仅能够带动压气机工作，克服工作摩擦阻力，而且还能有剩余功率出现，此后机组就可以不再需要启动动力源的帮助而使转子继续加速上去，此时就允许启动机与机组转子脱扣并停止工作。同时，在这个阶段，机组从冷态被逐渐加热到一定程度，因而又可以称为是暖机阶段。根据机组结构形式的不同，为了避免在机体中产生过大的热应力，应该对第二阶段的时间进行必要的控制或设定一定的暖机时间和暖机燃料量。

3）第三阶段，又称继续热加速阶段

在这个阶段中，启动机已经退出工作，机组将全靠透平发出的剩余功率来使转子继续升速，直到空载转速为止。这时，机组将进一步加热。为了避免发生过大的热应力，也可以对这个阶段的持续时间进行必要的控制。

由燃气轮机启动特点可知：联合循环主设备燃气轮机的启动，受余热锅炉、汽轮机等各方面的条件影响。

2．*燃气轮机启动前的准备*

（1）得到值长机组启动命令后，联系相关专业，各岗位做好操作、检查分工。

（2）检查确认机组保护投入状况。

（3）余热锅炉已具备点火条件。

（4）记录下列参数值：气缸金属温度、轮级间最高金属温度、燃气轮机及蒸汽轮机润滑油母管压力和温度、差胀、偏心、轴向位移、气缸膨胀、IGV角度、低压缸排汽压力、盘车电流及转速等主要参数。

(5) 确认连续盘车符合条件,机组转动部分无异音。

(6) 检查调压站天然气压力、温度正常。

(7) 确认余热锅炉出口烟气挡板打开。

3. 燃气轮机启动操作

(1) 选择Mark VIe“Startup”界面,点击“Mode Select”栏下“Off”键。

(2) 选择Mark VIe操作员站“Startup”界面,选择启动方式为“Auto”,查“Start Checks”页面上所有启动条件已满足(呈绿色),“READY TO START”变为绿色。

(3) 在Mark VIe界面中,点击“Master Reset”“Diagnostic Reset”按钮进行复位。

(4) 选择Mark VIe“Startup”界面,点击“Start”按钮,启动燃气轮机。

(5) 检查变频器启动SFC系统开始工作,检查机组转速开始上升,转速至13.5%额定转速,查盘车电机自动停运。

(6) 当燃气轮机转速达8.4%额定转速时,检查IGV角度开至290°,检查天然气泄漏试验开始进行。

(7) 当燃气轮机转速达28%额定转速时,开始8.8min的清吹计时。

(8) 清吹结束后,机组开始降速。

(9) 当燃气轮机转速到14%额定转速时,延迟20s,燃气轮机执行点火程序,开始点火。检查燃料速比阀、燃料控制阀开启正常,在10s内至少2个火焰探测器检测到火焰,点火成功。检查4个火焰强度指示大于50,检查天然气压力、温度正常,检查调压站自动调节正常;检查21个排气热电偶显示正常,分散度正常。

(10) 燃气轮机点火后视情况投运热水锅炉,控制天然气温度正常。

(11) 检查燃气轮机进入暖机程序,FSR显示FSRSU,20s暖机结束后,机组进入加速状态。在转速到全速期间,注意检查燃气轮机排气温度、轴承振动、轴承温度等参数正常。

(12) 当燃气轮机转速达到自保持转速(88%额定转速左右)时,检查SFC停止输出,检查相应开关及闸刀动作正常,检查励磁控制自动切至“AUTO”,IGV角度开至52°。

(13) 当燃气轮机转速达到95%额定转速时,检查排气框架风机启动;98%额定转速时,励磁系统灭磁开关已合上。

(14) 燃气轮机达到全速空载后,值班人员应仔细全面检查燃气轮机各系统,在无任何异常情况下,发电机方可并网带负荷。

4. 燃气轮机启动曲线介绍

燃气轮机的启动曲线如图5-1所示,它记录了启动过程中燃气轮机的负荷、转速、IGV、排气流量和排气温度的变化过程。

*a*点是燃气轮机升速到清吹转速(28%额定转速);*a*—*b*这一段是清吹时间;*b*—*c*这一段是降速点火(14%额定转速),温度上升;*c*点之后机组进入加速状态;*d*点IGV开始开大至最小运行角度(88%额定转速左右);*e*点燃气轮机达到全速空载,之后开始加负荷。

5.1.2 启动过程中的注意事项

(1) 机组启动前,在实时曲线上输入燃气轮机转速TNH、IGV反馈CSGV、排气温度TTXM、燃料冲程基准FSR、机组最大振动BB-MAX等点名,记录机组启动曲线。

(2) 燃气轮机启动前,应在主菜单的同期显示栏下检查同期选择应在“Off”。

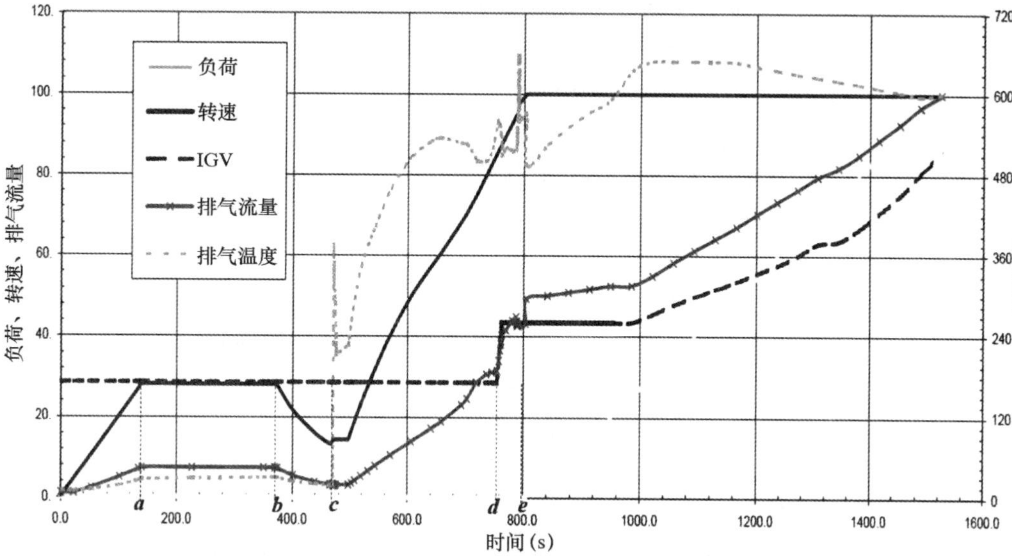

图 5-1　燃机启动曲线

(3) 启动过程中检查各冷却风机自动投入正常，各风门开启正常。

(4) 监视燃气轮机正常，检查润滑油温自动调节正常。

(5) 注意监视燃气轮机画面报警信息，特别是保护系统发生的报警信息，发现异常及时处理。

(6) 燃气轮机点火成功后，检查天然气压力稳定，检查调压站调节稳定。

(7) 燃气轮机启动过程中，检查润滑油压力、温度、轴瓦温度、轴系振动、燃机排气温度、排气分散度、轮间温度正常。燃气轮机过临界转速时，注意监视机组轴系振动。

(8) 检查调压站及前置模块无天然气泄漏。

(9) 注意燃气轮机冷却水投入正常。

(10) 在启动过程中出现报警后，要立即分析并查找报警原因，特别是保护系统发生的报警，要及时处理。

5.1.3　静态变频启动装置 SFC

1. SFC 运行方式规定

两台燃气-蒸汽联合循环发电机组共用一套静态频率转换器——SFC 装置(SFC 装置输出开关 89SS-1 至＃1 燃气轮机发电机，89SS-2 至＃2 燃气轮机发电机)。SFC 系统在工作过程中，由厂用 6kV 1 段母线供电，通过 SFC 装置向发电机送入不同电压和频率的电源，发电机作为同步电动机带动大轴旋转，以满足启动燃气轮机过程中不同的需求。

工作过程：机组在盘车状态，SFC 启动激活后，SFC 控制发指令进行相关连接，Mark VIe 透平控制系统提供相应的指令和速度设定值信号给 SFC；SFC 根据 Mark VIe 指令，控制其输出，逐步将机组加速到清吹转速的设定值，机组保持在清吹转速；清吹结束之后，SFC 输出降低，机组被允许惰走到点火转速 14%，机组点火，SFC 输出再次启动增加输出，保持在恒定转速下暖机 30s；暖机结束后，SFC 将机组加速到自持转速，SFC 输出扭矩逐步减少，燃气轮机透平产生的动力将机组加速到额定转速，在 86%转速左右，SFC 停止输出，并脱扣。

2. SFC 启动前的准备工作

1) SFC 装置设备检查

(1) 检查 SFC 相关设备：SFC 电源隔离变压器、SFC 装置控制柜、SFC 装置闸刀切换柜、

SFC装置电抗器柜、SFC装置变频器功率模块柜柜内所有回路检修工作均已结束，工作票已终结，检修人员已撤离，现场无遗留杂物。

(2) 检查SFC相关一、二次回路设备连接正常，符合投运条件。

(3) 检测SFC电源隔离变压器高压侧绝缘正常。

(4) 在集控楼400V MCC-A母线上合上JKLM1-1C间隔SFC装置380V动力电源。

(5) 在集控楼400V MCC-B母线上合上JKLM2-4B间隔SFC装置照明及加热器220V电源。

(6) 在#1燃气轮机AC 380V配电屏内合上第8间隔SFC装置380V电源开关。

(7) 将SFC装置控制柜内SFC装置电源熔丝QS315置合上位置。

(8) 合上SFC装置控制柜内下列电源小开关：

① QF315：SFC装置电抗器柜冷却风扇电源开关。

② QF318：SFC装置闸刀切换柜电源开关。

③ QF316：SFC装置变频器功率模块柜冷却风扇电源开关。

④ QF316A：SFC装置变频器功率模块柜冷却风扇230V隔离变电源开关。

⑤ QF335：SFC装置各柜内加热器电源开关。

⑥ QF336：SFC装置各柜内加热器及照明电源总开关。

⑦ QF336A：SFC装置室内空调电源开关。

⑧ QF337：SFC装置各柜内照明电源开关。

⑨ QF350：SFC装置UPS电源总开关。

⑩ QF350A：SFC装置变频器功率模块柜内U353模块UPS电源开关。

⑪ QF355：SFC装置变频器功率模块柜内U355/U357模块UPS电源开关。

⑫ QF359：SFC装置控制柜各继电器UPS电源开关。

⑬ QF362：SFC装置U361模块(输出24V DC)电源开关。

⑭ QF367：SFC装置U366模块(输出24V DC)电源开关。

(9) 检查燃气轮机SFC装置控制面板上SFC装置组合开关QS235(SFC装置至#1燃气轮机输出开关89SFC1、SFC装置至#2燃气轮机输出开关89SFC2状态在断开位置、SFC装置接地闸刀57SFC在合上位置)，SFC装置闸刀切换柜内闸刀实际位置确认。

(10) 检查SFC小室内装置控制面板上无异常报警和故障信号。

(11) 确认SFC装置控制面板上“READY”绿灯亮。

2) 燃气轮机发电机检查

(1) 检查燃气轮机发电机具备启动条件，发电机出口闸刀89G及发电机出口开关52G均在断开位置。

(2) 燃气轮机发电机出口接地闸刀57GG在断开位置。

(3) SFC装置至#1燃气轮机隔离开关89SS-1及SFC装置至#2燃气轮机隔离开关89SS-2均在断开位置。

(4) 合上燃气轮机发电机出口开关控制箱柜内电源小开关。

(5) 检查燃气轮机发电机出口开关控制箱面板上无报警信号，在自动方式。

(6) 检查燃气轮机发电机励磁系统相关一、二次回路设备连接正常，符合投运条件。

(7) 放上燃气轮机发电机励磁系统控制柜内熔丝。

(8) 合上燃气轮机发电机励磁系统控制柜内电源小开关。

(9) 将燃气轮机励磁变6kV电源开关合上，投入燃气轮机励磁变运行。

(10) 检查燃气轮机发电机励磁系统控制屏上无报警信号，在自动方式。

3) 燃气轮机PEECC间检查

(1) 检查燃气轮机PEECC段电源正常。

(2) 检查PEECC段上设备无异常报警信号。

4) SFC电源隔离变压器6kV开关送电操作

(1) 检查6kV1段母线上ZY1-11间隔SFC隔离变6kV开关接地闸刀确认在断开状态，柜前观察窗内确认接地闸刀指示绿色“分闸”，柜后观察窗内确认接地闸刀机械操作连杆在分闸状态。

(2) 检查SFC隔离变6kV开关小车在“试验”位置。

(3) 检查SFC隔离变6kV开关在“分闸”状态。

(4) 确认SFC隔离变6kV开关控制回路插头连接完好。

(5) 确认SFC隔离变6kV开关手车拉杆把手紧靠两边外侧位置。

(6) 将SFC隔离变6kV开关五防机械锁钥匙解锁，确认锁杆伸出。

(7) 将SFC隔离变6kV开关柜门关闭。

(8) 在SFC隔离变6kV开关控制柜内将下列开关合上：

① 智能测显装置直流电源开关Q24。

② 开关位置电动操作直流电源开关1DK。

(9) 检查手车电机控制器“就绪”绿灯亮，无故障。按下柜门上手车电机控制器“摇入”按钮，观察智能测显装置上开关位置指示灯闪烁直至稳定，红灯亮。

(10) 确认已将SFC隔离变6kV开关小车摇至“工作”位置。

(11) 在SFC隔离变6kV开关控制柜内将下列开关合上：

① 综保测控装置三相电压输入开关Q21a、Q21b、Q21c。

② 电度表三相电压输入开关Q22。

③ 开关控制直流电源开关Q11。

④ 马达储能电源开关Q12。

⑤ 保护装置及电度表直流电源开关Q13。

(12) 确认SFC隔离变6kV开关状态指示器指示分闸，分闸绿灯亮。

(13) 检查SFC隔离变6kV开关弹簧储能良好，智能测显装置上弹簧储能“黄灯亮”，柜内开关上箭头指向弹簧压缩位置。

(14) 检查SFC隔离变6kV开关柜上保护压板正常投运。

(15) 将SFC隔离变6kV开关“远方/就地”切换开关切至“远方”位置，并确认。

(16) 检查SFC隔离变6kV开关柜上无异常报警信号。

(17) 在DCS画面上，确认SFC隔离变6kV开关无任何报警。

3. *SFC启动及停运*

1) SFC启动

(1) 在燃气轮机Mark VIe启动报警“START Check1”检查界面中，确认“CSF Start Permissve”显示绿色许可状态。

(2) 在燃气轮机Mark VIe控制系统变频启动装置“SFC”界面中，确认“SFC Fault Alarm”无报警。

(3) 在燃气轮机 Mark VIe 控制系统变频启动装置“SFC”界面中,确认“SFC Ready To Start”栏显示“ Ready”。

(4) 在就地变频启动装置小室内 SFC 装置控制面板上无异常报警和故障信号,SFC 装置控制面板上“READY”绿灯亮。

(5) 当燃气轮机变频启动条件满足后,在 Mark VIe 系统“STARTUP”界面中“MODE SELET”方式下选择“AUTO”方式。点击“MASTER CONTROL”下“START”,燃气轮机变频启动。

(6) SFC 装置输出下列内部操作指令:

① 启动 SFC 装置内冷却风机。

② 合上 SFC 装置至#1 燃气轮机隔离开关 89SS-1(或 SFC 装置至#2 燃气轮机隔离开关 89SS-2)。

③ 对 SFC 装置组合开关 QS235 进行操作,断开 SFC 装置接地闸刀 57SFC,合上 SFC 装置至#1 燃气轮机输出开关 89SFC1(或 SFC 装置至#2 燃气轮机输出开关 89SFC2)。

④ 合上 SFC 电源隔离变压器 6kV 开关。

⑤ 启动燃气轮机发电机励磁,变频器可控硅整流器脉冲激活,SFC 按照设定速度参数启动。

2) SFC 停运

(1) 正常停运

① 当燃气轮机发电机转速达到 2400r/min 时,SFC 输出扭矩逐渐减少。

② 当燃气轮机发电机转速达到 2520r/min 时,SFC 输出扭矩输出为零。

③ 燃气轮机发电机定子转速控制锁定,变频器可控硅整流器脉冲停止。

④ 停止励磁请求。

⑤ SFC 装置输出下列内部操作指令:

a. 断开 SFC 电源隔离变压器 6kV 开关。

b. 断开 SFC 装置至#1 燃气轮机隔离开关 89SS-1(或 SFC 装置至#2 燃气轮机隔离开关 89SS-2)。

c. 断开 SFC 装置至#1 燃气轮机输出开关 89SFC1(或 SFC 装置至#2 燃气轮机输出开关 89SFC2),合上 SFC 装置接地闸刀 57SFC。

d. 延时 3min,SFC 装置及冷却风机停运。

(2) 紧急停运

① 当出现信号:EXTERNAL TRIP(外部跳闸)或 SFC PLC 文本上出现跳闸信息。

② 并且信号 SFC READY 灯灭了,SFC 内部操作程序就会按下列顺序停机:

a. 变频器可控硅整流器脉冲停止。

b. 停止励磁请求。

c. 断开 SFC 电源隔离变压器 6kV 开关。

d. 断开 SFC 装置至#1 燃气轮机隔离开关 89SS-1(或 SFC 装置至#2 燃气轮机隔离开关 89SS-2)。

e. 断开 SFC 装置至#1 燃气轮机输出开关 89SFC1(或 SFC 装置至#2 燃气轮机输出开关 89SFC2),合上 SFC 装置接地闸刀 57SFC。

f. SFC 停止。

g. SFC 装置冷却风扇停运。

4. SFC 日常检查及运行注意事项

1）SFC 日常检查

（1）检查 SFC 装置各部件运行声音正常，无异常振动，无异常的鸣叫。

（2）检查 SFC 装置各柜柜体是否发热，排风口应无烧焦等异味。

（3）检查 SFC 装置室内通风、照明良好，通风设备能够正常运转，室内环境温度不超过 40℃，环境湿度在 20%～90%。

（4）检查控制面板及设备状态指示灯指示正常，无报警信号。

（5）检查过滤网应没有堵塞，如发现过滤网积有灰尘，通知检修，将之取下，换上干净的滤网，并要求定期清洗空气过滤器。

（6）检查 SFC 装置各部分电流、电压正常，并按规定方式运行。

2）SFC 运行注意事项

（1）SFC 装置一次电源送电前，必须将 SFC 装置相关设备所有的柜门关闭。

（2）禁止在通电和运行时打开 SFC 相关设备 SFC 电源隔离变压器、SFC 装置变频器功率模块柜、SFC 装置电抗器柜及 SFC 装置闸刀切换柜柜门。

（3）SFC 正常启动运行要求远方启动完成。

（4）SFC 投入运行前，应确认燃机发电机及励磁系统已具备启动条件。

（5）当励磁系统出现自动调节失灵时，应禁止 SFC 投入运行。

（6）测绝缘时，要确认 SFC 电源隔离变压器 6kV 开关 52SFC 确在断开位置，才能对 SFC 电源隔离变压器高压侧进行绝缘测量。隔离变压器低压侧连接可控硅电子元件，运行人员不要进行测量，以防损坏元器件。

5.1.4　燃气轮机组并网与加负荷

1. 燃气轮机发电机并网条件

（1）燃气轮机发电机电压与系统电压相等，电压差不超过 2%。

（2）燃气轮机发电机周波与系统周波相等，周波差不大于 3%。

（3）燃气轮机发电机相位、相序与系统一致，相位差不超过 10°。

（4）燃气轮机发电机首次并列及大修后应检查其与系统相序一致。

2. 燃气轮机发电机升压前的操作

（1）发变组升压前记录一次发电机定子线圈、定子铁心温度及风温。

（2）检查主变中性点接地闸刀已经投入运行。

（3）检查确认燃气轮机发电机出口闸刀在分闸状态，发电机出口断路器在分位，控制电源均已送上。

（4）检查燃气轮机保护装置无异常报警。

（5）当转速达到 3000r/min，检查燃气轮机运行正常。

（6）确认发电机出口封闭母线微正压装置已经正常投运。

3. 燃气轮机发电机并网操作

（1）向调度申请准备并网，调度同意后，合发电机出口闸刀。

（2）确认燃气轮机发电机及励磁系统由检修改热备用。

（3）打开 Mark VIe 控制系统“Start Up”界面，确认“Load Select”在预选模式，负荷选择在 8MW 左右。

(4) 打开燃气轮机励磁“AVR”界面,通道已经选择“Master 1”或者“Master 2”。

(5) 确认 Mark VIe 控制系统励磁“AVR MODE”已经自动选择“AUTO”。

(6) 确认燃气轮机转速≥98%SPD 额定转速。

(7) 确认励磁开关 41E 已经自动合上,检查发电机线电压已升至 10.5kV,且三相电压平衡。

① 检查发电机电流指示接近零。

② 检查励磁电压约 71V,励磁电流约 262.7A。

(8) 在 Mark VIe\Control\Synch 界面中,选择“AUTO SYNC”,进行自动并网,检查发电机出口断路器 52G 合闸,同期控制转为 SYNC OFF,将机组带至初负荷正常。Startup Status 栏目显示 LOADING。

(9) 燃气轮机并网后,检查发电机各参数正常,适当调节励磁,保持发电机滞相运行。

(10) 根据调度要求投入“PSS”和“AVC”。

4. 燃气轮机发电机并网注意事项

(1) 发电机同期并列操作可采用自动准同期和手动准同期两种方式,正常情况下,应选用自动准同期方式,若自动准同期失灵,查明原因后,可选用手动准同期方式。选用手动准同期并列方式,必须有生产副总工程师或者总工程师批准后才能执行。

(2) 当发电机转速升至 98%额定转速时,确认发电机灭磁开关自动合闸,发电机自动升压至额定电压,检查发电机运行无异常。

(3) 发电机升压过程中,监视定子电压正常,定子电流接近于零,转子电流、电压不应超过其额定空载值,否则应立即逆变灭磁,对定、转子回路进行检查,分析原因,消除缺陷后才能重新升压。

(4) 出现发电机 PT 断线、燃气轮机转速不稳时,禁止并列。

(5) 在机组带初负荷暖机期间应全面检查燃气轮机发电机组振动、轴向位移、轴承金属温度、轴承回油温度、润滑油温、油压、排气温度、轮间温度等参数在正常范围内。

(6) 发电机并网后,应加强定子线圈、定子铁心、发电机冷热风温等参数的监视。

(7) 发电机并网后,应保持发电机滞相运行。

(8) 发电机并网前应确认冷却水已正常投运。

5. 燃气轮机发电机带负荷

(1) 机组并网后带负荷情况应按值长命令执行。

(2) 燃气轮机发电机带负荷方式:

① 手动带负荷

a. 手动带负荷可通过 SPEED/LOAD CONTROL 控制栏下的增减按钮来完成。

b. 手动加载在选择基本或尖峰的温度点以上时是不被允许的。

c. 手动带负荷时,应使负荷的变化慢一些,负荷的改变量≤5MW/min。

② 自动带负荷

a. 选择预选负荷模式,确认“Preselect”投入,输入需要的负荷值。

b. 选择基本负荷,点击“Base”,燃气轮机将自动当至温控线允许的负荷。带满负荷以后,进入温控状态。

c. 当燃气轮机在外部负荷控制模式时,在 CCS 界面点击。

5.2　燃气轮机机组 Mark VIe 操作界面部分功能键操作方法及功能介绍

1. 机组冷拖

操作方法：选择 Mark VIe“Startup”界面，点击“Mode Select”栏下“Crank”键，“Crank”键灯变为蓝色；点击“Master Control”栏下“Start”键并确认，“Start”键灯变位蓝色。

功能：控制机组自动升速至清吹转速运行。

2. 燃气轮机点火

操作方法：机组在冷拖状态下，选择 Mark VIe“Startup”界面，点击“Mode Select”栏下“Fire”键，“Fire”键灯变为蓝色；点击“Master Control”栏下“Start”键并确认，“Start”键灯变为蓝色。

功能：控制机组由冷拖转速状态自动清吹计时→降速→点火。

3. 机组自动启动

操作方法：选择 Mark VIe“Startup”界面，点击“Mode Select”栏下“Auto”键，“Auto”键灯变为蓝色；点击“Master Control”栏下“Start”键并确认，“Start”键灯变为蓝色。

功能：控制机组启动直至全速。

4. 自动停机

操作方法：机组运行状态下，选择 Mark VIe“Startup”界面，点击“Master Control”栏下“Stop”键并确认，“Stop”键灯变为蓝色。

功能：控制机组自动减负荷→燃烧切换→汽轮机卸载→减负荷至 52G 断开→降速直至燃机熄火。

5. 中止自动停机

操作方法：机组转速在 14HS 动作转速以上，点击“Master Reset”对燃气轮机主复归后，选择 Mark VIe“Startup”界面，点击“Master Control”栏下“Start”键并确认，“Start”键灯变为蓝色。

功能：中止机组自动停机，维持当前运行状态。

6. 投入温度匹配

操作方法：机组并网带负荷后，转速基准 TNR≥100.4%，选择 Mark VIe 操作员站选择“Temp Matching”界面，点击“Temp Matching”功能块“On”键，键灯变为蓝色。

功能：根据 52G 合闸时气缸金属温度自动调整负荷控制燃气轮机排气温度(操作员手动设定燃气轮机排气温度)，以使余热锅炉高压主蒸汽温度与气缸金属温度相匹配。

7. 退出温度匹配

操作方法：选择 Mark VIe 操作员站选择“Temp Matching”界面，点击“Temp Matching”栏下 “Off”键，确认“Off”键变为蓝色。

功能：退出温度匹配模式，燃机排气温度上升。

8. 机组带基本负荷

操作方法：机组预选负荷模式下，选择 Mark VIe “Startup”界面，点击“Load Select”栏下“Base”键，确认“Base” 键变为蓝色。

功能：控制机组由当前负荷值自动升至基本负荷。

9. 自动调整负荷

操作方法:选择 Mark VIe“Startup”界面,确认“Preselect”键呈蓝色;否则,点击“Load Select”栏下“Preselect”键,使“Preselect”键变为蓝色。点击“MWATT Control”栏“setpoint”键,输入设定负荷值并确认。

功能:控制机组自动增、减负荷至所需值。

10. 手动升、降有功

操作方法:选择 Mark VIe“Startup”界面,点击“Speed/Load Control”栏下“Raise”或“Lower”按钮。

功能:每点击一次“Raise”或“Lower”键,键即变蓝色一次,发电机有功上升或下降一定值。

11. 发电机端电压控制

操作方法:选择 Mark VIe“Startup”界面,点击“Generator Mode”栏下“Voltage Ctrl”键,使“Voltage Ctrl”键变为蓝色。

功能:自动调整无功,维持发电机端电压在控制系统设定范围。

12. 投入功率因数控制

操作方法:选择 Mark VIe“Startup”界面,点击“Generator Mode”栏下“PF”键,使“PF”键变为蓝色;在“PF Control”栏下点击“Set point”,输入设定功率因数值并确认。

功能:自动调整发电机无功,使发电机功率因素保持在设定值。

13. 投入发电机无功控制

操作方法:选择 Mark VIe“Startup”界面,点击“Generator Mode”栏下“VAR”键,使“VAR”键变为蓝色;在“VAR Control”栏下点击“Set point”,输入设定无功值并确认。

功能:自动调整发电机无功在设定值。

14. 手动升、降无功

操作方法:操作在任何无功调节方式下,选择 Mark VIe“Startup”或“Gen/Exciter”界面,点击“kV/kVAR Control”栏下“Raise”或“Lower”键。

功能:切至发电机端电压控制,每点击一次“Raise”或“Lower”键,键即变蓝色一次,发电机无功上升或下降一定值。

5.3 燃气轮机的停机

燃气轮机的停机是指发电机从带负荷的正常运行状态转到静止状态的过程。停机的过程实质上是燃气轮机各个金属部件的冷却过程。燃气轮机的停机方式有:正常停机、自动保护停机和紧急停机。

5.3.1 正常停机

(1) 进入 Mark VIe“Startup”界面,在“Master Control” 栏目下选择“Stop”命令,“Stop”灯亮。

(2) 当有功下降时,监视无功应相应下降,励磁系统自动调节维持发电机出口电压稳定。

(3) 在燃气轮机负荷下降过程中,注意监视余热锅炉出口压力和温度,汽轮机根据汽温、汽压带负荷。燃气轮机减负荷的过程中,手动或通过 IPC 设定方式关小汽机调门。

(4) 停机过程中,注意监视控制高压蒸汽温度,防止高压蒸汽超温或温度下降过快。若停机过程中汽温 10min 下降 50℃或以上，汽轮机应紧急停机。

(5) 燃气轮机负荷降至零，确认燃机发电机逆功率保护动作，燃气轮机 GCB 跳开，4 个防喘放气阀全开；燃气轮机转速降至 97%，灭磁开关断开。

(6) 燃气轮机转速小于 94%时，检查 88TK 排气框架冷却风机自停。

(7) 燃气轮机转速降至 20%左右时，检查燃气轮机切断燃料，燃机熄火。检查燃气轮机的燃料控制阀、速比阀关闭，IGV 关至 29°。燃烧室熄火后，确认天然气泄漏检测正常，检查透平间通风机、天然气模块间通风机及负荷齿轮间通风机停止。

(8) 燃气轮机转速降至 10%，检查燃气轮机盘车电机启动。燃气轮机转速至 12r/min 时，检查盘车齿轮自动啮合并开始连续盘车运行，检查盘车电流正常，检查液压油泵停止。记录机组从熄火到盘车电机投入的惰走时间。

(9) 燃气轮机停运后进入 Mark VIe“Startup”界面，在“Master Control”栏目下选择“Off”命令，“Off”灯亮，闭锁机组启动。关闭烟囱挡板，保存锅炉内部热量。

(10) 燃气轮机停运后，停运热水炉，检查调压站天然气压力调节正常。

(11) 燃气轮机停运后，拉开燃机发电机出口隔离刀闸。

(12) 燃气轮机减负荷停机过程中抽凝机的操作：

① 燃气轮机负荷降至 20MW，退出汽机低压补汽。

② 汽轮机减负荷停机过程中，注意监视轴封供汽汽源切换正常，确保轴封汽源的稳定。

③ 减负荷停机过程中，应注意监视低压缸喷水冷却系统是否正常投入，确保低压缸排汽温度的正常。

④ 减负荷过程中，根据机组真空及循环水温度，及时调整循环水系统运行方式。

⑤ 汽轮机负荷减至 7.5MW 时，检查汽轮机管道及本体所有疏水阀自动开启。

⑥ 停机过程中注意监视控制高、低压主蒸汽压力，防止高压蒸汽超压，高压蒸汽控制压力不超过 4.9MPa。蒸汽压力 4.9MPa 以下，不开启高压旁路。低压补汽压力 0.7MPa 以下，不开启低压旁路(若高低压蒸汽压力上升快，无法控制，可适当开启高低旁调节，汽轮机停运后关闭)。

⑦ 汽轮机负荷降至 0MW，确认汽轮机发电机解列，汽轮机 GCB、灭磁开关联跳，否则手动打闸。

⑧ 检查高压主汽门、调门关闭，检查汽轮机转速下降，记录气缸内壁上、下壁温度。确认供热抽汽逆止阀、余热锅炉高压蒸汽减温水截止阀、调节阀联锁关闭。

⑨ 汽轮机发电机解列前投入汽轮发电机启停机、误上电压板。

⑩ 汽轮机转速开始下降，惰走期间，倾听机组各部分声音正常，检查轴向位移、轴承金属温度、振动、润滑油压、油温等参数正常。

⑪ 汽轮机转速至 1200r/min，确认选定的顶轴油泵联锁启动，顶轴油压正常。

⑫ 汽轮机转速降至 600r/min，停真空泵，开启真空破坏门，控制转速接近零时真空至零。当真空降至 0 时，停运轴封供汽，停轴封风机。

⑬ 汽轮机转速降到 0 时，投连续盘车，记录转子偏心度及盘车电流，记录惰走时间。

⑭ 开启循环水联络门，启动辅机冷却水泵运行，停运循环水泵。低压缸排汽温度低于 50℃后，根据润滑油温、闭式水温度等用户情况，停运辅机冷却水泵。

(13) 燃气轮机减负荷停机过程中背压机的操作：

① 停机过程中注意监视控制高压蒸汽压力，防止高压蒸汽超压，高压蒸汽控制压力不超过 4.9MPa。若蒸汽压力大于 4.9MPa，通过开启汽轮机排汽电动阀及炉侧的排空气电动阀降

压。低压蒸汽压力0.5MPa以下,不开启炉侧排空气电动阀。

② 汽轮机负荷减至15%额定负荷,注意监视汽轮机管道及本体疏水门自动开启。

③ 背压式汽轮机负荷至10%额定负荷时,关小排汽至供热集箱电动隔离门,保持背压稳定。排汽至供热母管电动隔离门全关时,全开对空排汽门。

④ 汽轮机负荷降至0时,检查汽轮机发电机解列,汽轮机GCB、灭磁开关联跳,否则手动打闸。

⑤ 检查高压主汽门、调门关闭,检查汽轮机转速下降,记录气缸内壁上、下壁温度。确认余热锅炉高压蒸汽减温水截止阀、调节阀关闭。

⑥ 汽轮机发电机解列前投入汽轮发电机启停机、误上电压板。

⑦ 汽轮机转速开始下降,惰走期间,倾听机组各部分声音正常,检查轴向位移、轴承金属温度、振动、润滑油温等参数正常。

⑧ 汽机转速降到0时,投连续盘车,记录转子偏心度及盘车电流,记录惰走时间。

⑨ 停止轴加风机运行,退出#2汽轮机轴封系统。

⑩ 背压机组当凝结水泵停运后,破坏真空除氧器真空,停运真空泵,退出辅汽至真空除氧器加热,真空除氧器退出运行。

(14) 机组停运后注意监视高、低压汽包压力,汽包压力超过额定值时,开启炉侧疏水或向空排气门泄压,防止安全门动作。

(15) 停运相应的磷酸三钠泵、氨泵。

(16) 断开在线仪表电源。如有另一台机组在运行,与高压炉水二氧化硅在线表有关的电源不断开。

(17) 如机组早启晚停,关闭机组汽水取样架在线仪表滤芯前进样门;如机组停运时间超过3天,关闭汽水取样架上一、二次门。

(18) 视相邻机组及冷却塔的运行情况,停运阻垢剂加药泵。

(19) 汇报值长,机组已完成停机操作。

(20) 按规定要求抄表,记录缸温、盘车电流、转子偏心度、润滑油压、油温等主要参数。

(21) 当燃气轮机轮间温度低于65℃时,检查燃气轮机间通风机停止,停止盘车运行,停止燃气轮机润滑油系统运行。

(22) 高压气缸上半内壁温度降到120℃以下时停运连续盘车及顶轴油泵,交流润滑油泵当缸温在100℃以下停止。

5.3.2 停机过程中的注意事项

(1) 燃气轮机停机前,应在实时曲线上输入燃气轮机转速TNH、IGV反馈CSGV、排气温度TTXM、燃料冲程基准FSR、机组最大振动BB-MAX等点名,记录机组停机曲线。

(2) 停机过程中,严密监视机组振动,当发生异常振动时应分析原因,停止降温、降压,振动超限立即打闸停机;转子惰走过程中,注意监视机组在临界转速时的最大振动及转速数值,并做好详细记录。

(3) 停机过程中,注意监视叶片通道和排气温度及温度偏差在正常范围内,监视燃气轮机轮盘间隙温度正常,监视程序执行是否有异常,各阀门开关状态是否正确。

(4) 燃气轮机停运24h内,不允许打开轮机间舱室的门,以确保缸体和转子自然冷却,避免外缸变形,导致摩擦。

(5) 燃气轮机轮间温度高于65℃时,进入燃气轮机间必须及时关闭出入门,并远离高温部件，防止烫伤。

(6) 在停机过程中，严密监视汽轮机的差胀、轴向位移的变化情况。差胀变化应平缓，无突变。

(7) 监视主蒸汽的压力和温度，至少有50℃以上的过热度，控制蒸汽的降温率、温差在允许的范围内。

(8) 监视各轴承的润滑油压、油温、回油温度、润滑油油温、推力瓦温度、推力轴承回油温度的变化正常。

(9) 停机时，控制汽包水位异常波动，高压汽包上下壁温差小于40℃，汽包上、下壁温变化速率小于1.85℃/min，汽压下降速率小于0.345MPa/min。

(10) 停机后注意监视盘车装置运行情况，注意及时调整润滑油温度符合盘车要求。注意监视润滑油压力、各瓦顶轴油压力，以及上下缸温、差胀、轴向位移、偏心、振动等。

(11) 记录机组惰走时间，并与其他运行参数与以前数据进行比较，如惰走时间明显变短或变长，应查明原因。

(12) 在盘车时如果有摩擦声或其他不正常情况时，应停止连续盘车而改为定期盘车；若有热弯曲时，应用定期盘车的方式消除热弯曲后再连续盘车4h以上。严禁强行盘车。

(13) 停机后，加强凝汽器(真空除氧器)水位的监视，防止由于补水门不严密使凝汽器满水，甚至淹没转子，造成永久性弯曲。

(14) 透平间冷却风机保持运行，直到透平间温度下降到整定值。

(15) 停机后，应严密监视并采取措施，防止冷汽、冷水倒灌入气缸引起大轴弯曲和气缸变形。

5.3.3 自动保护停机

在运行中，控制系统检测到某些可能危及机组安全运行的因素时，自动切除燃料供给，机组迅速停机的一种停机方式，就是自动保护停机。自动保护停机后的处理同正常停机。

5.3.4 紧急停机

在运行中，发现某些危及人身、设备安全运行的因素时，立即手动切除机组燃料供给，迅速停机的过程，就是紧急停机。紧急停机除燃料切除时间不同和停机速度快慢不同外，其他过程与正常停机过程相同。

5.3.5 停机后冷拖投运原则

(1) 燃气轮机在盘车投运后因检修需要可以采用冷拖方式来加快冷却。

(2) 机组停运后，若出现盘车电机故障或控制回路故障，不能投入盘车运行，为防止机组大轴弯曲，应手动盘车。

(3) 轮间温度降到65℃～120℃，在得到总工级别以上领导批准后，可以停盘车抢修。抢修结束后必须立即投入连续盘车。连续盘车投入后到轮机间听音检查，听音检查无异常后，机组冷拖运转半小时再发停机令。然后，在盘车投入后选择“FIRE”方式发启动令。启动过程中严密监视机组振动情况，机组点着火无异常后维持点火状态20min再发停机令。待盘车投入后再冷拖运转15min以上。上述步骤完成后，机组方可按正常方式启动；抢修停盘车期间应尽可能保持润滑油泵运行，防止轴瓦温度超过上限125℃。

5.3.6 停机后的保养

燃气轮机长时间停运的保养：

(1) 机组停运超过2周，关闭流量计入口隔离球阀，并保持管道内压力不小于0.1MPa。

(2) 机组如需长期停运,则不能进行水洗。

5.4 燃气轮机典型事故及处理

目前,燃气-蒸汽联合循环机组的启动、停机和正常运行过程都已基本实现自动控制,特别是燃气轮机,可以说,基本不需要运行人员的手动干预,主要的工作是要加强对相关参数的监视,及时发现设备异常,并根据设备异常情况进行及时、正确的处理。本节对联合循环机组设定的跳闸保护和停机方式进行说明,同时对几种重大典型事故的处理进行介绍。

5.4.1 通用部分

1. 事故处理原则

(1) 机组发生故障时,应以"保人身、保系统、保设备"的原则迅速解除人身、设备的危险。找出发生故障的原因,消除故障。同时保持非故障设备的负荷,以保证对用户的正常供电和供热。在事故处理过程中,应尽量确保厂用电系统的正常运行。

(2) 发生事故时,值班员要立即汇报。如发生值班员操作和巡视职责范围内的设备事故,值班员来不及汇报,为防止事故扩大,可根据实际情况先进行处理,待事故处理告一段落后再逐级向上汇报。

(3) 发生事故时,运行人员必须严守工作岗位,正确、迅速地处理事故,各岗位之间加强联系,禁止无关人员停留或进入事故现场。

(4) 机组发生事故后,值长应及时通知运行、设备、安监等部门,并汇报生产副总或总工,相关专业主管和抢修人员应在第一时间赶赴现场,协助恢复机组正常运行并检查分析事故原因。各级生产领导、专业主管应给予事故处理的必要指导和技术支持,但不应与值长的指令相抵触。

(5) 机组发生故障时,运行人员应按下列步骤进行事故处理:

① 根据仪表指示、DCS显示、光字牌报警及机组外部现象,迅速、仔细地进行确认,查明事故的性质、范围、发展趋势、危害程度,并启动相应的应急预案。

② 迅速消除对人身、电网和设备的威胁,必要时应立即解列发生故障的设备。根据事故类型,采取相应的措施,以避免异常情况的扩大。

③ 当判明是系统与其他设备故障时,则应采取措施,维持机组运行,以便有可能尽快恢复机组的正常运行。

④ 处理事故时,各岗位应互通情况,在值长统一指挥下,密切配合,迅速处理,防止事故扩大。处理事故时应当准确、迅速,接到命令后应复诵一遍,命令执行后,应迅速向发令者汇报执行情况。

(6) 当发生运行规范未列举的事故及故障时,值班人员应根据自己的经验作出判断,主动采取对策,迅速进行处理。

(7) 处理事故中,达到紧急停机条件而保护未动作时,应立即手动停止机组运行;辅机达到紧急停运条件而保护未动作时,应立即停止该辅机运行。

(8) 若出现机组突然跳闸情况,事故处理完后,事故原因已查清,应尽快恢复机组运行。

(9) 如果事故处理发生在交接班时间,应延迟交接班,在未办理交接手续前,交班人员应继续工作,接班人员应主动协助交班人员进行事故处理,且必须听从交班值长的统一安排,直到值长发出接班命令为止。

(10) 事故处理完毕,值班人员应将事故发生时的现象和时间、汇报的内容、接受的命令及发令人、采取的操作及操作的结果详细进行记录,并及时向调度和公司、部门领导汇报。之后,组织全值人员进行事故分析,写出事故分析报告。

2. 机组紧急停机及操作步骤

1）燃气轮机紧急停机的条件

(1) 燃气轮机跳机保护应动而拒动。

(2) 压气机发生喘振。

(3) 天然气管道破裂，严重威胁安全运行。

(4) 天然气系统着火，严重威胁安全运行。

(5) 燃气轮机透平排气道大量漏气。

(6) 燃气轮机发生强烈振动或压气机、透平内部有明显的金属摩擦声。

(7) 高低压蒸汽、给水、凝结水或余热锅炉汽水管道发生爆破或严重泄漏等故障，严重威胁人身及设备安全时。

(8) 余热锅炉高压或低压汽包所有水位计全部损坏或失灵，无法监控汽包水位。

(9) 当余热锅炉压力超过安全门动作压力，而所有安全门拒动时。

(10) 燃气轮机油系统着火不能很快扑灭，威胁人身、设备安全。

(11) 燃气轮机运行中任一轴承断油、冒烟时。

(12) 燃气轮机润滑油或顶轴油系统大量喷油泄漏。

(13) 燃气轮机发电机或励磁系统冒烟着火。

(14) 燃气轮机发电机滑环发生强烈的环形火花，无法消除。

(15) 燃气轮机发电机电流互感器或电压互感器冒烟着火。

(16) 全部 Mark VIe 操作员站出现故障，且机组较多重要参数同时失去监视，超过 30s，并将危及机组运行安全。

(17) 主变、高厂变严重故障，需要紧急停用。

(18) 燃气轮机发电机保护应动而拒动。

(19) 闭式冷却水泵故障抢投不成功造成闭式冷却水中断。

(20) 发生危及人身和设备安全的其他事故。

2）燃气轮机紧急停机步骤

(1) 在集控操作台同时按下两个燃气轮机紧急停机按钮。

(2) 检查并确认：

① 燃气轮机发电机、汽机发电机出口断路器、灭磁开关跳闸，发电机有功、无功、电压、电流到零。

② 天然气辅助截止阀 VS4-4、速比阀、天然气控制阀 VGC1/2/3/4 已关闭，燃料流量到零，放散阀 20VG-7 和 20VG-8 开启。

③ IGV 关至 29°，压气机 9 级和 13 级防喘阀全开。

④ 燃气轮机熄火，四个火焰指示显示火焰熄灭。

⑤ 汽轮机跳闸。主汽门、主调门、补汽调门、抽汽气动快关阀、抽汽气动逆止阀全关，旋转隔板开度 100%(抽凝机)；汽轮机主汽门、主调门、排汽启动快关阀、排汽启动逆止阀全关，排汽排空阀开启(背压机)。

⑥ 燃气轮机、汽轮机转速开始下降进入惰走。

⑦ 余热锅炉侧所有减温水电动阀及调阀全关。

⑧ 检查汽轮机防进水保护动作正常。高、低压蒸汽及旁路管道疏水、汽轮机本体疏水、抽汽管道疏水气动阀开启(抽凝机)；汽轮机高压蒸汽管道疏水、汽轮机本体疏水、排汽管道疏水

气动阀开启(背压机)。

⑨ 汽轮机转速至2940r/min,检查高启油泵联锁启动,润滑油母管压力正常。

(3) 迅速开启主蒸汽至轴封气动调阀,调整轴封汽压力在35kPa左右。

(4) 紧急停机后,若怀疑燃气轮机内部损坏,则严禁高速盘车。

(5) 如发生燃气轮机转动部分事故,停机后不能投入盘车,润滑油泵应继续运转。每隔半小时手动盘动转子180°,不得强行盘车。

(6) 如紧急停机后,燃气轮机盘车不能投用,应查明原因并消除故障,重新启动后,应注意机组的振动及转动声音。

(7) 其余操作参见第4章"正常停机"。

5.4.2 燃气轮机异常运行及常见事故处理

1. 燃气轮机机组典型异常运行及处理

1) 进气滤网堵塞

[现象] 进气滤网前后压差高报警。

[原因]

① 空气中浮尘较多、湿度过大。

② 运行维护不当或运行时间过长。

③ 燃气轮机负荷高。

[处理]

① 如果压力未能快速地下降到正常的极限范围以内,就应降低负荷以防机组跳闸。负荷应该降低到过滤器的差压处在正常范围以内为止。

② 检查过滤器,以确定不存在大的外来物质,并且不会导致高压差。

③ 如果过滤器始终被限制在妨碍正常安全运行的工作点上,那么,就应让机组停机并更换过滤器。

2) 压气机喘振

[现象]

① 压气机喘振时机房内地面有明显振感。

② 压气机出口压力大幅波动。

③ 压气机发出异常的低频噪声。

[原因]

① 启动和停机时防喘阀未打开(如电磁阀断电、阀杆卡死或阀头脱落等)。

② IGV角度不匹配。

③ 进气滤网严重堵塞,报警和跳机保护失灵。

[处理]

① 运行人员一旦确认压气机喘振,应果断打闸停机,查找原因并向上级汇报。

② 缺陷消除后,方可再次启动。

3) 点火失败

[现象] 燃气轮机清吹结束进入点火后,点火失败报警,机组跳闸。

[原因及处理]

① 管路积存空气太多,须检查天然气前置模块管路系统。

② 速比阀或GCV1控制故障或卡涩,点火流量不足。

③ 点火变压器、火花塞、点火连接电缆等点火设备故障。

④ 火焰探测器故障，联系检修更换火焰探测器。

4）排气温度扩散度大遮断

［现象］

① 排气温度扩散度报警。

② 通用电气公司对排气温度偏差大的逻辑条件是（TTXSPL：允许温差；TTXSP1：最大允许温差＜H-L＞；TTXSP2：次高允许温差＜H-LL＞；TTXSP3：次次高允许温差＜H-LLL＞）：

a. TTXSP1≥TTXSPL，TTXSP2≥TTXSPL 且最低热电偶与次低热电偶相邻。

b. TTXSP1≥4 * TTXSPL，TTXSP2≥TTXSPL 且次低热电偶与三低热电偶相邻。

c. TTXSP3≥0.85 * TTXSPL。

d. TTXSP4≥TTXSPL。

以上 4 个条件任一条件满足，延时 9s，燃气轮机跳闸。

TTXSPL：允许分散度在 100 ℉（37.8℃）～250 ℉（121.1℃）。

［原因］

① 测温元件故障或显示故障。

② 燃烧不正常或部分喷嘴已烧坏。

③ 叶片积垢不均，影响热流通道各部件的热流量，从而对排气温度场造成影响。

④ 叶片冷却通道阻塞，由于叶片冷却空气冷却叶片后进入热流通道，也会对排气温度场形成一定的影响。

［处理］

① 观察趋势。

② 检查燃料压力，检查火焰筒，检查喷嘴。

③ 在运行期间，排气温度分布的增加超过正常的 8.3℃～16.6℃时，应检查排气热电偶工作是否正常。

④ 当发现有一个排气温度显示不正常时，应及时查找原因进行处理，防止相邻热电偶故障时跳机。

（5）机组保护动作，按紧急停机处理。

5）燃烧室爆燃

［现象］

① 燃烧室内发出爆破声。

② 压气机出口压力有瞬间上升现象。

［原因］

① 停机时，速比阀后的排放阀未打开。

② 速比阀或控制阀关闭不严使天然气漏入燃烧室。

③ 点火前清吹时间不足。

6）机组负荷摆动

［现象］　负荷上下波动，压气机出口压力小幅摆动。

［原因］

① 控制卡件损坏，控制系统故障。

② 燃气控制阀故障，摆动。

③ IGV 波动大,导致负荷上下摆动。

④ 余热锅炉出口烟道挡板摆动。

⑤ 电网频率出现波动。

[处理]

① 当电网频率波动引起负荷摆动时,检查燃气轮机频率响应动作正常。

② 如因 IGV 波动引起负荷摆动,应检查 IGV 动力油供给正常,IGV 卡件正常。

③ 如因燃气控制阀动作引起,应加强观察,负荷摆动大时,及时停机处理。

④ 当负荷摆动引起透平排气温度迅速升高或超过规定最高定值时,机组应自动跳闸,保护拒动时,手动停机。

7) 燃气轮机、燃烧室冒烟或燃烧室烧穿

[现象]

① 透平进口温度异常升高。

② 现场检查有烟冒出或有火苗。

[原因]

① 冷却空气管堵塞。

② 燃烧器超过使用寿命或燃烧不完全引起部分燃气在透平中再燃烧。

[处理]

① 立即停机,并提醒所有人员不要站在燃气轮机各舱室的入口门前。

② 只有转子停转进入低速盘车后才允许人员进入轮机间。

③ 对燃烧系统及燃烧室进行彻底检查。

④ 运行时,通过控制系统监视排烟温差和最大允许排烟温差。

⑤ 如果 75%负荷以上因燃气轮机原因跳机,在启动时要观察排烟是否黑或不正常。

⑥ 检修期间要定期检查燃烧室的火焰筒。

⑦ 排气热电偶故障要及时消除。

8) 轴承振动大

[现象]

① 振动高报警。

② 振动达保护值时机组跳闸。

[原因]

① 压气机喘振。

② 振动传感器故障。

③ 轴瓦磨损。

④ 转子弯曲。

⑤ 轴承损坏。

⑥ 动静部件摩擦。

⑦ 基础不牢、机组地脚螺栓松动、滑销系统在热膨胀时受阻。

⑧ 油压、流量、油温波动。

⑨ 电网振荡。

[处理]

① 检查振动卡件测量振动正常,密切监视振动趋势。

② 检查润滑油压力、温度和流量是否正常。
③ 如果振动持续增加，应降低负荷/转速。
④ 当燃气轮机振动达到跳闸值时，应检查燃气轮机自动跳闸，按燃气轮机紧急停机处理。
⑤ 查明振动高原因并处理。

9）燃气轮机排气压力高

［现象］　排气压力高报警。

［原因］
① 仪表故障。
② HRSG 烟气挡板误关闭。
③ HRSG 内受热面堵塞严重。

［处理］
① 确定排气压力高于设定值。
② 通知维护人员重新校正仪表。
③ 检查并全开 HRSG 烟气挡板。
④ 检查 HRSG 内受热面是否堵塞严重。

10）盘车故障

［现象］　盘车装置自投时，出现盘车装置异常报警，自投后随即脱扣，无法维持啮合位。

［原因］
① 啮合限位开关偏移。
② 控制逻辑设定延时时间不当。

［处理］
① 运行人员在遇到此问题时，应现场检查盘车装置有无其他异常。
② 若仅仅因为驱动机构的问题，可尝试手动辅助啮合。
③ 若手动辅助仍无法投运，应及时联系检修检查处理。

2. 天然气调压系统异常及故障处理

1）天然气压力容器压力过高

［现象］
① 各压力测点压力表指示升高，调压站安全放散阀动作。
② 调压站安全切断阀关闭。

［原因］
① 调压站工作调压器失灵或机组停机时天然气流量过小。
② 调压站安全切断阀关闭不严。

［处理］
① 调压站工作调压器失灵时，应调用备用调压器。
② 调压站安全切断阀关闭不严，应关闭切断阀前隔离门。

2）热水炉故障停运

［原因］
① 水浴温度超高。
② 液位低。
③ 燃气压力高。

④ 燃气压力低。

⑤ 燃烧器故障熄火。

[处理] 查明原因,经处理恢复后,方可恢复运行。

3) 天然气温度异常

[原因]

① 热水炉温度超高。

② 热水炉故障。

③ 温控蝶阀故障。

④ 测温元件异常。

[处理] 就地检查实际温度,联系检修处理。

4) 过滤器高高液位报警

[原因] 自动排污阀不能正常动作。

[处理]

① 手动打开自动排污旁路球阀,缓慢打开旁路隔离阀,进行排污。

② 通知检修处理。

3. 天然气系统异常及故障处理

1) 天然气过滤器压差高

[原因]

① 过滤器阻塞。

② 压力开关、压力变送器故障。

[处理]

① 检查末级过滤器,若过滤器堵塞,则清扫或更换过滤器。

② 检查压力开关和压力变送器,若设定值改变,重新校准。

③ 若压力开关或压力变送器损坏,则修理或更换。

2) 燃气供气压力低

[原因]

① 过滤器堵塞。

② 压力变送器故障。

③ 燃气截止阀故障。

④ 燃气泄漏。

⑤ 燃气供气系统故障。

[处理]

① 检查过滤器压差,若压差高于 0.05MPa,则清扫或更换过滤器。

② 检查压力变送器,若设定值改变,重新校准。

③ 若压力变送器引出管堵塞或泄漏,进行检修。

④ 检查燃气截止阀是否全开,否则进行检修。

⑤ 检查管道或排空阀是否有燃气泄漏;若有,则进行检修。

⑥ 检查燃气供气系统是否异常。

4. 燃气轮机进、排气系统异常及故障处理

1) 压气机进口过滤器压差高

［现象］

① 机组运行时，DCS 上收到一级过滤器压差＞25.5mmH_2O 或总压差＞153mmH_2O 报警。机组负荷越高，一级过滤器压差或总压差越大。

② Mark VIe 发出“Comp Inlet Diff Pressure High”报警。

［原因］

① 机组长时间运行导致过滤器脏污。

② 差压变送器故障，导致测量偏差。

［处理］

① 当一级过滤器差压或总差压高报警时，运行人员应降低机组负荷加强监视，通知检修部门为更换过滤器做准备。

② 为了防止过滤器总压差突然增大，危及压气机稳定运行，在压气机进气室设置 4 个防爆门。当总压差大于 1.25kPa 时，1 个防爆门打开；当总压差大于 2.85kPa 时，其余 3 个防爆门打开。

③ 防爆门动作后，为保护机组安全需运行人员手动停运。

2）排气压力高

［现象］

① 排气压力随着燃气轮机负荷的升高而升高。

② 当排气压力达到 406mmH_2O 时，发出报警。

③ 当排气压力达到 506.8mmH_2O 时，燃气轮机跳闸。

［原因］

① 余热锅炉烟囱挡板异常。

② 余热锅炉受热面大面积破损。

③ 压力变送器异常。

［处理］

① 当 DCS 上收到燃气轮机排气压力高报警时，确认 DCS 上燃气轮机排气压力参数，确认余热锅炉进气段及排气段压力参数，确认机组负荷及燃气轮机进口导叶(IGV)开度。

② 退出机组 AGC，降低机组负荷，确认燃气轮机排气压力开始下降。

③ 查询燃气轮机排气压力开始曲线，压力升高是否为突变，余热锅炉进气道及排气道压力是否同燃气轮机排气压力同步变化等，查明故障原因并处理好后方能投入正常运行。

3）排气温度异常

［原因］

① 燃料供应系统异常导致燃料量异常。

② 燃料控制系统异常导致燃料流量控制阀异常开大。

③ 热通道异常导致排气温度升高。

［处理］

① 当燃气轮机排气温度升高后，先降低机组负荷，保护燃气轮机运行，然后查明故障原因。

② 检查所有排气热电偶，更换坏的热电偶。

③ 如非热电偶问题，将产生问题的控制系统部分分开，检查温度控制的闭环器。

4）进口导叶位置故障

［现象］ Mark VIe 发出“Inlet Guide Valve Position Servo Trouble”报警。

［原因］ 进口可转导叶在启动时不关闭，而在运行转速时关闭。

［处理］

① 检查问题，在重新启动前必须修复。

② 检查电磁阀 20TV、行程开关 33TV-1 和叶片转动控制阀的运行情况。

③ 检查逻辑线路，在重新启动前，应按主复归开关。

5）排气框架冷却空气压力低

［原因］

① 排气框架风扇电动机不运行。

② 空气通道堵塞。

［处理］

① 检查马达运行情况。

② 检查冷却空气通道。

③ 如一台跳闸，燃气轮机可继续维持运行，汇报值长联系检修处理；如两台均跳闸，应迅速抢合。若抢合成功一台，燃气轮机可继续维持运行；若抢合不成功，燃机将自动减负荷，执行正常停机程序。

5. 燃气轮机冷却与密封系统异常及故障处理

1）轮间温度高及温差大

［现象］

① 任一组轮间温度平均值在启动过程中超过相应限值或正常运行中超过相应限值 100 ℉，Mark VIe 发出“Wheel space temperature high”报警。

② 任一组轮间温度测量值相差超过 150 ℉，Mark VIe 发出“Wheel space temperature high”报警。

③ 燃气轮机轮盘温度随着燃气轮机负荷的变化，出现较大波动。

［原因及处理］

① 发生冷却风管堵塞、密封磨损、气缸过度变形、排气扩压器过度变形、设备老化等情况，应及时降低机组负荷，必要时，停机处理。

② 若轮间温度热电偶出现故障，检查热电偶是否开路或短路，停机时更换故障热电偶。

③ 燃烧系统出现故障，检查故障原因，尽快予以消除。

④ 有关管路密封泄漏，应查明泄漏点，尽快修复。

2）透平间温度高

［原因及处理］

① 检查透平间冷却空气风扇是否正常运行(88BT)。

② 检查热空气是否泄漏。

③ 检查各通风口是否畅通。

④ 透平间温度如果超过火灾保护温度会引起跳闸。

6. 燃气轮机润滑油系统异常及故障处理

1）气体燃料遮断油压低

［原因］ 燃料遮断。

［处理］

① 检查遮断油系统是否泄漏。

② 检查控制油滤压差是否过大。

2）正常运行中舱室突然冒出黑烟

［原因］

① 润滑油系统出现严重泄露。

② 舱室通风机故障。

［处理］

① 润滑油系统出现严重泄露时，威胁机组安全运行，应立即停机。

② 舱室通风机出现故障时，应打开舱室门通风，并适当减负荷并联系热工暂时解除火灾保护系统。

3）润滑油箱油位高

［现象］ 显示该报警，指示油位示升高。

［原因］

① 化学(机务)加油过多。

② 冷油器泄漏造成油箱进水。

［处理］ 如发现有其他液体进入润滑油箱内，可停下机组，在没有修复前严禁启动机组。

4）润滑油箱油位低

［原因］

① 油位计故障。

② 润滑油外漏。

［处理］

① 严密监视润滑油泵电流、润滑油供油压力，如有异常，应紧急停机。

② 立即到现场检查润滑油泵工作是否正常。

③ 检查油位计是否正常，如果确认油箱油位确有迅速下降的趋势，应立即紧急停机；如果油箱油位缓慢下降，应及时排除缺陷，严密监视油位变化，必要时，申请停机。

④ 检查润滑油系统管路是否泄漏。如有，应立即联系检修堵漏；如泄漏量大，必要时，紧急停机；如只是轻微泄漏，视情况申请停机。

⑤ 化验闭式冷却水水质，确认润滑油冷却器是否内漏。

5）润滑油供油压力低

［现象］ 轴承润滑油母管油压较额定值有明显降低，Mark VIe 发出“Low Lube Oil Pressure Trip”的报警。

［原因］

① 润滑油泵工作异常。

② 润滑油管道外漏。

③ 压力变送器故障。

④ 滤油器堵塞。

⑤ 润滑油压力调节阀故障。

［处理］

① 检查润滑油泵电流及出口压力是否正常，就地核对润滑油供油压力，如有误报及时联

系检修处理。

② 检查润滑油箱油位是否正常。

③ 检查润滑油过滤器、管路系统、冷油器等是否有漏点。如泄漏轻微,应设法堵漏并做好事故停机准备;如泄漏量大,无法堵漏,应做紧急停机处理。

④ 检查润滑油供油压力调节阀63QA-2工作是否正常。当润滑油泵出口压力低至0.055MPa时,应及时启动备用泵;若启动不成功,做好事故停机准备。

⑤ 润滑油压下降时,应严密监视各轴承金属及回油温度、各轴承振动。若参数超限,视情况做正常停机或事故停机处理。

6）润滑油箱温度低

[原因]

① 润滑油箱里的加热器故障。

② 温度开关故障。

[处理] 检查润滑油箱里的加热器是否正常工作。如果加热温度低,应禁止启动。

7）润滑油供油温度高

[现象] Mark VIe发出“Lube oil temperature high”报警。

[原因]

① 温控阀故障。

② 冷却水中断。

③ 冷油器冷却效果差。

④ 轴承损坏。

[处理]

① 检查润滑油冷油器进出口油温和水温,必要时切换冷油器。

② 检查闭式冷却水系统是否正常运转和温度调节阀VTR-1,检查温度控制阀26QA-1的是否正常。如阀门故障,及时联系检修处理。

③ 检查各轴承金属温度和进回油温度。若温度继续上升,可降低负荷;不能恢复时,可联系停机。

8）润滑油品质不合格

[原因]

① 油系统清理不善,致使机械杂质或水带入,污染油质。

② 油中含水量增加。

③ 长时间运行后油质变差。

[处理]

① 投运润滑油净化装置,加强油处理或换油,定时进行油质取样分析。

② 当冷却水压高于润滑油压,冷油器又有泄漏而使油中含水增多,应切换冷油器运行,同时将润滑油净化装置切换至脱水模式运行。

9）事故润滑油泵马达运行

[原因]

① 主润滑油泵的故障或泄漏。

② 辅助润滑油泵不能提供足够的油压。

[处理] 检查润滑油系统泄漏和泵运行故障。

第 6 章　燃气轮机高级诊断方法介绍

6.1　概　述

在燃气轮机运行过程中，除了遭受机组内部的高温、高压、高转速及高机械应力和热应力的恶劣工况条件影响外，还可能遭受周围环境的污染，其主要部件(如压气机、燃烧室和透平)，会随着运行时间的增加产生各种各样的性能衰退或损伤，如污垢、泄漏、腐蚀、热畸变、外来物损伤等，并易引发各种严重的故障发生。其常见故障情况如图 6-1 所示。

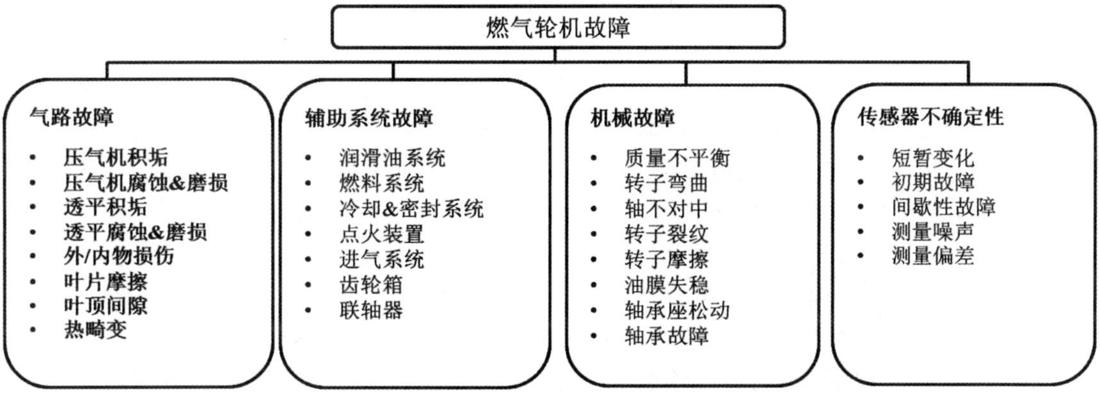

图 6-1　燃气轮机常见故障情况

其中，重型燃气轮机主要采用天然气或燃油作为燃料，广泛用于电站。据统计，全球天然气和燃油发电量占总发电量的 1/5，是继煤电和核电之后当今世界第三大发电方式，重型燃气轮机将是 21 世纪乃至更长时期内能源高效转换与洁净利用系统的核心动力设备。电站燃气轮机的巨大需求带动了重型燃气轮机的快速发展，据估计，在未来十年内发电用重型燃气轮机机组将新增 12591 台，制造成本超过 1529 亿美元。燃气轮机快速发展的同时，燃气轮机维修成本也在不断增加。据报道，2009 年全球工业燃气轮机运维成本超过 180 亿美元，且在快速增长。在 F 级燃气轮机电站全寿命周期的成本中，运维费用占 15%～20%，其中维修费用占总成本的 10%～15%，且随着技术的进步，基建和燃料成本所占的比例逐渐下降，维修费用所占比例逐渐上升。在燃气轮机电站设备中，燃气轮机透平、压气机、燃烧室三大部件的故障率高，三大部件是重型燃气轮机最易发生故障的部件。目前，世界主要的燃气轮机制造厂商都在研发下一代燃气轮机(H 级、G 级)，其压比和燃气初温更高，单机功率更大。同时，重型燃气轮机工作环境复杂、运行工况多变，高参数、复杂环境和频繁变工况增加了失效风险。为此，随着重型燃气轮机的发展，对可靠性的要求越来越高。

当前，国内外燃气轮机用户的日常维修策略通常采用预防性维修保养，即通常根据制造商指示的当量运行小时数(EOH)来决定是否需要小修、中修、大修。对于机组的停机检修，无论是计划内的还是计划外的，以及普遍存在的失修(有的部件可能在定期维修前就失效，带来设备非正常停机的风险)和过修(定期维修时有的部件仍有一定的剩余寿命，造成浪费)情况，总是意味着高昂的运行和维修成本代价。我国作为燃气轮机用户大国，为提高设备的可靠性和可用性，同时最大限度地延长使用寿命，降低运行维护成本，用户需要通过监测、诊断和预测手段，根据机组实际性能健康状况来采取相应的维修策略，即采用视情维修(condition-based maintenance，CBM)。通常，视情维修的可靠性与有效性取决于以下两个主要过程：

(1)故障诊断：①故障检测，监测正在演变或即将发生的恶化情况；②故障隔离，定位病态部件；③故障识别，判断故障根源。

(2)故障预测：①预测即将发生的故障；②评估燃气轮机剩余使用寿命(RUL)。

燃气轮机故障通常分为两类：一类是与机械性质有关，而与空气动力学及热力学无耦合关系，如轴不对中、转子动不平衡、轴承缺陷、油膜失稳等故障。对于这类故障，许多技术手段，如振动分析、油屑分析、声分析、热成像分析、负载分析、金属温度分析、应力分析等方法可用于诊断这类故障情况。另一类是与空气动力学/热力学相关，如压气机与透平积垢、压气机与透平腐蚀/磨损、热畸变、外/内物损伤等故障情况。对于这类故障，气路诊断方法(gas path analysis，GPA)，是一种对正在演变或即将发生的恶化情况发布早期预警信息的有效技术手段。

燃气轮机是一种“输入—状态—输出”三者强非线性耦合热力系统，环境条件(如大气温度、压力、相对湿度)和操作条件(如以部分负荷、动态加减载等变工况模式运行)的变化会致使热力系统内部状态(如各部件性能参数)显著变化，这给如何通过有效方法来诊断与预测这种强非线性系统的部件性能衰退、老化、损伤及故障情况提出了巨大挑战。

利用模式识别和机器学习等基于数据驱动的人工智能技术，如采用神经网络(NN)、贝叶斯网络、模糊逻辑、支持向量基和粗糙集理论等方法，往往需要建立在已有设备故障样本集上。对于样本集中未涉及的故障类型，这些方法通常难以给出准确的诊断结果。

对于一种新型或刚投运的燃气轮机，由于缺乏标定的部件故障数据，难以在短时间内建立能够覆盖所有故障类型的完备故障样本集，且通过历史运行经验和现场监测数据来积累故障模式与故障征兆之间的关系规则库是项艰难而费时费力的工作，且不易对故障严重程度作量化评估，制约了模式识别和机器学习等基于数据驱动的人工智能技术的应用。

在燃气轮机运行操作过程中，当某些部件发生性能衰退或损伤时，其部件性能参数 $\boldsymbol{x}$(如压比、质量流量、等熵效率等)会发生改变，并导致气路可测参数 $\boldsymbol{z}$(如温度、压力、转速等)发生变化。

针对上述问题，基于热力模型的气路诊断方法应运而生，其原理是利用机组可测气路参数 $\boldsymbol{z}$(如环境条件参数、操作控制参数以及各部件进出口截面处的温度、压力等)通过热力学耦合关系式求解部件性能参数 $\boldsymbol{x}$(如质量流量、压比/膨胀比、等熵效率等)，进而求得部件健康参数 $\boldsymbol{SF}$(在同一部件特性线图上比较发生性能衰退/损伤情况下的部件运行点与健康情况下的运行点，以此观测特性线偏移的程度，如图 6-2 所示，即得到部件健康参数，如压气机和透平的流量特性指数和效率特性指数、燃烧室的效率特性指数)，以此来检测、隔离性能衰退/损伤的部件并量化严重程度。

燃气轮机气路可测参数 $\boldsymbol{z}$ 与部件性能参数 $\boldsymbol{x}$ 之间的热力学关系可由式(6-1)表示：

$$\boldsymbol{z}=f(\boldsymbol{x},\boldsymbol{u})+\boldsymbol{v} \tag{6-1}$$

其中，$\boldsymbol{v}$ 为传感器测量噪声向量。

将式(6-1)在基准工况点附近进行泰勒展开，得

$$\boldsymbol{z}=\boldsymbol{z}_0+\left.\frac{\delta f(\boldsymbol{x},\boldsymbol{u})}{\delta \boldsymbol{x}}\right|_0(\boldsymbol{x}-\boldsymbol{x}_0)+\left.\frac{\delta f(\boldsymbol{x},\boldsymbol{u})}{\delta \boldsymbol{u}}\right|_0(\boldsymbol{u}-\boldsymbol{u}_0)+HOT \tag{6-2}$$

略去二阶及以上的高阶项 HOT 后，得

$$\Delta\boldsymbol{z}=H\cdot\Delta\boldsymbol{x}+H'\cdot\Delta\boldsymbol{u} \tag{6-3}$$

其中，$H=\left.\frac{\delta f(\boldsymbol{x},\boldsymbol{u})}{\delta \boldsymbol{x}}\right|_0$ 为影响系数矩阵（ICM）：

$$H'=\left.\frac{\delta f(\boldsymbol{x},\boldsymbol{u})}{\delta \boldsymbol{u}}\right|_0$$

假设环境条件和操作条件维持在基准工况点（如设计工况）上，即 $\Delta \boldsymbol{u}=0$，式(6-3)可进一步简化为

$$\Delta \boldsymbol{z}=H\cdot\Delta \boldsymbol{x} \tag{6-4}$$

$$\Delta \boldsymbol{x}=H^{-1}\cdot\Delta \boldsymbol{z} \tag{6-5}$$

其中，H^{-1} 为故障系数矩阵（FCM）。

故燃气轮机气路诊断是一个由气路可测参数通过热力学耦合关系式求解得到部件性能参数，进而求得部件健康参数 ***SF***。

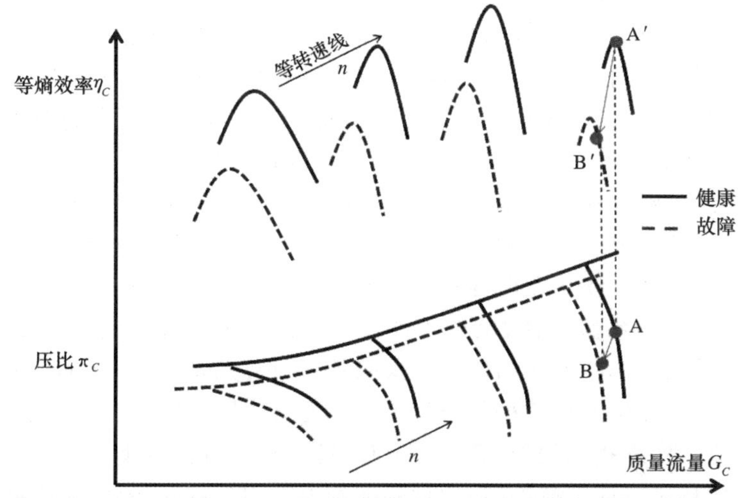

图 6-2　压气机发生性能衰退或损伤时的特性线偏移

基于热力模型的气路诊断方法的特点在于无需积累部件故障样本集，该方法按使用的热力模型可以分为线性方法、非线性方法，其中非线性方法是当前国内外研究的主流趋势。随着热力建模方法的不断进步，模型建模效率和精度都得到了很大提高，基于热力模型的非线性气路诊断方法将是燃气轮机故障诊断与预测领域的一个重要发展方向。

在当前的燃气轮机热力建模技术下，热力模型的准确性主要依赖于其部件（压气机和透平）的特性线精度，尤其是压气机部件特性线的准确程度。对于用户，通常因制造商保密原因，甚至无法获得相关型号燃气轮机的部件特性线，只能通过已有的其他类型燃气轮机的部件特性线进行比例缩放后来使用，致使热力计算误差有时会难以接受。由于热力模型的计算误差有可能与实际发动机性能衰退或损伤而导致的实测气路参数偏差处在同一数量级上，此时，热力模型自身的不准确性可能会对气路诊断与预测的结果产生严重影响。为了使热力模型的部件特性线与实际机组的部件特性线相匹配，目前已有的自适应建模方法有很多，最典型的是利用机组实测气路参数通过部件特性线外部线性或准非线性自适应调整的方法来修正热力模型的部件特性线，但对于热力模型中部件流量特性线图和效率特性线图上的每一条等转速线自身并不能实现除整体偏移和旋转之外的内在非线性形状修正。因此，这些自适应方法的建模准确性高度依赖于所用部件特性线与实际机组真实部件特性线形状的相似程度。为尽可能捕

据热力模型自适应过程中部件特性线的强非线性特征，一种用部件特性线形状内在非线性自适应方法可用于修正热力模型的部件特性线，该方法先通过旋转的椭圆形拟合函数(Regression)来表征压气机特性线以准确刻画其流量特性和效率特性的非线性形状，再利用目标机组的可测气路参数来修正回归函数的各个系数，使之与实际机组部件特性线在较大变工况范围内相匹配，从而提高热力模型的计算准确性。但该方法的适用性目前还受到拟合函数系数初值的选取问题以及自适应过程寻优算法的选取问题这两方面的困扰，且该方法有待进一步拓展至适用于可变几何压气机的燃气轮机热力建模情况。因制造商保密原因，用户通常甚至无法获得任何压气机特性线，此时，逐级叠加计算法(Stage-stacking)成为一种用于生成压气机特性线的可靠而有效的手段，其计算过程主要基于一维平均半径处的连续性流动方程和一组通用的级特性曲线。由于对用户来说，实际机组压气机各叶片级的几何参数通常也是未知的，因此，逐级叠加计算法通常只能采用一套从大量已有叶片级试验数据中拟合得到的通用的级特性曲线来表征实际压气机各级的级特性，而忽略了各个不同级类型(如亚音速级、跨音速级和超音速级)本身具有的不同级特性。该方法在热力建模时会存在一定程度的不可避免的误差。以上这些方法理论的提出与发展为新理论——提出适用于可变几何部件及瞬态变工况运行模式的自适应动态热力建模方法研究可行性打下了理论研究基础。

目前，非线性气路诊断方法主要基于牛顿-拉普森算法(Newton-Raphson)、卡尔曼滤波器算法(Kalman filter)等局部优化算法或遗传算法(GA)、粒子群算法(PSO)等全局优化算法迭代驱动求解，对解决热力系统线性化所导致的诊断可靠性低的内在难题及诊断准确性对传感器测量噪声 $\boldsymbol{v}$ 与偏差、测量参数选择、操作条件及环境条件 $\boldsymbol{u}$ 变化敏感的问题有了长足的发展。然而，当前广泛采用的非线性气路诊断方法的计算过程通常基于"当部件发生性能衰退或损伤程度较小时，由于其几何通道结构并未发生显著变化，其部件(如压气机、燃烧室、透平)特性线通常会保持与原特性线相同的形状"这一假设，即本质上部件性能衰退或损伤情况采用其特性线的外部线性偏移来表征。然而，当部件性能衰退或损伤程度较大时，实际部件特性线必然发生内在的非线性形状变化，此时传统气路诊断结果的误差必然会随着实际衰退或损伤程度的增大而扩大。因此，研究一种能充分考虑部件衰退或损伤程度较大时特性线形状内在非线性自适应的气路诊断方法尤为重要。

在气路故障预测(Prognosis)方面，现有预测方法通常基于某一热力学监测参数来开展，如航空发动机的性能状况主要基于飞机在起飞阶段大推力时发动机的排气温度裕度(EGTM, EGT Margin)来衡量，通过建立排气温度裕度EGTM与起飞次数的时序回归预测模型来预测发动机的性能衰退趋势。这种基于某一热力学监测参数的热力系统时序回归预测方法通常只能给出整机系统的性能衰退趋势，而无法给出详尽的、量化的各主要部件的性能健康指标，且目前广泛采用的时序回归预测方法通常将某一热力学监测参数的全部历史运行数据进行最小二乘意义的线性拟合，得到的高阶多项式 $g(t)=a_1t^i+\cdots+a_it+a_{i+1}$ 用于预测机组性能衰退到某一检修阈值前的剩余使用寿命，通常预测的准确性较低，且对于新型或刚投运的机组而言，由于历史运行数据量较少且部件性能衰退模式的趋势尚未成型，这样的预测方法准确性会更低。

经过多年的发展，气路故障诊断与预测方法已经取得了许多基于机组稳态/准稳态工况的算法理论成果。现今由于可变几何部件的广泛应用，机组抽气冷却技术的进步，且燃气轮机越来越需要更灵活地运行(包括频繁变工况及瞬态加减载运行模式)，气路诊断方法迫切需要考虑瞬态变工况下诊断与预测的新理论新方法。

从对国内外研究现状的分析可知，对燃气轮机这种强非线性耦合热力系统的气路诊断方法研究还存在着如下亟待解决的问题：

（1）目前气路诊断方法欠考虑频繁变工况及瞬态变工况运行模式的影响，只适用于固定几何部件的燃气轮机准稳态工况诊断情况。因此，研究一种适用于可变几何部件及瞬态变工况运行模式的自适应动态热力建模方法对提高气路诊断方法适用性和可靠性具有重要意义。

（2）现有气路诊断方法的可靠性和准确性对部件性能衰退或损伤的程度有一定要求，而当衰退或损伤程度较大时，其部件特性线必然会发生内在的非线性形状改变。因此，研究一种能充分考虑部件特性线形状内在非线性自适应的气路诊断方法显得尤为重要。

（3）当前气路故障预测主要针对整机系统的性能衰退趋势预测，而缺乏详尽的、量化的各主要部件的性能健康指标，给制定恰当合理的优化控制和维修策略带来不便。因此，研究一种融合各主要部件气路诊断信息的多维度时序回归预测方法亟待开展。

（4）燃气轮机气路故障预测诊断方法研究本质是对模糊数据进行优化辨识与时序回归的数学手段问题。而机理建模、优化辨识及时序回归的一些基础理论和方法仍需要不断地改善，这就决定了本理论还有许多的研究工作有待开展。

6.2　自适应动态热力模型的有效建立

采用逐级叠加计算法结合速度三角形原理生成可变几何部件在各可转导叶角度下的部件特性线、压气机特性线及透平特性线，分别构造合适的回归函数以准确刻画其流量特性和效率特性的非线性形状，再通过合理的等效冷却流量处理方式，建立适用于可变几何压气机与透平且充分考虑机组抽气冷却情况及瞬态变工况运行模式的自适应动态热力模型。然后，利用机组刚投运或健康时的可测气路参数来自适应修正各个部件特性线回归函数的系数，从而使当前热力模型的部件特性线在较大变工况范围内都与机组真实部件特性线相匹配，可以消除三方面的不确定度：①消除同类型不同燃气轮机之间由于制造、安装偏差而引入的不确定度；②消除不同干扰及未知初始条件而引入的不确定度；③消除部件特性线生成时逐级叠加计算假设条件所导致的误差。

6.2.1　具体研究内容

自适应修正后的动态热力模型作为后续气路故障预测诊断的驱动模型，如图 6-3 所示。具体研究内容如下。

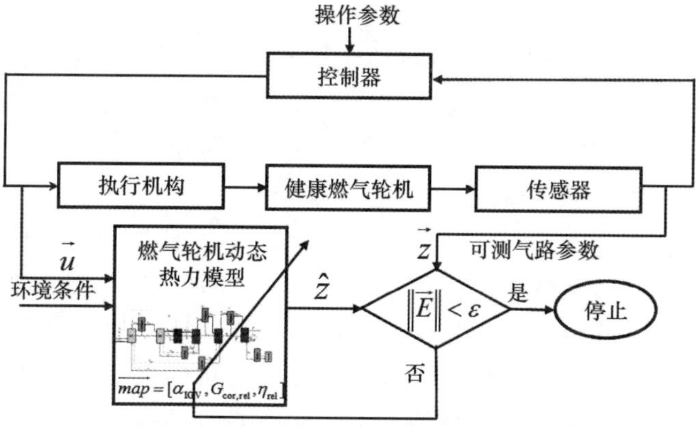

图 6-3　自适应动态热力建模

(1) 采用逐级叠加计算法结合速度三角形原理生成可变几何部件在各个可转导叶角度下的部件特性线图(包括流量特性线和效率特性线)$\boldsymbol{map}=[\alpha_{\mathrm{IGV}}, G_{\mathrm{cor,rel}}, \eta_{\mathrm{rel}}]$。

(2) 构造有效的压气机和透平部件特性线(包括流量特性和效率特性)非线性形状的回归函数,以准确刻画其流量特性和效率特性的非线性形状。回归函数的形式越接近于本身部件特性线非线性形状,且复杂度越低,越能保证热力模型计算的实时性和准确性。同时,需要选择有效的拟合算法,拟合算法用于根据部件特性线样本信息来对回归函数的系数进行参数估计,拟合精度主要取决于回归函数形式和拟合算法本身。

(3) 考虑到机组实际抽气冷却情况,且兼顾热力模型的建模复杂度,结合机组实际气路传感器测点布置位置,采用合理的等效冷却流量的处理方式,建立充分考虑机组抽气冷却情况的部件级燃气轮机热力模型。

(4) 利用机组刚投运或健康时的实测气路参数来自适应修正各个部件回归函数的系数,从而使当前热力模型的部件特性线在较大变工况范围内都与机组真实部件特性线相匹配。自适应修正后的热力模型作为后续气路诊断与预测的驱动模型。

6.2.2 需要解决的关键问题

本理论所涉及的研究对象,是针对瞬态变工况下燃气轮机这种强非线性热力系统,因此,研究适用于可变几何部件及瞬态变工况运行模式的自适应动态热力建模方法,是需要解决的关键问题之一,其中包括以下三个内容。

1. 可变几何部件特性线的生成问题

燃气轮机热力模型的准确性主要依赖于其部件特性线的准确程度。因制造商保密原因,用户通常无法获取相关型号燃机的部件特性线。因此,逐级叠加计算法成为一种用于生成部件特性线的有效手段,其计算过程主要基于一维平均半径处的连续性流动方程和一组通用的级特性曲线。由于燃气轮机部件的某一级或几级可转导叶通常会随着运行工况关小或开大,因此,为使热力模型适用于瞬态变工况运行模式要求,需要生成变几何部件特性线。如何将固定几何的通用的级特性曲线基于速度三角形原理扩展至可变几何的级特性计算,是本理论需要解决的问题之一。

2. 部件特性线回归函数的构造及拟合算法选择

构造有效的压气机和透平部件特性线(包括流量特性和效率特性)非线性形状的回归函数是为准确刻画其流量特性和效率特性的非线性形状。回归函数的形式越接近于本身部件特性线非线性形状,且复杂度越低,就越能保证热力模型计算的实时性和准确性。同时,需要选择有效的拟合算法,拟合算法用于根据部件特性线样本信息来对回归函数的系数进行参数估计,拟合精度主要取决于回归函数形式和拟合算法本身。因此,如何合理构造回归函数及选择合适的拟合算法,是该部分内容难点,也是需要解决的关键问题之一。

3. 基于 ISO 2314 准则的等效冷却流量处理问题

考虑到机组实际抽气冷却情况且兼顾热力模型的复杂度,基于详细通流设计的一维热力建模方法无法满足计算实时性的要求。基于 ISO 2314 准则(燃气轮机验收测试国际标准),采用等效冷却流量的处理方式进行热力建模,不但可以起到简化模型的目的,而且压气机级间抽气和透平级间冷却情况并不会破坏压气机和透平部件特性线的整体性。然而,等效冷却流量的处理方式会导致热力模型中某些部件的进出口气路参数具有"等效"的意义,不再与机组实际气路传感器测点布置位置处的实测参数相对应,这为后续利用目标机组的实测气路参数来自适应修正热力模型以及实现部件气路诊断与预测带来困难。因此,如何合理的处理等效冷却流量，使热力模型中各个部件的进出口气路参数及部件本身特征与机组实测气路参数及部件特征尽可能一一对应，是该理论需要解决的关键问题之一。

6.2.3　自适应动态热力建模方法技术路线

1. 可变几何部件特性线的逐级叠加计算法技术路线

在燃气轮机热力建模方面，模型准确性主要依赖于其压气机特性线的准确程度。因制造商保密原因，用户通常无法获取相关型号燃气轮机的部件特性线。因此，逐级叠加计算成为一种用于初步生成压气机特性线的可靠而有效的手段。其计算过程基于一维平均半径处的连续性流动方程和一组通用的级特性曲线，该组从大量已有压气机级（亚音速级、跨音速级和超音速级）试验数据中拟合得到的通用的级特性曲线可用于表示目标压气机各级的级特征，如图6-4所示。

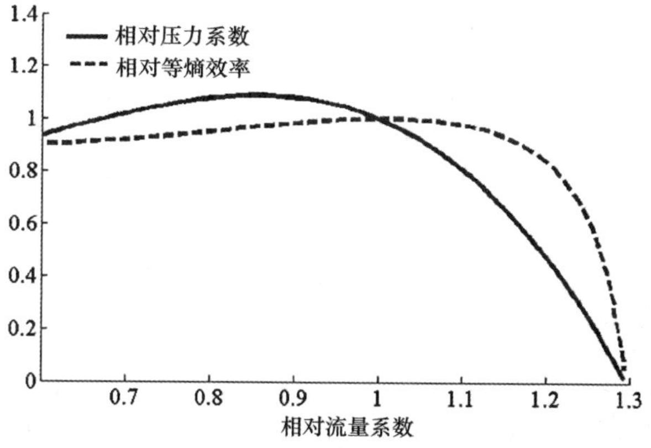

图6-4　压气机通用的级特性曲线

图6-5分别阐述了压气机级相对压力系数 ψ^*（$\psi^*=\psi/\psi_0$）和相对流量系数 ϕ^*［$\phi^*=\phi/\phi_0=(c_a/u)/(c_a/u)_0$］与相对等熵效率 η^*（$\eta^*=\eta/\eta_0$）和相对流量系数 ϕ^* 的关系。整个压气机的特性线可由第一级至最后一级利用通用的级特性曲线逐级叠加计算得到。

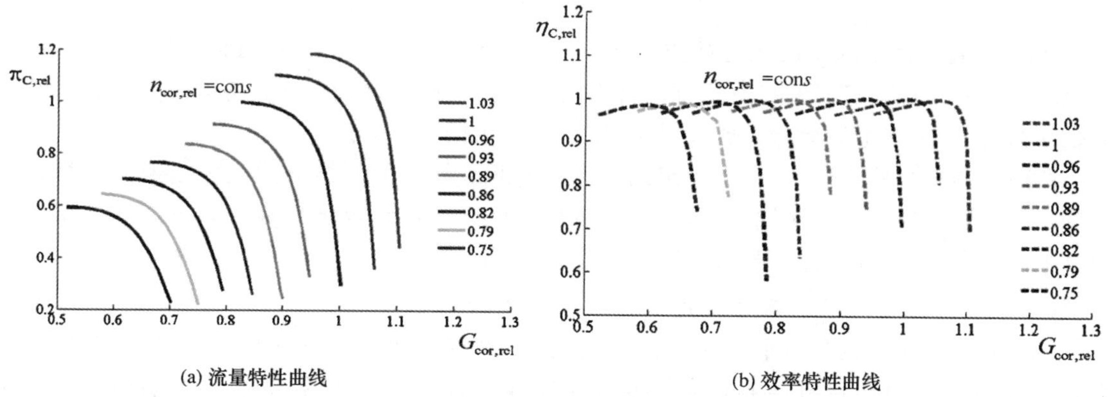

(a) 流量特性曲线　　(b) 效率特性曲线

图6-5　通过逐级叠加计算得到压气机特性线示意

注：$n_{cor,rel}=\dfrac{n}{\sqrt{T_{in}^*\cdot R_g}}\Bigg/\dfrac{n_0}{\sqrt{T_{in0}^*\cdot R_{g0}}}$ 为相对折合转速；$G_{cor,rel}=\dfrac{G\sqrt{T_{in}^*\cdot R_g}}{P_{in}^*}\Bigg/\dfrac{G_0\sqrt{T_{in0}^*\cdot R_{g0}}}{P_{in0}^*}$ 为相对折合流量；$\pi_{C,rel}=\dfrac{\pi_C}{\pi_{C0}}$ 为相对压比；$\eta_{C,rel}=\eta_C/\eta_{C0}$ 为相对等熵效率。

由于燃气轮机通常受调控而以部分负荷以及瞬态加减载模式运行，压气机的第 1 级或前几级可转导叶通常会随着运行工况关小或开大，如 AE94.2 的压气机的第 1 级进口导叶为可调，AE94.3A 压气机的前 2 级进口导叶为可调。对于一台设计优良的轴流式压气机，在不同运行工况下，通过调控(如通过第 1 级或前几级可转导叶或级间放气等手段)会使气流进入各级动叶的冲角近似相等，此时各级流量系数与静叶绝对出口气流角理论上满足

$$d\left(\frac{1}{\phi}\right)=d(\tan\alpha_1) \tag{6-6}$$

通常，压气机级动叶相对出口气流角和级效率近似仅是气流进入动叶的冲角的函数，此时流量系数与压力系数满足以下关系式：

$$\frac{\psi}{\phi}=\mathrm{cons} \tag{6-7}$$

式(6-6)和式(6-7)可以由如图 6-6 所示的级速度三角形推导得到。

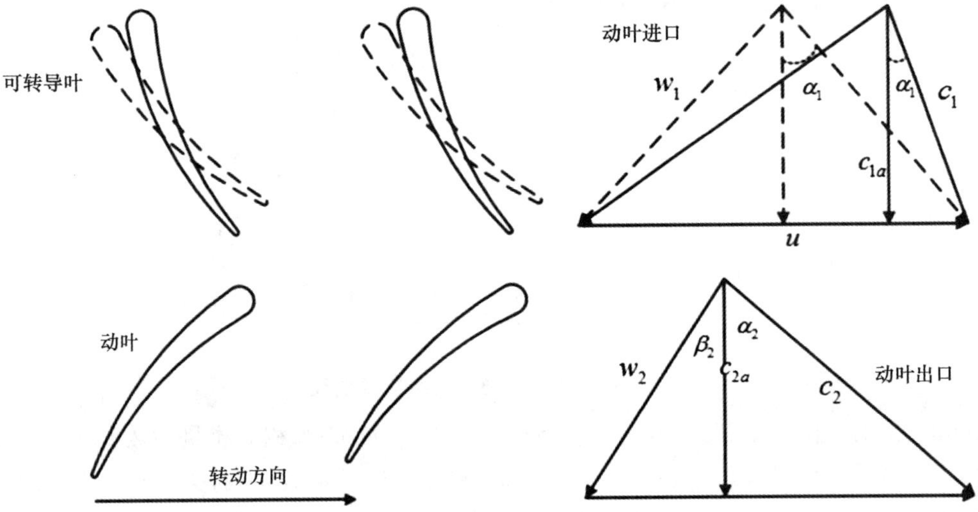

图 6-6　压气机级的速度三角形

基于固定几何的通用的级特性曲线(图 6-7)结合式(6-6)和式(6-7)可以用于变几何级(如上一级的静叶绝对出口气流角改变)的特性计算。此外，通过逐级叠加计算方法可以方便地考虑级间抽气(用于透平端冷却)、放气(用于压气机防喘振)的热力建模情况。

此部分的研究重点在于，基于固定几何的通用的级特性曲线结合速度三角形原理推导出可变几何的通用的级特性曲线，并通过第 1 级至最后一级逐级叠加计算得到可变几何压气机与透平在各个可转导叶角度下的部件特性线图。

2. 压气机和透平特性线非线性形状的回归方法技术路线

构造有效的压气机和透平部件特性线(包括流量特性和效率特性)非线性形状的回归函数，是为准确刻画其流量特性和效率特性的非线性形状。回归函数(如旋转的椭圆形拟合函数、偏最小二乘拟合等)的形式越接近于本身部件特性线非线性形状，且复杂度越低，就越能保证热力模型计算的实时性和准确性。这里还需要强调的是，构造的回归函数除了保证部件特性线本身的拟合精度外，还需要保证优良的泛化(即内插和外推)能力。

对于压气机特性线(图 6-7)：

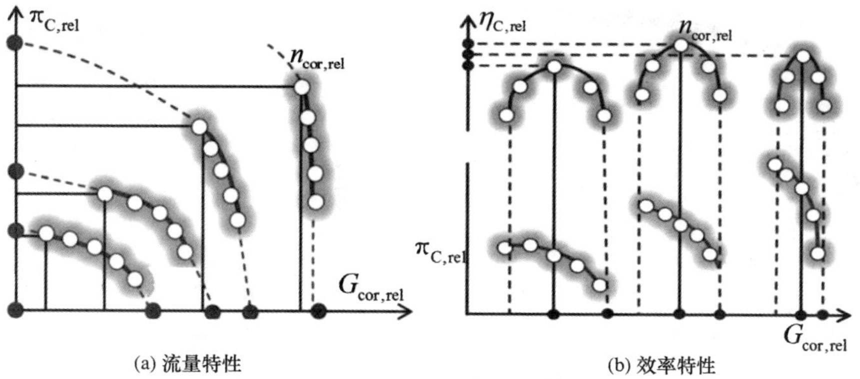

(a) 流量特性　　(b) 效率特性

图 6-7　压气机特性线非线性形状回归

其流量特性的回归函数可取$\left(\frac{G_{cor,rel}}{a_{\pi_c}}\right)^2+\left(\frac{\pi_{C,rel}}{b_{\pi_c}}\right)^2=1$，其中回归函数系数表达成相对折合转速 $n_{cor,rel}$ 的函数关系，如 $a_{\pi_c}=w_1\cdot n_{cor,rel}^{w_2}$，$b_{\pi_c}=w_3\cdot n_{cor,rel}^{w_4}$。

效率特性的回归函数可取$\left(\frac{G_{cor,rel}-x_0}{a_{\eta_c}}\right)^2+\left(\frac{\eta_{C,rel}}{b_{\eta_c}}\right)^2=1$，其中回归函数系数表达成相对折合转速 $n_{cor,rel}$ 的函数关系，如 $b_{\eta_c}=w_5\cdot n_{cor,rel}^2+w_6\cdot n_{cor,rel}+w_7$。

对于燃气发生器涡轮(图 6-8)：

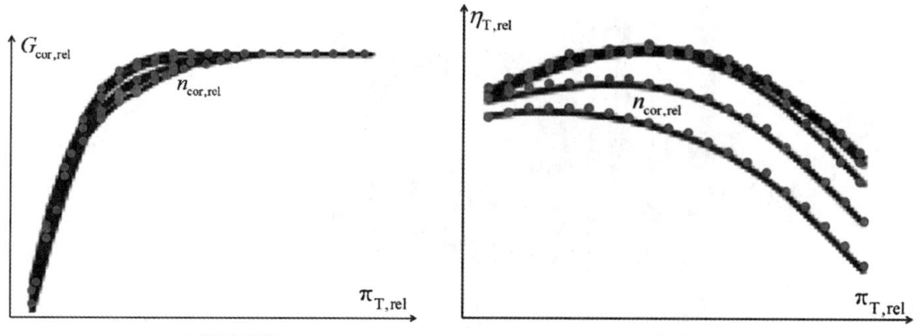

(a) 流量特性　　(b) 效率特性

图 6-8　燃气发生器涡轮特性线非线性形状回归

其流量特性的回归函数可取 $G_{cor,rel}=a_{\pi_t}\pi_{T,rel}^5+b_{\pi_t}\pi_{T,rel}^4+c_{\pi_t}\pi_{T,rel}^3+d_{\pi_t}\pi_{T,rel}^2+e_{\pi_t}\pi_{T,rel}+f_{\pi_t}$；效率特性的回归函数可取 $\eta_{T,rel}=a_{\eta_t}\sin(b_{\eta_t}\pi_{T,rel}+c_{\eta_t})$，其中每个回归函数系数表达成相对折合转速 $n_{cor,rel}$ 的多项式形式。

对于动力涡轮(图 6-9)：

其流量特性的回归函数可取 $G_{cor,rel}=a_{\pi_{PT}}\pi_{PT,rel}^4+b_{\pi_{PT}}\pi_{PT,rel}^3+c_{\pi_{PT}}\pi_{PT,rel}^2+d_{\pi_{PT}}\pi_{PT,rel}+e_{\pi_{PT}}$；效率特性的回归函数可取 $\eta_{PT,rel}=a_{\eta_{PT}}e^{b_{\eta_{PT}}\pi_{PT,rel}}+c_{\eta_{PT}}e^{d_{\eta_{PT}}\pi_{PT,rel}}$，其中每个回归函数系数表达成相对折合转速 $n_{cor,rel}$ 的多项式形式。

本部分的研究重点在于，针对压气机和透平部件特性线(包括流量特性和效率特性)的非线性形状，构造合理的回归函数。同时，需要选择有效的拟合算法，拟合算法用于根据部件特性线样本信息来对回归函数的系数进行参数估计，拟合精度主要取决于回归函数形式和拟合算法本身。

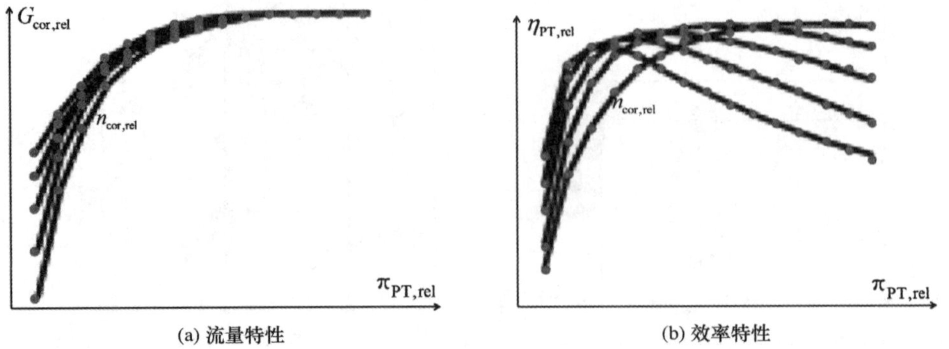

图 6-9　动力涡轮特性线非线性形状回归

3. 基于 ISO 2314 准则(燃气轮机验收测试国际标准)的等效冷却流量处理方法技术路线

对于电站燃气轮机,如 AE94.3A 重型燃气轮机(图 6-10),压气机有 5 个抽气点(其中 Ea1、Ea2、Ea3 为从外缸流出的外部流路,2 股为从内部轮盘打孔抽出的内部流路),此外还有 Ea4、KE 股流路(从压气机出口引出为第 1 级透平叶片提供冷却空气),用于透平热通流端的冷却。

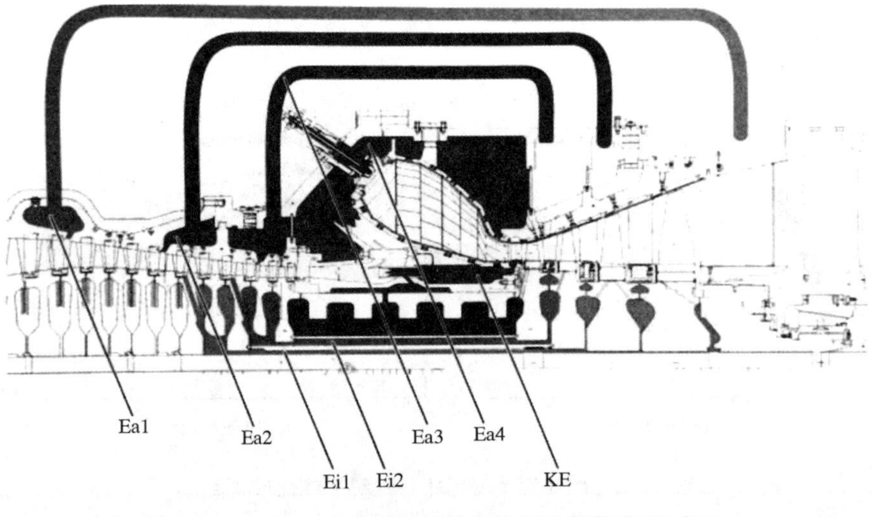

图 6-10　AE94.3A 重型燃气轮机抽气冷却情况(示意)

考虑到机组实际抽气冷却情况且兼顾热力模型的复杂度,基于详细通流设计的一维热力建模方法无法满足计算实时性的要求。基于 ISO 2314 准则,采用等效冷却流量的处理方式进行热力建模,如图 6-11 所示,不但可以起到简化模型的目的,保证计算实时性,而且压气机级间抽气和透平级间冷却情况并不会破坏压气机和透平部件特性线的整体性,为后续气路诊断带来便利。

然而,等效冷却流量的处理方式会导致热力模型中某些部件的进出口气路参数具有"等效"的意义,不再与机组实际气路传感器测点布置位置处的实测参数相对应,这为后续利用目标机组的实测气路参数来自适应修正动态热力模型以及实现部件气路诊断带来困难。

以图 6-12 所示的等效冷却流量处理方式为例,为使热力模型中各个部件的进出口气路参数及部件本身特征与机组实测气路参数及真实部件特征尽可能一一对应,等效冷却流量的简

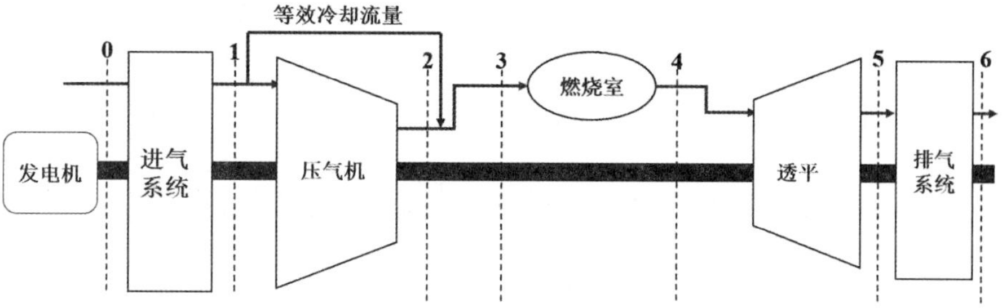

图 6-11　基于 ISO 2314 准则的等效冷却流量处理方法一

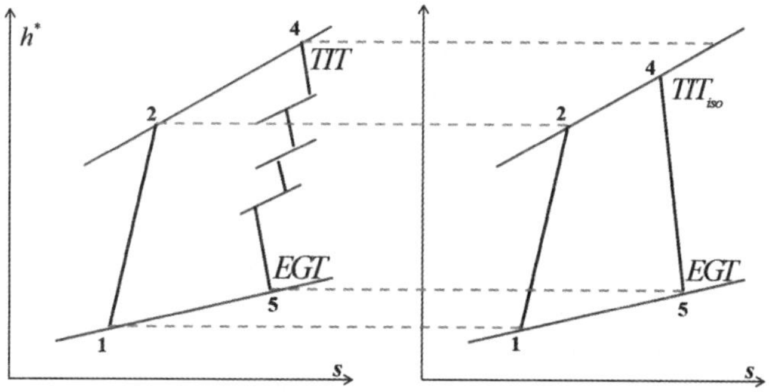

图 6-12　基于 ISO2314 准则的等效冷却流量处理方法二

化过程可以遵循以下原则：

(1) 压气机进出口 1,2 截面处压力、温度、流量、工质组分与机组真实情况相同。

(2) 压气机耗功与真实情况相同。

(3) 透平进口 4 截面处的工质组分与透平出口 5 截面处排气相同。

(4) 透平出口 5 截面处压力、温度、流量、工质组分与机组真实情况相同。

(5) 透平出力与机组真实情况相同。

按上述等效冷却流量处理原则，可以得到如图 6-12 所示的焓熵图(其中 1—2 为压气机压缩耗功过程，2—4 为燃烧室燃烧过程，4—5 为透平膨胀做功过程)。此时，热力模型中 0,1,2,5,6 截面处的压力、温度、流量、工质组分与机组真实情况相同。

此外，与稳态热力模型不同的是，动态热力模型增加了以容积惯性、热惯性和转动惯性为主的一阶微分方程，燃气轮机动态热力模型由一阶微分方程与代数方程组表示。

此部分的研究重点在于，如何根据目标机组的类型及气路传感器测点布置位置采用合理的等效冷却流量热力建模方法，为后续利用目标机组的实测气路参数来自适应修正动态热力模型(图 6-13)以及实现部件气路诊断打下基础。

其中，$OF=\sqrt{\sum_{i=1}^{m}\sum_{j=1}^{n}\left(\frac{\hat{z}_{i,j}-z_{i,j}}{z_{i,j}}\right)^2}$，$n$ 为运行操作点数目，m 为气路可测参数数目。利用机组刚投运或健康时的可测气路参数来自适应修正各个部件特性线拟合函数的系数，从而使当前热力模型的部件特性线在较大变工况范围内都与机组真实部件特性线相匹配，可以消除不确定度。自适应修正后的动态热力模型作为后续气路诊断的驱动模型，如图 6-14 所示。

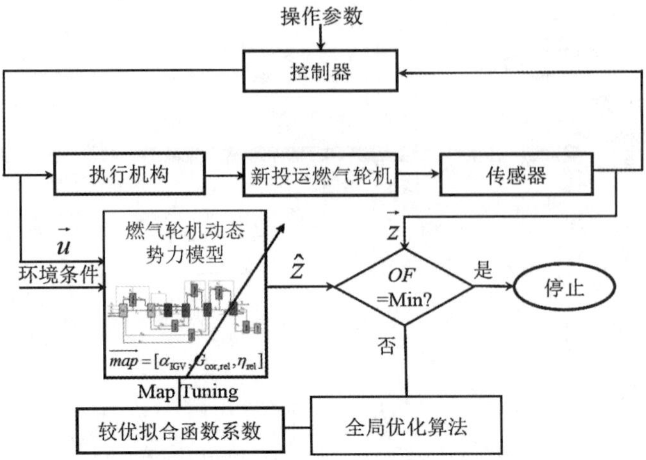

图 6-13 自适应动态热力模型

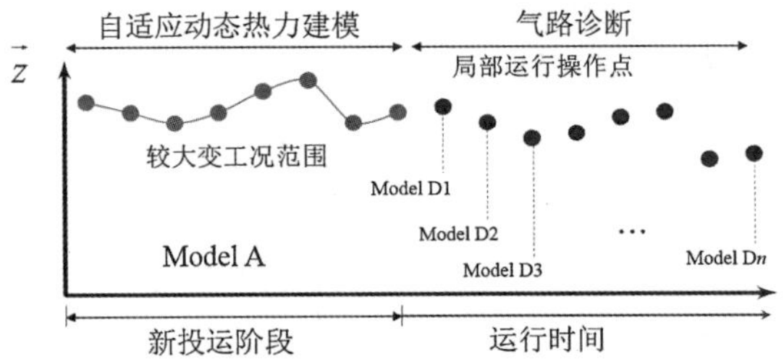

图 6-14 自适应动态热力建模及气路诊断过程

6.3 部件健康参数的优化辨识

当部件发生性能衰退或损伤程度较小时,由于其几何通道结构并未发生显著变化,其部件(如压气机、燃烧室、透平)的特性线通常会保持与原特性线相同的形状,此时的部件性能衰退或损伤情况可以采用其特性线的外部线性偏移来表征。然而,当部件的性能衰退或损伤程度逐渐较大时,部件特性线必然会发生内在的形状变化,若继续通过部件特性线的外部线性偏移来表征部件性能衰退情况,则诊断结果的误差必然会随着实际部件性能衰退程度的扩大而增大。针对这一问题,研究基于部件特性线形状内在非线性变化的气路诊断方法如图 6-15 所示。具体研究内容如下。

(1) 随着机组运行时间的积累,利用机组可测气路参数通过合适的局部优化算法实时迭代修正各个部件特性线回归函数的系数,以满足部件特性线形状内在非线性变化的气路诊断方法的要求,使动态热力模型实时更进与实际机组的部件特性相匹配,并实时诊断输出机组各主要部件的健康参数信息。

(2) 在诊断过程中,局部优化算法的合理选择对诊断的实时性和准确性尤为重要,需综合考虑部件特性线回归函数系数数目、每次迭代所需机组运行采样点数目及算法本身复杂度等来选取合适的局部优化算法。

此处涉及的气路故障诊断,是基于部件特性线形状内在非线性自适应的,一方面,要求诊断算法确保在部件性能衰退或损伤程度较大范围内的可靠性和准确性,如利用机组可测气路参数通过合适的优化算法自适应修正各个部件特性线回归函数的系数,使动态热力模型与实际目标机组的部件特性相匹配,诊断输出目标机组各主要部件的健康参数情况;另一方面,要

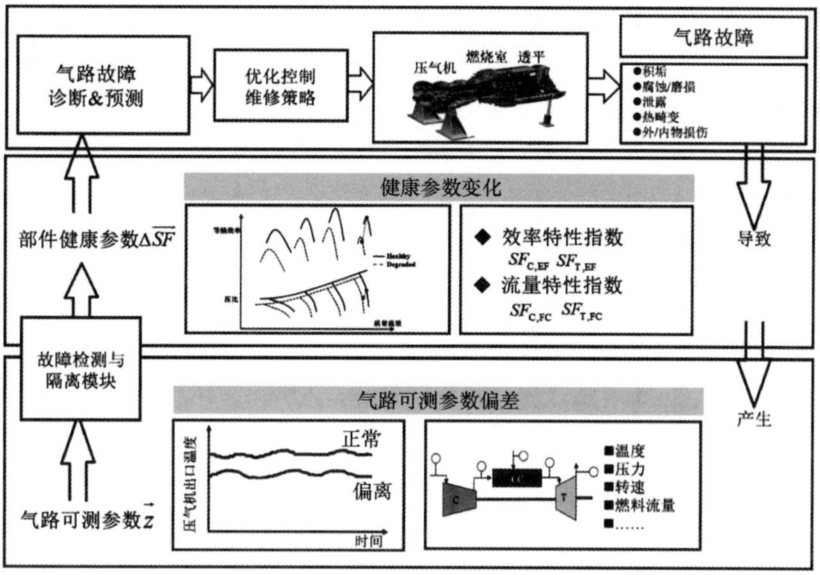

图 6-15　基于部件特性线形状内在非线性自适应的气路诊断

求诊断算法能够随着机组部分负荷以及动态加减载模式运行而实时动态跟踪，诊断输出部件健康参数。这就要求部件健康参数的优化辨识需要选择合理的局部优化算法来确保诊断实时性。局部优化算法的合理选择对诊断实时性和准确性尤为重要，这里需要综合考虑部件特性线回归函数系数数目、每次迭代所需机组运行工况点数目及算法本身复杂度等来选取。因此，提出高效可靠的气路诊断驱动算法是该部分内容难点，也是需要解决的关键问题之一。

基于部件特性线形状内在非线性自适应的气路诊断方法技术路线如下。

此处所涉及的气路诊断，是基于部件特性线形状内在非线性变化的。

一方面，要求诊断算法确保在部件性能衰退或损伤程度较大范围内的可靠性和准确性，如利用机组实测气路参数通过合适的优化算法自适应修正各个部件特性线拟合函数的系数，使热力模型与实际目标机组的部件特性相匹配，诊断输出目标机组各主要部件的健康参数情况，如图 6-16 所示。

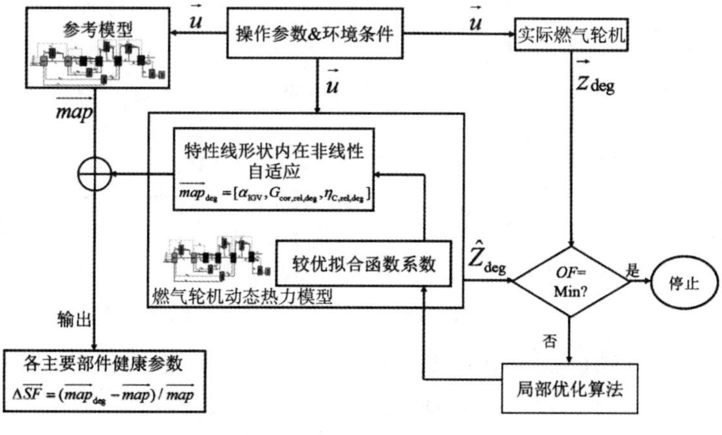

图 6-16　基于部件特性线形状内在非线性自适应的气路诊断方法

各类气路故障对部件通流能力与运行效率的影响如表 6-1 所列。

表 6-1　　各类气路故障对部件通流能力与运行效率的影响

气路故障	部件通流能力	部件运行效率	类别
压气机积垢(fouling)	$SF_{C,FC}$减小	$SF_{C,EF}$减小	渐变
压气机磨损(erosion)	$SF_{C,FC}$减小	$SF_{C,EF}$减小	渐变
压气机腐蚀(corrosion)	$SF_{C,FC}$减小	$SF_{C,EF}$减小	渐变
压气机动叶摩擦(blade rubbing)	$SF_{C,FC}$减小	$SF_{C,EF}$减小	渐变
涡轮积垢(fouling)	$SF_{T,FC}$减小	$SF_{T,EF}$减小	渐变
涡轮磨损(erosion)	$SF_{T,FC}$增大	$SF_{T,EF}$减小	渐变
涡轮腐蚀(corrosion)	$SF_{T,FC}$减小	$SF_{T,EF}$减小	渐变
涡轮动叶摩擦(blade rubbing)	$SF_{T,FC}$增大	$SF_{T,EF}$减小	渐变
热畸变(thermal distortion)	$SF_{T,FC}$增大	$SF_{T,EF}$减小	渐变
内/外物损伤(object damage)	$SF_{C,FC}$减小 $SF_{T,FC}$减小	$SF_{C,EF}$减小 $SF_{T,EF}$减小	突变

另一方面,要求诊断驱动算法能够随着机组频繁变工况以及动态加减载模式运行而实时动态跟随,诊断输出部件健康参数。这就要求部件健康参数的优化辨识,需要选择合理的局部优化算法来确保诊断实时性。局部优化算法的合理选择对诊断实时性和准确性尤为重要,这里需要综合考虑部件特性线回归函数系数数目、每次迭代所需机组运行工况点数目及诊断驱动算法本身复杂度等来选取。因此,提出高效可靠的气路诊断方法是此处的研究难点,也是未来需要解决的关键问题之一。

6.4　多维度时序预测模型的建立

6.4.1　具体研究内容

实时诊断输出机组各主要部件健康参数后,结合移动诊断窗口概念,研究基于融合各主要部件气路诊断信息的多维度时序回归预测方法(图 6-17),以期得到详尽的、量化的、准确的各主要部件的性能健康指标。具体研究内容如下。

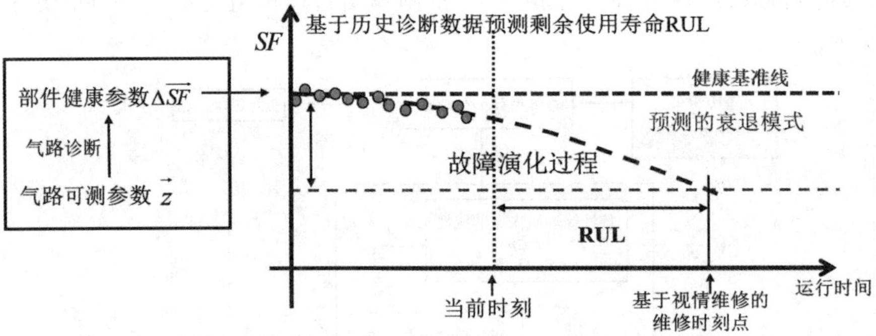

图 6-17　基于部件健康参数的多维度时序回归预测

(1) 实时诊断输出目标机组各主要部件的健康参数后,引入移动诊断窗口的概念,将各部件的性能衰退模式分割成许多较小的随时间增长的区域块,此时,在每一局部的诊断窗口区域内,假设各部件的性能衰退模式与运行时间呈线性关系是合理的。为了确保假设的合理性,可以采用一些数据分析方法[如概率密度函数(PDF)或偏斜与峭度准则(skewness criterion)等]来研究每一局部诊断窗口区域内的部件健康参数的数据分布情况,由此检验实际衰退模式是否符合上述假设情况。若数据分布情况呈现较大宽度展开的概率密度函数或偏斜符号改变，则需要调整诊断窗口的宽度，或通过增加或减少回归模型的阶次来调整，上述的假设检验原理可以作为自适应调整移动诊断窗口宽度的准则。通过动态诊断窗口不断更新移动，从而实现较大时序范围内机组健康状况的准确预测。

（2）建立各主要部件健康参数的时序回归预测模型后，根据各部件健康参数对整机系统性能影响的权重情况，可以得到整机系统的性能衰退情况，从而得到详尽的、量化的、准确的各主要部件及整体系统的性能健康指标，实现准确预测某一部件的性能衰退到某一检修阈值前的剩余使用寿命以及预测未来时序内的部件及整体系统性能衰退情况（故障演化过程）的目的，以便及时制定恰当有效的维修策略，提供运行优化指导，为整机的小修、中修、大修的全寿命周期有效管理提供理论依据。

6.4.2　研究的关键问题

此处所涉及的气路故障预测，是基于部件健康参数的，为得到详尽的、量化的、准确的各主要部件的性能健康预测指标，如何建立一种既能评估整机系统又能充分评估各主要部件性能健康状况的多维度时序预测方法是该研究的关键问题之一，其中包括以下两个内容。

1. 移动诊断窗口宽度的确定

目前广泛采用的气路故障预测方法，通常将某一热力学监测参数的全部历史运行数据进行最小二乘意义的线性拟合，得到的高阶多项式用于预测机组性能衰退到某一检修阈值前的剩余使用寿命，通常预测的准确性较低，且对于新型或刚投运的机组而言，由于历史运行数据量较少且部件性能衰退模式的趋势尚未成型，这样的预测方法准确性会更低。在机组小修、中修、大修的全寿命周期管理过程中，引入移动诊断窗口概念的目的是将各主要部件的性能衰退模式分割成许多较小的随时间增长的区域块，此时，在每一局部的诊断窗口区域内，假设各部件的性能衰退模式与运行时间呈线性关系通常是合理的，可以降低时序回归预测模型的复杂度，用于准确预测未来较短时序内的部件性能衰退情况，并通过动态窗口不断更新移动，从而实现较大时序范围内部件健康状况的准确预测。而移动诊断窗口宽度选取过大时，则可能需通过增加预测模型的阶次来调整至与实际性能衰退模式相符；移动诊断窗口宽度选取过小时，则局部诊断窗口区域内的部件健康参数样本信息较少，会降低预测模型的可靠性和准确性。因此，通过数据分析方法来自适应调整移动诊断窗口宽度是该研究的关键问题之一。

2. 各部件健康参数对整机系统性能影响的权重问题

建立各主要部件健康参数的时序回归预测模型后，需要根据各部件健康参数对整机系统性能影响的权重情况，来建立整体系统的性能衰退预测模型，从而得到详尽的、量化的、准确的各主要部件及整机系统的性能健康预测指标，实现准确预测某一部件的性能衰退到某一检修阈值前的剩余使用寿命以及预测未来时序内的部件及整体系统性能衰退情况的目的，以便及时制定恰当有效的部件维修策略。如何确定各部件健康参数对整机系统性能影响的权重情况，是该研究拟解决的另一个关键问题。

6.4.3　基于部件健康参数的多维度时序预测方法技术路线

1. 基于偏斜与峭度准则的时序回归预测方法技术路线

实时诊断得到各主要部件健康参数后，可以预测某一部件性能衰退到某一检修阈值前的剩余使用寿命以及预测未来时序内的部件性能衰退情况，以便及时制定恰当有效的维修策略，如图 6-18 所示。

在运行初期，部件健康参数衰退情况通常与时间呈线性关系，此时可用如下线性时序回归

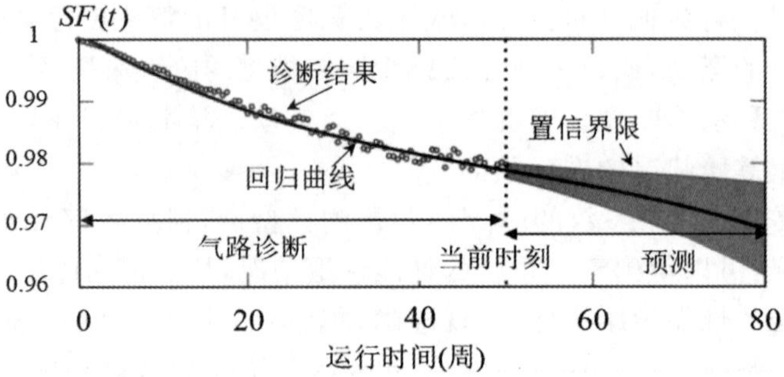

图 6-18　基于部件健康参数的时序预测

模型来预测未来状况：

$$SF(t)=a_1t+a_2 \tag{6-8}$$

随着运行，可用如下更高阶的多项式时序回归模型来预测未来状况：

$$SF(t)=a_1t^i+\cdots+a_it+a_{i+1} \tag{6-9}$$

为确保时序回归模型中多项式阶次的合理性，可以采用一些数据分析方法[如概率密度函数(PDF)或偏斜与峭度准则(skewness criterion)等]来研究部件健康参数的数据分布情况，由此检验实际衰退模式是否符合上述假设情况。若数据分布情况呈现较大宽度展开的概率密度函数或偏斜符号改变(图 6-19)，则需要通过增加或减少回归模型的阶次来调整，如图 6-20 所示。

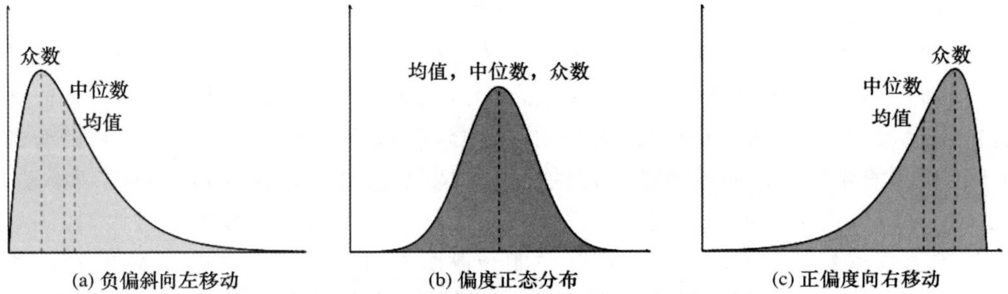

图 6-19　偏斜与峭度准则

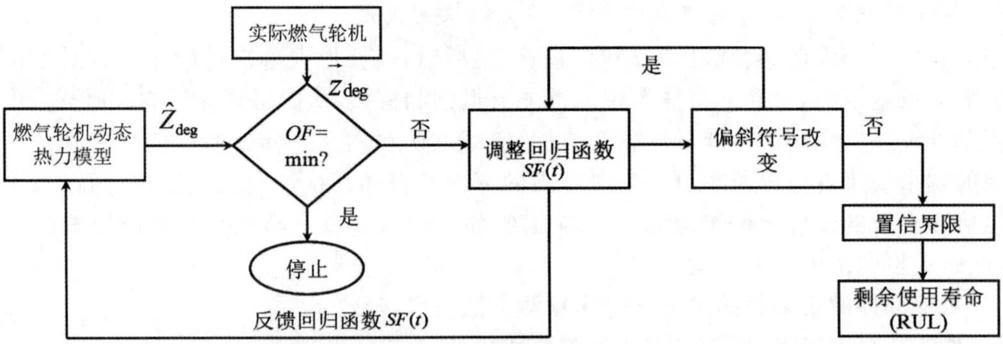

图 6-20　基于偏斜与峭度准则的时序回归预测方法

如图 6-20 所示，优化目标是根据偏斜与峭度准则(skewness criterion)来调整时序回归模型中多项式的阶次与拟合系数的数值。一旦建立准确的部件健康参数衰退模式的时序回归预测模型，就可以预测未来状况。

2. 基于移动诊断窗口的时序回归预测方法技术路线

实时诊断输出目标机组各主要部件的健康参数后，引入移动诊断窗口的概念，将各部件的性能衰退模式分割成许多较小的随时间增长的区域块。此时，在每一局部的诊断窗口区域内，假设各部件的性能衰退模式与运行时间呈线性关系 $SF(t)=a_1t+a_2$ 是合理的。为了确保假设的合理性，可以采用数据分析方法[如概率密度函数(PDF)，偏斜与峭度准则(skewness criterion)，加速度检测 $a=\frac{d^2SF}{dt^2}$ 等]来研究每一局部诊断窗口区域内的部件健康参数的数据分布情况，由此检验实际衰退模式是否符合上述假设情况。若数据分布情况呈现较大宽度展开的概率密度函数或偏斜符号改变，或加速度改变，则需要调整诊断窗口的宽度，或通过增加或减少回归模型的阶次来调整。上述假设检验原理可以作为自适应调整移动诊断窗口宽度的准则，通过动态诊断窗口不断更新移动，从而实现较大时序范围内机组健康状况的准确预测，如图 6-21 所示。

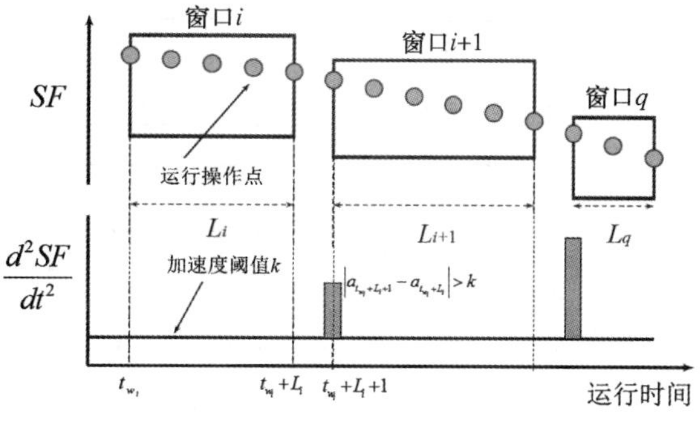

图 6-21　基于移动诊断窗口的时序回归预测方法

此时，在每一局部的诊断窗口区域内，假设部件健康参数衰退情况通常与时间呈线性关系 $SF(t)=a_1t+a_2, t\in[t_{w_1}, t_{w_i}+L_i]$ 是合理的。

此处的研究重点在于，如何通过数据分析方法来自适应调整移动诊断窗口宽度，使在局部的诊断窗口区域部件的性能衰退模式与运行时间呈线性关系。

3. 基于部件健康参数的多维度时序预测方法技术路线

建立各主要部件健康参数的时序回归预测模型后，需要根据各部件健康参数对整机系统性能影响的权重情况，来建立整机系统的性能衰退预测模型，从而得到详尽的、量化的、准确的各主要部件及整机系统的性能健康预测指标，如式(6-10)，实现准确预测某一部件的性能衰退到某一检修阈值前的剩余使用寿命以及预测未来时序内的部件及整体系统性能衰退情况(故障演化过程)的目的，以便及时制定恰当有效的部件维修策略。

$$\boldsymbol{SF}(t)=\begin{bmatrix} SF_{\mathrm{C,FC}}(1), SF_{\mathrm{C,FC}}(2), \cdots, SF_{\mathrm{C,FC}}(i), \cdots \\ SF_{\mathrm{C,EF}}(1), SF_{\mathrm{C,EF}}(2), \cdots, SF_{\mathrm{C,EF}}(i), \cdots \\ SF_{\mathrm{B,EF}}(1), SF_{\mathrm{B,EF}}(2), \cdots, SF_{\mathrm{B,EF}}(i), \cdots \\ SF_{\mathrm{T,FC}}(1), SF_{\mathrm{T,FC}}(2), \cdots, SF_{\mathrm{T,FC}}(i), \cdots \\ SF_{\mathrm{T,EF}}(1), SF_{\mathrm{T,EF}}(2), \cdots, SF_{\mathrm{T,EF}}(i), \cdots \end{bmatrix} \tag{6-10}$$

此处的研究重点在于，如何通过各部件健康参数与整机系统的热力学耦合关系确定各主要部件的健康参数对整机系统性能影响的权重情况，以及突变故障(如内/外物损伤)发生时或停机检修后如何来重新配置部件健康参数的时序回归预测模型，如图 6-22 所示。

6.5 展　望

经过多年的研究，气路诊断方法已经取得了许多基于燃气轮机稳态/准稳态工况的诊断算法理论成果，但还没有形成一个完整的科学体系，其中涉及众多复杂的因素，如可变几何部件

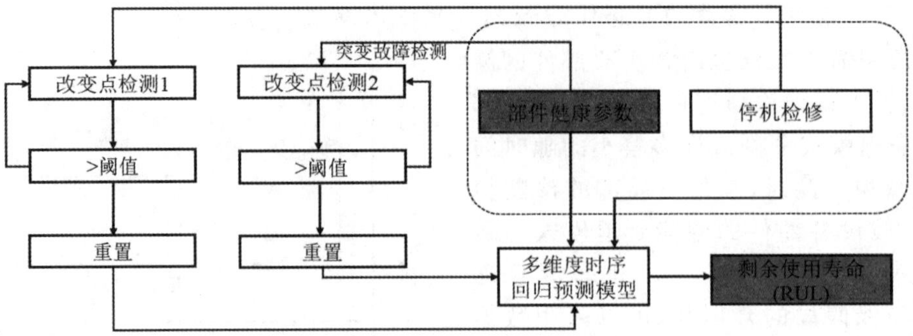

图 6-22　基于部件健康参数的多维度时序预测

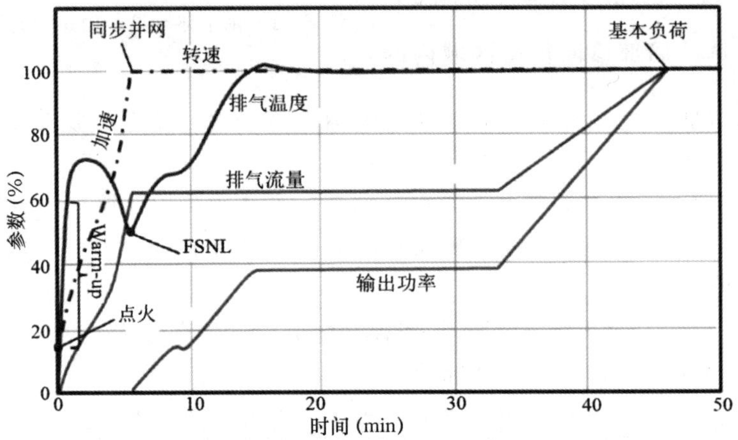

图 6-23　联合循环电厂燃气轮机典型瞬态变工况运行模式

的广泛应用,机组抽气冷却技术的进步,瞬态变工况下部件健康参数的优化辨识,多维度时序预测模型的有效建立等问题。现今,燃气轮机越来越需要在电网支持模式下更灵活地运行(包括频繁变工况及瞬态加减载运行模式,如图 6-23 所示)。

在这种瞬态运行模式下,燃气轮机的使用寿命会比基本负荷稳态/准稳态运行时消耗更快,因此,气路诊断方法迫切需要考虑燃气轮机瞬态变工况下诊断与预测的新理论新方法。以上方法理论的提出与应用,为所要研究的瞬态变工况下燃气轮机自适应气路故障预测诊断方法提供了重要的理论依据。而这种气路诊断方法,本质上是通过对系统输入—状态—输出强非线性耦合关系从热力学机理上解耦,利用已知的输入、输出参数求解未知的内部状态参数,并引入合理的部件健康评价参数,实现气路故障诊断与预测的目的,究其根本原因,是研究对模糊数据进行优化辨识与时序回归的数学手段问题。

基于以上分析,此处以解决瞬态变工况下燃气轮机气路故障预测诊断中的基础问题为目的,提出适用于可变几何部件及瞬态变工况运行模式的自适应动态热力建模方法,利用机组实时采集的可测气路参数,进一步提出基于部件特性线形状内在非线性自适应的气路诊断方法,实时诊断得到各主要部件健康参数,最后提出一种融合各主要部件气路诊断信息的多维度时序预测方法,为实现频繁变工况及瞬态加减载运行模式下故障诊断与预测提出新理论和新方法。

第 7 章　联合循环汽轮机本体与凝汽设备

7.1　汽轮机蒸汽做功基本概念

汽轮机是以蒸汽为工质的将热能转变为机械能的旋转机械。在燃气-蒸汽联合循环电站中主要用作驱动发电机的原动机。与其他热力原动机相比，它具有单机功率大、效率高、运转平稳、单位功率制造成本低和使用寿命长等一系列优点。此外，还可以利用汽轮机的抽汽或排汽对外供热，形成热电联产。

汽轮机设备包括汽轮机本体设备与辅助系统、调节保护系统等。

7.1.1　汽轮机级内蒸汽做功的基本概念

1. 汽轮机级的定义

汽轮机的级是由一列静叶栅（喷嘴叶栅）和与之相配合的动叶栅所组成的汽轮机做功基本单元。汽轮机级的组成如图 7-1 所示。

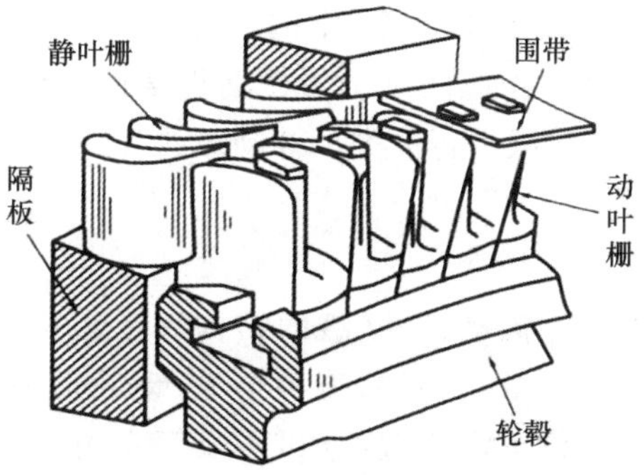

图 7-1　汽轮机级的组成示意

2. 级中的能量转换

当具有一定压力和温度的蒸汽流过汽轮机的级时，首先在静叶栅（喷嘴叶栅）中膨胀，将蒸汽热能转化成蒸汽动能；接着，在动叶栅中将蒸汽动能转化为转子的旋转机械能。

3. 级中蒸汽做功的力

在蒸汽动能转变为转子旋转机械能的过程中，主要是利用蒸汽流过动叶栅时发生动量变化而对该叶栅产生推动力，使动叶栅绕轴旋转做功。蒸汽作用力分为冲动力和反动力：当蒸汽在动叶栅中随汽道形状变化而改变其流速方向时对动叶栅产生离心冲击作用，形成冲动力；当蒸汽在动叶通道内随膨胀加速而改变其流速大小时对动叶栅产生反击作用，形成反动力。反动力与汽流流出方向相反。冲动力和反动力联合驱动动叶栅绕轴转动而输出机械功。工作蒸汽的质量流量越大、速度（矢量）变化越大，则作用力也越大。

如图 7-2 所示，冲动力与反动力形成合力。合力可分解成两个相互垂直的分力：轮周切线方向上的分力，即轮周分力（大小为 F_u）。此力是推动动叶栅绕轴转动做功的力。轴线方向上的分力，即轴向分力（大小为 F_z）。此力具有推动动叶栅及转子产生轴向位移的趋势，必须采取一些方法来加以平衡。

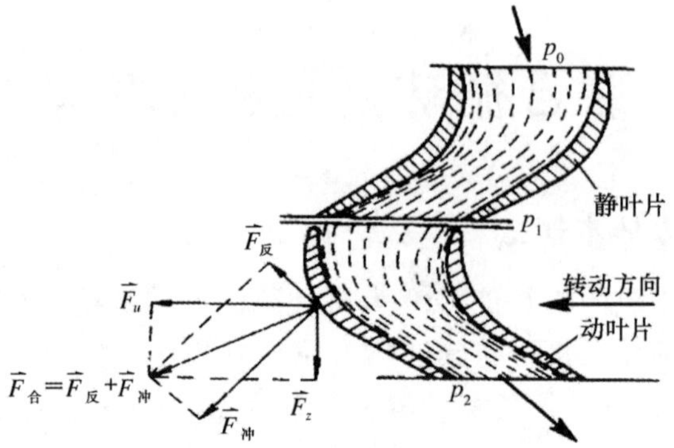

F_u—轮周分力;F_z—轴向分力;$F_{合}$—合力

图 7-2　蒸汽作用在动叶栅上的力

4. 级的基本类型

在工程应用中,蒸汽在静叶栅(喷嘴叶栅)、动叶栅中都有一定的膨胀量,但膨胀比例(%)有所不同。膨胀量的大小与蒸汽在叶栅中的理想焓降有关。常用级的平均反动度 Ω_m 来表示蒸汽"动叶理想焓降"在"级的滞止理想焓降"中的占比。级的平均反动度 Ω_m 越大,反映蒸汽在动叶栅中的膨胀比例(%)越大,相应的反动力做功程度也就越大。

按平均反动度 Ω_m 的大小可对级进行分类。冲动级的常用平均反动度为 $\Omega_m=0.05\sim0.2$;典型反动级的反动度 $\Omega_m\approx0.5$。

5. 级内损失

蒸汽流过汽轮机级时,受蒸汽流动特性、级的结构因素影响,蒸汽能量除了大部分转化为有用功以外,还有一部分被损失掉了。例如,喷嘴损失、动叶损失、余速损失、漏汽损失等。其中值得一提的是:当有些级的工作蒸汽为湿汽时,不仅存在附加的湿汽"热力损失",而且湿汽中的水分还对叶栅产生"水蚀"物理损伤,水分越多越严重,末级动叶顶部背面最严重。通常,采取减少进入末级动叶汽道的水分、提高末级动叶抗水蚀能力等方法来应对。

通过级的合理设计,不仅可以减少级内损失,提高级的能量转换效率,而且还可以保障工作部件的安全可靠性。

7.1.2　多级汽轮机的蒸汽工作过程

一台汽轮机可以是单级也可以是多级的。多级汽轮机是由多个级按一定规则组合而成的。

从蒸汽工作过程看,蒸汽在汽轮机进、排汽口压差作用下逐级自流做功。大部分汽轮机还采用若干级抽汽分流到对应的回热加热设备或对外供热设备中。采用蒸汽中间再热、提高蒸汽初参数,有利于提高机组循环热效率。

7.1.3　多级汽轮机的损失

1. 各级级内损失

多级汽轮机是由多个单级组成的,各级级内损失自然成为多级汽轮机损失的主要部分。

2. 进汽机构阻力损失

蒸汽流经主汽阀、调节汽阀、进汽通道后进入第一级前的蒸汽室,此流动过程中有阻力、有节流,引起汽轮机进汽机构产生阻力损失。

3. 排汽机构压力损失

汽轮机内做完功之后的末级动叶栅排汽流经排汽室转向后进入凝汽器或热网管路的过程

中，有排汽室转向阻力、排汽涡流，引起汽轮机排汽机构产生阻力损失。通常，将排汽室设计成扩压型，尽力将排汽的动能变为静压势能，以补偿排汽室中的阻力损失。

4. 轴封漏汽损失

汽轮机在运转工作时，正压轴端向外漏汽，负压轴端消耗密封蒸汽向内漏汽，主汽阀与调节汽阀阀杆间隙向外漏汽。这些因素导致轴封漏汽损失。采用合理的汽封结构与轴端汽封系统，可以减少轴封漏汽损失。

5. (外部)机械损失

汽轮机在运转工作时，汽轮机主轴克服轴承油膜摩擦阻力要耗功，带动主油泵、机械超速危急遮断器也要耗功。这些耗功减少了用于发电的能量，形成“机械损失”。

7.1.4　汽轮机的内功率与轴端功率

1. 汽轮机内功率

汽轮机内功率是指汽轮机的蒸汽理想功率扣除所有内部热力损失(7.1.3中的第1～4项)后所获得的有效内部功率。通常，用“汽轮机相对内效率”来反映内部能量转换程度(%)。

2. 汽轮机轴端功率

汽轮机轴端功率(或有效功率)是指汽轮机的蒸汽理想功率扣除所有损失(7.1.3中的全5项)后，在轴端交付给发电机轴端的有效机械功率。通常，用“机械效率”来反映其能量转换程度(%)。

7.1.5　热电联产汽轮机

在驱动发电机发电的同时又向热网供热的汽轮机被称作“热电联产汽轮机”。与普通的汽轮机热电联产相比，联合循环热电联产方式中，用燃气轮机和余热锅炉替代了普通的燃煤(或燃油或燃气)锅炉，其优点是：①机组的联合循环效率高；②环境污染小；③调峰能力强、启停快捷；④同等条件下投资低；⑤建设周期短；⑥可用率高。

热电联产汽轮机型式主要有：

1. 背压式汽轮机

排汽压力高于大气压力的汽轮机被称为背压式汽轮机。背压式汽轮机可利用其排汽供热。供热压力可根据热网用户的要求来设计，一般都为1.2～1.5MPa。对热电站来说，满载运行时热能利用系数高，热经济性好；不需要凝汽器和循环冷却水系统，因此，系统简单，便于安装，节省投资。背压式汽轮机的热、电功率不能独立调节。背压式汽轮机通常以供热为主，以热定电。

2. 抽凝式汽轮机

利用一级可调节抽汽供热的凝汽式汽轮机被称为抽凝式汽轮机。抽凝式汽轮机相当于一台背压式汽轮机与一台凝汽式汽轮机的串联组合。双抽式汽轮机是在一级抽凝式汽轮机基础上，再增加一级不同参数的可调节供热抽汽。抽凝式汽轮机热、电功率可以独立调节，可在较大范围内同时满足热负荷和电负荷的调节要求。

3. 抽背式汽轮机

同时利用可调节抽汽供热、背压供热的背压式汽轮机被称为抽背式汽轮机。抽背式汽轮机可以向热网用户提供两种不同规格参数的蒸汽。这种汽轮机相当于两台背压式汽轮机的串联组合。同背压式汽轮机一样，通常以供热为主，以热定电，但可以同时满足两种热负荷的要求。抽汽供热和背压供热可以单独调节，也可以同时调节；可以在抽汽供热工况下运行，也可以在纯背压供热工况下运行。因此,比背压式汽轮机具有更广泛的适应性和更好的经济性。

7.2 联合循环汽轮机整体配置特点

联合循环汽轮机是一种余热利用型热力旋转机械设备。联合循环汽轮机利用燃气轮机排气余热在余热锅炉中加热给水所产生的蒸汽做功,以增加整个联合循环机组功率,提高联合循环热效率。随着燃气轮机技术的快速发展,燃气初温越来越高,排气温度也随之越来越高,排气的余热相应越来越大。因此,联合循环中汽轮机的收益显得越来越重要。

联合循环发电装置的主体是燃气轮机,燃气轮机的突出优点是系统简单、启动快、停机迅速。组成联合循环后,尽可能保持燃气轮机的这些突出优势,同时要求汽轮机结构、系统与控制能够与之相匹配。

7.2.1 全周配汽-滑压调节

在燃气-蒸汽联合循环中,电网的调频和调峰主要由燃气轮机来完成,汽轮机功率取决于余热锅炉的蒸汽能量。对于无补燃余热锅炉而言,余热锅炉产出的蒸汽能量是由燃气轮机排气流量和排气温度所决定的。当燃气轮机功率降低时,排气流量和排气温度相应减小,余热锅炉的蒸发量和蒸汽温度也随之降低。因此,汽轮机适合于采用全周配汽一滑压调节方式,即:汽轮机第1级喷嘴不分组,全周进汽;汽轮机功率在较大范围(例如40%～100%)运行时,汽轮机调节阀处于全开状态,不参与调节,余热锅炉产生的蒸汽全部进入汽轮机,机前压力(高压主汽阀前压力)随着蒸汽流量的增减而自然变化。

采用全周配汽-滑压调节方式,汽轮机相对内效率随负荷变化不大,变工况性能好。在部分负荷时,随着燃气轮机初温的下降,余热锅炉产生的主蒸汽温度有较大幅度的降低,相比于定压运行,可以降低末级排汽湿度,有利于末级叶栅的安全。

此外,为了保证小流量时的蒸汽品质、防止余热锅炉因压力过低而汽中带水,设计在低负荷工况下(例如＜40%)采用调节阀节流调节手段来维持定压运行。

7.2.2 无回热抽汽

联合循环汽轮机不设回热抽汽。凝汽器出来的凝结水无回热抽汽加热,进入余热锅炉的尾部吸收烟气余热。这样,既可降低余热锅炉的排气热损失,又可简化汽轮机的汽水系统,而且有利于汽轮机汽缸上、下对称性设计,更有利于整个机组的快速启停。

7.2.3 大容量蒸汽旁路

余热锅炉启动过程初期所产生的蒸汽不能被汽轮机全部利用,出现流量不匹配问题,虽然可以设置烟气旁通装置来解决,但烟气旁通装置不仅占地多,而且投资大。因此,通常在汽轮机中设置大容量(100%)蒸汽旁路装置来解决流量不匹配问题。同时,这也有利于在甩负荷时回收工质,节约水资源。

7.2.4 双压进汽(或三压进汽)

联合循环汽轮机通常与双压(或三压)余热锅炉相匹配,除了接受余热锅炉的高压“主蒸汽”做功外,中途还有压力较低的“补汽”汇入做功,形成“双压进汽”或“三压进汽”。利用“补汽”做功增加功率,可以提高联合循环效率。相应的抽凝式联合循环汽轮机排汽流量会增多,再加上无回热抽汽等原因,比普通有回热的凝汽式汽轮机排汽流量明显增多,所以末级通流截面积相对更大,末级叶栅相对更长,凝汽器换热面积相对要更大(图7-3)。

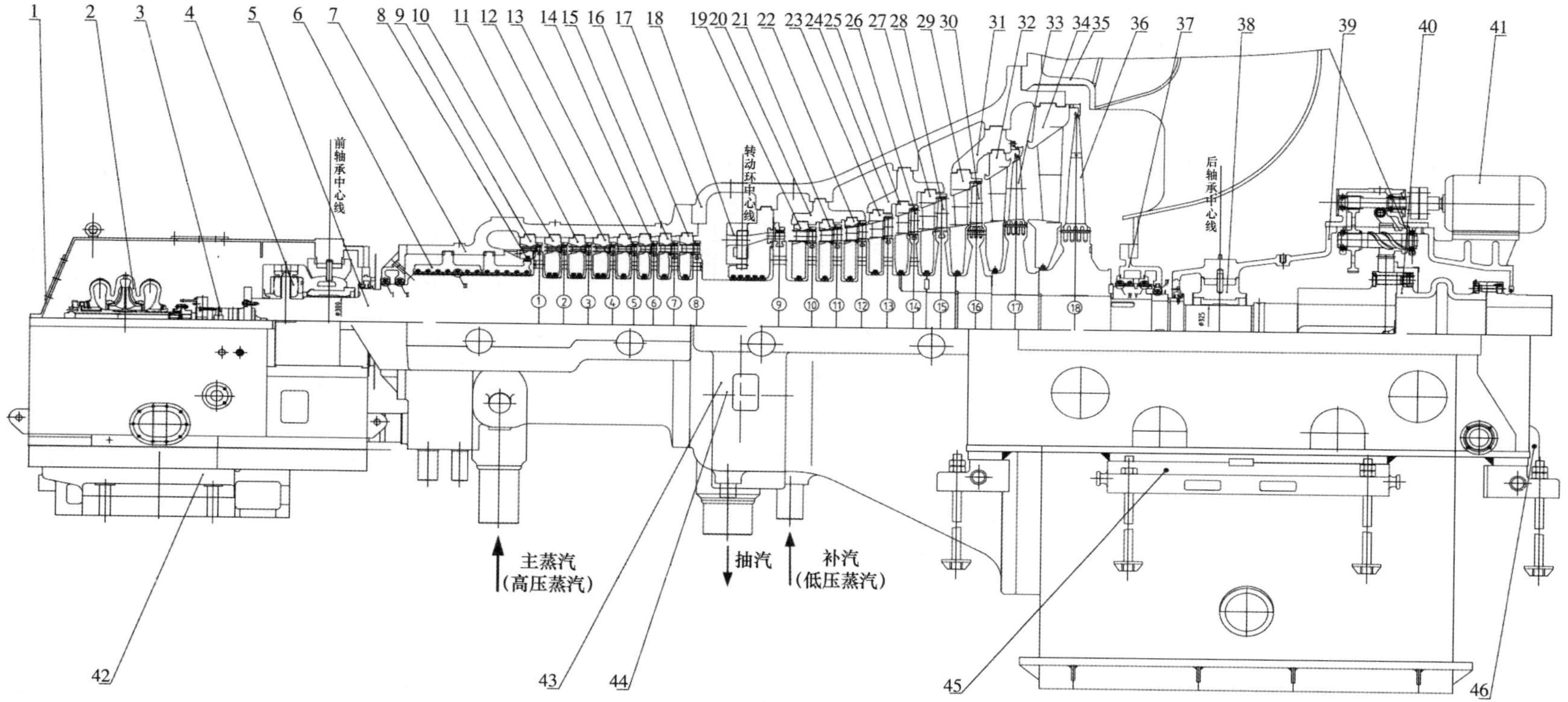

1—前轴承座；2—主油泵；3—危急遮断器；4—径向-推力联合轴承；5—转子；6—前汽封；7—前汽缸；8—隔板汽封；9～16—隔板；17—中汽缸；18—旋转隔板；19—隔板；20—隔板套；21～23—隔板；24—隔板套；25—隔板；26—叶轮叶片；27—隔板；28—叶轮叶片；29—隔板；30—叶轮叶片；31—隔板套；32—隔板；33—叶轮叶片；34—隔板；35—后汽缸；36—叶轮叶片；37—后汽封；38—径向轴承；39—联轴器罩壳；40—联轴器；41—盘车装置；42—前座架；43—油动机座架；44—旋转隔板调节连杆；45—后座架；46—后汽缸导板

图 7-3　抽凝式联合循环汽轮机本体纵剖面示意

7.2.5 适配快速启停

燃气轮机能够快速启停,故要求汽轮机也尽可能快速启停,以利于联合循环机组参与电力调峰。在汽轮机的结构与系统设计时,特别重视减小与通流部件相接触的零部件热惯性,合理设计动静部件间隙,整个汽轮机通流部分结构匀称设计,汽缸外部连接的管道与阀门等尽量少且布置成对称形式。

此外,上述的采用全周配汽-滑压调节、无调节级、无回热抽汽、大容量蒸汽旁路的设计也有利于汽轮机快速启停。

7.3 抽凝式联合循环汽轮机本体设备

联合循环汽轮机本体设备是将余热锅炉输送来的蒸汽热能转换为转子旋转机械能的主体设备。此处以国电南浔公司的抽凝式联合循环汽轮机为例,着重描述这种汽轮机的本体设备的结构。该机热电联产,额定功率为 36.5MW,额定可调节抽汽供热压力为 1.2MPa,属于工业抽汽供热范畴。

该汽轮机的主要技术规范如表 7-1 所示。

表 7-1　　抽凝式联合循环汽轮机主要技术规范

制造厂	南京汽轮电机(集团)有限责任公司
型号	LCZ37-4.9/1.2/1.2
型式	双压(带补汽)、冲动、可调抽汽凝汽式联合循环汽轮机
额定功率(MW)	36.5
转速(r/min)	3000
转向(从汽轮机向发电机看)	顺时针
一阶临界转速(r/min)	1601
二阶临界转速(r/min)	4980
主蒸汽压力[MPa(a)]	4.9
主蒸汽温度(℃)	470
主蒸汽流量(t/h)	126.06
最大主蒸汽流量(t/h)	127.3
补汽蒸汽压力(MPa)	1.2
补汽蒸汽温度(℃)	273.8
补汽蒸汽流量(t/h)	7.09
额定可调节抽汽压力(MPa)	1.2
额定可调节抽汽温度(℃)	298.22
额定可调节抽汽量(t/h)	47.4
最大抽汽量(t/h)	90
循环水温度(℃)	21(最高 33)
额定排汽压力[kPa(a)]	5.6
排汽流量(t/h)	92.17
凝汽器面积(m^2)	3600
级数	18
末级叶片长度(mm)	665
转子的转动惯量(GD^2)($t \cdot m^2$)	2.401

7.3.1　汽轮机冲动级的基本结构

该汽轮机本体纵剖面如图 7-3 所示。该机共有 18 级，全部为冲动级，其中第 9 级为适应供热需求而设计成流量可调节式。相比于反动级，冲动级可承受较大的焓降。因此，同功率下冲动级的级数大幅度减少，使所有级布置在同一汽缸内以构成单缸汽轮机，结构紧凑；在汽缸长度一定的条件下，级数少时还可适当加大各级之间的轴向间隙，这对需要快速启动的联合循环汽轮机胀差控制非常有利。冲动级的静叶栅（喷嘴叶栅）中承担的蒸汽焓降比例较大，动叶栅中承担的蒸汽焓降比例较小，轴向推力相对较小，动叶顶部漏汽损失相对较小。

典型冲动级的结构如图 7-4 所示。

冲动级的典型连接结构为：

静体：静叶栅→隔板→汽缸（或隔板套）；

动体：动叶栅→叶轮→主轴。

为了平衡轴向推力，在叶轮上开有平衡孔。为了减少级内间隙漏汽损失，设置了隔板汽封、叶顶汽封。

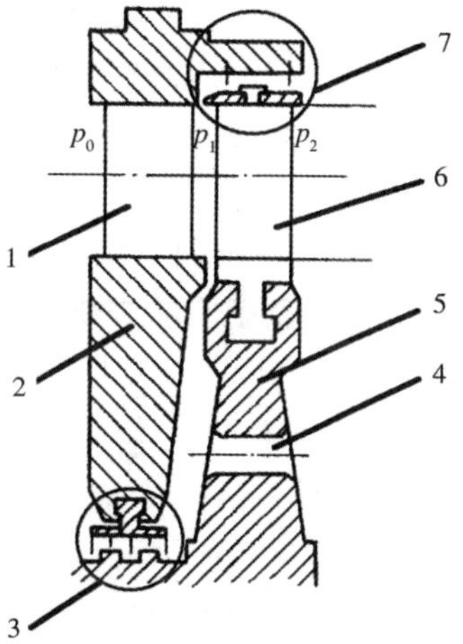

1—静叶栅（喷嘴叶栅）；2—隔板；
3—隔板汽封；4—平衡孔；5—叶轮；
6—动叶栅；7—叶顶汽封

图 7-4　典型冲动级结构示意

7.3.2　汽轮机本体内蒸汽主要流程

来自余热锅炉的高压主蒸汽作为主流工作蒸汽，流经高压主汽阀、高压调节阀后引入全周进汽汽轮机第 1 级前的高压蒸汽室。参阅图 7-3，在汽轮机中从前到后依次流过 18 个冲动级膨胀做功，压力、温度逐渐降低，比容增大，体积流量逐渐增加，汽流通道逐渐扩张，相应的静叶栅、动叶栅长度逐渐增大，低压段尤为突出。汽轮机排汽至凝汽器。

第 8 级与第 9 级之间的间隙、空间较大，有一股蒸汽抽出，用作"可调节抽汽供热"送至＃1 供热集汽集箱。

第 9 级与第 10 级之间的间隙中，有一股来自余热锅炉的低压蒸汽作为"补汽"汇入汽轮机通道做功。

汽轮机本体设备以 18 个冲动级构件为核心，由汽缸、隔板、隔板套、转子、汽封装置、轴承、盘车装置等组成。

7.3.3　汽缸

1. 汽缸的主要作用

汽缸是汽轮机主要工作部件之一。汽缸是汽轮机的外壳，是静止部件。

汽缸的主要作用：

1）分隔工作蒸汽

汽缸将蒸汽与外部大气隔绝，在汽缸内形成蒸汽能量转换的封闭空间。

2）内部支撑静止部件

在汽缸内部支撑关联的静止部件，如隔板、隔板套等。

3）外部连接管道与阀门

在汽缸外部连接蒸汽进、出的管道与阀门，如高压进汽管、高压调节阀等。

2. 汽缸的基本要求

汽缸的重量大、结构复杂，在运行中要承受内、外壁压差引起的机械应力，启动过程中还要承受内、外壁温差引起的较大热应力、热膨胀和热变形。因此，要求汽缸材料具有足够的耐压、耐温、强度、刚度、抗疲劳、抗氧化等性能，并具有良好的组织稳定性；汽缸形体尽量简单、均匀、对称、厚度合适、蒸汽流动特性好、密封性好;汽缸支承方式合理、热膨胀顺畅、保持动静部件同心、间隙合理;能够承受汽缸内部隔板、隔板套传递过来的汽流反作用力矩;能够防止汽缸内积水。

3. 汽缸的块状连接方式

汽缸分段制造不仅可以减小每段汽缸部件的加工尺寸,而且利于制造、便于安装,还可以合理搭配不同耐热金属材料。如图 7-3 所示,该机的汽缸沿蒸汽流动方向分成三段:前汽缸(7)、中汽缸(17)、后汽缸(35)。每段汽缸又被分成上、下两半。合起来汽缸共有 6 块。

汽缸的块状连接方式为:

1) 前-中-后汽缸采用垂直法兰面安装连接方式

前汽缸(7)与中汽缸(17)之间采用垂直法兰面汽缸内侧螺栓热紧、外侧焊接的方法进行安装连接;中汽缸(17)与后汽缸(35)之间采用垂直法兰面螺栓热紧法安装连接。

2) 每段上-下两半汽缸采用水平法兰面螺栓热紧法安装连接方式

为了便于安装与检修内置部件,前汽缸(7)、中汽缸(17)、后汽缸(35)均在水平中分面处分成上、下两半。每段上、下两半汽缸采用水平法兰面螺栓热紧法安装连接。

4. 汽缸的基本结构

1) 前汽缸基本结构

如图 7-3 所示,前汽缸(7)采用单层缸结构。整体铸有高压蒸汽室,前汽缸承接流经高压主汽阀、高压调节阀来的余热锅炉高压蒸汽。前汽缸内布置有高压段 8 个冲动级(第 1～8 冲动级),前汽缸内支承第 1～8 级隔板。所有冲动级全周进汽。第 8 级后是供热抽汽口,有一股蒸汽分流抽出至供热集汽集箱,剩余主流蒸汽进入中汽缸继续做功。额定工况下,前汽缸的总压降/总温降为 3.7MPa/171.8℃。

前汽缸各级的叶栅长度、平均直径较小。

2) 中汽缸基本结构

如图 7-3 所示,中汽缸(17)前的较大空间是供热抽汽腔室。中汽缸内布置有汽轮机中低压段 10 个冲动级(第 9～18 冲动级),主流蒸汽依次在各级中连续做功。中汽缸内支承 3 只隔板套(20,24,31)与第 9～18 级隔板。其中第 9 级为旋转隔板,用于控制供热抽汽压力。中汽缸外部安装有旋转隔板调节连杆和旋转隔板油动机座架。中汽缸下部第 9～10 冲动级之间有一外接口连接余热锅炉低压蒸汽源(低压补汽源)。

额定工况下,在中汽缸中,从进口压力(1.2MPa)降到出口压力[0.0056MPa(a)],出口压力远远低于大气压。总温降为 263℃。各级焓降较大,温度、压力逐级降低,各级平均直径较大,静叶栅、动叶栅长度逐级增加(末几级尤为明显)。

3) 后汽缸基本结构

后汽缸也被称作排汽缸。后汽缸采用单层缸焊接结构。

如图 7-3 所示,后汽缸(35)中没有布置做功的级。后汽缸(35)承接中汽缸(17)末级排汽,扩容导流至下部刚性连接的凝汽器。后汽缸(35)内部处在负压状态下工作,温度也很低。后汽缸(35)体积较大。除保证具有足够的强度外,更要保证具有足够的刚度。

后汽缸(35)下半与后轴承座下半组焊在一起。

在后汽缸顶部装有 2 个排大气安全薄膜阀,当后汽缸内部压力升高到安全设计值时,顶破阀中的安全薄膜紧急排汽,从而保护后汽缸免受损坏变形、空气内吸。

后汽缸内装有低负荷喷水减温装置,当机组启动后转速达 600r/min 或排汽温度超过

80℃时，电磁阀自动得电，控制来自凝结水系统的冷却水进入环状喷水管的喷头，对末级出口汽流雾状喷水减温。当机组带负荷 15%以上且排汽温度小于 65℃时，电磁阀自动失电，停止喷水。

5. 汽缸的支承

1）汽缸前端采用下缸猫爪中分面支承

汽轮机高温汽缸一般通过其水平法兰伸出的猫爪支承在轴承座上，形成猫爪支承。猫爪支承又有上缸猫爪支承和下缸猫爪支承两种方式。

汽缸前端采用下缸猫爪支承方式：前汽缸下半前端两侧各有一个 Z 形猫爪支承在前轴承座上。如图 7-5 所示，下缸猫爪支承受力面位于汽缸水平中分面上，构成“下缸 Z 形猫爪中分面支承”方式。当猫爪、汽缸温度升高时，以同一水平面（即汽缸水平中分面）为基准分别向上、向下热膨胀；另一方面，下缸猫爪与转子前部是支承在同一轴承座上的，轴承座向上热膨胀抬高转子中心线位置的同时也抬高了汽缸水平中分面位置。因此，热膨胀时仍能保持汽缸前端与转子同心运转，从而保持汽缸与转子中心一致。

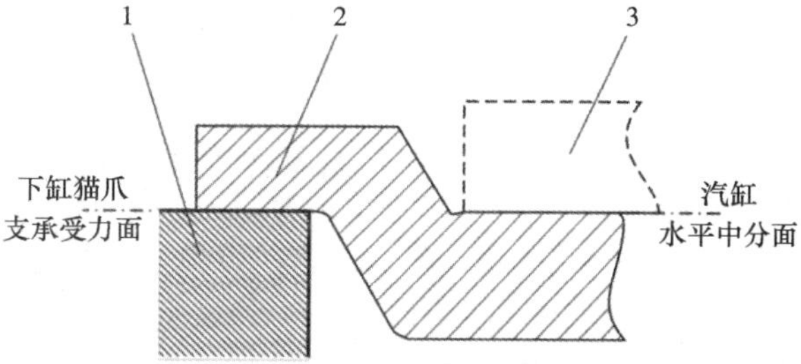

1—前轴承座；2—汽缸前端下缸 Z 形猫爪；3—前汽缸上缸

图 7-5　汽缸前端下缸 Z 形猫爪中分面支承示意

2）汽缸后端采用排汽缸座架支承

排汽缸（后汽缸）利用下缸伸出的搭脚直接支承在排汽缸座架上，构成“排汽缸座架支承”方式。其支承受力面比汽缸水平中分面低，下缸温度升高热膨胀时排汽缸水平中分面位置有所抬高，但因正常运行时工作温度明显低，热膨胀量很小，所以影响不大。同时，由于后轴承座下部是与排汽缸下部组焊成一体的，下缸向上热膨胀抬高汽缸水平中分面位置的同时也抬高了轴承及转子中心线位置，因此热膨胀时仍能保持排汽端转子与汽缸同心运转。

6. 汽缸的滑销系统

在汽缸与机座、轴承座之间设置了一系列的导向滑销，形成了汽轮机的滑销系统，对汽缸进行支撑、定位和膨胀导向，使汽缸按滑销系统导向规则顺利热膨胀，并保证汽轮机良好对中。

前座架和后座架均借助于地脚螺栓及二次灌浆固定在汽轮机基础平台上。前轴承座坐落在前座架上，前轴承座与前座架之间沿中心轴线方向布置有纵销，使得前轴承座可在其座架上沿轴线方向前后滑动。汽缸前端下部与前轴承座下部之间有定中心梁，用于确定汽缸中心、引导汽缸垂直方向膨胀、传递汽缸热膨胀对前轴承座的推（拉）力。在排汽缸的后轴承座下部装有后汽缸导板，引导排汽缸上的后轴承座纵向热膨胀。排汽缸两侧支承在排汽缸座架上，两侧各布置有一个水平横销，引导排汽缸横向热膨胀。水平横销连线与“纵销-后汽缸导板”连线所在的竖直平面之交点构成整个汽缸的“热膨胀死点”。

机组在启动或加负荷过程中，汽缸以热膨胀死点为基点向两侧横向热膨胀、向前后纵向

(轴向)热膨胀。在向前纵向(轴向)热膨胀时,汽缸前端下部与前轴承座下部之间的"定中心梁"推动前轴承座沿着前座架上的纵销向前滑动;在机组减负荷或停机时拉着前轴承座向后滑动。因此,在启动、加负荷、减负荷以及停机过程中,既能保证前汽缸在运转过程中不跑偏,又能保证汽缸与前、后轴承座之间热对中性好。

推力轴承在前轴承座内,此处是转子与静体之间的"相对热膨胀死点"。在排汽缸的后轴承座内联轴器处是汽轮机胀差量(转子与汽缸之间轴向热膨胀量之差)最大的地方,此处装有汽轮机胀差测量装置。

7.3.4 隔板

1. 隔板的作用

汽缸中的隔板是用来安装固定其上的静叶栅,并将汽缸内分隔成若干个工作汽室。隔板内圆孔处开有汽封安装槽,用来安装隔板汽封。

2. 隔板的基本结构

隔板的基本结构如图7-6所示。

汽缸中的隔板是由隔板外缘、静叶栅、隔板体构成的圆形板环状组合件。为了安装、拆卸方便,隔板制作成水平对分上、下两半形式,在中分面上装有定位键,以保障上、下两半隔板对中。

有些级的隔板两侧工作压差很大、温度很高,隔板的结构应能满足以下要求:足够的强度和刚度;良好的气密性;合理的支撑和定位;与转子同心;隔板上的静叶栅具有良好的流动性能、足够的表面光洁度和合适的出汽角。

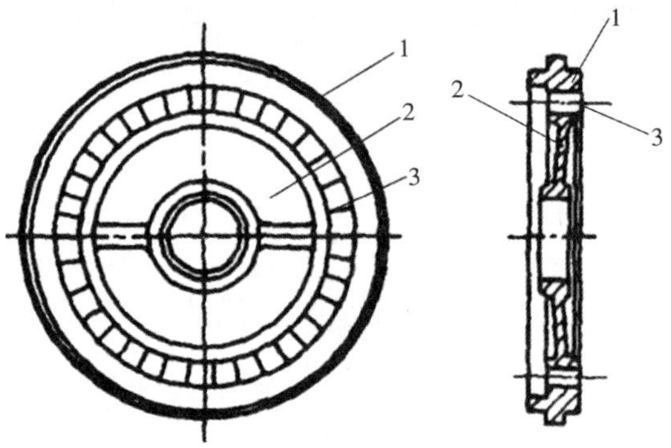

1—隔板外缘;2—隔板体;3—静叶栅

图7-6 隔板基本结构示意

汽轮机隔板按制造方法不同,可分为铸造隔板、焊接隔板和组合隔板三种。

该汽轮机的全部隔板均为焊接隔板。其制作方法为:将铣制好的静叶焊接在冲好型的内外围带之间,然后再与弧形隔板外缘和隔板体焊接成一体。这种隔板有较好的强度和刚度,金属耗量少,具有良好的气密性。隔板内外围带在数控机床上精加工,能保证静叶片在隔板中的准确定位。隔板与汽缸(或隔板套)之间布置有纵销,防止在汽流力矩作用下转动。

7.3.5 隔板套

隔板套用于隔板与汽缸之间的过渡性连接,可以简化汽缸结构,减少汽轮机轴向尺寸,有利于汽缸的通用设计,便于抽汽口的布置,还使机组启、停及负荷变化过程中汽缸的热膨胀较均匀、热应力和热变形小。但是,隔板套的采用会增加汽缸径向尺寸,使水平法兰厚度增加,延长启动时间。

如图7-3所示,中汽缸内布置有三只隔板套(20,24,31)。为了安装、拆卸方便,隔板套做成水平对分上、下两半形式,采用水平法兰螺栓连接。

7.3.6 转子

1. 转子的作用

汽轮机本体的转动部分通称为转子,由主轴、叶轮、动叶栅、联轴器以及安装在主轴上的其他零部件组成。在转子前端还连接有机械超速危急遮断器(飞环)、主油泵泵轮等。

转子的主要作用:汇集各级动叶栅所获得的旋转机械能并通过主轴驱动发电机转子工作。

汽轮机转子是汽轮机中最重要的部件。转子的工作条件比较恶劣，工作状况比较复杂。转子工作时，高速旋转，承受巨大的扭矩、弯矩、离心力、振动力以及转子本身温度不均匀引起的热应力。如果在运行与检修中维护不当或疏忽，就有可能酿成大事故。

2. 转子的基本结构

汽轮机转子按其外形可分为轮式转子、鼓式转子。冲动式汽轮机采用的是轮式转子。按照制作工艺，轮式转子可分为套装式转子、整锻式转子、焊接式转子和组合式转子。

套装式转子是将叶轮热套、加键安装在加工好外形尺寸的主轴上构成的。叶轮与主轴之间有一定的紧力，使其在高温及离心力的作用下不至于松脱。为了传递叶轮的转动力矩，在叶轮与主轴间加键连接。套装式转子的优点是加工方便，可根据不同的工作温度选择不同叶轮材质，因此材料得以合理利用。其缺点是套装式转子只适用于低温段，叶轮不适应在高温条件下工作，其快速启动性能差。这是因为材料在高温下蠕变和过大的温差都会使热装过盈消失，引起叶轮松动。这种套装转子的叶轮在运行过程中有时会发生轴向位移。

整锻式转子是由一块钢料整体锻造而成的。在这块整料锻成一定形状后，车削出一个个叶轮、轴封套等，因此就不存在高温下的松弛问题，也不存在叶轮因挖有键槽后强度减弱等问题。整锻式转子的优点是能够适应于高温区域工作、强度高、轴向尺寸较小、结构紧凑。其缺点是锻件尺寸大、加工难度大、质量不易保证，为适应部分级在高温条件下工作，整个转子都必须采用耐高温材料来制作。

组合式转子是在套装式转子和整锻式转子的基础上发展而来的。它的高温工作部分是整锻式的，而它的低温工作部分是套装式的。因此，它综合了套装式转子和整锻式转子的优点。

组合式转子前13级采用整锻式；后5级采用套装式。转子无中心孔，材料为铬钼钒合金锻造钢，有良好的高温机械性能。

转子上的叶轮用来安装固定动叶片并传递汽流作用在动叶片栅上的力矩。叶轮工作时，除承受自身和叶片等零件质量引起的巨大离心力外，还承受因温度沿叶轮径向分布不均匀所引起的热应力、叶轮两侧的蒸汽压差作用力以及动叶片与叶轮振动所引起的振动应力。对于套装式叶轮，其内孔上还受到因装配过盈所产生的接触应力。

叶轮的结构与转子的结构形式密切相关。套装式叶轮结构如图7-7所示。

轮缘上开有叶根槽用于安装固定动叶片，其形状取决于动叶片的叶根形式。轮毂是为了减小内孔应力的加厚部分，其内表面上通常开有键槽。轮面将轮缘与轮毂连成一体。高、中压级叶轮的轮面上通常开有5个或7个平衡孔，以平衡叶轮两侧的压差，减少轴向推力。

转子上的动叶片是汽轮机中数量最多的零件，多个动叶片环状安装固定在叶轮的边缘上构成动叶栅。动叶栅是完成蒸汽能量转换、做功、高速旋转的工作部件，受力复杂，不但要有较高的效率，而且要有足够的强度与刚度。

如图7-8所示，动叶片由叶型、叶根、叶顶三部分组成。叶型是动叶片的基本部分，由它构成汽流通道，为了提高能量转换效率，叶片断面型线及其沿叶高的变化规律应符合气体动力学要求。按其变化规律可以把叶片分为等截面叶片和变截面叶片。

等截面叶片的截面积沿叶高是相同的，各截面型线也一样；变截面叶片的截面积沿叶高按一定规律变化，叶型也沿叶片高度逐渐变化，引起叶片绕各截面型心的连线发生扭转，所以也叫扭叶片。虽扭叶片加工复杂、制造成本较高，但采用扭叶片使汽轮机级的能量转换效率明显提高，故被广泛应用于汽轮机长叶片设计中。

叶根是动叶片与叶轮轮缘相连接的部分，它的结构应保证在任何运行条件下动叶片都能

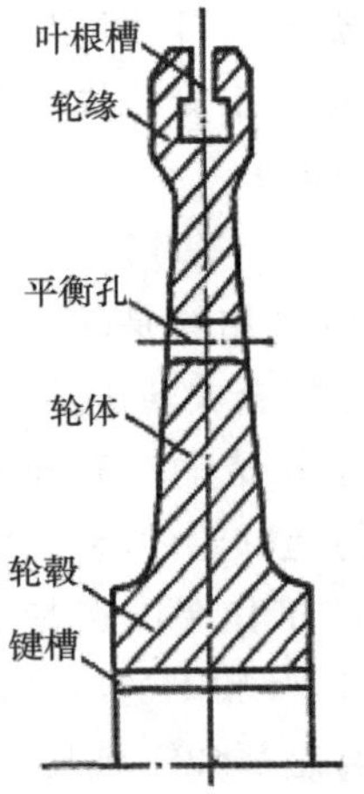

图 7-7　套装式叶轮结构示意

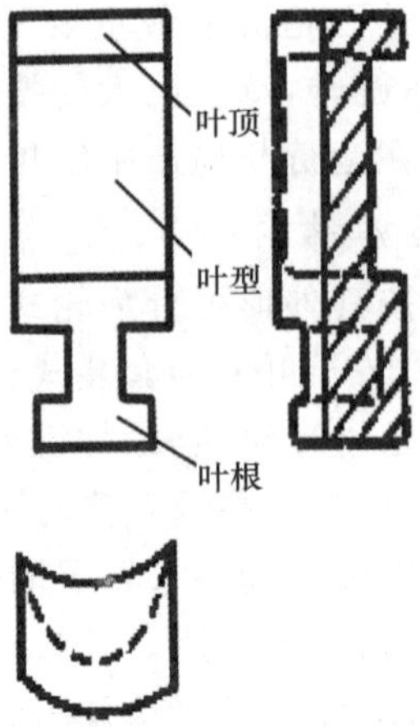

图 7-8　动叶片结构示意

牢靠地固定在叶轮上,同时力求结构简单、装配方便。

动叶片采用的叶根结构形式:T 形叶根(第 1～6 级、第 9 级)、外包 T 形叶根(第 7～8 级、第 10～15 级)、叉形叶根(第 16～18 级)。T 形叶根结构简单,加工装配方便,工作可靠,短叶片上普遍采用。它的缺点是叶片的离心力对叶轮轮缘两侧截面产生弯矩,使叶轮轮缘有张开的趋势。为了克服这个缺点,对叶轮间距小的转子常采用外包 T 形叶根。叉形叶根强度高、适应性好,故被用在末几级长叶片中。

短叶片和中长叶片的叶顶通常都有围带,用以改变叶片的刚性以提高其振动安全性,增加其强度;围带还有利于防止蒸汽从叶顶径向逸出,有的围带还做出径向和轴向汽封,以减少级内漏汽损失。围带连接有两种形式,一种是在叶片顶部铣出铆钉头,然后用带有孔眼的特制围带与其铆接在一起。近代许多中小机组的短叶片,多将叶片顶部围带和叶片整体铣出,到叶轮上组装后,再采用氩弧焊工艺将叶片顶部围带焊在一起。对于有些长叶片,采用拉筋连接。所谓拉筋,是穿过叶片型线部分,将若干叶片连成一组的不锈钢金属条。长叶片也有采用既无围带又无拉筋的自由叶片。

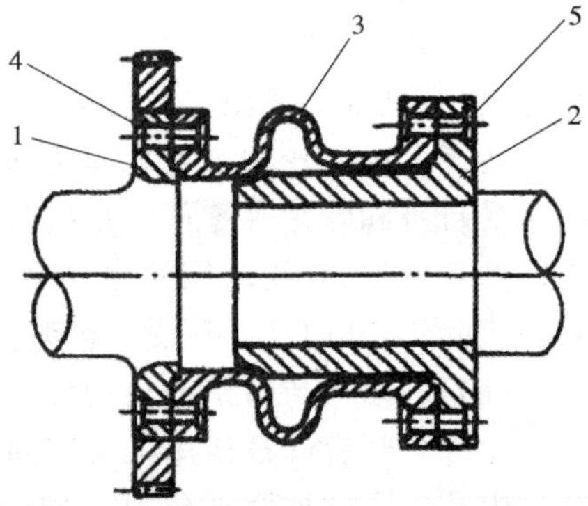

1,2—对轮;3—波形套筒;4,5 —螺栓

图 7-9　典型波形半挠性联轴器示意

联轴器也叫靠背轮或对轮,在汽轮发电机组中,用它来连接汽轮机与发电机转子,借以将汽轮机转子的扭矩传给发电机转子。检修时,借助联轴器的外圆和端面校正汽轮发电机的中心,使汽轮机和发电机中心在一条连续的中心线上。

汽轮机与发电机之间的联轴器有三种类型,即刚性联轴器、挠性联轴器和半挠性联轴器。采用的波形半挠性联轴器,如图 7-3 右侧所示。参阅图 7-9,典型波形半挠性联轴器一端用螺栓与汽轮机转子上的套筒相连接,另一端用螺栓与发电机转子相连接。波形半挠性联轴器在扭转方向上是刚性的,在弯曲方向上则具有一定的弹性,故可吸收部分弯曲振动,并允许两转子的轴线间有少许偏差。

推力盘与主轴整锻成一体。推力盘用来汇集采用平衡转子轴向推力措施以后的剩余轴向推力、传递给配套的推力轴承来承担,并给转子轴向定位。

3. 转子的临界转速

由于制造汽轮机转子的材质不可能十分均匀，不可避免地存在转子制造与组装精度误差，使得转子的重心不可能落在几何中心线上，存在偏心距。当汽轮机转子转动时，在离心力作用下会使转子产生挠曲和振动，其振动频率与汽轮机转速有关，称为激振力频率。当激振力频率与转子的横向振动自振频率相重合时便发生大幅度甩转振动现象，此时的转速被称作转子的临界转速。升高或降低转速，使得转子偏离临界转速一定范围时，振动又恢复正常。因此，转子不能在临界转速及其附近区域停留；否则，剧烈的振动将会损坏汽轮机。

任何转子都有无穷多个临界转速，从小到大排序为：一阶、二阶、三阶……

工作转速高于一阶临界转速的汽轮机转子被称为挠性转子。这种转子在启动升速过程中至少要经过一个临界转速，不可避免地出现临界转速下的大幅度甩转振动现象，体现出“挠性”特征。工作转速低于一阶临界转速的汽轮机转子被称为刚性转子。刚性转子在启动过程中不会遭遇到任何一个临界转速，因此不会出现甩转振动现象，体现出“刚性”特征。转子临界转速的高低与转子质量偏心距大小无关，但振幅却与转子质量偏心距有关(成正比)。转子临界转速的高低与转子的结构、材质、刚性、工作温度有关。刚性大、支持轴承之间跨距小、质量小的转子，临界转速比较高。

汽轮机转子与发电机转子等连接成一个轴系。受联轴器的连接刚度、重量影响以及轴承座、台板和基础等支承刚性的影响，各转子临界转速有所变化。轴系的临界转速由组成该轴系的所有转子临界转速汇集而成，重新从小到大排序。

本机组轴系临界转速为：一阶 1601r/min、二阶 4980r/min……

7.3.7 汽封装置与轴端汽封系统

1. 汽封装置主要作用

汽轮机运转时，转子高速旋转，而汽缸、隔板等静止部件固定不动，为避免转子与静止部件之间碰磨，动、静部件之间必须留有适当的间隙。当间隙两侧有压差时就会产生漏汽。

漏汽不仅会降低机组的效率，还会影响机组运行安全。例如，蒸汽沿轴向外泄至缸外轴承座内而影响油质；空气沿轴向内泄至负压排汽缸内引起真空下降、蒸汽凝结换热性能下降、凝结水水质下降。

汽封装置主要作用为增大蒸汽泄漏通道的流动阻力，减少漏汽量。

汽封装置按其安装位置的不同，可分为：①各级级内汽封装置；②转子穿出汽缸两端处的轴端汽封装置。

2. 汽封装置的基本结构

现代汽轮机汽封装置种类较多，广泛采用的是齿形汽封装置，如图 7-10 所示。齿形汽封装置又分为高低齿汽封和平齿汽封。在汽轮机的高压段(含高压轴端)广泛采用高低齿汽封，在汽轮机的低压段(含低压轴端)常采用平齿汽封。

3. 抽凝机轴端汽封系统

1) 抽凝机轴端汽封系统的主要作用

抽凝机轴端汽封系统如图 7-11 所示。抽凝

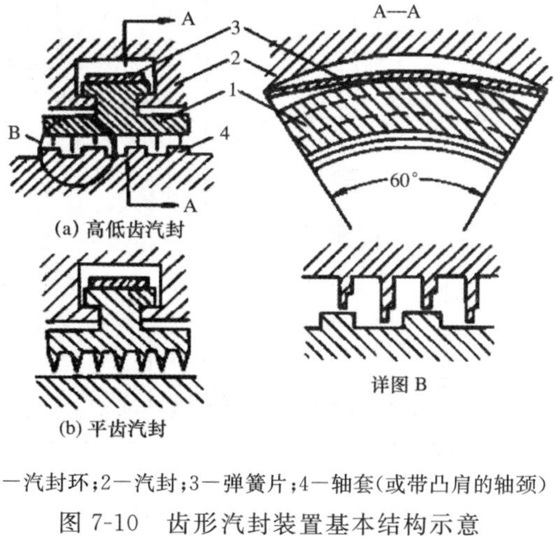

1—汽封环；2—汽封；3—弹簧片；4—轴套(或带凸肩的轴颈)

图 7-10　齿形汽封装置基本结构示意

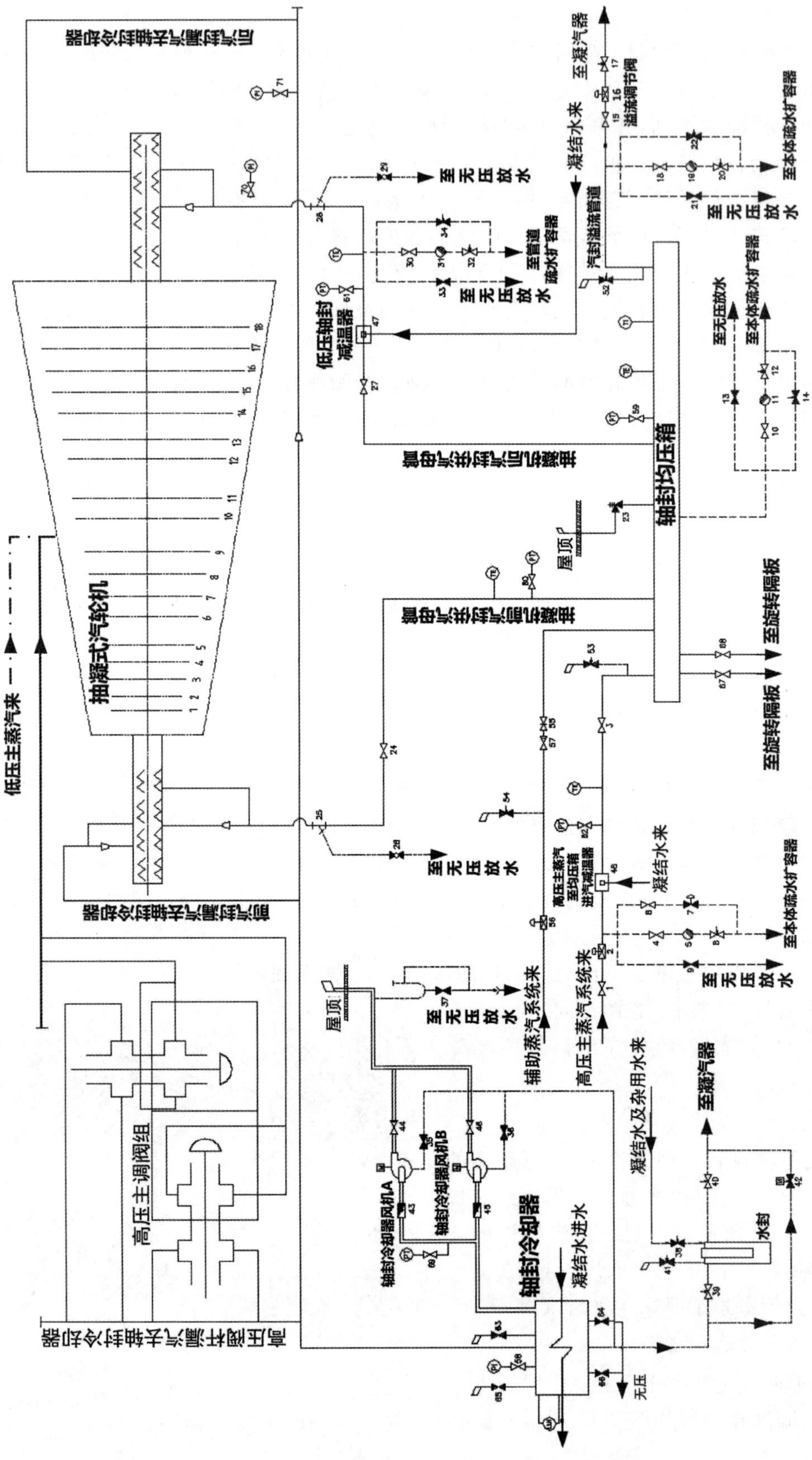

图 7-11　抽凝机轴端汽封系统示意

机轴端汽封系统的主要作用:①以轴端汽封装置为基础,通过轴端密封蒸汽压差、温度的合理控制,在正压轴端阻止缸内蒸汽向缸外泄漏,在负压轴端阻止缸外空气向缸内泄漏;②回收利用轴端汽封系统的回汽、阀杆漏汽的热量与工质。

2）轴端汽封系统密封蒸汽的主要流程

(1) 机组启动或低负荷时外部密封蒸汽主要流程

机组启动或低负荷时,高、低压轴端采用外部蒸汽密封。

机组启动或低负荷时,来源于辅助蒸汽或减压减温后的高压主蒸汽进入轴封系统的轴封均压箱,并将轴封均压箱压力控制在微正压(不大于 35kPa)。轴封均压箱出口的密封蒸汽分为两路:一路经高压轴封供汽管供汽至高压轴封供汽腔室,尽可能使轴封汽温与缸温相匹配;另一路流经低压轴封减温器,将温度控制在 150℃左右,再由低压轴封供汽管供汽至低压轴封供汽腔室。

两个轴端的轴封回汽腔室都连接至轴封冷却器,并在轴封冷却器风机抽吸作用下形成微负压,使轴封冷却器汽侧真空小于－7kPa,使得两个轴端外部大气与这两个轴端的轴封回汽腔室之间分别存在“空气-回汽”微压差,引起少量空气漏入“回汽”中。气-汽混合物经轴封回汽管被抽吸进入微负压运行的轴封冷却器中,蒸汽被凝结水泵出口母管的凝结水冷凝后产生疏水,并经过轴封冷却器的水封管排至凝汽器。同时,空气等不凝结的气体经轴封冷却器风机抽吸、排放至大气,风机进口手动阀用来调整轴封冷却器的微负压。

与此同时,高压主调阀组中的高压主汽阀、高压调节阀阀杆密封段高压腔室漏汽引至低压补汽管进入汽轮机第 9 级后加以做功回收利用;阀杆密封段低压腔室漏汽引至轴封回汽母管加以热量、工质的回收利用。

(2) 机组高负荷时内部自密封蒸汽主要流程

机组负荷大于 30％额定值时,采用内部蒸汽自密封,即高压轴端漏汽供低压轴端密封。

机组负荷较高时,高压轴端汽缸内侧蒸汽压力较高,高压轴封漏汽将倒供至轴封均压箱,再经低压轴封减温器减温后供至低压轴封,即实现了“自密封”。若轴封均压箱压力过高,外来供汽阀门将会关闭。轴封系统达到自密封后,由溢流调节阀自动控制轴封联箱压力在正常范围内(35～40kPa),将过多的蒸汽溢流到凝汽器。

当轴封均压箱压力超高到安全阀整定值时,安全阀(突开式释放阀)自动动作排汽至房顶外大气。

低压轴封蒸汽温度正常维持在 121℃～177℃,当低压轴封蒸汽温度超过 150℃时,低压轴封供汽减温水自动投入。应保持轴封冷却器为微负压运行,真空在正常范围内。

3）轴端汽封系统投入原则

(1) 冷态启动时,视情况投运轴端汽封系统和真空系统的先后顺序。

(2) 热态启动、温态启动时,必须先送轴封汽后抽真空。

7.3.8　轴承与轴承润滑油系统

1．轴承

汽轮机广泛采用油膜润滑的滑动轴承,按受力方向可分为径向支持轴承、轴向推力轴承两种基本形式。通常,一只轴向推力轴承与一只径向支持轴承组合成“径向-推力联合轴承”。

汽轮机转子、发电机转子均为双支点支承,其中汽轮机转子由＃1 径向-推力联合轴承和＃2 径向支持轴承来支承。

1）径向支持轴承

（1）径向支持轴承的作用

径向支持轴承是用来承受转子的重力、转子质量不平衡引起的离心力等径向力，确定转子在汽缸中的径向位置。要求保持转子旋转中心与汽缸中心一致，从而保证转动部件与汽缸、汽封等静止部件之间具有合适的径向间隙。

由于汽轮机轴承是在高载荷条件下工作，为了满足轴承工作安全可靠、摩擦力小的要求，汽轮机轴承都采用油膜润滑的滑动轴承。转子轴颈略小于径向支持轴承半径，轴承采用循环供油方式。由供油系统连续不断地向轴承供给压力、温度合乎要求的润滑油。当转子在轴承中按一定方向旋转时，转子轴颈表面与轴承内圈表面之间会形成一楔形间隙，黏度合适的润滑油黏附在高速旋转着的轴颈表面并被带入楔形间隙，形成动压油膜以承受载荷。轴瓦上浇有一层质软、减摩特性好、熔点低的巴氏合金（俗称乌金），在摩擦力过大引起超温时提供报警、跳机信号。摩擦产生的热量由回油带走。

（2）径向支持轴承的结构

径向支持轴承轴瓦按形状可分为圆瓦、椭圆瓦、多油楔瓦等；按轴瓦是否摆动可分为固定瓦和可倾瓦。汽轮机典型径向支持轴承结构如图 7-12 所示。

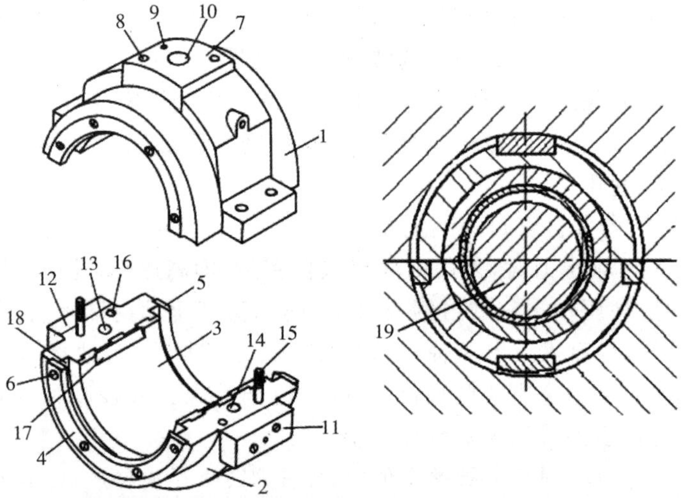

1—上轴瓦；2—下轴瓦；3—乌金；4—前油挡；5—后油挡；6—油挡紧固螺栓；7—上瓦垫铁；
8—垫铁螺钉；9—垫铁定位销；10—温度计插孔；11—下瓦右侧垫铁；
12—下瓦左侧垫铁；13—左侧进油孔；14—右侧进油孔；15—轴瓦螺栓；
16—轴瓦定位销；17—进油楔；18—排油槽；19—转子

图 7-12　径向支持轴承典型结构示意

＃1 轴承中的径向支持轴承为 3 层带瓦衬椭圆轴承，＃2 轴承为 2 层带瓦衬椭圆轴承。支持轴承尺寸：＃1 轴承为 $\Phi 300\times 240$；＃2 轴承为 $\Phi 325\times 210$。轴承由一浇铸巴氏合金的衬瓦、轴承壳体等组成，轴承分为上、下两半，由螺钉及锥销固定及定位。壳体上有 4 块调整块供调整中心用。润滑油通过轴承下部进油孔进入轴承进行润滑、冷却，然后从轴承两端流入轴承座内。衬瓦上安装有测量轴承金属温度的热电阻。衬瓦底部加工有高压顶轴油孔。侧面安装有测量回油温度的热电阻。

2）轴向推力轴承

（1）轴向推力轴承的作用

推力轴承用来承受转子推力盘传递来的轴向推力，并确定、保持汽轮机转子与汽缸、汽封等静止部件之间的轴向相对位置。

（2）轴向推力轴承的结构

如图 7-13 所示，推力轴承位于径向-推力联合轴承之中。采用可倾瓦推力轴承。转子推力盘前后两侧各安装有 10 片扇形瓦块，均布在整个圆周上，每片瓦块表面与推力盘表面之间会形成一楔形间隙。润滑油在此楔形间隙中形成油膜润滑。推力瓦块是自位式的（角度自动微调），能自动地把载荷均布于各瓦块上。每片推力瓦块上都有热电阻瓦温测量装置。正常工况下由工作推力瓦承受转子上的正向轴向推力，非工作推力瓦是不承受轴向推力的。但当机组出现某些异常工况时转子会出现反向轴向推力，这时由非工作推力瓦来承受此反向轴向推力，避免转子反向窜动太大以防造成动静部件碰撞和磨损。

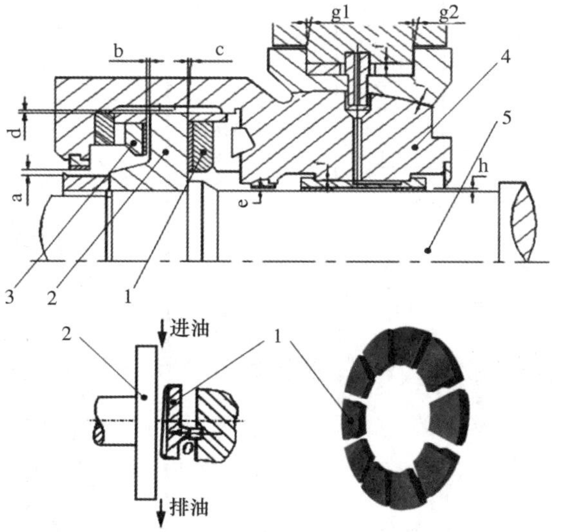

1—工作推力瓦；2—推力盘；3—非工作推力瓦；4—径向支持轴承；5—转子

图 7-13　径向-推力联合轴承典型结构示意

2. 轴承润滑油系统

小型汽轮发电机组广泛采用汽轮机油作为工作介质，同时供给轴承润滑油系统、调节保护系统用油。

1）轴承润滑油系统的主要作用

轴承润滑油系统的主要作用是向汽轮发电机组的各径向支持轴承、轴向推力轴承及盘车装置提供合格的润滑冷却用油。此外，还可以吸收振动、清洗并带走轴承微颗粒磨损物。

汽轮机润滑油管路系统的正常工作对于保证汽轮机的安全运行具有非常重要的意义。如果润滑供油系统油流突然中断，即使只是很短时间的中断，也将引起轴承烧坏，发生严重事故。油流的中断将使低油压保护动作，引起机组故障停机。

2）轴承润滑油系统工质的主要流程

轴承润滑油系统简化示意如图 7-14 所示。

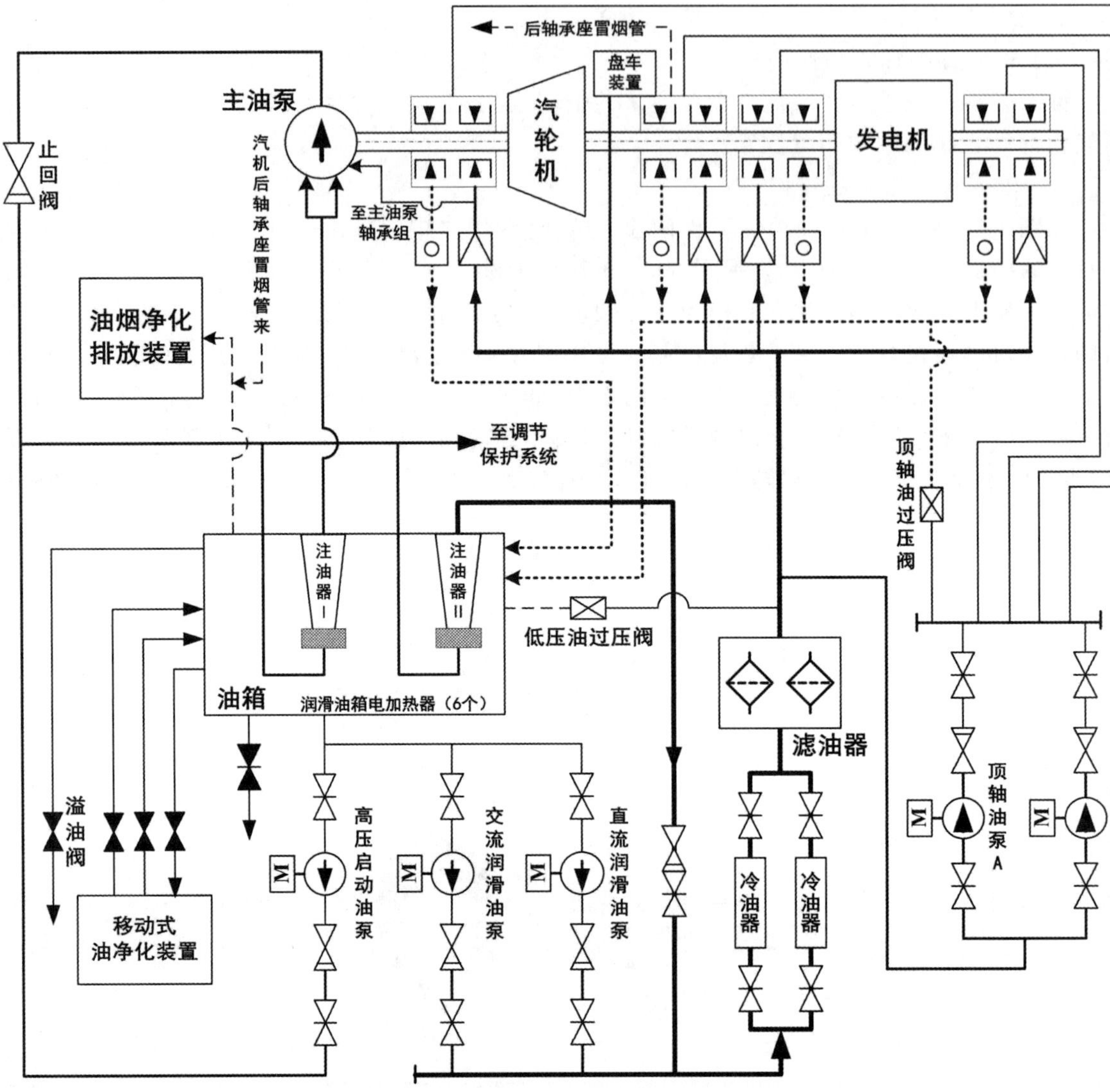

图 7-14　轴承润滑油系统简化示意

(1) 汽轮机正常运行阶段润滑油工作流程

离心式主油泵由汽轮机主轴直接驱动，正常运转时主油泵出口油压为 1.57MPa，出油量为 3.0m^3/min，该压力油一部分供给调节保护系统，大部分供给两只注油器。

两只注油器并联运行：＃1 注油器出口油压为 0.10～0.15MPa，向主油泵进口管路供油以维持正压；＃2 注油器的出口油压为 0.22MPa，经冷油器、滤油器后向各轴承供给压力、温度、品质合格的润滑油。润滑油带走各轴承油膜在运行中产生的热量后，经回油管回到油箱。

油烟净化排放装置主要由油雾分离器、排油烟风机及管阀组成。汇集于汽机后轴承冒烟管的油烟与油箱中的油烟引入油烟净化排放装置，在排油烟风机的负压抽吸作用下进行油烟净化、分离、排放。

系统润滑油经一段时间使用后油质下降，可使用移动式油净化装置进行净化处理，润滑油质达标后才能继续使用。

(2) 机组启动阶段润滑油工作流程

机组检修后启动时，如有必要，应先开交流润滑油泵，在低压下驱除油管道及各部件中的空气，然后再开启高压启动油泵，进行调节保护系统的试验调整和机组的启动。

在汽轮机启动初期，转子转速低，主油泵出口油压低，达不到要求，由高压启动油泵供给调节保护系统和通过注油器供给各轴承润滑用油。为了防止压力油经主油泵泄走，在主油泵出口装有逆止阀。

当汽轮机升速至接近额定转速时（主油泵出口油压高于高压启动油泵出口油压时），通过调整高压启动油泵出口管道上的阀门，可逐渐减少其供油量，然后停用高压启动油泵并投入自启动联锁保护，改由主油泵向整个机组正常供油。

(3) 油系统故障失压时润滑油工作流程

汽轮机甩负荷或紧急停机引起油动机快速动作时，油流量变化大，油动机排油直接引入油泵组进口，不致影响油泵进口油压，从而改善了机组动态特性。

主油泵进口油压正常值为0.1～0.15MPa；主油泵出口油压正常值/报警值为1.57MPa/1.3MPa。当主油泵出口油压因故降低至1.3MPa时，由压力开关触发高压启动油泵自动启动投入运行，向调节保护系统和轴承润滑油系统补充供油，并报警。

润滑油系统正常运行时，润滑油压力为0.1～0.15MPa。

当润滑油压高于0.15MPa左右即能自动开启润滑油路中的低压油过压阀，将多余油量回至油箱，以保证润滑油压维持在正常范围内。

当润滑油压因故障下降至0.1MPa时，由润滑油压力控制器触发报警。

当润滑油压因故障下降至0.055MPa时，由润滑油压力控制器触发交流润滑油泵自动启动，向润滑系统补充供油，并报警。

当润滑油压因故障下降至0.04MPa时，由润滑油压力控制器触发直流润滑油泵自动启动，向润滑油系统补充供油，并触发跳机、报警。

3) 轴承润滑油系统主要设备

轴承润滑油系统与调节保护系统共用一个供油系统，其主要设备包括油箱、主油泵、注油器、冷油器等，此部分内容将在第9.4节中描述。

7.3.9 盘车装置

1. 盘车装置的主要作用

(1) 汽轮机停运后盘动转子，避免因上、下缸温差大使转子产生较大的热弯曲。

机组停机后汽轮机内部组件需要冷却多个小时，并且冷却不均匀，上缸温度高于下缸。如果转子保持静止，就会受汽缸内部环境影响而出现热弯曲，影响机组再启动甚至损坏设备。

(2) 汽轮机启动冲转前盘动转子，避免因阀门漏汽和轴封送汽等因素使转子不均匀受热而引起热弯曲。

(3) 汽轮机组大小修后盘动转子，用于检查是否存在动静摩擦、是否存在主轴弯曲度过大、是否存在润滑油系统异常等。

2. 盘车装置的类型

盘车装置按动力源，可分为电动盘车、液动盘车与手动盘车；按转速高低，可分为低速盘车与高速盘车。

本机组采用低速电动盘车，盘车转速为4r/min，是自动啮合型的盘车装置。既能自动盘车，又能手动盘车。

盘车装置装于后轴承座的上盖上。电动盘车装置的两个基本构成:①电动机及一套减速机构,用于提供盘车动力源及盘车转速;②啮合机构,用于决定盘车减速机构与机组转子之间是呈啮合状态还是脱啮状态。

在汽轮机蒸汽冲转后,盘车装置能自动退出啮合机构,以免损坏。

3. 高压顶轴油系统

为大幅减少启动力矩及保护轴瓦合金不受损坏,采用高压顶轴油装置。参阅图7-14,在双联润滑油滤油器出口管路上引出润滑油至顶轴油装置。顶轴油装置主要由2台顶轴油泵、阀门等组成。

在盘车装置投入前需先启动高压顶轴油系统,润滑油经顶轴油泵升压后形成顶轴油,输送至各径向支持轴承,顶轴油进入轴承下半中的顶轴油孔,将转子轴颈适当顶离轴瓦,然后才能投入盘车装置。

系统中配置有顶轴油过压阀,在顶轴油过压时将多余油量回至油箱。油系统中配置的压力开关和压力联锁保护装置,用来防止在油压建立前误动盘车装置;盘车装置运行中,如发生供油中断或油压降低到不安全值时会及时报警,并停止运行。

7.4 抽凝式联合循环汽轮机凝汽设备

7.4.1 凝汽设备工作的基本概念

如图7-15(a)所示,凝汽设备主要由凝汽器、真空泵组成。主要的关联设备有循环水泵、凝结水泵等。

1. 凝汽设备的基本任务

联合循环汽轮机配置的凝汽设备基本任务有三个:

(1) 在汽轮机排汽口建立并维持合适的高度真空。

(2) 将汽轮机的排汽凝结成洁净的凝结水并回收作为热力工质循环使用。

(3) 对化学补水进行物理(鼓泡加热)除氧。

此外,凝汽器是热力系统中压力最低的汽、水汇集器,接收机组启停时旁路系统排出的蒸汽、凝结水再循环及各种疏水。

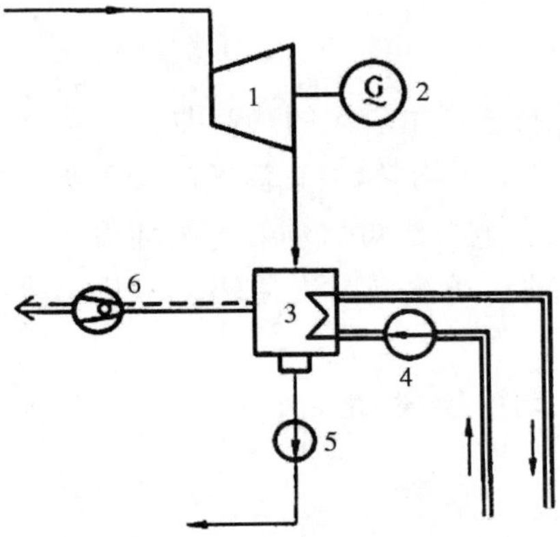

(a) 凝汽设备组成

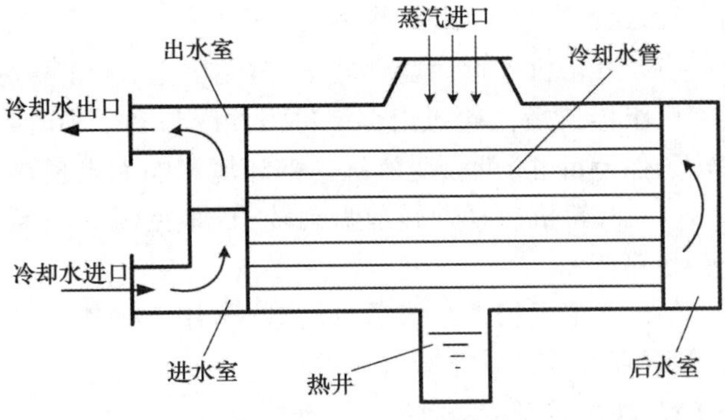

(b) 凝汽器内工质流程

1—汽轮机;2—发电机;3—凝汽器;4—循环水泵;5—凝结水泵;6—真空泵

图7-15 汽轮机凝汽设备组成示意

2. 凝汽器真空

1）凝汽器真空的形成

凝汽器在正常运行中，不断循环的冷却水创造出凝汽器低温环境，汽轮机的排汽通过凝汽器冷却水管表面凝结放热后比容急剧缩小。例如，在绝对压力为 0.005MPa 时，1kg 饱和水的体积比 1kg 干饱和蒸汽的体积约小 2.8 万倍，形成高度真空。

凝汽器中蒸汽凝结的空间是汽、液两相共存的。蒸汽凝结温度主要取决于汽轮机排汽量、冷却水量、冷却水进口温度以及凝汽器总传热系数。凝汽器中蒸汽凝结温度所对应的饱和压力被确定为凝汽器压力。凝汽器压力低于当场大气压的数值被称为凝汽器真空值。

凝汽器内真空形成和正常维持的四个必要条件：

（1）真空系统具有良好的严密性。

（2）抽气设备（真空泵）不断地抽走漏入的空气和排汽中的不凝结性气体。

（3）凝汽器冷却水管管束清洁且必须通过足够的冷却水量。

（4）避免热井水位过高。

2）凝汽器极限真空

凝汽器极限真空是指汽轮机背压（排汽压力）降低到某一数值后，蒸汽在末级动叶中已达到极限膨胀，剩余的那部分蒸汽膨胀是在末级动叶栅出口后进行的，不做功，此时的背压被称为凝汽器极限背压，极限背压所对应的真空被称为凝汽器极限真空。

3）凝汽器最佳运行真空

汽轮机在运行时，排汽量是由机组所带负荷决定的，不可随意调节，运行人员可通过改变冷却水量来控制冷却水温升。增加冷却水量，一方面可降低汽轮机排汽压力、提高真空，使汽轮发电机组所发功率增加；另一方面却使循环水泵等设备耗功增加。因此，只有在增加冷却水量使汽轮机功率增加的收益大于循环水泵等设备耗功增加的成本时，增加冷却水量才是有利的、合理的。凝汽器最佳运行真空是指提高真空所获得的汽轮机功率增加量与循环水泵等设备耗功增加量之差达到最大值时的凝汽器真空。凝汽器最佳运行真空低于凝汽器极限真空。可通过运行试验来确定凝汽器最佳运行真空。

3. 凝汽器传热端差

凝汽器压力下的饱和温度与凝汽器冷却水出口温度之差被称为凝汽器传热端差。结构一定的凝汽器，端差的大小与凝汽器冷却水入口温度、凝汽器单位面积蒸汽热负荷、凝汽器冷却水管表面洁净度、凝汽器内漏入的空气量以及冷却水在管内的流速有关。

实际运行中，若实际端差值高出指标值太多，则表明凝汽器内传热条件恶化，传热性能下降，真空变差。例如，冷却水管内表面结垢、空气漏入凝汽器内都会使凝汽器传热性能下降，端差增大，真空下降。

冷却水量过大也会导致凝汽器端差增大，但真空正常。

降低凝汽器端差的措施：保持循环水质合格；保持凝汽器冷却水管内壁清洁；防止凝汽器汽侧漏入空气；保持合适的凝汽器冷却倍率（凝汽器冷却水量与汽轮机排汽量的比值）。

4. 凝结水过冷度

凝汽器压力下的饱和温度与热井中的凝结水实际温度之差被称为凝结水过冷度。

凝结水过冷的危害：一方面，对应于过冷度的那部分凝结水热量被损失掉了，经济性随之降低；另一方面，凝结水含氧量与其温度有关，温度越低含氧量越高，过冷会使凝结水含氧量增加，引起设备腐蚀程度增加。

影响凝结水过冷的因素：

(1) 由于凝汽器内存在汽阻，蒸汽从进汽口向下流动时遇到阻力，造成下部压力低于上部压力，引起下部蒸汽凝结时温度较上部低，产生过冷。

(2) 蒸汽在冷却水管外被冷凝成的凝结水液滴后，因液滴的温度比冷却水管管壁温度高，受到管内冷却水进一步冷却、降温，从而低于其饱和温度，产生过冷。

(3) 凝汽器构造存在缺陷，冷却水管管束排列不合理，使凝结水过度冷却。

(4) 凝汽器漏入空气多或抽气设备工作不正常，空气不能及时被抽出，空气分压力随之增大，蒸汽分压力相应减小，引起蒸汽凝结温度降低，使过冷度增加。

(5) 热井水位高于正常范围，部分冷却水管被淹没，额外带走一部分凝结水的热量而产生过度冷却。

(6) 冷却水温度过低和冷却水量过大，使凝结水被过度冷却。

(7) 凝汽器冷却水管破裂，冷却水漏入凝结水内，使凝结水温度降低，过冷度增加，同时凝结水质恶化。

7.4.2 凝汽器

联合循环汽轮机凝汽器的冷却面积较常规汽轮机凝汽器的冷却面积大得多。

本处以国电南浔公司抽凝式联合循环汽轮机为例描述凝汽器。

1. 凝汽器主要技术规范

凝汽器型式：分列二道制表面回热式(对分制双流程表面回热式)；

型号/冷却面积：N-3600-3/3600m^2；

汽轮机排汽压力/排汽量：0.0053MPa(a)/125.2(t/h)；

冷却水量/冷却水温/流速：8100(t/h)/21℃/2.0(m/s)；

冷却水管材料/规格/数量(总数)：不锈钢/Φ22×0.5×8214(mm×mm×mm)/6454根。

2. 凝汽器结构简介

采用表面式不锈钢管凝汽器，冷却水质为淡水。

凝汽器由进汽室、两半壳体、前后水室、鼓泡除氧热井及冷凝器测量仪表等组成。凝汽器内工质流程如图7-15所示。

(1) 进汽室：汽轮机排汽从凝汽器进汽室进入凝汽器壳体。凝结水泵最小流量再循环水、化学补给水分别由装在进汽室上的再循环水管和补给水管经雾化后排入凝汽器。汽轮机高、低压旁路蒸汽系统中的减温减压器也分别连接安装在进汽室上。

(2) 壳体：壳体为钢制焊接结构，由左右对称的两部分组成。前后管板将壳体分成三段：中间为汽侧部分，两端为前、后水室。冷却水管管束为带状排列，左右对称布置并形成中间V形蒸汽通道。管板材料为022Cr17Ni12M02/Q235B复合板。冷凝管束与管板间为胀焊连接。凝汽器汽侧布置了18块支承板，用以支承管束、避免管子发生共振：支承板管孔中心由近管板两侧向凝汽器中心逐个抬高一定尺寸，用以补偿冷凝管与壳体之间的热膨胀，有利于冷凝管上的凝结水滴向两边流下，在停机时能放尽冷却水管中的余水以降低腐蚀。空冷区布置在壳体汽侧的左、右下角。

(3) 前、后水室：水室为钢制焊接结构，由前后管板将壳体分隔而成。水室外壁都用T形钢加强。水室内装有多根拉杆以加强水室盖板。前水室分隔成上、下两个部分，分别连接冷却水进、出口接管，冷却水流向为下进、侧出。前、后水室设有放水口和放气口，以便启动时排出空气、停机时放尽积水。

(4) 鼓泡除氧热井：鼓泡除氧热井置于壳体汽侧的下中部，主要有蒸汽室、鼓泡加热除氧段、淋水盘除氧段和集水箱组成。鼓泡加热除氧用的蒸汽来自低压蒸汽系统。鼓泡除氧段全部由不锈钢材料制成，有良好的耐腐蚀性能。

在真空状态下，蒸汽将凝结水和化学补水鼓泡加热到蒸汽压力下的饱和温度，使气体从水中分离出来，并把水中分离出来的气体及时地排走。通过鼓泡加热除氧，使凝结水和化学补水的含氧量降低，达到一定的标准要求。鼓泡除氧热井对水位有严格的要求。热井上装有电接点水位计，用以监控热井水位。

(5) 连接与支承：凝汽器通过接管与汽轮机后汽缸刚性连接；凝汽器底部采用四组弹簧来支承在基础平台上，承受凝汽器的部分重量，并补偿后汽缸和凝汽器之间的热膨胀。

7.4.3　凝汽器抽真空系统

1. 抽真空系统的作用

(1) 在汽轮机启动冲转前连续抽气，用以建立起冲转真空。

(2) 在汽轮机启动冲转后连续抽气，用以满足蒸汽凝结并提升启动真空。

(3) 在汽轮机正常运行时连续抽气，用以满足蒸汽凝结并维持正常运行真空。

凝汽器设有真空破坏阀，在机组出现紧急事故危及安全时，及时开启、加速停机。

2. 抽真空系统的工作介质流程

凝汽器抽真空系统如图 7-16 所示。水环式真空泵以水作为工作介质，从凝汽器空气冷却区域抽出不凝性气体。水环式真空泵排出的气水混合物在气水分离器中进行气、水分离：分离出来的不凝性气体经逆止阀排至大气；分离出来的水经密封水冷却器冷却后进入水环式真空泵入口作为工作水重复使用。通过溢流阀、补水阀的控制来维持气水分离器的正常水位。

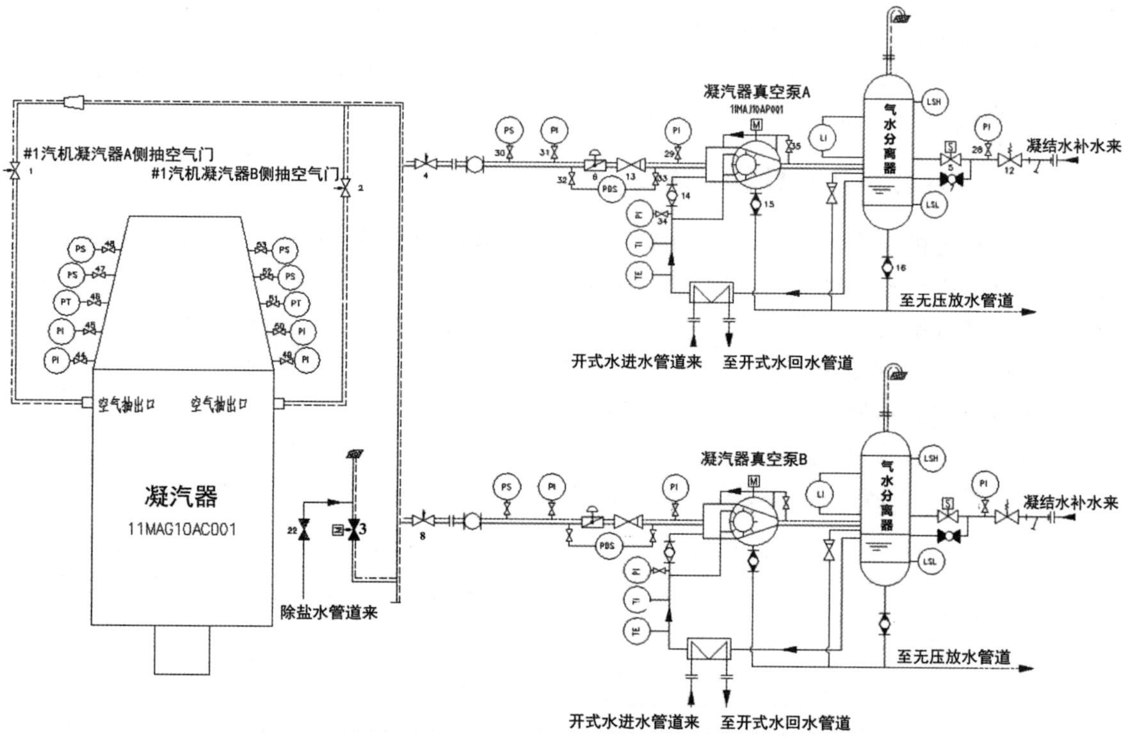

图 7-16　凝汽器抽真空系统示意

3. 抽真空系统的主要设备

系统配置3台水环式真空泵，真空泵与电动机采用直联方式。汽轮机启动期间，3台真空泵同时运行；正常运行时，一运一备。水环式真空泵型号：2BW4 253-0EK4-0Y740，由广东肯富来泵业股份有限公司生产。水环式真空泵如图7-17所示。

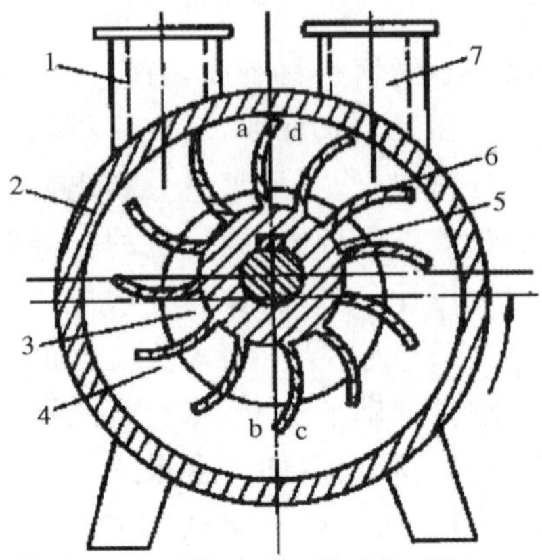

1—吸气管；2—泵壳；3—空腔；4—水环；5—叶轮；6—叶片；7—排气管

图7-17　水环式真空泵示意

水环式真空泵壳体内部形成一个圆柱状空间，叶轮偏心地装在这个空间内，同时在壳体上部分别开设有吸气管和排气管，吸气管和排气管位于叶轮的两侧。

水环式真空泵壳体内充有适量工作水(密封水)，带有若干前弯叶片的转子在泵体内按图示方向旋转，工作水受离心力作用而被甩向壳体圆桶内表面并形成一个运动着的圆环，被称为水环。

由于叶轮与壳体是偏心的，所以转子每转一周，转子上两个相邻叶片与水环间所形成的空间均会出现由小到大、又由大到小的周期性变化。当抽气口空间处于由小到大的变化时，由于扩容效应，该空间产生真空，其真空值比凝汽器抽气口的真空值还要高，即对应的绝对压力值比凝汽器抽气口的绝对压力值还要低，形成抽吸压差。于是，真空泵吸气口便从凝汽器抽气口处吸入气体。当空间由大变小时，由于缩容效应，该空间内的气体被压缩而升高压力，经排气口排出。由于转子上安装有多个叶片，相邻叶片与水环之间所构成的空间均处于不同的容积变化过程，所以当转子连续转动时，泵的吸气、排气均为连续的过程。

在吸气过程中叶片间为真空状态，工作水会自然蒸发；从凝汽器抽气口抽来的气体中含有少量蒸汽，工作水会被加热蒸发。蒸发产生的汽体不可避免地随被抽吸的气体一起排放。因此，运行过程中必须不定时地向泵内补充工作水，以维持恒定的水环径向厚度。

7.5　背压式联合循环汽轮机本体设备

背压式汽轮机排汽压力高，不配置凝汽器。背压式汽轮机蒸汽的做功焓降相对较小，与排汽压力很低的凝汽式汽轮机相比，发出同样的功率所需蒸汽量要大，因而背压式汽轮机每单位功率所需的蒸汽量大于凝汽式汽轮机。但是，背压式汽轮机排汽所含的热量被热网用户所利用，在热电站中不存在冷端损失，因此，燃料的热利用系数较凝汽式汽轮机更高。此外，背压式汽轮机也可以作为其他低参数小型汽轮机的前置机。

国电南浔公司的背压式联合循环汽轮机热电联产，额定电功率为10MW，额定排汽供热压力与抽凝机额定抽汽供热压力(1.2MPa)相同。该机主要技术规范如表7-2所列。

表7-2　背压式联合循环汽轮机主要技术规范

制造厂	南京汽轮电机(集团)有限责任公司
型号	LB10-4.9/1.2
型式	次高压、单缸、单轴、冲动、背压式联合循环汽轮机
额定功率(MW)	10
额定转速(r/min)	3000

续表

制造厂	南京汽轮电机(集团)有限责任公司
旋转方向(从汽轮机向发电机看)	顺时针
一阶临界转速(r/min)	3 605.5
二阶临界转速(r/min)	5 987.0
额定主蒸汽压力[MPa(a)]	4.9
额定主蒸汽温度(℃)	470
额定主蒸汽流量(t/h)	124
最大主蒸汽流量(t/h)	127.3
额定排汽温度(℃)	303
额定排汽压力[MPa(a)]	1.2
背压调节范围[MPa(a)]	1.0～1.5
变动排汽温度(℃)	300±20
级数	8
末级叶片长度(mm)	41
汽轮机回热系统	无
运转层高(m)	8
转子的转动惯量(GD^2)($t \cdot m^2$)	2.573

7.5.1　背压式汽轮机本体设备

1. 背压式汽轮机本体内蒸汽主要流程

来自余热锅炉的高压主蒸汽流经高压主汽阀、高压调节阀后经 2 根导汽管引入全周进汽汽轮机第 1 级前的高压蒸汽室。参阅图 7-18,在汽轮机中从前到后依次流过 8 个冲动级膨胀做功,压力、温度逐渐降低。＃2 汽轮机排汽至＃2 供热集汽集箱。

2. 汽缸与隔板

该机相比于抽凝式联合循环汽轮机:前汽缸通流结构相似;无中汽缸,减少了 10 级;无抽汽;无补汽;支承与滑销系统相似。沿蒸汽流动方向汽缸分成两段:前汽缸(10)、后汽缸(20)。每段汽缸又被分成上、下两半,合起来汽缸共有 4 块。每段上、下两半汽缸之间采用水平法兰螺栓热紧法安装连接;前、后汽缸之间采用竖直法兰螺栓热紧法安装连接。

排汽缸(后汽缸)采用上、下两半非对称排汽型线结构,整体为上小下大,可以有效减少蒸汽在排汽缸内的膨胀损失。后汽缸不设喷水减温系统。

8 级隔板全部采用围带线切割叶栅焊接隔板。

3. 转子

采用无中心孔整锻式转子。与抽凝式联合循环汽轮机相比,转子上只有 8 级叶轮与动叶片。采用刚性联轴器与发电机相连。临界转速:一阶 3 605.5r/min、二阶 5 987.0r/min。在转子前端还连接有机械超速危急遮断器(飞环)和主油泵泵轮等。

动叶片均为根据三元流理论设计的新型全三维叶片,通流部分也作了相应优化。第 1～6 级动叶片采用单倒 T 形叶根,第 7～8 级采用外包倒 T 形叶根。叶轮顶部(动叶根部区域)进汽侧有径向汽封结构(与隔板配套)。

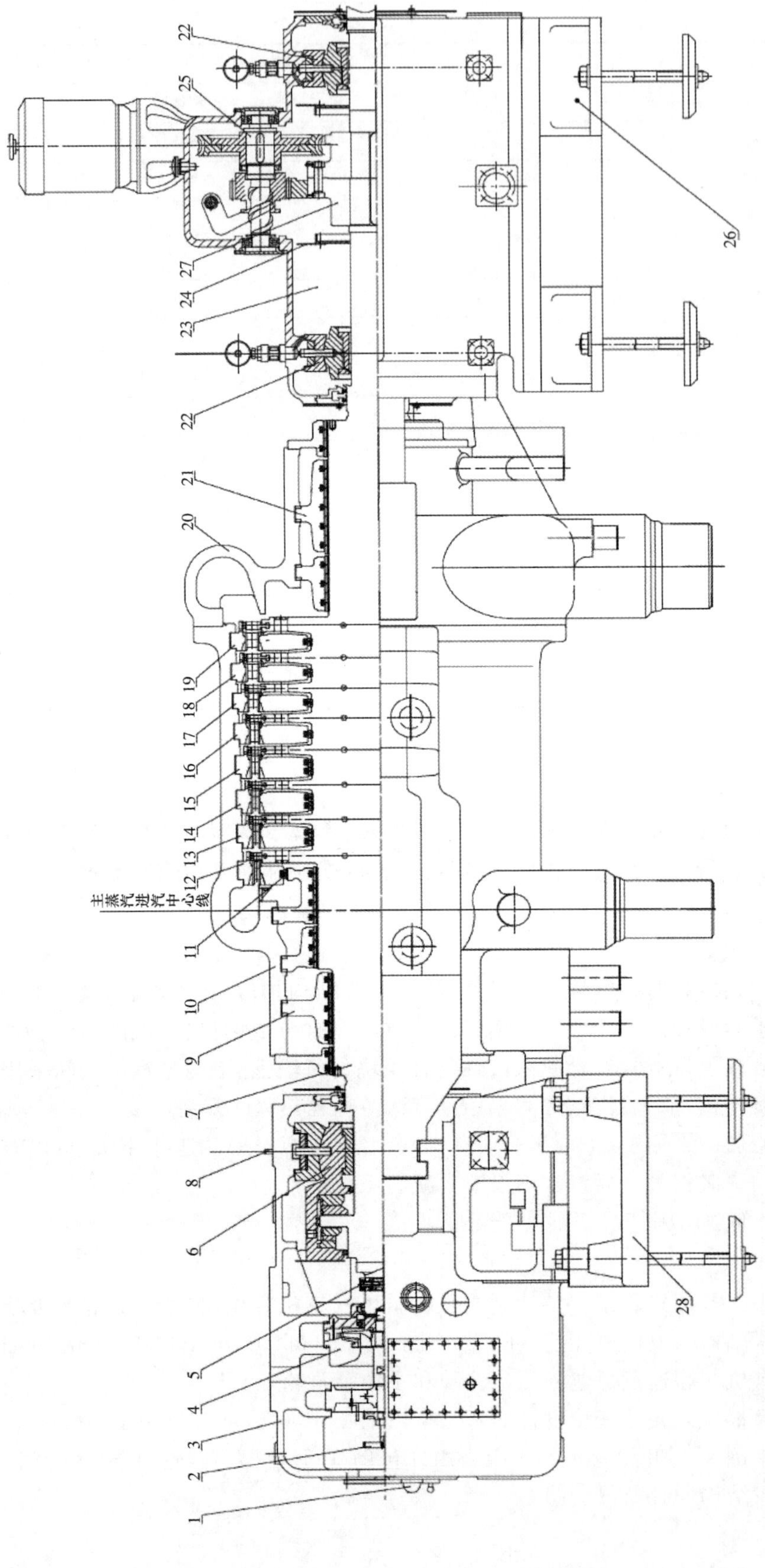

1—危急遮断及复位装置；2—转速测量装置；3—前轴承座；4—主油泵；5—危急遮断器；6—径向-推力联合轴承；7—转子；8—汽轮机监测保护系统；9—前汽封；10—前汽缸；11—隔板汽封；12～19—隔板；20—后汽缸；21—后汽封；22—径向轴承；23—后座架；24—联轴器罩壳；25—盘车装置；26—后座架；27—联轴器；28—前座架

图 7-18　背压式联合循环汽轮机本体纵剖面示意

4. 汽封装置与轴端汽封系统

相比于抽凝式联合循环汽轮机，汽封装置基本相似，不同之处是正常运行阶段汽缸两端内都是正压，都需要阻止缸内蒸汽向缸外泄漏。因此，背压式联合循环汽轮机的轴封系统无需外供轴封蒸汽，仅需考虑漏汽的热量与工质的回收利用。背压式联合循环汽轮机轴端汽封系统如图 7-19 所示。前汽封共有 4 段 3 个腔室，漏汽分别连接至第 8 级后(即排汽口)、余热锅炉压力除氧器、轴封加热器；后汽封共有 3 段 2 个腔室，漏汽分别连接至余热锅炉压力除氧器、轴封加热器。

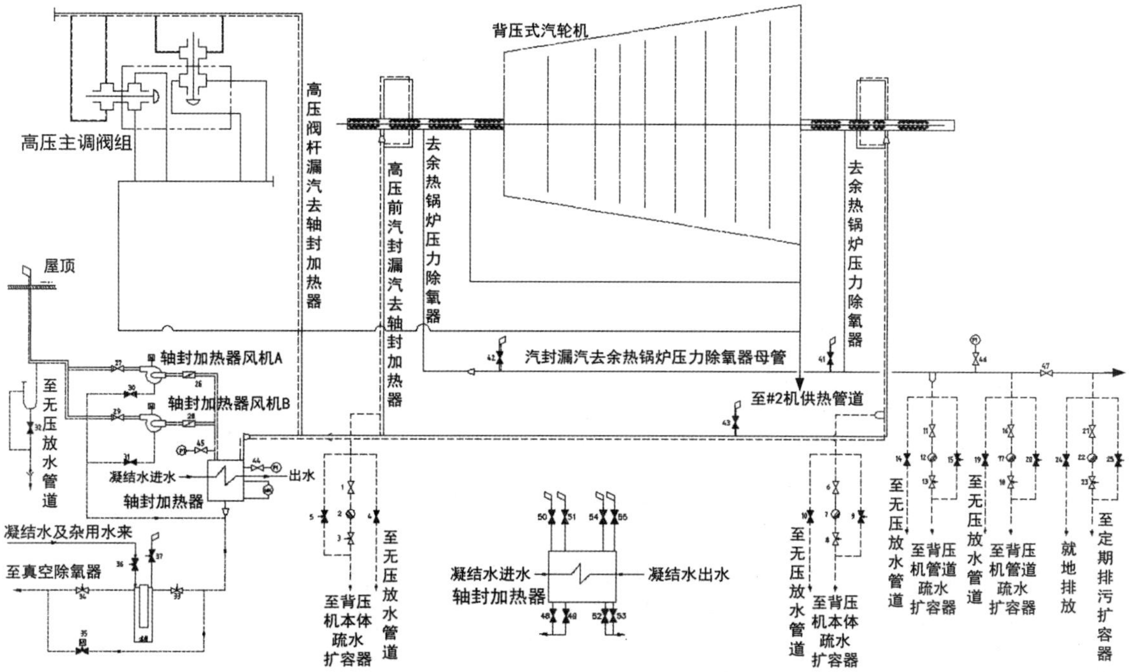

图 7-19　背压式联合循环汽轮机轴端汽封系统示意

与此同时，高压主调阀组中的高压主汽阀、高压调节阀阀杆密封段高压腔室漏汽引至第 8 级后(即排汽口)；阀杆密封段低压腔室漏汽引至轴封回汽母管加以回收利用。

背压式联合循环汽轮机轴端汽封系统相对简单些，在汽轮机冲转前投入轴加风机并按要求调整好微负压即可投入运行。

5. 轴承与轴承润滑油系统、盘车装置

相比于抽凝式联合循环汽轮机，轴承与轴承润滑油系统、盘车装置相似；不设顶轴油泵及顶轴油系统。

7.5.2　真空除氧器及抽真空系统

相比于抽凝式联合循环汽轮机，背压式联合循环汽轮机没有凝汽器。作为热力循环补水的化学除盐水含氧量比较高，导致锅炉给水的含氧量远远超出国家标准要求，设置真空除氧器及抽真空系统可以解决该问题。

1. 真空除氧器

在真空除氧器中建立并维持合适的高度真空，并对补水(化学除盐水)进行加热，使补水在真空环境下达到低温沸腾，溶于水的氧气等气体从补水中不断析出，再通过抽真空系统不断抽出。真空除氧器的加热蒸汽来自余热锅炉的低压蒸汽系统。

真空除氧器还被用来汇集各种疏水,减少汽水损失。

2. 抽真空系统

相比于抽凝式联合循环汽轮机,背压式联合循环汽轮机的抽真空系统相似,但抽气对象改成真空除氧器。

第 8 章　联合循环汽轮机辅助系统

8.1　抽凝式联合循环汽轮机高低压及旁路蒸汽系统

国电南浔公司的抽凝式联合循环汽轮机采用双压进汽，其高低压及旁路蒸汽系统，如图 8-1 所示。

8.1.1　高压蒸汽系统

1. 高压蒸汽系统主要作用

参阅图 8-1，高压蒸汽系统主要是指＃1 余热锅炉的高压高温蒸汽输送至抽凝式汽轮机高压进汽口的蒸汽管道、阀门、疏水管等组成的蒸汽工作系统。

高压蒸汽系统主要作用是将＃1 余热锅炉产生的高压高温蒸汽输送到抽凝式汽轮机做功。

2. 高压蒸汽系统主要流程

参阅图 8-1，＃1 余热锅炉高压蒸汽→＃1 炉高压主蒸汽出口电动阀(4)→高压电动主汽阀(5)→高压主调阀组(高压主汽阀与高压调节汽阀的组合体)→分两路同时进入与汽轮机前汽缸铸成一体的高压蒸汽室，随后在各级中做功。

高压主调阀组前的蒸汽额定压力/温度为 4.9MPa/470℃。此外，沿高压主蒸汽管道还设置了就地压力表、温度计、压力变送器、温度变送器，用于监视和控制装置；高压主蒸汽管道还连接有轴封均压箱、中压供热联箱、＃1 和＃2 炉高压蒸汽联络管道、高压旁路蒸汽系统、疏水系统。

8.1.2　低压蒸汽系统

1. 低压蒸汽系统主要作用

参阅图 8-1，低压蒸汽系统主要是指＃1 余热锅炉的低压低温蒸汽输送至抽凝式汽轮机低压补汽口、＃1 供热集汽集箱、凝汽器鼓泡除氧装置的蒸汽管道、阀门、疏水管等组成的蒸汽工作系统。

低压蒸汽系统主要作用是将＃1 余热锅炉产生的低压低温蒸汽输送到抽凝机第 9 级后用作低压补汽做功、输送到＃1 供热集汽集箱用作供热、输送到凝汽器用作鼓泡除氧。

2. 低压蒸汽系统主要流程

参阅图 8-1，＃1 余热锅炉低压蒸汽→＃1 炉低压出口电动阀(31)→低压补汽电动阀(22)→补汽调节阀(23)→低压补汽导管→汽轮机第 9 级后，在第 10～18 压力级中做功。

当汽轮发电机带上一定负荷(冷态启动约 33％额定负荷、温态启动约 50％额定负荷、热态启动约 58％额定负荷)且补汽蒸汽参数达到许可值、符合补汽调节阀开启条件时，便可开启补汽调节阀，投入补汽，进入双压运行。低压补汽电动阀前蒸汽额定压力/温度为 1.2MPa/273.8℃。机组跳机时，补汽调节阀联锁关闭。补汽调节阀自身也可在必要时单独执行“开启/关闭”。

低压补汽电动阀和补汽调节阀布置在中间层，通过一根 $\Phi146\times9$ 低压补汽导管与汽缸下部的补汽口相连。低压蒸汽管道采用 20 号钢。

此外，低压蒸汽管道还连接至＃1 供热集汽集箱、＃1 和＃2 炉低压蒸汽联络管道、低压旁路蒸汽系统、凝汽器鼓泡除氧蒸汽系统、疏水系统。

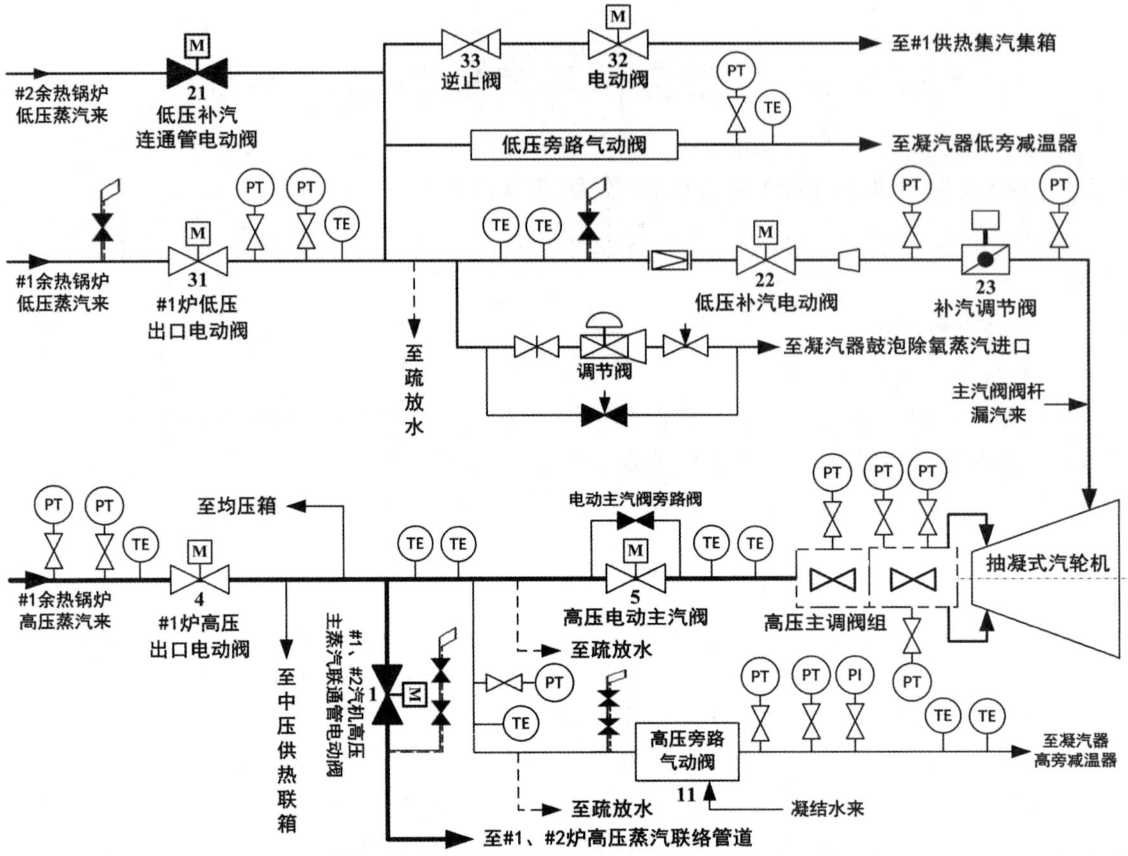

图 8-1　抽凝式联合循环汽轮机高低压及旁路蒸汽系统示意

8.1.3　旁路蒸汽系统

采用容量均为 100%的高、低压两级并联气动旁路系统。

1. 旁路蒸汽系统主要作用

旁路蒸汽系统的主要作用:解决机组启停、低负荷运行、事故处理以及特殊运行方式时汽轮机与余热锅炉之间蒸汽流量、蒸汽参数不匹配问题。

(1) 汽轮机启动时,投入旁路蒸汽系统,控制余热锅炉蒸汽参数使之与汽轮机汽缸金属温度较快地匹配,从而缩短机组启动时间,减少汽轮机循环寿命损耗,实现最佳启动。

(2) 汽轮机临时降负荷或快速降负荷时,投入旁路蒸汽系统,维持余热锅炉连续运行。

(3) 汽轮机快速降负荷或者余热锅炉产生的蒸汽量突增时,投入旁路蒸汽系统,实行压力释放,避免余热锅炉安全阀起跳引起蒸汽工质及热量损失。

(4) 当汽轮机故障跳机时,投入旁路蒸汽系统,确保安全停机。

2. 旁路蒸汽系统主要流程

(1) 高压旁路蒸汽系统主要流程

参阅图 8-1,高压旁路蒸汽系统投入时,高压主蒸汽管道上的高压高温蒸汽先后经过高压旁路气动阀(11)、凝汽器高压旁路减温器的减温减压后排入凝汽器汽侧空间。减温水来自凝结水系统。

(2) 低压旁路蒸汽系统主要流程

参阅图 8-1，低压旁路蒸汽系统投入时，低压蒸汽管道上的低压低温蒸汽先后经过低压旁路气动阀、凝汽器低压旁路减温器的减温减压后排入凝汽器汽侧空间。减温水来自凝结水系统。

高、低压旁路系统装置的联动保护逻辑：若汽轮机跳闸时燃气轮机负荷大于 19MW，高旁气动阀将快开 10s 后改调节开，低压旁路气动阀根据压力自动调节。

8.1.4　主要装置

1. 高、低压蒸汽系统主要阀门

高、低压蒸汽系统主要装置有：高压电动主汽阀、高压主调阀组（高压主汽阀与高压调节汽阀的组合体）；低压补汽电动阀、补汽调节阀。其中，高压主汽阀与高压调节阀、低压补汽调节阀将在第 9 章中介绍。

2. 高、低压旁路蒸汽系统主要阀门

1) 高压旁路蒸汽系统主要阀门

高压旁路蒸汽系统主要阀门：高压旁路气动阀（含减温器）、高压气动喷水调节阀、高压气动喷水隔离阀、凝汽器侧的高压旁路减温器。

高压旁路气动阀入口蒸汽压力/温度/流量（年平均工况）：4.9MPa(a)/470℃/127(t/h)；

高压旁路气动阀出口蒸汽压力/温度/流量（年平均工况）：0.6MPa(a)/160℃/157.8(t/h)；

高压气动喷水调节阀及隔离阀入口减温水压力/温度/计算流量（年平均工况）：2.0MPa/60℃/30.8(t/h)。

2) 低压旁路蒸汽系统主要阀门

低压旁路蒸汽系统主要阀门：低压旁路气动阀（含减温器）、低压气动喷水调节阀、低压气动喷水隔离阀、凝汽器侧的低压旁路减温器等组成。

低压旁路气动阀入口蒸汽压力/温度/流量（年平均工况）：1.2 MPa(a)/275℃/10(t/h)；

低压旁路气动阀出口蒸汽压力/温度/流量（年平均工况）：0.6 MPa(a)/160℃/10(t/h)。

8.2　抽凝式联合循环汽轮机抽汽供热系统

热电站向外界工业热用户供应的蒸汽通常被称为工业用汽或生产用汽。其蒸汽主要用于各种工业生产工艺过程中的加热设备，如干燥设备、蒸发设备、化工设备等，此外还用于小型动力设备。

8.2.1　热电站对外蒸汽供热方式

热电站对外蒸汽供热方式有两种：直接供汽方式和间接供汽方式。

1. 直接供汽方式

直接供汽方式是指用汽轮机的抽汽（或排汽）直接供应外界热网用户，全部或大部分热网用户的凝结水不回收，凝结水的工质损失由化学处理过的软化水来补充。

2. 间接供汽方式

间接供汽方式是指用汽轮机抽汽（或排汽）在蒸汽发生器中加热产生的二次蒸汽供应外界热网用户，抽汽（或排汽）放热后产生的凝结水全部保留在热电站内。

在蒸汽发生器中生成的二次蒸汽温度低于一次蒸汽温度，一般情况下差 10℃～15℃。为了达到一定压力下的二次蒸发温度以满足热用户要求，作为一次蒸汽的供汽压力要比直接供汽的压力高，这将减少抽汽在汽轮机内能量的有效利用。同时，间接供汽必须装设蒸汽发生器和复杂的管道系统。因此,一般不采用间接供汽方式。

8.2.2 抽汽供热系统主要作用

抽汽供热系统主要作用为从抽凝式汽轮机中抽出一部分做过功的蒸汽作为可调节抽汽供给＃1 供热集汽集箱,再从＃1 供热集汽集箱供热至热网用户,采用直接供汽方式。

8.2.3 抽汽供热系统主要流程

抽汽供热系统如图 8-2 所示。

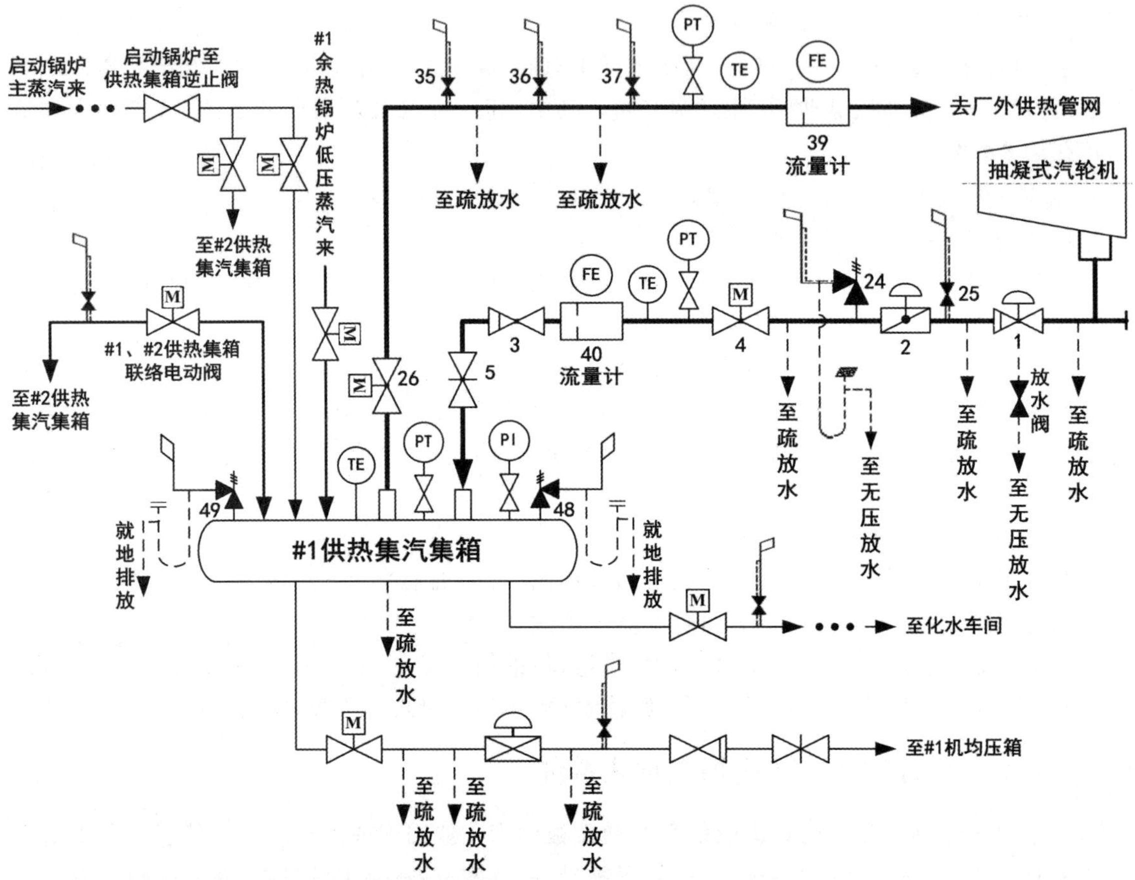

图 8-2 抽凝式联合循环汽轮机抽汽供热系统示意

1. 供热抽汽流程

供热抽汽来源于第 8 到第 9 级之间,由第 9 级旋转隔板调节抽汽压力与流量。额定抽汽参数为 1.2 MPa/300℃,额定抽汽流量为 47.7t/h,最大抽汽流量为 90t/h。

抽汽供热系统主要流程:参阅图 8-2,抽凝式汽轮机可调节供热抽汽口→气动逆止阀(1)→气动快关阀(2)→抽汽供热电动阀(4)→蒸汽流量计(40)→逆止阀(3)→手动阀(5)→＃1 供热集汽集箱。

在抽汽供热系统管路上安装有 1 只管道安全阀(24)、1 只手动排空阀(25)。＃1 供热集汽集箱上安装有 2 只管道安全阀(48,49)。

＃1 供热集汽集箱上还连接有燃气锅炉主蒸汽管路、＃2 供热集汽集箱。

2. 对外供热蒸汽流程

＃1 供热集汽集箱分别向厂外供热管网、化学生水换热器提供蒸汽供热热源。其中,向厂外供热管网供热主要流程为：#1 供热集汽集箱→外网供汽电动阀(26)→蒸汽流量计(39)→厂外供热管网。在此管路上安装有 3 只手动排空阀(35,36,37)。

8.2.4 抽汽供热系统主要阀门

如图 8-2 所示，抽汽管道上除按常规要求配置了 1 只逆止阀(3)、1 只抽汽供热电动阀(4)和 1 只手动阀(5)外，还在靠近汽轮机抽汽口处串联连接了 1 只气动逆止阀(1)、1 只气动快关阀(2)。抽凝机跳闸信号联动气动逆止阀(1)、气动快关阀(2)、电动阀(4)快速关闭，迅速遮断供热管网，以避免供热管网蒸汽大量返流引起机组严重超速。

旋转隔板及电液伺服机构详见第 9.2.2 节。

抽汽供热管道上的气动快关阀(2)是由德国阿达姆斯(ADAMS)公司生产的，型号为 MAK-B6。这是一种快关蝶阀，该阀与其气动控制装置一体化设计。

气动快关阀采用三偏心金属硬密封和金属石墨夹层密封，在任何复杂苛刻以及频繁操作的场合均可保持高密封性能，达到零泄漏。该阀还具有低流阻特性。气动快关阀密封面是斜锥面，阀体密封圈与蝶板组合件密封圈为面接触，采用扭矩密封而不是一般蝶阀的位置密封，其工作原理是：靠驱动装置扭矩直接带动蝶板组合件，使蝶板组合件密封圈与阀体密封圈充分接触，产生弹性变形而密封。气动快关阀作为一种高性能阀门，不仅密封可靠，而且耐腐蚀性好、开启力矩小、阀体体积小、重量轻、寿命长。

一体化配套的气动快关阀气控系统如图 8-3 所示。气动执行器(1)工作方式：气动力开启、弹簧力关闭。要求气源压力：0.4～0.7MPa。

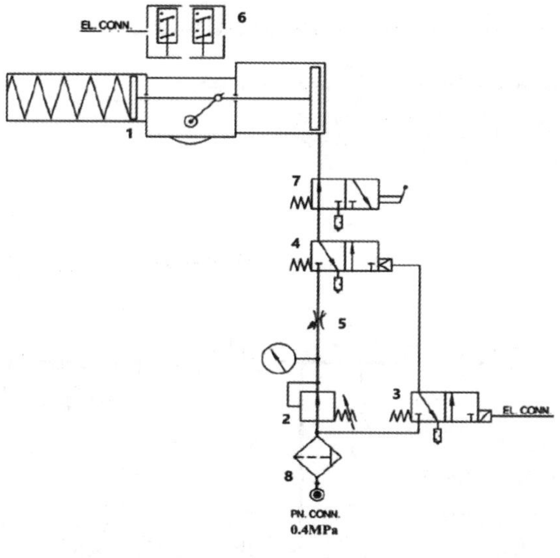

1—气动执行器；2—减压阀；3—快关电磁阀；4—气动阀；
5—可调节流阀；6—限位开关；7—手动弹簧复位阀；8—过滤器

图 8-3　气动快关阀气控系统示意图

气动快关阀的气控系统启动过程：如图 8-3 所示，系统启动时→快关电磁阀(3)得电→阀芯左移→仪用气穿过快关电磁阀(3)的阀芯作为控制气作用于气动阀(4)→气动阀(4)中的阀芯左移→仪用气依次穿过过滤器(8)、减压阀(2)、可调节流阀(5)、气动阀(4)、手动弹簧复位阀(7)进入气动执行器(1)的活塞右侧气缸→仪用气压力作用在活塞右侧面积上，推动活塞克服气动执行器(1)左侧弹簧力等阻力向左移动→通过传动机构驱动气动快关阀转到全开位置

(90°转角)。于是,供热抽汽可以穿过气动快关阀而流动。

气动快关阀打开时间小于 10s,正常运行期间保持其全开状态(90°转角)。

气动快关阀气控系统跳闸停运过程:汽轮机保护系统动作跳机或机组甩全负荷时→快关电磁阀(3)失电→阀芯迅速右移→原作用于气动阀(4)上的控制气经电磁阀(3)阀芯及消音器迅速泄放失压→气动阀(4)的阀芯迅速右移→一方面切断了仪用气源,另一方面引起原作用在气动执行器(1)活塞右侧气缸的仪用气迅速经手动弹簧复位阀(7)、气动阀(4)及消音器泄放失压→气动执行器(1)的活塞在其左侧弹簧力作用下迅速右移→通过传动机构驱动气动快关阀迅速转动到全关位置(0°转角)。于是,气动快关阀快速遮断了供热管网中的返流汽源,抑制汽轮机超速。气动快关阀的快关时间小于 0.5s。

8.3 抽凝式联合循环汽轮机凝结水系统

8.3.1 凝结水系统主要作用

抽凝式联合循环汽轮机凝结水系统与常规燃煤机组的凝结水系统有些不同,因无回热加热器,所以系统大为简化。抽凝式联合循环汽轮机凝结水系统如图 8-4 所示。

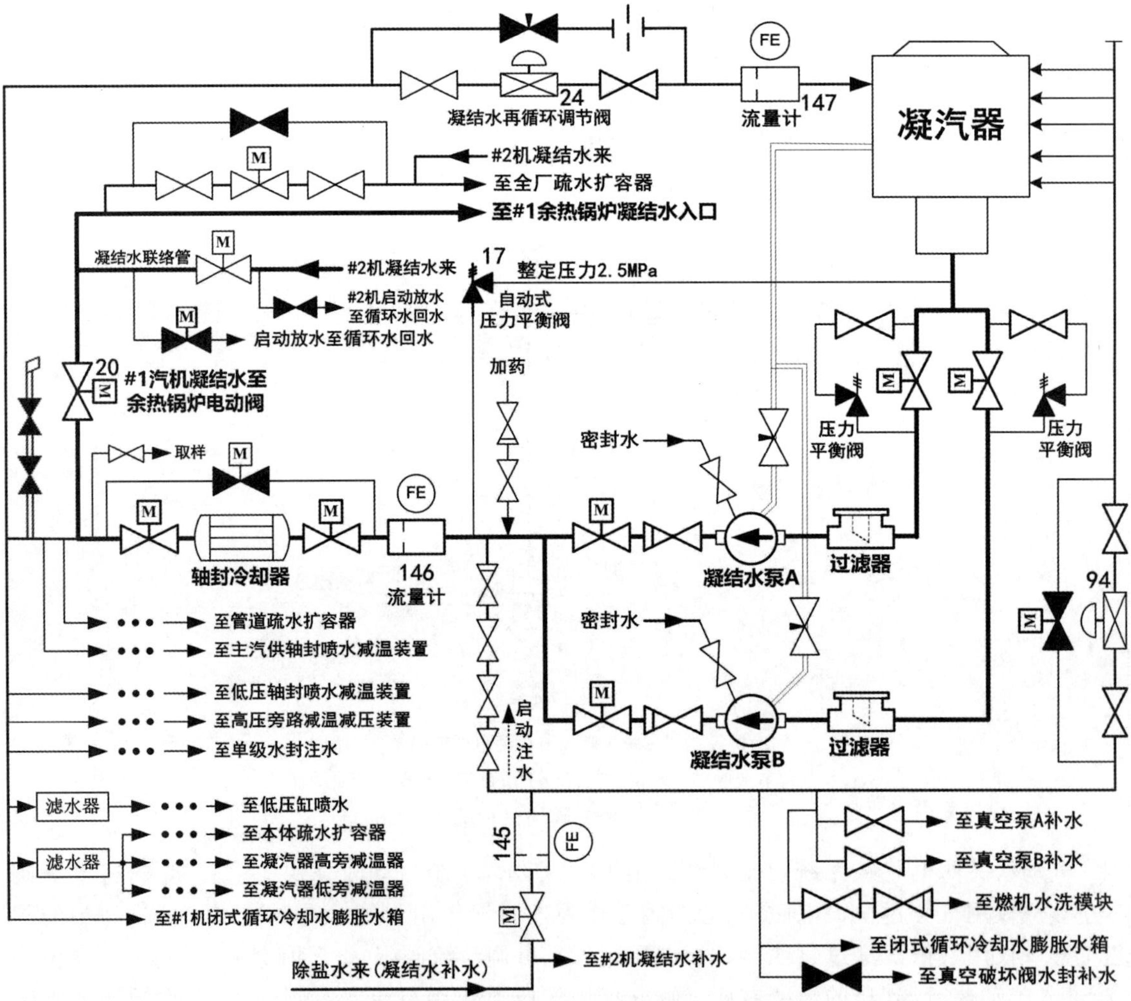

图 8-4 抽凝式联合循环汽轮机凝结水系统示意

凝结水系统主要作用：作为汽水热力循环中的重要组成部分，利用凝结水泵从凝汽器热井中抽出凝结水并升压，再经过轴封冷却器加热（或其旁路）后送至余热锅炉凝结水入口。

此外，凝结水系统还向各有关用户提供水源，如有关设备的密封水、减温器的减温水、各有关系统的补给水、汽轮机排汽缸喷水等。

8.3.2 凝结水系统主要流程

1. 主要流程

参阅图8-4，凝结水系统主要流程：凝汽器热井→凝结水泵进水管路（设置有电动阀、压力平衡阀、滤网）→100%容量凝结水泵（一运一备）→凝结水泵出水管路（设置有止回阀、电动阀）→凝结水母管流量计（146）→轴封冷却器（带旁路）→凝结水至余热锅炉电动阀（20）→＃1余热锅炉凝结水入口。

为防止运行时排出的压力水有可能倒入备用泵，造成备用泵吸入管系超压，在每台泵的进水管电动阀后安装了1只压力平衡阀。凝结水泵出水母管上安装了1只自动式压力平衡阀（17）以防超压。

2. 凝结水最小流量再循环流程

凝结水最小流量再循环管路的作用：保障凝结水泵流量大于最小允许流量，避免流量过小时引起凝结水泵闷泵发热、入口汽蚀，同时还保障轴封冷却器有足够的冷却流量。

参阅图8-4，凝结水最小流量再循环流程：凝汽器热井→凝结水泵进水管路（设置有电动阀、压力平衡阀、滤网）→100%容量凝结水泵（一运一备）→凝结水泵出水管路（设置有止回阀、电动阀）→凝结水母管流量计（146）→轴封冷却器（带旁路）→凝结水再循环调节阀（24）→凝结水再循环流量计（147）→凝汽器上部。

3. 凝结水系统补水流程

凝结水系统补水流程：化水除盐水→凝汽器补水电动阀（90）→除盐水至机补水流量计（145）→凝汽器补水气动调节阀（94，带旁路）→凝汽器。

此外，凝结水补水管路还向闭式循环冷却水系统、燃气轮机水洗系统、凝汽器抽真空系统、真空破坏阀水封提供补水。

8.3.3 凝结水系统主要设备

凝结水系统设备包括2台凝结水泵以及阀门管道等部件。

凝结水泵型式/型号/制造厂：立式/A400Ⅲ-5/长沙水泵厂；

进水温度/进水压力：39℃/0.0053MPa(a)；

流量/扬程/效率：160(t/h)/2.34MPa/68%；

转速/轴功率/最小流量：1480(r/min)/150kW/55(t/h)。

2台100%容量的凝结水泵入口标高为－2.8m。

2台凝结水泵电机配1台变频装置，变频装置采用“一拖二”接线方式，变频装置的配置仅考虑带1台凝结水泵调速运行。正常运行阶段，1台变频模式运行的凝结水泵可带满负荷，另外1台凝结水泵工频模式投入联锁备用。凝结水泵变频运行时，最低转速不低于40%额定转速。变频时凝结水母管最低压力大于1.5MPa。凝结水泵变频器故障时切至工频运行。凝结水泵进口滤网差压正常值小于5kPa。滤网差压高于5kPa时停泵，通知检修清理。凝结水泵进口滤网差压大于10kPa时紧急停泵。

8.4 抽凝式联合循环汽轮机循环冷却水与开式冷却水系统

循环冷却水水源系统、厂房内循环冷却水及开式冷却水系统分别如图 8-5、图 8-6 所示。电动滤水器、滤水器后为开式冷却水系统。其中,电动滤水器具有自动反冲洗功能。

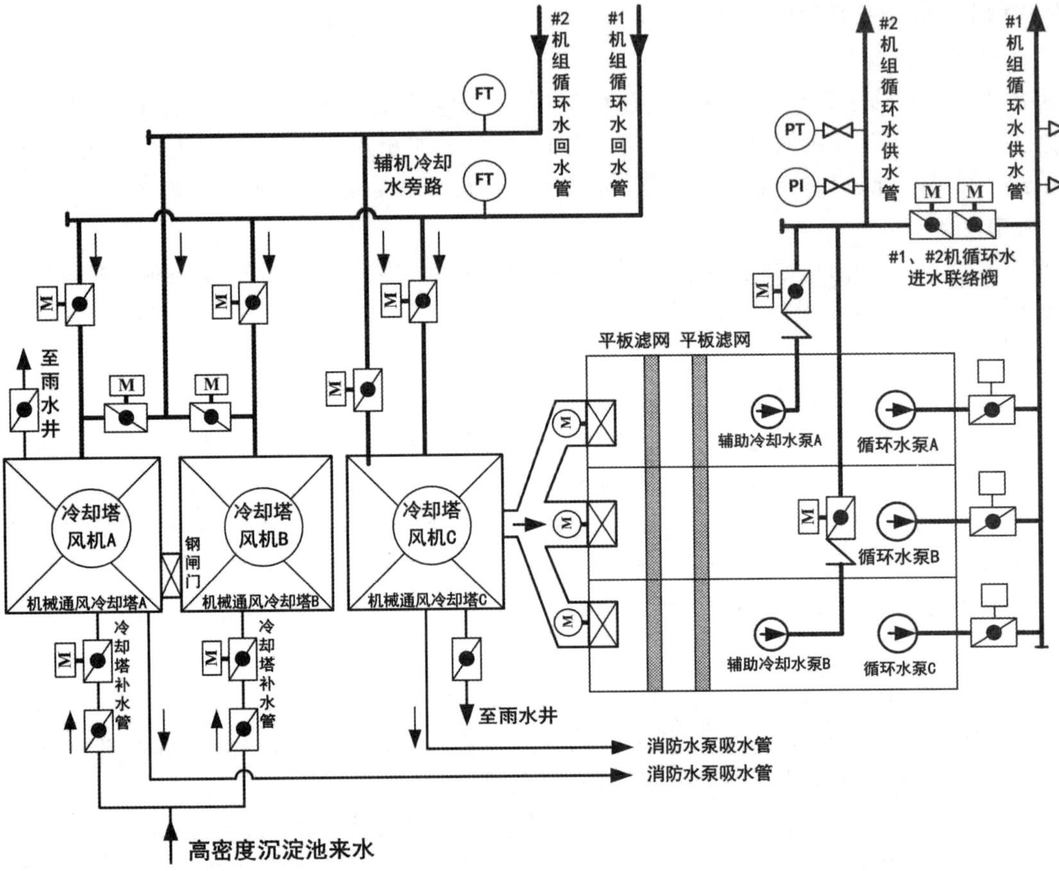

图 8-5 循环冷却水水源系统示意

8.4.1 循环冷却水水源系统

1. 循环冷却水水源系统主要作用

循环冷却水水源系统布置在主厂房外,全厂公用。

循环冷却水水源系统主要作用:为凝汽器、开式冷却水系统、其他辅机冷却水系统提供冷却水源。

2. 循环冷却水系统供水方式

循环冷却水水源系统可分为直流供水方式和循环供水方式两种。

直流供水方式是指冷却水被一次性利用(不重复使用)的供水方式。在该方式中,冷却水从水源引入,由循环水泵一次性送入凝汽器等设备吸热升温后,直接排放至水源下游。这种系统投资省、运行经济性高。但这种系统要求电站附近有充足的水源、耗水量大,水源下游水温升高,对水生态环境有一定的不利影响。

循环供水方式是指冷却水被重复利用的供水方式。在该方式中,冷却水由循环水泵送入凝汽器等设备吸热升温后,在冷却塔或冷却池或喷水池等二次冷却设备中对环境空气放热,温

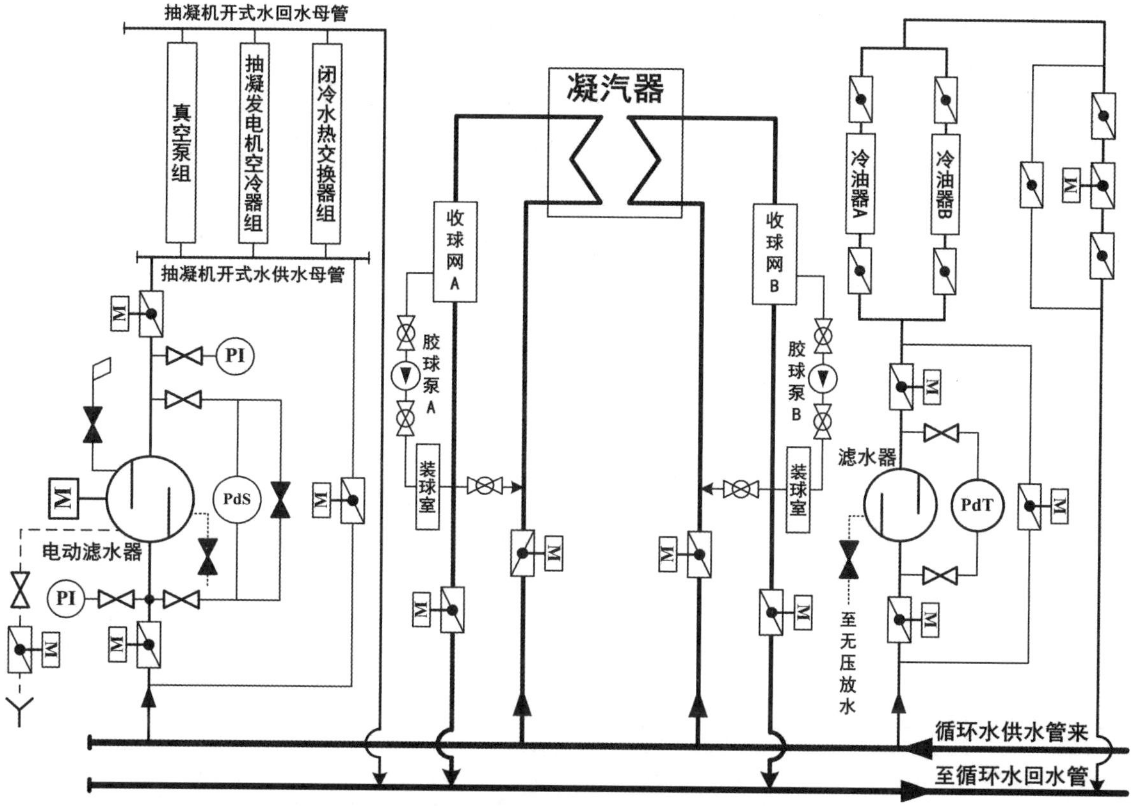

图 8-6 厂内循环冷却水及开式冷却水系统示意

度降低后再由循环水泵送入凝汽器等设备中重复使用,从而构成闭式循环。运行过程中只需补充小部分损失掉的循环水,节约水资源,对水生态环境影响小。但这种系统对凝汽器真空的设计有一定的不利影响。

冷却塔是通过水与空气进行热量传递使水降温的冷却设备。水与空气直接接触的被称为湿式(蒸发式)冷却塔;水与空气间接换热的被称为干式冷却塔。

冷却塔通风方式分为自然通风和机械通风:自然通风冷却塔有一个像烟囱一样高大的风筒,依靠塔外、塔内空气密度差形成的自然通风抽力使冷空气流经塔内吸热、排出至大气,冷却效果较为稳定;塔内外空气密度差越小,则通风抽力就越小,对水的冷却越不利,因此在高温、高湿地区一般不宜采用这种冷却塔。机械通风冷却塔没有高大的风筒,塔内空气流动主要是靠通风机强制形成的,具有冷却效果好、运行稳定的特点。

机械通风冷却塔分为鼓风式冷却塔和抽风式冷却塔:鼓风式冷却塔采用的鼓风机安装在冷却塔下部,主要用于小型冷却塔或水对风机有侵蚀性的冷却塔中。抽风式冷却塔采用的抽风机安装在冷却塔上部,主要用于大、中型冷却塔或水对风机侵蚀性小的冷却塔中。主要采用轴流式抽风机,抽风机以 5～7m/s 速度向外排送空气。机械通风冷却塔按换热时水流和气流方向不同分为逆流式与横流式。

3. 循环冷却水主要流程

参阅图 8-5 采用循环供水方式,循环冷却水主要流程:机械通风冷却塔→平板滤网→循环水泵→出口液控阀门→供水管→凝汽器等用户→回水管→机械通风冷却塔。

4. 循环冷却水水源系统主要设备

1) 循环水泵

循环水泵主要用来为循环冷却水系统提供水循环动力,具有大流量、低扬程的特性。循环水泵为立式、湿井式、可抽芯式、固定叶、单支座、斜流泵(吐出管在支座上方),循环水泵主要技术规范见表8-1。

表8-1　　循环水泵主要技术规范

型号	32LKSA-22		
泵的使用工况点	3台泵运行	2台泵运行	1台泵运行
进水温度(℃)	≤80	≤80	≤80
流量(m^3/s)	1.0	1.125	1.2
扬程(mH_2O)	22.0	18.7	16.3
轴功率(kW)	251.8	245.7	237.2
效率	85.7%	84%	80.9%
关闭扬程(mH_2O)	39.4	39.4	39.4
汽蚀余量(mH_2O)	6.44	7.36	8.17
转速(r/min)	980	980	980
出水总压力[MPa(a)]	0.216	0.183	0.16
旋转方向(从电机向水泵看)	顺时针		
生产厂家	湖南湘电长沙水泵有限公司		

供给汽轮机组凝汽器的循环冷却水一旦中断,就会造成凝汽器真空急剧恶化、汽轮发电机组被迫停运的事故。为此,在运行的循环水泵和备用泵的驱动电机之间,都设置了联锁保护回路,当运行泵因故跳闸时,联锁保护回路自动地将备用泵及时启动投入运行,以保证供给凝汽器的循环冷却水不会中断。

2) 循环水泵出口液控蝶阀

循环水泵出口阀采用的液控蝶阀主要由阀门本体及液动装置、液压站、电控箱四部分组成。

循环水泵出口液控蝶阀型号/生产厂家:800HD743H-6C/江南阀门有限公司;

公称压力/工作温度/过水流量:0.6MPa/<80℃/1.25(m^3/s);

阀门功率/阀门电压/阀门控制部分电压:3.5kW/380V/220V。

循环水泵与出口液控蝶阀之间的联锁保护:液控蝶阀与循环水泵按预先设置的程序,实现自动分步开启、快关与缓闭的功能,具有截止/逆止作用,具有减少水锤的能力。液控蝶阀也可通过人工操作就地电控箱、DCS控制系统来控制。逻辑保护设置了当运行循环水泵因故停泵时,自动地联动泵的出口液控蝶阀关闭,以防循环水泵发生严重倒转。

3) 机械通风冷却塔

采用湿式、抽风式、逆流式机械通风冷却塔,其工作过程:依靠循环水泵的动力,循环水回水(热水)自主厂房通过管道送至冷却塔上部的配水管,通过配水管上的喷嘴将水均匀地播洒在填料上面,循环水回水流经填料表面时形成水膜并下滴;干燥、低焓值的空气在冷却塔风机抽吸作用下由底部进入塔内后向上流动。当水滴和空气接触时,一方面水与空气直接显热交换,另一方面由于水表面和空气之间的压力差、温度差作用产生蒸发现象,水中的蒸发潜热排放至空气中。于是,循环水回水被冷却降温。被冷却降温后的水落入水池内,经出水管通往循环水泵进口。高湿度、高焓值的热风从顶部抽出排放至环境大气。

机械通风冷却塔型号/生产厂家:JT-NS-3900/上虞市金泰冷却塔有限公司;

单塔水量/进塔水温/出塔水温:3 900(m^3/h)/41℃/31℃;

干球温度/湿球温度/要求进口水压:30.5℃/26.8℃/1.7mH_2O;

冷却塔风机型号/生产厂家:L9144/上海尔华杰机电装备制造有限公司;

冷却塔风机风机直径/冷却塔风机设计风量:9 144mm/2 740 000(m^3/h);

冷却塔风机主轴转速/全压:127(r/min)/206Pa;

冷却塔风机轴功率/效率:173kW/88%。

8.4.2 厂房内循环冷却水及开式冷却水系统

1. *厂房内循环冷却水系统*

参阅图8-6,主厂房内循环冷却水系统主要用户是耗水量很大的凝汽器。此外,主厂房内循环冷却水经电动滤水器后为开式冷却水系统、经滤水器后为另一路开式冷却水系统。

来自厂房内循环冷却水系统的冷却水(淡水)流过凝汽器冷却水管,将厂房内汽轮机排汽缸的排汽与高、低压旁路减温减压器的排汽凝结成水、回收再用,并维持凝汽器的真空。循环水系统还为多个辅机提供冷却水。

凝汽器冷却水管常常会受到污染,包括汽侧污染和水侧污染。较为严重的是水侧污染。冷却水所带入的泥沙、脏污物质和加热过程中分解出的盐分等均会不同程度地沉积在冷却水管内表面上,其中有机物质附着在管子内表面形成微生物附面层,传热性能很差,导致凝汽器真空下降,影响汽轮机的出力和运行经济性。此外,它还会加速冷却水管的腐蚀,甚至造成穿孔,使冷却水漏入凝结水中,恶化凝结水水质,影响机组安全运行。因此,国内外普遍采用凝汽器胶球清洗系统,在运行中用胶球定期清洗凝汽器冷却水管内表面,以保证凝汽器冷却水管内壁的清洁。凝汽器配置了2×50%容量的凝汽器胶球清洗系统。所用的胶球富有弹性,外径略大于凝汽器冷却水管内径,胶球的孔隙大小均匀,孔与孔之间相通,长期泡在水中不变形、不变质,其湿态密度略大于循环冷却水。胶球的硬度和耐磨性好。普通胶球用于保持管子清洁,表面带金刚砂的胶球用于清除冷却管内壁的硬垢。

参阅图8-6,凝汽器胶球清洗系统主要由胶球泵、装球室、收球网及专用阀门等组成。胶球装入胶球室中,从胶球泵出来的压力水流过装球室时把胶球带出,然后注入凝汽器前的冷却水进口管中。随后,胶球在循环水压力作用下分散进入凝汽器冷却水管,压缩变形并对冷却水管内壁进行全周摩擦,擦洗下来的污垢随水流冲走,由此可提高冷却水管内壁清洁度,改善凝汽器换热性能,从而减小凝汽器传热端差、改善凝汽器真空;同时避免冷却水管内壁腐蚀、结垢,降低冷却水管的寿命损耗。凝汽器出口循环水管上装有活动收球网,收集起来的胶球在水流的夹带下陆续进入胶球泵,再进入装球室。至此,胶球完成了一次循环清洗的任务。

胶球回收率是反映胶球清洗效果的一个关键参数。提高胶球回收率的措施有:对循环水加强机械过滤以防止杂物堵塞冷却水管引起胶球滞留;凝汽器前后水室消除死角;凝汽器水侧的空气管、放水管等要加装管孔滤网;不用的盲孔应加盖板,以免循环水流产生漩涡使胶球滞留在水室的死角;回收滤网应安装在循环水管的垂直管段上,内壁要光滑、无毛刺、不卡球;通过试验确定合理的循环水流速。

2. 开式冷却水系统

开式冷却水系统位于主厂房内。系统不设开式冷却水泵。参阅图8-6,从循环冷却水系统供水母管取水,经电动滤水器过滤后水质提高,形成开式冷却水源,进入抽凝机开式水供水母管,然后分别送往闭式冷却水热交换器、凝汽器抽真空系统的真空泵冷却器、抽凝机组发电机空冷器等设备进行热交换,再经抽凝机开式水回水母管收集后排放至循环冷却水回水母管中。此外,另有一路从循环冷却水系统进水母管取水,经滤水器过滤后水质提高,形成另一路开式冷却水源,用于汽轮机的两只冷油器,然后排放至循环冷却水系统回水母管中。

开式冷却水设计水温为33℃,供水压力约0.3MPa。开式冷却水系统的运行调整应根据环境温度、闭式冷却水热交换器等设备出口温度合理控制。此外,闭式冷却水热交换器开式冷却水出口电动阀保持在50%开度较好。如果开度过大,则会造成循环泵偏离流量特性线太远,对设备运行安全不利。

电动滤水器用于清除循环冷却水系统中的杂物,提高水质,以保障开式冷却水系统中各换热设备的换热性能,同时防止循环水中的脏物进入闭式水热交换器等用户设备中。当电动滤水器前后压差达到设定值时,电动滤水器就会自动投入运行,排污电动阀打开,对滤芯进行自动清洗,将积聚于滤网上的脏物冲走。

电动滤水器主要技术参数:

型号/型式:ZLQ-450/立式;

水量/最大工作压力/设计压力:1055(t/h)/0.3MPa/0.6MPa;

滤芯网孔/运行水阻/通流倍率:Φ4mm/≤250mmH_2O/6;

电动机:380V/50Hz/IP54。

8.5 抽凝式联合循环汽轮机闭式循环冷却水系统

8.5.1 闭式循环冷却水系统主要作用

抽凝式联合循环汽轮机闭式循环冷却水系统如图8-7所示。

闭式循环冷却水系统主要作用:采用除盐水作为工作介质,以闭式循环的方式向冷却水质要求高的一些设备提供洁净的冷却水源,有效防止冷却设备的结垢、腐蚀、通道堵塞,用以保持良好的传热性能与安全性能。

闭式循环冷却水系统主要用户:高压给水泵轴承密封冷却水热交换器、凝结水泵轴承油冷却器、燃气轮机润滑油冷油器、燃气轮机发电机冷却器、燃气轮机火焰检测器等冷却设备。

在闭式冷却水热交换器中,使用开式冷却水对闭式循环冷却水进行二次冷却。

8.5.2 闭式循环冷却水系统主要流程

参阅图8-7,闭式循环冷却水采用化学除盐水,供水压力为0.6MPa,设计压力1.0MPa,设计水温为38℃。整套机组所需的冷却水量约为528t/h。正常情况下,一台闭式循环冷却水泵和一台闭式循环冷却水热交换器运行可满足整个系统所需的冷却水量。

闭式循环冷却水系统主要流程:闭式循环水膨胀水箱→闭式循环冷却水泵进水管路(设置有手动阀、电动阀、滤网)→100%容量闭式循环冷却水泵(一运一备)→闭式循环冷却水泵出水管路(设置有止回阀、电动阀)→100%容量闭式循环冷却水热交换器(一运一备)→各个闭式循环冷却水用户→闭式循环冷却水用户回水汇集到回水母管并引至闭式循环冷却水泵进口。

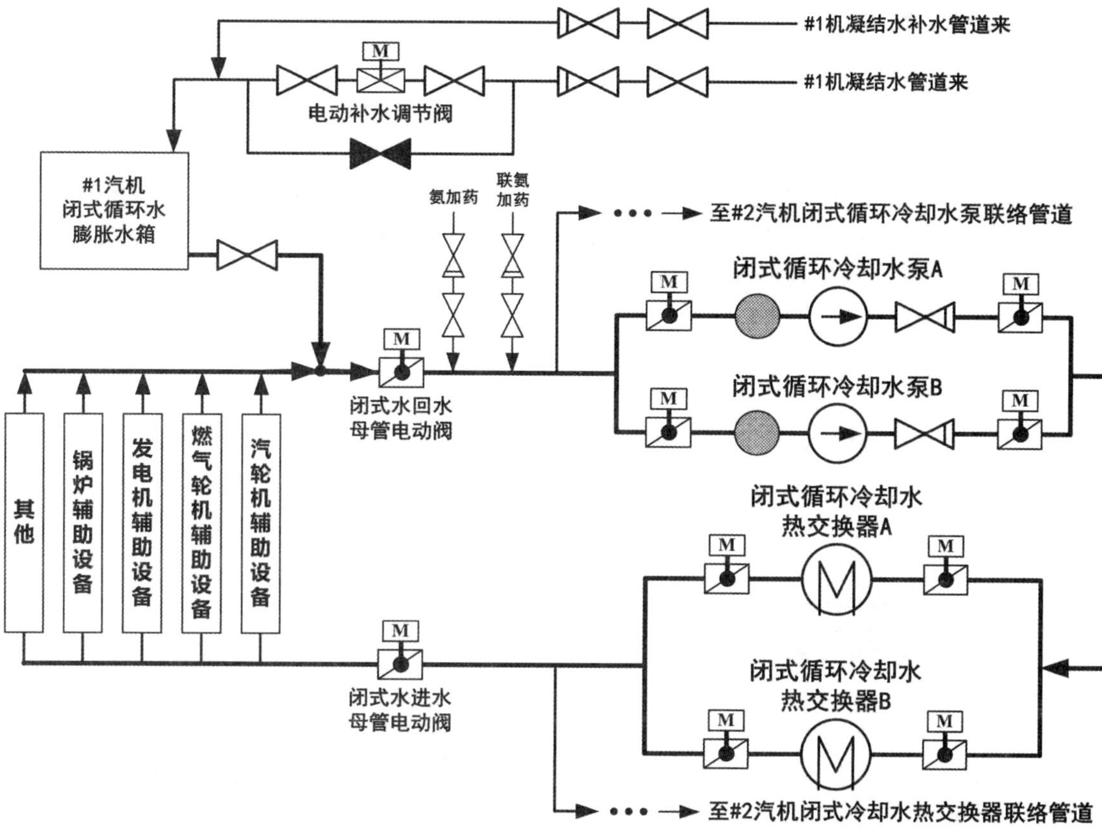

图 8-7　闭式循环冷却水系统示意

各个闭式循环冷却水用户冷却水进出水管上都设有隔离阀。出水管上的隔离阀可用于冷却水量的粗调节，还可在机组调试阶段用作各用户流量分布的均衡调节。

补充水来自凝结水系统或凝结水补水系统，以保证冷却水质满足要求。补充水接至闭式循环水膨胀水箱。闭式循环水膨胀水箱上还设置有无压放水管道，作为闭式循环水膨胀水箱溢流和事故放水用。除在闭式循环冷却水泵入口设置滤网外，还在其入口管上设置加药管道，定期加入联氨，冷却水联氨残余浓度控制在 25ppm。

8.5.3　闭式循环冷却水系统主要设备

1. 闭式循环冷却水泵

闭式循环冷却水泵布置在主厂房内 0m 地面上。

闭式循环冷却水泵型式/型号/生产厂家：卧式离心泵/150S-460A/镇江江大泵业；

水泵入口水温/入口压力/流量：45℃/0.1MPa/600(m^3/h)；

扬程/转速/叶轮中心线处装置汽蚀余量 NPSHr：50m/1450rpm/3.5m；

泵的转向(从联轴器方向看)/泵效率/轴功率：顺时针/82%/100kW。

2. 闭式循环冷却水热交换器

闭式循环冷却水热交换器型式：叠置、卧式、管式表面式热交换器；

闭式循环冷却水热交换器型号/生产厂家：13LT-GDNX-540/无锡蓝天重工；

最大工况流量/最大工况工作压力：540(t/h)/1.0MPa；

设计压力/试验压力：1MPa/1.25MPa；

最大工况进口温度/出口温度:45℃/38℃;

设计温度/传热面积:50℃/300m²。

3. 闭式循环水膨胀水箱

闭式循环水膨胀水箱容积为 4m³,布置在 8.0m 运转层。闭式循环水膨胀水箱除具有储水作用外,还有三个作用:一为闭式循环冷却水泵提供足够高的位置压头,防止闭式循环冷却水泵汽蚀;二为闭式循环冷却水流量波动、热膨胀提供缓冲容积;三为闭式循环冷却水管路提供补充水。闭式循环水膨胀水箱的正常水位只维持在水箱容积的 1/2 处。其水位由水位控制器和补充水管道上的流量调节阀控制。

8.6 背压式联合循环汽轮机辅助系统

8.6.1 背压式联合循环汽轮机高低压蒸汽系统

背压式联合循环汽轮机高低压蒸汽系统如图 8-8 所示。可细分为高压蒸汽系统、低压蒸汽系统。

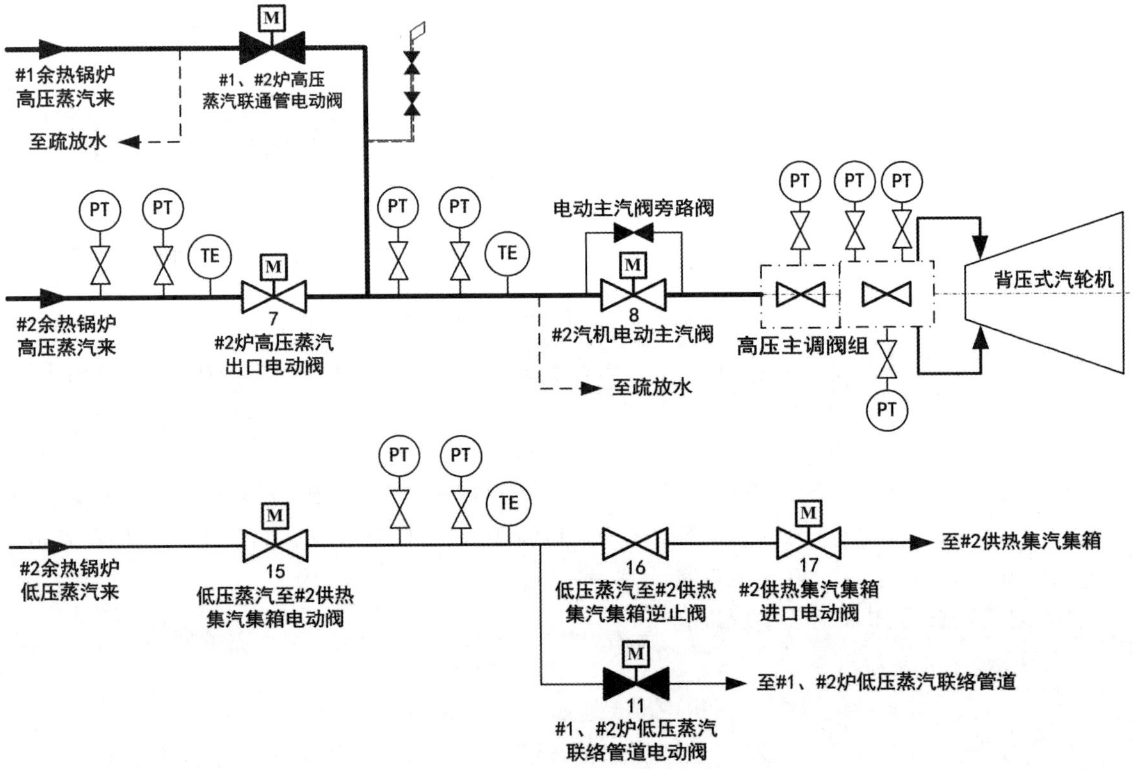

图 8-8　背压式联合循环汽轮机高低压蒸汽系统示意

1. 高压蒸汽系统

1)高压蒸汽系统主要作用

参阅图 8-8,高压蒸汽系统主要是指来自#2 余热锅炉的高压高温蒸汽输送至背压式汽轮机高压进汽口的蒸汽管道、阀门等组成的蒸汽工作系统。

高压蒸汽系统没有配置高压旁路蒸汽系统。

高压蒸汽系统主要作用:将#2 余热锅炉产生的高压高温蒸汽输送到背压式汽轮机做功。

2）高压蒸汽系统主要流程

参阅图8-8，＃2余热锅炉高压蒸汽→＃2炉高压蒸汽出口电动阀(7)→＃2汽机电动主汽阀(8)→高压主调阀组(高压主汽阀与高压调节汽阀的组合体)→分两路同时进入与汽轮机前汽缸铸成一体的高压蒸汽室，随后在各级中做功。

2. 低压蒸汽系统

1）低压蒸汽系统主要作用

参阅图8-8，低压蒸汽系统主要是指＃2余热锅炉低压低温蒸汽输送至＃2供热集汽集箱的蒸汽管道、阀门、疏水管组成的蒸汽工作系统。

低压蒸汽系统没有配置低压旁路蒸汽系统。

低压蒸汽系统主要作用：将＃2余热锅炉产生的低压低温蒸汽输送到＃2供热集汽集箱用于蒸汽供热。

2）低压蒸汽系统主要流程

相比于抽凝式汽轮机，背压式汽轮机补汽，低压蒸汽送往＃2供热集汽集箱。

参阅图8-8，＃2余热锅炉低压蒸汽→低压蒸汽至＃2供热集汽集箱电动阀(15)→低压蒸汽至＃2供热集汽集箱逆止阀(16)→＃2供热集汽集箱进口电动阀(17)→＃2供热集汽集箱。

8.6.2　背压式联合循环汽轮机排汽供热系统

背压式联合循环汽轮机的排汽供热系统如图8-9所示。

1. 排汽供热系统主要作用

排汽供热系统主要作用为利用背压机排汽供给＃2供热集汽集箱，然后对外供热。

2. 排汽供热系统主要流程

参阅图8-9，背压式汽轮机排汽→气动逆止阀(1)→气动快关阀(2)→电动阀(4)→流量计(49)→逆止阀(3)→手动阀(6)→＃2供热集汽集箱。

在排汽供热系统管路上安装1只电动排空阀(5)、1只管道安全阀(25)，均安装于气动快关阀(2)前。

如图8-9所示，排汽供热管道上除按常规要求配置了1只逆止阀(3)、1只电动阀(4)和1只手动阀(6)外，还在靠近汽轮机排汽端处串联连接了1只气动逆止阀(1)、1只气动快关阀(2)。背压机跳闸信号联动气动逆止阀(1)、气动快关阀(2)、电动阀(4)快速关闭，迅速遮断供热管网，用以避免供热管网蒸汽大量返流引起机组严重超速。

＃2供热集汽集箱连接有＃2余热锅炉低压蒸汽源、启动锅炉来的主蒸汽源，此外还连接有与＃1供热集汽集箱的连接管道。

8.6.3　背压式联合循环汽轮机凝结水系统

基本与抽凝式联合循环汽轮机凝结水系统相似。主要不同之处是凝结水来源于真空除氧器。

8.6.4　背压式联合循环汽轮机开式冷却水系统

基本与抽凝式联合循环机开式冷却水系统相似。

8.6.5　背压式联合循环汽轮机闭式循环冷却水系统

基本与抽凝式联合循环机闭式循环冷却水系统相似。

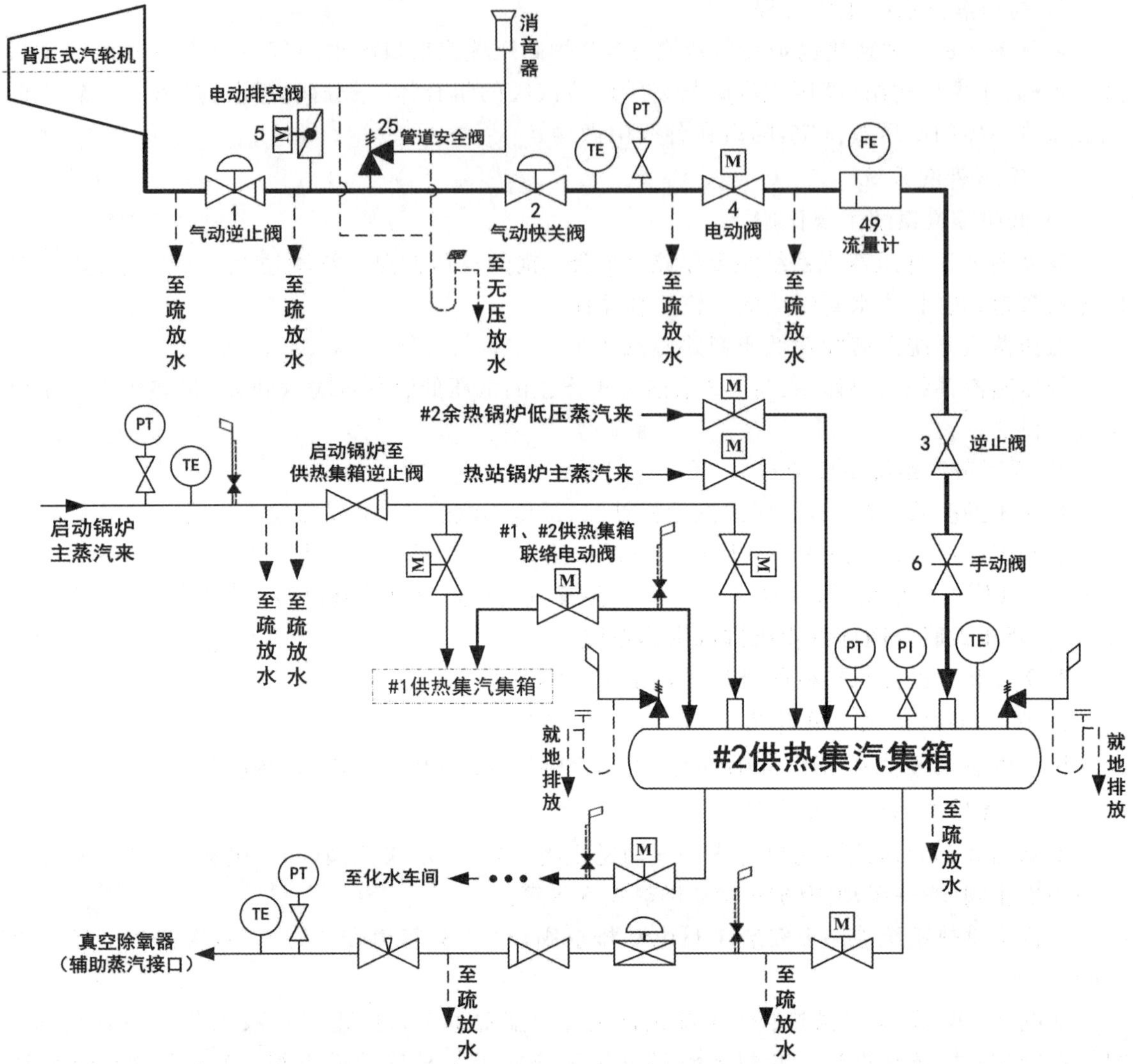

图 8-9　背压式联合循环汽轮机排汽供热系统示意图

8.7　全厂压缩空气系统

8.7.1　全厂压缩空气系统主要作用

空气具有可压缩性,经空气压缩机(简称空压机)压缩使本身体积缩小、压力提高后成为压缩空气。压缩空气是一种重要的动力源。与其他能源相比,它具有下列明显特点:清晰透明、输送方便、没有特殊的有害性能、源于环境大气、能在许多不利环境下工作。因此,它在电站中得到了广泛应用。

全厂合用一套压缩空气系统。全厂压缩空气系统如图 8-10 所示。

全厂压缩空气系统主要作用:

(1) 为压缩空气质量要求高的气动控制设备提供仪用压缩空气气源,如气动执行机构、气动阀门和仪表等。

(2) 为压缩空气质量要求相对低些的检修设备和工艺设备提供检修用压缩空气气源,如

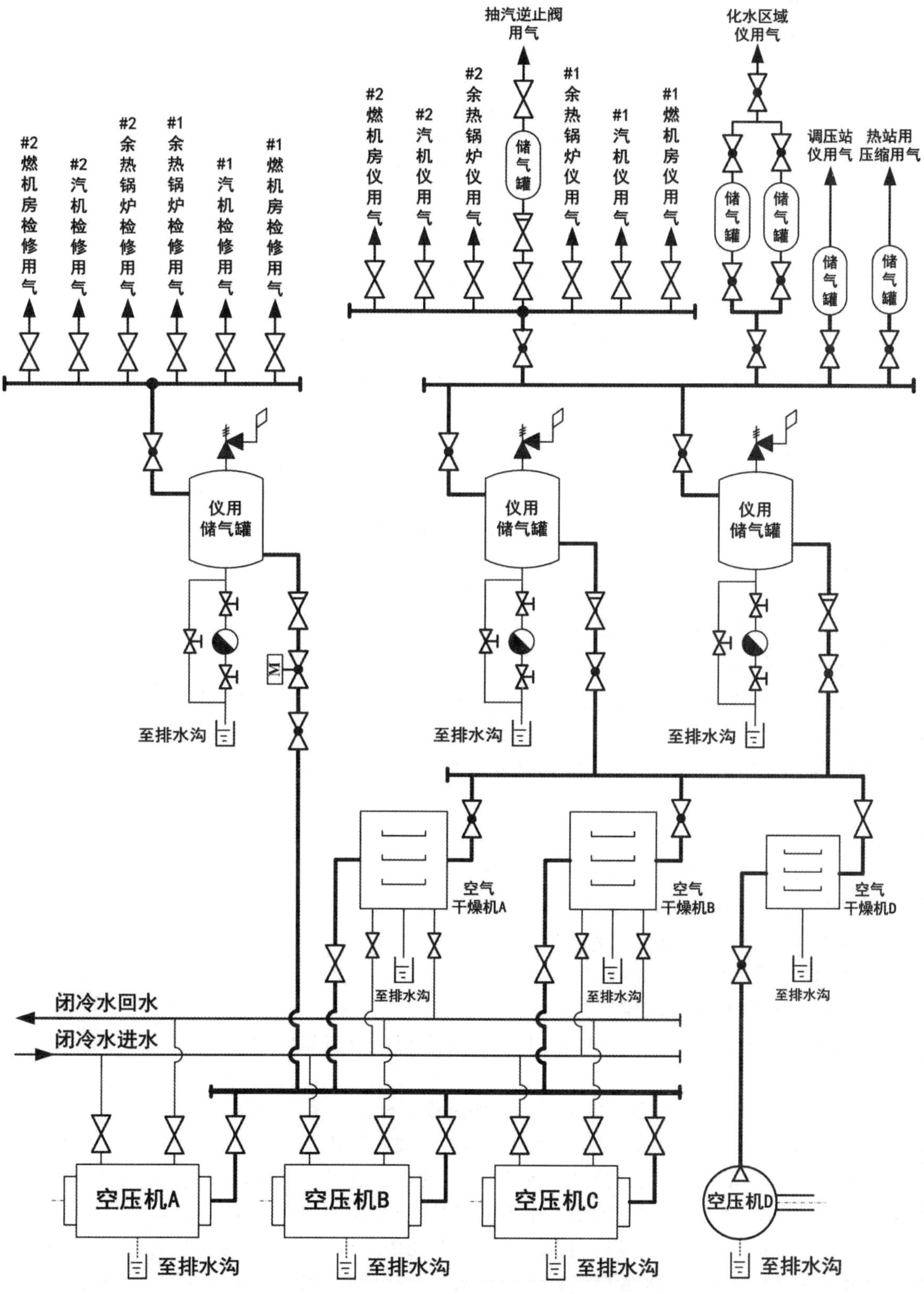

图 8-10　全厂压缩空气系统简化示意

风动工具、吹灰工艺设备等。

8.7.2 全厂压缩空气系统主要流程

参阅图 8-10,全厂压缩空气系统配置了 4 台空压机,其中,3 台大功率空压机配 2 台大功率空气干燥机(冷干机),1 台小功率空压机配 1 台小功率空气干燥机(冷干机)。在正常运行期间,1 台小功率空压机系统运行、大功率空压机系统备用。小功率空压机根据用气量的变化采用变频自动调节,大功率空压机根据用气量的变化自动卸载、加载。

1. 仪用压缩空气系统主要流程

参阅图 8-10,正常运行期间,仪用压缩空气系统主要流程:环境空气→空压机 D→空气干燥机 D→仪用储气罐进口母管→仪用储气罐→仪用储气罐出口母管→主厂房仪用气母管(挂接了 5 只储气罐)→分支管路仪用气(其用户如图 8-10 所示)。

储气罐用来储存压缩空气,缓冲供需流量不平衡,稳定供气压力。储气罐还可以在空气压缩机因故跳闸时延时供气,以利于异常处理。此外,储气罐还具有除湿疏水作用。

2. 检修用压缩空气系统主要流程

检修用压缩空气系统也被称作杂用压缩空气系统(或厂用压缩空气系统)。相比于仪用压缩空气,检修用压缩空气质量要求低些,因此系统中未设置空气干燥机(冷干机)。

参阅图 8-10,检修用压缩空气系统主要流程:空压机出口母管→检修储气罐→主厂房检修用气母管→分支管路检修用气:①#2 燃机房检修用气;②#2 汽机检修用气;③#2 余热锅炉检修用气;④#1 余热锅炉检修用气;⑤#1 汽机检修用气;⑥#1 燃机房检修用气。

8.7.3 全厂压缩空气系统主要设备

1. 大功率空压机

大功率空压机为螺杆式。螺杆式空压机是靠一对啮合的螺旋形阴阳转子进行压缩的单级容积式回转机械。

螺杆式空压机型式/生产厂家:喷油螺杆式/英格索兰公司;

型号:MM55-W/C;

容积流量:10Nm^3/min;

进气压力/排气压力:0.1MPa(a)/0.85MPa(a);

最高环境温度/排气量:46℃/10.2(Nm^3/mm);

冷却方式/排气温度:水冷/冷却水温度+8℃;

气体出口含油量:≤1mg/kg。

1) 螺杆式空压机主机工作过程

如图 8-11 所示,电机通过一对齿轮传动后驱动空压机主机的阳转子,再由阳转子带动阴转子转动。

如图 8-12 所示,螺杆式空压机主机的工作过程可分为三个阶段:

吸气阶段:采用端面轴向进气,一旦齿槽间啮合线在端面的啮合点进入进气口,就开始吸气。随着转子的转动,啮合线向排气端延伸,吸入的空气也越来越多。当端面齿廓离开吸气口时,吸气阶段结束。吸入的空气处于一个由阴、阳转子及壳体构成的封闭腔。

压缩阶段:随着转子的继续转动,阴、阳转子及壳体所构成的这个封闭腔向排气端移动,其容积不断减小,因而这个封闭腔中的空气受压缩。与此同时,润滑油喷入这个封闭腔。

排气阶段:阳转子齿到达排气口时,封闭腔容积达到最小,封闭腔中的压缩空气连同润滑油一起被排出,油气混合物通过止逆阀进入油气分离器。

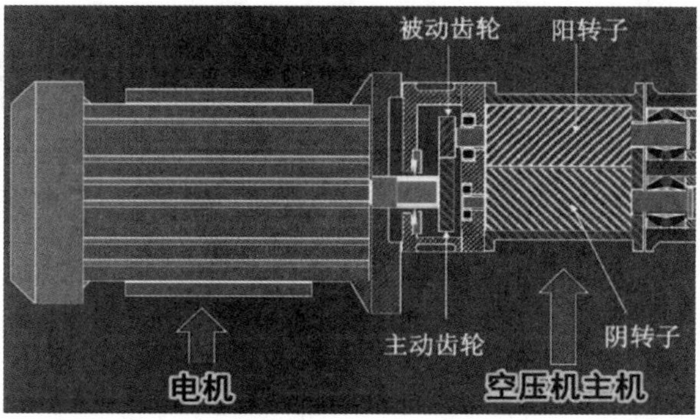

图 8-11　螺杆式空压机电机与空压机主机连接示意

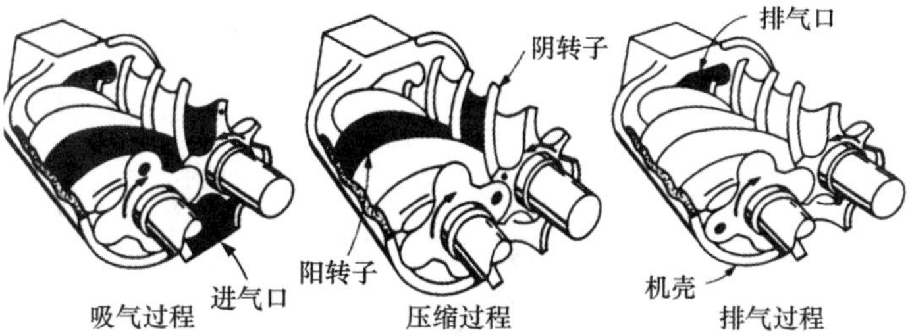

图 8-12　螺杆式空压机主机工作过程示意

从以上过程可以看出，螺杆式空压机结构简单，工作过程不存在往复力。由于转子连续高速运转，因此排出气体稳定，无脉冲现象，噪声、振动都较小。但要注意的是：螺杆式空压机有一个经特殊设计的内部压缩阶段，其排气压力是原设计好的。空压机应在规定的排气压力范围内工作；若超出此范围，则空压机效率大为降低。

2）螺杆式空压机气路系统主要流程

如图 8-13 所示，典型的螺杆式空压机辅助系统主要有气路系统、油路系统。

螺杆式空压机气路系统主要作用：对空气增压；去除压缩空气中的微粒杂质、油、水；调节空气流量、压力、温度。

螺杆式空压机气路系统主要流程：环境空气→空滤器（清除进气中的微粒杂质）→进气阀（调节进气量）→空压机主机（增压）→止逆阀→油气分离器（油气分离、储气、储油）→最小压力阀→后冷却器（水冷降气温）→水气分离器（去除液态水分）→压缩空气出口。

进气阀装于空压机主机进口处。进气阀是进气量调节装置的执行机构。当空压机启动前，进气阀处于出厂设计位置（微开位置），以减小空压机的启动负载。当空压机超过额定负载时，若空压机处在“ON/OFF 控制方式”下，则关闭进气阀，使空压机处于空载状态，直到下一个设定值时，进气阀才打开，空压机又进入正常运转；若空压机处在“调节器控制方式”下，则关小进气阀，节流调节进气量。进气阀直接关系空压机是否能正常运转，因此，要注意进气阀动作是否灵活，不能被卡住。

止逆阀位于空压机主机排气口。止逆阀的主要作用是避免空压机停机时发生油气分离器内的压缩空气回流至主机→空压机转子反转→大量润滑油从进气口冒出。

最小压力阀的作用：

（1）保证空压机系统中油气分离器内始终有促成油循环的最小压力。

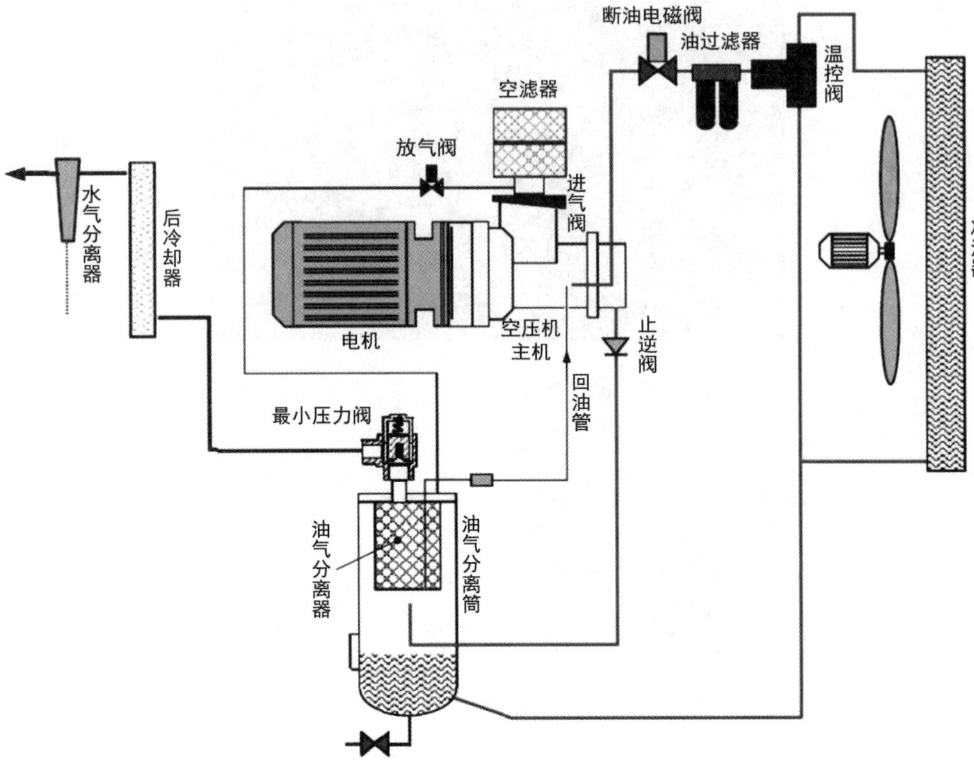

图 8-13　螺杆式空压机辅助系统示意

(2) 止逆,能防止空压机组卸载或停机时管网中的压缩空气向油气分离器内倒灌。

(3) 在机组加载时保持分离器中压力,减小气体进入分离器的流动速度,避免气流冲击并确保油分离器的油、气分离效果。最小压力阀设置在约 0.4MPa 时开启。

3) 螺杆式空压机油路系统主要流程

螺杆式空压机油路系统:采用高性能专用油,借助于油气分离筒与主机喷油口之间的压差进行油循环。

(1) 对齿轮、轴承、转子及机械密封的润滑作用。

(2) 对压缩过程及齿轮、轴承等部件的冷却作用。

(3) 对阴阳两转子间及其与机壳间内的密封作用。

螺杆式空压机油路系统主要流程:润滑油→油气分离筒(油气分离、储气、储油)→一路进入温控阀(另一路经回油管至主机进口)→冷油器(或旁通)→油过滤器(纸质滤芯过滤油中杂质)→断油电磁阀(单向截流阀)→空压机主机机体→止逆阀→油气分离筒。

油气分离筒的油气分离过程:油气分离器位于油气分离筒内。压缩空气中较大的油滴黏附在油气分离器外表面,沿外表面滴落到筒体底部;细小的油滴穿过油气分离器的分离层,不断积聚,最后沿油气分离器内层滴落,沉积在油气分离器的底部,再通过回油管引流到主机进口。如回油不畅,将导致供气含油量过高、油耗增加。

润滑油油温偏高时,油质就会恶化,引起润滑油对空压机主机的润滑、冷却、密封性能下降;油温过低时,进入空压机主机的喷油温度就会过低,引起主机的排气温度低于露点温度,油分离器内析出冷凝水,润滑油品质恶化,缩短其使用寿命。

温控阀的作用:通过自动调节温控元件的开启度,控制通过冷油器的油量,使冷、热油混合后的油温控制在一个合适的范围之内，保障空压机喷油温度符合要求。

空压机刚启动时机器较冷，部分润滑油不经过冷却器；当系统温度升高并超过温控阀设定值时，润滑油将部分流过冷却器；在环境工作温度较高期间，所有润滑油会全部流过冷却器。

断油电磁阀的工作原理与先导式电磁阀相同。它在开机时打开，停机时关闭。可防止有压力的润滑油在停机时进入空压机主机引起润滑油从主机进口处向外喷出。

2. 大功率空气干燥机(冷干机)

全厂压缩空气系统共配置 2 套大功率空气干燥机(冷干机)，一运一备。大功率空气干燥机(冷干机)安装在空压机房内，位于空压机出口母管后、仪用储气罐进口母管前。

大功率空气干燥机(冷干机)的作用：自动匹配空压机的自动卸载、加载运行状态，对压缩空气进行干燥、净化处理，保证露点温度达到仪用空气的要求，并连续提供品质符合质量技术参数要求的无油、无水、洁净的仪用压缩空气。

大功率空气干燥机(冷干机)是杭州嘉隆公司生产的。每套装置由 1 只前置的除油过滤器、1 台中置的水冷组合式压缩空气干燥机与 1 只后置的除尘过滤器串联而成。

其中，除油过滤器、除尘过滤器的过滤精度分别为 0.01μm 和 1μm。

中置的水冷组合式压缩空气干燥机简称冷干机，集水冷型冷冻式干燥机与吸附式干燥机优势于一体。根据空气冷冻与吸附干燥原理，利用水冷设备使压缩空气冷却到一定的露点温度，析出相应所含的水分，通过分离器进行气液分离，再进入吸附塔进行变压吸附深度干燥处理，在此过程中液态水经自动排水阀将水排出，再生气携带水蒸气经排气消声器直接排放到大气中，从而达到冷冻与吸附除湿的目的。

每套大功率空气干燥机(冷干机)额定处理气量：11Nm^3/min；工作压力：0.6～1.0MPa；冷却方式：水冷；压损：≤0.05MPa；再生耗气量：≤3%×空气处理量；出口空气含油量：≤0.01ppm；出口空气露点≤－40℃；出口空气固态杂质含量≤0.1mg/m^3。空气进出接口管径为 DN50mm。

3. 小功率空压机

小功率空压机为螺杆式，是机电一体化的组合式装置，由进气滤清器、螺杆主机、电机、油气分离器、冷却器和水分离器及控制和电气部件组成。小功率空压机振动小，噪声低，效率高，气量稳定，压力恒定，能够自动调节，且无需使用冷却水冷却设备。

小功率空压机主要参数如表 8-2 所列。

表 8-2　小功率空压机主要参数

空压机型式	固定式	FAD 排气量	0.87～5.12m^3/min
压缩类型	喷油式	电机防护等级	IP55
主机类型	螺杆式	电控箱防护等级	IP54
压缩级数	单级	变频器	内置变频器
调节方式	变频	气量调节范围	25%～100%
传动方式	直接驱动	冷却方式	风冷
排气压力	4～12.5bar		

4. 小功率空气干燥机(高温型冷干机)

小功率空气干燥机(高温型冷干机)主要参数如表 8-3 所列。

表 8-3　　小功率空气干燥机(高温型冷干机)主要参数

设备名称	实际参数
高温型冷干机	处理量≥7.1m³/min
	压力露点 2℃～10℃
	最大入口温度≤80℃
	前置冷却器，内置回温装置

第9章　联合循环汽轮机调节与保护系统

9.1　联合循环汽轮机调节与保护基本概念

9.1.1　联合循环汽轮机热电能量调节的基本概念

1. 联合循环汽轮机发电能量调节的基本概念

在联合循环机组中，抽凝式汽轮机的功率仅占1/3左右，机组发电功率及发电效率主要取决于燃气轮机，而且汽轮机生产环节靠后，能量转换过程受燃气轮机、余热锅炉的制约，汽轮机按负荷需求进行自主调节的范围有限。因此，近代联合循环汽轮机通常不设一次调频和二次调频功能。主要依靠调节燃气轮机发电功率来响应电力调峰需求，联合循环汽轮机只是跟随燃气轮机、余热锅炉来辅助参与发电能量调节。

以背压机为例，汽轮发电机组发电功率方程式为

$$P_{el}=G_1\Delta H_t\eta_i\eta_m\eta_g \tag{9-1}$$

式中　P_{el}——汽轮发电机组发电功率(kW)；

G_1——汽轮机蒸汽流量(kg/s)；

ΔH_t——汽轮机蒸汽理想焓降(kJ/kg)；

η_i——汽轮机相对内效率(%)；

η_m——机械效率(%)；

η_g——汽轮发电机效率(%)。

参阅式(9-1)，汽轮发电机组发电功率(P_{el})主要取决于汽轮机蒸汽流量(G_1)，而汽轮机蒸汽流量(G_1)又主要取决于机前主汽压力、调节阀开度。

对于抽凝机，在应用式(9-1)时，应扣除因抽汽而减少的发电功率，应添加因低压补汽而增加的发电功率。

2. 联合循环汽轮机供热能量调节的基本概念

1) 汽轮机供热能量调节基本要求

一方面要及时调节汽轮机的供热功率以满足热网用户的数量需求；另一方面又要使汽轮机供热质量参数(压力、温度)保持在规定范围内。

2) 汽轮机供热功率

以抽凝机为例，参照实际焓降法，供热功率方程式为

$$P_h=G_c\Delta H_c \tag{9-2}$$

式中　P_h——汽轮机供热功率(kW)；

G_c——供热抽汽流量(kg/s)；

ΔH_c——供热抽汽有效焓降(等值于汽轮机抽汽少做功的有效焓降)(kJ/kg)。

由式(9-2)可知，当供热抽汽有效焓降(ΔH_c)一定时，汽轮机供热功率(P_h)取决于供热抽汽流量(G_c)。供热抽汽流量(G_c)又取决于供热抽汽压力。汽轮机的供热抽汽压力、供热抽汽流量、供热功率之间是同向变化的对应关系。对“供热功率”的调节可以转化为对供热“抽汽压力”的调节。

同理可知：对于背压机，对“供热功率”的调节可以转化为对供热“排汽压力”的调节。

3）汽轮机供热能量调节设计策略

在汽轮机数字电液控制系统中设置供热压力调节回路，根据热网蒸汽供热压力的变化及时参与热网能量供给侧的调节，以消除热网能量供求不平衡，并保持供热质量参数(压力、温度)不超过规定范围。

9.1.2 联合循环汽轮机保护系统的主要任务

汽轮机工作时存在超速、轴承损坏、轴向位移超限、真空恶化等安全风险。因此，除了设置必要的调节系统外，还必须配备合适的保护系统。

汽轮机保护系统的主要任务：在危急情况下，当安全监控参数达到或超过安全设定值时触发保护系统动作，快速遮断汽轮机进汽源，实现紧急停机，以保障设备和运行人员的安全。

9.2 抽凝式联合循环汽轮机调节系统

抽凝式联合循环汽轮机无回热抽汽，但具有一次可调节供热抽汽。图9-1是抽凝式联合循环汽轮机装置简化示意图。

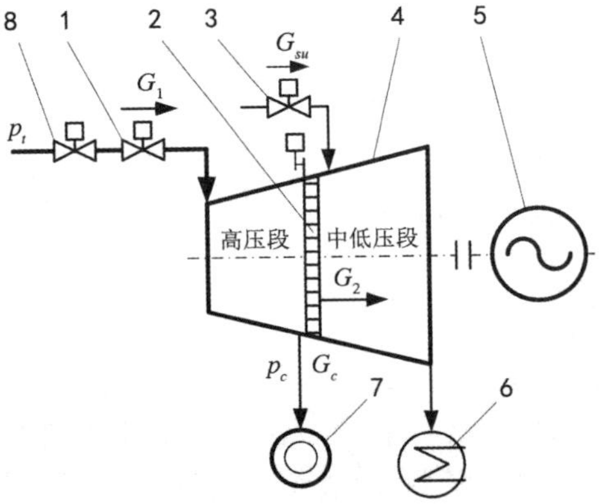

1—高压调节阀；2—旋转隔板；3—补汽调节阀；4—汽轮机；5—发电机；6—凝汽器；7—热网用户；8—高压主汽阀；G_1—高压蒸汽流量；G_2—中低压蒸汽流量；G_c—供热抽汽流量；G_{su}—低压补汽流量；p_t—机前主汽压力；p_c—供热抽汽压力

图9-1 抽凝式联合循环汽轮机装置简图

抽凝式联合循环汽轮机通流部分由高压段、中低压段组成。

流量 G_1 的高压蒸汽通过高压调节阀(1)进入高压段膨胀做功，压力降到 p_c，然后分成两股：一股流量 G_c 作为可调节抽汽供给热网用户(7)，另一股流量 G_2 流经旋转隔板(2)进入中低压段继续膨胀做功，最后排入凝汽器(6)。

当可调节抽汽量为零时，抽凝式汽轮机变成纯凝汽式汽轮机，仍可满发额定功率。有热负荷时，高压段流量大于低压段流量，热、电功率都可在很大范围内变动。

此外，流量为 G_{su} 的余热锅炉低压蒸汽通过补汽调节阀(3)进入补汽点后膨胀做功。

9.2.1 抽凝式联合循环汽轮机调节系统基本工作原理

联合循环汽轮机普遍采用数字电液调节系统(DEH—Digital Electric Hydraulic Control System)，以此为例，此处主要描述抽凝式联合循环汽轮机基本调节原理。

抽凝式联合循环汽轮机调节系统简化方框图如图9-2所示，系统主要由两类主调节基本回路组成。

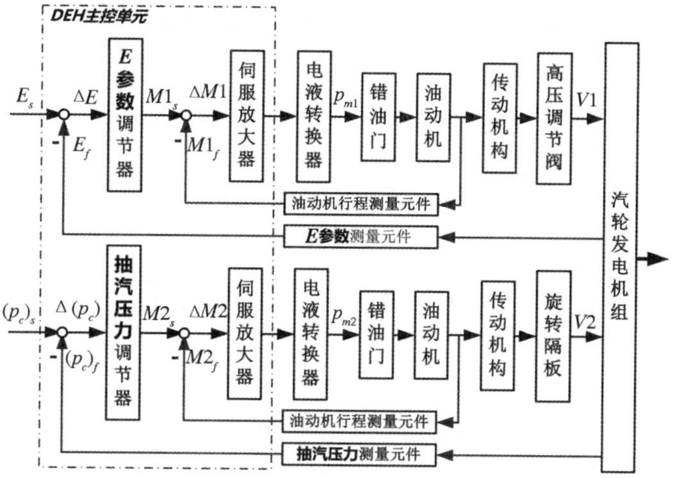

E 参数—转速(n)或机前主汽压力(p_t);E_s—E 参数给定值;E_f—E 参数反馈值;ΔE—E 参数偏差值;
$M1_s$—高调阀油动机行程给定值;$M1_f$—高调阀油动机行程反馈值;$\Delta M1$—高调阀油动机行程偏差值;
$M2_s$—旋转隔板油动机行程给定值;$M2_f$—旋转隔板油动机行程反馈值;$\Delta M2$—旋转隔板油动机行程偏差值;
$(p_c)_s$—抽汽压力给定值;$(p_c)_f$—抽汽压力反馈值;$\Delta(p_c)$—抽汽压力偏差值;
p_{m1}—高调阀油动机错油门控制油压;p_{m2}—旋转隔板油动机错油门控制油压;
$V1$—高压调节阀阀位;$V2$—旋转隔板阀位(转角)

图 9-2　抽凝式联合循环汽轮机调节系统简化方框图

其一,E 参数自动调节回路。E 参数调节回路可细分为两种参数调节回路(表 9-1)。E 参数自动调节时引发高压调节阀阀位变化来自动响应。无论调转速还是调机前主汽压力,都需要同一调节阀(高压调节阀)来执行,不能同时满足二者的调节要求。因此,机前主汽压力调节回路与转速调节回路无法同时投入。

其二,抽汽压力调节回路。抽汽压力自动调节时引发旋转隔板阀位(转角)变化来自动响应。通过供热抽汽压力的调节就能实现对供热抽汽流量乃至供热功率的调节。在抽汽压力调节回路未投入时,旋转隔板处于全开状态。

表 9-1　　E 参数自动调节回路细分表

序号	E 参数	符号	E 参数调节回路	E 参数调节器	E 参数测量元件
1	转速	n	转速调节回路	转速调节器	转速测量元件
2	机前主汽压力	p_t	机前主汽压力调节回路	机前主汽压力调节器	机前主汽压力测量元件

1. 转速调节基本原理

应用环境:抽凝式汽轮发电机组在非并网状态下,闭环的转速调节回路已投入,高压调节阀受控于转速调节;机前主汽压力调节回路不投入;不具备供热条件,抽汽压力调节回路不投入,旋转隔板在全开位置。

转速自动调节过程:参阅图 9-2,以转速给定值作为指令,以实际转速作为反馈,通过转速调节器自动控制转速。例如,汽轮机启动升速过程中,当转速给定值按设定的升速速率增大时,引发转速偏差大于零。相应地,通过转速调节器调节运算后使高调阀油动机行程给定值随之增大,继而引发高调阀油动机行程偏差大于零,再通过伺服放大、电液转换器的电液转换,引起错油门动作及受控的油动机行程增大。接着,通过传动机构驱动高压调节阀阀位增大。于是,汽轮机的高压蒸汽流量增大,转速随之上升。随着高调阀油动机行程的增大、转速的上升,油动机行程测量元件的反馈信号、转速测量元件的反馈信号分别逐渐增强，相应的油动机行程偏差信号、转速偏差信号分别逐渐减小并趋于零，调节回路逐渐趋于新的稳定，实际转速等于新的给定值。

注：①在汽轮机自动启动方式(Auto Mode)下，自动启动程序内设定转速目标值、升速速率；②在汽轮机手动启动方式(Manual Mode)下，由操作员人工外设定输入转速目标值、升速速率。具体应用将在第 10.2 节中描述。

2. 机前主汽压力调节基本原理

应用环境：抽凝式汽轮发电机组在并网状态下，闭环的机前主汽压力调节回路已投入，高压调节阀受控于机前主汽压力调节。

在机前主汽压力控制中，由操作员人工外设定输入机前主汽压力目标值指令。

机前主汽压力自动调节过程：参阅图 9-2，以机前主汽压力给定值作为指令，以实际机前主汽压力值作为反馈，通过机前主汽压力调节器自动控制机前主汽压力。例如，当机前主汽压力给定值按内设定的升压速率增大时，引发机前主汽压力偏差大于零。相应地，通过机前主汽压力调节器的调节运算后使高调阀油动机行程给定值随之减小(机前主汽压力与高调阀油动机行程成反向变化关系)，继而引发高调阀油动机行程偏差小于零，再通过伺服放大、电液转换器的电液转换，引起错油门动作及受控的油动机行程减小。接着，通过传动机构驱动高压调节阀阀位减小。于是，汽轮机的高压蒸汽流量减小，机前主汽压力随之上升。随着高调阀油动机行程的减小、机前主汽压力的上升，油动机行程测量元件的反馈信号、机前主汽压力测量元件的反馈信号分别逐渐增强，相应的油动机行程偏差信号、机前主汽压力偏差信号分别逐渐减小并趋于零，调节回路逐渐趋于新的稳定，实际机前主汽压力等于新的给定值。

汽轮机的机前主汽压力滑动调节时，汽轮机蒸汽流量随之滑动。于是，由式(9-1)可知，汽轮发电机组发电功率随之滑动。

由此，通过对机前主汽压力的有效控制，能够实现汽轮发电机组跟随燃气轮机、余热锅炉来辅助参与发电能量调节。

3. 抽汽压力调节基本原理

1) 抽汽压力给定值$(p_c)_s$扰动下的自动调节

应用环境：抽凝式汽轮发电机组在并网状态下，闭环的抽汽压力调节回路已投入，旋转隔板受控于抽汽压力调节。

在抽汽自动方式下，由操作员人工外设定输入抽汽压力目标值指令。

抽汽压力给定值$(p_c)_s$扰动下的自动调节过程：参阅图 9-2，以抽汽压力给定值$(p_c)_s$作为指令，以实际抽汽压力$(p_c)_f$作为反馈，通过抽汽压力调节器自动控制抽汽压力(p_c)。例如，当抽汽压力给定值$(p_c)_s$按内设定的升压速率增大时，引发抽汽压力偏差$\Delta(p_c)$大于零。相应地，通过抽汽压力调节器调节运算后使旋转隔板油动机行程给定值$M2_s$随之减小(抽汽压力与旋转隔板油动机行程成反向变化关系)，继而引发旋转隔板油动机行程偏差$\Delta M2$小于零，再通过伺服放大、电液转换器的电液转换，引起错油门动作及受控的油动机行程减小。接着，通过传动机构驱动旋转隔板阀位(转角)减小。于是，中低压段蒸汽流量减小($\Delta G_2<0$)，抽汽压力(p_c)随之上升，供热抽汽流量随之增大。随着旋转隔板油动机行程的减小、抽汽压力(p_c)的上升，油动机行程测量元件反馈信号$M2_f$、抽汽压力测量元件反馈信号$(p_c)_f$分别逐渐增强，相应的油动机行程偏差信号$\Delta M2$、抽汽压力偏差信号$\Delta(p_c)$分别逐渐减小并趋于零，调节回路逐渐趋于新的稳定，实际抽汽压力等于新的给定值。

2）热负荷扰动下的自动调节

应用环境：抽凝式汽轮发电机组在并网状态下，闭环的抽汽压力调节回路已投入，旋转隔板受控于抽汽压力调节。

热负荷扰动下的自动调节过程：在抽汽自动方式下。参阅图9-2，当热负荷扰动引起热网能量供求不平衡时，例如热负荷增加引起供小于求时，引起抽汽压力下降，通过反馈通道引发抽汽压力偏差 $\Delta(p_c)$ 大于零，继而通过抽汽压力自动调节回路的调节，使旋转隔板阀位（转角）减小，引起中低压段蒸汽流量减小（$\Delta G_2<0$）。于是，抽汽压力随之回升，供热抽汽流量随之增大。当实际抽汽压力逐渐回升至原给定值时调节回路便逐渐趋于新的稳定状态。

3）抽汽压力的手动调节

应用环境：抽凝式汽轮发电机组在并网状态下；旋转隔板受控于抽汽压力手动调节。

抽汽压力手动调节基本原理：在抽汽手动方式（Manual）下，由操作员人工外设定输入旋转隔板阀位目标值（%）指令。调节过程中，旋转隔板阀位按内设定的速率增大（或减小），抽汽压力随之改变。当旋转隔板开到目标值（%）后，实际的抽汽压力及抽汽流量因受实时汽轮机高压进汽汽温、汽压波动等内扰影响而出现一些漂移。

4. 功率手动调节基本原理

应用环境：抽凝式汽轮发电机组在并网状态下，高压调节阀受控于功率手动调节；机前主汽压力调节回路不投入。

功率手动调节基本原理：由操作员人工外设定输入功率目标值（%）、升功速率（%/min）。通过调节系统的内部转换，对应成用百分数（%）表示的目标流量与流量变化速率。当高压调节阀开到目标值（%）后，机组实发功率因受实时汽轮机高压进汽汽温、汽压波动等内扰影响而出现一些漂移，与目标功率值有些偏差。这种控制方式的优点在于对阀门特性没有高要求。

由此，通过对功率的有效手动控制，能够实现汽轮发电机组跟随燃气轮机、余热锅炉来辅助参与发电能量调节。

5. 低压补汽手动调节基本原理

应用环境：抽凝式汽轮发电机组在并网状态下，符合低压补汽条件（详见第10.2节），补汽调节阀受控于低压补汽手动调节。

低压补汽手动调节基本原理：由操作员人工外设定输入补汽调节阀阀位目标值（%）指令。调节过程中，补汽调节阀阀位按内设定的速率增大（或减小），补汽流量随之改变，继而引起补汽发电功率改变。

9.2.2 抽凝式联合循环汽轮机调节系统主要设备

汽轮机数字电液控制系统（DEH）以数字计算机技术为基础，采用数字电子调节器来实现各调节回路的变量调节。调节规律及调节参数用软件实现，精确度高。系统调节的静态性能和动态品质好。

抽凝式联合循环汽轮机调节系统主要设备有：DEH主控单元；高压调节阀及电液伺服机构；旋转隔板及电液伺服机构；补汽调节阀及电液伺服机构。

1. DEH主控单元

1）内部组件

DEH主控单元是DEH控制装置的核心，主要包括数字电子调节部分与保护部分。数字电子调节部分与保护部分既相对独立又相互联系。其中数字电子调节部分的主要组件为：转速调节器；机前主汽压力调节器；抽汽压力调节器。

2）外部信号接口

主要外部信号接口：操作员站、工程师站、手操盘；供热抽汽压力、转速、功率、机前主汽压力、高调阀油动机行程、旋转隔板油动机行程等反馈电信号输入接口；高调阀油动机行程偏差(放大后)、旋转隔板油动机行程偏差(放大后)的电信号输出接口；保护系统的外部电信号输入/输出接口；上位控制系统(CCS 等)控制电信号的输入/输出接口。

2. 高压调节阀及电液伺服机构

参阅图 9-2，高压调节阀用来调节从锅炉来的高压蒸汽流量。电液伺服机构用来根据控制信号伺服驱动高压调节阀，其控制信号来源：DEH 主控单元中传来的放大后的高压调节阀油动机行程偏差电信号。高压调节阀及电液伺服机构如图 9-3 所示。

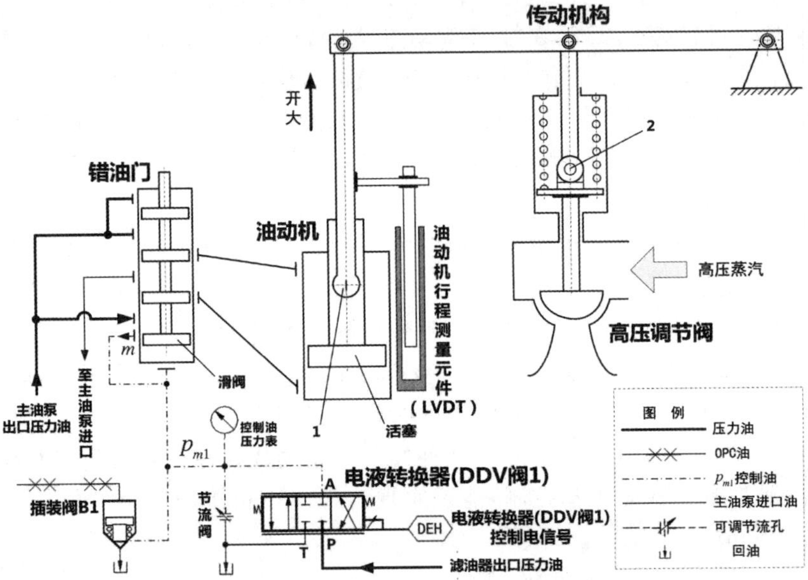

1—球形头连接件；2—销连接件；p_{m1}—高压调节阀油动机错油门控制油压

图 9-3 高压调节阀及电液伺服机构示意

1）高压调节阀油动机错油门控制油压(p_{m1})的静态整定与动态调节

(1) 稳定工况下控制油压(p_{m1})的静态整定

如图 9-3 所示，在稳定工况下，电液转换器(DDV 阀 1)、插装阀 B1 均处于断流状态。主油泵出口压力油作用于错油门滑阀的顶部；同时，压力油流经错油门套筒上的节流口(m)后作用于滑阀底部，并连续流经外部的节流阀排至回油管，形成基本流量平衡，建立起控制油通道。滑阀顶部压力油油压高但作用面积小(作用面积是下部的一半)；滑阀下部的控制油压(p_{m1})低，但作用面积大。节流阀用来静态整定控制油压(p_{m1})的设定值(为压力油的一半左右)，使滑阀位居中间位置，同时遮断了通往油动机活塞上、下腔室的油口，切断了油动机与外部油路的连接，呈现断流状态，使油动机位置稳定，免受调节阀上的汽流力脉动干扰。

(2) 调节工况下控制油压(p_{m1})的动态调节

参阅图 9-2 和图 9-3，调节工况下，例如，当高压调节阀油动机行程偏差电信号 $\Delta M1>0$ 时，DEH 主控单元将此电信号经伺服放大后传输给电液转换器(DDV 阀 1)，用作电液转换器(DDV 阀 1)控制电信号，引发电液转换器(DDV 阀 1)中的阀芯从中间断流位置向右移动，来自滤油器出口的压力油进入控制油管路，使控制油压(p_{m1})升高。控制油压(p_{m1})的增大打破了错油门滑阀上、下部的力平衡，使滑阀上移，偏离中间位置，同步打开了通往油动机活塞下、上腔室的油口，油动机活塞下腔室接通压力油管、上腔室接通排油管，油动机活塞在下、上腔室油压差作用下向上移动。随之：一方面通过传动机构驱动高压调节阀阀位逐渐增大；另一方面引起连接在油动机活塞杆上的油动机行程测量元件（LVDT）反馈电信号（$M1_f$）逐渐增强。随着 LVDT 反馈电信号（$M1_f$）的逐渐增强，油动机行程偏差电信号（$\Delta M1$）逐渐减小，电液转换器（DDV 阀 1）的阀芯逐渐向左回移，压力油通往控制油管路的油口逐渐减小，引起控制油压（p_{m1}）逐渐回降，继而引起错油门滑阀逐渐向下回移，通往油动机活塞下、上腔室的油口逐渐关小。当油动机行程偏差电信号（$\Delta M1$）减小到趋于零时，电液转换器（DDV 阀 1）的阀芯向左回移到中间断流位置，相应的控制油压（p_{m1}）恢复到稳定工况下的设定值，错油门滑阀向下回移到中间位置，重新切断了油动机与外部油路的连接，恢复断流状态，油动机活塞及高压调节阀不再移动。于是，电液伺服机构达到新的稳定状态。

错油门套筒上的节流口（m）的大小随错油门滑阀上、下移动而变化，相应引起控制油压（p_{m1}）动态变化，形成动态负反馈，能消除动态超调、抑制过渡过程振荡，有利于改善动态调节品质。动态负反馈对静态调节结果无影响。

2）油动机

油动机又被称作液压伺服马达，在汽轮机调节系统中用来驱动调节汽阀。油动机具有驱动力大、动作快、能耗低的突出优点，目前无法被电磁式驱动机构所替代。本例采用的是双侧进油式油动机，即油动机活塞上、下两侧都可以进压力油：下进压力油、上排油时依靠油压差推动活塞上移；上进压力油、下排油时依靠油压差推动活塞下移。

油动机性能评价参数：油动机提升力系数；油动机时间常数。

油动机对调节阀的最大驱动力取决于油动机活塞下、上油压差形成的作用力及传动机构的传动比。油动机对调节阀的最大驱动力与开启调节阀所需的最大提升力之比被称作"油动机提升力系数"。由于油动机活塞及传动机构运动时不可避免地存在摩擦力、卡涩力，所以，为保证在各种恶劣工况下均能平稳开启调节阀，油动机的驱动力必须留有足够的富余量，通常要求油动机提升力系数大于 2 甚至达到 4。

油动机时间常数表示油动机活塞在最大进油量条件下走完整个工作行程所需的时间。油动机时间常数一般为 0.1～0.3s。显然，油动机时间常数越大，油动机的关闭时间就越长。为降低机组甩全负荷工况下的最高飞升转速，必须要求油动机时间常数尽可能小。

3）错油门

断流式双侧进油式油动机配套的错油门用来同步导通（切断）油动机活塞腔室下、上腔室的进、排油通道。错油门主要由套筒、滑阀组成。

4）电液转换器（DDV 阀 1）

电液转换器（DDV 阀 1）是 DEH 的重要组件之一。主要作用：在动态调节过程中将伺服放大后的油动机行程偏差电信号（$\Delta M1$）转换为与之对应的控制油压变化信号（Δp_{m1}）。

抽凝式联合循环汽轮机调节系统中采用的电液转换器（DDV 阀 1）型号为 DDV634，是带电反馈阀芯位置闭环控制的直动阀。如图 9-4 所示，电液转换器（DDV 阀 1）主要由永磁式线性力马达、阀芯、位置传感器、对中弹簧、集成电路板等组成。

阀芯在永磁式线性力马达驱动下可以从弹簧对中位置灵活地双向移动。

油动机行程偏差电信号（$\Delta M1$）作为阀芯位移指令电信号，阀芯位置传感器电信号经解调后作为阀芯位移反馈信号，两信号输入集成电路板进行比较，产生的阀芯位置偏差电信号作用

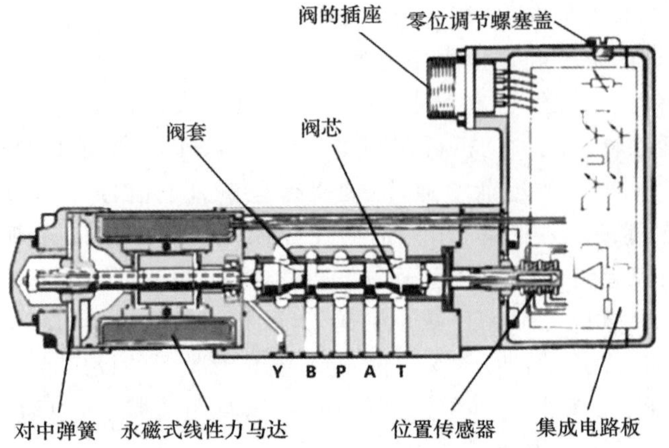

图 9-4 电液转换器(DDV 阀 1)示意

在力马达线圈中,克服对中弹簧的作用力,推动阀芯偏离中间位置。在油口 B 封掉不用的情况下,相关油口导通:参阅图 9-2~图 9-4,当电信号 $\Delta M1>0$ 时阀芯右移,控制油口 A 与压力油口 P 导通,来自滤油器出口的压力油进入控制油管路,引起控制油压升高($\Delta p_{m1}>0$);当电信号 $\Delta M1<0$ 时阀芯左移,控制油口 A 与回油口 T 导通,引起控制油压降低($\Delta p_{m1}<0$)。由此实现了电-液转换。DDV 阀能设计成比例转换。当外部的油动机行程逐渐达到指令值要求时,油动机行程偏差电信号($\Delta M1$)逐渐归零,相应的阀芯位置偏差电信号也逐渐归零。于是,阀芯逐渐回归中间位置,重新切断导通的油口,控制油压(p_{m1})也回归原设定值,系统达到新的稳定。

对中弹簧刚度较大、电磁力对阀芯驱动力强,使得阀芯对油液污染的敏感度大大减弱。

5) 油动机行程测量元件(LVDT)

油动机行程测量元件是油动机行程的实时反馈元件,采用的是 LVDT(差动变压器式位移传感器)。

6) 传动机构

油动机与调节阀之间常用传动机构有:杠杆传动机构;提板传动机构;凸轮传动机构。本系统高调阀油动机与高压调节阀之间采用杠杆传动机构,杠杆传动省力,还能避免调节阀阀芯高温热传导至油动机。

7) 高压调节阀

如图 9-5 所示,配置的一个高压调节阀,与高压主汽阀共用一个阀壳,构成高压主调阀组,省去了主汽阀到调节阀之间的蒸汽导管,结构紧凑。高压主调阀组布置在汽轮机头部前,位于轴中心线上,用刚性座架安装在基础上。高压主汽阀为卧式布置,高压调节阀为立式布置,从锅炉来的高压主蒸汽先进入高压主汽阀,再进入高压调节阀,从高压调节阀出来的蒸汽经 2 路主蒸汽导管导入前汽缸中。

高压调节阀由主阀碟、阀座、阀杆汽封、阀套等零件组成。主阀碟内有一个预启阀,预启阀先于主阀碟开启,公称直径小,开启时所需提升力小,蒸汽流量控制灵敏。预启阀行程有限,但开足后主阀碟前后压差已减小,使得预启阀带动主阀碟开启时的提升力大大减小。

3. 旋转隔板及电液伺服机构

参阅图 9-2,旋转隔板主要用来调节旋转隔板前的供热抽汽压力及流量。电液伺服机构用来伺服驱动旋转隔板,其控制信号来源于 DEH 主控单元中传来的放大后的旋转隔板油动

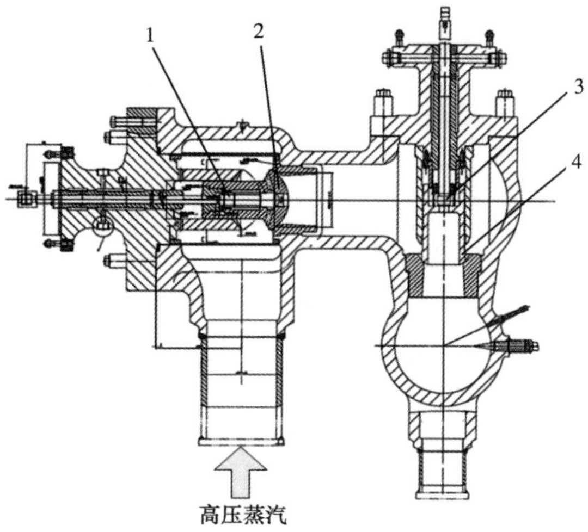

1—高压主汽阀的预启阀；2—高压主汽阀的主阀碟；3—高压调节阀的预启阀；4—高压调节阀的主阀碟

图 9-5　高压主调阀组示意

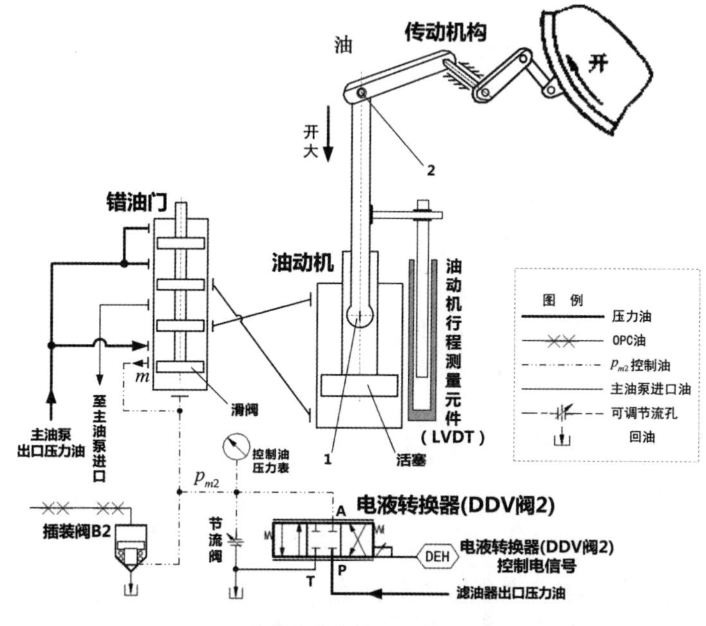

1—球形头连接件；2—销连接件

图 9-6　旋转隔板及电液伺服机构示意

机行程偏差电信号。旋转隔板及电液伺服机构如图 9-6 所示。相比于高压调节阀及电液伺服机构：旋转隔板的传动机构改用曲柄连杆机构；控制油压的静态整定与动态调节过程相似。

采用旋转隔板而不采用调节阀，有利于将高压段与中低压段设计布置在同一个汽缸内，结构紧凑。参阅图 7-3，第 9 级采用的正是旋转隔板，位于供热抽汽口后。如图 9-7 所示，隔板上装配有独立部件——转动环(2)。油动机通过传动机构(3)驱动转动环(2)引起转角改变时，转动环与固定环之间的通流面积随之改变，中低压段(第 9 级及以后各级)蒸汽流量随之改变，继而使得旋转隔板前的供热抽汽压力与流量随之改变。

旋转隔板阀位(转角)-蒸汽流量曲线如图 9-8 所示。转角范围有限(0～7.44°)。转角减小

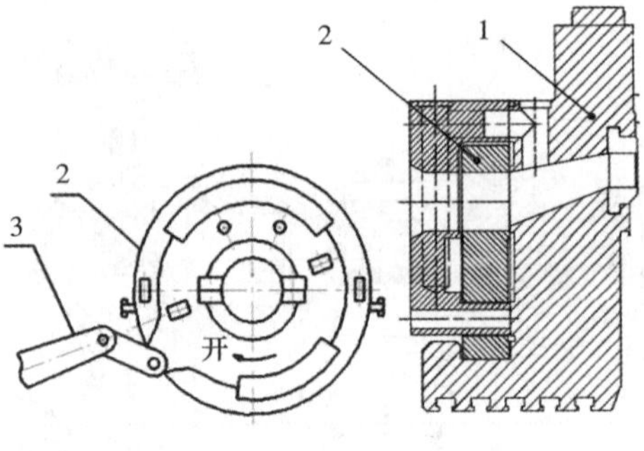

1—隔板;2—转动环;3—传动机构(曲柄连杆机构)

图 9-7　旋转隔板示意图

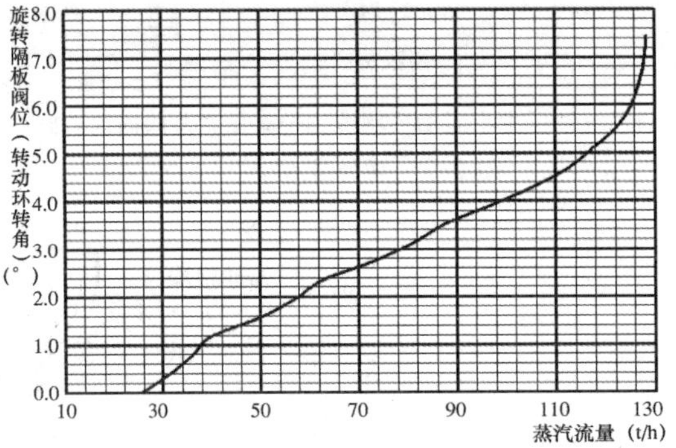

图 9-8　旋转隔板阀位(转角)-蒸汽流量曲线

时,引起通流面积减小,中低压段(第 9 级及以后各级)蒸汽流量随之降低。当转动环转小到极限位置(转角为 0°)时,对应旋转隔板最小开度为 11.8%(即保留有一定的通流面积),对应的最小流量约为 26t/h,用以保证汽轮机的中低压段此时仍具有足够的蒸汽流量带走中低压段各级叶片摩擦鼓风产生的热量,防止叶片温度超限。

4. 补汽调节阀及电液伺服机构

采用低压补汽是联合循环机组与常规汽轮机组的一个重要区别。参阅图 8-1,余热锅炉利用燃气轮机排气余热生产的低压蒸汽,经低压蒸汽系统中的低压补汽电动阀、补汽调节阀后补到汽轮机第 9 级出口处,在其后各级(第 10～18 级)中做功,增加功率,从而提高联合循环效率。低压补汽电动阀用于低压补汽源的电动隔离;补汽调节阀用于调节补汽流量。

补汽调节阀及电液伺服机构如图 9-9 所示。补汽调节阀是一种快关型金属密封碟阀,布置在运转层下方,通过法兰与中汽缸下半第 9 级后的低压补汽管相连。

参阅图 9-9,快关控制阀得电后阀芯左移到正常工作位置→在 OPC 油压正常的条件下,OPC 油穿过快关控制阀阀芯作用于液动阀,使液动阀阀芯左移到正常工作位置→压力油穿过液动阀阀芯使插装阀 B3 的阀芯左移到正常工作位置→油动机左侧腔室至回油管的快速泄油通道关闭→油动机开始接受电液伺服阀的控制。

补汽调节基本原理简述如下:参阅图 9-9,当外部控制指令电信号(补汽调节阀阀位控制指令电信号)要求补汽调节阀开大时,引发阀位偏差信号大于零,通过电液伺服阀的电液转换并使电液伺服阀阀芯左移后,压力油穿过电液伺服阀阀芯进入油动机活塞左侧腔室,克服活塞右侧弹簧压缩力使油动机活塞右移(行程增大),再通过传动机构驱动补汽调节阀阀位增大。随之:低压补汽流量增大,补汽发电功率增加;与此同时,补汽调节阀阀位反馈电信号逐渐增

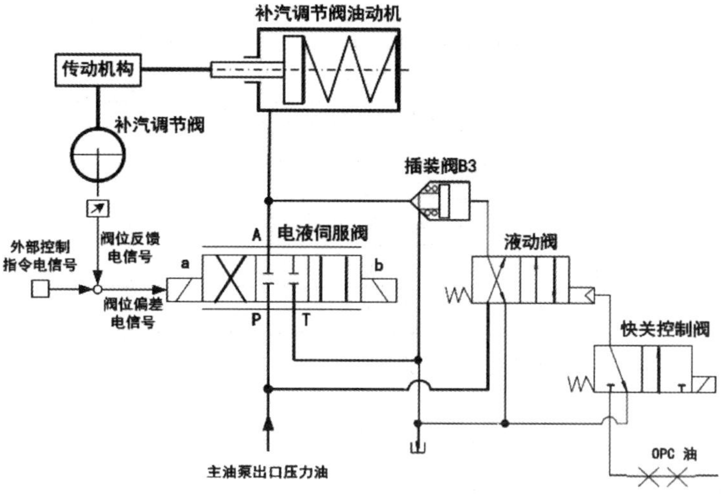

图 9-9　补汽调节阀及电液伺服机构示意

强，相应的阀位偏差电信号逐渐减小并趋于零，电液伺服阀阀芯逐渐回移至中间位置，油动机油源被切断。于是，油动机位置及补汽调节阀阀位不再移动，电液伺服机构达到了新的稳定状态。

此油动机是单侧进油式油动机，依靠进油压力开大、弹簧压缩力关小。

当机组跳闸、甩全负荷、OPC 油路失压或快关控制阀失电动作时将引发补汽调节阀自动关闭，快速遮断低压补汽源。例如：机组跳闸引起快关控制阀失电时→快关控制阀阀芯快速右移到图示位置→液动阀快速泄油失压→液动阀阀芯快速右移到图示位置→插装阀 B3 的阀芯快速右移→油动机快速泄油通道打开→油动机活塞在弹簧压缩力驱动下快速排油、左移→通过传动机构驱动补汽调节阀快速关闭，于是，低压补汽源被快速遮断。

9.3　抽凝式联合循环汽轮机保护系统

9.3.1　抽凝式联合循环汽轮机保护基本原理

汽轮机是一种高速的大型旋转设备，其转动部分承受着巨大的离心力作用，转速的少量增加，都将使离心力作用剧增。为保证机组的安全运行，应对机组转速进行严格的控制。供油系统油压的降低，将直接导致轴承承载能力的降低，甚至油膜破裂，烧毁轴瓦。此外，轴向位移的增大、排汽缸真空恶化以及其他严重故障或运行人员误操作，都有可能造成设备的损坏，危及机组的安全。因此，在配置必要的调节系统基础上，还设置了保护系统，以便在危急情况下引发保护系统动作，快速切断汽轮机进汽源，用以保障设备和运行人员的安全。

1. 紧急停机保护基本原理

图 9-10 是抽凝式联合循环汽轮机保护系统简化方框图。如图 9-10 所示，系统设置了 3 套危急遮断装置：AST 电磁阀组；机械超速危急遮断装置[机械超速危急遮断器（飞环）+危急遮断油门]；危急遮断手柄。3 套中任何一套动作后都会引发紧急停机。其中，AST 电磁阀组中“或”逻辑接入多个汽轮机保护电信号。安全油是执行危急遮断的工作媒介，正常运行时处于高压状态。抽凝式汽轮机紧急停机跳闸保护项目如表 9-2 所示。除来自汽轮机本身的保护项目外，还有来自机组大联锁的保护项目。

紧急停机保护基本原理：参阅图 9-10，超速或其他危急事件发生→产生危急遮断信号→

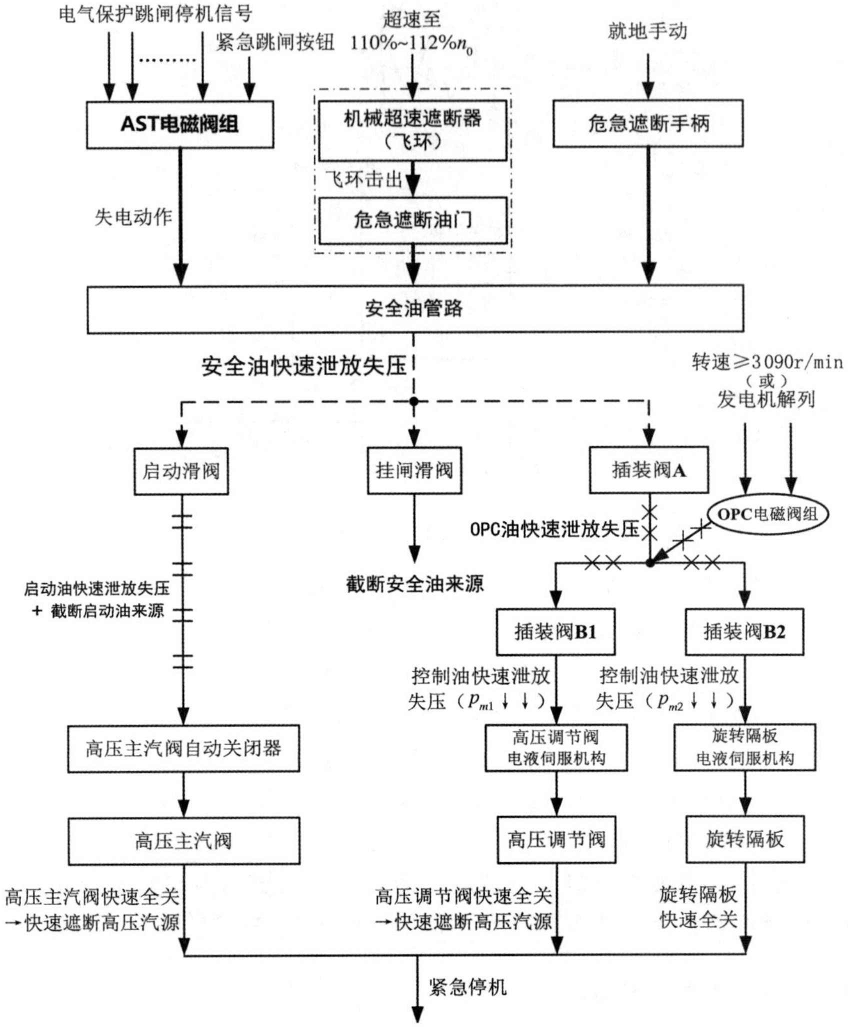

图 9-10　抽凝式联合循环汽轮机保护系统简化方框图

危急遮断装置动作→安全油快速泄放失压→[①挂闸滑阀截断安全油来源;②启动滑阀动作引起启动油快速泄放失压+截断启动油来源→高压主汽阀自动关闭器快速动作→高压主汽阀快速关闭→快速遮断高压汽源];与此同时,安全油快速泄放失压后→插装阀 A 快速动作→OPC 油快速泄放失压→[① 引发插装阀 B1 快速动作→控制油压 p_{m1} 快速下跌→高压调节阀快速全关→快速遮断高压汽源;②引发插装阀 B2 快速动作→控制油压 p_{m2} 快速下跌→旋转隔板快速全关];与此同时,参阅图 9-9,跳闸信号联动补汽调节阀快速全关→快速遮断低压补汽源;与此同时,参阅 8-3,跳闸信号还联动供热抽汽电动阀、气动逆止阀、气动快关阀快速全关→快速遮断抽汽供热管网返流汽源。在汽轮机保护系统快速遮断高压汽源、低压汽源、抽汽供热管网返流汽源后实现紧急停机。

表 9-2　　抽凝式汽轮机跳闸保护项目

序号	保护项目	结果
1	凝汽器真空低至－61kPa(3 取 2)	AST 电磁阀动作,汽轮机跳闸
2	轴向位移大超过＋1.3mm 或－0.7mm	AST 电磁阀动作,汽轮机跳闸
3	润滑油压低至 0.04MPa(3 取 2)	AST 电磁阀动作,汽轮机跳闸
4	DEH 柜按下“紧急停机”按钮	AST 电磁阀动作,汽轮机跳闸
5	就地手动危急遮断手柄	汽轮机机械跳闸,主汽阀及调阀关闭
6	集控室手动按下“紧急跳闸”按钮	AST 电磁阀动作,汽轮机跳闸
7	主汽门全关且安全油压＜0.8MPa	AST 电磁阀动作,汽轮机跳闸
8	DEH 超速 110％	AST 电磁阀动作,汽轮机跳闸
9	PPRO 硬件超速(100％超速)	AST 电磁阀动作,汽轮机跳闸
10	TSI 超速 110％	AST 电磁阀动作,汽轮机跳闸
11	机械超速	汽轮机机械跳闸,主汽阀及调阀关闭
12	任一轴承或推力瓦回油温度＞75℃ (4 个轴承回油,2 个推力轴承瓦回油)	AST 电磁阀动作,汽轮机跳闸
13	任一轴承金属温度＞110℃(4 个轴承温度测点)	AST 电磁阀动作,汽轮机跳闸
14	推力轴承金属温度高 (1 个达跳机值 110℃,相邻测点达报警值 100℃)	AST 电磁阀动作,汽轮机跳闸
15	任一轴承(X 向或 Y 向)振动大至 0.254mm	AST 电磁阀动作,汽轮机跳闸
16	＃1 余热锅炉来的跳闸信号	AST 电磁阀动作,汽轮机跳闸
17	＃2 余热锅炉来的跳闸信号	AST 电磁阀动作,汽轮机跳闸
18	发电机保护动作	AST 电磁阀动作,汽轮机跳闸
19	凝汽器保护动作	AST 电磁阀动作,汽轮机跳闸

2. 超速控制不停机保护基本原理

超速控制不停机保护基本原理:参阅图 9-10,当转速≥3 090r/min 或发电机解列(甩全负荷)时,保护系统发出 OPC 联锁控制信号→引发 OPC 电磁阀组暂态得电-暂态快速动作→OPC 油暂态快速泄放失压→分别引发高压调节阀暂态快关及旋转隔板暂态快关→暂态快速遮断高压汽源;与此同时,OPC 联锁控制信号联动补汽调节阀快速全关→快速遮断低压汽源;与此同时,OPC 联锁控制信号联动供热抽汽电动阀、气动逆止阀、气动快关阀快速全关→快速遮断抽汽供热热网返流汽源。

注意:非跳闸情况下,OPC 电磁阀组动作后不引发安全油泄放,高压主汽阀不关闭,而且高压汽源只是暂态快速遮断,因而不会直接引起紧急停机。

在汽轮机保护系统暂态快速遮断高压汽源、快速遮断低压汽源、快速遮断抽汽供热热网返流汽源后强力抑制汽轮机超速,维持空转,尽量避免因超速严重而跳机。

9.3.2 抽凝式联合循环汽轮机主要保护装置

1. 高压主汽阀及自动关闭器

1）自动关闭器

高压主汽阀的自动关闭器如图 9-11 所示。它主要由油动机活塞、油动机弹簧、错油门活塞、错油门弹簧等组成。图示的是停机位置。

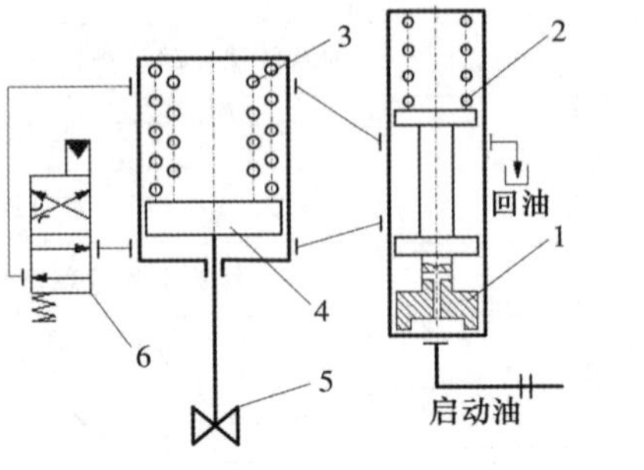

1—错油门活塞；2—错油门弹簧；3—油动机弹簧；4—油动机活塞；5—高压主汽阀；6—高压主汽阀活动试验电磁阀

图 9-11 高压主汽阀自动关闭器示意

机组挂闸时：先后建立起安全油压、启动油压，错油门活塞在下部启动油压作用下克服上部弹簧压缩力向上移动，打开通向油动机活塞下腔室的油口，启动油穿过错油门活塞内部节流孔缓缓进入油动机活塞的下腔室。于是，油动机活塞在下腔室中启动油压作用下克服上部弹簧的压缩力缓缓驱动高压主汽阀向上开启直至全开。

机组正常运行阶段：自动关闭器及受控的高压主汽阀保持挂闸后的"全开"状态，汽轮机保护系统的安全油路、启动油路维持在正常高压状态。油动机活塞的下腔室与启动油路保持连通，处于正常高压状态；油动机活塞的上腔室始终与回油管接通，处于正常无压状态。

机组跳闸时：先后引起安全油、启动油快速泄放失压，错油门活塞在弹簧的压缩力作用下快速下移，引起油动机活塞下腔室与上腔室、回油管迅速连通、泄油，油压快速下跌。于是，油动机活塞在弹簧的压缩力作用下驱动高压主汽阀快速全关，快速遮断高压汽源。

高压主汽阀防卡涩活动试验：高压主汽阀活动试验电磁阀得电时阀芯动作，油动机活塞下腔室压力油流经电磁阀中内置的节流孔缓缓流向上腔室，而上腔室始终与回油管连通的，由此引发高压主汽阀缓缓关小。

2）高压主汽阀

高压主汽阀是汽轮机保护系统的执行元件，参阅图 9-5，高压主汽阀与高压调节阀组装成一体，构成高压主调阀组，高压主汽阀在正常运行时保持全开状态，不参与蒸汽能量调节。当任何一套危急遮断装置保护动作时，要求高压主汽阀关闭动作迅速、关闭后严密不漏汽。

高压主汽阀为单座球形阀，主阀碟的端部为半球形。主阀碟与阀座完全吻合密封性好。启动时，先打开预启阀，预启阀公称直径小，开启时所需提升力小。预启阀行程有限，但开足后主阀碟前后压差已减小，使得预启阀带动主阀碟开启时的提升力大大减小。阀座与阀壳采用热压装配保证过盈，阀座带有一段扩散段以减少蒸汽流动损失。高压主汽阀总行程为 88mm。主阀碟上方由定位块固定，高压主汽阀开到位后定位块与阀盖完全吻合、配合紧密，达到了较好密封效果。阀杆和阀杆套筒的表面均经过渗氮处理以提高耐磨性。在主阀碟外装有一个蒸汽滤网，圆筒形网板是用不锈钢板卷成的，上面钻有若干个小孔，能防止汽流中的机械杂质进入汽轮机通流部分。

2. 遮断电磁阀组及挂闸阀组

遮断电磁阀组及挂闸阀组如图 9-12 所示。

1）挂闸阀组

当汽轮机保护系统动作后需再次启动时，必须首先使用挂闸阀组建立起安全油压、启动油压。

如图 9-12 所示，挂闸阀组主要由 1 只挂闸电磁阀、1 只挂闸滑阀、1 只启动滑阀组成。

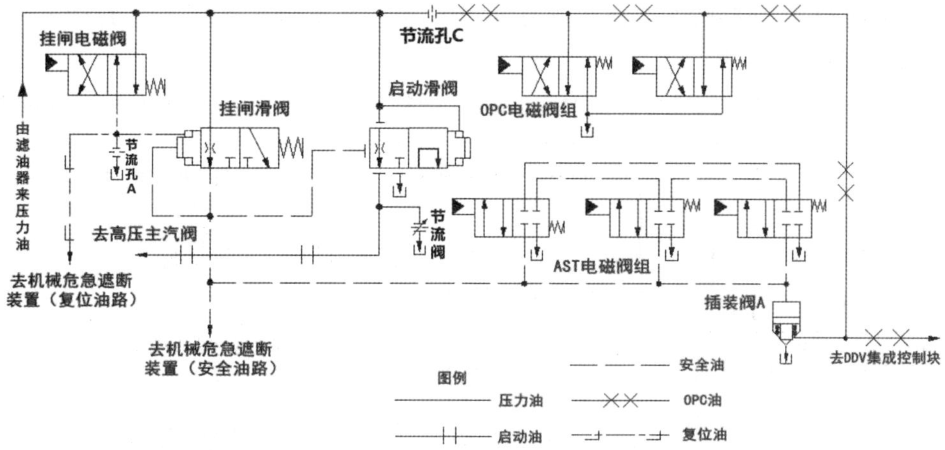

图 9-12　遮断电磁阀组及挂闸阀组示意

在危急遮断手柄、AST 电磁阀、危急遮断油门已经复位的条件下，可在控制室实现遥控挂闸：在 DEH 控制页面发出挂闸指令，使挂闸电磁阀得电建立复位油，对挂闸滑阀等进行复位，挂闸滑阀在复位油压作用下动作到图示位置，接着，压力油通过挂闸滑阀中的节流孔后缓缓建立起安全油压，当安全油压达到设定值后，安全油路上的压力开关动作，使挂闸电磁阀失电→复位→切除复位油源；与此同时，建立起的安全油压对挂闸滑阀有自锁作用，即在挂闸电磁阀失电复位切除复位油源、残余复位油经节流孔 A 缓慢流失后仍保持挂闸滑阀位置不变→安全油压保持高压不变。

安全油压建立后，启动滑阀在安全油压作用下动作到图示位置，压力油通过启动滑阀中的节流孔后缓缓建立起启动油，继而缓缓打开图 9-11 所示的自动关闭器及高压主汽阀。

在汽轮机运行期间，出现危急事件引发危急遮断装置动作后安全油泄放、压力下跌，一方面使挂闸滑阀因失去自锁作用而迅速左移，切断了安全油源，另一方面使启动滑阀迅速左移，切断了启动油源并引起启动油快速泄放失压，继而引发高压主汽阀等快速关闭，实现紧急停机。

缓缓调整节流阀可以缓缓排放启动油，可用于做高压主汽阀严密性试验。

2）遮断电磁阀组

如图 9-12 所示，遮断电磁阀组细分为 AST 电磁阀组、OPC 电磁阀组。

(1) AST 电磁阀组

AST 电磁阀组中含有 3 只 AST 电磁阀、插装阀 A。AST 电磁阀组采用“3 取 2”逻辑配置。

AST 电磁阀组接受不同来源的“或”逻辑跳闸紧急停机电信号，至少有 2 个 AST 电磁阀失电动作后才能快速泄掉安全油，进而快速泄掉启动油、引发高压主汽阀快速全关；与此同时，安全油泄掉后引起插装阀 A 的阀芯弹起，OPC 油路快速泄放失压，继而引发高压调节阀、旋转隔板快速全关；与此同时，还引发低压汽源、抽汽汽源快速遮断。

注：图 9-12 中的节流孔 C 对 OPC 油源有限流作用。

(2) OPC 电磁阀组

OPC 电磁阀组中含有 2 只并联的 OPC 电磁阀。OPC 电磁阀组采用“2 取 1”逻辑配置。

当保护系统发出 OPC 联锁控制信号时，至少要有一个 OPC 电磁阀接收到信号、得电暂态动作后才能引起 OPC 油路暂态快速泄放失压，继而引发高压调节阀、旋转隔板暂态快关。

3. 机械危急遮断装置

如图 9-13 所示，机械危急遮断装置主要包括：机械超速遮断装置、危急遮断手柄、复位手柄。

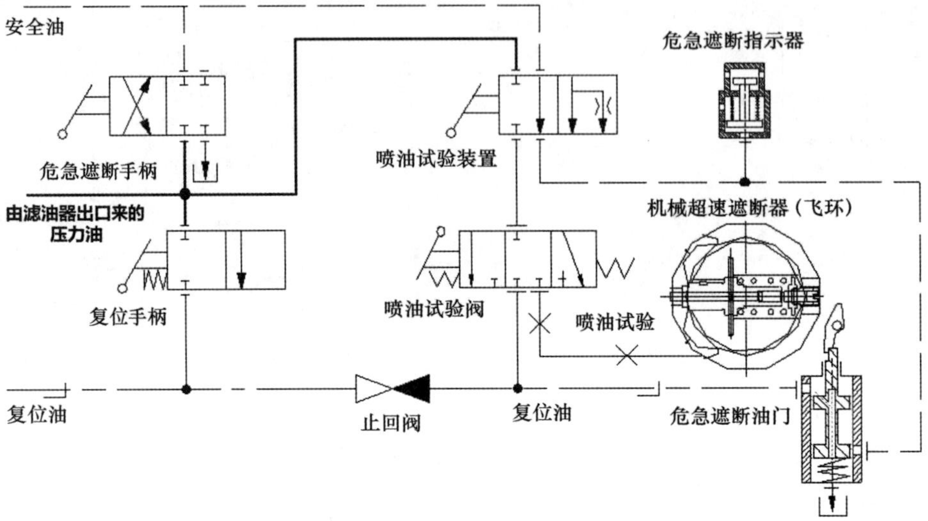

图 9-13　机械危急遮断装置示意

1）机械超速危急遮断装置

机械超速危急遮断装置包括：机械超速遮断器（飞环）＋危急遮断油门；危急遮断指示器；喷油试验装置＋喷油试验阀。

在汽轮机转动零部件总的工作应力中，离心应力占很大比例。当汽轮机严重超速时，很有可能造成严重后果。因而，在汽轮机保护系统中除了在保护系统中设置有超速保护跳机电信号以外，大多数系统还配置有后备的、无电运行的机械超速危急遮断装置。

(1) 机械超速危急遮断装置基本工作原理

机械超速遮断器(飞环)的结构如图 9-14 所示，危急遮断油门的结构如图 9-15 所示。机械超速遮断器主要由飞环、调整螺母、弹簧等部件组成。飞环被安装在汽轮机转子前端短轴上，垂直于轴线，由汽轮机主轴驱动。飞环主要受力：飞环质量偏心所产生的离心力；预紧弹簧的压缩力。这两个力方向相反。在低于飞环动作转速时，弹簧压缩力大于飞环离心力，飞环被压住不动。当达到动作转速后，飞环的离心力大于弹簧压缩力，飞环击出，偏心距增大，引起离心力与弹簧压缩力同时增大，但飞环离心力随偏心距增大的速率大于弹簧压缩力随偏心距增大的速率，使得飞环离心力与弹簧压缩力的力差随飞环行程的增大而增大，加速度越来越大，飞环飞得越来越快，直至走完全程(飞到限制位置)。飞环的这种特性称为静不稳定性。这种静不稳定特性可以保证飞环在一定转速下精确地出击，迅猛有力地撞击危急遮断油门上的挂钩。参阅图9-15，危急遮断油门随之脱钩，油门活塞在下部压缩弹簧力作用下迅速上移，使安全油泄放至回油，引起安全油压迅速下跌，继而引发高压主汽阀等快速关闭，汽轮机汽源危急遮断，紧急停机，达到防止汽轮机严重超速的目的。安全油压迅速下跌后，“危急遮断指示器”窗口显示“遮断”。

一个良好的汽轮机调节系统，在机组甩全负荷时，能将机组动态最高飞升转速控制在 $108\%n_0$ 以下。为避免发生超速飞车事故，将飞环的动作转速整定在 $110\%\sim112\%n_0$。

汽轮机大修后首次启动，应在 10%额定功率下稳定运行 4h，使汽轮机金属部件受热均匀

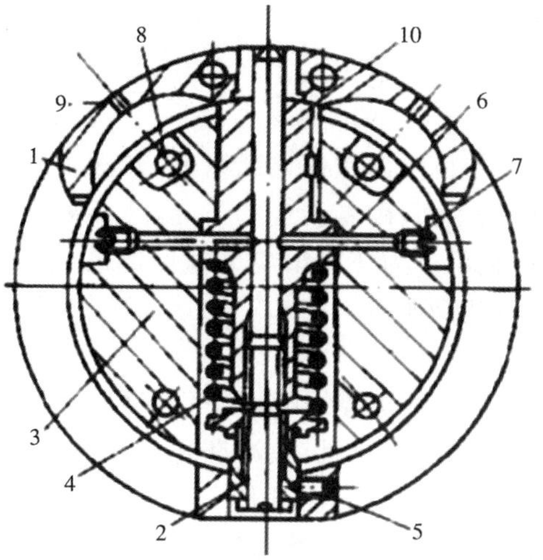

1—飞环；2—调整螺母；3—主轴；4—弹簧；5—螺钉；6—圆柱销；7—螺钉；8—孔口；9—泄油孔口；10—套筒

图 9-14　机械超速遮断器(飞环)结构示意

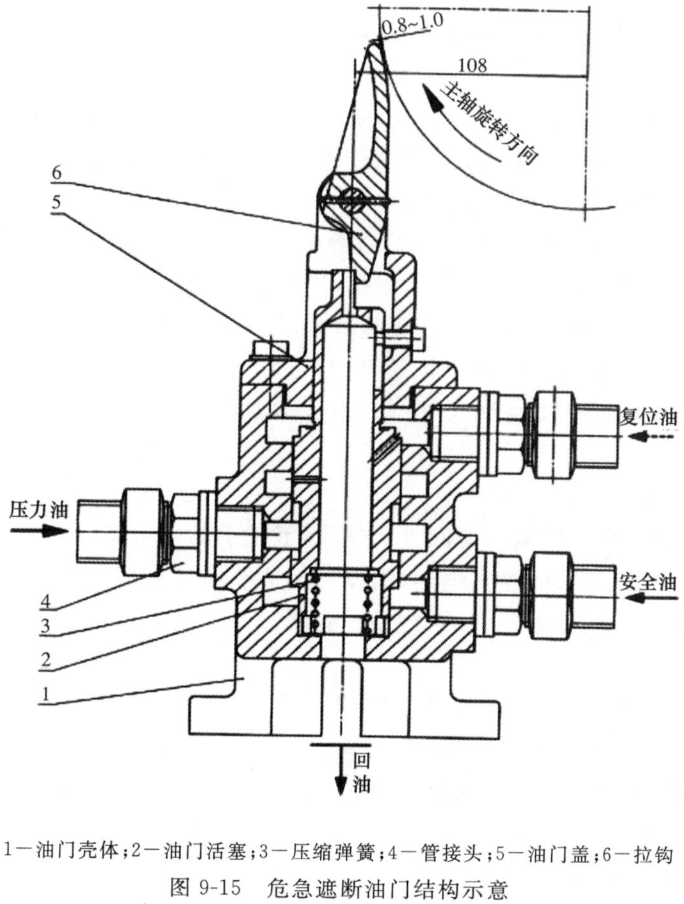

1—油门壳体；2—油门活塞；3—压缩弹簧；4—管接头；5—油门盖；6—拉钩

图 9-15　危急遮断油门结构示意

化、各项参数合格,然后发电机解列,做汽轮机实际超速试验。飞环飞出与否,以试验时高压主汽阀、调节阀等关闭、停机和危急遮断指示器指示“遮断”为准。机械超速试验做3次,动作转速应符合设计要求。飞环的动作转速不在设计范围时,可以通过调整螺母来调整:调整螺母每转动45°角,飞环的动作转速就改变约50r/min。

随着保护系统动作引发汽轮机汽源快速遮断以后,转速下降,降到复位转速后,飞环的离心力小于弹簧压缩力,飞环开始返回,随着转速的下降,飞环离心力的下降速率大于弹簧压缩力的下降速率,飞环自动加速复位。为使机组能可靠地停机,通常希望复位转速不要太高,但也不宜太低。一般要求复位转速高于机组的额定转速,这样在降速到额定转速前系统飞环就能自动复位。

(2) 机械超速危急遮断装置不停机离线喷油试验方法

喷油试验主要作用:对飞环进行活动性试验,防止飞环卡涩。

参阅图9-13,喷油试验系统主要由喷油试验装置、喷油试验阀组成,可实现机组在不停机、非并网运行状态下进行离线喷油试验。喷油试验装置是手动操作的二位四通液压阀。通常在并网前做喷油系统试验。

试验前将汽轮机转速降低至2800r/min左右,然后拉出喷油试验装置手柄,使喷油试验装置处于“试验”位置,喷油试验系统“离线”,即与“在线安全油路”有效隔离开来。同时,一方面压力油经内置节流孔缓缓流向危急遮断油门形成“模拟安全油路”、建立起“模拟安全油压”,另一方面压力油通达喷油试验阀。喷油试验阀是手动操作的三位三通液压阀。拉出喷油试验阀的手柄,对机械超速柄遮断器(飞环)注油。当机组转速提升到(2920±30)r/min时,飞环应击出并使危急遮断油门脱钩动作,引发“模拟安全油路”快速泄放、压力下跌。此时,危急遮断指示器应指示“遮断”,高压主汽阀、调节阀和旋转隔板等均应保持原有位置。参阅图9-14,喷入飞环的试验油经泄油孔口(9)缓慢泄去。

按入喷油试验阀的推块,建立复位油使危急遮断油门复位,此时危急遮断指示器应指示“正常”,说明危急遮断油门已挂钩。随后,复位油经危急遮断油门中活塞上的节流孔缓慢泄至回油管。注意:喷油试验阀只有在喷油试验装置处于“试验”位置时才能有效使用。

试验完成后,应及时推入喷油试验装置手柄,切换至“正常”位置,此时,“模拟安全油路”被切除,系统重新恢复“在线安全油路”。注意:未完成这一步操作,危急遮断油门将失去保护作用。

2) 危急遮断手柄

危急遮断手柄安装在前轴承座端面,用于现场就地手动打闸停机。

就地手动危急遮断手柄,泄掉安全油,引发启动油泄掉、快速关闭高压主汽阀等,切断汽轮机汽源,实现紧急停机。危急遮断指示器指示“遮断”。

3) 复位手柄

复位手柄用于在AST电磁阀已经复位的条件下实现就地手动挂闸。参阅图9-13、图9-12和图9-15,首先让危急遮断手柄复位(切断安全油泄放通道),然后再拉出复位手柄,建立起复位油,使危急遮断油门、挂闸滑阀复位,建立起安全油压、启动油压。安全油压正常后,危急遮断指示器指示“正常”。随后,复位油分别经复位油路中的节流孔A、危急遮断油门中活塞上的节流孔慢慢泄至回油管。

9.4 抽凝式联合循环汽轮机供油系统

9.4.1 供油系统的主要作用

汽轮机供油系统的主要作用是：向调节系统、保护系统供给压力油；向轴承润滑系统供给润滑油。

汽轮机供油系统与调节系统、保护系统、润滑系统密切联系在一起，成为保证汽轮发电机组正常运行所不可缺少的重要组成部分。保证供油系统安全可靠对汽轮机的正常运行有着非常重要的意义，任何供油的中断（哪怕是极其短暂的）都会使调节系统失控、轴瓦乌金熔化，给机组带来严重后果。

汽轮机油通常是基于石蜡矿物油并包含饱和烃的混合物。其包含的添加物不能对油系统材料造成任何副作用。汽轮机油不能含有有机金属化合物成分（如有机锌化合物成分）。汽轮机油必须能够在汽轮机部件（如轴承、联轴器）最高温度120℃和油箱最高温度80℃时物理化学性质不发生改变。必须能与少量（最多4%体积）其他同类型的汽轮机油混合，这种少量的混合不能发生汽轮机油的任何变质。汽轮机油不能对遵照常规工业卫生惯例进行操作的人员造成安全或健康上的危险。汽轮机油是矿物油或含有增加抗侵蚀能力和稳定性成分的合成油。

9.4.2 供油系统类型

根据供油系统中主油泵的型式，汽轮机供油系统可分成离心式油泵供油系统和容积式油泵供油系统。

离心式油泵供油系统与容积式油泵供油系统相比，具有下列优势：当系统用油量增大时，离心式油泵的出油压力降落比容积式油泵的要小；因离心式油泵进、出口腔相连，所以其出口压力不可能高于叶轮圆周速度所决定的极限数值，因而系统中可不设安全阀。

离心式主油泵的最大缺点是其吸入侧为真空，一旦漏入空气吸油就困难，甚至使供油中断。为了增加离心式油泵工作的可靠性，通常在系统中装设注油器来连续地向离心式主油泵进口供油，使离心式主油泵入口维持正压，保证离心式油泵供油可靠。

目前电厂广泛使用离心式主油泵的供油系统。抽凝式联合循环汽轮机供油系统简化示意如图9-16所示。离心式油泵由主轴直接带动，因而省去了减速传动装置。

正常运行时，由离心式主油泵供给机组用油。离心式主油泵出口油压为1.57MPa，出油量为3.0m^3/min。主油泵出口的高压油经逆止阀后分为两部分。

调节系统和保护系统的用油压力高。调节系统和保护系统的用油（压力油）分成三路：

第一路作为压力油直供油动机，油动机回油不是回到油箱而是回油到主油泵进口，使得油动机快速动作时不至于影响主油泵进口油压。

第二路作为压力油直供机械危急遮断装置。

第三路经滤油器过滤后作为压力油分别供给对油质要求较高的各个电液转换器、遮断电磁阀组及挂闸阀组。

9.4.3 供油系统主要设备

汽轮机供油系统主要由1只主油箱、1台离心式主油泵、2只注油器、1台高压启动油泵、1台交流润滑油泵、1台直流润滑油泵等设备组成。

1. 主油箱

主油箱的作用：主油箱在油系统中除了用来储油外，还起着分离水分、气泡及沉淀机械杂

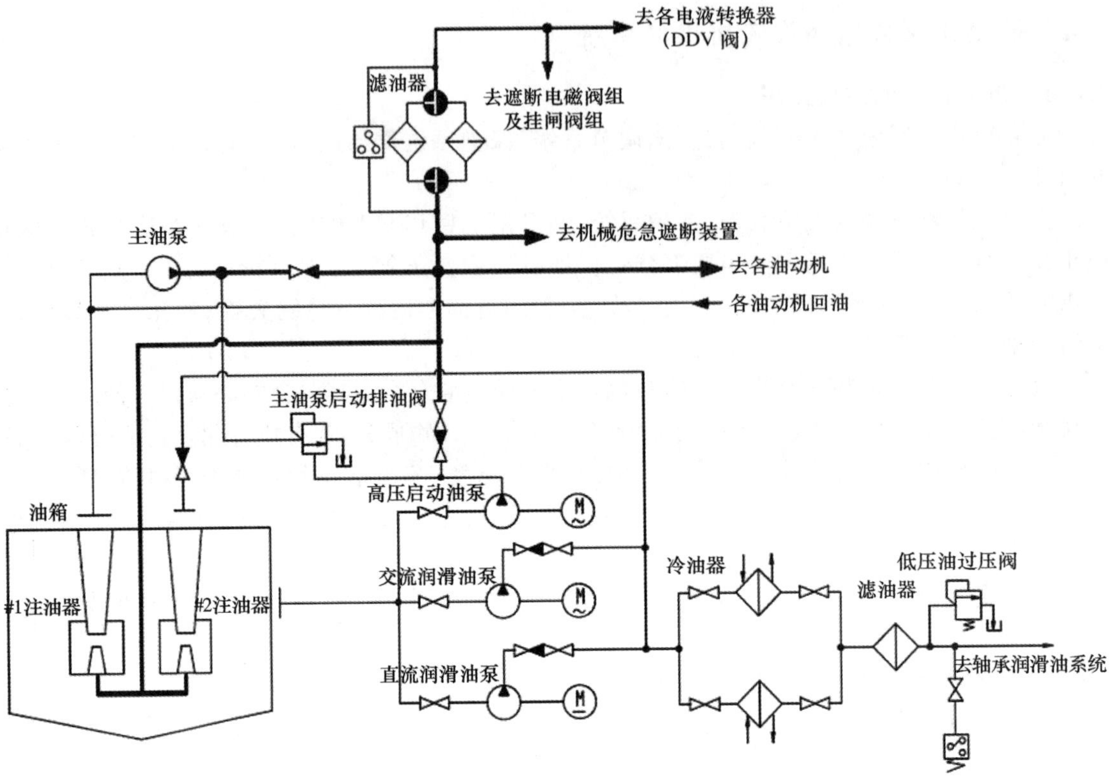

图 9-16　抽凝式联合循环汽轮机供油系统简化示意

质的作用。油中的水分往往是由轴封汽不正常外泄至轴承座内冷却后形成的。

主油箱的结构:主油箱通常用钢板焊成,底部具有一定的坡度或制作成圆弧形,并在最低处装有放水排污管,以便定期排掉油箱中分离出来的水、沉淀物和其他杂质。油箱中的滤网用于过滤掉回油中的杂质,保证主油泵供油的清洁度。油箱上装有油位计、差压变送器等,供集中控制监视用。参阅图 7-14,油箱上装有油烟净化排放装置,一方面对油烟进行净化排放,另一方面通过装置中的排烟风机抽吸作用,保持油箱内负压运行,使回油顺畅。

油温是保证汽轮机安全运行的一个重要参数。系统启动前若油温低,则投入主油箱中的电加热装置。电加热装置的工作由恒温器控制。

主油箱正常油位时容积为 $12m^3$,最高油位时容积为 $13.2m^3$,能保证在厂用交流电失去、冷油器的冷却水断水的情况下保证转子安全惰走、停机的用油量。油箱中的油温不超过 80℃。

2. 主油泵

主油泵的作用:为机组正常运行时提供压力油、润滑油。主油泵进口油压为 0.1～0.15MPa,主油泵出口油压为 1.57MPa,出油量为 $3.0m^3/min$。

主油泵的结构:主油泵为双吸离心式单级油泵,结构如图 9-17 所示。双吸单级泵实际上等于将两个相同叶轮背靠背地安装在同一根轴上并联地工作。这种泵流量大、能自动平衡轴向力。双吸离心泵是从叶轮两面进油的,因泵盖和泵体是采用水平接缝进行装配的,所以又称为水平中开式离心泵。与普通离心泵相比,其效率高、流量大、扬程较高。

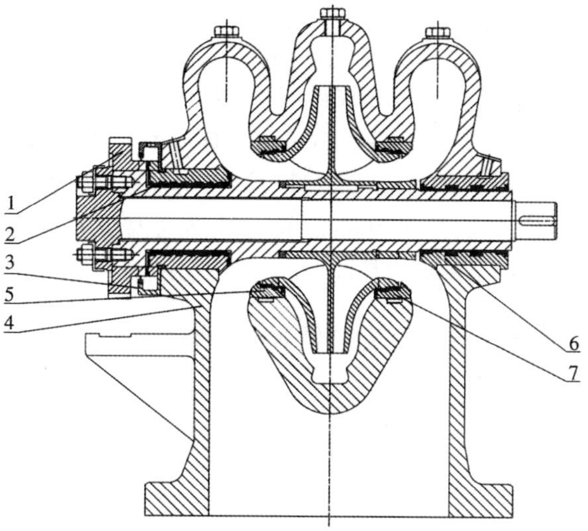

1—转子；2—轴瓦；3—挡油环；4—泵壳；5—油封环(左)；6—轴瓦；7—油封环(右)

图 9-17　主油泵结构示意

3. 注油器

主油泵出口高压油的一部分用作两只并联注油器的动力油。#1 注油器出口油压为 0.10～0.15MPa，出口油量为 1600L/min，向主油泵进口供油，在主油泵进口管中维持正压；#2 注油器出口油压为 0.22MPa，出口油量为 900L/min，出口油经逆止阀、冷油器、滤油器、润滑油过压阀后送往轴承润滑、冷却。

注油器结构简单，无转动部件，工作性能稳定可靠，制造及检修方便，应用很广泛。

注油器的结构及工作原理如图 9-18 所示。注油器主要由喷嘴、混合室及扩压管组成。主油泵来的压力油作为动力油在喷嘴中加速减压，从而在喷嘴出口的混合室中形成负压。在负压及自由射流的卷吸作用下，不断地将油箱中的油带入混合室，随后进入扩压管，混合油流在扩压管内减速回升压力后排出。

如图 9-18 所示，#2 注油器专供润滑系统用油，与采用节流孔板减压供给润滑油的方式相比避免了节流损失，有较好的经济性，并且注油器并联方式中的两路油压调整方便，互不干扰。目前被广泛采用。

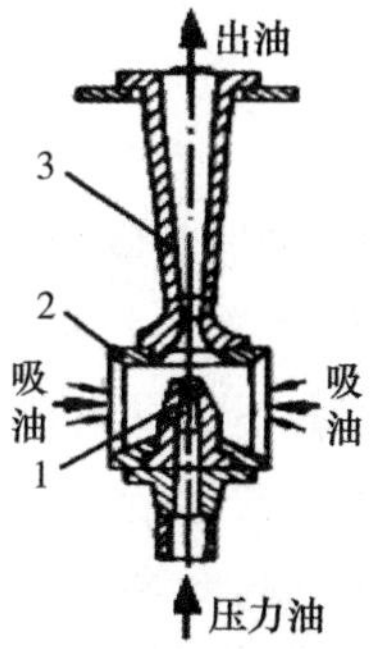

1—喷嘴；2—混合室；3—扩压管

图 9-18　注油器结构示意

4. 冷油器

润滑油带走轴承在运行中产生的热量后温度升高，油温升高后润滑油的黏度减少，影响油膜工作性能。油温过高时将使油膜破坏，造成轴承损毁事故。为避免此类事故的发生，通常要求油温控制在 45℃左右。

冷油器一般为逆流换热器，润滑油走换热管外侧，冷却水走换热管内侧。在水室盖上装有水侧放气阀，冷油器的外壳上部装有油侧放气阀，在冷油器投运时，油侧和水侧的空气应放尽，否则会影响冷油器的冷却效果。冷油器的油侧和水侧的最低处装有放油阀和放水阀，用于冷油器停运检修时放油、放水，尤其是在冬季停运时如果不将水放掉，其中的存水可能因冰冻而使冷油器损坏。

冷油器工作时,应保证油侧压力大于水侧压力。只有这样,才能保证当油管破裂时不会引起油中进水;否则,就会使油质迅速恶化,严重影响工作性能。

本机冷油器的冷却水管采用不锈钢 316L,冷却面积为 $70m^2$,采用开式冷却水冷却,额定冷却水量为 163t/h,水阻为 0.012MPa,油阻为 0.07MPa,额定冷却油量为 1200L/min,额定油侧压力为 0.22MPa,水侧压力为 0.2MPa。在设计冷却水量、最高冷却水温、水侧清洁系数为 0.85、管子堵塞 5%的情况下,能满足机组最大负荷时供油温度不超标,且有 20%余量。在任何环境温度、机组满负荷运行时,冷油器都能满足一台运行、另一台检修的要求。

9.5 背压式联合循环汽轮机调节保护供油系统

背压式联合循环汽轮机无抽汽、无低压补汽、无凝汽器。蒸汽流过汽轮机,同时驱动发电机对外供电和利用排汽供热。图 9-19 是背压式联合循环汽轮机装置简图。

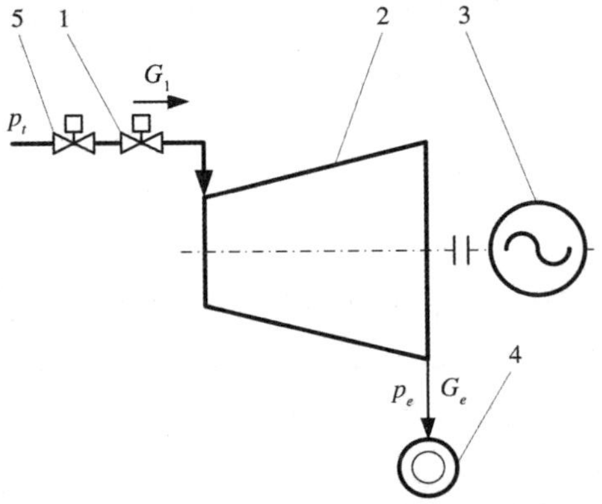

1—高压调节阀;2—汽轮机;3—发电机;4—热网用户;5—高压主汽阀;
G_1—高压蒸汽流量;G_e—供热排汽流量;p_t—机前主汽压力;p_e—供热排汽压力

图 9-19 背压式联合循环汽轮机装置简图

相比于抽凝式联合循环汽轮机调节系统,无旋转隔板、无低压补汽调节阀。

背压式汽轮机调节系统无论调"热"还是调"电",都需要用同一调节阀(高压调节阀)来执行。因此,不能同时满足电负荷和热负荷变化的调节要求,而只能以"以热定电"方式或者"以电定热"方式运行。背压式汽轮发电机组为供热、电力调峰运行机组,在供热高峰期以热定电运行,用电高峰期按调峰运行(周末停机或每日启停)。排汽端无热负荷时,机组不允许长时间排空运行。

9.5.1 背压式联合循环汽轮机调节系统

1. 背压式联合循环汽轮机调节系统基本工作原理

1) 转速调节

相比于抽凝式联合循环汽轮机,转速调节过程相似。

2) 机前主汽压力调节

相比于抽凝式联合循环汽轮机,机前主汽压力调节过程相似。

3）功率手动调节

相比于抽凝式联合循环汽轮机，功率手动调节过程相似。

4）排汽压力供热调节

相比于抽凝式联合循环汽轮机调节系统（图 9-2），背压式联合循环汽轮机采用排汽供热。相应的排汽压力调节回路如图 9-20 所示。

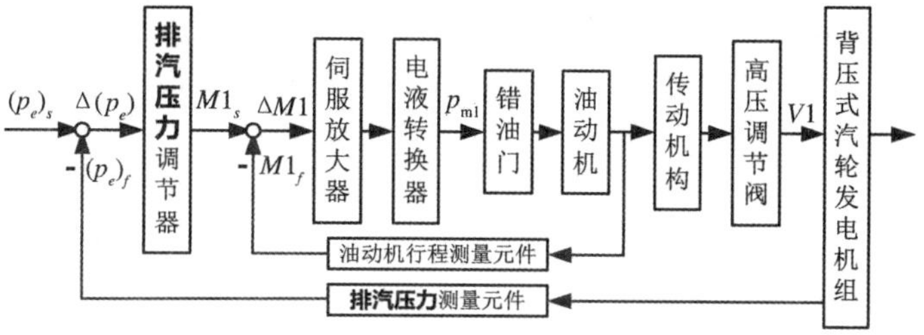

$M1_s$—高调阀油动机行程给定值；$M1_f$—高调阀油动机行程反馈值；$\Delta M1$—高调阀油动机行程偏差值；

$(p_e)_s$—排汽压力给定值；$(p_e)_f$—排汽压力反馈值；$\Delta(p_e)$—排汽压力偏差值；

$V1$—高压调节阀阀位

图 9-20　背压式联合循环汽轮机排汽压力调节回路简图

（1）排汽压力给定值$(p_e)_s$扰动下的自动调节

应用环境：背压机组在并网状态下；机前主汽压力调节回路未投入；功率手动不投入；闭环的排汽压力自动调节回路已投入，高压调节阀受控于排汽压力自动调节。

由操作员人工外设定输入排汽压力控制目标设定值（MPa）指令。

排汽压力给定值$(p_e)_s$扰动下的自动调节过程：参阅图 9-20，以排汽压力给定值$(p_e)_s$作为指令，以实际排汽压力$(p_e)_f$作为反馈，通过排汽压力调节器自动控制排汽压力(p_e)。例如，当排汽压力给定值$(p_e)_s$按内设定的升压速率增大时，引发排汽压力偏差$\Delta(p_e)$大于零，相应地，通过排汽压力调节器调节运算后使高压调节阀油动机行程给定值$M1_s$随之增大（排汽压力与高压调节阀油动机行程成同向变化关系），继而引发高压调节阀油动机行程偏差$\Delta M1>0$，再通过伺服放大、电液转换器的电液转换，引起错油门动作及受控的油动机行程增大，接着，通过传动机构驱动高压调节阀阀位增大。于是，高压蒸汽流量增大（$\Delta G_1>0$），排汽压力(p_e)随之上升，供热排汽流量随之增大。随着高压调节阀油动机行程的增大、排汽压力(p_e)的上升，油动机行程测量元件反馈信号$M1_f$、排汽压力测量元件反馈信号$(p_e)_f$分别逐渐增强，相应的油动机行程偏差信号$\Delta M1$、排汽压力偏差信号$\Delta(p_e)$分别逐渐减小并趋于零，调节回路逐渐趋于新的稳定，实际排汽压力等于新的给定值。

（2）热负荷扰动下的自动调节

应用环境：背压机组在并网状态下；机前主汽压力调节回路未投入；功率手动不投入；闭环的排汽压力自动调节回路已投入，高压调节阀受控于排汽压力自动调节。

热负荷扰动下的自动调节过程：参阅图 9-20，当热负荷扰动引起热网能量供求不平衡时，例如热负荷增加引起供小于求时，引起排汽压力下降，通过反馈通道引发排汽压力偏差$\Delta(p_e)$大于零，继而通过排汽压力自动调节回路的调节，使高压调节阀阀位增大、高压蒸汽流量增大（$\Delta G_1>0$），排汽压力随之回升，供热排汽流量随之增大。当实际排汽压力逐渐回升至原给定值时，调节回路便逐渐趋于新的稳定状态。

2. 背压式联合循环汽轮机调节系统主要设备

相比于抽凝式联合循环汽轮机调节系统主要设备,无旋转隔板及电液伺服机构、无补汽调节阀及电液伺服机构,其他调节设备相似。

9.5.2 背压式联合循环汽轮机保护系统

相比于抽凝式联合循环汽轮机保护系统,主要作用相同,主要设备相似。

9.5.3 背压式联合循环汽轮机供油系统

相比于抽凝式联合循环汽轮机供油系统,主要作用相同,工质流程相似,主要供油设备相似。

第 10 章　联合循环汽轮机运行

汽轮机运行的内容涉及面很广，其包括汽轮机的启动、停机、空负荷以及带负荷等工况。此外，还包括汽轮机的热力试验、经济调度、汽轮机设备的事故处理等内容。本章以国电南浔公司的联合循环汽轮机为例来描述相关的运行技术。

10.1　联合循环汽轮机运行基本概念

10.1.1　汽轮机冷态启动受热特点

在汽轮机启动、停机和功率变化过程中，尤其是在冷态启动过程中，汽轮机各部件金属温度变化剧烈。例如，高参数汽轮机在冷态启动时，其进汽部分的金属温度将由原来的室温上升到 450℃以上。因此，启动过程经历着蒸汽对汽轮机的比较剧烈的加热过程。

在汽轮机冷态启动初期，过热蒸汽与冷的汽缸内壁接触，先进行对流换热，释放过热热量，蒸汽温度随之下降。当蒸汽温度下降到对应压力下的饱和温度时继续放热，即凝结放热，释放汽化潜热。在蒸汽凝结放热过程中，汽轮机具有以下两个受热特点：

(1) 换热强度高：蒸汽凝结放热时放热系数很高、传热量很大，加剧了汽缸内壁单向受热的不均匀性，使汽缸内外壁温差增大，汽缸内壁温度很快上升到该蒸汽压力下的饱和温度，蒸汽的凝结放热阶段随之结束。此后，蒸汽主要是以对流换热方式向金属传热。

(2) 产生凝结水（疏水）：蒸汽凝结放热时会产生凝结水，此处产生的凝结水通常被称为本体疏水。本体疏水应及时排放到汽缸外，以免引起水击。

10.1.2　汽轮机主要部件的热应力

1. 汽缸热应力

汽轮机在冷态启动过程中，蒸汽首先接触、加热汽缸内壁，内壁通过金属导热至外壁，由于汽缸金属内、外壁之间存在金属导热热阻，沿半径方向出现温度梯度，内壁温度高于外壁温度，形成温差，产生热应力。内壁热应力为压缩应力，外壁热应力为拉伸应力，如图 10-1 所示。在停机过程中，汽缸内壁温度低于外壁温度，内壁热应力为拉应力，外壁热应力为压应力。

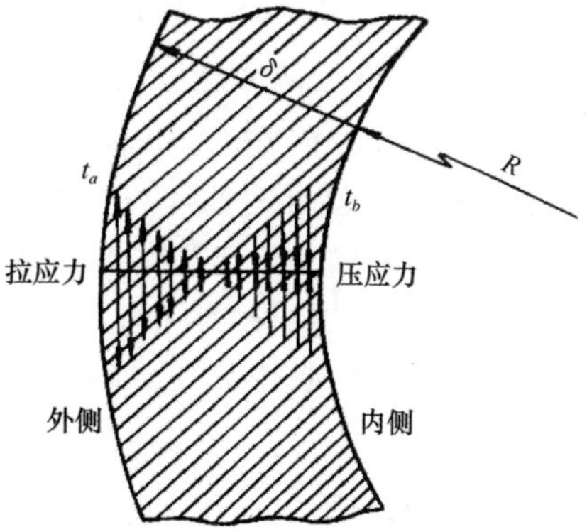

图 10-1　汽缸壁内侧加热时的热应力分布

实践证明，汽缸出现裂纹或损坏，大多是由热拉应力过大所引起的。汽缸内壁在快速冷却时出现较大的热拉应力，所以汽轮机的快速冷却比快速加热时更加危险。例如，处于热状态的汽轮机若用低湿蒸汽（温度低于汽缸金属温度的湿蒸汽）进行启动时是很危险的。汽轮机在启动、停机及功率变化的过程中，应当严格控制汽缸内外壁金属温差在允许范围内。

2. 螺栓热应力

在汽轮机启动过程中，法兰与螺栓之间存在着较大的温度差，而且法兰的温度高于螺栓的温度。法兰在厚度方向上受热要膨胀，对螺栓产生附加热拉应力。此时，与螺栓安装时的拉伸预应力、汽缸内外蒸汽压差引起的螺栓拉伸应力迭加后,若超过螺栓材料的屈服极限,螺栓就会发生塑性变形甚至断裂。

在螺栓产生热拉应力的同时,法兰相应地受到热压应力的作用。若这种应力过大时,法兰结合面的局部就可能因受过度的压缩而产生塑性变形,结合面的严密性将受到破坏而导致汽缸漏汽。

3. 转子热应力

与汽缸相似,汽轮机转子在启动或停机过程中,其表面亦受到单向加热或冷却,而且也是不稳定的热传递过程。例如,汽轮机启动和加功率时,高温蒸汽加热转子表面,越接近于轴心部分温度越低。转子截面内的这个径向温差使转子中心处产生热拉应力,与离心力引起的拉应力同向迭加,总的工作应力水平较高;转子表面的热压应力与离心力引起的拉应力反向迭加而使总的工作应力相对低些。金属材料是耐压不耐拉的,因此,转子中心处危险性大。转子在锻造时,中心部分的杂质和其他缺陷较多,强度低于转子的其他部位。故在启动和加功率过程中,要限制转子表面与中心处的温差,以限制转子中心处热应力过大。

汽轮机停运和降功率时的情况与启动时的情况刚好相反,转子中心处产生热压应力、表面产生热拉应力,与离心力引起的拉应力迭加后,转子表面总的工作应力水平较高。此外,由于应力集中现象,叶片根部表面和汽封槽处表面的热应力比转子其他部位的大得多。故在停机和降功率过程中,要控制蒸汽降温速度小于启动时的升温速度,以限制转子表面热应力过大。

10.1.3 汽轮机主要部件的热膨胀

1. 汽缸的热膨胀

汽轮机金属部件受热后要膨胀。汽缸的热膨胀量除了与长度尺寸和金属材料的线膨胀系数大小有关外,主要取决于汽轮机通流部分的热力过程和各段金属温度的变化量。

汽轮机轴向温度的分布都有一定的规律性。一般,选择高压第1级汽室处的汽缸内壁金属温度作为汽缸轴向膨胀的监视点,实测监视点温度值、汽缸热膨胀值并绘出对应关系曲线(简称缸胀曲线)。只要控制监视点温度在适当的范围内,就能保证汽缸膨胀值符合启动和正常运行的要求。

汽轮机在运行中除应保障轴向能自由膨胀外,还应保障在横向能均匀膨胀;否则,汽缸就会发生中心偏移。一般情况下,如能控制高压第1级汽室处左右两侧法兰金属温差在合理范围内,就能保证汽缸横向膨胀均匀。

2. 转子与汽缸的相对热膨胀(胀差)

1) 转子与汽缸相对膨胀(胀差)的含义

汽缸受热后将以死点为基准在滑销系统引导下分别向横向、纵向及竖向热膨胀。轴向长度最大,所以轴向热膨胀是主要的。转子与汽缸的轴向热膨胀之差被称为转子与汽缸的相对膨胀差,简称胀差(或差胀)。当转子的轴向膨胀值大于汽缸的轴向膨胀值时,胀差为正值;反之,胀差为负值。

2) 转子与汽缸相对膨胀(胀差)的控制

当胀差超过允许值时,易发生动静部件的轴向摩擦。因此,汽轮机在运行中,尤其是在启动、停机过程中,必须将胀差变化控制在允许范围内。

汽轮机在冷态滑参数启动过程中,蒸汽参数一般是比较低的。当以较低温度并且基本上是稳定的升温速率来加热时,汽缸和转子的金属升温速度均接近于蒸汽升温速度。汽缸的质面比(质量与受热面积之比)往往大于转子的质面比,蒸汽对转子的放热系数通常又大于蒸汽对汽缸的放热系数。因此,在受热初期,转子的平均升温速度大于汽缸,转子与汽缸之间产生正温差，从而出现正胀差。当停机或降功率时，蒸汽升温速度为负值，故在冷却初期，转子的平均降温速度大于汽缸的降温速度，转子与汽缸之间产生负温差，从而出现负胀差。在不稳定传热的末期，转子和汽缸温差较小且趋于相对稳定，故胀差较小。

由此可见，胀差的大小主要取决于蒸汽温度和功率的变化速度。因此，在汽轮机启、停过程中，通常用控制蒸汽温度变化率和功率变化率的方法来控制胀差的变化。

10.1.4　汽轮机的热变形

汽轮机启动、停机和功率变化时，在汽缸和转子的各横截面上由于不稳定传热而出现温差，除产生热应力外还会产生热变形。

1. 汽缸上、下温差引起的热变形

汽轮机在启停过程中，汽缸上、下两半往往出现温差，通常是上汽缸温度高于下汽缸温度。

上汽缸温度高、热膨胀大，而下汽缸温度低、热膨胀小，这就引起汽缸向上拱起（“猫拱背”现象），如图 10-2 所示。这时，下汽缸底部中间动静部件径向间隙减小，严重时会发生动静部件摩擦，引起振动甚至造成大轴弯曲等事故。

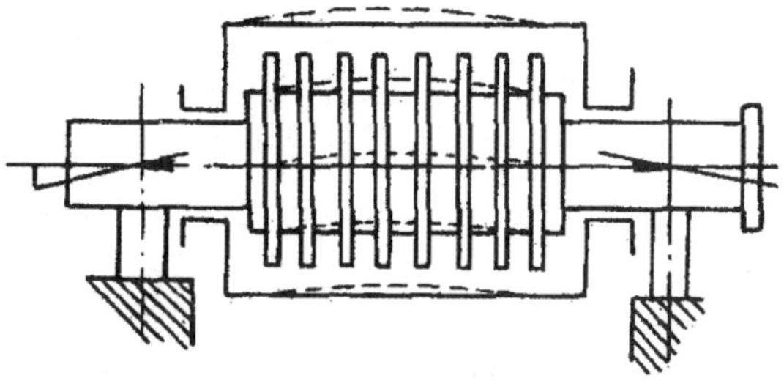

图 10-2　汽缸上、下温差造成的汽缸热拱变形

汽缸上、下温差产生的主要原因如下：

(1) 汽缸上、下具有不同的散热面积，下汽缸布置有进、排汽管道和疏水管道，散热面积大。

(2) 在汽缸内，温度较高的蒸汽因密度低而自然上升，而经汽缸金属壁冷却成的凝结水（疏水）流至下汽缸，在下汽缸形成较厚的水膜，使下汽缸受热条件变差。

(3) 停机后汽缸内上、下因空气密度差而形成自然对流，温度较高的空气聚集在上汽缸，温度较低的空气聚集在下汽缸。

(4) 下汽缸是置于温度较低的运行平台以下的，保温材料通常是不完全紧贴汽缸的。运行时，由于微振磨损，下汽缸保温材料容易脱离下汽缸外表面，形成狭小间隙，冷空气进入间隙后对下汽缸外表面产生对流冷却。

在启动过程中，为了控制汽缸上、下温差在允许范围之内，必须严格控制金属升温速率，保证汽缸疏水畅通、无积水；在维修方面，下汽缸应采用较好的保温结构和选用优质保温材料，并可适当加厚保温层或者加装挡风板，以减少空气对流；还要合理使用盘车设备。

2. 汽缸法兰内、外壁温差引起的热变形

当汽缸法兰内、外壁温差较大时，会产生较大的热变形。如图 10-3(a)所示，当汽缸法兰内壁温度高于外壁温度时，内壁金属伸长较多，外壁金属伸长较少，这样就会使法兰在水平面内产生热弯曲。如图 10-3(b)所示，法兰的热弯曲造成汽缸中部 A—A 横截面由原来的圆形变为立向椭圆，此时该段法兰将出现内张口，使水平方向两侧的动静部件之间的径向间隙缩小。如图 10-3(c)所示，

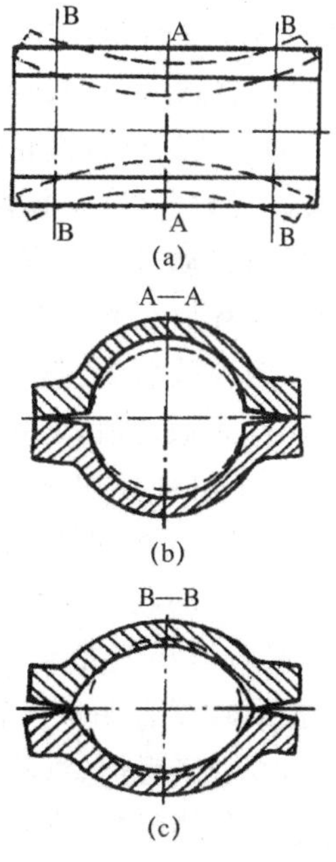

图 10-3　汽缸与法兰热变形

汽缸前后两端的B—B横截面将由原来的圆形变为横向椭圆,此时该段的法兰结合面将出现外张口,使垂直方向上、下的动静部件之间的径向间隙缩小。出现上述两种情况时,都可能造成动静部件的摩擦、法兰结合面漏汽,同时,还将使螺栓拉应力增大,导致螺栓拉断或螺帽结合面压坏等事故发生。

在启动运行中,要将汽缸法兰内、外壁温差控制在规定范围内。

3. 转子的热弯曲

如前所述,汽缸上、下由于冷却速度不同而产生温差,这时如果在汽缸内的转子是处于静止状态,那么,转子的径向也会出现温差,产生热弯曲。当汽缸上、下温度趋于平稳且温差消失后,转子的径向温差和变形也随着消失,恢复到原来的状态。由于转子这种弯曲是暂时的,故称为弹性弯曲。但是,当转子径向温差过大,其热应力超过材料的屈服极限时,将造成转子的永久变形,这种弯曲称为塑性弯曲。

汽轮机在冲转前的盘车过程中,必须测量转子弯曲情况,其弯曲值必须在允许范围内才可冲转。

10.2 抽凝式联合循环汽轮机启动

汽轮机转子由静止状态经盘车、蒸汽冲转并逐步地渡到正常运行阶段的过程为汽轮机的启动过程。汽轮机启动过程中,各金属部件温度和压力从相对较低的热力状态转变到较高的热力状态。合理的启动方式就是要控制汽轮机各部件金属温度差、转子与汽缸的相对膨胀差在允许范围内、不会发生异常振动、不会产生过大热应力、启动时间尽可能短。

10.2.1 抽凝式联合循环汽轮机启动状态

冲转前,汽轮机金属的最高温度与停机过程和停机后持续的时间有关。汽缸的结构和保温条件决定了汽轮机停机后的冷却过程。

通常,可根据汽轮机冲转前金属温度水平高低来划分启动状态,也可根据停机时间长短来划分启动状态。

(1) 冷态启动:汽轮机同压内缸内壁金属温度小于180℃。

(2) 温态启动:汽轮机同压内缸内壁金属温度为180℃~380℃。

(3) 热态启动:汽轮机同压内缸内壁金属温度大于380℃。

10.2.2 抽凝式联合循环汽轮机启动方式

根据启动过程中汽轮机主汽阀前的新蒸汽参数的变化特点,常规汽轮机的启动方式可分为额定参数启动和滑参数启动两种。

额定参数启动:整个启动过程中,从冲转到机组带额定功率,主汽阀前的蒸汽压力和温度始终保持为额定值,通过改变调节阀的开度来适应机组的启动要求。这种启动方式由于热经济性差、金属部件加热不均以及热冲击较大,一般用于主蒸汽母管制机组。

滑参数启动:汽轮机冲转时的蒸汽参数相对较低,与锅炉相配合,在启动过程中汽轮机高压主汽阀前的蒸汽参数随功率升高的需要而滑升。滑参数启动冲转时蒸汽与金属之间的温差小,可相应减小热冲击。普遍用于单元制机组。

抽凝式联合循环汽轮机采用滑参数启动。

(1) 余热锅炉、汽轮机均处于冷态时,按照冷态启动处理。

(2) 余热锅炉、汽轮机均处于热态时,按照热态启动处理。

(3) 余热锅炉处于冷态而汽轮机处于热态时,蒸汽机组按照冷态启动选择升压速率、升温速率，按照热态启动选择机组的冲转时间、初负荷暖机时间。

10.2.3　抽凝式联合循环汽轮机冷态滑参数启动过程

汽轮机启动过程可分为冲转前的准备、冲转升速、并网升功率三个阶段。由于用途与设计理念上的差异(参阅第7.2节)，使得联合循环汽轮机冷态滑参数启动速度比同容量、相似类型的普通汽轮机要快得多。

1. 冲转前的准备阶段

汽轮机冲转前的准备阶段是为机组启动冲转准备相应的工作条件，主要包括设备、系统和仪表的检查及试验，辅助系统及设备的检查和启动，油系统的检查和试验，盘车投入，调节保护系统校验，汽源准备，暖管疏水等工作。

1) 汽轮机本体及辅助系统启动准备

全面检查各人孔门、观察门、防爆门等完好；汽轮机本体及各系统和相关设备完好，符合启动条件；汽轮机高压主汽阀、调节阀关闭；汽轮机上、下缸温差小于41℃，若温差超限，机组禁止启动；系统滤油器、冷却器、滤网一台处于运行位置，另一台处于备用位置；管道及本体疏水阀开启；TSI、DEH系统正常；汽轮机各项保护联锁、阀门传动试验完毕，投入正常；检查各系统阀门位置状态正确；各转动设备轴承油位正常，油质合格；汽轮机油箱油位正常。

2) 汽轮机辅助系统投入

检查并确认厂用电、化水、工业水系统运行正常或备用。

投入并确认循环水及开式水系统运行正常。

投入并确认闭式水系统运行正常。

投入并确认压缩空气系统运行正常：确认仪用压缩空气至主厂房隔离阀开启，启动空压机D和冷干机D，在压缩空气压力大于0.65MPa后选择空压机B/C中的一台投入第一备用，另一台投入第二备用联锁按钮，选择冷干机B作为备用冷干机。

投入并确认润滑油系统及顶轴油系统运行正常：交流润滑油泵启动后，检查润滑油母管压力大于0.1MPa，油箱油位正常(140～410mm)，油箱负压小于－250Pa，检查各轴承回油正常，滤网无差压高报警，系统无漏油；交流油泵运行正常后对直流油泵进行送电并投入联锁按钮；润滑油泵投运后，当润滑油温高于20℃时，方可启动一台顶轴油泵运行，检查顶轴油母管压力15.8MPa左右，汽机＃1、＃2轴承顶轴油进油压力10MPa左右，投入顶轴油泵备用联锁。在汽轮机油系统正常投运2h之后，通知化学试验人员化验汽轮机油样。汽轮机冲转前，必须确保汽轮机润滑油的颗粒度小于等于NAS5级并且水分含量达标，否则机组禁止启动。

投入并确认汽机连续盘车运行正常：盘车投运后检查齿轮箱、各轴承无异声，盘车电流稳定在8.4A左右，转子偏心小于88μm，盘车转速3r/min左右(注意盘车转速、电流应稳定)。汽轮机冷态启动冲转前必须确保盘车连续运行12h以上。汽轮机大修后，启动前连续盘车不少于24h。

投入并确认凝汽器补水系统运行正常。

投入并确认余热锅炉除氧器上水系统运行正常。

检查并确认汽轮机侧疏水系统各阀门位置正确。

检查并确认抽汽快关阀和抽汽逆止阀位置指示正确、控制装置完好、联动试验正常。

检查并确认高、低压旁路系统处于备用状态。

检查并确认汽轮机低压缸后缸喷水系统、本体疏水扩容器、全厂疏水扩容器、管道疏水扩容器具备启动投运条件。

检查并确认冷却塔风机轴承油位正常、冷却塔风机具备启动条件。

在机组余热锅炉升温升压过程中,投入并确认轴端汽封系统、抽真空系统运行正常:

A. 辅助蒸汽供轴封:当热站锅炉或启动锅炉对外供热时,冷态启动在燃气轮机点火前,首先采用供热集箱的辅助蒸汽供轴封汽,然后再拉真空。注意,冷态启动投运轴封汽后必须尽快拉真空,严禁在真空未建立的情况下长时间通轴封汽。投运轴封时要注意轴封汽温适配金属温度。

B. 主蒸汽供轴封:当热站锅炉和启动锅炉不对外供热时,冷态启动采用先拉真空再用主蒸汽供轴封汽的启动方式。

C. 轴封压力保持在 35kPa 左右,轴封加热器负压小于 −7kPa,低压轴封温度在 121℃～177℃,投入低压轴封温度调节自动。

在机组余热锅炉升温升压过程中,投入并确认旁路系统运行正常。

在机组余热锅炉升温升压过程中,当高、低压汽包的压力分别升高到 1.0MPa、0.5MPa 时,分别关闭高、低压过热蒸汽管路的疏水阀。

在机组余热锅炉升温升压过程中,当高压蒸汽压力上升至 2.0～2.5MPa、温度上升至 300℃～350℃时,余热锅炉按汽轮机冲转要求控制参数,汽轮机准备冲转。

2. 冲转升速阶段

在确保机组安全的条件下,当冲转条件满足后,汽轮机进汽冲转并将转子由盘车转速逐步提升到额定转速。

1) 汽轮机冷态启动冲转参数基本要求

冷态滑参数启动进程中选择适宜的汽轮机冲转蒸汽参数至关重要。

冲转汽温的选择要求:为了减缓冲转时产生的热冲击,冲转汽温应与汽轮机冷态金属温度相匹配并具有一定的过热度。

冲转汽压的选择要求:要综合机、炉两方面及旁路系统的因素来考虑,既要满足冲转汽温的选择需求,又要至少满足汽轮机冲转—升到全速—接发初始功率期间的用汽量需求。

冲转真空的选择要求:冲转时若真空过低,则冲动转子的瞬间大量的蒸汽进入汽轮机内,会引起排汽真空明显降低,相应的绝对压力升高(甚至使排汽室变成正压);严重时,导致排汽缸顶部的安全阀膜破裂等不良后果。真空过低时排汽温度也高,冲转后排汽缸金属温度相应也高;冲转时真空也不需要太高,在其他冲转条件都具备时,若真空过高,则会延长达到真空要求的等待时间,并且真空过高时冲转蒸汽流量就会过小,对汽轮机加热不利。

冲转前检查与确认汽轮机相关系统运行正常、参数符合要求:

蒸汽压力:2.0～2.5MPa,蒸汽温度:300℃～350℃。

蒸汽品质:硅含量≤80μg/L,氢电导≤3μS/cm,钠含量≤50μg/L。

凝汽器压力低于 −85kPa,低压缸喷水调节阀投入自动,设定温度 50℃。

润滑油:油压大于 0.1MPa,油温 35℃～42℃,油箱油位正常(＞140mm),油质达到 NAS5 级且水分含量达标;顶轴油:母管油压大于 15MPa,#1/#2 轴承进油压力 10MPa 左右。

盘车装置运行正常,盘车电流 8.4A 左右,转子的偏心度不超过原始值的 110%(＜88μm),并已连续盘车 12h 以上无异常。

检查轴封均压箱压力 35kPa 左右,高压轴封压力 35kPa 左右,低压轴封压力 30kPa 左右,温度 121℃～177℃,轴封温度调节正常。

高压缸内缸上、下壁温差小于 41℃,高压缸内、外壁温差小于 55℃。

确认蒸汽管道及汽机本体疏水系统疏水阀开启。

高压旁路系统投入自动，Local方式，设定压力2.0～2.5MPa，高压旁路阀后汽温低于150℃；低压旁路系统投入自动，设定压力0.7MPa，凝汽器侧低压旁路接口汽温低于60℃。

确认汽轮机TSI、DEH相关参数正常并做好记录。

2）汽轮机冷态启动冲转升速过程

抽凝式联合循环汽轮机冷态启动曲线如图10-4所示。由图10-4可知，汽轮机冲转后的升速过程分为4段：2个升速段与2个定速暖机段。

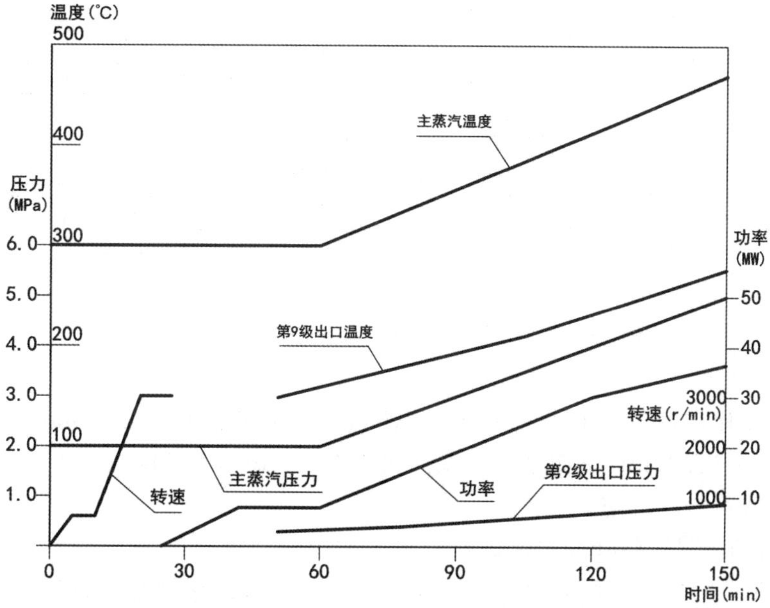

图10-4　抽凝机联合循环汽轮机冷态启动曲线

检查高压主汽阀前的电动主汽阀关闭，启动高压启动油泵，确认运行正常后停运交流润滑油泵。

抽凝式联合循环汽轮机冲转与升速过程涉及该机调节与保护系统。后台应用该机调节系统(DEH)的转速调节回路控制高压调节阀冲转与升速过程，需要前台调用抽凝机的DEH启动页面(Start Up)进行相关操作。

抽凝机DEH启动页面(DEH/Start Up)如图10-5所示，"Master Reset"按钮为汽轮机挂闸按钮，"Fault Reset"按钮为卡件诊断报警确认按钮。

检查并确认ETS系统无跳闸条件，开启高压主汽阀前电动主汽阀，在DEH启动页面(DEH/Start Up)中点击汽机挂闸按钮，确认机组已挂闸(包括就地危急遮断手柄)，高压主汽阀全开、旋转隔板全开(不参与冲转与升速过程)，余热锅炉维持冲转压力与温度相对稳定。

机组挂闸后，需要选择启动方式。页面中有两种启动方式可供选择。在选择启动方式时，转速目标值将自动跟踪当时的机组实际转速。

(1) 自动启动方式(Auto Mode)

自动启动方式(Auto Mode)是指DEH根据操作员预先选择的冷态(Cold)、温态(Warm)或热态(Hot)启动曲线之一进行自动升速：每个升速段的转速目标值、升速速率以及低速暖机停留时间由对应的启动曲线程序自动内设定(无需操作员输入)；自动跨越临界转速区域，直到

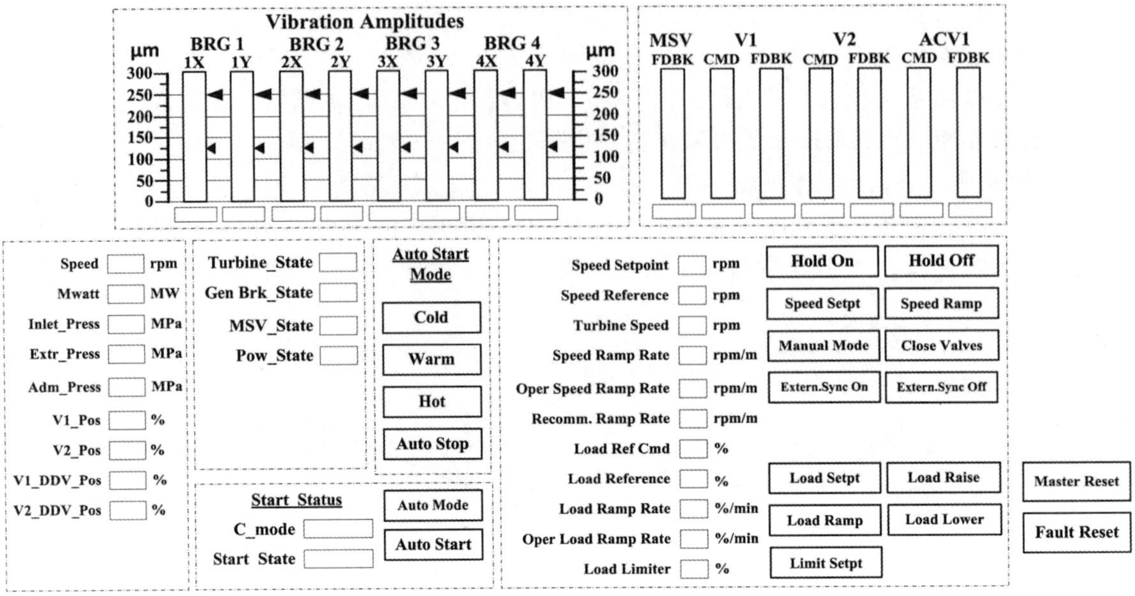

图 10-5　抽凝机 DEH 启动页面(DEH/Start Up)

3000r/min 定速。

具体操作:操作员首先点击“Auto Mode”按钮→再选择点击“Auto Start Mode”标题栏目下的“Cold”“Warm”或“Hot”按钮之一→最后再点击“Auto Start”按钮。于是,DEH 开始执行自动启动程序,进行自动升速。

(2) 手动启动方式(Manual Mode)

手动启动方式(Manual Mode)是指 DEH 操作员自己根据经验自行判断机组启动状态,然后人工输入每一升速段的转速目标值、升速速率。

具体操作:操作员点击“Manual Mode”按钮,然后再分别点击两个升速控制按钮:①“Speed Setpt”按钮,设定转速目标值(r/min);②“Speed Ramp”按钮,设定升速速率(r/min^2)。若错误地将转速目标值人工输入在临界转速区域时,则无效、自动跳过。操作员自己可以选定特定区域以外的低速暖机点(点击“Hold On”按钮)、暖机结束点(点击“Hold Off”按钮)。注:机组同期时需点击“Hold Off”按钮,用以解除转速保持。

两种启动方式可在启动过程中互为无扰切换。

手动启动方式(Manual Mode)下的典型 4 段升速—暖机过程:

首先,检查确认主汽阀前电动阀关闭,启动高压启动油泵,确认运行正常后停运交流润滑油泵,投入备用联锁;开启高压主汽阀前电动阀,点击汽轮机复归按钮,确认机组已挂闸,高压主汽阀全开,旋转隔板全开;在 DCS 蒸汽系统页面点击“#1 余热锅炉带#1 汽轮机”按钮,投入大联锁。

第 1 段:冲转升速至 600r/min

设定:升速速率 $120r/min^2$、转速目标值 600r/min;点击“Hold Off”;检查高压调节阀缓慢开启,汽轮机转速上升,当转速大于 4.6r/min 时检查盘车已脱扣,否则打闸停机。升速过程中注意高压旁路阀的开度,保持主蒸汽压力稳定。

第 2 段:摩擦检查、低速暖机

汽轮机转速升至 600r/min,暖机 5min,同时检查汽轮机各参数正常,注意倾听汽轮机声音正常，无金属摩擦声。

第 3 段：升至全速（3000r/min）

低速暖机结束后，设定：升速速率 240r/min^2、转速目标值 3000r/min。

升速到 1250r/min 时，检查确认顶轴油泵自动停止，否则手动停止顶轴油泵并将其投入联锁备用；在顶轴油泵停运后，注意监视润滑油系统压力正常，机组各轴承振动、回油温度正常。

当转速升至 2980r/min 且主油泵出口压力大于 1.6MPa 时，确认高压启动油泵自动停运，并自动投入联锁；高压启动油泵停运后，确认润滑油压力正常。

转速至 3000r/min，全面检查机组运行情况，确认汽缸膨胀、胀差、转子偏心、汽缸温度、油温、油压、轴承温度、真空、油箱油位、凝汽器液位、汽温、汽压等重要参数正常。

第 4 段：全速（3000r/min）暖机 5～10min。

汽轮机冲转升速过程中的注意事项：汽轮机冲转后，就地检查盘车装置脱开、盘车电机自停，否则手动停用并立即打闸停机处理。机组在冲转升速过程中，应维持蒸汽参数稳定，满足机组冲转需要。严密监视汽缸膨胀、胀差、轴向位移等参数不超标，倾听各转动部分无异声，各轴承温度、回油温度、振动等在规定范围内。汽轮机过临界转速时要加强对各轴承的振动监视，并记录临界转速下轴承振动最大值，严禁强行通过临界转速，机组振动异常禁止降速暖机，须停机查找原因。汽轮机升速过程中，如发现参数异常变化，应分析、判断，进行调整；转速升至 3000r/min 稳定运行，对机组进行全面检查并确认正常后，方可进行并网前的各项试验。汽轮机冲转后，注意监视汽缸上、下壁温差，内、外壁温差变化趋势，汽缸上、下壁温差要求控制在 41℃以下，内、外壁温差控制在 55℃以下。①当出现温差明显增大时，应现场检查确认汽缸本体疏水阀是否开启或全开；②当出现内、外壁温差快速增大时，应立即停止升速，并充分疏水，待内、外壁温差恢复正常后方可进行下一步的操作。汽轮机冲转过程中应密切关注汽缸左、右法兰的内、外壁温差，当法兰内、外壁温差大于 150℃时，应加强暖机，同时关注振动情况。在启动过程中，应注意监视汽缸的绝对膨胀与缸温值相适应，变化均匀、对称，无卡涩与突跳现象，防止滑销系统失常引起胀差和振动的异常变化。冲转过程中，注意各辅助系统运行正常，及时调整各冷却器被冷却的介质温度在规定范围内。应定期进行水质化验，以确保合格的汽水品质。

3. 并网升功率阶段

1）汽轮机配合发电机并网接发初始功率

抽凝机配合汽轮发电机并网的相关操作：确认汽轮机转速 3000r/min，且全速暖机结束。打开抽凝机 DEH 启动页面“Start Up”（图 10-5），将汽轮发电机并网后的初始功率目标值设定选择至 10%左右。在 DCS 进行电气“升压并网”顺控过程中，向 DEH 请求同期时，切回到 DEH 启动页面“Start Up”，点击“Extern Sync On”。发电机并网成功后立即接带初始功率并投入逆功率保护，以避免可能出现的问题——汽轮机因少汽运行无法带走末级叶片摩擦鼓风热量而引起末级叶片过热。

在机组带初负荷暖机期间，应全面检查并确认汽轮发电机组振动、胀差、缸胀、轴向位移、轴承金属温度、轴承回油温度、润滑油温与油压以及汽轮机有关部件内、外壁温差与上、下壁温差等参数正常。

2）汽轮机升功率

在汽轮发电机组并网后，燃气轮机功率保持不变，采用逐步关小高压旁路、开大高压调节阀的方式增加汽轮机功率,注意胀差、轴向位移及振动的变化。

在汽轮机旁路全关后,根据汽轮机膨胀及缸温情况,逐渐退出燃气轮机温度匹配。注意检查排气温度、蒸汽温度变化。

汽轮发电机组功率应跟踪燃气轮机预选功率的设定值增加,注意控制升功速率、汽轮机轴向位移、胀差、绝对膨胀、振动、缸温等参数变化。当出现参数异常变化时,保持功率不变,待参数稳定后再增加功率。

根据汽轮机真空及循环水温升情况适时启动第二台循环水泵及冷却塔风机运行。

汽轮机冷态启动从并网至额定功率时间大约为 135min,升功速率大约为 0.8%/min。

汽轮机安装后或大修后首次启动,应在 10%额定功率下稳定运行 4h,改善汽轮机的受热状态,然后发电机解列,在空载下做汽轮机超速试验。

汽轮机功率达 10MW 时,检查主机本体及管道疏水阀应自动关闭,否则手动关闭。

3) 汽轮机投入低压补汽

低压补汽的控制将直接影响到汽轮机运行的安全性与经济性。

冷态启动时,在汽轮机功率大于 12MW 且其他补汽投入条件达到后投入低压补汽。

在抽凝机 DEH 单元控制页面(图 10-6)中,“ADM Control”栏目下为低压补汽控制。“ADM Control”栏目下的“IN”“OUT”按钮分别用于低压补汽调节回路的投入、退出。

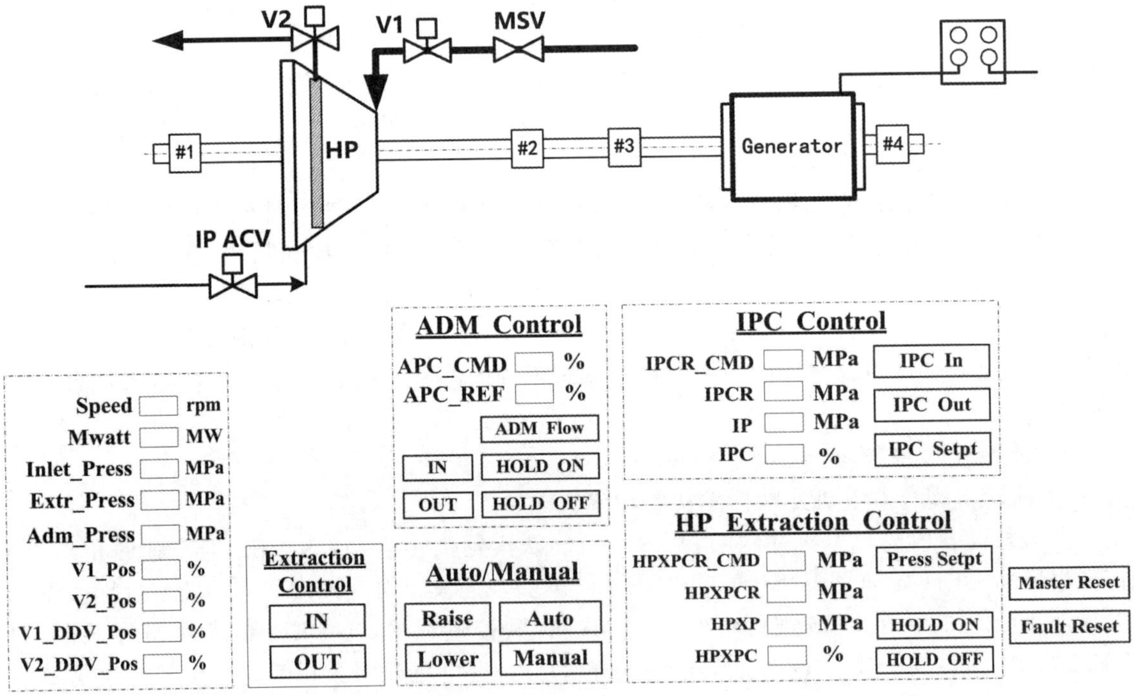

图 10-6　抽凝机 DEH 单元控制页面(Unit Control)

点击“ADM Control”栏目下按钮“IN”,检查并确认补汽调节阀前的低压补汽电动阀打开,点击“Hold Off”按钮用以解除补汽调节阀阀位保持,再点击“ADM Flow”按钮设定补汽调节阀阀位目标值(%)指令。执行时,补汽调节阀阀位按内设定的速率逐渐开启。根据补汽投入情况关闭低压旁路阀,控制低压蒸汽压力平稳。

4）汽轮机投入供热抽汽

汽轮机功率升到 20MW 后，根据热网需求，暖管充分后，根据需要开始抽汽供热，其要点将在本章 10.5 节中描述。

5）汽轮机按需进行真空严密性试验

汽轮机功率升到 80%额定值后，根据需要可做汽轮机真空严密性试验。

6）汽轮机功率升到 100%额定值

汽轮机功率升到 100%额定值后，全面检查、调整机组各系统，使机组处于正常运行状态。

10.2.4　抽凝式联合循环汽轮机温、热态滑参数启动

1. 温、热态滑参数启动前汽轮机及辅助系统的状态

汽轮机温、热态启动冲转前缸温水平较高；前汽缸上、下缸温差大；胀差较大；部分辅助系统与设备已在运行状态，例如闭式水系统、压缩空气系统、润滑油系统、盘车设备、顶轴油泵等。

上述有些因素给汽轮机温、热态启动带来一定困难，汽轮机组的一些事故，如大轴弯曲、动静摩擦等，往往是在温、热态启动过程中操作不当而引起的。运行人员应掌握温、热态启动规律，严格按照规程进行检查和操作。

2. 温、热态滑参数启动过程

抽凝式联合循环汽轮机温态启动曲线、热态启动曲线分别如图 10-7、图 10-8 所示。

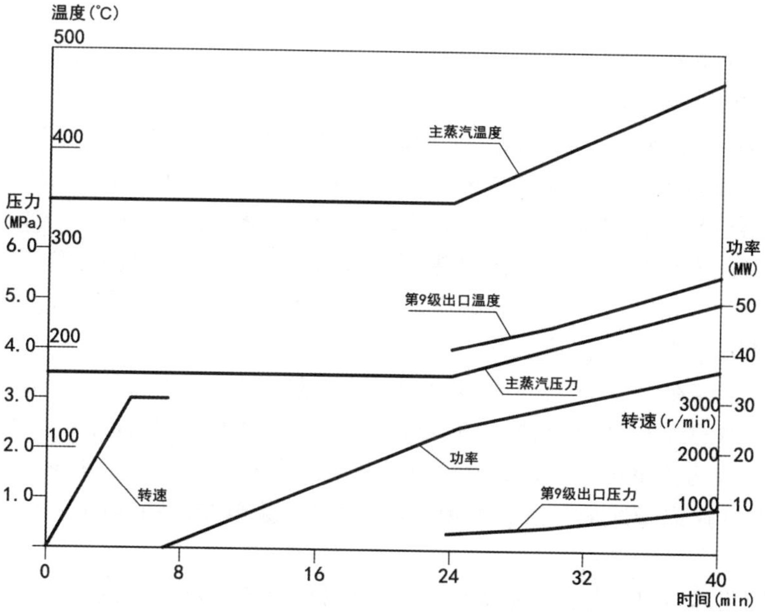

图 10-7　抽凝式联合循环汽轮机温态启动曲线

热、温态滑参数启动的基本原则是保证汽轮机、余热锅炉的金属温度尽可能不被冷却。因此，在启动过程中要严格遵守热(温)态启动曲线，控制锅炉的升温升压速率；选择较高的冲转参数(包括轴封汽)，尽快冲转、并网、升功率。

汽轮机热、温态滑参数启动的主要步骤与冷态滑参数启动基本相同。但热、温态滑参数启动时，由于汽轮机的金属温度比较高，在运行操作上与冷态启动又存在一些不同之处。

汽轮机温、热态启动时冲转升速过程较快，不进行暖机，5min 内直接冲转升速至 3000r/min；按照启动曲线升功率，防止汽轮机金属温度大幅度下降，有利于控制胀差、减少汽轮机寿命损耗。温态启动升功速率为 3%/min、热态启动升功速率为 5%/min，远大于冷态启

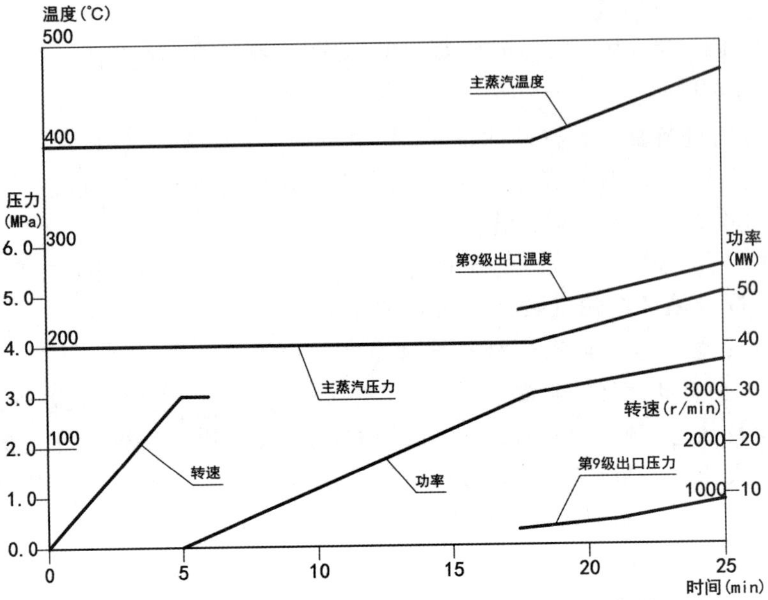

图 10-8　抽凝式联合循环汽轮机热态启动曲线

动升功速率(0.8%/min)。

3. 温、热态滑参数启动应注意的问题

1) 选择相对较高的冲转参数

温、热态启动时,金属的初始温度水平较高,启动过程中主要是防止热态的金属部件被冷却而造成冷冲击,出现较大的热应力。因此,要求选择相对较高的冲转参数,并且要有足够的过热度。温态或热态启动,冲转蒸汽温度还要求高于汽轮机高压部分(前汽缸)内上壁金属温度 50℃～100℃,且蒸汽有 55℃以上的过热度。参照图 10-7,温态启动冲转蒸汽参数(压力/温度)为 3.5MPa/350℃;参照图 10-8,热态启动冲转蒸汽参数(压力/温度)为 4MPa/400℃。

2) 转子热弯曲不超过允许值

当汽轮机转子存在上、下温差的时候会引起弹性热弯曲,该弯曲超过一定值时将成为汽轮机启动升速过程中的激振源,并且振幅随着转速升高而增大,有可能引起汽轮机内部动静摩擦。因此,为了保证机组的安全,启动中要加强疏水,严密监视汽缸上、下壁温差、膨胀、振动等情况。任何盲目升速或降速的办法都将使得故障扩大,甚至造成动静部件严重磨损、大轴弯曲等事故。

汽轮机冲转前,转子应进行连续盘车,以尽力减小转子热弯曲。汽轮机连续盘车时间一般不小于 4h,转子偏心度正常。尽量避免中断盘车,如发生盘车短时间中断,则要延长盘车时间。汽轮机转子由于自身质量的原因,静止时存在一定的弹性弯曲,这种弯曲随着连续盘车、汽轮机的启动升速、转子刚性的加强而消失。

3) 上、下缸温差不超过允许值

汽轮机停运后,下缸比上缸冷却得快,上、下缸将产生较大的温差,引起汽缸产生猫拱背现象,使得高温段下部动静部件的径向间隙减少甚至消失,另外高压轴封段比较长,由于汽缸、转子的变形,轴封段轴向间隙减少甚至消失。一般规定上、下缸温差不大于 50℃。

汽轮机温、热态启动时要特别注意上、下缸温差和胀差,有时它们会成为制约温、热态启动的因素。

4）先供轴封汽后抽真空

温、热态启动时，转子的金属温度水平较高，必须先供轴封汽（使用高温辅助蒸汽供汽），后对凝汽器抽真空；否则，冷空气从轴封段抽入汽轮机，形成强制对流冷却，引起较大热应力，极易造成大轴弯曲、胀差缩小。

送轴封前应充分疏水暖管，切换汽源时要缓慢进行，以防止轴封蒸汽温度变化过于剧烈。轴封进汽温度尽量提高，以免汽轮机转子骤冷，控制轴封汽温度与汽缸金属温度匹配。

5）其他注意事项

汽轮机冲转前，主蒸汽管道的疏水暖管要充分；汽轮机冲转并网过程中，快速进行摩擦检查，如果机组出现负胀差时，可以提高主蒸汽温度，并网后加快带负荷，加大蒸汽流量，尽快使进入汽缸的蒸汽温度高于转子温度，防止负胀差超限；冲转升速阶段如果发生较大的振动，必须立即打闸停机，转入盘车状态，绝对不允许降速暖机或者等待观望拖延时间以致事故扩大，只有消除振动后，才允许重新启动汽轮机；启动时润滑油温度应该保证高于规定值，如果油温过低而升速又快，可能因为油膜不稳定而引起振动；汽轮机升速过程中要注意监视：控制润滑油温及油压、回油温度、径向轴承及推力轴承金属温度均在规定范围内。汽轮机升功率过程中控制主汽温不下降，以防止转子和汽缸被冷却。注意监视汽缸金属温度的变化，控制其升温速率不突变；监视凝汽器真空及排汽温度是否正常，发现异常应及时进行分析、处理。确认排汽缸喷水阀工作正常。确认本体及热力系统疏水畅通。确认相关的水箱、油箱液位正常。

10.3　抽凝式联合循环汽轮机停运

汽轮机停运过程是汽轮机从带负荷运行状态过渡到转子盘车状态的过程。

汽轮机组的停运对汽轮机金属部件来说是一段冷却过程，同样要受到较大的热应力。停机过程中操作稍有不慎，就会对机组造成很大伤害，甚至发生设备损坏事故。汽轮机有很多设备事故就发生在停运过程与停运后的维护中。因此，停运操作应引起高度重视。

10.3.1　汽轮机停机方式

汽轮机的停运分为正常停运、滑参数停运、一般故障停运和紧急停运四种方式。

1. 正常停运

正常停运是指正常运行期间按照电网调度命令或运行计划使机组执行“正常停运步骤”的停运方式。汽轮机停运后需要保持较高的温度水平，可以缩短下一次启动所需的时间，减少停运时的寿命损耗。因此，正常停运速度较快。

2. 滑参数停运

滑参数停运是指运行期间按照机组检修计划使机组执行“滑参数停运步骤”的停运方式。滑参数停运方式主要应用于机组大、小修。停运过程中，随着蒸汽参数的滑降，汽轮机缸温逐渐降低。停运后缸温已降低到较低水平，缩短了停运后的自然冷却时间，便于尽早开展检修工作。

采用滑参数停运还可以减小汽缸热变形和热应力，减少停运过程中的能量和汽水损失，利用锅炉余汽发电，对汽轮机叶片起着清洗作用。其与正常停运方式的区别在于用途不同、停运过程平均蒸汽参数高低不同、停运速度不同。

3. 一般故障停运

一般故障停运是指汽轮机设备出现异常但异常程度未达手动紧急停运条件，需要停运对异常设备进行消缺检修的停运方式。停运过程中需要人为干预。

4. 紧急停运

紧急停运是指汽轮机设备出现严重异常危及人身和或设备安全情况下必须立即遮断机组的停运方式。

10.3.2 抽凝式联合循环汽轮机的正常停运

汽轮机正常停运过程可分为三个阶段:正常停运前准备阶段、正常停运降功率阶段和正常停运转子惰走阶段。

1. 正常停运前准备阶段

为了保证机组正常地停运,在机组停运前,运行人员应了解停运的目的和停运方式。如果机组需要采取特殊的停运方式,则应制定相关的实施方案。机组准备停运时,应及时联系各有关岗位,做好正常停运准备工作。

汽轮机停运前对设备系统进行全面检查,确认汽轮机交流润滑油泵、直流润滑油泵、顶轴油泵、盘车电机试转正常。若试转不合格,非故障停运条件下应暂缓停运,待缺陷消除后再停运。

根据供热情况,将供热系统热源切至邻机、热站锅炉或停运。

2. 正常停运降功率阶段

汽轮机跟随燃气轮机降功率。在燃气轮机功率下降过程中,注意监视余热锅炉出口压力和温度,汽轮机根据汽温、汽压来适配功率。降功率时,通过功率手动方式或通过机前主汽压力设定控制方式来关小汽轮机调节阀。

汽轮机降功率的速度应满足汽轮机金属温度下降速度不超过允许要求。

在降功率时,汽轮机内部蒸汽流量减少,机组内部逐渐冷却,使汽缸和法兰内壁产生热拉应力。实际运行经验表明,在快速减去机组全部功率后迅速停运时,汽缸和转子并未快速冷却,也没有发现汽缸和法兰间出现很大温差,但在减去部分功率后若使机组维持较低功率运行或维持空载运行一段时间,由于蒸汽的冷却,将产生过大热应力。此外,对于汽缸和法兰厚度、宽度较大的机组,在降功率过程中,其转子收缩快,汽缸收缩滞后,因而机组负胀差过大,这也是应注意的问题。

停运过程中注意监视控制高压蒸汽温度,防止高压蒸汽超温或温度下降过快。若停运过程中汽温10min下降50℃或以上,汽轮机紧急停运。

燃气轮机功率降至20MW,退出汽轮机低压补汽。

降功率过程中注意监视轴封供汽汽源切换正常,确保轴封汽源的稳定。若热站锅炉运行,将轴封汽切至辅助蒸汽供给;若热站锅炉未运行,将轴封汽切至主蒸汽供给。

降功率过程中注意监视低压缸喷水冷却系统是否正常投入,确保低压缸排汽温度正常。

降功率过程中根据机组真空及循环水温度,及时调整循环水系统运行方式。

当汽轮机功率减至7.5MW时,检查汽轮机管道及本体所有疏水阀应自动开启。

汽轮机停运过程中注意监视控制高、低压主蒸汽压力,防止高压蒸汽超压,高压蒸汽控制压力不超过4.9MPa。蒸汽压力4.9MPa以下时,不开启高压旁路。低压补汽压力0.7MPa以下时,不开启低压旁路。若高、低压蒸汽压力上升快,无法控制,可适当开启高、低压旁路调节,汽轮机停运后再关闭。

3. 正常停运转子惰走阶段

在燃气轮机机组解列前将汽轮机功率降至尽可能低,当功率降至5MW时,汽轮机手动打闸，汽源遮断。否则，待功率降至 1.5%额定值时，零功率保护（又称低功率保护）会动作停运。确认汽轮发电机解列，断路器 GCB、灭磁开关联跳。

检查确认汽轮机高压主汽阀、高压调节阀、旋转隔板在全关位置，汽轮机转速下降；确认供热抽汽逆止阀、快关阀联锁关闭。

汽轮发电机组转子因惯性作用仍需要转动一段时间。从高压主汽阀关闭到转子停转所需的时间为转子惰走时间。转子惰走期间，转速与时间的关系曲线被称为转子惰走曲线。各类型机组的惰走曲线不尽相同，凝汽式汽轮机还可同步表示转子惰走期间真空与时间的关系。新机组在调试合格、投运一段时间或机组大修停运后，选择较为理想的停运惰走过程，记录转子的转速、真空与时间的对应关系数据，绘制出“标准惰走曲线”，作为运行人员以后分析机组是否有缺陷的重要依据之一。

如图 10-9 所示，汽轮机转子标准惰走曲线可分为 3 段：

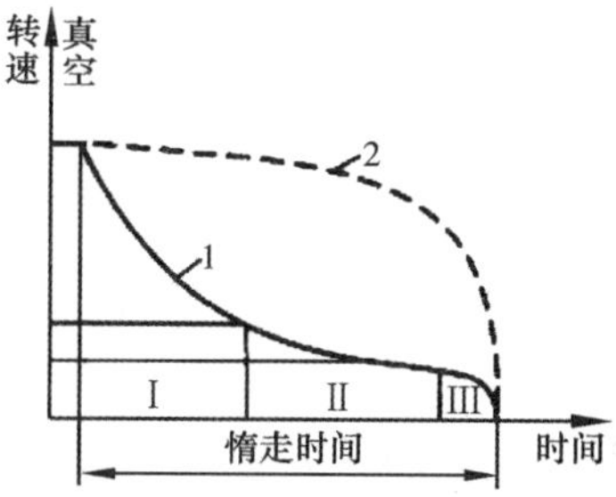

图 10-9　汽轮机转子标准惰走曲线

第Ⅰ段，此段转速下降较快，由于转速较高，鼓风摩擦能量损耗很大，这部分能量损失与转速的三次方成正比，因此，转速在 3000～1500r/min 降速阶段只需很短的时间。

第Ⅱ段，此段转速已降到较低范围，鼓风摩擦能量损耗已大为减小，转子的能量损耗主要是驱动主油泵、克服轴承摩擦阻力耗功，数值较小，故这段时间内转速降低缓慢，时间较长。

第Ⅲ段，此段转速已很低，油膜已不稳定，轴承摩擦阻力耗功迅速增大，转速迅速下降到零，故此阶段曲线较陡。

每次转子惰走阶段都要控制好真空的变化，每分钟记录 1 次惰走转速、时间、真空的读数，直至转子完全静止。

将每次转子惰走曲线与同机组“标准惰走曲线”相比较，往往可以发现一些问题。如果转子惰走时间显著减少，则可能是轴瓦已经磨损或机组动静部分发生摩擦；如果惰走时间显著增长，则可能是调节阀、主汽阀或抽汽逆止阀关闭不严漏汽所致。

在转子惰走过程中抽凝机的一些操作如下：

(1) 汽轮机转子惰走到 2940r/min，检查确认高压启动油泵联锁启动正常、润滑油母管压力正常；将高压启动油泵切至交流润滑油泵运行，保持高压启动油泵联锁按钮退出状态。

(2) 汽轮机转子惰走期间，注意倾听机组各部分声音是否正常，检查轴向位移、轴承金属温度、振动、润滑油压、油温等参数是否正常。

(3) 汽轮机转子惰走到 1200r/min 时，确认选定的顶轴油泵已联锁启动，顶轴油压正常。顶轴油母管压力大于 15MPa，就地汽轮机＃1、＃2 轴承顶轴油进油压力为 10MPa 左右。

(4) 在汽轮机转子惰走过程中，凝汽器要维持一定的真空，主要作用是使汽缸内的积水在真空状态下蒸发，干燥汽缸内部。汽轮机转子惰走到 600r/min，停真空泵，开启真空破坏门，控制转速接近零时真空至零。

(5) 在汽轮机转子惰走过程中，不可过早地停止轴封供汽，以防止大量冷空气从轴封处漏入汽缸发生局部冷却；也不可过迟地停止轴封供汽，否则会使机组上、下汽缸温差增大，转子受热不均，产生热弯曲。当真空降至零时，停运轴封供汽，停轴封风机。

(6) 汽轮机转子惰走到转速为零且就地确认转子静止后立即投连续盘车，同时记录转子偏心度及盘车电流，记录惰走时间。根据转子惰走期间记录的转子惰走转速、时间、真空对应数据绘制转子惰走曲线，计算惰走时间，分析惰走曲线。

(7) 按照规程要求停运循环水泵、凝结水泵、闭式水系统等。

(8) 停运后应严密监视并采取措施防止冷汽、冷水倒灌进入汽缸，以避免引起大轴弯曲和汽缸变形。

10.3.3 抽凝式联合循环汽轮机的滑参数停运

在滑参数停运过程中，汽轮机保持调节汽阀全开，采用锅炉逐渐降低主蒸汽参数的方法来降低功率、冷却机组。滑参数停运普遍适用于单元制机组。

汽轮机滑参数停运过程也分为3个阶段：滑参数停运前准备阶段、滑参数停运降功率阶段和滑参数停运转子惰走阶段。其基本操作与正常停运过程相似。

滑停过程中参数控制指标：

高压蒸汽降温速度小于2℃/min；

高压蒸汽降压速度小于0.1MPa/min；

高压蒸汽过热度大于50℃；

高压汽缸金属温度下降速度不超过1℃/min。

汽轮机跟随燃气轮机降功率。降到低功率段，机、炉配合，控制主蒸汽温度比汽缸金属温度低5℃到10℃。当蒸汽温度降到低于汽缸金属温度30℃时应暂停降温。汽缸温度每下降30℃，稳定运行30min，检查胀差及绝对膨胀变化情况，检查机组振动情况。

为保障过热度大于50℃，必要时先滑降主蒸汽压力再滑降主蒸汽温度。

汽轮机降功率过程中转子比汽缸冷却得快，应加强监视汽轮机胀差变化，当负胀差达到－2mm时停止降功率。若负胀差幅值继续增大、采取措施无效而影响机组安全运行时，应快速降功率到零、停运。

滑参数停运过程中，注意监视凝泵出口流量，当凝泵出口流量小于60t/h时，及时开启凝结水再循环门，用以投入凝结水再循环系统。

滑参数停运过程必须注意的问题：在停运时汽缸内表面受蒸汽冷却，内壁温度低于外壁温度，形成负温差，使得汽缸内表面出现热拉应力。汽缸的裂纹通常是热拉应力过大而引起的，汽缸冷却过快比加热过快更危险。因此，必须严格控制蒸汽降温速度不能过快，这是保障滑参数停运过程顺利的关键因素。严格控制好蒸汽降温速度还有利于控制负胀差不超限。

滑参数停运降功率过程中还应注意轴封供汽切换、轴封压力稳定、各参数正常。要注意加强各专业岗位之间的联系、配合。

10.4 背压式联合循环汽轮机启动及停运

10.4.1 背压式联合循环汽轮机启动

1. 背压机启动状态

采用汽轮机高压内缸内壁金属温度的高、低作为启动状态的划分标准。

冷态启动：高压内缸内壁金属温度小于200℃。

温态启动：高压内缸内壁金属温度为200℃～380℃。

热态启动：高压内缸内壁金属温度大于380℃。

2. 背压机滑参数启动过程

背压式联合循环汽轮机启动过程可分为冲转前准备、冲转升速、并网升功率三个阶段。

1）冲转前准备阶段

相比于抽凝式联合循环汽轮机，汽轮机本体及辅助系统启动准备工作基本相同；由于背压式联合循环汽轮机不设顶轴油系统，无凝汽器，但有真空除氧器，凝结水进入真空除氧器，无旁路蒸汽系统，无低压补汽，无旋转隔板，采用排汽供热，无汽轮机低压缸后缸喷水系统，轴端汽封系统不需要外供汽，所以汽轮机辅助系统的投入相对简单些。

不设旁路系统的背压机，采用向空排汽管阀来解决启动时的机、炉流量不匹配问题。

2）冲转升速阶段

背压机冲转前的检查与确认汽轮机相关参数符合要求。

确认机组辅助设备及系统运行正常。

确认汽轮机相关参数符合要求：

蒸汽压力：0.8～2.0MPa；

蒸汽温度：300℃～350℃；

蒸汽品质：硅含量≤80μg/L，氢电导≤3μS/cm，钠含量≤50μg/L；

润滑油：油压＞0.1MPa，油温 35℃～42℃，油箱油位正常（＞200mm），油质达到 NAS5 级且水分含量达标。

盘车装置运行正常，并已连续盘车 4h 以上无异常。

高压缸内缸上、下壁温差小于 41℃，高压缸内、外壁温差小于 55℃。

确认蒸汽管道及汽轮机本体疏水系统疏水阀开启。

开启背压机至供热集箱气动逆止阀、电动排空阀及其排汽管道疏水阀。

确认真空除氧器抽真空系统正常。

确认汽轮机 TSI、DEH 相关参数正常并做好记录。

背压式联合循环汽轮机冲转与升速过程涉及该机调节与保护系统。后台应用该机调节系统（DEH）的转速调节回路控制高压调节阀冲转与升速过程，需要前台调用背压机的 DEH 启动页面（Start Up）进行相关操作。

机组挂闸后，DEH 启动页面（Start Up）中有两种启动方式可供选择：自动启动方式（Auto Mode）与手动启动方式（Manual Mode）。在选择启动方式时，转速目标值将自动跟踪当时的机组实际转速。两种启动方式可在启动过程中互为无扰切换。

手动启动方式（Manual Mode）下，典型 4 段升速—暖机过程为：盘车转速→升到600r/min→摩擦检查、低速暖机 5min→升到全速（3000r/min）→全速（3000r/min）暖机 5～10min。

相比于抽凝机，冲转升速阶段过程相似。因背压机不设顶轴油系统、不设排汽缸喷水减温系统、无旁路蒸汽系统，所以无相关的操作。

汽轮机冲转过程中的注意事项与抽凝机的基本相同。

3）并网升功率阶段

（1）汽轮机配合发电机并网接发初始功率

背压机配合汽轮发电机并网接发初始功率的相关操作与抽凝机的相似。

（2）汽轮机升功率

相比于抽凝机，并网升功率阶段过程基本相似。背压机无补汽，无凝汽器，但有真空除氧器，无抽汽供热，但有排汽供热至＃2 供热集汽集箱。

机组并网后，燃气轮机功率不变，对＃2 供热集箱及管路进行暖管。

随着汽轮机功率增加，当汽轮机排汽压力大于＃2 供热集汽集箱压力 0.1MPa 时，根据需要，背压机可以开始排汽供热，具体将在本章第5节中描述。

汽轮发电机组功率应跟踪燃机预选功率的设定值增加，注意控制升功速率、汽轮机轴向位移、绝对膨胀、振动、缸温等参数变化。当出现参数异常变化时，保持功率不变，待参数稳定后再增加功率。

汽轮机冷态启动从并网至额定功率时间大约为135min、升功速率大约为0.8%/min。温态启动时间大约为35min、升功速率大约为3%/min。热态启动时间大约为20min、升功速率大约为5%/min。

汽轮机安装后或大修后首次启动，应在10%额定功率下稳定运行4h，用以改善汽轮机的受热状态，然后发电机解列，在空载下做汽轮机超速试验。

汽轮机功率达20%额定值时，检查主机本体及管道疏水阀应自动关闭，否则手动关闭。

汽轮机功率升到额定值，全面检查、调整机组各系统，使机组处于正常运行状态。

10.4.2 背压式联合循环汽轮机停运

相比于抽凝机，停运类型相同。

相比于抽凝机，正常停运步骤相似；滑参数停运步骤相似。

背压机停运前，根据供热需要，将供热系统热源切至邻机、热站锅炉或停运。

背压机不设蒸汽旁路系统，必要时向空排汽；背压机辅助系统有别于抽凝机，其相关的停运操作相对简单些。

10.5 供热系统投运与停运

抽凝机组运行时利用汽轮机抽汽供热，背压机组运行时利用汽轮机排汽供热。若遇机组停运或供热不足的情况，使用2台热站锅炉提供蒸汽供热，热站锅炉保障公司供热并作热网调峰之用。若遇机组停运、同时热站锅炉停运或检修的情况，使用启动锅炉提供蒸汽应急供热。除上述这些低压供热汽源以外，热电站还配置有可向厂外供热的中压供热汽源(此略)。

10.5.1 供热系统投运要点

1. 抽凝机抽汽供热投运要点

(1) 对外供热由热站锅炉切换至抽凝机的条件

抽凝机组功率达到20MW以上；补汽已投入或切至供热集箱；抽汽至＃1供热集箱手动阀开启、抽汽逆止阀和抽汽快关阀全关、抽汽电动阀关闭，旋转隔板全开；确认热站锅炉已正常对外供热，供热集箱和热用户压力稳定；DEH抽汽口压力大于＃1供热集箱压力0.1MPa左右。

(2) 投运要点

开启抽汽供热管路上的3只气动疏水阀，当疏水点温度高于175℃后关闭。

参考图10-6，“Extraction Control”栏目下的“IN”“OUT”按钮分别用于供热抽汽调节回路的投入、退出。检查确认“Extraction Control”栏目下的按钮在“OUT”位置。

参阅图8-2，开启抽汽快关阀(2)和抽汽逆止阀(1)。

确认DEH抽汽口压力大于＃1供热集箱压力0.1MPa左右后，在DCS抽汽供热页面操作抽汽供热管路中的电动阀(4)。点击“开启”该阀门，一次开启2%左右。电动阀开启后，关注抽凝机对外供热流量，当对外供热流量建立后，稳定2min继续缓慢开大。

随着电动阀开大，汽轮机电功率下降，应密切关注DEH页面中主机振动、轴向位移、推力瓦温、缸温等关键参数的变化趋势。若发现异常，应立即停止操作，稳定工况；必要时，退出抽汽供热系统。

随着电动阀开大，关注DCS抽汽供热页面抽汽流量的变化。当抽汽流量变大时，降低热站锅炉的负荷，同时关注供热集箱压力不应上升过快，注意控制供热集箱压力小于0.9MPa，防止热用户超压。

当抽汽流量基本等于热用户需求的流量时，热站锅炉维持最低负荷(10%)运行5min，待汽轮机运行工况稳定后进行热站锅炉停运的相关操作。

抽凝机抽汽供热投运时，应关注热井水位，必要时手动调节，同时关注真空变化。为了提高供热调节的可靠性，暂不考虑将余热锅炉的低压补汽汇入供热集箱，汽轮机启动时按照原规定投入低压补汽。

当抽凝机单独供热时，应根据供热母管和热用户的压力需要进行相关操作。

第1步：利用抽汽供热管路中的电动阀来初步调整抽汽压力。

参阅图8-2，通过手动调整电动阀(4)的开度来调整抽汽压力：若抽汽压力低，则开大电动阀，在汽轮机高压缸进汽量基本不变的情况下，抽汽压力随之升高，抽汽供热流量增大，供热功率升高，电功率相对减小；若抽汽压力高，则关小电动阀，在汽轮机高压缸进汽量基本不变的情况下，抽汽压力随之降低，抽汽供热流量减小，供热功率降低，电功率相对增大。

电动阀对抽汽压力的调整范围是有限的，并且电动阀未开足时有节流损失。

第2步：利用旋转隔板来进一步调整抽汽压力。

当电动阀开足后仍不能够满足供热要求时，后台应用抽凝机调节系统(DEH)的抽汽压力调节回路(图9-2)，前台调用图10-6所示的DEH控制页面(Unit Control)进行相关操作，通过调节旋转隔板阀位(转角)来满足供热要求。

图10-6中的“Extraction Control”右侧“Auto/Manual”栏目下：“Auto”按钮用于抽汽压力的“自动调节”；“Manual”按钮用于抽汽压力的“手动调节”。

手动调节方法如下：①在页面中确认旋转隔板阀位(转角)指令为100%，指令与反馈基本接近；②确认“Auto/Manual”栏中显示“Manual”模式，点击“Extraction Control”栏，投入“IN”按钮；③根据需要点击“Lower”或“Raise”按钮。

点击“Lower”表示手动减小旋转隔板阀位(转角)目标值(%)，在汽轮机高压缸进汽量不变的情况下，引发旋转隔板关小，随之，抽汽压力升高，抽汽供热流量增大，供热功率升高，电功率相对减小。

点击“Raise”表示手动增加旋转隔板阀位(转角)目标值(%)，在汽轮机高压缸进汽量不变的情况下，引发旋转隔板开大，随之，抽汽压力降低，抽汽供热流量减小，供热功率降低，电功率相对增大。

操作时关注主机振动和轴向位移等重要参数。

如需投入自动调节，则需点击“Extraction Control”右侧“Auto/ Manual”栏目下“Auto”按钮，再点击“HP Extraction Control”栏目下的“Press Setpt”按钮，用以设定抽汽压力目标值指令，引发抽汽压力自动调节(参阅第9.2节)，使与抽汽压力相对应的供热流量、供热功率自动同向改变。

“HP Extraction Control”栏目下的“HOLD ON”“HOLD OFF”按钮分别用于抽汽压力给定值保持、解除保持。

2. 背压机排汽供热投运要点

参阅图8-9，在背压机并网后，缓慢关闭背压机电动排空阀，关注排汽压力的变化。当背压机排汽压力比＃2供热集箱压力高0.1MPa左右时，开启背压机排汽管路上的气动快关阀，缓慢开启背压机至＃2供热集汽集箱管路上的电动阀(4)。

当背压机排汽开始往＃2供热集汽集箱通流供热后，继续缓慢关闭背压机电动排空阀直至全关。

继续开启背压机排汽管路上的电动阀至全开。供热流量随之增大，供热功率随之升高。此电动阀的供热调整范围是有限的，并且电动阀未开足时有节流损失。

如需投入自动调节，就需要后台应用背压机调节系统(DEH)的排汽压力调节回路(图9-20)，前台调用背压机的DEH单元控制页面(Unit Control)进行相关操作，通过高压调节阀的自动调节来满足供热要求。

控制页面中“EPC Control”栏目下的“EPC In”“EPC Out”按钮分别用于背压机供热排汽调节回路(图9-20)的投入、退出。

点击“EPC In”，然后再点击“EPC Setpt”，设定排汽压力目标值指令，引发排汽压力自动调节(参阅第9.5节)，使与排汽压力相对应的供热流量、供热功率自动改变，以热定电，电功率随之同方向自然变化。

3. 热站锅炉供汽投运要点

检查确认厂内调压站系统、除盐水系统、一级反渗透系统、工业水系统、压缩空气系统、工业废水排污系统等各系统可正常投运。全面检查热站锅炉各手动阀状态正确，电动阀及电磁阀已送电备用，泵与风机绝缘合格，送电备用，仪表已正常投入。

检查确认热站锅炉及厂内外供热蒸汽管道疏水阀均已开启，热站锅炉至＃2供热集箱管道沿途手动阀及电动阀均已开启，供热集箱上与厂内其他相连的系统手动阀和电动阀已关闭，可靠隔离。

热站锅炉缓慢升温升压，对供热蒸汽管道进行暖管疏水，当管道温度逐渐升高到与过热蒸汽温度相接近，供热蒸汽管道暖管结束时，可缓慢关小沿途无压疏水阀。若有疏水器，则投运疏水器，关闭旁路无压管道；若无疏水器，则保持无压疏水微开状态。

当热站锅炉出口压力大于或等于0.6MPa，出口温度高于或等于250℃时，可逐渐接入热用户开始供热。供热期间需根据用户用汽量调节锅炉负荷，保持温度和压力稳定。

4. 启动锅炉供汽投运要点

检查确认启动锅炉系统完整，具备投运条件。全面检查启动锅炉系统，保证系统阀门状态正确。按规程适时对相关排汽管道暖管、疏水。

当启动锅炉过热器出口压力接近供热集箱压力时，缓慢增加锅炉负荷，当启动锅炉至供热集箱流量建立后，减小热站锅炉出力的同时缓慢关小启动锅炉过热器对空排电动阀直至全关。

继续增加启动锅炉负荷，减小热站锅炉负荷，当热负荷完全切至启动锅炉后，停运热站锅炉。

根据热用户流量需求调整启动锅炉出力，控制供汽压力0.7～0.9MPa，通过减温水控制过热器出口温度在300℃左右。

10.5.2 供热系统的停运

根据停汽计划，联系其他有关方面做好协调工作；联系热用户按计划逐个停用蒸汽。

关注热用户的流量，根据热用户流量和热网压力调整供热设备的负荷。

当热用户各分表总流量小于1t/h时停运供热设备，停运前尽量将热网压力提高到0.8MPa以上。当确认所有热用户均已停止用汽后，关闭供热设备与热网联通的电动阀。

当热网压力降至 0.2MPa 左右时，通知检修人员开启厂外热网沿线疏水器无压放水阀。

当热网泄压至零且无压放水点无水流出时，关闭各无压放水阀。

10.6　汽轮机典型故障及处理

电力生产“安全第一”。热力发电站若发生事故，尤其是发电设备的严重损坏事故，不但给本企业造成严重的经济损失，而且也给其他相关企业和人民生活带来重大影响。为了避免设备发生重大损坏事故以及带来的影响，要求汽轮机运行值班人员对各种故障（包括事故）能迅速、准确地判断和正确熟练地操作处理。

10.6.1　汽轮机严重超速

这里所指的汽轮机超速不是一般的超速，而是指汽轮机转速超过危急遮断装置动作的转速并急剧升高时的超速。汽轮机超速如不及时处理，将会使汽轮机与发电机转子上的零部件由于离心力过大而损坏，甚至主轴折断、事故扩大。

1. 原因

（1）汽轮机调节系统有缺陷。不合格的调节系统在甩全负荷后转速飞升过高，其具体原因为：主汽阀、调节汽阀不能正常关闭或漏汽量过大；调节系统迟缓率过大，调节部件或传动机构卡涩；调节系统的速度变动率过大；调节系统动态特性不良；调节系统整定不当；配汽机构膨胀间隙不符合要求等。

（2）汽轮机保护系统有故障。DEH 超速保护拒动、机械超速危急遮断装置动作过迟或不动作，引起转速飞升过高。其具体原因为：飞环（或飞锤）导杆卡涩；弹簧受力后产生过大的径向变形，以致与孔壁产生摩擦；脱扣间隙过大，飞环（或飞锤）飞出后不能击中危急遮断油门动作；另外，危急遮断油门卡涩，自动主汽阀和调节阀卡涩，补汽阀、抽汽逆止阀及快关阀关闭不严或拒动引起蒸汽返入缸内，都能引起汽轮机超速。

（3）运行操作调整不当。油质不佳，例如汽封漏汽大而蒸汽进入油内，引起调节和保护部套生锈发涩；主蒸汽品质不合格，含有盐分，机组又长期带某一固定负荷运行，将会造成自动主汽阀和调节阀阀杆结盐垢而卡涩；超速试验时操作不当，转速飞升猛增。

2. 表征

（1）功率表指示到零。

（2）转速或频率表指示值连续上升。

（3）机组声音异常，振动增大。

（4）主油压迅速升高。

3. 处理

若飞环（或飞锤）未动作，转速超过 3 330r/min，应立即手动打闸、破坏真空故障停运；若飞环（或飞锤）动作，而自动主汽阀、调节阀、补汽阀、抽汽逆止阀、快关阀卡住或关闭不严时，应设法关闭以上各汽阀或者立即关闭电动主汽阀和抽汽阀；若采取上述办法后机组转速仍然不降低，则应迅速关闭一切与汽轮机相连的汽阀，以截断汽源；可开启炉侧向空排汽阀、旁路等泄压；必要时，可以要求电气人员将发电机励磁投入；机组停下后，必须全面检修消除调节、保护系统的缺陷。重新启动后，在并列前，必须做飞环（或飞锤）超速试验，确认动作转速正常后方可并列投入运行。

10.6.2　汽轮机动静部件摩擦及大轴弯曲

汽轮机动静部件摩擦及大轴弯曲事故易损坏汽轮机转子。

1. 原因

1）动静部件发生摩擦的原因

(1) 动静间隙安装、检修调整不当。

(2) 动静部件加热或冷却时，膨胀或收缩不均匀。

(3) 受力部分机械变形超过允许值。

(4) 推力轴承或主轴瓦损坏。

(5) 机组强烈振动。

(6) 转子套装部件松动有位移。

(7) 通流部分的部件损坏或硬质杂物进入通流部分。

(8) 在转子弯曲或汽缸严重变形的情况下强行盘车。

2）引起大轴弯曲的主要原因

(1) 动静部分摩擦引起转子局部过热。

为了减少汽轮机通流部分的漏汽损失，汽轮机通流部分动静间隙一般设计得都很小。在启动、停运和变工况运行时，当汽缸热变形或转子热弯曲引起动静部件径向间隙消失的时候，汽封片与转子产生摩擦、升温、径向温差增大、热应力增大，加剧了转子弯曲、摩擦、升温、径向温差增大、热应力增大，从而产生“弯曲—摩擦—更弯曲—更摩擦”恶性循环，当应力值超过转子材料在该温度下的屈服极限，使转子局部产生压缩塑性变形。当转子温度均匀后，该部位将有残余拉应力，塑性变形并不消失，造成转子的永久弯曲，即“大轴弯曲”事故。

(2) 停运后前汽缸进冷汽、冷水引起高温转子骤冷。

(3) 转子在较高工作温度下逐渐释放过大的原材料内应力，引起弯曲变形。

2. 表征

由于这种事故发生在汽缸内，无法直接观察，因而只能根据事故的原因、特征进行间接判断。一般有下列特征：

(1) 机组振动增大，甚至振动强烈。

(2) 前后汽封处可能产生火花。

(3) 汽缸内部有金属摩擦声音。

(4) 转子偏心度增大或超限。

(5) 若是推力轴承损坏，则推力瓦温度将升高，轴向位移可能超标并发出报警信号。

(6) 上、下汽缸温差可能急速增加。

3. 处理

当机组振动大、汽缸内有金属摩擦声或汽封处产生火花等，应果断停运，不要采取降负荷或降转速继续暖机，以免加剧设备的损伤。停运时要记录转子惰走时间，静止后手动盘车。如果盘车不动，禁止强行盘动，必须全面分析研究，采取适当措施，直至揭缸检查。

10.6.3 汽轮机水击(汽轮机进水)

汽轮机水击事故是一种恶性事故，如处理不及时，易损坏汽轮机本体。

1. 原因

(1) 锅炉的蒸发量过大或蒸发不均引起汽水共腾。

(2) 锅炉减温器泄漏或调整不当，运行误操作或给水自动调节失灵造成锅炉满水。

(3) 汽轮机启动中没有充分暖管、疏水不畅；主汽管道或锅炉的过热器疏水系统不完善，可能把积水带到汽轮机内。

(4) 滑参数停运时，由于控制不当，降温降得过快，使汽温低于当时汽压下的饱和温度而成为带水的湿蒸汽。

(5) 汽轮机启动时汽封供汽系统管道没有充分暖管和疏水排除不充分，使汽、水混合物被送入汽封。

(6) 停运过程中，切换备用汽封汽源时，因备用系统积水而未充分排除就送往汽封。

(7) 停运后，忽视对凝汽器水位的监督，发生凝汽器满水，倒入汽缸。

2. 表征

(1) 主蒸汽温度急速下降，高压主汽阀和调节阀阀杆、法兰、轴封等处可能冒白汽。

(2) 机组振动逐渐增大，直到剧烈振动。

(3) 推力轴承乌金温度迅速上升，机组转动声音异常。

(4) 汽缸上、下温差变大，下缸温度要降低很多。

3. 处理

汽轮机水击事故后果严重。运行人员必须迅速、准确地判断是否发生水击，一般应以主蒸汽温度是否急剧下降作为依据（水击初始并不一定发生主汽阀和调节阀阀杆、法兰等处冒白汽），同时应检查汽缸上、下温差变化，因为汽轮机进水时，下缸温度必然下降较大。确认发生水击事故时，应立即破坏真空，紧急停运；开启汽轮机缸体和主蒸汽管道上的所有疏水门，进行充分排水；正确记录转子惰走时间及真空数值；惰走过程中仔细倾听汽缸内部声音；检查并记录推力瓦乌金温度和轴向位移数值；注意惰走过程中机组转动声音和推力轴承工作情况，如惰走时间正常，经过充分排除疏水，主蒸汽温度恢复后，可以重新启动机组。但这时要特别小心仔细倾听缸内是否有异音，并测量机组振动是否增大；如果发生异常，应立即停止启动，揭缸检查。

10.6.4　汽轮机叶片损坏与脱落

汽轮机的动、静叶片是通流部分的主要零件，动叶片工作时要承受高速离心力、高速气流力和振动力综合作用。因此，动叶片损坏案例较多。

1. 原因

造成叶片断裂或脱落的原因很多，归纳起来主要有下列几个方面：

(1) 机械损伤。外来的机械杂质随蒸汽进入汽轮机内打伤叶片；汽缸内部固定零部件脱落，如阻汽片、导流环等，造成叶片严重损伤；因轴承或推力瓦损坏、大轴弯曲、胀差超限以及机组强烈振动，造成通流部分动、静摩擦，使叶片损坏。

(2) 腐蚀和锈蚀。损伤叶片的腐蚀常发生在开始进入湿蒸汽的各级，这些级段在运行中，蒸汽干、湿交替变化，使腐蚀介质易浓缩，引起叶片腐蚀；长期停运备用的机组往往会因空气中的潮气或蒸汽漏入机内造成叶片严重锈蚀；叶片受到侵蚀削弱后，不但强度减弱，而且叶片被侵蚀的缺口、孔洞还将产生应力集中现象；侵蚀严重的叶片，还会改变叶片的振动频率，使叶片因应力过大或共振疲劳而断裂。

(3) 水蚀损伤。水蚀一般多发生在末几级湿蒸汽区的低压段长叶片上，尤其是末级叶片。水蚀是湿蒸汽中分离出来的水滴对叶片冲击造成的一种机械损伤，而末级叶片旋转线速度高，并且蒸汽湿度大，水滴多，故水冲蚀程度更严重。水蚀严重时，叶片将出现缺口、孔洞等，叶片强度降低，导致断裂损坏。

(4) 水击损伤。汽轮机发生水击时，前几级叶片的应力会突然增加，并骤然受到冷却，使叶片过载,末几级叶片则冲击负荷更大。叶片遭到严重水击后会发生变形,其进汽侧扭向内弧,出汽侧扭向背弧,并在进、出汽侧产生细微裂纹,成为叶片振动断裂的根源。水击有时会使叶片拉筋断裂,改变了叶片连接形式,甚至原来成组的叶片变成单个叶片,改变了叶片振动频率,降低叶片的工作强度,致使叶片发生共振,造成断裂。

(5) 叶片本身存在的缺陷。设计应力过高或结构不合理,如叶片顶部太薄,围带铆钉头应力大,常在运行中发生应力集中,铆钉头断裂,围带裂纹折断,使叶片损坏;叶片振动特性不合格,运行中因共振产生很高的动应力,使叶片损坏;叶片材质不良或错用材料,如叶片材料机械性能差,金属组织有缺陷或有夹渣、裂纹;叶片经过长期运行后材料疲劳性能和振动衰减性能等降低而导致叶片损坏;加工工艺不良,例如叶片表面粗糙、留有刀痕、围带铆钉孔或拉筋孔处无倒角等,都会导致应力集中而损坏叶片。

(6) 运行维护不当。电网频率变动超出允许范围,过高、过低都可能使叶片振动频率进入共振区,产生共振而使叶片断裂;机组过负荷运行,使叶片的工作应力增大,尤其是最后几级叶片,蒸汽流量增大,各级蒸汽焓降也增加,使其工作应力增加很多而严重超负荷;主蒸汽参数不符合要求,频繁而较大幅度地波动,主蒸汽压力过高,主蒸汽温度偏低或水击,以及真空过高,都会加剧叶片的超负荷而损坏叶片;蒸汽品质不良使叶片结垢、腐蚀,叶片结垢后将使轴向推力增大,引起某些级过载。腐蚀则容易引起叶片应力集中或材质的机械强度降低,都能导致叶片损坏;停运后由于主蒸汽或抽汽系统不严密,使汽水漏入汽缸,时间一长,使通流部分锈蚀而损坏。

2. 表征

(1) 汽轮机内部或凝汽器内有突然的响声。

(2) 当断落的叶片落入凝汽器时,会打坏凝汽器管,使循环水漏入凝结水中,导致凝结水硬度、导电度突然增大,凝结水水位增高,凝结水泵电动机电流增大。

(3) 机组振动通常会明显变化,有时还会产生瞬间强烈抖动,其原因是叶片断裂脱落,使转子失去平衡或摩擦撞击。但有的转子中间级叶片断落,并未引起严重动、静摩擦,在工作转速下机组振动不一定明显增大,只有在启动、停运过程中的临界转速附近,机组振动会出现明显增大。

(4) 叶片损坏较多时会使蒸汽通流面积改变,从而同一个负荷的蒸汽流量、监视段压力、调节汽阀开度等都会改变。

(5) 如果断落叶片发生在抽汽级处,叶片可能进入抽汽管道,造成抽汽逆止阀卡涩。

(6) 在停机惰走过程或盘车状态下,有可能听到金属摩擦声,惰走时间缩短;在启动和停运过程中,通过临界转速时机组振动将会明显的变化。

3. 处理

这种事故发生在汽缸内,只能根据叶片断裂事故可能出现的表征进行综合判断。当清楚地听到缸内发生金属响声或机组出现强烈振动时,应判断为通流部分损坏或叶片断落,则应紧急停运,准确记下惰走时间,在惰走和盘车过程中仔细倾听缸内声音,经全面检查、分析研究,决定是否需要揭缸检查。

10.6.5 汽轮发电机轴瓦乌金熔化或损坏

轴瓦乌金熔化,反映轴承工作已失效,严重时已损坏。

1. 原因

(1) 由于发生水击或机组过负荷,引起推力瓦损坏。

（2）轴承断油。一般原因：①运行中油系统切换时发生误操作；②启动或停运过程中润滑油泵工作失常；③汽轮机启动、升速过程中，在停止高压电动油泵时没注意监视油压，此时若向主油泵入口供油的注油器工作失常或电动油泵出口逆止阀卡涩等使主油泵失压，且电动润滑油泵又没联动起来便引起断油；④油箱油位过低，空气进入注油器使润滑油压下降或油系统中进入空气；⑤油系统积存空气未能及时排除，往往会造成轴瓦瞬间断油；⑥厂用电中断事故停运中，直流油泵因故没能及时投入造成轴瓦断油；⑦油管道断裂或油系统泄漏造成油压下降而使轴瓦供油中断；⑧轴瓦在运行中移位，如轴瓦转动造成进油孔堵塞而断油；⑨安装或检修时油系统内留有棉纱、抹布等杂物造成油系统堵塞而断油。

（3）机组强烈振动。由于机组强烈振动，会使轴瓦油膜破坏而引起轴颈与乌金研磨损坏，也可能使轴瓦在振动中发生位移，造成轴瓦工作失常或损坏。

（4）轴瓦本身缺陷。在轴瓦加工过程中，乌金浇铸质量不良，如浇铸乌金前瓦胎清洗不净，没有挂锡或挂锡质量不符合要求，在运行中发生轴瓦乌金脱胎或乌金龟裂等问题。

（5）润滑油中夹带有机械杂质，损伤乌金面，引起轴承损坏。

（6）油温控制不当，引起轴承油膜的形成与稳定，都会导致轴瓦乌金损坏。

2. 表征

（1）主轴瓦乌金、轴承回油温度、推力瓦乌金及回油温度异常升高。

（2）轴承座冒烟严重。

（3）润滑油压下降至运行规程允许值以下，油系统漏油或润滑油泵无法投入运行。

（4）机组振动增长。

3. 处理

在机组运行中发现以上表征，说明轴瓦已发生异常或损坏，应立即打闸停机，检查损坏情况，采取检修措施进行修复。

10.6.6　汽轮机真空快速下降

汽轮机凝汽器真空对机组运行安全性和热经济性有很大影响。真空下降将直接引起汽轮机热耗、汽耗增大和出力降低；真空下降会引起汽轮机排汽缸温度升高，严重时还会引起汽轮机组振动。汽轮机真空下降有快速下降和缓慢下降两种情况。

1. 原因

（1）循环水中断。厂用电中断、循环水泵电动机跳闸、水泵逆止阀损坏或循环水管爆裂，都能导致循环水中断。

（2）轴封供汽中断。汽封压力调整器失灵、供汽汽源中断或汽封系统进水等，都可能使轴封供汽中断，这将导致大量的空气漏入排汽缸，使凝汽器真空快速下降。

（3）抽气设备故障。真空泵故障失压，这时要尽快切换备用真空泵，以维持凝汽器真空。

（4）凝汽器满水。凝汽器冷却水管泄漏、凝结水泵故障或运行人员维护不当，都可以造成凝汽器满水而导致真空下降。

（5）真空系统大量漏气。由于真空系统管道或阀门零件破裂损坏，引起大量空气漏入凝汽器，这时应尽快找出泄漏处，设法采取应急检修措施堵漏，否则应停机检修。

2. 表征

（1）凝汽器真空下降，排汽温度升高。

（2）机组负荷降低或带同样负荷时主蒸汽流量增大。

(3) 凝汽器水位升高。

(4) 循环水泵、凝结水泵、抽气设备、循环水冷却设备等工作时出现异常。

3. 处理

视凝汽器真空是快速下降还是缓慢下降,根据造成的原因不同而采取不同的处理方法。

要根据凝汽器真空值的下降数值,依照运行规程的规定降低机组负荷。减负荷过程中,若故障一时处理不了,凝汽器真空值降到最低允许值时仍继续下降,则需停机处理。

第 11 章　余热锅炉

11.1　余热锅炉概述

11.1.1　余热锅炉的原理和作用

余热锅炉(HRSG—Heat Recover Steam Generator)是利用工业生产中的余热来产生蒸汽的蒸汽发生设备。在燃气-蒸汽联合循环电厂中,燃气轮机内做功后排出的燃气,仍具有比较高的温度,一般在 600℃以上。因此,可以设置余热锅炉回收燃气轮机排气中的余热,产生蒸汽,推动汽轮机发电,形成燃气-蒸汽联合循环。余热锅炉区别于常规电厂的锅炉,只有汽水系统,实际上是一个换热装置。通过余热锅炉回收利用这部分气体的热量,可以大大提高燃气-蒸汽联合循环电厂整体效率。

余热锅炉通常由省煤器、蒸发器、过热器等换热面和汽包等设备组成,单压无再热的余热锅炉如图 11-1 所示。省煤器的作用是将给水加热到接近饱和,蒸发器的作用是使给水发生相变并变成为饱和蒸汽,而过热器的作用是将饱和蒸汽加热成为过热蒸汽。在有再热的蒸汽循环中,余热锅炉还设有再热器,将冷再热蒸汽加热到给定的再热温度。

图 11-1 所示的余热锅炉中的传热量 Q 与烟气和汽水温度 T 之间的关系如图 11-2 所示。在烟气侧,由于比热近似等于常数,所以温度与放热量之间可看作是线性关系。在汽水侧,给水在省煤器中被加热和蒸汽在过热器中被加热时,温度与吸热量之间也可看作是线性关系,但在蒸发器中由于是相变过程,温度保持不变。

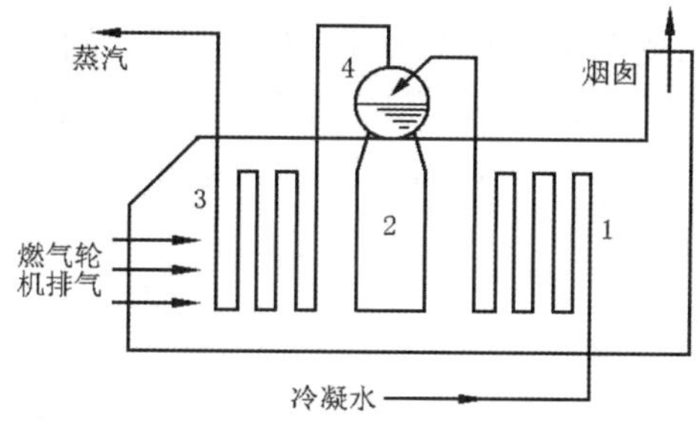

1—省煤器;2—蒸发器;3—过热器;4—汽包

图 11-1　单压无再热余热锅炉的汽水系统

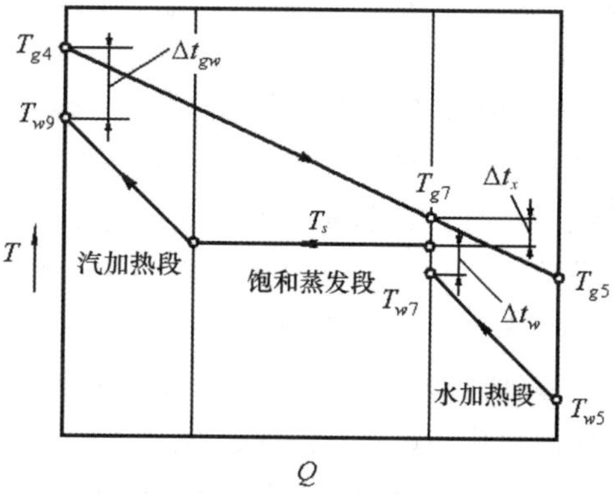

图 11-2　单压余热锅炉中的传热量与烟气和汽水温度之间的关系

11.1.2　余热锅炉的特点

在燃气-蒸汽联合循环中,蒸汽循环是利用燃气轮机余热来发电的,生产蒸汽的余热锅炉与燃煤电站的锅炉有很大不同,主要表现在以下几个方面。

1. 热力特性变化大,燃气侧与蒸汽侧变化不协调

常规锅炉的热源是由燃料直接燃烧产生的,而余热锅炉的热源与燃烧不直接相关,它可能是高温烟气余热,也可能是化学反应余热、可燃废气余热,甚至可能是高温产品余热等。联合循环中使用的是气体或液体燃料,基本上没有粉尘,一般不考虑磨损问题。由于燃气轮机负荷总在不断变动,其排气温度和流量经常发生较大的变化,又是在温度变化范围比较宽(−10℃～40℃)的

大气环境中运行,所以余热锅炉在运行中热力参数和性能也经常发生较大变化。

余热锅炉变工况运行时,蒸汽侧的热力参数通常要求比较稳定,即使是滑压运行,变动量也不是很大,且还需要满足工程上和热力学上的约束条件,如省煤器不能出现汽化现象、排烟温度不能低于露点等。但燃气侧随燃气轮机变工况变化快,这使得变工况过程中余热锅炉燃气和蒸汽两侧热力变化不协调。

2. 烟气为中温大流量,速度和温度分布很不均匀

在联合循环中,余热锅炉的烟气进口温度一般为500℃～610℃(无补燃时),或为700℃～780℃(补燃时),远低于燃煤锅炉。因此,余热锅炉中的换热方式主要是对流传热,辐射传热可以忽略不计。而在常规锅炉中辐射换热量占全部吸热量的40%～50%,甚至更多。这就要求在设计时,余热锅炉往往要布置比常规锅炉更多的受热面。此外,余热锅炉的流量也相对较大,烟气流量与蒸汽流量之比为4～10,而常规锅炉一般为1.0～1.2。

燃气轮机排气是完全发展的紊流,流速和温度都很不均匀。有余热锅炉进口截面上,烟气流速变化可达±400%,温度不均匀度达±55℃。此外,余热锅炉中燃气的流速比较高,气流的湍流度大。流速的提高促使对流换热系数提高,有助于对流传热,但同时烟气侧阻力将增加,使燃气轮机背压升高,降低系统的效率。与此同时,也会造成受热面受热不均匀、膨胀不均匀、易振动等。因此,在余热锅炉的设计和运行中,需要采取一些有效措施来缓解和消除反复交变的热应力影响。

3. 结构需要适应燃气轮机快速启动的要求

燃气轮机冷态启动仅需20min左右,因此余热锅炉也需要具备快速启停的特性。而且大型联合循环机组更多采用"一拖一"(即一台燃气轮机、一台余热锅炉、一台汽轮机)、单轴及无旁路烟道的布置方式,燃气-蒸汽联合循环机组在电网中往往承担着调峰任务,更要求余热锅炉具有充分的快速启动特性。

余热锅炉适应快速启动,反映在余热锅炉的汽包、受热面、烟道、护板等一系列结构设计上:汽包具有更大的容量尺寸,以适应快速升压升负荷时汽水系统容积突变的问题;汽包水位计应具有较大的量程,充分考虑报警水位和保护水位的需要;受热面采用小管径螺旋鳍片管束,管壁薄、热惯性小;烟道多采用软性的非金属膨胀节等。

4. 汽水系统有多种类型

为了降低余热锅炉排烟温度,回收更多的余热,现代大功率燃气-蒸汽联合循环机组一般都采用双压或三压蒸汽系统,即在余热锅炉中除了产生高压过热蒸汽外,还产生中压或低压过热蒸汽,补入汽轮机的中、低压缸中做功。余热锅炉的蒸汽系统根据技术经济比较,有5种类型(单压、双压、双压再热、三压、三压再热)可供选择。排气温度很高(>580℃)的燃气轮机,余热锅炉多采用三压再热汽水系统,如图11-3所示。这样,不仅能选择高的蒸汽参数,而且能使排烟温度比较低,平均传热温差小,如图11-4所示。但多压系统要处理好不同压力参数匹配优化的问题。

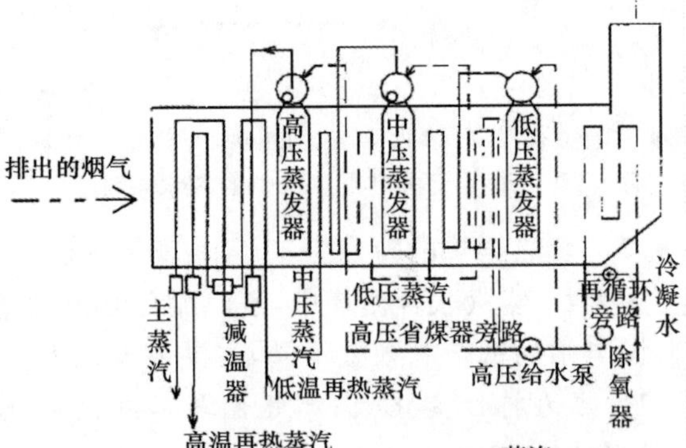

图11-3　三压再热余热锅炉的汽水系统

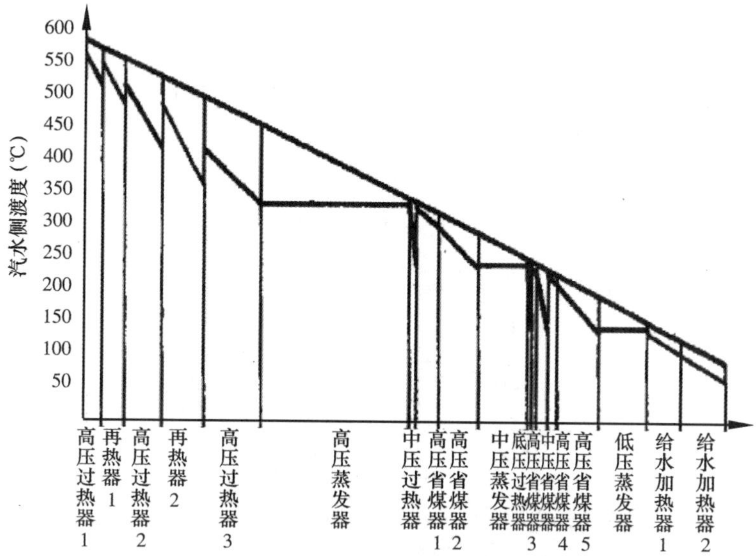

图 11-4　三压再热余热锅炉中传热量与温度之间的关系

11.1.3　余热锅炉的分类

余热锅炉的形式、种类很多：按照汽水系统的特点，可分为单压式、非再热的多压式和再热的多压式三种类型；按照锅内汽水流程的特点，可分为汽包式和直流式两种类型；按照汽水循环方式的不同，可分为自然循环式和强制循环式两种类型；按照锅侧烟气的流动方向，可分为卧式和立式两种类型；按照有无补燃装置，可分为补燃式和无补燃式两种类型。随着燃气轮机燃气初温的提高，无补燃型式多压再热余热锅炉成为余热锅发展的主流。

上述各种类型交叉组合，形成了多种形式的余热锅炉。自然循环的余热锅炉一般采用卧式布置，而强制循环的余热锅炉一般采用立式布置。强制循环余热锅炉占地面积小，冷启动的时间比自然循环余热锅炉快一些。而自然循环余热锅炉无循环泵，厂用电少。

卧式余热锅炉的模块结构如图 11-5 所示：管束以垂直方式布置，烟气水平地掠过管束，汽包布置在管束模块的上方。卧式锅炉烟气流动损失小、管束容易布置、易于配置脱硝装置和补燃系统、钢结构少、易于满足高地震地区的要求，但占地面积大，且因部件尺寸大而对制造、运

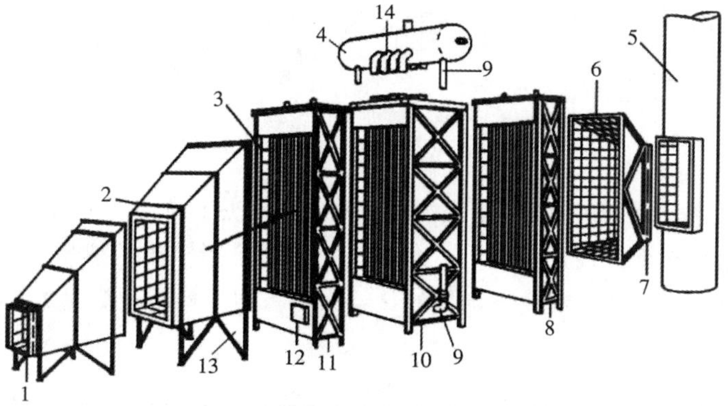

1—膨胀节；2—进口烟道；3—内部保温材料；4—汽包；5—烟囱；6—出口烟道；7—膨胀节；
8—省煤器；9—下降管；10—蒸发汽；11—过热器；12—人孔；13—钢结构；14—上升管

图 11-5　卧式余热锅炉的模块结构

输和安装有较高要求。

立式余热锅炉的模块结构如图 11-6 所示:管束以水平方式布置,烟气垂直地掠过管束,汽包吊装在管束旁的钢结构上。立卧式锅炉占地面积小、部件尺寸小、冷起动时间短,但钢结构件多、配置脱硝装置和补燃系统困难。

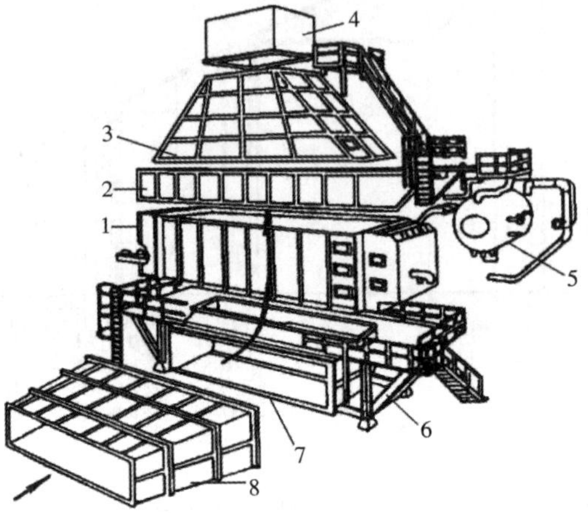

1—蒸发器和过热器;2—省煤器;3—过渡段;4—烟囱;5—汽包;6—钢结构;7—弯烟道;8—进口段

图 11-6 立式余热锅炉的模块结构

需要指出的是,为了把自然循环余热锅炉和立式余热锅炉的优点结合起来,目前自然循环的余热锅炉有的也设计成立式布置。

11.1.4 余热锅炉的热力参数

1. 端差、节点温差和接近点温差(图 11-2)

余热锅炉的端差是指进入余热锅炉的烟气的温度与流出余热锅炉的过热蒸汽温度之差,记为 Δt_{gw}

$$\Delta t_{gw}=T_{g4}-T_{w9} \tag{11-1}$$

余热锅炉的节点温差(又称之为窄点温差)是指蒸发器出口燃气与被加饱和汽水之间的最小温差,记为 Δt_x

$$\Delta t_x=T_{g7}-T_s \tag{11-2}$$

余热锅炉的接近点温差(又称之为欠温)是指锅炉省煤器出口压力下的饱和温度与省煤器出口水温度之差,记为 Δt_w

$$\Delta t_w=T_s-T_{w7} \tag{11-3}$$

2. 效率

对于无补燃的余热锅炉,输出的热量是水和水蒸气在余热锅炉中吸收的热量,输入的热量是燃气轮机排气中可供给余热锅炉使用的热量。余热锅炉效率是指输出的热量与输入的热量之比。设燃气轮机排气的比焓为 h_{g4},环境温度下烟气的比焓为 h_{g1},则无补燃余热锅炉效率为

$$\eta_h=\frac{Q_{st}}{h_{g4}-h_{g1}} \tag{11-4}$$

式中 Q_{st}——单位质量燃气轮机排气所产生的水蒸气在余热锅炉中吸收的热量。

在散热量可忽略不计的情况下,水和水蒸气在余热锅炉中吸收的热量 Q_{st} 就等于烟气在余热锅炉中实际放出的热量($h_{g4}-h_{g5}$),则无补燃余热锅炉的效率可近似表示为

$$\eta_h = \frac{h_{g4} - h_{g5}}{h_{g4} - h_{g1}} \tag{11-5}$$

如果再忽略烟气定压比热随温度的变化，则无补燃余热锅炉的效率可进一步简化为

$$\eta_h = \frac{c_{pg}(T_{g4} - T_{g5})}{c_{pg}(T_{g4} - T_1)} = \frac{T_{g4} - T_{g5}}{T_{g4} - T_1} \tag{11-6}$$

式中　T_1——环境温度；

c_{pg}——烟气的定压比热。

此外，根据输入的热量中是否包含燃气轮机排气中所含水蒸气的潜热，余热锅炉的效率还可分为高热值效率和低热值效率。高热值效率中输入的热量中包含燃气轮机排气中所含水蒸气的潜热，低热值效率中输入的热量中不包含燃气轮机排气中所含水蒸汽的潜热。在联合循环电厂中，多采用低热值计算余热锅炉效率，目前一般为 0.70～0.90。

对于补燃式余热锅炉，输入的热量中还应包括补充燃料的热量。但在补燃余热锅炉型联合循环系统的分析中，采用式(11-6)计算余热锅炉效率有很多方便之处，因此，将它定义为补燃式余热锅炉的当量效率。

3. 影响锅炉效率的主要因素及其选取

1）余热锅炉排烟温度

在燃气轮机排烟温度和环境温度一定的条件下，由公式(11-6)可知排烟温度越低，余热锅炉的效率越高。但在设计制造时，降低排烟温度，需要通过增加余热锅炉的换热面积。这会使余热锅炉制造成本上升，同时增大了烟气侧的流动阻力，引起燃气轮机出力和效率的下降。此外，余热锅炉排烟温度的选取还受到烟气酸露点温度的限制：当烟气中含有 SO_2 时，排烟温度过低，锅炉尾部受热面会受到硫酸腐蚀；当烟气中不含 SO_2 时，则存在着碳酸腐蚀的问题。在燃烧天然气的联合循环中，余热锅炉的排烟温度可以选择较低，降至 100℃以下。

2）余热锅炉端差

当燃气轮机排烟温度给定时，余热锅炉端差决定了主蒸汽温度的高低。主蒸汽温度选择高，会增加汽轮机的出力，提高联合循环机组的出力和效率；但同时也会使余热锅炉的平均传热温差减小，从而增加余热锅炉的换热面积，增加设备制造成本。因此，在经济上存在一个最佳主蒸汽温度，即存在一个经济上最佳的余热锅炉端差。但考虑到变工况下汽轮机的安全性，要求余热锅炉端差不小于 30℃。因此，一般要在大于 30℃的范围内，通过优化进行选取余热锅炉端差。

3）余热锅炉节点温差

在其他条件不变时，增大余热锅炉节点温差，余热锅炉的排烟温度就会升高，效率就会降低。但是当余热锅炉节点温差减小时，余热锅炉各换热面的传热温差都会减小，换热面积就要增大，从而使锅炉制造成本升高；同时烟气侧阻力增加，燃气轮机效率下降。因此，存在一个经济性最佳的余热锅炉节点温差。研究表明，余热锅炉节点温差的最佳值一般为 7℃～20℃。

4）余热锅炉接近点温差

余热锅炉接近点温差增加时，余热锅炉的循环倍率就会提高，蒸发器的换热面积会增大，从而增加余热锅炉的制造成本。但是余热锅炉接近点温差选择过小，低负荷工况下或机组启停期间给水可能在省煤器中汽化，会引起省煤器管壁过热、振动等安全问题。因此，从机组安全运行和制造成本两个因素综合考虑，余热锅炉接近点温差也存在一个最佳值。研究表明，余热锅炉接近点温差一般为 5℃～20℃。

5）余热锅炉主蒸汽压力

其他条件不变，余热锅炉主蒸汽压力提高，余热锅炉的排烟温度就会升高，余热锅炉效率下降，但蒸汽循环的效率会因压力升高而有所提高。研究表明，存在使联合循环效率最大的最佳主蒸汽压力值。从技术上看，主蒸汽压力的高低还会影响汽轮机的排汽湿度，因而影响汽轮机工作的安全性。因此，主蒸汽压力的高低还要与主蒸汽温度、汽轮机容量等相匹配。对于多压锅炉，各蒸汽压力的选取需要综合考虑，选取最佳值。

6）余热锅炉烟气侧流速

余热锅炉中的换热方式主要是对流传热，烟气侧流速的变化会对传热和流动都产生影响。烟气流速增大时，余热锅炉的换热系数会增大，但同时烟气侧的流动阻力也会增加。前者可使换热面积减小或增加传热量，有利于传热；后者则使燃气轮机的排气压力升高，从而导致燃气轮机出力和效率下降。计算表明，1kPa 的压降会使燃气轮机的功率和效率下降 0.8%左右。因此，对余热锅炉烟气流速也要按照整体经济性最优的要求来取值。

11.1.5 典型余热锅炉的汽水系统

随着燃气轮机排烟温度的提高，余热锅炉的汽水系统由双压变为三压，由无再热向再热过渡。考虑蒸汽循环参数和余热锅炉换热面积及造价之间的关系，当燃气轮机排气温度低于 538℃ 时，采用单压蒸汽循环；当燃气轮机排气温度接近 593℃时，采用三压再热蒸汽循环。因为近期我国建设的大型联合循环机组大多排烟温度较高，所以都以高压、高温三压再热蒸汽循环为主。

图 11-7 所示为三压再热、卧式布置、无补燃、自然循环余热锅炉，余热锅炉高压、中压和低压系统分别由省煤器、蒸发器和过热器组成。锅炉水循环采用自然循环方式，高、中、低压水循环系统各由汽包、下降管、蒸发管和上升管组成。高压过热蒸汽进入汽轮机高压缸做功；中压过热蒸汽与汽轮机高压缸排汽汇合后进入再热器，再热器出口蒸汽进入汽轮机中压缸；低压过热蒸汽与汽轮机中压缸排汽一起进入汽轮机低压缸。锅炉的低压给水由汽轮机凝结水泵供给，高、中压给水由低压给水经二级低压给水加热器加热后供给。高压给水取自给水泵出口，中压给水取自给水泵中间抽头。

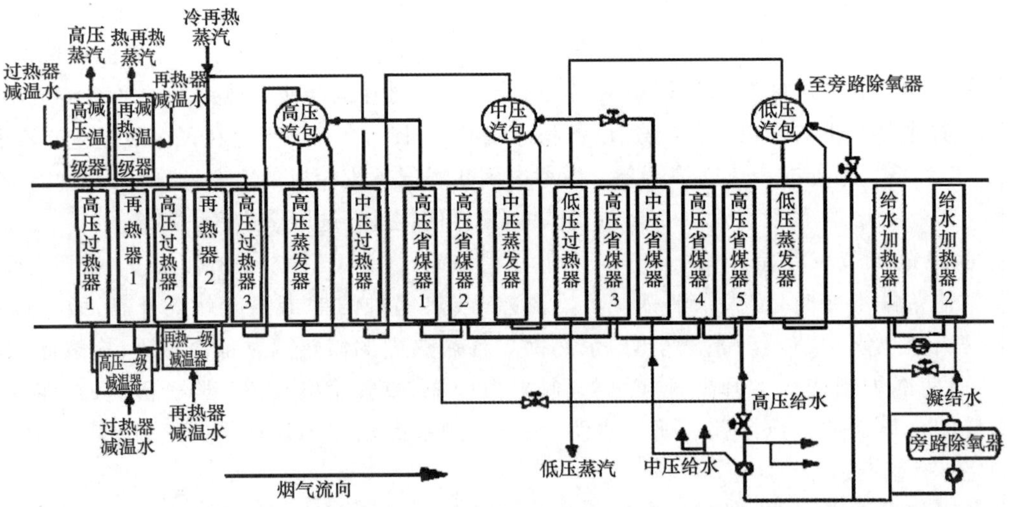

图 11-7　三压再热余热锅炉汽水系统

图 11-8 所示为三压再热、立式、无补燃、强制循环余热锅炉，烟气经入口烟道、三通烟道和过渡烟道进入受热面管箱后自下而上，先后依次冲刷高低温过热器、高压蒸发器、高压省煤器

和低压蒸发器，最后经主烟囱直接排空。高、低压蒸发器内水循环动力由强制循环泵提供，低压汽包兼作除氧水箱（整体式除氧器）。

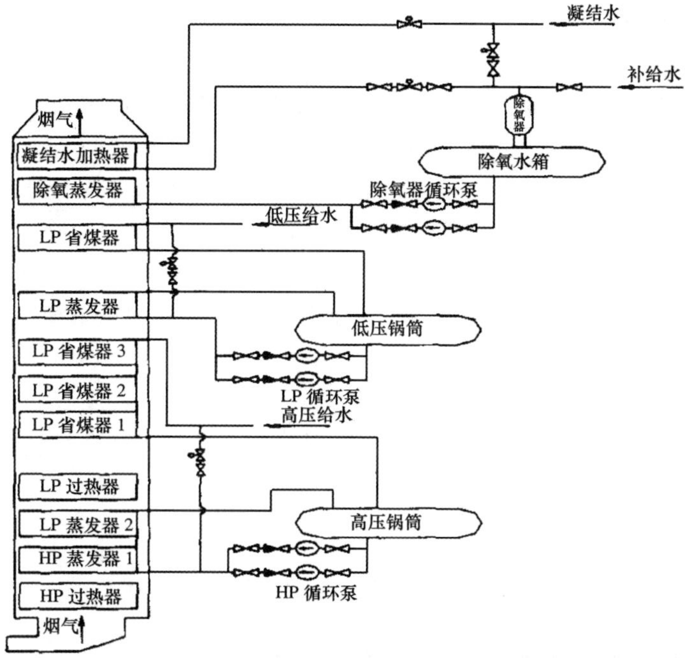

图 11-8　三压再热立式强制循环余热锅炉系统

多数情况下，立式布置的余热锅炉采用强制循环，但近年来，自然循环的余热锅炉有的也设计成立式布置的。图 11-9 所示余热锅炉就采用了立式自然循环的配置方式，而且采用了独立的真空除氧器来除氧。

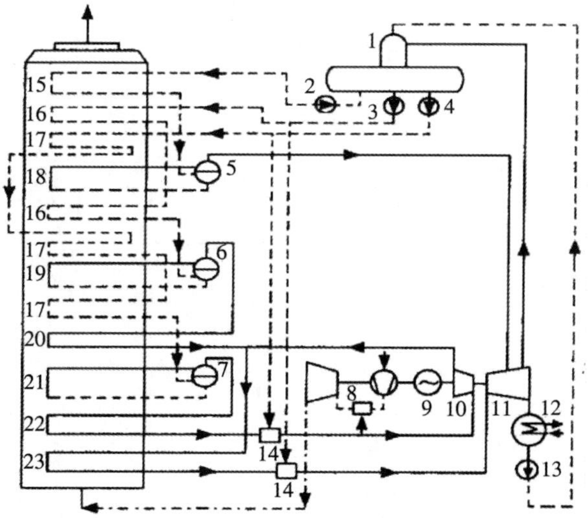

1—真空除氧器；2—低压给水泵；3—中压给水泵；4—高压给水泵；5—低压汽包；
6—中压汽包；7—高压汽包；8—燃气轮机；9—发电机；10—汽轮机高压缸；11—汽轮机中压缸；
12—凝汽器；13—凝结水泵；14—减温器；15—低压省煤器；16—中压省煤器；18—低压蒸发器
19—中压省煤器；20—中压过热器；21—高压蒸发器；22—高压过热器；23—再热器

图 11-9　三压再热立式自然循环余热锅炉热力系统

11.2 余热锅炉设备与系统

11.2.1 余热锅炉的参数与汽水流程

1. 余热锅炉参数

国电南浔公司 PG6111FA 燃气轮机配置的余热锅炉是杭州锅炉集团股份有限公司生产的不补燃、自然循环、双压、卧式露天布置余热锅炉,引进了美国 NOOTER/ERIKSEN 公司燃气轮机余热锅炉设计技术,与通用电气公司燃用天然气的 PG6111FA 燃气轮机相匹配。余热锅炉主要部件包括:进口烟道,锅炉本体(受热面模块和钢架护板),出口烟道及主烟囱,高、低压锅筒,除氧器,管道,平台扶梯等部件以及给水泵和定、连排污扩容器等配套设备。其中,锅炉本体受热面采用 N/E 标准设计模块结构,由垂直布置的顺列和错列螺旋鳍片管与进出口集箱组成,以获得最佳的传热效果和最低的烟气压降。

燃气轮机排出的烟气通过进口烟道进入锅炉本体,沿烟气流动方向,锅炉分为 4 个受热面模块(表 11-1),而沿锅炉宽度方向各受热面模块均分成 2 个单元。烟气依次水平横向冲刷各受热面模块,再经出口烟道由主烟囱排出。

表 11-1　　余热锅炉受热面分布

	模块 1	模块 2	模块 3	模块 4
受热面名称	高压过热器 2 高压过热器 1	高压蒸发器 低压过热器	高压省煤器 2 高压省煤器 3 低压蒸发器	高压省煤器 1 低压省煤器 除氧蒸发器 凝结水加热器

在燃气轮机排气流量 762.3t/h、排气温度 599.8℃的条件下,余热锅炉的各项设计参数如表 11-2 所列。

表 11-2　　余热锅炉主要参数

名称	设计值	备注
高压蒸汽流量(t/h)	126	126.06(背压机)
低压蒸汽流量(t/h)	7.09	7.20(背压机)
高压蒸汽压力(MPa)	5.058	
低压蒸汽压力(MPa)	1.172	
烟气温度:		
高压过热器 2 进口(℃)	599.8	
高压过热器 1 进口(℃)	565.6	
高压蒸发器进口(℃)	517.9	
低压过热器进口(℃)	276.6	
高压省煤器进口(℃)	274.9/271.1/201.9	
低压蒸发器进口(℃)	219.1	
烟囱排烟温度(℃)	101.3	
水/蒸汽温度:		
高压过热器出口(℃)	472	性能保证条件下 100%负荷时

续表

名称	设计值	备注
低压过热器出口(℃)	275.8	性能保证条件下 100%负荷时
高压蒸发器(℃)	268	
高压省煤器出口(℃)	262.9/257.9/184.1	
高压省煤器进口(℃)	257.9/184.1/156.7	
低压蒸发器(℃)	192.4	
窄点(℃)	8.0/8.8/12.7	8.0/8.9/12.2(背压机)
排污率(%)	0.5	
过热蒸汽降温喷水流量(t/h)	0.14	
锅炉烟气侧压降(kPa)	≤3	
保温:锅炉蒙皮平均温度(℃)	≤50	
设计压力:		
高压承压部件(MPa)	5.79	
低压承压部件(MPa)	2.0	
锅炉效率(%)	85.97	86.17(背压机)

2. 余热锅炉汽水流程

双压余热锅炉汽水系统如图 11-10 所示。从燃气轮机排出的烟气(设计工况下温度为 599.8℃)逐次经过两级高压过热器、高压蒸发器、第 3 级高压省煤器、第 2 级高压省煤器、低压过热器、低压蒸发器、第 1 级高压省煤器和低压省煤器、除氧器蒸发器、凝结水加热器等受热面,温度逐渐降低,最后通过烟囱排向大气。设计工况下,余热锅炉排烟温度可降至 101.3℃,使得锅炉效率达到 85.97%。

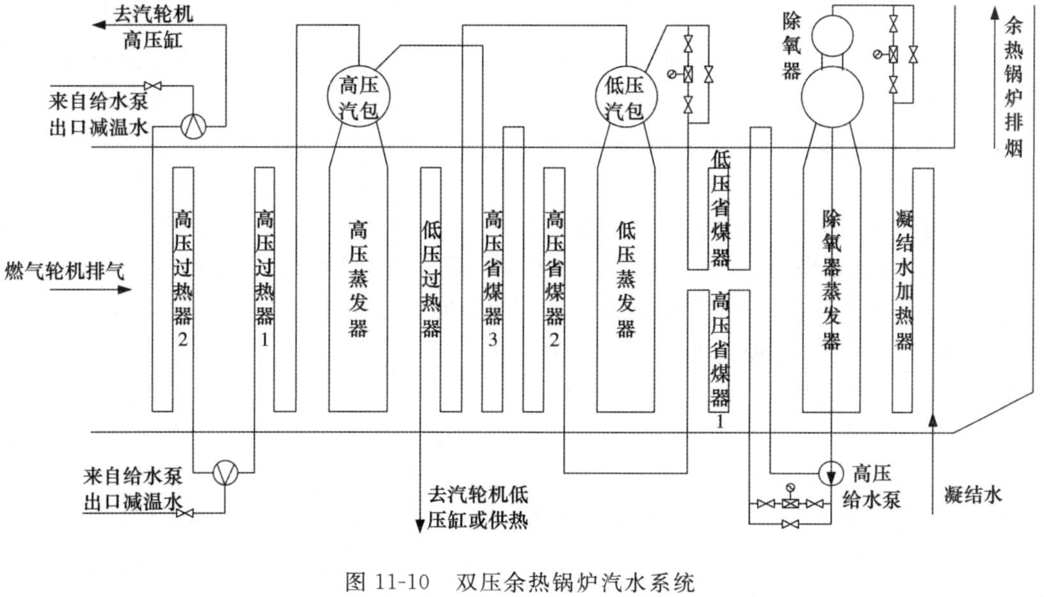

图 11-10 双压余热锅炉汽水系统

双压余热锅炉的汽水流程比较复杂,可分为除氧器汽水流程、低压汽水流程和高压汽水流程三部分。

1）除氧器汽水流程

从凝结水系统来的凝结水经过凝结水加热器加热后，经过除氧器给水操作台，送入除氧器，再通过下降管进入除氧蒸发器加热后返回至除氧器。除氧器中的水通过高压给水泵分两路分别送入低压省煤器和高压省煤器，前者来自高压给水泵中间抽头，后者来自高压加热器出口。锅炉连排扩容器的扩容蒸汽进入除氧器，加热凝结水，同时回收工质。

2）低压汽水流程

在除氧器中除过氧的水进入高压给水泵，一部分水从高压给水泵的中间抽头流出，成为低压给水，进入低压省煤器，加热后经过低压给水操作台，进入低压汽包(即低压锅筒)。在低压汽包内的炉水经下降管、分配管进入低压蒸发器，加热后产生蒸汽，成为汽水混合状态。汽水混合物在低压蒸发器上集箱汇集后，经引出管引入低压汽包，并在低压汽包内进行汽水分离。低压汽包中分离出的饱和水再进入集中下降管，而分离出来的低压饱和蒸汽经过低压过热器加热，成为低压过热蒸汽(设计工况下压力为 1.172MPa，温度为 275.8℃)，经低压系统主蒸汽管道进入汽轮机低压缸或直接供热。低压循环系统用以将低压汽包中的水通过下降管传送到低压蒸发器，由低压蒸发器加热后送到低压汽包，利用下降管和蒸发器内的汽水密度差建立自然循环过程。

3）高压汽水流程

高压给水泵出来的高压水，经过高压给水操作台调节，再通过三级高压省煤器逐级加热，而后由一根大连接管引入高压汽包(即高压锅筒)。在高压汽包内的炉水经下降管、分配管进入高压蒸发器，加热后产生蒸汽，成为汽水混合状态。汽水混合物在高压蒸发器上集箱汇集后，经引出管引入高压汽包，并在高压汽包内进行汽水分离。高压汽包中分离出的饱和水再进入集中下降管，分离出来的饱和蒸汽通过两级高压过热器后逐级加热，成为高温高压过热蒸汽(设计工况下压力为 5.058MPa，温度为 472℃)，再经主蒸汽管道进入汽轮机高压缸。在两级高压过热器之间布置有喷水减温装置，从而可有效地保证出口高压过热蒸汽温度，减温水来自高压给水泵出口。高压循环系统用以将高压汽包中的水通过下降管传送到高压蒸发器，由高压蒸发器加热后送到高压汽包，利用下降管和蒸发器内的汽水密度差建立自然循环过程。

11.2.2 余热锅炉汽水系统

1. 余热锅炉除氧系统

为了减小水中氧气对设备的腐蚀，以及降低水中不凝结性气体(主要是空气，包括补水带入和真空系统不严密漏入)对传热过程的不利影响(增加热阻)，蒸汽循环中需要对锅炉给水进行除氧(图 11-11)。目前，汽轮机发电系统中除氧的方法有两种：化学除氧和物理除氧。化学除氧就是在水中加入化学药品，以抑制氧气在水中的腐蚀作用，这一部分将在第 13 章“化学水处理”中讲解。物理除氧就是通常所说的热力除氧。

热力除氧的工作原理是亨利定律和道尔顿定律。根据亨利定律，在封闭容器中，任何气体同时存在于水中和水面上，则某种气体在水中的溶解度与其水面上混合气体中该气体的分压力成正比，并且仅与其本身的分压力有关。在一定压力下，随着水温升高，水蒸气的分压力增大，而不凝结性气体(氧气及空气中的其他气体)的分压力减小，当水温达到工作压力下的饱和温度时，气相与液相界面上的水蒸气分压力接近于气相的总压力。根据道尔顿定律，气体的分压趋近于零，则水中不凝结性气体含量趋于零。这样一来，不仅可去除水中溶解的氧气，提高系统的安全可靠性，还可以同时去除其他不凝结性气体，减小传热过程的热阻，提高系统的热经济性。

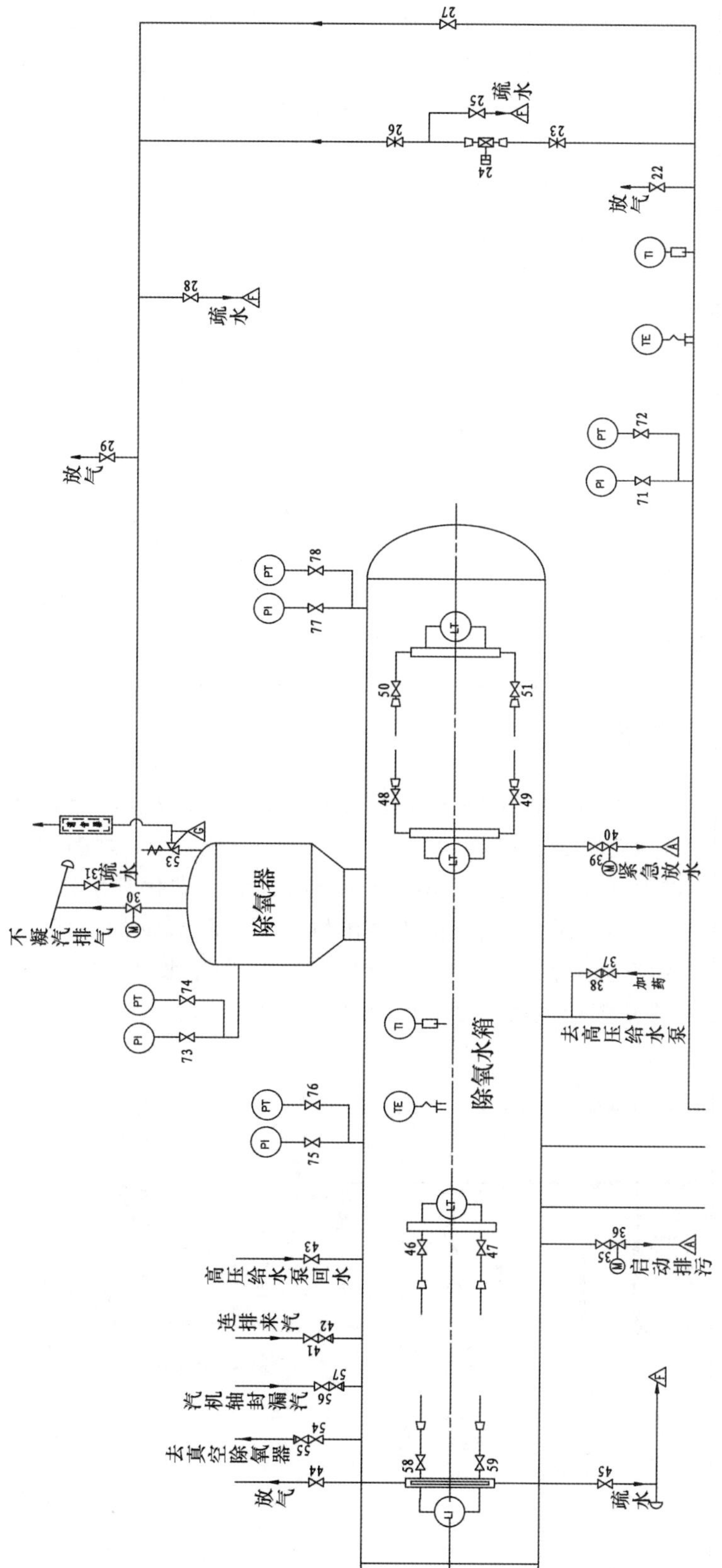

图 11-11　余热锅炉除氧系统(＃2机)

由热力除氧原理可知，除氧器必须将锅炉给水加热到饱和，才能达到除氧的目的。在常规热力发电系统中，除氧器的热源通常都是采用某一级回热抽汽，在加热除氧的同时，也起到回热加热的作用。但在燃气-蒸汽联合循环机组中，为了降低余热锅炉排烟温度，汽轮机系统没有回热抽汽，因此除氧器不能再采用回热抽汽加热。在与通用电气公司燃用天然气的PG6111FA 燃气轮机相匹配的双压余热锅炉中，在余热锅炉的尾部设置整体式除氧器，与专用除氧器蒸发器相配合，对锅炉给水进行热力除氧。对于背压式汽轮发电机组余热锅炉，还配置有真空除氧设备。

1）余热锅炉除氧系统

余热锅炉中的除氧系统由除氧器、除氧蒸发器(DAEVAP)和凝结水加热器组成(PRE-HTR)。余热锅炉除氧器中的水通过下降管进入除氧蒸发器加热，成为饱和汽水混合物。该汽水混合物返回除氧器分离后，饱和蒸汽与凝结水加热器来的水充分混合加热，达到饱和状态，对其进行热力除氧，并储存于除氧器中。除氧器中的饱和水一部分被连续送入除氧蒸发器，其余部分送入高压给水泵，源源不断地向高压省煤器和低压省煤器供水。此外，还有锅炉连排扩容器的扩容蒸汽进入除氧器加热凝结水，连排来的手动阀一直保持开启状态。将余热锅炉的除氧器可以看成是混合式加热器(除氧器)和表面式加热器(除氧蒸发器)构成的整体，它不仅具有除氧储水功能，还有汽包的汽水分离功能，所以称之为“整体式除氧器”。♯2 机除氧器与♯1 机除氧器相比，从顶部多引出一股蒸汽用于去真空除氧器加热除氧，并有汽轮机高压轴封漏汽回收于♯2 机除氧器。

2）真空除氧系统

对于采用背压式汽轮发电机组的热电联产的燃气-蒸汽联合循环机组，没有凝汽器，补水量大。作为补水的化学除盐水含氧量比较高，在 8000～15000ppb(μg/L)之间，导致锅炉给水的含氧量远远超出国家标准要求的小于 100ppb(μg/L)值，因而要求化补水进入余热锅炉之前必须通过真空除氧器进行除氧。因此，余热锅炉还配置有真空除氧设备。真空除氧系统由真空除氧器和水环真空泵系统组成，除氧器的加热蒸汽有两路，一路来自余热锅炉的除氧器上部引出的管道，另一路来自供热集箱来的辅助蒸汽，如图 11-12 所示。

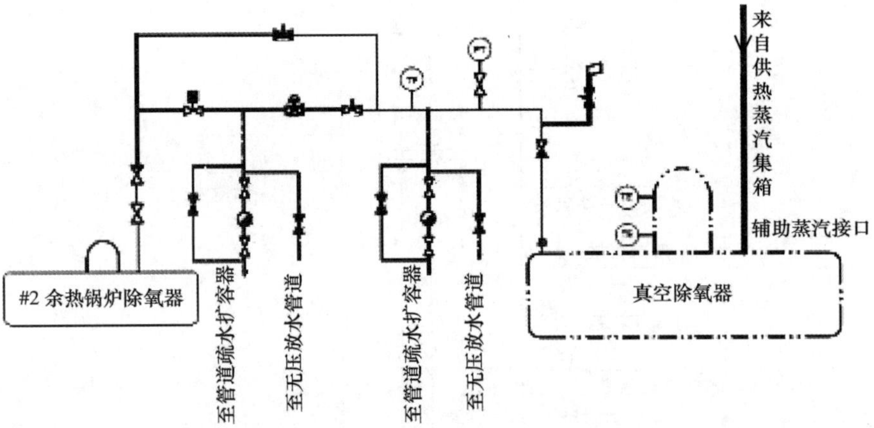

图 11-12　真空除氧系统

2. 余热锅炉给水系统

余热锅炉给水来自凝结水，当汽轮机为背压机时则来自真空除氧器。进入余热锅炉的锅炉给水首先经过凝结水加热器加热，再经给水操作台进入整体式除氧器除氧。高、低压给水由除氧水箱提供，经过高压给水泵进入高、低压省煤器。

每台余热锅炉给水系统都配置 2×100% 容量 6kV 的变频调速给水泵作为高压给水泵，并设置中间抽头，提供低压给水，如图 11-13 所示。两台泵一用一备，当给水泵中的一台故障时，能迅速启动备用给水泵。每台给水泵均采用“一拖一”的变频方式，即采用一套变频器可以拖动一台给水泵运行。给水泵同时配置了相应进出口阀门、仪表、流量测量装置、过滤器、最小流量测量装置及再循环管路。给水泵的密封水系统设有冷却器以控制密封水的温度，其冷源为闭式冷却水，而给水泵驱动电机的冷却水也来自闭式冷却水。

3. 余热锅炉疏水及排污系统

余热锅炉本体范围内的各设备、管道的最低点均设置了疏、放水点，确保各下降管、省煤器、过热器等的进出口联箱疏、放水的畅通及放净。所有的疏水门均采用电动门，可以在控制室内进行操作。

余热锅炉刚启动，未投入正式运行前，运行中炉水浑浊或质量超标，造成蒸汽品质恶化，给水水质超标，因此要通过连续排污或定期排污排至炉外，从而达到减轻或防止锅炉结垢和腐蚀的目的，如图 11-14 所示。余热锅炉正常运行时，连续排污是驱除循环回路中杂质的主要方法，但过多的排污将损失热效率并增加水处理药品的消耗。因此，在保证蒸汽和炉水品质的前提下，需要正确选择合适的排污率。当锅炉给水主要由凝结水或除盐补给水组成时，在正常运行条件下，只需要较小的排污率。如果给水杂质增加，可适当增加连排流量，以除去杂质并维持所希望的炉水品质。沿汽包长度方向进入的连排管路及炉水的排出应不影响锅炉的水循环。管路上布置合适的调节阀或孔板。采用电导率测量来自动控制流量，确保炉水溶解度在合理的范围内。

11.2.3　余热锅炉的主要设备

1. 汽包

汽包在余热锅炉汽水系统中是汽和水的衔接部分，与水回路和蒸汽回路连接，又称为锅筒。联合循环余热锅炉的蒸汽压力相对较低，汽包一般为卧式。其功能和结构与常规电站锅炉的汽包相同，内部设有汽水分离器、给水分配管、连续排污管、调整水质的加药管等，每个下降管座入口处均设有消旋十字架。但由于联合循环机组运行时负荷波动大且频繁，启动速度快，因此其汽包设计又有不同的要求，尤其是汽包的壁厚和容积。

由于余热锅炉的蒸汽压力相对较低，在满足安全要求的条件下汽包壁应尽可能地薄。蒸汽压力不高时，水和蒸汽的比容差别大，在启动过程中蒸发器会产生容积激变，汽包容量必须能够容纳这一激变过程所排入的水量。高压汽包内径为 1900mm，直段长度 7.75m，低压汽包内径为 1250mm，直段长度 6.6m，具体设备规范见表 11-3。高压汽包两端配半球形封头，低压汽包和除氧水箱两端配半椭球形封头，封头均设有人孔装置。汽包均通过两个活动支座搁置在钢架梁上。

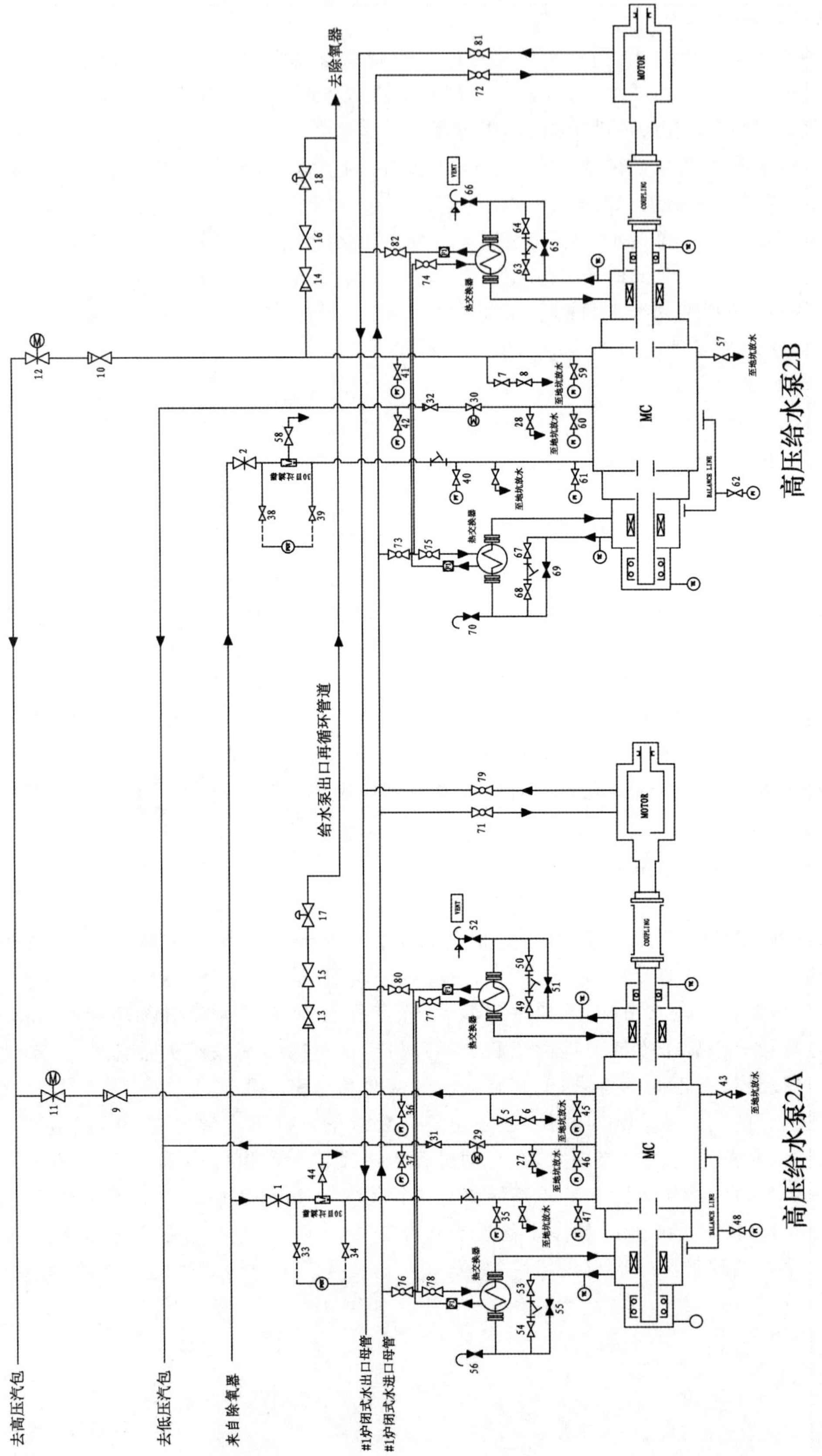

图 11-13　余热锅炉给水系统

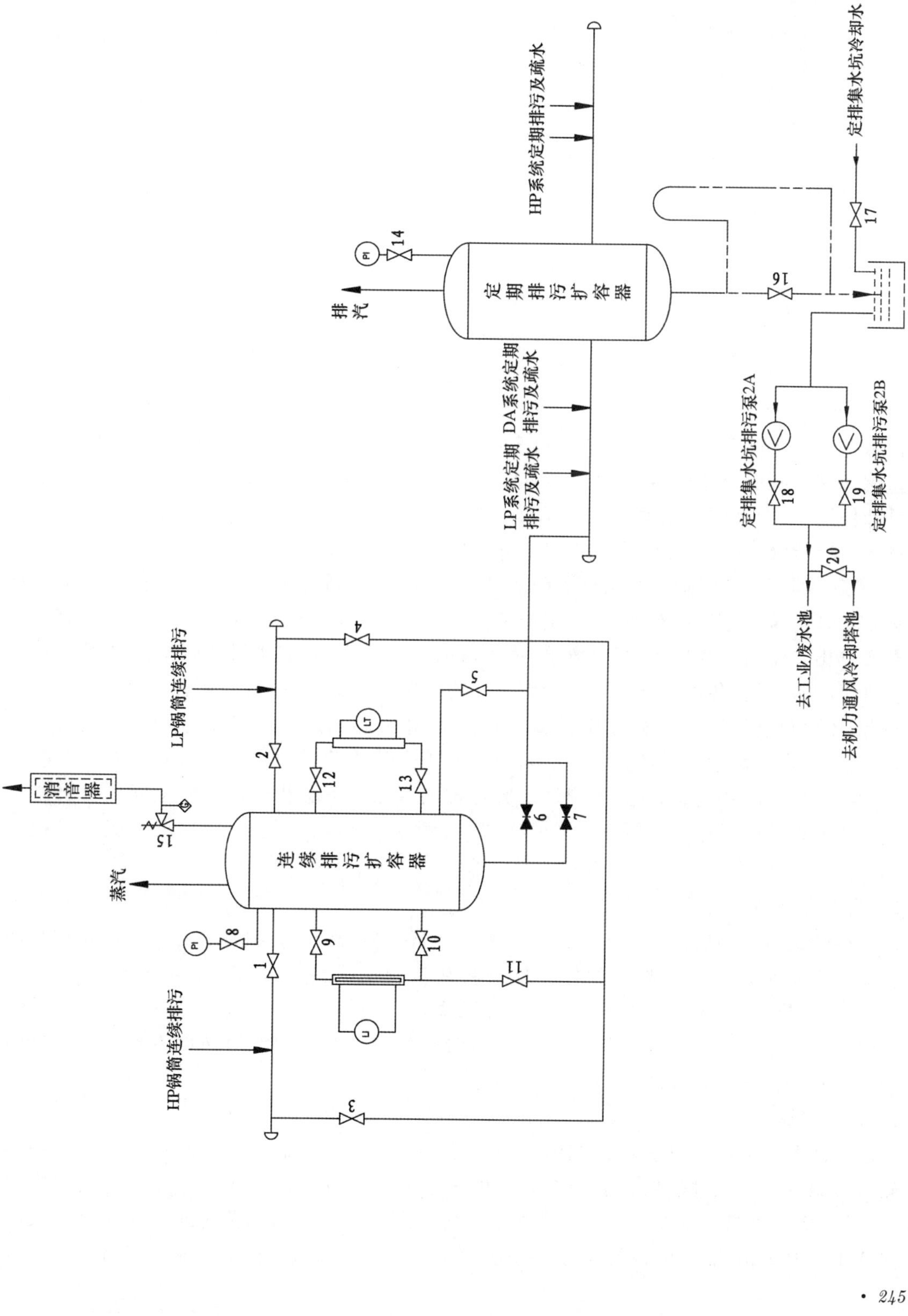

图 11-14　余热锅炉排污系统

表 11-3　　　　余热锅炉汽包设备规范

汽包的设备规范	高压	低压
设计压力[(MPa)(a)]	5.79	2.0
最高工作压力[(MPa)(a)]	5.37	1.63
汽包工作温度(℃)	268	202
汽包内径(mm)	1900	1500
汽包外径(mm)	2030	1540
汽包总长度(mm)	7750	6370
汽包材质	SA516Gr70	SA516Gr70
汽包钢板许用应力(MPa)	137	138
蒸汽净化装置型式	挡板+带钢丝网的波形板	挡板+带钢丝网的波形板
汽包水容量(m^3)	26	13
汽包总重量(t)	29.2	8.7
汽包净重量(t)	29.2	8.7
水汽质量标准	GB/T 12145	GB/T 12145

汽水在汽包内通过二级汽水分离装置实现分离:一级分离为圆弧挡板惯性分离器;二级分离为带钢丝网的波形板分离器,保证了蒸汽品质。汽包的另一个作用是储水蓄热,在负荷变化时起缓冲作用,减少水位的波动,便于控制。在锅炉最大连续出力下,汽包水位从正常水位到低跳闸水位所能维持的时间为:高压汽包 2min,低压汽包 5min。

由于联合循环余热锅炉工质采用了闭式循环,因此汽水品质还需要通过汽包加药和排污来保证,在高、低压汽包均装有加药门、定排和连排。定排和连排的作用是将炉水中的盐分和其他杂质排出。汽包连续排污、紧急放水、蒸发器的定期排污、过热器和省煤器的疏放水管等均纳入排污疏水系统;各加药点的加药管引至加药装置,各取样点的取样管引至取样台。

高、低压汽包上均设置了安全阀,还设有水位计、平衡容器、压力表和安全阀等必要的附件和仪表配置,以供锅炉运行时监督、控制用。高、低压主蒸汽管道上也设置有安全阀、排气阀、压力表、就地温度计、热电偶,还装有启动及紧急排汽管路。紧急排气阀及安全阀出口管路引至排气消音器以减少噪声。在所有必需的地方装设了疏水管和排气管,以保证彻底排尽积水及空气。

2. 过热器与减温器

进入汽轮机做功的蒸汽需具有一定的饱和温度,使得蒸汽具有足够的焓降,在汽轮机内做功后仍保持为蒸汽形态。过热器的作用就是将从汽包出来的饱和蒸汽加热成设计温度为472℃左右的过热蒸汽,向汽轮机提供符合要求的做功介质。

减温器的作用就是控制高压蒸汽的温度不超限,但也要防止蒸汽过热度不够而造成汽中带水,导致加热器管子局部应力变大而损坏管子。

1) 高压过热器

高压过热器分为高压过热器 2(高温段)和高压过热器 1(低温段),布置在模块 1 中,中间设置喷水减温器。高压过热器为直径 38mm 的开齿螺旋鳍片管。高压过热器工质流程为双回路,工质一次流过锅炉宽度方向的两排管子。来自高压汽包的饱和蒸汽通过连接管进入高压过热器 1 进口集箱,流经两排鳍片管,进入高压过热器 1 出口集箱,再由连接管引至喷水减温器，根据高压主蒸汽集箱出口汽温进行喷水减温后，进入高压过热器 2 进口集箱，再流经两排鳍片管进入高压过热器 2 出口集箱，然后流经第二级减温器减温后由连接管引至高压主蒸汽集箱。

减温器分两级，分别布置在高压过热器 2 和高压过热器 1 之间以及高压过热器 2 之后。正常运行一般只用一级减温水(在高压过热器 2 和高压过热器 1 之间)，二级减温水(在高压过热器 2 之后)不用，事故状态才用二级减温水。减温器采用喷水减温型式，减温迅速，调节灵敏。

2）低压过热器

低压过热器布置在模块 2，由直径 32mm 的螺旋鳍片管组成。低压过热器工质流程为双回路，工质一次流过锅炉宽度方向的两排管子。来自低压汽包的饱和蒸汽通过连接管进入低压过热器进口集箱，经过螺旋鳍片管被烟气加热后进入低压过热器出口集箱，并引至低压主蒸汽集箱。低压过热器不设减温装置。

3. 蒸发器及下降管、上升管

蒸发器的作用是产生蒸汽。下降管向蒸发器管簇供水，吸收烟气热量后，其中一部分水在管簇中转变为饱和蒸汽，汽水混合物经上升管进入汽包。汽水混合物和下降管中冷水的密度差提供了整个回路循环的动力，因此整个回路是自然循环。蒸发器的循环倍率的设计需要保证在变负荷工况下汽包水位保持稳定。在蒸发器底部有集箱，通过开启蒸发器放水门可将杂质排出；另外，在机组启动阶段，由于水吸热变成汽水，体积膨胀，会引起汽包水位上升，开启蒸发器放水门还可以控制汽包水位。

1）高压蒸发器

高压蒸发器布置在模块 2，高压汽包炉水通过两根集中下降管进入分配集箱，由连接短管引至蒸发器各管屏下集箱。工质在管屏内被烟气加热，产生的汽水混合物经管屏上集箱由连接管引入高压汽包。高压蒸发器整个回路采用自然循环形式，在变负荷工况时，最小循环倍率大于 7，能保持水位稳定。

2）低压蒸发器

低压蒸发器布置在模块 3，低压汽包炉水通过一根集中下降管进入分配集箱，由连接短管引至蒸发器各管屏下集箱。工质在管屏内被烟气加热，产生的汽水混合物经管屏上集箱由连接管引入低压汽包。低压蒸发器整个回路采用的也是自然循环形式，在变负荷工况时，最小循环倍率大于 15，能保持水位稳定。

4. 省煤器

省煤器的作用是加热进入高压汽包的给水温度，减少给水与汽包壁之间的温差，降低汽包的热应力。给水在省煤器中吸热提高温度后，减少了造价较高的蒸发器受热面。通过省煤器中给水吸热，降低了排烟温度。省煤器在运行中需防止超压和汽化问题。

1）高压省煤器

高压省煤器 3、高压省煤器 2 布置在模块 3，高压省煤器 1 布置在模块 4。高压省煤器(除最前面两排管子外)工质流程为全回路，工质一次流过锅炉宽度方向的所有管子，使低负荷等其他非设计工况运行时所产生的蒸汽能随给水进入汽包而不产生蒸汽堵塞。

高压给水操作台过来的给水流经高压省煤器 1 的各个管排，经加热后进入汇总集箱，而后再依次进入高压省煤器 2、高压省煤器 3，最后以接近饱和的温度进入高压汽包。高压给水操作台布置在高压省煤器前，减温水从高压给水操作台前引出至高压过热器减温器。

2) 低压省煤器

低压省煤器布置在模块 4 中,由直径 32mm 的开齿螺旋鳍片管组成。低压省煤器工质流程为全回路,工质一次流过锅炉宽度方向的所有管子。从凝结水操作台过来的凝结水由后至前依次流经低压省煤器的各个管排,经加热后以接近饱和的温度引出,再经低压给水操作台进入除氧器。低压省煤器出口设置再循环回路,将低压省煤器出口部分工质通过再循环泵送回低压省煤器入口,与操作台来的凝结水混合,确保进入低压省煤器的凝结水温度高于露点温度。再循环泵设置 2 台,并配置了相应的阀门、仪表、流量测量装置、过滤器等。

5. 除氧器

1) 除氧蒸发器与凝结水加热器

除氧蒸发器布置在模块 4,受热面由直径 51mm 的开齿螺旋鳍片管组成。凝结水加热器也布置在模块 4,受热面由直径 32mm 的开齿螺旋鳍片管组成,凝结水加热后经除氧器给水操作台进入除氧器。除氧水箱水通过下降管进入分配集箱,由连接短管引至蒸发器各管屏下集箱。工质在管屏内被烟气加热,产生的汽水混合物经管屏上集箱由连接管引入除氧水箱。除氧蒸发器整个回路采用自然循环形式,在变负荷工况时,最小循环倍率大于 15,可确保水位稳定。

2) 除氧器

除氧器和水箱安装在余热锅炉顶部,型式为无头除氧器。该除氧装置的主要结构由 STORK 的大喷嘴、汽水分配管、阀门及仪表等组成。STORK 大喷嘴位于除氧汽包顶部,所有阀门及仪表均配置在除氧汽包的适当位置上。为防止任何汽源引起除氧器及其水箱超压,除氧器及其水箱还装设足够数量的安全阀,安全阀采用进口全启式弹簧安全阀。

除氧器除氧分为两个阶段:初期除氧阶段、深度除氧阶段。

初期除氧阶段:在初始加热过程中,水中溶解的气体主要是以机械离析方式进入气相。由于水中溶解的气体较多,两相不平衡压力较大,故气体可以成小汽泡形式克服表面张力而离析出水,在这个过程中能去除水中 70%～90% 的气体。这个过程由喷雾装置来完成,采用 SPRAY 专利技术的大流量喷嘴均能确保凝结水被最大限度地加热。离析出来的气体聚集在除氧头顶部随同少量的蒸汽一起由真空泵排气管抽出。

深度除氧阶段:在深度除氧过程中,水中溶解的气体只能以分子形式从水中扩散出来。由于经初期除氧后,水中仅残留少量的气体,气液两相之间的不平衡压差很小,故溶解水中的气体不再能够克服表面张力从水中离析出来。这个过程是通过蒸汽喷射入除氧区域的水中,使水与蒸汽充分接触,最终使化学除盐补水被加热到真空压力下的饱和温度。

3) 真空除氧器

负荷变化范围在 10%～110%时,均能保证高效除氧;在化补水入口氧含量饱和情况下,均能保证除氧器出口含氧量小于 50μg/L;排气损失低,节约运行费用;工作温度低,节省能耗;可以远离主厂房,布置在化水车间或其他合适的地方。

真空除氧器及水箱设计参数如表 11-4 所列。

6. 给水泵

余热锅炉有高压给水泵 2 台,容量均为 100%,一用一备,均采用变频器调速,给水泵电动机应满足变频运行的要求。给水泵组能在最大工况点长期连续运行,同时又能满足锅炉各种运行工况下锅炉给水的需要量。当给水泵中的一台故障时,迅速启动备用给水泵。每台给水泵入口管上分别装有 Y 形精过滤网。

表 11-4　　　　　　　　　　**真空除氧器及水箱设计参数**

名　称	单位	数据
除氧器型号	RCY-130/22	
出水含氧量	μg/L	≤50
容积	m^3	38
额定出力	t/h	134
最大出力	t/h	150
除氧器设计压力	MPa	0.4/−0.1
除氧器设计温度	℃	150
工作压力	MPa	0.008
工作温度	℃	42
除氧器喷嘴水阻	MPa	≤0.15
除氧器材质	Q245R	
除氧器壁厚	mm	14
水箱壁厚	mm	18
除氧器安全阀起跳压力	MPa	0.4
腐蚀裕度	mm	2.5

给水泵型号为 MC80-260/3C+5C，具体参数见表 11-5，配置功率为 400kW 的电机(型号 YSPKS355-2)。给水泵为水平、离心式，筒体内所有受高速水流冲击的区域都采取适当的措施以防止冲蚀。泵转子为刚性转子，泵轴在易磨损处有可调换的轴套。

表 11-5　　　　　　　　　**高压给水泵性能参数(为热态工况数据)**

参数名称	高压给水泵运行工况点		
	设计工况点	最大工况点	单泵最小点
进水温度(℃)	163	166.9	163
进水压力(MPa)	0.68	0.75	0.68
抽头流量(t/h)	8.9	8.9	/
主出口流量(t/h)	156	157.6	34
抽头扬程(mH_2O)	292	291	/
扬程(mH_2O)	650	702	839
转速(r/min)	2980	2980	2980
必须汽蚀余量(m)	6.0	6.0	3.5
轴功率(kW)	338	338	212
抽头出口压力(MPa)	3.27	3.32	/
主出口压力(MPa)	6.94	6.95	8.12
设计水温(℃)	180	180	180
泵体设计压力/试验压力(MPa)	10.0 / 12.5	/	/
设计工况关闭压头(m)	844	844	844
关闭点压力(MPa)	8.17	8.21	8.17
驱动方式	变频电机驱动		

7. 凝结水再循环泵

凝结水加热器出口部分工质由再循环泵打回凝结水加热器入口,与凝结水系统来的凝结水混合,以满足凝结水加热器入口水温的要求,防止凝结水加热器表面结露。

凝结水再循环泵 2 台,容量均为 100%,互为备用,型号为 MC80-260/3C+5C,具体参数见表 11-6,配置功率为 15kW 的电机(型号 YX 160M2-2)。

表 11-6　凝结水再循环泵

额定转速(r/min)	2950	额定流量(m^3/h)	30
额定功率(kW)	11.67	额定扬程(m)	70
效率	49%	汽蚀余量(m)	2

8. 进出口烟道及烟囱

该余热锅炉来自燃气轮机的排气通过进口烟道,流经锅炉各受热面后,经出口烟道、烟囱排向大气,中间不设旁路烟囱。

1) 进口烟道

余热锅炉进口烟道的作用是将燃气轮机出口烟道与余热锅炉连接起来,并将烟气均匀地分配到余热锅炉的各个受热面。为了保证均匀流入,进口烟道内常常装有导流板。由于启停和变工况运行中烟气温度变化大,为减小设备因热胀冷缩产生的热应力,进口烟道都装有柔性膨胀节,用来吸收膨胀位移量。进口烟道内侧安装的不锈钢内衬板也可以自由膨胀,以适应余热锅炉快速启停的要求。进口烟道采用钢制壳体内保温冷护板结构,壳体与内衬之间夹装保温材料,内侧安装可自由膨胀的不锈钢内衬板,以适应余热锅炉快速启停的要求。但需要注意避免内保温层蒙皮破损,烟气进入保温层,与冷炉墙接触,造成酸腐蚀。需要设置旁路烟道的机组,会在进口烟道设置转向器(或入口挡板与旁路挡板的组合),调节进入余热锅炉和旁路烟道的烟气量。

2) 出口烟道

余热锅炉出口烟道的作用是将余热锅炉与烟囱相连接,使余热锅炉排烟通过烟囱排向大气。一般,卧式余热锅炉在出口烟道后部也设有非金属膨胀节,以吸收余热锅炉和烟囱之间的膨胀位移量,而立式余热锅炉出口烟道可以不设置膨胀节。出口烟道因为烟气温度低,可采用设外保温结构,即钢制壳体在内部,保温层敷设在外部。这种结构,使得炉墙直接与烟气接触,保持高温,有效避免露点腐蚀问题。

3) 烟囱

余热锅炉的烟囱的作用是将余热锅炉的排烟排放到大气中,烟囱中布置有出口挡板门、CEMS 测点等。烟囱采用钢制壳体,考虑到烟气成分及酸露点情况,对烟囱内壁涂有耐高温防腐油漆进行防腐。烟囱高度根据结构布置要求和环保要求确定为 60m,烟囱直径根据烟气流速(不大于 18m/s)和烟囱阻力(不大于 12.7mmH_2O)的要求设计为 4m。主烟囱从上至下为一等截面圆柱形自撑高耸薄壁结构,在与出口烟道相接区域,需要在筒壁上开口引入烟气至烟囱。烟囱进口处开口的形式将影响烟囱的强度与稳定,同时也影响烟气流动的特性。

出口挡板采用电动执行器驱动,可将余热锅炉与大气隔离,以便停机时可以长时间地保持余热锅炉的温度，不仅能延长锅炉的使用寿命，而且有利于缩短余热锅炉重新启动所需时间，对余热锅炉两班制运行效益明显。挡板门关闭后，能自动将雨水排至烟囱之外。CEMS 是烟气在线监测系统，可对烟气中的污染物排放进行监测。CEMS 系统的选择和安装必须符合国家环境保护总局标准《固定污染源烟气排放连续监测系统技术要求及检测方法》(HJ/T 76—2007)的规定。

9. 其他装置

1) 膨胀节

在联合循环系统中通常布置有非金属膨胀节，以适应余热锅炉膨胀量大及三维膨胀变形的特点。膨胀节采用软性膨胀节，具有三向补偿和吸收热膨胀推力的性能，具有吸收膨胀量大，并具有降低噪声、隔震、结构简单、体轻等特点。

2) 检查门及测量孔

为了便于安装、检修，在进口烟道、本体烟道及出口烟道上布置有检查门，在进口烟道入口和锅炉出口布置有测量孔，以便在运行时检测烟温、烟压。

3) 配套辅机

本锅炉有高压给水泵 2 台、凝结水再循环泵 2 台、连续排污扩容器 1 台、定期排污扩容器 1 台以及蒸汽消音器等辅机。

11.3 余热锅炉的启停及运行

11.3.1 余热锅炉的启动

1. 余热锅炉启动方式

按照启动时汽包温度的不同，余热锅炉的启动方式可以有三种：高压汽包或低压汽包水温已降至 100℃以下时，为冷态启动；高压汽包水温在 100℃～210℃，低压汽包水温在 100℃～130℃时，为温态启动；高压汽包水温高于 210℃、低压汽包水温高于 130℃时，为热态启动。

冷态启动时温差最大，应定期对锅炉主要膨胀点进行一次检查，并记录膨胀值，直至带满负荷。对于温态或热态启动，高压蒸汽温度要求高于高压缸内壁金属温度 50℃～100℃，且蒸汽有 55℃以上的过热度。

2. 启动时注意事项

锅炉启动和停机期间会产生热应力，这期间的温升速度越快则产生的应力越大，如果不加以控制则会产生疲劳和缩短锅炉的寿命。

(1) 根据监控锅炉每一压力系统的汽包内饱和温度的上升速度(温升速度)，控制锅炉输入热量。可以通过下列因素限制温升速度：

① 通过启动放气、主蒸汽管路或其他放气管路，释放蒸汽。

② 通过限制燃气轮机负荷，控制进入锅炉的热量。

(2) 最好在锅炉温度尽可能高时启动燃气轮机，在启动时用热的除氧水在锅炉中循环，将温度尽可能上升到接近沸点温度。

(3) 锅炉启动和运行的关键是保持正确的汽包水位。高水位运行可能会造成过热器的损坏，低水位运行会造成蒸发器管壁过热而损坏，并导致故障停机。

(4) 启动排汽阀在冷启动时，必须在燃气轮机点火时完全打开，当温升速度超过规定值时保持打开；启动阀门可在快速启动而温升速度不超值期间关闭；阀门任何情况下不可以在开度小于 10%时运行。

3. 余热锅炉启动过程

1) 余热锅炉系统启动准备

余热锅炉在启动前必须检查确认锅炉系统各电动阀、调门可正常开关,各阀门及相关的仪表、化学取样、加药门、疏水阀状态正常,各设备、各系统可正常使用。烟气侧密封良好,排烟通畅,CEMS 系统(烟气在线监测系统)正常投运。确保炉墙及各汽水管道能自由膨胀。高压给水泵、凝结水加热再循环泵系统正常,具备启动条件。

余热锅炉启动初期运行非常不稳定,为确保余热锅炉的设备的安全运行,余热锅炉受热前,应将各联锁、保护全部投入。在燃气-蒸汽联合循环中,为防止烟道内残存的可燃气体在燃气轮机点火时发生爆燃,余热锅炉启动前应进行彻底的通风吹扫工作,通风时间应大于5~10min。

2) 锅炉上水

余热锅炉升温升压前需要完成上水程序,其中包括除氧器上水、高压汽包上水和低压汽包上水。上水前需要根据水质情况对凝结水系统、除氧器系统冲洗。

除氧器上水时对水温不作要求,水位上至 200mm。而高、低压汽包如不进行水压试验,水位可上至−100mm。高低压汽包在冷态启动时,对上水速度不作要求;温、热态上水注意控制汽包上水速度,冬季大于等于 4h、夏季大于等于 2h;关注汽包上、下壁温差(<50℃),若壁温差较大,适当延长上水时间。上水过程中,需要根据情况依次开启各放空气门,当放空气门有连续水流出后关闭,检查给水系统管路有无泄漏,正常后开足进水门。上水过程中,启动一台高压给水泵,检查高压给水泵运行正常后投入备用联锁。

3) 余热锅炉升温升压

余热锅炉受热以后,蒸发器和其中炉水的温度也逐渐升高。炉水开始汽化后,汽压也逐渐升高。从余热锅炉受热直至汽压升至工作压力的过程,称为升压过程。由于在饱和状态下,工质的温度和压力之间存在一一对应关系,所以蒸发器的升压过程也就是升温过程。通常,以控制升压速度来维持升温速度的大小,以防止温差过大引起设备的热应力超标。因此,升压速度不能太快。

升温、升压速度按“锅炉启动曲线”规定执行,通过燃气轮机温匹模式,控制锅炉进口烟气温度,控制高压汽包温升率低于 4.4℃/min,低压汽包温升率低于 27.8℃/min。当高压汽包的压力升到 1.0MPa 时,关闭高压过热蒸汽管路的疏水阀;当低压汽包的压力升到 0.5MPa时,关闭低压过热蒸汽管路的疏水阀。当高压蒸汽压力升至 2.0~2.5MPa,温度升至 300℃~350℃时,余热锅炉按汽轮机冲转要求控制参数,汽轮机准备冲转。对于温态或热态启动,高压蒸汽温度要求高于高压缸内壁金属温度 50℃~100℃,且蒸汽有 55℃以上的过热度。

余热锅炉升温、升压过程中,应随时注意高、低压汽包水位的变化,维持汽包水位在正常范围内,根据炉水品质,按要求进行锅炉的加药及排污。当汽包压力升至 0.1~0.2MPa 时,若高、低压汽包双色水位计显示模糊,则冲洗汽包的水位计,并校正双色水位计指示的正确性。

此外,当凝汽器压力低于−60kPa,及时投入旁路系统。大修后,当汽包压力升至 0.2~0.4MPa时(较小数值对应的为低压汽包),热紧法兰、人孔、手孔螺栓。禁止在汽压高于该值时进行此项工作。检查锅炉本体、管道和支吊架的膨胀情况,并作好记录。

4．余热锅炉启动过程中注意事项

在升压初期，烟道内烟气充满度差，而受热面内蒸汽量少，余热锅炉的蒸发受热面和汽包容易产生较大的热应力。因此，升压过程的开始阶段，要求温升速度比较慢。而且由于在压力较低时，升高单位压力时相应饱和温度的上升速度更快，因此开始阶段升压的速度应非常缓慢。而到启动后期，虽然汽包上、下温差减小，但内、外温差不小，且内部承受接近工作压力下的应力，因此后期仍要控制升压速度。

在升压过程中，降严格按规定的升压、升温曲线进行外，还应注意保护设备的安全。需要注意以下事项：

(1) 余热锅炉升温升压期间检查锅炉本体、管道和支吊架的膨胀情况，检查管道振动情况，并作好记录。

(2) 对凝结水、锅炉给水、炉水、饱和蒸汽、过热蒸汽进行化学分析并根据要求排污及加药。

(3) 启动过程中，升温升压速率严格按照启动曲线进行，以防止汽包壁内、外温差过大，防止汽包壁的应力增加。

(4) 严密监视汽包水位，防止出现过高和过低现象。启动排汽调节时，应加强监视调节。

(5) 监视高、低压汽包上、下壁温差，将其控制在允许的范围内。

(6) 温态、热态启动时，如果受热面和汽水管道系统仍处于承压状态，无需放空气。

(7) 应及时开启过热器及主蒸汽管道疏水阀进行彻底疏水。

(8) 当启动放汽阀开度小于 15％运行时，会导致阀门密封面的磨损而造成泄漏。

(9) 当锅炉蒸汽流量低于 10％时，应严格控制减温水的用量。

11.3.2　余热锅炉的运行

在燃气-蒸汽联合循环机组运行中，燃气轮机负荷总在不断变化，而且环境温度变化范围大，因此燃气轮机排气温度和流量会随之发生很大的变化，余热锅炉的热力特性也跟着变动，余热锅炉产生的蒸汽流量、温度和压力等都会发生变化。而蒸汽侧的热力参数通常要求比较稳定，即使是滑压运行，变动量也不是很大。工程上和热力学上还存在一定的约束：省煤器不能出现汽化、排烟温度不能低于露点等。为此，余热锅炉运行中关键参数都有一定的限值。给出了余热锅炉安全运行的边界条件，但在运行中由于烟气侧和蒸汽侧热力变化不协调，还需要对关键参数进行调节，以保证汽水参数满足运行的需要。

1．水位控制

汽包水位是余热锅炉最重要的控制项目之一。汽包水位过高，轻则使蒸汽带水而品质下降，重则危及汽轮机安全；汽包水位过低，会危及水循环安全，尤其是自然循环余热锅炉。一般锅炉都装有各种形式的给水自动调节器。

该锅炉水位控制要求如下：

(1) 高压汽包水位正常范围为－100～＋50mm，低报警值为－127/－230mm，高报警值为＋77/＋127mm，低水位至－655mm 时燃气轮机跳闸，高水位至＋178mm 时汽轮机跳闸。

(2) 低压汽包水位正常范围为－100～＋50mm，低报警值为－127/－230mm，高报警值为＋77/＋127mm，低水位至－370mm 时燃气轮机跳闸，高水位至＋178mm 时汽轮机跳闸。

汽包水位主要通过给水泵变频调节改变进水量来控制其水位，在正常运行时由蒸汽流量、汽包水位和给水流量组成三冲量调节系统，启动和低负荷时只有汽包水位单冲量调节系统。在整个运行范围内,包括单冲量与三冲量调节系统之间相互切换时,系统均应保持稳定。

三冲量给水自动调节是指给水自动调节器根据汽包水位脉冲、蒸汽流量脉冲和给水流量脉冲三个信号进行汽包水位调节,汽包水位是主脉冲信号,蒸汽流量是前导脉冲信号,给水流量是反馈脉冲信号。三冲量调节不但调节灵敏,而且调节质量好,汽包水位波动很小,因而被大中型锅炉广泛采用,而在启动和低负荷时采用只有汽包水位脉冲的单冲量调节系统。

2. 给水泵的变频控制

汽包水位控制主要通过给水泵变频调节实现,每台给水泵都配有一套高压变频器,变频器的设计保证给水泵运行故障自动切换时汽包水位的安全。但当变频调速系统发生故障停机或对变频调速系统进行检修时,采用工频旁路运行方式提高设备的利用率和供电的可靠性。为方便给水泵电机的变—工频之间切换,变频器设计了手动旁路切换柜。旁路切换柜配置隔离闸刀,能实现整套变频器装置的变频和工频之间手动切换。

不管是工频还是变频运行,给水泵的出口水流量都需要大于给水泵汽蚀的最小流量;否则,需要启动给水泵再循环管路,最小流量调节阀打开进入自动调节状态。

(1) 高压给水泵工频运行时,当泵出口流量小于40t/h,发2s的脉冲将最小流量调节阀的指令置100%,2s后转入自动调节。

(2) 高压给水泵变频运行,当泵出口流量小于超驰开流量,发2s的脉冲将最小流量调节阀的指令置100%,2s后转入自动调节。具体参数设置如表11-7所列。

表 11-7　高压给水泵变频参数

变频器频率(Hz)	超驰开流量(t/h)
0	18
15	18
30	25
50	40

(3) 高压给水泵变频器启动,发1s的脉冲将最小流量调节阀指令置90%。

3. 汽压调整

燃气-蒸汽联合循环机组正常运行时,余热锅炉是滑压运行,影响蒸汽压力的因素包括用汽量、烟气温度和烟气流量。烟气温度和烟气流量由燃气轮机负荷和运行状态决定,而用汽量主要是由汽轮机负荷、锅炉向空排汽和汽轮机旁路决定。

该锅炉汽压控制要求如下:

(1) 高压主蒸汽压力正常应低于5.158MPa,报警值为5.3/5.5/5.7MPa;低压主蒸汽压力正常应低于1.272MPa,报警值为1.48/1.77/1.89MPa。

(2)高压汽包压力正常值应低于5.26MPa;低压汽包压力正常值应低于1.22MPa;除氧水箱压力正常值应低于0.48MPa。

4. 汽温调整

蒸汽温度过高会使过热器管道、蒸汽管道、汽轮机高压部分等产生额外的热应力，加快金属材料的蠕变，缩短设备的使用寿命。高压过热蒸汽和低压过热蒸汽温度超过正常值 5℃ 就要报警，高压过热蒸汽正常值超过正常值 10℃ 就要停机。运行中，应严格监视和控制各段蒸汽温度和管壁温度不得超过限额。若超过限额，要及时调整；若处理无效，要求降低负荷，确保锅炉安全运行。

该锅炉温度控制要求如下：

(1) 高压主蒸汽温度正常范围应为 465℃～475℃，报警值为 477/480/482℃；低压主蒸汽温度正常应低于 275.8℃，报警值为 281/287/293℃。

(2) 高压汽包壁温度正常值应低于 268.3℃；低压汽包壁温度正常值应低于 192.4℃；除氧水箱温度正常值应低于 157.6℃。

调整过热蒸汽温度一般采用喷水减温。高压过热器 1 与高压过热器 2 之间设置了高压减温器，通过调节减温水调节阀的开度以控制高压蒸汽的终端温度。过热蒸汽出口温度允许在一定范围内波动，当低于最低控制要求设定值时，应关闭减温水调节阀并联锁关闭减温水电动截止阀。投运减温水时应平稳，不应猛增猛减，严禁用减温水电动阀调节减温水量。汽温调节投自动时，要经常检查汽温曲线。若发现汽温波动变化较大时，应改为手动，并通知仪控人员来检查原因。给水压力发生较大变化时，应加强对汽温的监视。

5. 连排及定排

为了保证余热锅炉的汽、水品质良好，必须对余热锅炉进行定期排污和连续排污。

连续排污是连续不断地将汽包中含盐量浓度最大的炉水排出，需要根据汽包炉水的品质来控制连续排污调节阀的开度。启动期间，在锅炉汽包水位膨胀结束前可参与汽包的水位调节，当汽包水位膨胀结束后保持一定的开度。

定期排污是排走沉积在汽包和蒸发器下联箱底部可能的残渣，包括汽包定期排污和高压蒸发器的排污。在余热锅炉启动期间开启，随着汽包压力的上升，排污阀在汽包压力达到设定值时可以关闭。定期排污时应注意监视给水压力和汽包水位的变化，并维持水位不低于报警水位。

11.3.3　余热锅炉的停运

从汽轮机开始自带负载运行状态卸去全部负载开始，解列发电机，余热锅炉停止受热和供汽，到汽轮机转子停下来的过程，称为停运。停运过程中，各部件逐步降温，与启动过程正好相反，由于冷却条件不同，将出现温差，产生热应力和热变形。由于金属材料的快速冷却比快速加热更危险，且汽轮机在停机过程中出现负差胀时危害更大，因此，在停运过程中对温差、温降率的控制更为严格，停运过程中的减负荷速度应小于启动过程中升负荷速度。

1. 余热锅炉停运方式

余热锅炉停运时停炉速度根据是否需要立即进入锅炉检修而定。对于正常检修、长时间停运或者锅炉不需要检修时的停炉，应使用“正常停炉程序”，应参照锅炉厂正常停运曲线控制整个过程。如需要立即进入锅炉检修，应使用“紧急停炉程序”。快速冷却余热锅炉，不论怎样，都会引起余热锅炉的热应力，应尽量避免。其他影响停运速度/方式的要素是现场疏水和给水装置、环境温度和余热锅炉防冻保护等。

1) 正常停炉

当燃气轮机停机时，余热锅炉开始冷却。除非要求进入锅炉进行检修，应尽量减小余热锅

炉散热,保持工质侧压力。假如正常停炉后要求进入余热锅炉检修,应按以下程序进行:

(1) 按机组正常的停炉程序(包括关闭挡板门等),逐步降低燃气轮机负荷,当锅炉蒸汽压力、温度低于进入汽轮机的设定值时,关闭主蒸汽截止阀。正常停炉过程中一般应打开主蒸汽旁路阀(或锅炉对空排汽阀),但如果停炉后需要闷炉保压,则这两个门都应该关闭。

(2) 燃气轮机停运后,保持汽包水位在低低水位以上直到高压汽包压力降至0.8MPa。

(3) 依靠燃气轮机至锅炉主烟囱的自身通风冷却锅炉;烟囱挡板应关闭。

(4) 停运给水泵及循环泵。

(5) 在高压汽包压力低于0.8MPa时,可以进行锅炉的放气和疏水。假如在停炉前检测时发现有堵塞的排污疏水管路,此时可以加以检修。在较高压力下进行疏水,有利于提高疏水速度并排除沉积的污垢。

2) 紧急停炉

只有在要求立即进入余热锅炉检修时,才可使用紧急停炉。正常检修时不需紧急停炉,因为这样会增加锅炉的热应力。当下述条件之一发生时,余热锅炉紧急停炉:

(1) 所有汽包水位计、水位传感器损坏。

(2) 超出安全门动作压力而安全门不动作,同时向空排汽阀又打不开。

(3) 安全门动作后不回座,压力下降,温度变化超过汽轮机允许值。

(4) 汽水管路爆破,不能维持正常水位并危及人身和设备安全。

(5) 汽水品质超标严重,经处理调整仍不能恢复正常。

(6) 重要电源中断,主要表计无法监视调整。

(7) 锅炉跳闸保护应动作而拒动。

(8) 其他关系设备安全的故障或事故发生。

2. 余热锅炉停运过程

1) 停炉前期工作

炉水循环时其中的泥渣和其他物质呈悬浮状态,当水循环停止时,固体物质有可能堆积和附着在内部表面,会影响换热并加快腐蚀,这可以在停运前期通过以下步骤来避免:

(1) 增加10%的连续排污量并增加底部排污频率。

(2) 按化水要求推荐炉水碱度和化学加药。

(3) 在受压下短暂的打开每个排污阀以便排出积聚的泥垢,检测管子是否堵塞。

(4) 在切断锅炉热源之前,保证给水系统正确的水质。

余热锅炉在停运过程中,需要投入旁路系统。因此,停运前旁路系统必须处在如下状态:旁路控制阀在自动;旁路减温水调节阀在自动且设定值正确;旁路减温水隔离阀在自动;旁路疏水自动阀在自动。

2) 停炉过程中的注意事项

要控制汽包壁温差,当汽包壁温差增大较快时应暂停降压,待汽包壁温差稳定后再降压,停炉前汽包壁温差应控制在30℃以下。由于汽包体积大,保温比较严密,散热慢,余热锅炉停炉冷却的过程中,也需要严格控制汽包上、下壁的温差在规定的数值内。

余热锅炉停运后,将高压汽包和低压汽包上水至高水位后,可停运高压、低压给水系统,并关闭除氧器补水电动阀。

另外,还应在锅炉带压时进行排污、疏水,并确保排污、疏水管不堵塞。

3）停炉后处理

（1）疏排干净所有可能积水的管路，以防腐蚀和结冻。

（2）短期停炉按有关防冻的要求和维护检查的规程执行。

（3）对燃气轮机电厂两班制的运行方式，为提高次日的启动时间，采用热态或温态的启动模式，对余热锅炉进行保压，使温度、压力满足次日热态或温态启动条件的设定值。

（4）假如机组将被停运较长一段时间，应执行停炉保养及防冻规程和要求。任何情况下，余热锅炉内应维持正压。

11.3.4　余热锅炉的停炉保养

余热锅炉停炉放水后，炉管金属内表面受潮而附着一薄层水膜或者某些部位的存水无法放干净，外界空气进入汽水系统后，空气中的氧溶解于残存的水分中，使设备表面腐蚀。因此，余热锅炉停用期间，必须进行保护。短期停用的余热锅炉常用的保护方法有保持给水压力法、保持蒸汽压力法、热锅炉放水法、利用余热烘干法。余热锅炉停炉后，长期停用，则应对余热锅炉进行保养。该机组 2 台余热锅炉均采用了氨水碱化烘干法。

1. 余热锅炉氨水碱化烘干法(带压放水)的原理

停机后机组的腐蚀主要是因为被氧化而产生的腐蚀。因此，所谓的防腐就是防止铁的腐蚀。经研究发现，随着溶液中电位的升高，高价的离子和高价的氧化物将显得更加稳定。当 pH 值上升，能够稳定存在的物质类型也从简单的金属阳离子转变为离子化合物，当 pH 值接近 10 时，溶液电位在－300～600MV 时，铁在碱性溶液中形成 Fe_3O_4，而 Fe_3O_4 是一种致密的磁性氧化物，它以纳米级的厚度覆盖在管壁上，形成了铁的保护膜，从而阻止铁的腐蚀。

对于该机组的热力系统，可以采用加大凝结水的加氨量，使凝结水、给水的 pH 值达到 9.6～10.0。当工质进入锅炉时，由于氨在汽液两相中有较高的分配比，氨将大量挥发进各种蒸汽中，蒸汽的 pH 值将接近 10。

2. 氨水碱化烘干法(带压放水)保养停机操作步骤

（1）燃气轮机停运后，接值班长令，可进行带压放水操作。带压放水时，需密切注意汽包上、下壁温差不超过 50℃。

（2）先进行除氧系统和低压系统的带压放水。开启低压汽包紧急放水阀、低压汽包定期排污阀进行放水；开启除氧水箱的紧急放水阀、定期排污阀进行放水。

（3）当低压汽包水位、除氧水箱水位不再降低时，开启低压省煤器、凝结水加热器的放水阀进行放水。

（3）当低压汽包、除氧水箱压力降至零时，开启低压系统和除氧系统所有疏水阀和排空阀。

（4）当高压汽包压力降至 0.8MPa 时，可进行高压系统带压放水。开启高压汽包紧急放水阀、高压汽包定期排污阀进行放水。

（5）当高压汽包水位不再降低时，开启高压省煤器放水阀进行放水。

（6）当高压汽包压力降至零时，开启高压系统所有疏水阀和排空阀。

（7）当确认余热锅炉内水已经放尽后，如无检修工作需要，关闭余热锅炉侧高、低压系统以及除氧系统的所有疏水阀、排空阀、向空排汽阀、定期排污阀、紧急放水阀。

（8）24h 后再次进行放水操作，彻底排尽高、低压系统和除氧系统积存余水。

3. 防锈蚀方法的选择(表 11-8)

表 11-8　余热锅炉防锈蚀方法

防锈蚀方法	适用状态	适用设备	停用时间	防锈蚀方法的工艺要求	备注
给水压力法	热备用	锅炉、给水系统	≤1 周	锅炉保持一定的压力,给水水质保持运行水质	
热炉放水余热烘干法	临时检修、小修	锅炉	≤1 个月	炉膛有足够余热,系统严密,放水门、空气门无缺陷	紧急停机时可采用
氨-联氨钝化烘干法	冷备用,大、小修	锅炉、给水系统	≤3 个月	停炉前 2h,无铜系统加氨提高给水 pH 值至 9.4～10.0,联氨浓度加大到 200～400mg/L,热炉放水,余热烘干	
氨水碱化烘干法	冷备用,大、小修	锅炉、无铜给水系统	≤3 个月	停炉前 4h,加氨提高给水 pH 值至 9.4～10.0,热炉放水,余热烘干	
氨-联氨法	冷备用、封存	锅炉和高、低压给水系统	≤3 个月	有配药、加药系统和废液处理系统,pH 值 10.0～10.5,联氨浓度 100～200mg/L	
			>3 个月	有配药、加药系统和废液处理系统,pH 值 10.0～10.5,联氨浓度 200～300mg/L	
氨水法	冷备用、封存	锅炉和高、低压给水系统	≤3 个月	有配药、加药系统,氨浓度 300～500mg/L	

11.4　余热锅炉常见事故及处理

锅炉事故一般可分为一般事故、重大事故、锅炉爆炸事故。余热锅炉事故发生后,应尽快消除事故根源,隔绝事故点,防止事故蔓延。在确保人身安全和设备不受损坏的前提下,尽可能恢复余热锅炉正常运行,不扩大事故。发挥正常运行设备的最大出力,尽量减少对用户的影响。

11.4.1　锅炉汽水侧故障(表 11-9)

表 11-9　锅炉汽水侧故障

名称	现象	原因	处理
锅炉满水	• 锅炉水位计指示大于高Ⅲ值,水位高信号报警。 • 蒸汽导电率指示增大。 • 过热蒸汽流量有所减少。 • 严重满水时,汽温直线下降,蒸汽管道发生水冲击	• 给水自动调节装置失灵或调整机构故障,未能及时发现和处理。 • 汽包紧急放水门未能自动打开。 • 蒸汽流量传感器、给水流量传感器不准确。 • 汽轮机骤增负荷,造成锅炉汽压突然下降,水位上升	• 当水位高至Ⅰ值时,应减小给水流量;水位高Ⅱ值报警时,汽包紧急放水门自动打开。 • 当自动失灵时,应手动减少给水流量,打开定排放水门放水,手动打开汽包紧急放水门。 • 若处理无效,水位到高Ⅲ值,锅炉水位高自动保护动作跳机;若保护拒动,应手动紧急停机。 • 打开汽轮机主蒸汽管道上的疏水阀,同时打开汽包定排电动阀,严密监视汽包水位。 • 若水位下降在水位计重新出现时,应适当关小或关闭汽包定排电动阀;保持正常水位,待事故原因已查明并消除后,重新恢复锅炉正常运行

续表

名称	现象	原因	处理
锅炉缺水	· 水位计指示低，水位低信号报警。 · 给水流量不正常地小于蒸汽流量。 · 严重缺水时汽温升高	· 给水自动调节装置失灵或调整机构故障，未能及时发现和处理。 · 高压给水泵跳闸。 · 给水压力太低。 · 给水管道或省煤器管破裂。 · 汽轮机甩负荷后锅炉压力上升，安全阀起座后不回座，水位先上升后下降，补水不及时。 · 锅炉排污管阀门泄漏，排污量过大	· 水位低至Ⅰ值时，发出水位低报警信号，此时运行人员应判明水位低的原因并进行处理。 · 调大给泵出力，或增开另一台泵，开大给水调整门，必要时，可开启给水旁路门，适当增加给水量。 · 检查汽包紧急放水门没有被误开，确在关闭位置，关闭定排放水门，关闭连排调整门。 · 若处理无效，水位下降至Ⅲ值时，锅炉水位低Ⅲ值自动保护动作跳燃气轮机；若保护拒动，应手动紧急停燃气轮机
给水中断	· 给水压力、流量下降到零。 · 汽温、汽压、蒸发量上升	· 给水系统故障或人员误操作。 · 高压给水泵电源中断	· 当发现给水压力、流量突然降低或到零时，首先监视汽包水位，观察高压给水泵电动机电流是否正常，维持汽包水位，迅速查明原因。 · 如给水中断，应尽快恢复，并迅速降低锅炉出力，维持最低负荷运行；如一时不能恢复，则立即故障停炉，查明故障原因并及时处理后，待水压和汽包水位恢复正常后，再重新升压。 · 若给水管道阀门大量漏水，应迅速隔离泄漏部位，根据给水量影响程度采取降负荷或停炉措施
汽水共腾	· 汽包水位发生急骤波动，严重时，汽包水位计看不清水位。 · 过热蒸汽温度急骤下降。 · 严重时，蒸汽管内发生水冲击	· 炉水质量不符合标准，悬浮物或含盐量过大。 · 没有按规定进行排污	· 适当降低锅炉蒸发量，并保持稳定。 · 全开连续排污门；必要时，开启事故放水门或其他排污门。 · 维持汽包水位略低于正常水位。 · 开启过热器和蒸汽管道疏水门，并开启汽轮机有关疏水门。 · 通知化学值班人员取样化验，采取措施改善炉水质量。 · 在炉水质量未改善前，不允许增加锅炉负荷。 · 故障消除后，应冲洗汽包水位计
炉内水击	· 锅炉汽包内有水击声。 · 水位计水位下降	· 在供汽前，蒸汽管道没有进行疏水，导致管道水冲击。 · 供汽时开启阀门速度太快。 · 主蒸汽管道托架松动引起振动。 · 省煤器进口烟温度过高，引起给水温度过高，使水在省煤器内汽化沸腾，引起冲击	· 在送汽时管道发生水击声，应立即关闭阀门停止供汽，进行管道疏水，然后再缓慢开启阀门送汽。 · 若因水平管道的支架松动引起管道振动，应立即将支架和管卡加固。 · 如省煤器内水沸腾，应适当降低燃机的排烟温度，适当加大给水量

11.4.2 锅炉受热面及管道故障(表 11-10)

表 11-10　　　　锅炉受热面及管道故障

名称	现象	原因	处理
蒸发器、过热器损坏	· 过热蒸汽流量减少，明显小于给水流量。 · 严重损坏时，锅炉汽压下降。 · 过热蒸汽温度由于流量减少而温度升高。 · 过热器、蒸发器附近有汽流冲击声；严重时，产生烟囱冒白烟	· 化学监督不严，汽水分离器结构不良或存在缺陷，致使蒸汽品质不好，在过热器内检修时又未能彻底清理，引起管壁温度升高。 · 过热器、蒸发器管材焊接不合格；管内杂物堵塞。 · 运行年久，管材蠕胀	· 立即汇报，加强检查并注意事故发展情况。 · 如损坏不严重，允许短时间维持正常，提出申请停炉检修。 · 如损坏严重，应停炉，以免破口处大量蒸汽喷出吹坏附近管子，使事故扩大。 · 停炉后，应保持汽包水位正常
省煤器管损坏	· 给水流量不正常地大于蒸汽流量，严重时汽包水位下降。 · 省煤器烟道内有蒸汽(水)的冲击声。 · 排烟温度降低，烟囱冒白烟。 · 省煤器爆管处有泄漏声，从不严密处向外冒汽；严重时，从烟道下部滴水	· 给水品质不合格，使省煤器管内结垢腐蚀。 · 给水温度变化频繁，金属产生疲劳裂纹，引起爆管。 · 管材或管子焊口质量不合格，也会引起管子损坏	· 省煤器轻微泄漏时，应加强给水，维持正常水位，待申请停炉进行处理。 · 省煤器损坏严重时，不能维持正常水位，应停炉处理
蒸汽及给水管道损坏	· 管道有轻微漏泄时，会发出响声，保温层潮湿或漏汽滴水。 · 管道爆破时，发出显著响声，并喷出汽水。 · 蒸汽或给水流量变化异常：若爆破部位在流量表前，流量表读数减少；若在流量表之后，则流量表读数增加。 · 蒸汽压力或给水压力下降	· 蒸汽管道暖管不充分，产生严重的水冲击。 · 蒸汽管道超温运行，蠕胀超过标准或运行时间过久，金属强度降低。 · 给水质量不良，造成管壁腐蚀。 · 给水管道局部冲刷，管壁减薄。 · 管道的支架装置安装不正确，影响管道自由膨胀。 · 管道安装不当，制造有缺陷，材质不合格，焊接质量不良	· 若蒸汽管、给水管轻微泄漏，能够维持锅炉给水，且不致很快扩大故障时，可维持短时间运行。 · 若故障加剧，直接威胁人身或设备安全时，则应停炉处理

11.4.3 高压给水泵故障(表 11-11)

出现下列情况之一，应手动紧急停泵：

(1) 泵组发生强烈振动或内部有明显的金属摩擦声或撞击声。

(2) 泵组内任一轴承断油冒烟。

(3) 电机内出现火花或冒烟着火，定子温度超过 140℃。

(4) 给水管道破裂，汽水大量喷出，威胁人身及泵组安全时。

(5) 高压给水泵发生严重汽化。

(6) 高压给水泵运行威胁到人身及设备安全时。

(7) 高压给水泵转速突然飞升。

(8) 达到高压给水泵相关跳闸参数而保护拒动。

表 11-11　　高压给水泵故障

名称	现象	原因	处理
给水泵的汽化	• 转速上升，但出口压力、流量下降且晃动，给水泵电机电流下降并摆动。 • 泵组及给水泵管道发生振动，并发出异音。 • 从水泵两端密封处冒出白色湿汽。 • 进水压力和平衡室回水压力下降且大幅度摆动	• 给水流量过低，而再循环门未开。 • 除氧器水位骤降，导致给水泵入口压力降低。 • 给水泵进口滤网堵塞。 • 进口门节流或误关。 • 进口管道内空气未放尽或给水汽化	• 若轻微汽化，应立即打开再循环门，尽快设法恢复除氧器水位。 • 启动阶段，给水泵发生汽化时，应紧急停泵，待汽化消除后，再重新启动。 • 带负荷过程发生汽化时，应首先将给水泵负荷转后再停泵。 • 调整除氧器水位在正常范围内。 • 若除氧器水位低处理无效或运行泵进口滤网堵，则按紧急停泵处理。 • 若是进口门节流或误关，应迅速恢复正常的状态。 • 分析给泵汽化原因，排除故障后，可根据需要重新启动
给水泵倒转	• 给水泵反转信号发出。 • 给水泵转速降至零后转速又上升。 • 给水泵入口压力升高。 • 除氧器水位波动。 • 泵组发出不正常声音	• 出口逆止门不严。 • 出口逆止门卡涩	• 立即关闭关严给水泵出口电动阀，若出口电动阀失电，应手动关闭。 • 给水泵发生倒转时，处理过程中禁止关闭入口门

11.4.4　其他故障(表 11-12)

表 11-12　　其他故障

名称	现象	原因	处理
锅炉安全门故障	• 达到动作压力而安全门拒动。 • 安全门起座后不回座	• 机械定值不正确。 • 机械部分卡涩、锈死	• 汽包压力异常升高和安全门不起座的处理： * 立即开启汽轮机旁路，开启蒸汽向空排气门和汽包向空排气门，必要时，降低燃气轮机负荷，开启各路疏水； * 通知检修迅速处理； * 若压力快速上升无法控制时，应立即停机。 • 安全门起座后不回座的处理： * 开启汽轮机旁路，降低燃气轮机负荷，降低汽压使安全门回座； * 通告检修人员到现场检查处理； * 若汽压降至动作压力 80%，而安全门仍不回座，请求停机处理； * 在处理过程中，应注意调节汽包水位、汽温，监视汽包上、下壁温差

11.4.5　余热锅炉故障停机

机组发生故障或运行参数接近控制限额，还不会立即造成严重后果，应尽量采取措施予以挽回；无法挽回时，应立即汇报调度和总工，要求故障停机。余热锅炉故障停机条件如下：

(1) 锅炉承压部件发生泄漏尚能维持运行。

(2) 锅炉安全阀启座后无法回座。

(3) DCS页面显示部分参数异常,或部分设备状态失去,或部分设备手动控制功能无法实现,并将危及机组的安全运行。

(4) 仪用压缩空气压力低于0.35MPa,经采取措施后仍无法恢复正常压力。

(5) 锅炉给水、蒸汽品质严重恶化,经处理无效。

(6) 高压或低压汽包水位远方指示全部损坏,而短时内无法恢复。

第 12 章　燃气锅炉

12.1　燃气锅炉概述

作为热电联产的机组，为了确保供热可靠，还需要有备用热源，以提供热网所需的调峰负荷，或在主机供热不足时向热网供热。除了燃气-蒸汽联合循环中的余热锅炉之外，整个生产系统中还有 3 台燃气锅炉，其中 1 台为启动锅炉，另外 2 台为热站锅炉。

12.1.1　启动锅炉

1. 启动锅炉的作用与系统

由于燃气-蒸汽联合循环机组的启动特性，机组初次启动时必须依靠外来辅助蒸汽，主要用于蒸汽轮机主轴轴封等启动过程用汽；机组停机后保持真空状态时，也需要外来辅助蒸汽提供轴封用汽。对于无外来蒸汽汽源的燃气轮机电厂来说，就必须设置启动锅炉。机组正常运行后辅助蒸汽由运行的机组提供，启动锅炉停运备用。此外，当供热备用的燃气锅炉未建成之前，启动锅炉还具有供热备用的功能。因此，对于热电联产的燃气-蒸汽联合循环机组，启动锅炉的主要用途有三个：应急供热、联合循环机组故障情况下的备用热源和联合循环机组启动所需蒸汽。启动锅炉的容量和参数选择必须满足上述用途的最大需求。

国电南浔公司启动锅炉的汽水系统：除盐水送入除氧器除氧，而后通过给水泵送入锅炉省煤器加热，再进入汽包。由上汽包、水冷壁、下降管和下汽包组成锅炉的汽水循环系统，锅炉给水在这一系统中被加热产生蒸汽，并经上汽包汽水分离后，将饱和蒸汽送入过热器，加热后成为过热蒸汽送出。

2. 启动锅炉参数

热电联产机组供热蒸汽参数与余热锅炉低压蒸汽参数相同，压力 12MPa、温度 273.8℃。全厂辅助蒸汽系统汽源之一为启动锅炉，辅助蒸汽参数与供热蒸汽相同。为此，配备的启动锅炉为 45t/h 燃气蒸汽锅炉，额定压力 1.3MPa，额定温度 300℃（温度偏差为±5℃）。启动锅炉型号为 SZS45-1.2/350-Q，设计参数如表 12-1 所列。

表 12-1　　SZS45-1.2/350-Q 锅炉设计参数

序号	名称	单位	数据
主要参数			
1	额定蒸发量	t/h	45
2	额定蒸汽压力	MPa	1.2
3	额定蒸汽温度	℃	350
4	给水温度	℃	104
5	进风温度	℃	20
6	排烟温度	℃	≤160
7	锅炉设计效率		≥92%
8	锅炉排污率		2%
9	燃烧方式		室燃

续表

序号	名称	单位	数据
10	耗气量	Nm^3/h	4 375
设计燃料			
11	低位发热量	kJ/Nm^3	34 047
水质要求			
12	标准		《工业锅炉水质》GB/T 1576—2008

SZS45-1.2/350-Q 锅炉形式为双汽包纵置式快装锅炉。冷态启动时间(0～100%)不超过 60min(启动炉水温度 20℃)。锅炉负荷调节范围为 20%～100%,同时在低蒸发量(额定蒸发量的 20%)时,也能保证锅炉出口蒸汽的参数为额定压力及温度,且能长期稳定燃烧,有相应的减温系统调节过热汽温。

12.1.2 热站锅炉参数

1. 热站锅炉的作用与系统

热站锅炉是为了确保供热可靠而设置的,提供热网所需的调峰负荷,或在主机供热不足时向热网供热。考虑到热用户的需求,热站锅炉设置了 2 台,其汽水系统:锅炉给水经除氧器除氧后,一次经过给水泵、省煤器,送入上汽包内;由上汽包、中汽包、水冷壁、下降管和下汽包组成锅炉的汽水循环系统,锅炉给水在这一系统中被加热产生蒸汽,并经上汽包汽水分离后,将饱和蒸汽送入过热器,加热后成为过热蒸汽送出。从锅炉出来的过热蒸汽分为两部分,一部分至中压供汽联箱,另一部分至低压供汽联箱。

2. 热站锅炉参数

热站锅炉是为供热设置的,为双良 SLG 型蒸汽锅炉,锅炉型号为 SLG40-3.82/400-QT,设计参数如表 12-2 所列。

表 12-2　　SLG40-3.82/400-QT 蒸汽锅炉设计参数

序号	名称	单位	数据
主要参数			
1	额定蒸发量	t/h	40
2	额定蒸汽压力	MPa	3.82
3	额定蒸汽温度	℃	400
4	进风温度	℃	
5	排烟温度	℃	≤90
6	锅炉设计效率		≥95%
7	燃烧方式		室燃
设计燃料			
8	低位发热量	kJ/Nm^3	34 047
水质要求			
9	标准		《工业锅炉水质》GB/T 1576—2008

12.2 启动锅炉结构与安装

12.2.1 启动锅炉结构

1. 锅炉结构

SZS45 启动锅炉形式为双汽包纵置式 D 型结构，炉体分成两大模块：炉膛模块和对流管束模块。两大模块均采用了密封性能可靠、承压能力高的全膜式水冷壁结构形式，分别安装在各自的钢底架上，可在制造厂内完成受热面组装，运输和现场安装方便。两大模块之间通过高温烟气连接管连接而成，现场安装简便。

炉膛模块为燃料高温燃烧区域，由炉膛上、下集箱通过膜式壁连接而成，前墙布置有燃烧器，四周布置了高温吸热面，炉膛尾部设置了高温烟气出口窗。对流管束模块由上、下汽包通过对流管束连接而成，外侧采用膜式壁，前部为烟气“之”字形横向冲刷对流管束，后部布置了水平式过热器(采用与烟气逆流方式布置)，并设置了对应的高温烟气进口窗。对流管束模块的烟气出口与逆流布置的省煤器连接，烟气横向冲刷省煤器受热面管束后由烟囱排出。锅炉只设置送风机，炉膛内为微正压方式运行。

炉膛模块中的上集箱通过 10 根汽连管与对流管束模块的汽包连接，炉膛区域的高温汽水上升后通过汽连管流入上汽包，经汽水分离装置分离成蒸汽和水，分离出的蒸汽汇集到上汽包上部流入过热器，分离出的“低温”水经对流管束模块的管束往下流经下汽包、10 根水连管流入炉膛模块的中间下集箱，经炉膛模块加热后形成“高温”汽水并上升，如此形成水循环系统。

2. 主要设备

1) 汽包

汽包的主要功能是汇集汽水和分离汽水，内部设有汽水分离装置，在蒸发强度大的水冷壁上升管处装设了缝隙挡板，对流管束区域设置了水下孔板，并在主蒸汽出口处设置了小孔分离器。此外，为确保蒸汽品质，设置有连续排污、加药等管座。汽包装有监控水位的平衡容器、电接点水位计、差压变送器，以及就地显示液位的水位计，正常水位一般设置在汽包中心线处，最高及最低水位分别位于正常水位±50mm 处。为保证汽包安全运行，汽包上还装有 2 个弹簧式安全阀、压力表，以及汽包压力监测用的压力变送器等。

2) 水冷系统

水冷系统由炉膛区和对流区两部分组成。炉膛区包括炉膛上下集箱、前后水冷壁及侧膜式水冷壁等，对流区包括汽包、下联箱、对流管束、对流管前膜式壁、对流管侧膜式壁等。炉膛区和对流区之间由汽、水连管相连，其中汽连管两端分别与炉膛上集箱及汽包连接，水连管两端分别与炉膛下集箱及对流区下联箱连接。

3) 过热器与省煤器

过热器布置在炉膛出口、对流管束入口处，采用单级水平布置方式，蒸汽由进口集箱进入过热器蛇形管，再到出口集箱，经喷水减温调节蒸汽温度后进入汇流集箱。省煤器设计成不可分式的单独结构，采用高效传热的鳍片管。

4) 燃烧设备

燃烧器采用分体式燃烧器，水平布置于前墙，并配置了送风机。燃烧器配备了自动顺序点火装置和点火安全保护装置，用于自动点燃天然气。所有燃烧器和点火器都配备火焰监测器，以及必要的密封件和冷却用空气接管。燃烧器具备检漏、吹扫、点火、火焰监测、熄火保护、进气压力保护、风压保护、负荷调节等功能，且为自动控制。锅炉燃烧排放符合《锅炉大气污染物排放标准》GB 13271－2014 的要求。

5）其他设备

锅炉采用安装简便的轻型炉墙，炉膛上设置了检修人孔、观察孔、防爆门、炉膛风压测点及风压保护开关，炉膛出口及相关受热面的出口均设置了温度检测点。蒸汽/热水侧也设置了相关的压力、温度测点，便于运行控制和安全保护。

3．辅助系统

启动锅炉系统除了启动锅炉本体外，还包括除氧器、给水泵、天然气调节阀、过热蒸汽出口阀、排污扩容器等主要设备。

12.2.2　启动锅炉安装

1．安装前准备

锅炉安装前应认真查阅锅炉技术性文件，严格按照相关标准和产品图纸有关技术要求进行安装。安装单位必须持有技术监督部门颁发的相应级别安装许可证，而且安装许可证在有效期内方可担任施工任务。

锅炉房的布置应符合《锅炉房设计规范》GB 50041－2008 中的规定，消防通道应畅通，燃料的存放要安全，取用要方便。本体安装地点最好能接近蒸汽使用地点，以便缩短蒸汽输送管路，减少管路散热损失，降低基本建设费用。此外，还需要检查安装所需的配件以及采购材料是否齐全，规格型号是否符合标准要求(特别要注意计量仪表的计量单位)。

2．本体安装

锅炉安装中对各部件的要求，应按《锅炉安装工程施工及验收规范》GB 50273－2009 要求执行。若因锅炉超宽、超高无法整体运输的，须进行现场组装。安装过程中的注意事项如下：

(1) 根据锅炉、锅炉房设计图纸、技术文件并对照锅炉图纸的要求，校验锅炉土建基础的正确性。

(2) 根据炉体重量，准备好吊装工具，吊装就位后炉体应符合图纸要求。

(3) 检查锅炉底脚与基础面接触是否良好；如有空隙，加垫铁片使锅炉保持受力均匀。

(4) 烟道法兰连接处均应采用硅酸铝绳等，使各接头密封严密，以防泄露。烟囱吊装应保持铅垂度、直线度和按图纸要求。

(5) 安装燃烧器应严格按照燃烧器制造单位提供的技术资料和说明进行；燃料管路及电气线路的安装应符合锅炉房设计规定及有关规范，如《锅炉安全技术监察规程》TSG G0001－2012 和消防安全方面等规定进行。

(6) 热工仪表、阀门和管道的组装：

① 安全阀应在水压试验后安装，安装必须垂直，并应连接排放管引至安全处。

② 安装压力表时，应使刻度盘垂直，压力表刻度盘上应画出红线，以示锅炉最高许可工作压力，压力表旋塞旋转要灵活，不得漏水，存水管应通畅。

(7) 由合格操作人员连接总电源进线(此线为三相四线，AC415/220V ±10%)，为确保安全，锅炉本体应接地线连接，对地电阻应小于 10Ω。

(8) 燃料储存罐应设置在便于观察又符合消防要求的地方。

(9) 根据有关标准和要求，将燃料供应管路、水路、电路等全部接通后，准备整体水压试验，水压试验按照《锅炉安全技术监察规程》TSG G0001－2012 中的有关规定进行，试验压力按图样要求。

12.3　烘炉、煮炉与水压试验

12.3.1　烘炉

启动锅炉内部的耐火衬里、烟道、烟囱潮湿水分很大，必须通过烘烤将其逐渐烘干，以驱赶炉体和烟囱烟道内的潮气，使灰缝耐火泥的强度增加。新安装锅炉和连续停用 3 个月以上的锅炉都应进行烘炉（暖炉）。

1. 烘炉前的准备工作

编制烘炉方案及烘炉曲线（图 12-1），对参加人员进行技术交底，并准备好有关烘炉记录。炉墙上布置好测温点或取样点，并准备好温度计或取样工具。

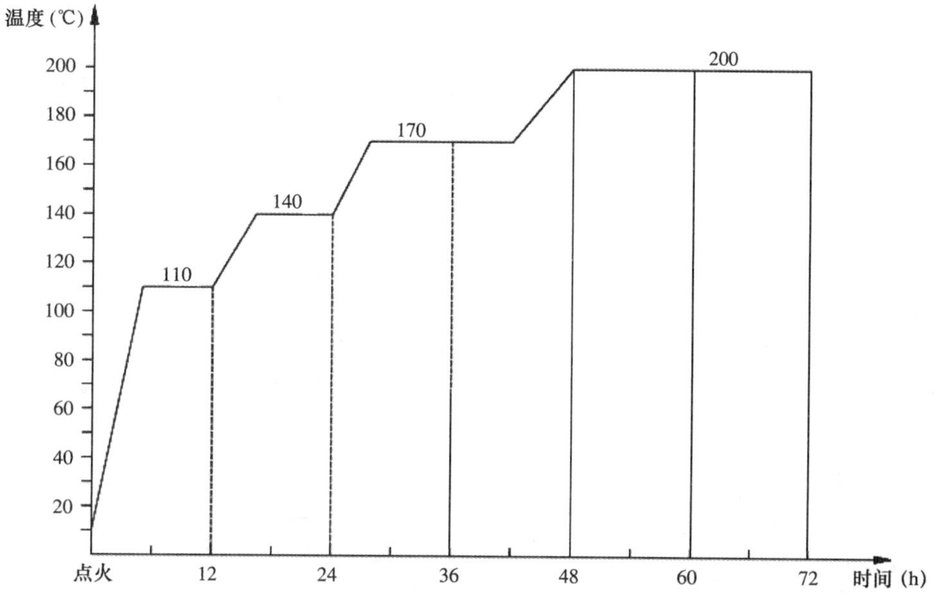

图 12-1　启动锅炉烘炉曲线

2. 烘炉

本锅炉采用火焰烘炉法进行烘炉，其前期为开火种阀小火烘炉，后期采用 15%燃烧器负荷烘炉。

前期烘炉阶段（小火）：首先开启送风机前调节门 1/6～1/5，点燃燃烧器小火，根据升温的情况调整火焰的大小；使炉膛保持微正压，烟气缓慢流动；根据各测点显示数据，然后逐渐加大火焰，以过热器后部的烟气温度为监控调节值。

后期烘炉阶段（15%燃烧器负荷）：当用小火已不能使过热器后温度再提高的时候（一般为 2～3d）应加大燃料投入量，并启动送风机，逐步增大送风量，加强燃烧，使烟气温度不断提高。

3. 烘炉中的注意事项

1）温度控制

烘炉期间，控制温度很重要，升温的速度对烘炉的效果有着直接影响。

第 1 天温升不得超过 50℃，以后每天升温不得超过 30℃，每小时不得超过 10℃；烘炉后期，烟温不得超过 220℃。在最高温度范围内，烘炉持续时间不得少于 24h。如果炉墙特别潮湿，应适当减慢温升速度。

烘炉过程中通过监测过热器后部的烟气温度，控制燃料供给量及送风量，从而实现烘炉期间的温度控制。

2）燃烧火焰控制

烘炉时燃烧要均匀，按时记录温度读数，并且要注意观察炉体膨胀情况和炉墙情况，以便出现异常时及时处理。

3）水蒸气排出

为了及时排出烘炉期间产生的水蒸气，在烘炉时，应打开上部检查门。当发现炉墙的温度比较大时，还应减缓升温速度并加强通风，以便使炉墙中的水分及时蒸发并顺利排出。

4）烘炉时间

烘炉时间一般为 5～7d，究竟多少天数适宜，要根据炉墙的具体情况及当时当地的气候条件等因素具体确定。

4. 烘炉的合格标准

炉墙经烘烤后不应有变形和裂纹，混凝土不得有塌落等缺陷。凡达到下列规定中任一种标准时，即认为达到合格：

1）炉墙灰浆试样法

在过热器位置的炉墙中部、下部位置分别取耐火砖的丁字交叉缝处的灰浆 50g，若其含水率小于 2.5%，则为合格。

2）测温法

在过热器炉墙耐火砖与隔热层接合处设测温点，而当此点的温度达到 50℃时，并继续保持 48h。用测温法烘炉时，要定期观察测点的温度，做好记录，并给出温升曲线，存入锅炉技术档案中。

5. 热站锅炉的烘炉

热站锅炉采用火焰烘炉法中低温烘炉，准备过程与启动锅炉相同，整个过程以炉膛温度及锅炉出口烟温为测温依据，烘炉升温曲线如图 12-2 所示。

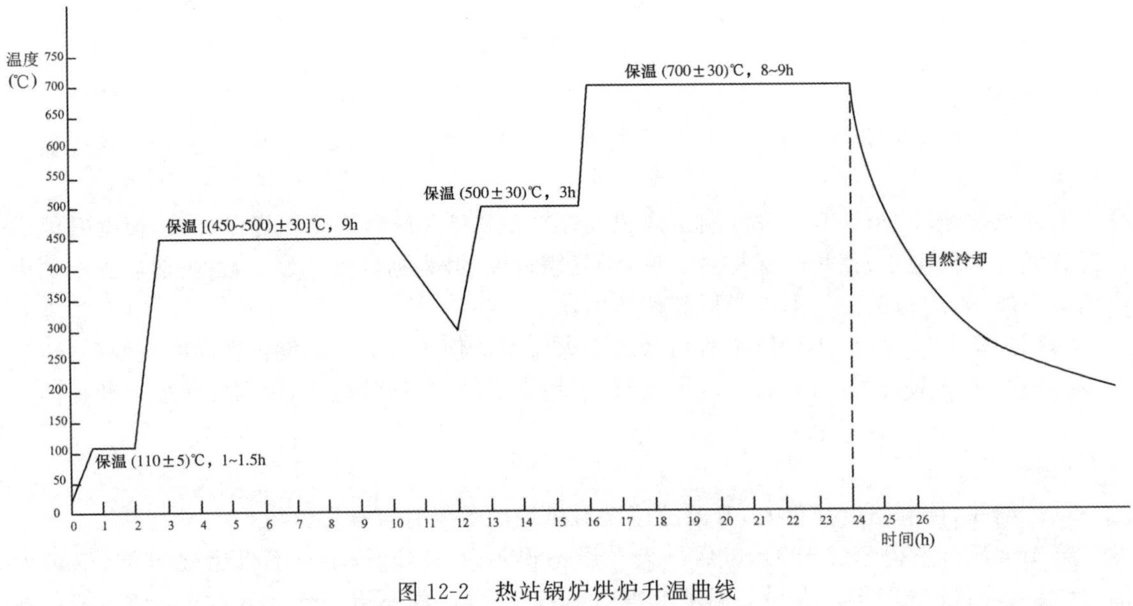

图 12-2　热站锅炉烘炉升温曲线

低温烘炉阶段投入燃烧器，以最小火燃烧，保持炉膛温度，小火养护 1h；按升温曲线要求逐渐升温至[(450～500)±30]℃(燃烧器最小档最小火焰)，要求恒温 9h，再关闭燃烧器，待锅炉自然冷却。在此过程中，需要打开汽包排气阀，并监测汽包水位，保证水位在最低水位以上。如果炉膛内温度高于此温度，可关闭燃烧器，待炉膛内温度低于 250℃时，重新启炉。

上述步骤完成后，自然冷却至 300℃，再重复上述过程，点火使炉膛温度提高到(500±30)℃，按要求恒温 3h。在此过程中，如果炉膛内温度高于此温度，可关闭燃烧器，待炉膛内温度低于 300℃时，重新启炉。

之后，重复上述过程，直接采用天然气点火，使炉膛温度提高至(700±30)℃，按要求恒温 8～9h。在此过程中，如果炉膛内温度高于此温度，可关闭燃烧器，待炉膛内温度低于 400℃时，重新启炉。完成后，自然冷却至常温。

12.3.2　煮炉

若锅炉水含有过量的铁锈和油污，容易造成汽水共沸，发生酸性腐蚀，减少锅炉使用年限。因此，锅炉在投入运行前，必须通过煮炉的方法将这些有害物质除去。

1. 煮炉应具备的条件

煮炉可在烘炉后紧接着进行，也可在烘炉后期同时进行。炉墙确认已经烘干或烘炉末期，当炉墙红砖灰浆含水率降到 10%时，即可进行煮炉。此时，锅炉所附属的管路已经安装完毕，所有保温均已完毕。此外，还需要准备好加药和取样装置，并做好炉水化验准备。

2. 煮炉步骤

1）加水

烘炉结束后，在炉膛温度已经接近炉外室内温度时，可向锅炉内上水。上水速度不应太快，当水位达到最高时停止上水，然后逐个地打开排污阀，一个一个地进行冲洗。以上述方法进行几次，直至清洗干净为止。当水排至最低水位时，将排污阀全部关闭，观察水位是否上升或下降，直到水位稳定为止。

2）点火

点火应由经考试合格的操作员担任，操作员应按有关规程操作，应当注意点火时的天然气量，以免突然爆燃。应尽量调整使炉膛受热均匀，但要防止升温过快，以免造成汽包壁温差过大或过热器管金属超温等。

3）加药

煮炉时的加药量应符合锅炉设备技术文件的规定；无规定时，按汽包、集箱锈污情况确定加药量，如表 12-3 所示规定，表中药量按 100%纯度计算。没有磷酸三钠时可用碳酸钠代替，药量为磷酸三钠的 3 倍。单独使用碳酸钠时，每立方米水中加 6kg 碳酸钠。

表 12-3　　煮炉加药量

药品名称	加药量(kg/m^3水)	
	铁锈较薄	铁锈较厚
氢氧化钠($NaOH$)	2～3	3～4
磷酸三钠($Na_3PO_4 \cdot 12H_2O$)	2～3	2～3

药品应融化成溶液加入锅炉内，禁止将固体药品直接投入炉内。配置和加入药液时，应注意安全。加药时应保持炉内无压，保持水位在低水位。

4）煮炉

加药完成后，将放空管接好开始升压，随着压力的增高，逐渐关小放空阀。

煮炉时间一般应为 2～3d，煮炉最后的 24h 内应使蒸汽压力保持在额定工作压力的 75%

左右。如在较低的蒸汽压力下煮炉,则应适当地延长煮炉时间。

5)时间及压力控制(图 12-3)

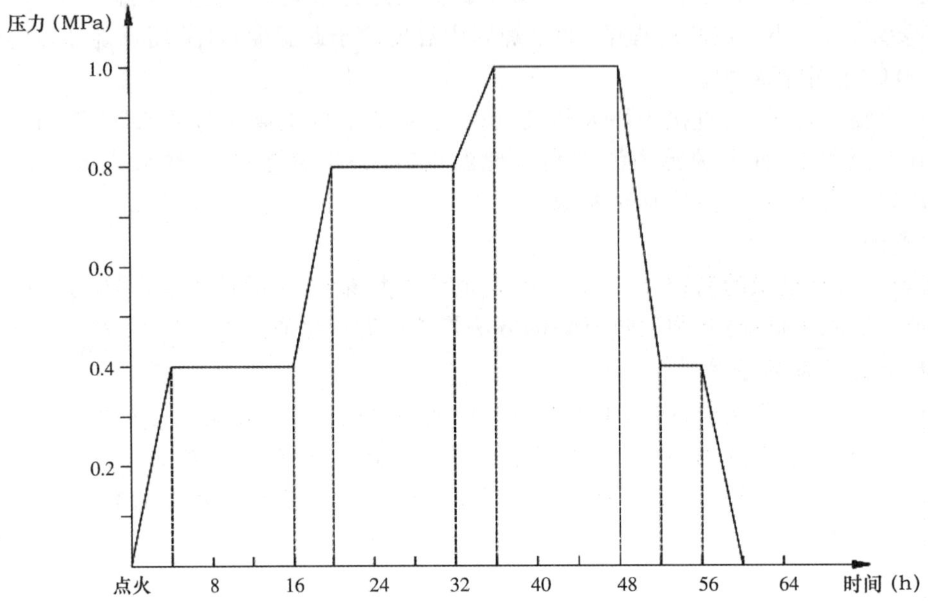

图 12-3 启动锅炉煮炉曲线

煮炉时间及压力应按设计或说明书中给定的数据执行。如无规则时,可参考下列规定:

加药后升压至 0.3～0.4MPa	煮炉 4h
0.3～0.4MPa 压力下	煮炉 12h
继续加热升压到 0.8MPa	煮炉 12h
在 1.2MPa 压力下	煮炉 12h
降压至 0.3～0.4MPa 加水	煮炉 4h

3. 煮炉期间的注意事项

(1) 煮炉期间,应定期从汽包和水冷壁下集箱取水样进行分析,当炉水碱度低于 50mmol/L时,应补充加药。当磷酸根含量变化不大而渐趋稳定时,煮炉可以结束。

(2) 煮炉期间,应定期进行排污工作。

(3) 煮炉期间,锅炉应保持在最高水位,以保证被清洗部分浸满洗液。同时,注意不允许让药液进入过热器。过热器吹洗和主蒸汽管道一起进行,药液在过热器存留时间较长,对其腐蚀较严重。

(4) 煮炉时,只允许用一只水位表,另一只备用,投入运行的水位计应每隔 2h 冲洗 1 次。

(5) 在煮炉后期,压力已达工作压力的 75%,此时要注意检查各部的变化情况,特别要注意检查汽包、受热面管子、膨胀节、支吊架、炉墙与汽包、集箱的接触部位等。

(6) 煮炉期间,应经常检查受压元件、管道、风烟道的密封情况。

(7) 煮炉完毕后,应交替进行持续上水和排污,以清除汽包、集箱内的沉淀物,使水质达到运行标准;然后,应停炉排水,冲洗锅炉内部和曾与药液接触过的阀门等,检查排污阀有无堵塞。

4. 煮炉后的合格标准

(1) 汽包和集箱内壁应无油垢。

(2) 擦去附着物后金属表面应无锈斑。

5. 收尾工作

煮炉结束后,应填写好煮炉记录,按实际煮炉情况绘制煮炉曲线图,作为工程技术文件。各管道系统应按要求进行吹扫冲洗,具体参照《电力建设施工技术规范　第2部分:锅炉机组》DL 5190.2—2012和《电力建设施工技术规范　第5部分:管道及系统》DL 5190.5—2012。

6. 热站锅炉的煮炉

热站锅炉煮炉采用碱洗法,加药配方和药量分别有如下三种(配方中药品均按照化学纯度100%计算):

(1) $NaOH$:3kg/m^3水+$Na_3PO_4 \cdot 12H_2O$:2.5kg/m^3水。

(2) $NaOH$:3kg/m^3水+Na_2CO_3:4kg/m^3水。

(3) Na_2CO_3:6kg/m^3水。

需要注意的是,药品应溶解成20%溶液后方可加入炉内。

加药后升压至0.3～0.4MPa,检查所有接口有无渗漏,试验高低水位报警器;煮炉24h,断续排污放水,防污量为2%～4%;升压至额定压力下50%下,煮炉16h,再断续排污降压至0.3～0.4MPa,排污量为2%～4%;升压至额定工作压力的75%下,煮炉16h;再断续排污至额定工作压力下的50%,煮炉10h;再断续排污降压至0.3～0.4MPa,煮炉6h。煮炉时间约72h,当较低压力下煮炉时可适当延长煮炉时间。煮炉末期打开排污阀,边煮边排,直至出水清澈。

12.3.3 锅炉水压试验

锅炉水压试验是在冷态下检验锅炉承压部件的承压强度及严密性的一种试验,是确保锅炉各承压部件能否长期安全运行的重要措施之一。根据有关标准和要求,将燃料供应管路、水路、电路等全部接通后,准备整体水压试验,水压试验按照《锅炉安全技术监察规程》TSG G0001—2012中的有关规定进行,试验压力按图样要求。

1. 试验范围

锅炉新安装或承压部件经过检修,必须进行水压试验,以检验汽水管道及其阀门的严密性。汽水系统包括给水管道、省煤器、上下汽包、水冷壁、过热器、主蒸汽管道以及联箱和连接管道;阀门包括所有排汽管、疏水管、仪表管、加药管的一次阀,但安全阀、水位计不参与水压试验。

2. 试验程序

水压试验前需要进行系统检查,确保锅炉承压部件应安装或检修完毕,汽包、联箱的人孔门严密,汽水管道及其阀门附件连接良好,阀门开关状态正常。而后,进入以下程序:

(1) 关闭锅炉的放水门及本体管路和管路范围内的阀门,并开启所有的放气阀门和压力表连通门。

(2) 打开给水泵进口阀门和出口一次门,开启给水泵后,逐步开启给水泵出口阀门,向水冷系统、过热系统、省煤器系统上水。进水速度应视水温和室温的情况而定。在上水过程中,要经常检查放气门是否冒气,放水门是否关严,锅炉和进水管路是否有漏水的地方;如有,应查明原因并及时消除。当锅炉最高点的放气门向外冒水时,说明水已经灌满。待残存空气排尽后,关闭进水和排气门。在满水的情况下对锅炉进行全面检查,看有无异常和泄漏现象。

(3) 升压速度和各阶段的检查:锅炉水压试验的升压速度不能太快,当压力升压至0.3~0.4MPa时,便停止升压,检查各部分严密性,并可适当均匀地紧固一下法兰螺栓、人孔门及手孔盖螺栓。继续升压至工作压力时,应暂停升压,进行全面检查,检查有无漏水或异常现象。经检查后若无异常现象,然后再升压至试验压力。试验压力按规定进行,在试验压力下停泵检查,锅炉保持压力20min,不得降低(压力降不超过0.05MPa为合格),然后降至工作压力,在此压力下再做一次全面检查。检查期间压力应保持不变,检查中若无破裂、变形及漏水现象,焊缝和法兰连接处无泄漏,则认为水压试验合格。

(4) 试压结束后应缓慢降压,降压速度以0.2~0.3MPa/min为宜,待慢慢回降到常压时,打开放气门和放水门,将锅炉中的水排净,并做好记录。

(5) 当压力降至零时,开启透气阀和疏水阀进行放水,联系检修人员解除安全门压紧装置;如锅炉准备投运且水质合格,可放水至点火水位,过热器、主汽管道应将疏水放尽。

3. 注意事项

(1) 水压试验过程中,就地压力表应设专人监视,在接近试验压力时应降低升压速度,以防超压。

(2) 在水压试验过程中,可用汽包连排阀或过热器、省煤器疏水阀作为快速泄压措施,以防超压。

(3) 为防止与水压试验相关的低压系统超压,除应可靠隔离外,还应开启有关疏水阀。

(4) 水压试验应在环境温度高于5℃时进行,否则应采取防冻措施。

4. 试验合格条件

关闭省煤器进口隔离阀停止上水后,停止高压给水泵运行,关闭其出、进口阀,关闭给水调整阀、前后隔绝阀,5min内压降应不超过0.05MPa;承压部件无渗漏现象;承压部件无残余变形的迹象。

上述水压试验的要求和步骤是针对启动锅炉的,但热站锅炉与此基本相同,具体细节参见《热站锅炉安装指导书》。

12.4 启动锅炉运行

12.4.1 启动锅炉的启动

该锅炉的启动运行应遵照《工业锅炉运行规程》JB/T 10354－2002的有关规定进行。

1. 锅炉启动前的检查和试验

启动锅炉启动前必须要对炉内、炉外、汽水系统以及各仪表和控制盘面进行检查,确保各设备可正常使用。

(1) 调压站:检查调压站各阀门位置正确,热控仪表测点投运正常,天然气管路已充压,燃气锅炉调压支路压力正常,沿程管线无泄漏,调压站内消防设施齐全,功能完好,周围无烟火,无易燃易爆物品堆放,防火标志牌完好。

(2) 启动锅炉本体:炉墙烟道及看火孔、人孔门、防爆门完整,确认燃烧室烟道内无人后关严人孔门;各测量仪表、自动控制装置及其附件完好;风烟挡板严密,传动装置完好,开关灵活,位置指示正确;水位计就地指示清晰,与控制室内水位变送器读数相符。

(3) 汽水系统检查:汽水系统各阀门位置正确,启动锅炉各放水阀关闭,启动排汽阀,管道各排空气阀开启,安全阀回座。

(4) 化学加药检查:氨药箱液位正常,各阀门状态正常。

(5) 盘面检查:各表计齐全,指示正确,操作把手、按钮齐全完整,开关好用,光字牌及音响试验良好。

(6) 电源检查:启动锅炉给水泵、送风机、氨输送泵绝缘合格已送电,相关电动阀及热控仪投运正常,并在“远程”位置。

(7) 工业水系统正常,压力大于 0.3MPa,启动锅炉给水泵冷却水投运正常。

启动锅炉启动前应做有关挡板、电动阀、调节阀试验,辅机(给水泵、送风机)拉合闸,事故按钮试验及锅炉保护试验,具体详见“联锁清单”。

一切检查就绪后才允许启动点火。冷态启动时应缓慢升燃烧负荷,随时关注锅炉的膨胀状况,避免升温过快造成局部不均而产生应力,从而损坏锅炉。同时还应关注过热器的温度,避免过热器超温损坏。冷态启动时间一般不低于 90min。

在运行时,须根据炉水化验情况定期进行排污;水位计须定期冲洗并定期校核就地水位计与远程显示是否一致;安全阀须定期手动排气以校核阀芯的灵活性。同时做好各项记录。

2. *锅炉启动*

锅炉的启动包括锅炉上水、启动给水泵、点火、升温升压、供汽、除氧器投运等步骤。

锅炉上水是通过除氧上水泵,向除氧器上水至正常水位。在启动除氧上水泵之前,需要确保补水箱水质合格,补水箱、除氧器水位正常,并关闭锅炉各排污阀及管道疏水阀。

启动给水泵时,采用给水调节阀和给水泵出口再循环阀控制上水速度,要求上水时间热态启动不小于 1h。进水温度不宜过低或过高,要求跟汽包温度相匹配。当水温过高或周围气温过低时,上水更应缓慢。当上水至汽包水位 −30mm 时,停止上水,关闭省煤器进口给水调节阀。启动给水泵的过程中,需要开启化学加药。

点火前,需要检查调压站及天然气管路各阀门状态和燃烧器状态是否正常、各风门位置是否正确、天然气压力是否在允许范围内、各项保护投入是否正常,并对燃烧器双体阀进行检漏,检漏通过后方可点火。如点火失败,查找原因,重新点火前必须进行充分吹扫,防止爆燃。

点火后,通过“参数设定”按钮进行升压操作。升温升压应缓慢进行,一般控制在每分钟 1.5℃～2℃,从开始升压至工作压力的时间不得小于 1h。低负荷运行,严格控制过热器进口的烟气温度在 580℃以下,防止烧毁过热器。升压过程中应注意检查受热面各部分的膨胀情况;如发现膨胀异常,应停止升压,查明原因并消除后再进行升压。

从点火到升压过程中,应开启过热器出口管道排汽阀,以排除过热器中的积水和空气,并使锅炉产生的蒸汽同时进入过热器。当汽压升至 0.3MPa 时,开启连排阀门,投用连排系统。

在锅炉产汽升压大于主蒸汽管道压力后,方可逐渐向主蒸汽管道供汽,逐渐关闭过热器出口集箱的放汽阀门,并严密监视过热蒸汽出口温度,调控燃烧负荷。供汽前,应对供热集汽集箱出口截止阀前所有供汽蒸汽管道及设备进行暖管、暖箱。暖管、暖箱工作一般在锅炉点火起压后进行,待暖管、暖箱充分后方可供汽;供热集汽集箱升压速度要控制好,不得大于每分钟 0.1～0.15MPa;供热集汽集箱内有汽源时,待蒸汽参数相接近,才能开启相应隔离阀。如供热集汽集箱出口供热管线处于空管情况,尚需对该管路进行暖管操作,对外暖管要求冷态暖管时间不少于 2h,热态暖管时间不少于 0.5h。

锅炉供汽应确保运行正常、燃烧稳定,汽包水位稳定,蒸汽品质合格。锅炉主汽温、主汽压稳定,主蒸汽温度在 250℃以上。主要表计经过校核可进行准确测量。

锅炉启动过程中,压力、温度稳定后,可投入除氧器运行,除氧器投用后,化验给水溶氧,根据给水溶氧调节除氧器空气阀开度。

12.4.2 启动锅炉的运行调整

1. 锅炉水位控制

与余热锅炉的水位控制类似，启动锅炉的水位控制也是调整汽包水位、维持汽包水位正常。启动锅炉汽包水位正常波动范围为±30mm，报警值为±50mm，停炉值为－100mm。水位以差压水位计指示进行调整，锅炉给水对照给水和蒸汽流量，保持进水均衡平稳。运行中应经常监视，调整给水压力，保持给水压力大于锅炉压力 0.2MPa；否则，应减少锅炉负荷，降低锅炉压力。

2. 汽温、汽压的调整

启动锅炉运行中也需要控制汽压、汽温，保证设备安全运行，防止高温、高压设备热应力超标，寿命损耗增大。在运行中，过热器出口压力正常波动范围为 1.0～1.2MPa；过热蒸汽温度 300℃，允许波动范围为±5℃。

3. 锅炉排污

为了保持受热面内部的清洁，避免发生汽水共腾和汽水品质恶化，必须对锅炉进行排污。正常运行时，连续排污应投入，并根据炉水检测结果进行调整。定期排污每班 1 次，时间不超过 30s。但可根据炉水检测结果考虑增加排污次数。在排污过程中，如果发生锅炉故障，应立即停止排污。

4. 负荷调整

启动锅炉运行中，需要根据用汽的变化对锅炉负荷进行调整。负荷调整过程中，燃烧器将根据可编程逻辑控制器(Programmable Logic Controller，简称 PLC)设定主汽压力，通过比例调节仪自动调整进燃料量与进风量比例，保持风量配比合理，混合良好，使燃烧处于正常、稳定状态。

运行中应连续监视火焰，发现异常，及时调整，务必使炉膛内保持正常、稳定的燃烧，火焰中心应呈明亮的蓝色，炉内保持正压，烟囱不冒黑烟。在初期运行阶段，应使用氧量分析仪分析排烟成分，并结合排烟的颜色，调节风量。

12.4.3 启动锅炉的停运

启动锅炉停运时，通过控制系统，燃烧器将自动按照程序完成关停动作。一般，锅炉正常停炉时，首先通过蒸汽参数的设定，逐步降低锅炉燃烧出力，送风机出力相应减小。当主汽压力低于供热集汽集箱压力时，关闭锅炉至供热集箱进汽隔离阀。达到较低负荷后，按下“停炉”按钮，燃烧器将进入自动停炉程序。燃烧器停止后，要继续监视尾部的烟温，以防止锅炉尾部烟道发生二次燃烧。

停炉过程中需要控制好降压、降温速度，以便将热应力和寿命损耗控制在允许的范围内，降压速度不高于 0.1MPa/min。停炉后监视锅炉水位及锅炉压力的变化。

12.5 热站锅炉运行

12.5.1 热站锅炉的启动

1. 启动前检查

(1) 检查所有检修相关工作票已终结，现场设备完好，各看火孔、人孔门关闭严密。

(2) 调压站 ESD 阀已开启，天然气压力及温度正常，管道无泄漏。

(3) 就地双色水位计刻度完好，显示清晰，汽包液位变送器及电接点水位计读数显示正确，水位计各阀门开关灵活，汽水侧阀门应开启，排污阀应关闭。

(4) 风机、补水泵、给水泵、排污泵等设备绝缘良好，已送电，处于热备状态。

(5) 汽水系统各电动阀已送电，阀门动作正常，各手动阀阀门位置正确，仪表隔离阀均已开启。

(6) 主蒸汽管道、除氧器加热蒸汽管道及给水管道保温完好，各支吊架完整牢固。

(7) 排污坑内液位不高，排污泵接线正常，浮子式液位计液位高、低显示正确。

(8) 确认除盐水箱水位正常(>5m)，除盐水泵运行正常，除盐水压力在0.3MPa左右。

(9) 工业水池水位正常(>3m)，工业水泵运行正常，工业水压力在0.25MPa左右；一级反渗透产水箱水位正常(>4m)，二级反渗透提升泵运行正常，频率在30Hz以上。

(10) 确认压缩空气系统运行正常，燃气炉储气罐压力在0.65MPa左右。

2. 锅炉上水

(1) 开启上水调阀向补水箱上水，维持补水箱水位在1400mm左右。

(2) 开启除氧器上水调阀，启动补水泵向除氧器上水至正常水位1400mm左右。

(3) 检查锅炉汽水系统各排污电动阀均已关闭，给水管道及汽包顶部排空阀已开启。

(4) 打开给水泵密封冷却水隔离阀，检查进回水正常。

(5) 检查给水泵处于良好备用状态，给水管道各阀门位置正确，启动给水泵向汽包上水，各排空阀见水后关闭。锅炉热态时，注意控制上水速度，上水时间夏季不少于1h，冬季不少于1.5h。

(6) 开启化学取样冷却水进、回水阀，开启相关加药、取样阀；确认药箱液位正常(>30cm)，启动氨加药泵和磷酸盐加药泵。

(7) 锅炉上水过程中水质化验应合格；否则，加强排污换水。水位至0mm时，停止进水，此时水位应维持不变；若水位有变动，检查原因并及时消除。

3. 点火

(1) 接到值长点火命令，经全面检查锅炉无异常后，方可进行点火操作。

(2) 检查燃气管路各阀门位置正确，燃烧器状态正常，天然气管路、阀门检漏正常。

(3) 汇报值长，进行启动操作：检查风机及燃烧器启动允许条件均已满足，点击操作面板“启动步序”按钮，再分别点击“自动模式”和“顺启”，进行燃烧器程控启动过程，整个过程分风机启动、检漏、吹扫、小点火和大点火五个阶段，主火建立后即带10%负荷。

(4) 如点火失败，燃烧器将自动执行“停止步序”，进行后吹扫过程。

4. 升温、升压

(1) 升温、升压速度应缓慢，先保持锅炉最低燃烧负荷即10%负荷运行，待汽包压力及温度逐渐上升并稳定后，再缓慢加负荷，进行升温、升压操作。

(2) 从点火到升压过程中，应开启高、低温过热器底部疏水阀，过热器向空排气阀，以排出汽包、过热器中的空气；锅炉起压后及时关闭向空排阀门，打开过热器出口电动阀，进行燃气锅炉出口供热管道的暖管操作。

(3) 当汽包压力0.1MPa时，冲洗水位计1次，冲洗好后应仔细核对水位，以保证水位指示正确。

(4) 汽包压力0.2～0.3MPa时，冲洗压力表管座和各取样管路，并分别进行1次定期排污工作，以避免不合格水进入蒸汽系统；排污时注意维持汽包水位正常。

(5) 汽包压力0.3～0.4MPa时，若锅炉为新安装或检修后第一次投运，应通知检修维护人员热紧汽包螺丝。

(6) 锅炉汽侧系统疏水阀门待疏水充分后即可关闭。

(7) 当汽压升至1MPa时,再次冲洗水位计1次,并进行核对,然后对锅炉进行全面检查。

(8) 锅炉升压速度不得过快,从开始升压至工作压力的时间不得小于于1h;根据外界用汽量的变化及时调整负荷;注意汽温变化,及时投用减温水,控制温度不超限。

(9) 升压过程中省煤器的保护:点火升压过程中,随着烟温快速上升,省煤器内蒸汽含量增加,影响换热效果,可能会引起管壁受热不均,为防止省煤器内受热不均产生的系列影响,可开启省煤器与下汽包连通阀,确保省煤器内始终充满水。

(10) 升压过程中过热器的保护:点火升压过程中,过热器处于无蒸汽或仅有少量蒸汽通过,而此时高温烟气温度上升很快,为防止管壁超温,点火时锅炉负荷不能太高,升压速度要缓慢进行,保持燃烧稳定,以免发生烟气分配不均匀造成过热器管子受到局部强烈加热。

12.5.2 热站锅炉的运行调整

1. 锅炉水位调整

(1) 锅炉给水应均匀,并维持汽包水位正常。

(2) 锅炉给水时应对照给水和蒸汽流量,保持进水均衡平稳。

(3) 定期排污时注意监视水位变化。

(4) 在巡检时应核对远传液位指示与就地双色水位计指示是否一致,发现问题及时通知有关人员处理。

2. 汽温、汽压调整

(1) 在运行中,过热器出口压力正常波动范围为1.3～1.6MPa。

(2) 过热蒸汽温度300℃,允许波动范围为±5℃。

(3) 锅炉负荷变化时,应保持汽温稳定。

3. 锅炉排污

(1) 为了保持受热面内部的清洁,避免发生汽水共腾和汽水品质恶化,必须对锅炉进行排污。

(2) 正常运行时,连续排污应投入并根据化学人员要求进行调整。

(3) 定期排污每班1次,时间不超过30s。但可根据化学人员要求增加排污次数。

(4) 进行定期排污时,应加强对锅炉水位的监视。

(5) 在排污过程中,如果发生锅炉故障,应立即停止排污。

4. 负荷调整

(1) 负荷调整由已设置完成的进口燃气阀开度和进口空气阀开度完成,通过设定锅炉负荷或主汽压力来实现。

(2) 为确保燃烧正常,应经常检查各烟气段温度的变化情况。

(3) 在运行中发生燃烧不正常时,要从以下几个方面检查:

① 燃烧器是否存在振动过大现象;

② 风门位置是否偏离;

③ 燃烧器程序设定值是否有更改;

④ 风机运行工况是否异常;

⑤ 天然气供气压力波动或压力过高过低;

⑥ 炉内是否存在泄漏。

12.5.3 热站锅炉的停运

(1) 锅炉正常停炉按下列程序进行:通过锅炉负荷的设定,逐步降低锅炉燃烧出力,检查燃气阀开度及风机出力相应减小,当锅炉负荷降至最小运行负荷后,按下“停止步序”下的“自动模式”及“顺启”按钮,燃烧器将进入自动停炉程序。

(2) 若供热联箱仍需投用,则逐步减弱燃烧器燃气量的同时,注意供热联箱压力的变化,当主汽出口电动阀后压力或温度高于该阀前压力或温度时,关闭主汽出口电动阀。

(3) 待确认主汽出口电动阀关闭后,按下“停止步序”下的“自动模式”及“顺启”按钮,燃烧器将进入自动停炉程序。

(4) 锅炉停炉过程中控制好降压、降温速度,降压速度不高于 0.1MPa/min。

(5) 锅炉熄火后,视情况关闭进气隔离阀;关闭加药阀、连续排污阀、取样阀。

(6) 若锅炉短时间内仍需启动,则对汽包进行保温保压;若短时间内不准备启动,则待汽包压力降至 0.8MPa 时进行带压放水工作。

(7) 若锅炉在停运后有检修工作,则需关闭进#2 供热联箱手动隔离阀,并汇报值长。

(8) 在最初停炉的 4～6h 内应关闭所有的人孔门,避免锅炉急剧冷却;如有必要使锅炉加速冷却时,可启动风机及增加上放水次数。

(9) 停炉 18～24h 后,当炉水温度降至 70℃～80℃时,根据需要可开启各排汽阀及疏、放水阀。

(10) 将炉水放尽,若锅炉有缺陷时,则应延长停炉时间。

(11) 在汽压尚未降至零、电源未切断前,必须继续对锅炉进行监视。

12.6 燃气锅炉保养

锅炉停炉后,为防止受热面内部腐蚀,应采取措施,认真做好保养工作。锅炉的保养一般有干法和湿法两种。该启动锅炉用两种方法都可以,一般采用氨水碱化烘干法,具体步骤同余热锅炉,同时安排定期启动进行保养。

12.6.1 干法保养

干法保养是使锅炉内无水,适用于长期停用的锅炉。具体步骤如下:

(1) 将炉水全部排空。

(2) 开启所有人孔、手孔,清除水垢和污物后,用小火来烘炉,使炉内的存水蒸发。

(3) 将盛有干燥剂的无盖铁盒或其他容器放在上、下锅筒的封头处,将所有门、孔关闭严密,防止空气进入。

干法保养过程中一定要注意各门、孔的严密性,否则会因泄漏而影响干燥剂的吸潮效果,甚至达不到吸潮防腐的目的。干燥剂一般采用无水氯化钙或生石灰,用量按每立方米锅炉容积加 1～2kg 无水氯化钙或 2～3kg 生石灰计算,每隔 1～2 个月应打开汽包人孔检查 1 次,发现干燥剂吸潮失效应予以更换。

另外,也可采用在炉膛及烟道用干燥剂,而汽包及相关受压元件用充氮保养,维持压力在 0.2～0.3MPa。

12.6.2 湿法保养

湿法保养是将锅炉内部清洗干净后,充入碱性溶剂,使金属表面形成碱性保护膜而达到防潮目的。湿法保养适用于短期停用的锅炉,采用的碱性溶液为氢氧化钠或磷酸三钠,也可用氢氧化钠、磷酸三钠和亚硫酸钠混合溶液。在湿法保养中,炉水碱度维持在 5～12 毫克当量/升之间。每 5d 左右化验 1 次,如碱度低于下限,应补充碱液。湿法保养时,要清除受热面烟气侧的积灰并保持干燥,以防结露腐蚀。在冬季不要在没有防冻措施的场所进行锅炉的湿法保养。氢氧化钠或磷酸三钠的用量,根据锅炉里是放凝结水还是软化水而有所不同,每吨水的碱性溶液加入量见表12-4。

表12-4　湿法保养碱性溶液的用量(kg/t)

碱性溶液	锅炉放入凝结水时	锅炉放入软化水时
氢氧化钠	2	8～10
磷酸三钠	5	20

湿法保养的具体步骤如下:

(1)将锅炉受热面的内外污垢、烟灰清理干净,堵截与外界相连管路。

(2)将锅内灌满软化水,并在每吨水中加入2kg氢氧化钠或5kg磷酸三钠,或10kg磷酸钠,药品应溶解成溶液后灌入。

(3)当锅内灌满软水和药液后,应加热至104℃,以排除水中的气体。

(4)将锅炉所有门孔关闭严密,且不得有任何渗漏现象。

保养期间,锅炉必须保持充满状态,防止空气漏入。

12.7　燃气锅炉常见事故及处理

12.7.1　启动锅炉紧急停炉

1. 紧急停炉条件

(1)虽然有给水送入锅炉,但锅炉内水位很快下降时。

(2)锅炉压力超过规定值,虽减弱燃烧,汽压仍继续上升时。

(3)锅炉严重缺水时,用校水法仍然见不到水位时(此时绝对禁止用水泵向锅炉紧急上水)。

(4)所有给水设备全部失灵,汽包内水位不能保持在规定高度时。

(5)锅炉满水至超过汽包水位表可见水位时。

(6)锅炉主要部件上(汽包、集箱)发现裂纹或水冷壁管、过热器管、省煤器发生爆破时。

(7)所有压力表或安全阀或水位表失灵时。

(8)锅炉汽水管路上法兰衬垫被吹破,向外喷射蒸汽无法控制时。

(9)锅炉工作中出现严重异常现象时(如严重噪声、撞击振动等)。

(10)水源突然中断时。

(11)发现任何危害设备安全运行或造成人身伤害时。

2. 紧急停炉处理

(1)点击紧急停炉按钮。

(2)在紧急停炉时,如无缺水或满水现象,可向锅炉给水,排污以降低锅炉内压力。

(3)如锅炉系严重缺水事故,严禁向锅炉给水。

12.7.2　热站锅炉紧急停炉

1. 紧急停炉条件

(1)触摸屏时间显示停止不动,触摸屏页面显示不变且页面按键失效,触摸任何位置都不起作用时。

(2)锅炉上所有运行部件停止运行但无故障提示或仅有燃烧系统运行而其他部件停止工作且无故障提示时。

(3) 水泵失效或给水系统故障而不能向锅炉供水时。

(4) 锅炉水位低于水位表最低可见边缘或水位计全部损坏失效时。

(5) 不断加水水位仍然继续下降时。

(6) 设置在汽空间的压力表或安全阀全部失灵时。

(7) 锅炉元件损坏并危及人身安全时。

(8) 燃烧设备损坏及风机出现故障时。

(9) 其他异常运行情况，且超过安全运行允许范围时。

2. 紧急停炉后操作

(1) 立即切断燃烧供应，关闭各燃料供应阀，熄火后仍需对炉膛和烟道进行吹扫，再次启动前应加强锅炉通风，进行吹扫，吹扫时间应大于 5min。

(2) 非严重缺水下，紧急故障非水泵原因造成，处于手动给水方式，给水泵继续运行。若紧急故障是水泵原因造成，应迅速起用备用水泵，保证锅炉水位正常。

(3) 关闭主蒸汽阀，停止向外供汽。

(4) 发生严重缺水事故时，严禁向锅炉补水，应及时切断燃料供应阀，等锅炉自然冷却后处理。

12.7.3　常见故障及处理(表 12-5)

表 12-5　　**常见故障及处理**

名称	现象	原因	处理
启动锅炉灭火	· 炉膛压力突然变小。 · 火检指示无火，灭火信号报警。 · 汽压、汽温、蒸汽流量迅速下降	· 运行中天然气系统故障。 · 送风机跳闸。 · 锅炉保护动作。 · 风机故障导致风量不当	· 立即检查天然气进气阀关闭，检查天然气系统有效隔离。 · 用定排、连排放水或启动给水泵上水保持汽包水位。 · 保持风机继续运行 5～10min，进行吹扫。 · 汇报机组长、值长，关闭供汽电动阀。 · 严禁用爆燃法恢复燃烧。 · 汇报机组长，做好重新点火的准备
送风机故障	· 送风机电机的电流摆动或偏大，固定地脚螺丝松动。 · 轴承温度高。 · 转子振动，转子与外壳磨擦。 · 炉膛压力降低。 · 送风机跳闸时，锅炉灭火。 · 送风量不正常	· 转子不平衡。 · 轴承内有杂物或润滑油不合格。 · 负荷过大	直接申请停炉
仪表及控制电源失去	· 所有二次仪表电源失去，表计无指示。 · 所有控制电源失去，相应指示灯熄灭。 · 启动锅炉灭火		· 锅炉灭火时，检查进气阀关闭，否则手动关闭手动阀，有效隔离。 · 手动关闭省煤器进口给水调节阀，关闭所有疏、放水阀，关闭供汽隔离阀。 · 联系热工人员检查、恢复电源，等待恢复。 · 若仪表及控制电源失去，锅炉仍继续正常运行时，应以就地压力、温度指示为依据，加强监视，稳定负荷，迅速联系热控人员恢复电源。 · 汇报值长，作好记录

续表

名称	现象	原因	处理
锅炉满水	· 汽包水位计指示高于正常水位,高水位信号报警。 · 给水流量不正常地大于蒸汽流量。 · 严重满水时,过热汽温急剧下降,蒸汽管道内发生水冲击	· 水位计指示不正确,使运行人员误判断或误操作。 · 给水自动调节失灵或给水调节故障,发现处理不及时。 · 对水位监视不够,给水调整不当或误操作	· 减少给水量。 · 开启定排放水。 · 经处理无效时,申请停炉
汽包水位计损坏	汽包水位计内水位指示不正确	· 汽包水位计汽管阻塞,则水位计内水位上升极快。 · 汽包水位计水管阻塞,则水位计内水位逐渐上升。 · 汽包水位计有不严密处,将使水位计指示不正确。 · 汽包水位计的疏水阀漏,则将引起水位计内水位降低	· 有一只就地水位计损坏时,应立即隔绝检修,并核对另一只就地水位计和各就地水位计指示的正确性,加强对汽包水位的监视调节。 · 如果就地水位计都损坏,但有2只以上远传水位计正确可靠,则允许以就地水位计监视调节汽包水位,继续维持锅炉运行2h,但必须注意给水流量和蒸汽流量的平衡,保持锅炉负荷稳定,对已损坏的就地水位计应立即隔绝检修
汽水共腾	· 汽包水位发生剧烈波动,严重时看不清水位。 · 过热蒸汽温度急剧下降。 · 严重时,蒸汽管内发生水冲击。 · 蒸汽和炉水含盐量增大	· 炉水品质不合格。 · 没有进行必要的排污和炉水处理。 · 锅炉负荷剧烈波动	· 汇报值长适当降低负荷,保持其稳定。 · 全开连续排污阀,必要时开启定排,同时加强进水,防止水位过低,维持水位正常
安全门故障	· 安全门达到动作压力而拒动。 · 安全门起座后不回座	· 机械整定值不正确。 · 机械卡涩、锈死	· 由于供汽故障,使锅炉汽压上窜至安全门动作压力而安全门拒动时,手动开启向空排汽、过热器疏水阀。 · 若安全门起座后汽压降至回座值而安全门不回座时,严密注意控制降压速度,停止进水及一切排污
水冷壁管损坏	· 炉内有明显的响声,炉膛压力增大。 · 汽包水位下降,给水流量不正常地大于蒸汽流量。 · 各段烟温下降。 · 蒸汽压力、蒸汽流量下降。 · 不严密处有水渗出。 · 看火镜内壁有水珠凝结	· 给水和炉水品质不符合标准,使水冷壁管结垢腐蚀。 · 管内有杂物堵塞使管壁过热,管材和焊接质量不合格。 · 炉膛火焰中心偏斜,部分管子过热。 · 排污量过大,造成水循环不良,使管子过热。 · 升停炉操作不当,热膨胀不均匀,损坏管子。 · 锅炉严重缺水。 · 炉膛内发生严重爆炸,使水冷壁管损坏	· 立即汇报值长,加强监视,注意损坏的发展趋势。必要时,给水自动改手动,控制正常水位。 · 若损坏不严重,尚能维持汽包正常水位,则允许短时间运行,适当降低负荷并及时联系处理。 · 若水冷壁管损坏严重,加强进水后仍不能维持正常水位,应立即停炉处理。 · 停炉后,加强进水若汽包水位仍不能回升时,则应停止向锅炉的进水。 · 停炉后应保留送风机继续运行一段时间,待炉内汽水和烟气基本排除后再停止

续表

名称	现象	原因	处理
过热器管损坏	• 炉膛压力增大。严重时，过热器处有泄漏声，不严密处有蒸汽喷出。 • 主汽流量不正常地小于给水流量。 • 过热器后两侧烟温差增大，爆管侧烟温降低。 • 过热蒸汽温度发生异常变化，严重时主汽压力下降	• 汽包内汽水分离装置有缺陷或化学监督不严，使饱和蒸汽品质不合格，引起过热器管内结垢。 • 管材或焊接质量不合格。 • 低负荷时使用减温水不当，使过热器管发生水塞，局部管壁超温。 • 锅炉经常处于超负荷运行引起过热器区域烟温升高，使管壁超温。 • 锅炉启停时控制操作不当，停炉保养工作未做好。 • 管内有杂物堵塞，造成过热器管破坏	• 立即汇报值长，加强监视，注意损坏的发展趋势。 • 若损坏不太严重，过热蒸汽温度尚能维持在正常范围内，则允许继续运行一段时间，但应适当降低锅炉负荷，加强汽温监视和调节，请示值长，尽早停炉处理，以防损坏邻近管子。 • 若损坏严重，过热汽温变化过大且不能维持在正常范围内，炉膛严重正压，应汇报值长请示停炉。 • 停炉后应保留送风机继续运行一段时间，待炉内汽水和烟气基本排除后再停止
省煤器管损坏	• 炉膛压力增大。 • 给水流量不正常地大于蒸汽流量，严重时汽包水位迅速下降。 • 省煤器后烟温降低。 • 损坏处有泄漏声，省煤器下部烟道不严密处有水渗出	• 给水品质不合格。 • 管材或焊接质量不合格。 • 管内有杂物堵塞，使管子过热	• 维持正常汽包水位，必要时将给水自动改手动，加强进水。 • 汇报值长，加强监视，注意损坏的发展趋势。 • 若损坏不严重，尚能维持正常水位，可短时间继续运行，但应适当降低负荷，加强监视水位，请示值长尽早停炉。 • 若损坏严重，加强给水后仍不能维持汽包水位，应紧急停炉处理。 • 停炉后，加强进水若汽包水位仍不能回升时，则应停止向锅炉的进水。 • 停炉后应保留送风机继续运行一段时间，待炉内汽水和烟气基本排除后再停止
锅炉满水	• 汽包水位计指示高于正常水位，高水位信号报警。 • 给水流量不正常的大于蒸汽流量。 • 严重满水时，过热汽温急剧下降，蒸汽管道内发生水冲击	• 水位计指示不正确，使运行人员误判断或误操作。 • 给水自动调节失灵或给水调节故障，发现处理不及时。 • 对水位监视不够，给水调整不当或误操作	• 减少给水量。 • 开启定排放水。 • 经处理无效时，直接申请停炉

第 13 章　化学水处理

13.1　绪　论

由于水的热容量高,传热性能好,因此,水被认为是火电厂的理想工质。水在火电厂中起着能量传递、变成高温蒸汽后推动汽轮机旋转做功和冷却等作用。

13.1.1　火力发电厂生产用水

1. 火力发电厂中汽水流程

典型的凝汽式、供热式电厂汽水流程如图 13-1、图 13-2 所示。供热式电厂由于送出去的蒸汽通常会进入一些难处理杂质(如油脂等),所以,一般情况下没有返回冷凝水。

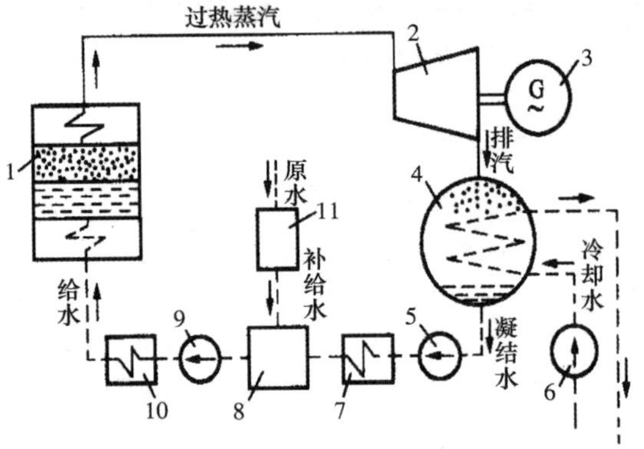

1—锅炉;2—汽轮机;3—发电机;4—凝汽器;5—凝结水泵;6—循环水泵;
7—低压加热器;8—除氧器;9—给水泵;10—高压加热器;11—水处理设备

图 13-1　凝汽式电厂汽水循环系统

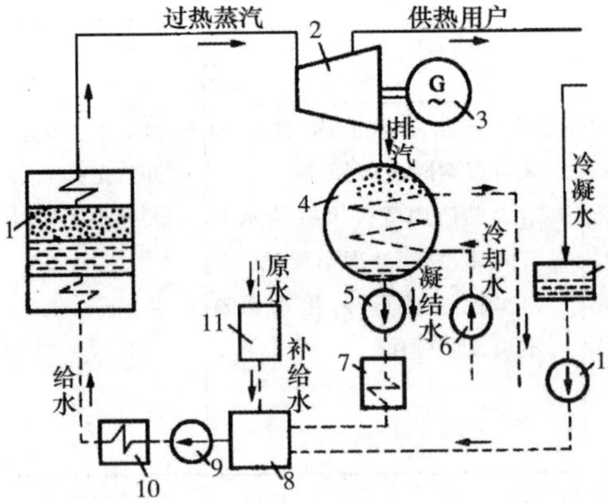

1—锅炉;2—汽轮机;3—发电机;4—凝汽器;5—凝结水泵;6—循环水泵;
7—低压加热器;8—除氧器;9—给水泵;10—高压加热器;
11—水处理设备;12—返回凝结水箱;13—返回水泵

图 13-2　供热式电厂汽水循环系统

2．各种汽水损失

在上述汽水循环系统中，汽水虽是循环流动的，但总不免有些损失。造成这些汽水损失的主要原因有以下几部分：

1）锅炉部分

锅炉的排污放水、安全门和过热器放汽门的向外排汽、用蒸汽推动的附属机械、蒸汽吹灰和燃烧液体燃料时采用蒸汽雾化等。

2）汽轮机组

汽轮机的轴封排汽、抽汽器和除氧器排汽口的排汽等。

3）各种水箱

各种水箱（如疏水箱等）有溢流和热水的蒸发等。

4）管道系统

各管道系统法兰盘连结不严密、阀门漏泄等。

凝汽式电厂因不向外供蒸汽，汽水损失量就比较小，其汽水损失量一般为锅炉蒸发量的2%～4%；供热式电厂一般情况下不回收送出去的蒸汽凝结水，因此，其水汽损失量就比较大。为了维持热力系统的正常水汽循环流动，就要补充这些损失，这部分水称为补给水。

3．火力发电厂生产用水分类

1）生水

又称原水，是指未经处理的天然水，如江河水、湖水、地下水等。在火电厂中，生水既可作为制取锅炉补给水的水源，又可作为冷却水或消防水使用。

2）锅炉补给水

生水经过各种方法净化处理后，用来补充热力系统汽水损失的水。锅炉补给水按其净化处理方法的不同，又可分为软化水和除盐水等。

3）（汽轮机）凝结水

在汽轮机中做功后的蒸汽经冷凝成的水。

4）疏水

火电厂内部各种蒸汽管道和用汽设备中的蒸汽凝结成的水称为疏水，它经疏水器汇集到疏水箱。在火电厂中，高压疏水一般回收到除氧器，低压疏水回收到凝汽器。

5）返回凝结水

向热用户供热后回收的蒸汽凝结水称为返回凝结水。其中又有热网加热器凝结水和生产蒸汽凝结水之分。由于送出去的蒸汽通常会进入一些难处理杂质，所以，一般热电厂也没有返回凝结水。

6）给水

送往锅炉的水称之为给水。凝汽式发电厂的给水主要由凝结水、补给水和各种疏水组成。热电厂还包括返回凝结水。

7）锅炉水

在锅炉本体的蒸发系统内流动着的水称为锅炉水，简称炉水。

8）冷却水

作为冷却介质的水称为冷却水。在火电厂中，它主要是指通过凝汽器用以冷却汽轮机排汽的水。

13.1.2 火力发电厂汽水品质不良的危害

热力系统中汽水的品质是影响热力设备(锅炉、汽轮机等)安全、经济运行的重要因素之一。没有净化处理的天然水含有许多杂质,这种水如进入汽水循环系统,将会对热力设备造成危害。为了保证热力系统中有良好的水质,必须对水进行适当的净化处理和严格的汽水质量监督。

热力系统中由于汽水品质不良引起的危害主要有以下几种:

1. 热力设备的结垢

如果进入锅炉或热交换器的水质不良,则经过一段时间运行后,在和水接触的受热面上会生成一些固体附着物,这种现象称为结垢,这些固体附着物称为水垢。因为水垢的导热性能比金属差数百倍,这些水垢又极易在热负荷很高的锅炉炉管中生成,所以结垢对锅炉(或热交换器)的危害很大。它可使结垢部位的金属管壁过热,引起金属强度下降。这样,在管内压力的作用下,就会发生管道局部变形、产生鼓包,甚至引起爆管事故。结垢不仅危害机组安全运行,而且还会大大降低机组运行经济性。

2. 热力设备的腐蚀

热力设备的金属材料经常和水接触,若水质不良,则会引起金属的腐蚀。腐蚀不仅会缩短设备本身的使用寿命、造成经济损失,同时还会因为金属的腐蚀产物进入水中,使给水杂质增多,进一步加剧在高热负荷受热面上的结垢过程,结成的垢又会促进锅炉炉管的垢下腐蚀,此种恶性循环会迅速导致爆管事故发生。

3. 过热器和汽轮机的积盐

水质不良会使锅炉不能产生高纯度的蒸汽,蒸汽带出的杂质就会沉积在蒸汽通过的各个部位,如过热器和汽轮机,这种现象称积盐。积盐会引起过热器金属管壁过热甚至爆管,降低汽轮机出力和效率,严重时还会使推力轴承负荷增大、隔板弯曲,造成事故停机。表 13-1 给出了燃气-蒸汽联合循环发电机组给水质量标准。

表 13-1　　燃气-蒸汽联合循环发电机组给水质量标准(DL/T 1717—2017)

炉型	最高过热蒸汽压力(MPa)	氢电导率(25℃)(μS/cm)	硬度(μmol/L)	溶解氧	铁	铜	钠	硅
				(μg/L)				
		标准值		标准值	标准值	标准值	标准值	标准值
汽包锅炉	<2.5	≤0.5	5	≤50	≤75	≤10	—	应保证蒸汽二氧化硅符合标准
	2.5～5.7	≤0.3	2.0	≤20	≤50	≤10	—	
	≥5.8	≤0.3	0	≤20	≤30	≤5	—	
直流锅炉	—	≤0.2	0	≤20	≤10	≤3	≤5	≤15

火电厂的水处理工作就是为了保证热力系统各部分有良好的汽水品质,以防热力设备的结垢、腐蚀和积盐,对机组安全、经济运行具有十分重要的意义。

火电厂的化学水处理工作主要有以下内容:

(1) 净化生水,制备热力系统所需质量的补给水。它包括去除天然水中的悬浮物和胶体杂质的澄清、过滤等预处理;除去水中全部溶解盐类的除盐处理。补给水的处理通常称为炉外水处理。

(2) 对给水进行除氧、加药等处理。

(3) 炉水进行炉内防垢、防腐处理。

(4) 对汽轮机凝结水进行净化处理(高参数机组)。

(5) 对冷却水进行防垢、防腐和防止有机附着物等处理。

(6) 对热力系统设备各部分的汽水质量进行监督。

(7) 热力设备化学清洗以及机炉停运期间的保养。

(8) 对生产过程中产生的废水进行处理。

13.2 水质概述

13.2.1 天然水中杂质

对于天然水中杂质,按其尺寸大小进行分类,可分为悬浮物、胶体和溶解物质三类。

1. 悬浮物

悬浮物通常是指水中大于 100nm(0.1μm)以上的颗粒,它属于肉眼可见或者光学显微镜下的可见物。这一类物质包括泥沙、黏土、藻类、细菌及动植物的肢体,例如水中细菌大小在 0.1 至几十 μm 之间,泥沙颗粒一般大于 100μm,而藻类、动植物的肢体则有更大的尺寸。

2. 胶体

胶体是指水中尺寸在 1～100nm 的颗粒。由于颗粒较小,沉降速度很慢,依靠重力很难达到沉降目的,再加上胶体颗粒带有电荷以及布朗运动的影响,使水中胶体颗粒非常稳定,不能用自然沉降方法去除。

水中胶体按成分可以分为无机胶体、有机胶体和混合胶体三种。无机胶体多为硅、铝、铁的化合物、复合物及其聚合体,比如各种黏土胶体就是典型的无机胶体;有机胶体多为大分子的有机物,天然水中经常见到腐殖质、蛋白质类的有机胶体;混合胶体多为无机胶体上吸附了大分子有机物构成。

3. 溶解物质

1) 溶解气体

天然水中主要溶解气体有:氧气、二氧化碳、氮气、硫化氢等。溶解氧:5～10mg/L(最大 14.5mg/L);二氧化碳:几至几十 mg/L(地表水)、几十至几百 mg/L(地下水)。

2) 溶解的无机离子

天然水中溶解的无机离子主要有:

阳离子:Ca^{2+},Mg^{2+},Na^+,K^+ 等[一般 Na^+ : K^+ =7 : 1(mol)];

阴离子:HCO_3^- (CO_3^{2-}),SO_4^{2-},Cl^-,$HSiO_3^-$ 等,它们的含量占水中总的无机离子 95% 以上。

3) 溶解的有机物质

天然水中有机物也可以分为溶解态、胶态和悬浮态三种。目前,通常采用水通过 0.45μm 孔径滤膜后的水中有机物当作溶解态有机物(DOC)。

天然水中有机物含量,用总有机碳(TOC)表示,一般在几至几十 mg/L;用 COD_{Mn} 表示,在 1～10mg/L,污染严重的水体,COD_{Mn} 在 10mg/L 以上,地下水中有机物含量少,COD_{Mn} 约 1mg/L。

13.2.2 水质指标

工业用水常用的水质指标见表 13-2。

表 13-2　　　　工业用水常用的水质指标

序号	水质指标	常用代号		常用单位
		国外	国内	
1	悬浮物	SS	XG	mg/L
2	浊度(混浊度)	TU		NTU,FTU
3	全固体	TS	QG	mg/L
4	总溶解固体(溶解固体)	TDS	RG	mg/L
5	含盐量	C S		mmol/L mg/L
6	电导率	K	DD	μS/cm
7	碱度	A	JD	mmol/L
8	硬度	H	YD	mmol/L
9	碳酸盐硬度	H_T	YD_T	mmol/L
10	非碳酸盐硬度	H_F	YD_F	mmol/L
11	酸度		SD	mmol/L
12	总有机碳	TOC		mg/L
13	化学耗氧量	COD_{Mn} COD_{Cr}		mg/L
14	铁铝氧化物	R_2O_3		mg/L
15	pH	pH		
16	溶解氧	O_2		mg/L
17	二氧化碳	CO_2		mg/L
18	总硅		$SiO_{2(全)}$	mg/L
19	胶体硅		$SiO_{2(胶)}$	mg/L
20	溶解硅		$SiO_{2(溶)}$	mg/L
21	钙	Ca		mg/L,mmol/L
22	镁	Mg		mg/L,mmol/L
23	钠	Na		mg/L
24	钾	K		mg/L
25	铁	Fe		mg/L
26	铝	Al		mg/L
27	氨	NH_3		mg/L
28	重碳酸根	HCO_3^-		mg/L,mmol/L
29	碳酸根	CO_3^{2-}		mg/L,mmol/L
30	硫酸根	SO_4^{2-}		mg/L
31	氯离子	Cl^-		mg/L
32	硝酸根	NO_3^-		mg/L
33	亚硝酸根	NO_2^-		mg/L
34	磷酸根	PO_4^{3-}		mg/L
35	游离余氯			mg/L

1. 悬浮物、浊度

天然水中粗分散颗粒除悬浮物外，还有胶体，它们的共同特性是使水呈混浊感，而水质清晰透明是生活饮用水及高质量工业用水的基本条件。浊度指标用来反映水中悬浮物和胶体的多少。

浊度测量中一个重要问题是浊度的单位，目前通用的是福马肼单位，它是利用一定量硫酸肼和六次甲基四胺反应生成的微粒作为浊度单位。

采用福马肼标准液，利用散射光原理测得的浊度称为散射光福马肼浊度(NTU)，采用福马肼标准液利用透射光原理测得的浊度称为透射光福马肼浊度(FTU)。

所谓的无浊水，通常是指纯水经过 0.15μm 微孔滤膜过滤后的水。该水不宜储存，现制现用。

2. 溶解固体、含盐量

将滤去悬浮物后的水在水浴上蒸发至干，然后在 105℃～110℃下恒重，得到的固体物质量即为水的溶解固体，以前也叫蒸发残渣。从测定方法可知，溶解固体代表水中除溶解气体外的全部溶解物质量，但实际上还存在一些偏差，这主要是由于水蒸干后所得到的固体物质中某些物质(如 NaOH，Na_2SO_4 等)还含有结晶水，在 110℃下不会全部失去，另外重碳酸盐在 105℃～110℃下也会分解损失一半。水中的有机物在 110℃下也会有部分分解。

水的含盐量严格讲是指水中溶解的无机盐的总量，它是通过水质全分析，根据所测得的水中全部阳离子量和全部阴离子量通过计算而得。含盐量有两个单位，一个是 mg/L，另一个是 mmol/L。采用 mg/L 时，含盐量为水中全部阳离子含量(以 mg/L 表示)和全部阴离子含量(以 mg/L 表示)之和；采用 mmol/L 时，含盐量为水中全部阳离子含量(以 mmol/L 表示)之和或全部阴离子含量(以 mmol/L 表示)之和。

溶解固体可以近似代表水的含盐量，但不能完全代表水的含盐量，它们之间关系约为

$$S(\mathrm{mg/L})=\sum 阳+\sum 阴=\mathrm{RG}-(\mathrm{SiO_2})_{全}-\sum 有机物+\frac{1}{2}\mathrm{HCO_3^-} \tag{13-1}$$

3. 电导率

水中溶解的带电离子在电场作用下会移动，即有电流通过，因而水是导电的，水的导电能力即电导率。电导率大小是与水中带电离子量成正比，故可以用电导率来反映水中溶解的离子含量。

与测定水的溶解固体和含盐量相比，电导率方法既简便、快速、灵敏度高，又不破坏水样，因此，得到广泛应用，特别适应于工业水处理的过程监测。

电导率的单位是 $S\cdot cm^{-1}$，但该单位太大，常用的是它的 10^{-6}，即 $\mu S\cdot cm^{-1}$ 单位。

一般天然水的电导率可达几百 $\mu S\cdot cm^{-1}$，纯水的电导率小于 $10\mu S\cdot cm^{-1}$，超纯水的电导率小于 $0.1\mu S\cdot cm^{-1}$，理论纯水的电导率(25℃)为 $0.055\mu S\cdot cm^{-1}$。

电导率可以反映水中溶解的盐类多少，但与含盐量数值之间却无明显的固定关系，因而不能用电导率来计算含盐量的具体数值，仅能在同一类的水中，用电导率对含盐量作一些简单的估算。特别要指出的是，某些化合物如 SiO_2 类物质，对电导率的影响是很小的，因此，用电导率是无法判断 SiO_2 类物质的多少。

4. 碱度

水的碱度是指水中能接受强酸中 H^+ 或与之发生反应的物质的量，包括碱及强碱弱酸盐，比如 NaOH，$NaHCO_3$，Na_2CO_3，$Ca(HCO_3)_2$，$Mg(HCO_3)_2$，Na_3PO_4，Na_2HPO_4，NaH_2PO_4，腐

殖酸盐(NaY)等。

磷酸盐只存在锅炉水、冷却水等特殊场合,天然水中一般没有磷酸盐,腐殖酸盐含量也不高,而且 pH 多为中性,所以天然水碱度大多仅由 HCO_3^- 构成,在少数 pH 值较高的天然水中,除 HCO_3^- 外,还有少量 CO_3^{2-},甚至 OH^-。

按测定方法不同,碱度有甲基橙碱度和酚酞碱度之分。甲基橙碱度是在用酸滴定水碱度时,用甲基橙作指示剂,甲基橙由黄色变橙色时为滴定终点,此时 pH 值为 4.2～4.4;酚酞碱度是用酚酞作指示剂,酚酞由红色变无色时为滴定终点,此时 pH 值为 8.2～8.4。甲基橙碱度又称 M 碱度或全碱度,酚酞碱度又称为 P 碱度。

5. *酸度*

水的酸度是指水中能接受强碱中 OH^- 或与之发生反应的物质量。

水酸度的测定是用 NaOH 来滴定,指示剂可以用酚酞也可以用甲基橙。用酚酞时,测定结果包括水中强酸(HCl,H_2SO_4 等)、弱酸(如 CO_2,有机酸等)及强酸弱碱盐(如 $FeCl_3$ 等),测得的酸度称为总酸度;用甲基橙作指示剂时,测定结果仅为水中的强酸(或某些强酸弱碱盐),此时称为强酸酸度,有时强酸酸度也简称为酸度,比如阳离子交换出水酸度通常是指强酸酸度。

6. *硬度*

硬度通常是指水中钙镁离子总量,因为它们能形成坚硬的水垢,所以叫硬度。相反,去除水中钙镁离子的过程则称为软化,去除钙镁离子的水则称为软化水。

硬度常用的单位是 mmol/L($C=\frac{1}{2}Ca^{2+}$ 或 $\frac{1}{2}Mg^{2+}$)。

水的重碳酸盐硬度是指水中与 HCO_3^- 相结合的钙镁离子量,水的非碳酸盐硬度是指水中与 Cl^-,SO_4^{2-},NO_3^- 相结合的钙镁离子量,所谓“结合”是一个假设的概念。

碳酸盐硬度由于在水受热时会以垢的形式析出,故又叫暂时硬度;非碳酸盐硬度在水受热时不会析出垢,故又称为永久硬度。

7. *表示水中有机物含量的指标*

水中有机物质种类多,有机物单种检测极其困难,因此,水中有机物含量无法像测定无机离子那样逐个进行测定。目前常用的方法是利用有机物整体的某种性质(如可以被氧化、含有碳、对紫外光吸收等)来进行测定,间接反映水中有机物含量的多少。目前常用的表示水中有机物含量的指标有以下几种。

1) 化学耗氧量(COD)

有机物是碳氧化合物,遇到氧化剂时会被氧化,氧化产物可以是 CO_2 和 H_2O,但更多的是在氧化剂作用下,有机物中链发生断裂,大分子有机物被氧化成小分子有机物。化学耗氧量是在一定的条件下,水中有机物被氧化时消耗的氧化剂量(换算成氧量),即化学耗氧量单位为 mg/L。

测定化学耗氧量所用的氧化剂有两种:一种是用高锰酸钾($KMnO_4$),测定结果标示为 COD_{Mn},另一种是用重铬酸钾($K_2Cr_2O_7$),测定结果标示为 COD_{Cr}。$K_2Cr_2O_7$ 对水中有机物的氧化率比 $KMnO_4$ 高。对同一种水,测得的 COD_{Cr} 为 COD_{Mn} 的 2～3 倍,但 COD_{Mn} 和 COD_{Cr} 之间不存在明确的换算关系。

COD_{Cr} 多用于废水中有机物测定,COD_{Mn} 多用于给水等较清洁水中有机物测定。

2）生化需氧量（BOD）

水中有机物可以作为微生物的营养源，微生物在吸收水中有机物后，又吸收水中溶解氧，在体内对有机物进行生物氧化。因此，水中微生物需要的氧量也间接反映水中有机物含量，所需的氧量即生化需氧量，符号是 BOD，它反映了水中有机物的多少。

严格讲，生化需氧量是指水中可以被生物降解的有机物多少，如碳水化合物、蛋白质、脂肪等，不包括水中不能被生物降解的有机物，如大分子腐殖质类物质等。

水中有机物被生物氧化降解一般分为两个阶段：第一阶段是有机物被氧化成 CO_2、H_2O、NH_3，称为碳化阶段，需要的氧量称为碳化需氧量；第二阶段 NH_3 被氧化为 NO_2^- 和 NO_3^-，称为硝化阶段，需要的氧量称为硝化需氧量。水中有机物被生物氧化过程如图 13-3 所示。

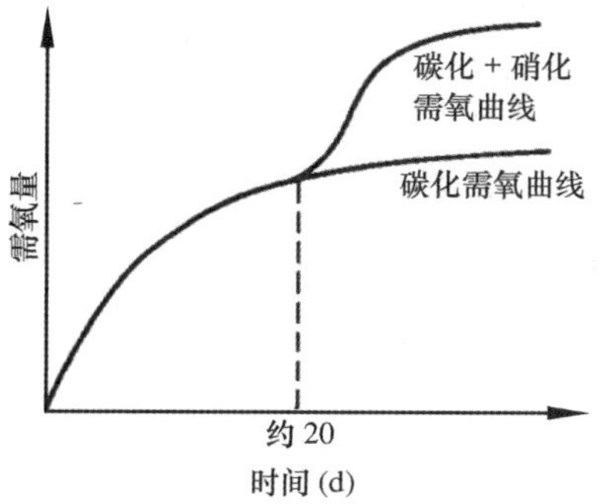

图 13-3　水中有机物被生物氧化过程

完成碳化阶段氧化需要 20d 左右（20℃时），目前常采用的 BOD_5 是指水在 20℃时，生物氧化 5d 时需要的氧量，其值大约是碳化需氧量的 70％。

BOD 单位是 mg/L，多用于废水中有机物的测定。BOD_5 和 COD_{Cr} 的比值反映水的可生化程度，当比值大于 30％时，水才可能进行生物氧化处理。

3）总有机碳（TOC）

总有机碳是测定水中所有有机物中的碳含量，单位是 mg/L。由于有机物都是含碳的，所以与其他测定水中有机物含量的指标相比，它更能反映水中有机物含量的多少。

总有机碳测定方法有燃烧氧化法和紫外/过硫酸盐氧化法两大类。燃烧氧化法是将样品放在 680℃～1000℃下在氧气或空气中燃烧，用非色散红外线检测技术测定燃烧气体中 CO_2 含量，扣除无机碳含量之后即为有机碳含量。另一种方法是用紫外线（185nm）或在二氧化钛催化下的紫外线或用过硫酸盐作氧化剂，将水中有机物氧化，用红外线或电导率进行测量，电导率测量是利用有机物被氧化成有机酸而促使电导率上升的原理来测有机物含碳量。

两种方法相比，燃烧氧化法误差较大，只适用于对有机物含量大的水进行检测，而紫外/过硫酸盐氧化法可用于纯水中低含量的总有机碳测量。

4）紫外吸收（UV_{254}）

天然水中天然有机物大多为含有不饱和键（双键、三键）的化合物，如腐殖质为带有苯环的化合物，这些化合物不饱和键会吸收紫外光，可以用水对紫外光的吸收程度来判定水中有机物的多少。

在 254nm 处水对紫外光吸收程度与水中有机物量成正比，用 254nm 紫外光测定水中有机物就称为 UV_{254}。浊度干扰紫外吸收的测定，因此，被测水样应在消除浊度干扰后再进行测定。

13.2.3 天然水中无机化合物

1. 碳酸化合物

碳酸化合物是水质成分中一组重要的化合物,是构成天然水缓冲体系的主要物质。

水中碳酸化合物主要有三种形态:溶解的 CO_2 或 H_2CO_3,H_2CO_3 的一级解离产物 HCO_3^-,二级解离产物 CO_3^{2-}。

不同 pH 时水中各种碳酸化合物比例的变化关系如图 13-4 所示。

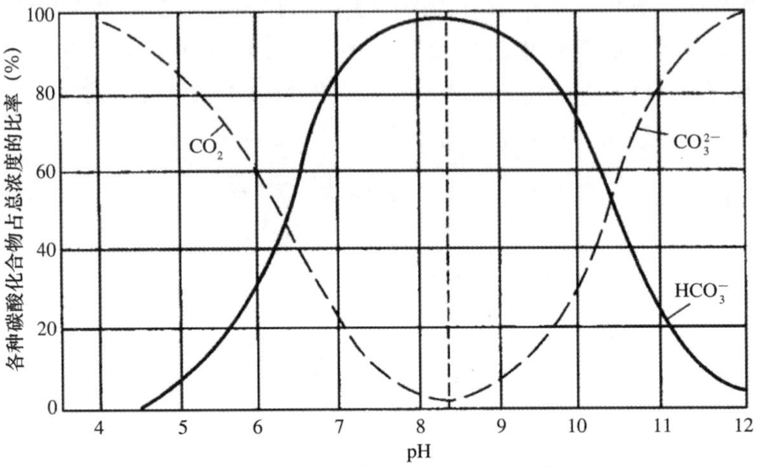

图 13-4 水中碳酸化合物形态与 pH 的关系

从图 13-4 可以看出,在 pH<8.3 时,水中碳酸盐只存在 CO_2 和 HCO_3^-,CO_3^{2-} 可忽略不计;在 pH=8.3 时,水中 HCO_3^- 含量最多,几近 100%;在 pH>8.3 时,水中碳酸盐仅存在 HCO_3^- 和 CO_3^{2-},CO_2 可忽略不计。因此,天然水 pH 条件下水中 HCO_3^- 形态含量最多。

2. 硅酸化合物

天然水中硅酸化合物比较复杂,它们都来自地壳中硅酸盐和硅铝酸盐的岩石溶解,溶解过程可以看作是硅酸盐的水合过程,最终水合产物可用 $x\mathrm{SiO_2} \cdot y\mathrm{H_2O}$ 表示。例如:

$x=1$	$y=1$	H_2SiO_3	偏硅酸
$x=1$	$y=2$	H_4SiO_4	正硅酸
$x=2$	$y=1$	$H_2Si_2O_5$	二偏硅酸
$x=2$	$y=3$	$H_6Si_2O_7$	焦硅酸

当 x,y 值较大时,实际上是 SiO_2 的多聚体,随着聚合度的增大,它在水中溶解度下降,形成胶态,即通常所说的胶体硅。胶体硅和溶解硅之间可以相互转换,转换条件与水 pH、温度等因素有关,pH 高、温度高时胶体硅易转换为溶解硅,最典型的例子是在锅炉水高温和碱性条件下,带入锅炉的胶体硅会很快转变为溶解硅。水中硅酸化合物由于形态复杂,通常统一写为 SiO_2。

溶解硅中最简单的是偏硅酸 H_2SiO_3,所以经常用它代表水中硅酸化合物,有时简称为硅酸。它是二元弱酸,可以进行二级解离。

不论溶解硅还是胶体硅,它们对水电导率的影响都很小,不能用电导率来判断水中的 SiO_2 含量,如纯水中 SiO_2 若未彻底去除,在纯水电导率上基本反映不出。

13.2.4 天然水中有机化合物

自然界有机物种类繁多、结构复杂,因此,天然水中有机物也极其复杂、种类多、浓度低

（mg/L 级到 μg/L 级以下）。

1. 天然水中有机物种类

由于天然水中有机物种类繁多，对这些有机物进行分类也极其困难，往往根据不同需要有不同分类方法。在工业用水处理领域通常有如下分类：

1）按有机物尺寸大小

分为颗粒态和溶解态有机物。

2）按有机物分子量

在工业用水中，常用分子量大小来区分水中有机物。比如＜500，500～1 000，1 000～2 000，2 000～5 000，5 000～10 000，10 000～20 000……因为分子量相近的有机物在水处理工艺中有相似的特性，所以这种分类有实用意义。

天然水中有机物的分子量从 300～500 到几十万，目前还不能把它们完全检测出来，这部分有机物大多是天然有机物，一般认为主要包括腐殖酸、富里酸、木质素和丹宁四类。腐殖酸和富里酸属于腐殖质类有机物，天然水中的腐殖质化合物含量在 1～10mg/L，高的可达 50mg/L，其中大多是富里酸，富里酸约占腐殖质类化合物的 80％。

2. 腐殖质类化合物

腐殖质类有机物是天然水中天然有机物的主要部分，它不是单一的化合物，而是许多性质相近复杂的化合物的混合物。

1）分类

腐殖质的分类如下：

$$\text{腐殖质}\begin{cases}\text{真腐酸}\begin{cases}\text{腐殖酸（胡敏酸）}\\\text{富里酸}\end{cases}\\\text{腐黑物}\end{cases}$$

腐殖酸：腐殖质中能溶于稀碱（0.1mmol/L NaOH），但不溶于稀酸（pH 值 1～1.5）的部分；

富里酸：腐殖质中在稀酸和稀碱中均能溶解的部分；

腐黑物：腐殖质中在稀碱和稀酸中均不溶解的部分。

2）组成结构

富里酸和腐殖酸的区别在于富里酸分子量小，官能团多。

腐殖质类化合物形成过程十分复杂，它不是一种单一化合物，是具有相似结构的复杂高分子化合物的混合物，其结构中官能团主要是羟基、羧基、醇、酚羟基和甲氧基等，对外呈弱酸性。它们都是含有苯环的化合物，由于苯环上有双键，因而对紫外光强烈吸收，可以用 UV_{254} 来检测它的浓度。

国电南浔公司水质全分析报告见表 13-3。

表 13-3　　　　　　　　国电南浔公司水质全分析报告

序号	项目	符号	单位	数值							
				12-5-15	12-8-29	12-11-09	12-12-18	13-01-23	13-03-29	13-04-25	13-05-17
1	浊度		FTU	39.2	219	328	25.2	76	63.1	25.4	9.83
2	电导率		μS/cm	494	287.7	570	498	519	430	535	546
3	pH 值			6.90	7.53	7.57	7.20	7.53	7.49	7.85	7.80
4	耗氧量	COD_{Mn}	mg/L	2.58	3.61	4.13	7.38	4.24	3.86	3.49	3.24
5	总固体		mg/L	329	345	982	375	375	329	406	473
6	溶解固形物		mg/L	284	172	356	320	297	248	344	358
7	总硬度		mmol/L	2.90	1.62	3.50	1.38	2.36	1.24	2.05	1.59
8	碳酸盐硬度		mmol/L	1.80	1.26	2.18	0.86	1.64	0.74	0.91	0.89
9	非酸盐硬度		mmol/L	1.10	0.36	1.32	0.52	0.72	0.50	1.14	0.70
10	总碱度		mmol/L	1.85	1.256	2.177	1.717	1.637	1.475	1.824	1.785
11	钾离子	K^+	mmol/L	0.131	0.102	0.140	0.323	0.175	0.107	0.088	0.137
12	钠离子	Na^+	mmol/L	1.749	0.842	2.463	1.975	2.375	1.324	1.585	2.541
13	钙离子	Ca^{2+}	mmol/L	2.297	1.286	2.778	2.155	1.764	2.135	3.324	2.507
14	镁离子	Mg^{2+}	mmol/L	0.598	0.329	0.729	0.604	0.599	0.337	0.770	0.677
15	氨离子	NH_4^+	mmol/L	0	0.030	0	0.037	0.078	0.043	0.043	0.008
16	钡离子	Ba^{2+}	mmol/L	未测	未测	未测	未测	未测	0.001	0.001	0.001
17	锶离子	Sr^{2+}	mmol/L	未测	未测	未测	未测	未测	0.004	0.005	0.004
18	氯离子	Cl^-	mmol/L	1.228	0.532	2.065	1.596	1.592	1.087	2.029	1.934
19	硫酸根	SO_4^{2-}	mmol/L	1.431	0.740	1.637	1.403	1.513	1.182	1.695	1.688
20	碳酸氢根	HCO_3^-	mmol/L	1.806	1.257	2.178	1.716	1.637	1.475	1.823	1.784
21	硝酸根	NO_3^-	mmol/L	0.245	0.111	0.097	0.109	0.130	0.190	0.167	0.189
22	亚硝酸根	NO_2^-	mmol/L	0.069	0.007	0.040	0.171	0.053	0.005	0.031	0.087
23	氟离子	F^-	mmol/L	0.038	0.027	0.05	0.018	0.022	0.036	0.046	0.045
24	全硅	SO_2	mmol/L	0.114	0.155	0.168	0.065	0.060	0.151	0.112	0.100
25	活性硅	SO_2	mmol/L	0.109	0.143	0.062	0.033	0.042	0.101	0.096	0.094
26	Σ阳		mmol/L	4.775	2.590	6.11	5.094	4.991	3.951	5.816	5.875
27	Σ阴		mmol/L	4.817	2.674	6.064	5.013	4.947	3.975	5.791	5.727

国电南浔公司采用厂区北侧的頔塘支河水作为原水，原水水质一般，但是原水水质随季节性变化较大(大多数指标变化幅度达 2 倍)。在夏天汛期，水中悬浮物含量会增高，浊度较高且波动幅度较大(9.83～328FTU)；枯水期，水中的有机物含量会明显增大，有机物耗氧量 COD_{Mn} 短期最高值达 7.38mgO_2/L；含盐量较高(电导率通常在 500μS/cm 左右，最高值达 570μS/cm)，硅化合物以溶解硅为主。为了去除原水中悬浮物(胶体)颗粒、有机物和盐类离子，国电南浔公司的化学预处理系统采用混凝沉淀和过滤的处理工艺，炉外除盐系统采用“超滤＋一级反渗透＋二级反渗透＋电除盐”处理工艺。

13.3　水的混凝、澄清、沉淀处理

13.3.1　胶体颗粒的基本性质

1. 胶体的结构

胶体颗粒由胶核、吸附层和扩散层三部分组成，现以 $Fe(OH)_3$胶体为例说明胶体的结构，下式是 $Fe(OH)_3$胶体的组成结构。

$$\underbrace{\underbrace{\underset{\text{胶核}}{mFe(OH)_3}\cdot\underset{\text{电位形成离子}}{nFeO^{+}}\underset{\text{吸附层}}{(n-p)Cl^{-}}}_{\text{胶粒}}\cdot\underset{\text{扩散层}}{pCl^{-}}}_{\text{胶团}}$$

式中的 m、n、p 表示任何正整数，m 表示胶核中 $Fe(OH)_3$分子数，n 表示吸附在胶核表面上的电位决定离子数，p 表示扩散层中反离子数。胶体颗粒的结构如图 13-5(a)所示。

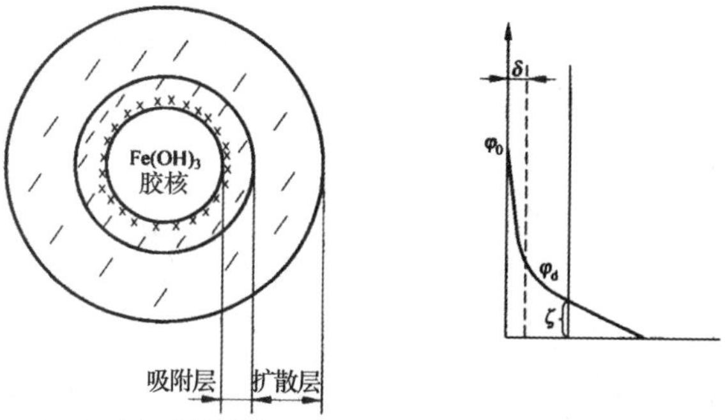

(a) 胶体结构　　(b) 双电层中的电位分布

图 13-5　胶体(颗粒)结构和双电层中电位分布

当胶体颗粒在某种力的作用下与溶液之间发生相位移时，吸附层中的反离子和扩散层中部分反离子随胶核一起移动，而扩散层中的其他反离子滞留在水溶液中，这样就形成了一个滑动界面，滑动界面的电位称为 ζ(Zeta)电位，如图 13-5(b)所示。通常，用 ζ 电位表示胶粒的带电量大小，ζ 电位愈高，微粒间的静电斥力愈大，胶粒的稳定性愈高；反之，ζ 电位愈低，微粒间的静电斥力愈小，也就愈不稳定。水处理中常用测出微粒 ζ 电位来判别胶体微粒的稳定性。

2. 胶体颗粒的稳定性

胶体颗粒稳定性是指胶体微粒在水中长期保持分散悬浮状态的特性。该特性的产生主要原因有三种：①微粒的布朗运动，布朗运动抵抗重力影响，使微粒长期悬浮于水中而不沉；②微粒同性电荷间的静电排斥，使微粒之间不能相互聚集；③微粒表面的水化作用，使微粒周围包裹一层较厚的水化膜阻碍胶粒相互靠近。

3. 胶体颗粒的脱稳方法

胶体颗粒脱稳是指通过降低胶体颗粒的 ζ 电位或其他原因使胶体失去稳定性的过程，常用到以下几种脱稳方法。

1）投加电解质

天然水中的黏土胶体颗粒一般均带负电荷，当向水中投加带高价反离子的电解质后，水中反离子浓度增大，水中胶体微粒的扩散层在反离子的压缩作用下减薄，电位下降，使胶粒间的排斥势能降低到足以使胶粒相互接近。投加的电解质，其反离子价数愈高，其脱稳效果愈好。

因此,常用高价(三价)电解质。

2) 投加带相反电荷的胶体

当向水中投加带相反电荷的胶体后,水中胶体颗粒与加入的相反电荷的胶粒之间发生电性吸附和电性中和作用,使两种胶体颗粒的 ζ 电位都降低或消失,从而发生脱稳凝聚作用。

3) 投加高分子絮凝剂

高分子絮凝剂是一类水溶液性的线型高分子聚合物,分子呈链状,每一链节是一个化学单位。若聚合物单体上含有可离解的基团,则称为聚合电解质。当高分子絮凝剂投加到水中后,开始时某一个链节的官能团吸附在某一胶粒上,而另一个链节伸展到水中吸附在另一个胶粒上,从而形成一个“胶粒—高分子絮凝剂—胶粒”的絮凝体,即高分子絮凝剂在两个颗粒之间起到一个吸附架桥作用,如图 13-6 反应 2 所示。如果高分子絮凝剂伸展到水中的链节没有被另一个胶粒所吸附,就可能折回吸附到所在胶粒表面的另一个吸附位上,而使胶粒表面的吸附位全部被占据,从而失去再吸附能力,而形成再稳定状态,如图 13-6 反应 3 所示。若投加过量的高分子絮凝剂,致使胶体颗粒被过多的高分絮凝剂包围,失去同其他胶粒吸附架桥的可能性,胶粒的稳定性不但没有被破坏,反而得到加强,胶粒仍处稳定状态,如图 13-6 反应 4 所示。

除了链状高分子化合物以外,一些无机高分子化合物如铁盐、铝盐水解产物,也能产生吸附架桥凝聚作用。

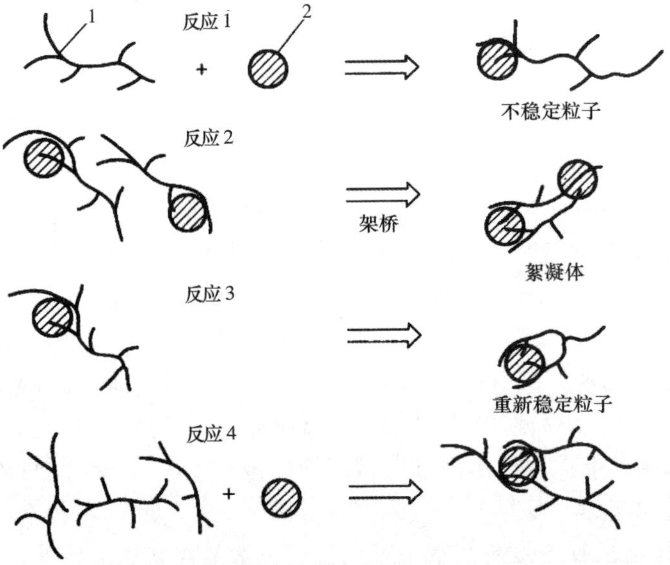

1—高分子絮凝剂;2—胶粒

图 13-6 高分子絮凝剂的吸附架桥示意

13.3.2 水的混凝处理

1. 混凝处理机理

水处理中的混凝现象较复杂,不同的水质条件、不同种类的絮凝剂,混凝作用的机理都有所不同。

1) 压缩双电层作用

如前所述,水中胶粒能维持稳定的分散悬浮状态,主要是由于胶粒的 ζ 电位,消除或降低胶粒的 ζ 电位,就有可能使微粒碰撞凝聚,失去稳定性。在水中投加电解质,反离子进入胶粒的扩散层,甚至进入吸附层压缩胶粒的双电层,使胶粒 ζ 电位降低甚至为零,就可达到胶粒脱稳凝聚的目的。

2）吸附电中和作用

吸附电中和作用机理是加入的化学药剂(絮凝剂)及其水解产物被吸附到胶体颗粒上，而使胶体颗粒表面电荷中和，胶粒表面电荷不但可以被降低到零，而且当加药量较大时，胶粒还可以带上相反的电荷，这说明了吸附是主要过程，它导致胶粒表面物理化学性质改变。

3）吸附架桥作用

铁盐或铝盐以及其他高分子絮凝剂溶于水后，经水解和缩聚反应形成高分子聚合物，具有线性结构。这类高分子物质可被胶体微粒所强烈吸附。因其线性长度较大，当它的一端吸附某一胶粒后，另一端又吸附另一胶粒，在胶粒间进行吸附架桥，其结果是许多胶粒连同投加的药剂一起聚集长大，形成肉眼可见的粗大絮凝体。

不言而喻，在水处理中，若高分子物质为阳离子型聚合电解质，它具有吸附电中和与吸附架桥双重作用；若为非离子型或阴离子型聚合电解质，只能起胶粒间架桥作用。

4）网捕或卷扫作用

当铁盐或铝盐絮凝剂投加量很大而形成大量氢氧化物时，这些沉淀物在自身沉降过程中，可以网捕、卷扫水中胶体等微粒，以致产生沉淀分离，这称为网捕或卷扫作用。这种作用基本上是一种机械作用，所需絮凝剂量与原水杂质含量成反比，即原水胶粒杂质含量少时，所需絮凝剂多。

以上所述四种作用机理有时同时发生，有时仅其中 1～2 种机理起作用。究竟以何者为主，取决于絮凝剂种类、投加量、水中胶粒性质、含量以及水的 pH 值等。

2. 影响混凝效果的因素

混凝处理全过程经历混凝剂的水解和聚合反应(无机低分子盐)，及微粒的脱稳、絮凝体的形成和长大等过程。因此，影响混凝效果的因素比较复杂。

1）pH 值

对混凝效果有影响的主要是加药后水的 pH 值，因此，这里所说的 pH 值是指混凝后的 pH，不是原水的 pH。

(1) pH 值对絮凝剂形态的影响：在不同 pH 值的条件下，将有不同形态的絮凝剂产物，因此，对混凝效果的影响也不同。混凝处理的关键是通过低正电荷高聚合度的多核羟基络离子的吸附架桥作用来实现的。

(2) pH 值影响胶体颗粒表面电荷及 ξ 电位。

2）絮凝剂及其剂量

絮凝剂的剂量是影响混凝效果的主要因素之一，图 13-7 示出絮凝剂剂量与出水剩余浊度之间的关系。曲线分为 4 个区域，在第 1 区域，因剂量不足，尚未起到脱稳作用，剩余浊度较高；在第 2 区域，因剂量适当，产生了较好的凝聚，出水剩余浊度急剧下降；在第 3 区域，剂量继续增加，由于胶粒吸附了过量的絮凝剂水解中间产物，而引起胶粒电性改变，产生再稳定现象，水剩余浊度重新增加；在第 4 区域，进一步加大剂量，生成大量难溶氢氧化物沉淀，通过吸附、网捕、卷扫等作用，引起再次凝聚，出水剩余浊度再次下降。工业上一般水的混凝，絮凝剂用量均在第 2 区域。

因为混凝过程是一个相当复杂的物理化学过程，很难根据计算来求得所需的加药剂量，对某一具体水源而言，应通过絮凝剂量试验求得最佳剂量。根据运行试验，天然水的絮凝剂量一般为 0.3～0.7mmol/L。

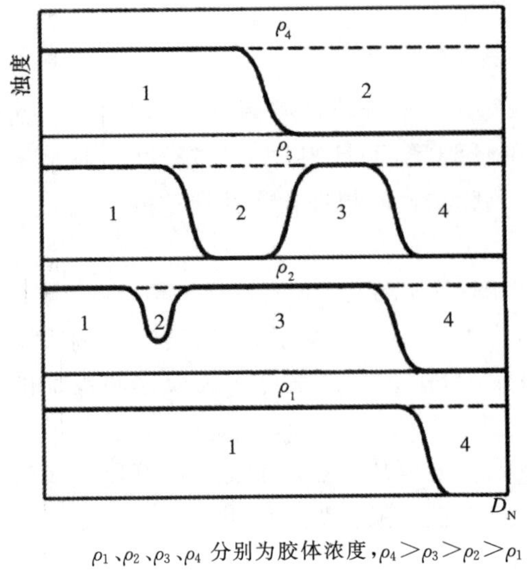

ρ_1、ρ_2、ρ_3、ρ_4 分别为胶体浓度，$\rho_4>\rho_3>\rho_2>\rho_1$

图 13-7　絮凝剂量对混凝效果的影响

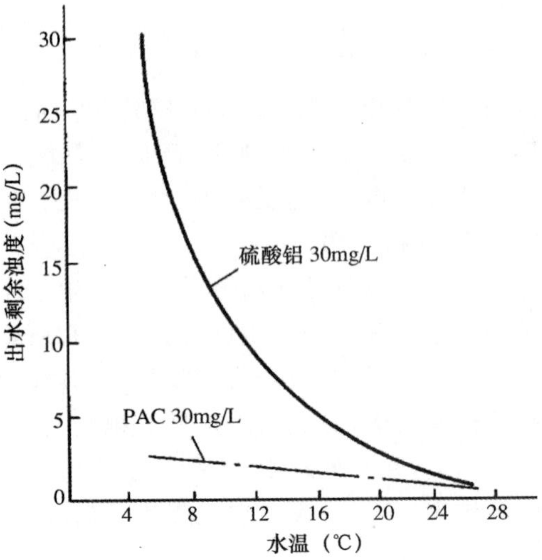

图 13-8　水温对出水浊度的影响

3）水温

水温对混凝效果有明显影响，絮凝剂种类不同，水温影响程度也不同，如图 13-8 所示。在低水温条件下，尽管加大絮凝剂量但也难获得良好的混凝效果。通常，絮凝体形成速度缓慢，絮凝颗粒细小、松散、沉降性能差。无机高分子絮凝剂受水温影响较小。

4）原水水质

水中微粒的浓度会影响混凝效果，水中细小颗粒脱稳后必须有较高的有效碰撞概率才能聚集成长为较大絮凝体从水中分离出来，但当水中微粒浓度较小时，这种碰撞概率就较小，致使凝聚作用较差，甚至不能进行。

5）水力条件

混凝过程中的水力条件对絮凝体的形成影响极大。整个混凝过程可分为两个阶段：混合和反应阶段。水力条件的配合对这两个阶段非常重要。

混合阶段的要求是使药剂迅速均匀地扩散到全部水中，以创造良好的水解和聚合条件，使胶粒脱稳并借颗粒的布朗运动和紊动水流进行凝聚。混合要求快速和剧烈搅拌，在几秒钟或 1min 内完成。

反应阶段的要求是使脱稳微粒通过碰撞，絮凝形成大的、具有良好沉降性能的絮凝体。反应阶段的搅拌强度或水流速度应随着絮凝体的长大而逐渐降低，以免打碎已长大的絮凝体。

6）接触介质

当进行混凝或其他沉淀处理时，如在水中保持一定数量的泥渣，则可以使混凝过程进行得更完全、更快。这里的泥渣起接触介质作用，即利用其巨大表面的活性，起吸附核心作用。目前许多混凝处理设备内设有泥渣层。

综上所述，影响混凝效果的因素较多，到目前为止，还无法用理论计算出所需絮凝剂剂量，因此，某一具体水源的最佳混凝处理条件只能通过实验模拟试验来确定。试验的基本设备包括提供混凝过程所需搅拌作用的搅拌器和盛水样的烧杯，故称为混凝烧杯试验，或简称烧杯试验。

目前混凝试验的主要内容是获得最佳 pH 值和最佳剂量。国内常用六联混凝搅拌器进行混凝试验。

13.3.3　常用絮凝剂和助凝剂

1. 絮凝剂

絮凝剂种类很多，按化学成分可分为无机和有机两大类。无机絮凝剂品种较少，目前主要是铝盐和铁盐及其聚合物，在水处理中应用最多。有机絮凝剂品种较多，主要是高分子化合物，但在水处理中的应用比无机的少。

铝盐絮凝剂常用的只有硫酸铝和聚合铝。聚合铝是一类化合物的总称，主要包括聚合氯化铝(PAC)和聚合硫酸铝(PAS)等，目前使用较多的是聚合氯化铝(PAC)。

聚合氯化铝可看作是，在铝盐中加碱，经水解逐步转为 $Al(OH)_3$ 的过程中，各种水解产物通过羟基桥联等反应聚合而成的无机高分子化合物。聚合氯化铝一般可表示为 $[Al_2(OH)_nCl_{6-n}]_m$，其中 n 可取 1～5 之间的任何整数，m 则为小于等于 10 的整数。聚合氯化铝也称碱式氯化铝，称碱式氯化铝时用通式 $[Al_n(OH)_mCl_{3n-m}]$ 表示。聚合氯化铝是多种成分的混合物，其成分随商品的制造过程而变化。

聚合氯化铝与硫酸铝相比有以下优点：加药量少，只要相当于硫酸铝的 1/3～1/2；混凝效果好，形成絮凝体速度快，而且体积大、致密易于沉降；适用范围广，对低浊度水、高浊度水及高色度水均有较好的效果；腐蚀性小，即便过量投加也不会恶化出水。

2. 助凝剂

当单独使用絮凝剂不能取得预期效果时，需投加某种辅助药剂以提高絮凝效果，这种药剂可以增大絮凝体及其密度的物质，故称为助凝剂。常见的助凝剂是有机高分子化合物，有机高分子化合物的絮凝作用机理主要在于线型分子的吸附架桥。

目前，水处理领域用得最多的一种非离子型助凝剂是聚丙烯酰胺(PAM)，其分子式表示为

$$\left[CH_2-\underset{\substack{| \\ CONH_2}}{CH} \right]_n$$

聚丙烯酰胺是由丙烯酰胺聚合而成，每一个丙烯酰胺上都带有一个酰胺基，因此，聚丙烯酰胺主链上带有大量酰胺基，酰胺基具有很强的化学活性，它具有絮凝、增稠、表面活性等性质。

聚丙烯酰胺的絮凝作用在于对胶粒表面具有强烈的吸附作用，在胶粒间形成桥联，一个分子的聚丙烯酰胺可以吸附多个粒子，把它们拉在一起，使矾花变大，迅速下沉。聚丙烯酰胺每一个链节中均含有一个酰胺基($-CONH_2$)，由于酰胺基之间的氢键作用，线型分子往往不能充分伸展开来，致使架桥作用削弱。为此，还可将 PAM 在碱性条件(pH＞10)进行部分水解，生成阴离子型水解聚合物(HPAM)：

$$(CH_2-\underset{\substack{| \\ CONH_2}}{CH})_x-(CH_2-\underset{\substack{| \\ CONH_2}}{CH})_y+OH^- \longrightarrow (CH_2-\underset{\substack{| \\ CONH_2}}{CH})_x-(CH_2-\underset{\substack{| \\ COO^-}}{CH})_y+NH_3$$

聚丙烯酰胺经部分水解后，一部分酰胺基带上负电荷，在静电斥力的作用下，高分子是以充分伸展开来，吸附架桥作用得以充分发挥。由酰胺基转化为羧基的百分数称为水解度。水解度过高，负电性过强，对絮凝也会产生阻碍作用。一般控制其水解度在 30%～40%，其吸附架桥能力最强。

13.3.4 水中悬浮颗粒的沉降

水中悬浮颗粒在重力的作用下,从水中分离出来的过程称为沉降。此处所说的悬浮颗粒,可以是天然水中的泥沙、黏土,也可以是混凝处理中形成的絮凝体。这些悬浮颗粒在沉降过程中常出现四种情况:当水中悬浮颗粒浓度较小时,沉降过程可以按颗粒的絮凝性的强弱分为离散沉降和絮凝沉降;当颗粒浓度较大且颗粒具有絮凝性时,呈层状沉降;当颗粒浓度很大时,颗粒呈压缩沉降。

1. 离散沉降

水中颗粒在沉降过程中,该颗粒不受其他颗粒的干扰,也不受器壁的干扰,完全处于自由沉降状态;水中颗粒表面都吸附有一层水膜,所以颗粒在静水中的沉降,可认为是水膜与水之间的一种相对滑动;颗粒在沉降过程中,颗粒之间不发生任何絮凝现象,即它的形状、大小和质量等均不发生变化。

离散颗粒开始有一个加速沉降过程,之后由于受力达到平衡,便以等速沉降。

2. 絮凝沉降

在水的沉降分离过程中,只有当水中的悬浮颗粒全部由泥沙所组成,且浓度较小时,才会发生上述离散沉降现象。而天然水中的悬浮颗粒及混凝处理中形成的絮凝体大都具有絮凝性能,颗粒在沉降过程中会发生碰撞和聚集长大,从而导致沉降速度不断加快,是一个加速过程,不像离散颗粒那样在沉降过程中保持沉降速度不变。

在沉降过程中,颗粒的质量、形状和沉速是变化的,实际沉速很难用理论公式计算。

3. 层状沉降(拥挤沉降)

当水中悬浮颗粒浓度继续增大时,如悬浮颗粒占水溶液体积大于1%时,大量颗粒在有限水体中下沉时,被排挤的水便有一定的上升速度,使颗粒所受到的水阻力有所增加,最终可以看到水体中有一个清水和浑水的交界面,并以界面的形式不断下沉,故称这种沉降为层状沉降,或称为拥挤沉降。

4. 压缩沉降

在沉降的压缩区,由于悬浮颗粒浓度很高,颗粒相互之间已挤集成团块结构,互相拉触、互相支承,下层颗粒间的水在上层颗粒的重力作用下被挤出,使颗粒浓度不断增大,压缩沉降过程也是不断排除颗粒之间孔隙水的过程。

13.3.5 沉淀池

利用悬浮颗粒的重力作用来分离固体颗粒的设备称为沉淀池。沉淀池可用来进行混凝或其他加药沉淀处理。此时,应将加有药剂的水先通过混合器和反应器,再引入沉淀池。

沉淀池按水流方向来分,可分为平流式、竖流式、辐流式和斜流式四种,斜流式沉淀池应用较多。

1. 斜板、斜管沉淀池

按照截留速度(表面负荷)$u_J = Q/A$ 的关系(u_J—截留速度,Q—处理水量,A—沉淀池面积),对某种沉速为 u_i 的特定颗粒,在处理水量 Q 一定时,增加沉淀池表面积 A,可以提高悬浮颗粒的去除率。当沉淀池容积一定时,池身浅则表面积大,去除率可以提高,此即 Hazen 和 Camp 的"浅池理论"。增加沉淀面积的有效途径是降低沉降高度,这就形成了多层沉淀池。为了便于排泥,将沉淀池的底板做成具有一定倾斜度,便成为斜板沉淀池、斜管沉淀池。

1）斜板、斜管沉淀池的特点

（1）根据“浅池理论”，降低沉淀池的沉降高度，可在水平流速不变的情况下，减小截留速度，使更小的悬浮颗粒沉到池底，同时缩短沉降时间，提高了去除率。

（2）斜板、斜管沉淀池由于在沉淀池倾斜放置了许多斜板、斜管，加大了池子过水断面的湿周，使水力半径 R 和雷诺数 Re 减小，在水平流速一定的情况下，沉淀效率提高。由于弗罗德数 F_r 与水力半径 R 成反比，R 值减小，F_r 值增大，水流的稳定性增强，也有利于颗粒沉降，提高沉淀效果。

（3）斜板、斜管上积聚的泥渣下滑过程可起接触凝聚作用（沉淀物网捕作用），提高沉淀效率。

2）异向流斜板、斜管沉淀池的结构

异向流斜板、斜管沉淀池的结构与平流式沉淀池相似，由进水区、斜板（斜管）沉淀区、出水区和污泥区四个部分组成，如图 13-9 所示。

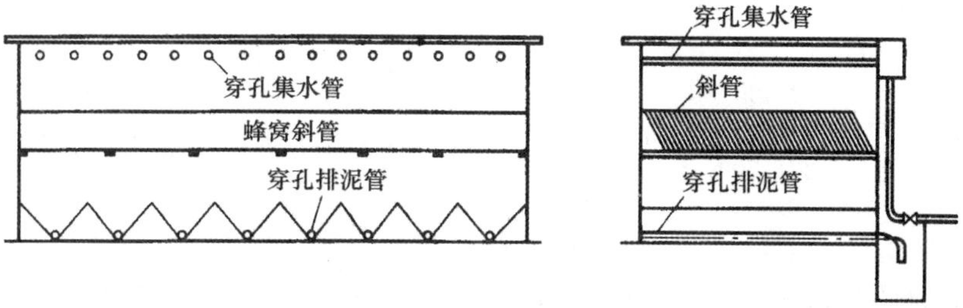

图 13-9　斜管沉淀池示意

2. 高密度沉淀池

高密度沉淀池是由法国得利满公司开发研制并获专利的一种池型，在水质适应性和抗冲击负荷能力上优于普通沉淀池，也比机械搅拌澄清池更强，效率更高。

1）高密度沉淀池的工艺特点

（1）设有外部泥渣循环系统，把活性污泥从泥渣浓缩区提升到反应池进水管，与原水混合。

（2）凝聚-絮凝在两个反应区中进行，首先通过搅拌的混合反应区，接着进入推流式反应区。

（3）采用合成有机絮凝剂（如 PAM）。

（4）从低速反应区到斜管沉淀区，矾花完整、颗粒大、密度高。

（5）采用高效的斜管沉淀，沉淀区上升速度可达 20～40m/h，高密度矾花在此得到很好的沉淀。

（6）能有效地完成泥渣浓缩，出水水质稳定，耐冲击负荷。

2）高密度沉淀池的工艺过程

高密度沉淀池的工艺构成可分为反应区、预沉-浓缩区、斜管分离区三个主要部分，如图 13-10 所示。

（1）反应区。在该区进行物理-化学反应。反应区分为两个部分，具有不同的絮凝能量，中心区域配有一个轴流叶轮，使流量在反应区内快速絮凝和循环；在周边区域，主要是柱塞流使絮凝以较慢速度进行，并分散低能量以确保絮状物增大致密。加注絮凝剂的原水经高密度澄清池前部的快速混合池混合后进入反应区，与浓缩区的部分沉淀泥渣混合，在絮凝区内投加

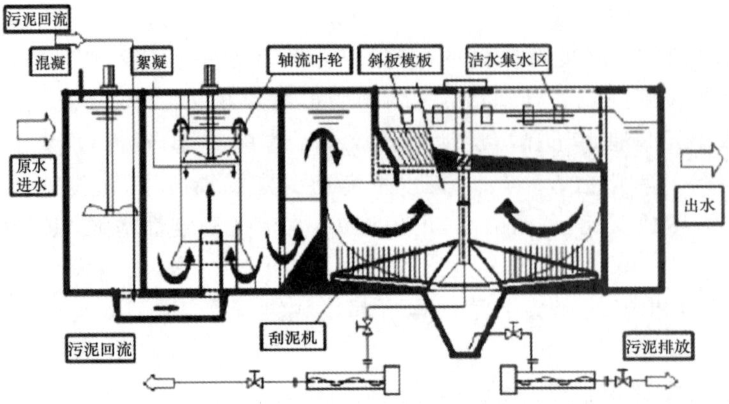

图 13-10　高密度沉淀池结构示意

助凝剂并完成絮凝反应。经搅拌反应后的出水以推流形式进入沉淀区域。反应池中悬浮固体(絮状物或沉淀物)的浓度保持在最佳状态,泥渣浓度通过来自泥渣浓缩区的浓缩泥渣的外部循环得以维持。

因此,反应区可获得大量高密度、均质的矾花,以满足接触絮凝要求。这些絮状物以较高的速度进入预沉区域。

(2) 预沉-浓缩区。矾花慢速地从一个大的预沉区进入澄清区,这样可避免损坏矾花或产生旋涡,使大量的悬浮固体颗粒在该区均匀沉积。矾花在沉淀池下部汇集成泥渣并浓缩。浓缩区分为两层,一层位于排泥斗上部,另一层位于其下部。上层为再循环泥渣的浓缩,泥渣在这层的停留时间为几小时,然后排到排泥斗内。排泥斗上部的泥渣入口处较大,无需开槽。部分浓缩泥渣自浓缩区用泥渣泵排出,循环至反应池入口。下层是产生大量浓缩泥渣的地方,浓缩泥渣的浓度不小于 20g/L。泥渣浓缩区设有超声波泥位控制开关,用来控制泥渣泵的运行,保证浓缩泥渣层在所控制的范围内,并保证浓缩池的正常工作。

(3) 斜管分离区。在异向流式斜管沉淀区可将剩余的矾花沉淀,通过固定在清水收集槽下侧的纵向板进行水力分布,这些板有效地将斜管分为独立的几组以提高水流均匀分配。澄清水由一个集水槽系统回收。絮凝物堆积在沉淀池的下部,形成的泥渣也在这部分区域浓缩。通过刮泥机栅条的慢速搅动,将污泥间空隙水排挤掉,浓缩泥渣在刮泥机轴心较小范围内处聚集,部分循环至反应池入口处,剩余污泥排放。

高密度沉淀池如图 13-11 所示。

3) 高密度沉淀池主要优点

(1) 出水水质好,通过斜管分离产生优质的出水。

(2) 耐冲击负荷,在较大范围内不受流量或水质负荷变化的影响。

(3) 运行成本低,与传统工艺相比,节约 10%～30%的药剂。

(4) 排放的污泥浓度高,可达 30～50g/L,一体化污泥浓缩避免了后续的浓缩工艺,与静态沉淀池相比,水量损失非常低。

(5) 沉淀效率高,结构紧凑,减少了土建造价并且节约建设用地。

4) 高密度沉淀池的运行与控制

沉淀池运行时应掌握原水水质及其变化情况,以便根据不同的水质情况准确地确定絮凝剂及助凝剂的投加量。高密度沉淀池是依靠活性泥渣的接触吸附作用使水澄清的,因此,保持

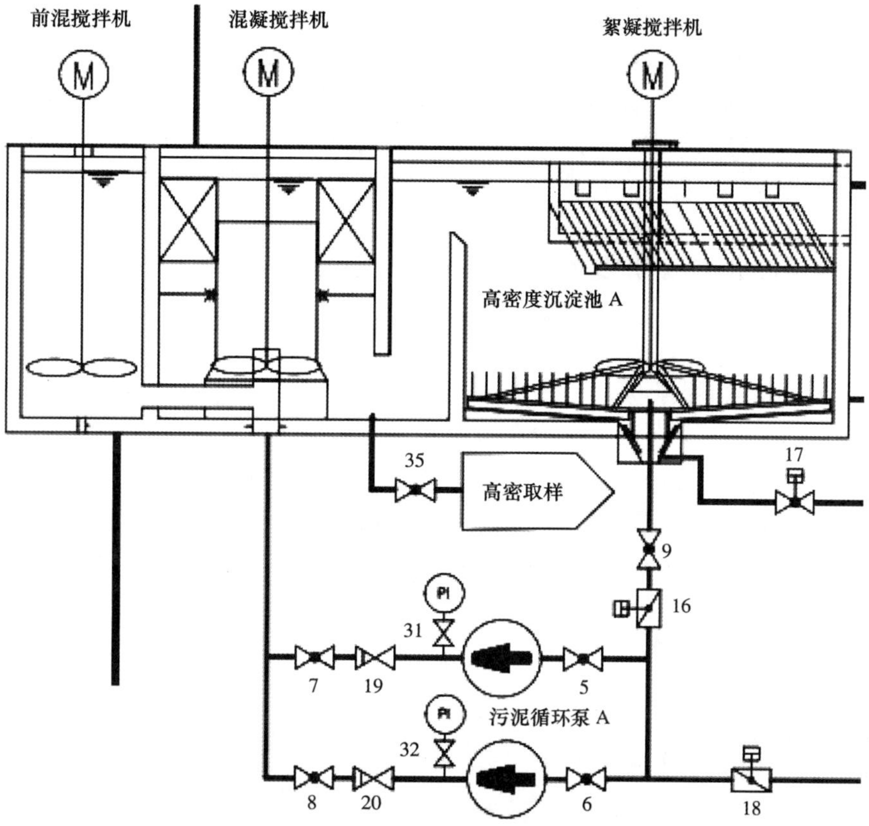

图 13-11　高密度沉淀池

泥渣的活性和适宜的浓度，对沉淀池运行效果具有十分重要的意义。

(1) 泥渣活性的判断。如果泥渣颗粒粗大、疏松多孔、色泽较浅，则说明活性好，吸附力强；反之，若颗粒细小、密实、色泽较深，则说明泥渣已经老化，必须及时进行排泥。

(2) 泥渣的活性和浓度的保持。可以采用下述方法保持泥渣的活性和浓度：

① 调整投药量。当原水浊度较高，出水水质变坏时，应适当加大药剂投量。

② 当泥渣浓度过高，可调小高密度沉淀池的搅拌器叶轮转速，以减少泥渣回流量。

(3) 对初次投入运行的沉淀池，应设法尽快形成高浓度活性泥渣。若原水浊度低，一方面应加大絮凝剂投加量，另一方面还可以投加黄泥。

(4) 正确的排泥，对沉淀设备的正常运行是至关重要的。因此，在沉淀池运行中应注意及时排泥，将池内多余的和变质的泥渣及时排掉，但排泥时间又不能过长，因泥渣过多或过少都会影响出水水质。泥渣过多，会产生拥挤沉淀，泥渣层在分离室上移，导致一部分泥渣随上升水流到清水区，使出水水质受影响；若活性泥渣过少，不能与原水中的悬浮物和胶体物质充分接触，影响吸附架桥和沉淀物卷扫作用，使混凝效果不好，从而影响出水水质。因此，应使池内泥渣保持平衡。

(5) 控制腐泥产生。沉淀池长时间运行，池底会逐渐沉积泥渣，泥渣越沉越深，时间久了，便会腐烂变质，产生腐泥同时产生沼气，腐泥慢慢膨胀，密度较小，在沼气气泡的携带下，浮到清水区水面，影响水质。因此，应定期开启池底放空阀，进行放空，及时排掉腐泥，并使底部泥渣松动，进行泥渣循环。

5）高密度沉淀池运行注意事项

(1) 高密度沉淀池正常运行时，值班员应每小时到池顶观察运行情况，防止出现翻池。

(2) 原水水质、高密度沉淀池运行正常时，高密度沉淀池每运行4h，排泥1次，每次2min；若遇异常情况，应增加排泥；适当的开放空阀1次(每次开5min左右)，防止翻池，影响出水水质。

(3) 高密度沉淀池斜管清洗：11月—来年4月，1次/月；5—10月，2次/月。

(4) 根据池顶清水区的高度及源水水质的优劣，应随时调整排泥次数。

(5) 保证高密度沉淀池出水控制浊度小于等于5NTU。出水水质恶化时，应及时调整加药量和进水流量，必要时可以间断运行。

(6) 原水水质恶化、悬浮物大量增加时，化验室要随时协助做好烧杯试验，及时提供所需絮凝剂、助凝剂的耗用量，通知运行人员调整加药量。

(7) 高密度沉淀池出水浊度仪应定时冲洗(每24h冲洗1次)。

(8) 高密度沉淀池搅拌刮泥机运行中注意事项：

① 严格控制油位和油质，蜗轮箱、减速机投产1周后应更换润滑油，3～6个月更换1次。轴承腔每月加钙基润滑脂1次。

② 运转应平稳，无异常振动和噪声。

③ 减速器油温不得超过80℃。

④ 各密封处不得有渗漏现象。

6）高密度沉淀池异常情况及处理

高密度沉淀池异常情况及处理见表13-4。

表13-4　高密度沉淀池异常情况及处理

现　象	原　因	处　理
出水浑浊	刚投运无活性泥	加大药量或减小流量
	加药泵工作不正常	加强检查、消除缺陷
	絮凝剂加药量不够	调整加药量
	排污量不合适	调整排污工况
矾花上飘	刚投运，进水流量增加太快	降低进水流量
	运行中流量波动太大	控制运行流量
	加絮凝剂过量	降低加药量
	排泥不够，积泥过高	加强混凝反应混凝反应沉淀池排泥
	絮凝剂药品不合格	加强药品验收
水发白	加絮凝剂过量	降低加药量
	排泥量过量	降低排泥量

7）高密度沉淀池加药系统

(1) 加药系统

一套絮凝剂(PAC)自动加药系统，含3台计量泵、2只絮凝剂计量箱、2只液位计、3只压力表、絮凝剂计量箱搅拌机等。

一套助凝剂(PAM)自动加药系统，含6台计量泵及2台干投机、控制柜、管阀等。助凝剂溶药装置选用一体化溶解装置，包括振动料斗、溶药、储药功能。

一套次氯酸钠杀菌剂自动加药系统，含 3 台计量泵、2 只絮凝剂计量箱、2 只液位计、3 只压力表、次氯酸钠计量箱搅拌机等。

(2) 加药泵

加药泵都采用隔膜式柱塞泵，其结构如图 13-12 所示。

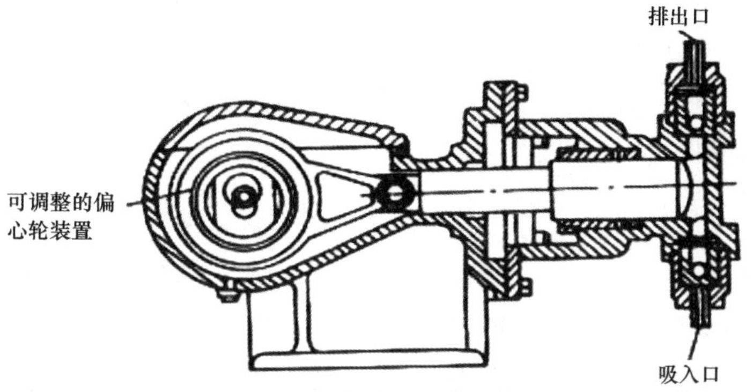

图 13-12　隔膜式柱塞泵结构示意

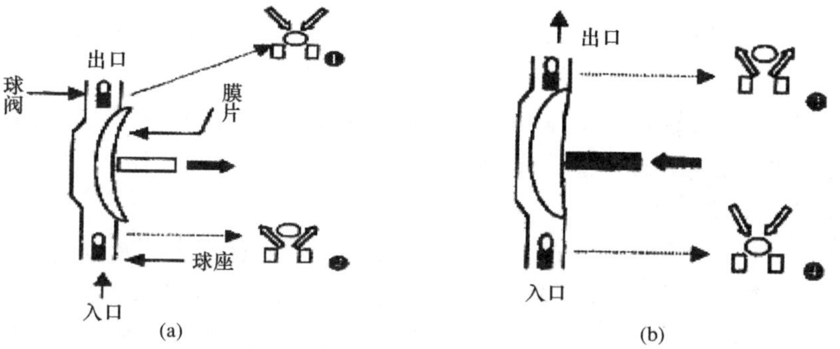

图 13-13　隔膜式柱塞泵工作原理示意

隔膜式柱塞泵是计量泵的一个重要类型，通常由电机驱动，推动连杆导引器并使与连杆导引器相连的膜片做往复运动。因此，隔膜式柱塞泵输送的液体的方式为脉冲式输送。如图 13-13(a)所示，柱塞泵泵体分为传动箱和液缸头两部分。传动箱由曲柄连杆机构和行程调节机构组成，液缸头是由吸入、排出阀、柱塞和填料密封组成，当柱塞式加药泵运行时，通过电动机带动曲柄连杆，再带动柱塞在液缸内做往复运动，从而引起液缸吸入、排出阀交替动作，不断地将药液送出至加药处。其工作原理如图 13-13(b)所示，当膜片往后拉时，出口球阀掉下与球座紧紧密合，入口球阀因膜片后拉时与泵头间产生真空而往上浮起，液体跟着被吸上来。当膜片往前推时，入口球阀与球座紧密结合，使液体不会通过，而出口因膜片往前推挤使球阀开启，液体被输送出。

由以上动作原理，我们可简单地知道膜片、泵头、球阀球座中任何一项因素造成漏气，则无法达到输送的目的，或引起流量异常。通常，引起上述故障的原因为：球座与球阀无法气密；入口、出口异物阻塞；膜片破损。

13.4 水的过滤处理

天然水经过混凝澄清或沉淀处理后,水中的大部分悬浮物、胶体颗粒被去除。外观上变为清澈透明,但仍残留有少量细小的悬浮颗粒。进一步除去残留在水中的细小悬浮杂质的常用方法是过滤处理,经过一般的过滤处理,水的浊度将降至2NTU以下。

用于工业用水处理中的过滤装置种类很多,按滤料的形态可分为粒状介质过滤、纤维状介质过滤和多孔介质过滤。

13.4.1 粒状介质过滤

1. 过滤过程

1) 过滤

含有悬浮杂质的水流经粒状过滤材料(滤料)时,水中大部分悬浮杂质被截留,滤出水的浊度降至最低,并维持这优良水质一段时间。随后,由于滤层截留污物太多,引起滤层阻力上升,滤出水流量下降,甚至滤出水的浊度又上升,不符合要求。这一过程即为过滤过程。

2) 冲洗

在停止过滤后,用较强的水流自下而上对滤料进行冲洗,将积聚在滤料上的杂质冲洗下来。这一过程,称为反冲洗。反冲洗结束后,滤层的截污能力得到恢复,重新投运进行过滤。

2. 过滤机理

给水处理用的过滤装置多为快滤装置,其中以砂粒为滤料的过滤装置最为普遍。过滤装置的过滤机理可归纳为以下三种主要作用,过滤过程可能是几种作用的综合。

1) 机械筛滤作用

当含有悬浮杂质的水由过滤装置上部进入滤层时,某些粒径大于滤料层孔隙的悬浮物由于吸附和机械筛除作用,被滤层表面截留下来。此时,被截留的悬浮颗粒之间会发生彼此重叠和架桥作用,过了一段时间后,在滤层表面形成了一层附加的滤膜,在之后的过滤过程中,这层滤膜起主要的过滤作用,故称为表层过滤(表面过滤)。

2) 惯性沉淀作用

堆积一定厚度的滤料层可以看作是层层叠起的多层沉淀池,它具有巨大的沉淀面积,粒径为0.5mm的$1m^3$的砂粒层,可提供有效沉淀面积达$400m^2$左右。因此,水中悬浮颗粒由于自身的重力作用或惯性作用,会脱离流线而被抛到滤料表面。

3) 接触絮凝作用

研究证明,接触絮凝在过滤过程中起了主要作用。当含有悬浮颗粒的水流流经滤层孔道时,在水流状态和布朗运动等因素作用下,有非常多的机会与砂粒接触,彼此间的范德华力、静电力及某些特别吸附力作用下相互吸引而黏附,恰如在滤料层中进行了深度的混凝过程。

3. 影响过滤因素

影响过滤效率的因素很多,但对粒状滤料的过滤装置来说,主要是滤速、滤料及滤层等的影响。

1) 滤速的影响

滤速是表示单位时间单位面积上的过滤水量,以m/h[或$m^3/(m^2 \cdot h)$]计,一般的单层砂滤装置的滤速为8～12m/h,多层滤料过滤装置的滤速更高些。但滤速的提高是有限度的,因为滤速的提高,会出现水头损失(阻力)增加、过滤周期缩短、出水浊度上升等问题。

2）滤料的影响

在过滤装置中，滤料是水中颗粒杂质的载体。除去水中悬浮杂质一般采用石英砂和无烟煤作滤料。在选用滤料时，种类确定后，影响过滤的主要因素是滤料的粒径和级配。

过滤工况不同，对滤料粒径的要求也不同。以石英砂作滤料时，粒径通常为0.5～1.2mm。滤料愈均匀，过滤与反冲洗效果愈好。

3）滤层的影响

（1）滤层孔隙率的影响

滤层中滤料颗粒与颗粒之间的空间体积占滤层总体积的百分率，即为滤层孔隙率。滤层孔隙既是水流通道，又是截污空间，过大的孔隙率，悬浮杂质易穿透；过小的孔隙率，则截污空间小，水流阻力大，过滤周期短。滤层的截污能力通常用截污容量来表示。截污容量是指单位过滤面积或单位滤料体积所能除去悬浮物的量，用 kg/m^3 或 kg/m^2 来表示。一般所用石英砂滤料孔隙率在 0.42 左右。

（2）滤层组成的影响

普通单层滤料床在水流反洗水力筛分后，粒径小的滤料在上层，愈往下层粒径愈大，如图 13-14(a)所示。因此，单层滤料床水头损失增长快，过滤周期短，出水水质差。

单层滤料向下流过滤的固有缺陷是沿过滤水流方向滤料颗粒由小到大排列。消除这一缺陷，实现滤料颗粒由大到小这一理想排列方式(即通常称为“反粒度”过滤)，目前通常采用双层滤料。

双层滤料组成是上层采用密度小、粒径大的滤料，下层采用密度大、粒径小的滤料。由于两种滤料存在密度差，在一定的反冲洗强度下，经水力筛分作用使轻质滤料分布在上层，重质滤料分布在下层，构成双层滤料过滤装置，如图 13-14(b)所示。当水流由上而下通过双层滤料床时，上部粗滤料除去水中较大尺寸的杂质，起粗滤作用，下部细滤料进一步除去细小的剩余杂质，起精滤作用。这样，每层滤料发挥自己的特长，不同滤层的截污能力得到充分发挥。因此，双层滤料床截污容量大、过滤周期长、出水水质好、水头损失增长速度慢。

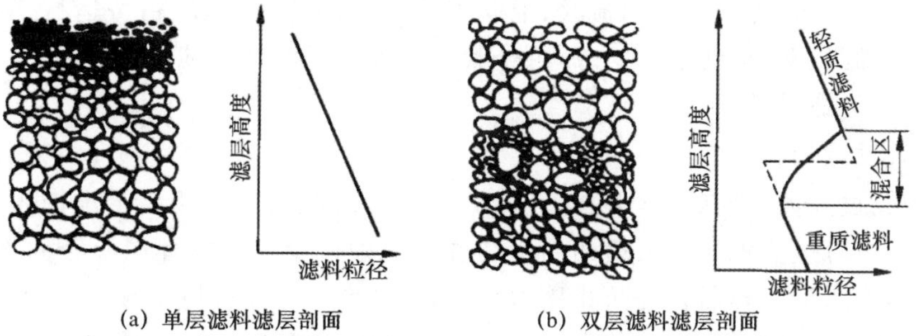

(a) 单层滤料滤层剖面　　(b) 双层滤料滤层剖面

图 13-14　单层滤料及双层滤料反冲洗后滤层状态的示意

目前普遍采用的是无烟煤和石英砂双层滤料。根据煤、砂的密度差，选配恰当的粒径级配，可形成良好的上粗下细的分层状态。实践证明，最粗无烟煤和最细石英砂粒径之比在 3.5～4.0，可形成良好的分层状态。

4. 滤层的清洗

过滤装置冲洗的目的是除去滤层中所截留的污物，使过滤装置恢复过滤能力。目前常用的反冲洗方法有以下两种：一是高速水流反冲洗；二是先用空气搅动后再用高速水流反冲洗。

实际生产中，冲洗强度、滤层膨胀率和冲洗时间根据滤料层不同，可按表 13-5 选择。

表 13-5　　冲洗强度、滤层膨胀率和冲洗时间

滤层	冲洗强度($L/m^2 \cdot s$)	滤层膨胀率	冲洗时间(min)
石英砂滤料	12～15	45%	5～7
双层滤料	13～16	50%	5～7

5. 配水系统

配水系统的作用在于使反冲洗水在整个过滤装置平面上均匀分布,同时过滤时可起到均匀收集过滤出水作用。配水不均匀会造成部分滤层膨胀不足,而另一部分滤层膨胀过甚,膨胀不足区域,滤料冲洗不干净,膨胀过甚区域,会导致“跑砂”。

目前,配水系统常有大阻力配水系统和小阻力配水系统两种基本形式。

1) 大阻力配水系统

快滤池中常用的是穿孔支母管大阻力配水系统。大阻力配水系统在反冲洗时滤料层过水断面上阻力不均匀造成的影响被配水系统孔隙的大阻力消除,因此,大阻力配水系统的配水均匀性较好。大阻力配水系统水头损失一般大于 3m。

2) 小阻力配水系统

大阻力配水系统的优点是配水均匀性较好,但大阻力配水系统结构较复杂,孔口水头损失大,要求进水压头高。因此,对冲洗水头有限的重力式滤池,大阻力配水系统不能采用,可以采用小阻力配水系统。小阻力配水系统中水流流经配水系统的阻力小,水头损失一般在 0.5m 以下。小阻力配水系统的结构通常采用穿孔滤板上安装滤帽形式等。

小阻力配水系统的主要缺点是配水均匀性不如大阻力配水系统,由于它的阻力较小,它对水流的控制能力较差,如配水系统压力稍有波动或滤层阻力稍有不均匀,就会影响水流分布的均匀性。

13.4.2 粒状介质过滤设备

粒状介质过滤设备类型众多,很难进行归纳分类,我们只能按它们的某些特点作相对区分。例如,按水的流向,可分为下向流式、上向流式和双流式过滤设备;按运行工况,可分为等速过滤和减速过滤设备;按滤层的组成,可分为单层和双层滤料过滤设备;按工作压力,可分为压力式和重力式过滤设备。

1. 压力式过滤器

所谓压力式过滤器,是指过滤器在一定压力下进行过滤,通常用泵将水输入过滤器,过滤后,借助剩余压力将过滤水送到其后的用水装置。这种过滤器的本体是一个由钢板制成的圆柱形密闭容器,故属受压容器。为防止压力集中,容器两端采用椭圆形或碟形封头。容器的上部装有进水装置及排空气管,下部装有配水系统,在容器外配有必要的管道和阀门。压力式过滤器也称机械过滤器,都有现成产品,直径一般不超过 3m。目前常用的压力式过滤器有单层滤料过滤器和多层滤料过滤器。

1) 单层滤料过滤器

单层滤料过滤器,是一种最简单的压力式过滤器,常称为普通过滤器。滤料一般为石英砂或无烟煤(石英砂居多),滤层高度在 1.0m 左右,滤速为 8～12m/h。

2) 多层滤料(多介质)过滤器

多层滤料过滤器的过滤方式基本上属于“反粒度过滤”。因此,滤层截污能力强、出水水质好、过滤周期长。当原水浊度较小时,可以直接利用这种过滤设备进行过滤,通常条件下,滤速

可达 12～16m/h。

使用多层滤料时，需注意选择不同滤料颗粒大小的级配和反冲洗强度，因为这影响到不同滤料的相互混杂，最终会影响到过滤效果。双层滤料的级配通常为石英砂 0.5～1.2mm，无烟煤 0.8～1.8mm，水反冲洗强度为 13～16L/(m^2·s)。

2. 重力式滤池

所谓重力式滤池，是指依靠水自身重力进行过滤的过滤装置，它通常是用钢筋水泥制成的构筑物，滤池的造价比压力式过滤器低，而且宜做成较大的过滤设备。目前常用的重力式滤池是重力式空气擦洗滤池。

重力式空气擦洗滤池的结构与普通滤池相似，但是加了空气擦洗，以保证滤层反洗效果。

1）滤池结构

典型的重力式空气擦洗滤池结构如图 13-15 所示。

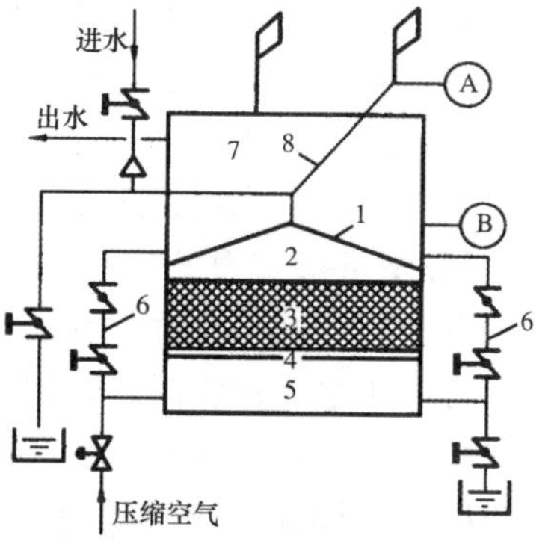

1—过渡室顶盖；2—反洗膨胀空间；3—滤料层；
4—配水配气装置；5—集水室；6—连通管；
7—冲洗水箱；8—水头损失计
A—高水位点；B—低水位点

图 13-15　典型的重力式空气擦洗滤池

2）滤池工作过程

过滤过程即经过澄清处理后的水，送入过滤室后，均匀通过滤料层进入下部集水室，经连通管流至上部反冲洗水箱完成过滤过程。

滤池反冲洗的形成和终止是由高低水位信号指令反洗排水门的开和关来实现的。由于排水导致滤层上部压力急剧下降，促使冲洗水箱的水经连通管倒流，由下而上通过滤料层，这便是滤层的反冲洗。空气擦洗时，从滤层下部通入压缩空气进行擦洗。反冲洗结束，开启进水门，过滤过程重新开始。

3. 空气擦洗滤池

1）空气擦洗滤池的结构

空气擦洗滤池如图 13-16 所示。

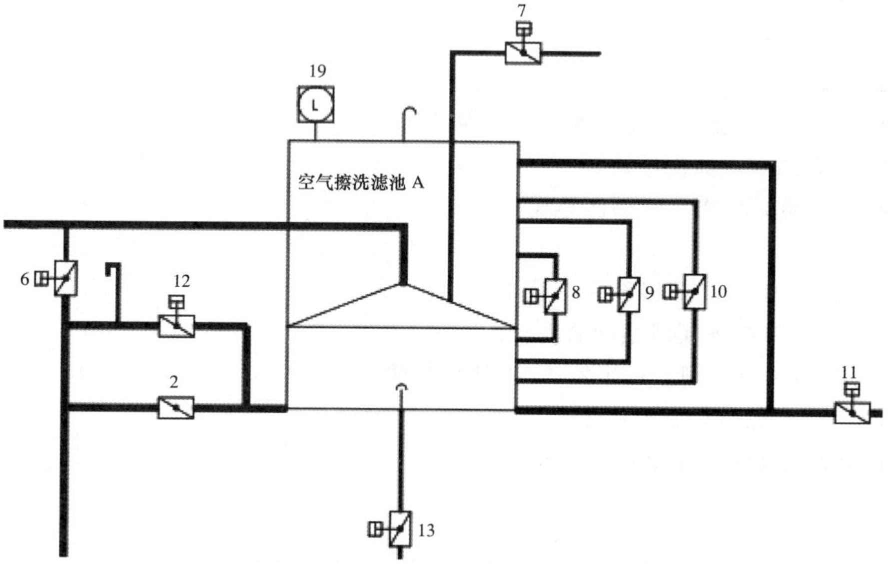

图 13-16　空气擦洗滤池

(1) 空气擦洗滤池本体为碳钢结构,内部作防腐处理。

(2) 空气擦洗滤池不设单独的反洗水泵,设置2台反洗水提升泵(管道泵),利用反洗水提升泵从滤池出水管上吸水后提升至反洗水箱,反洗水箱布置在滤池顶部,反洗水箱水位与提升泵联锁。

(3) 空气擦洗滤池滤帽采用不锈钢材质。

(4) 空气擦洗滤池滤料为石英砂、无烟煤两种,滤层高度不小于700mm。

(5) 滤池平均速不大于10m/s。

(6) 滤池平均反洗强度不小于10L/(m^2 · s)。

(7) 空气擦洗滤池出水浊度小于等于1NTU,出口设在线浊度仪实时监控出水水质。

(8) 反洗水箱进水由液位进行控制,实现自动进水。

(9) 滤池反洗用气采用罗茨风机供气,风机与工业废水系统公用,不单独设置风机。

2) 空气擦洗滤池的工作过程

高密度沉淀池出水通过进水管均匀地进入滤池隔水舱,经过滤料层、水帽至多孔板底的集水室,自上而下进行重力式过滤。当滤池正常运行一段时间后,滤层阻力增大,出水浊度升高,需对滤层自下而上进行反洗。反洗水源为滤池上部反洗水箱内的清水,反洗水箱内的反洗水是滤池本身的出水。反洗时,水就从隔舱上部水箱利用重力经连通阀进入多孔板下部的集水区,经水帽、砂层至过滤区隔水舱,反洗水经反洗排水阀排入排水沟。反洗过程中要使用压缩空气对滤层进行擦洗,压缩空气由罗茨风机产生。

3) 空气擦洗滤池的运行与控制

(1) 进水流量不要太大,防止空气擦洗滤池顶部溢水。

(2) 进水浊度不能太大,否则会缩短过滤周期,严重时也会导致空气擦洗滤池顶部溢水。

(3) 至空气擦洗步骤时,要确保罗茨风机运行正常,擦洗空气压力要符合要求。

(4) 滤池在反洗前,要保证水箱液位充足,如液位不够,可启动反洗水泵进行注水。

(5) 在运行中如发现没到周期制水量,滤池就发生顶部溢水或出水浊度超标,可增加反洗频率,恢复滤池功能。

(6) 滤料结块及其消除:

① 结块原因

a. 长期反洗不净,反洗强度不够——污泥结块;

b. 进水中有油——油泥结块;

c. 滤料中滋生微生物——黏泥结块。

② 消除方法

a. 污泥结块:加强反洗,以至人工清洗;

b. 油泥结块:碱或表面活性剂清洗;

c. 黏泥结块:用杀菌剂杀死生物体,再加强反洗。

4) 空气擦洗滤池异常情况及处理

空气擦洗滤池异常情况及处理见表13-6。

表 13-6　　空气擦洗滤池异常情况及处理

现象	原因	处理
出水水质不合格	进水水质恶化	调整高密度沉淀池运行工况
	反洗不彻底	彻底反洗
	进水流量过大	降低负荷
滤池跑砂	运行中跑砂：空擦水帽松脱或损坏	停运检查并联系检修处理
	反洗中跑砂：反洗流量过大	调整反洗流量
出力不足	滤池长时间运行开度不足	调整反洗周期检查系统，开足阀门

13.4.3　精密过滤

精密过滤是指利用过滤材料上的微孔截留残留在水中的微细颗粒杂质，通常能将水中颗粒状物质去除到微米级。目前已得到广泛应用的主要有盘式过滤器和微孔介质过滤器等。

1．盘式过滤器

盘式过滤器常称叠片过滤器或自清洗过滤器，多个盘式过滤器并联可实现自动清洗、连续供水。

1）盘式过滤器工作原理

盘式过滤器由一组双面带不同方向沟槽的聚丙烯盘片组成，许多块盘片叠加，构成过滤单元。相邻两盘面上的沟槽形成不规则的水流通道，如图 13-17 所示。这种水流通道由外圈向里圈不断缩小，水流通过时，杂质由大到小被逐级拦截。

过滤过程中，盘片在弹簧力和水力作用下被紧密地压在一起，如图 13-18 所示。当水从压紧的盘片四周向内圈前进时，大颗粒杂质在盘片外圈被拦截，这是表面过滤；剩余小颗粒进入沟槽后向内圈前进，由于水流通道逐渐变小，从而各种粒径细小颗粒由大到小被拦截在沿途通道中，这是深层过滤。

反洗过程中，反洗水流将弹簧顶开，盘片间呈疏松状态，而且位于滤芯中央的喷嘴沿切线喷水，使盘片旋转，在水流的冲刷与盘片高速旋转离心作用下，截留的颗粒物被冲洗出去。

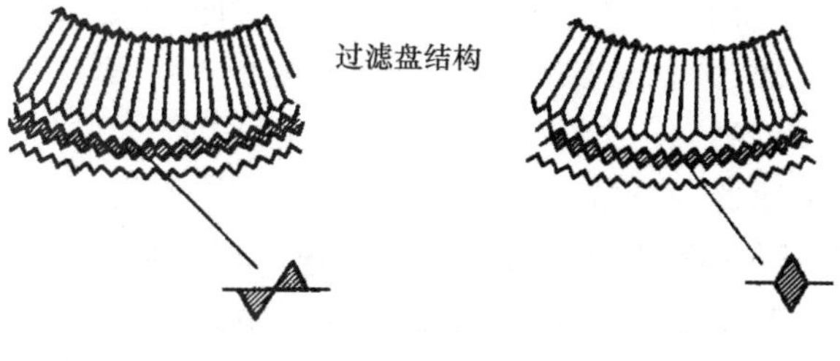

图 13-17　盘片沟槽形成的两种过滤通道形状

2）盘式过滤器特点

(1) 精确过滤：可根据用水要求选择不同精度的过滤盘片，通常有 20μm、50μm、100μm、200μm 等多种规格，过滤比大于 85%。

(2) 彻底高效反洗：由于反洗时将过滤孔隙完全打开，加上离心喷射作用，达到了其他过滤器无法达到的清洗效果。反洗过程只需 20s 左右即可完成，反洗水耗约为 0.5%。

(3) 全自动运行清洗、连续出水，时间和压差控制反洗启动：在过滤器组套内，各个过滤单元顺序进行反洗。工作、反洗状态之间自动切换，确保连续出水，系统压力损失小（过滤时压力损失一般为 0.001～0.08MPa)，过滤和反洗效果不会因使用时间而变差。

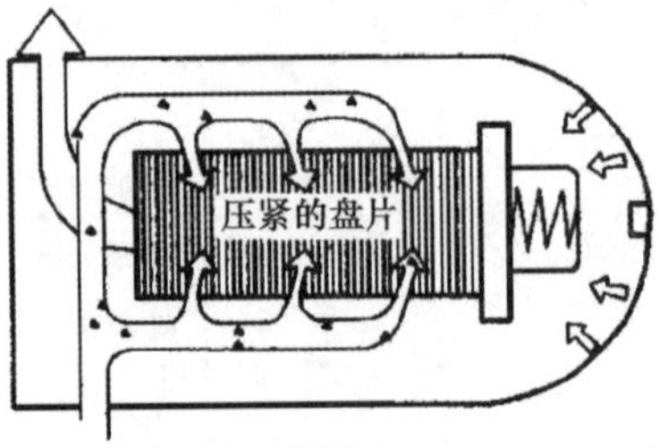

(a) 工作状态

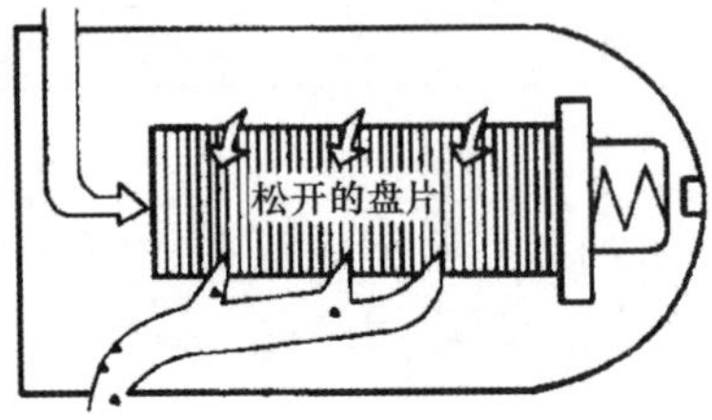

(b) 反洗状态

图 13-18　盘式过滤器的过滤与反洗状态

(4) 模块化设计:用户可按需取舍过滤单元并联数量,灵活可变,互换性强。可灵活利用现场边角空间,因地制宜安装,占地少。

(5) 维护简单:几乎不需日常维护,不需专用工具,零部件很少。

2. 微孔介质过滤器

图 13-19 为微孔介质过滤器的结构示意。在微孔介质过滤器中,一般将过滤材料做成管状,每一根过滤管为一个过滤单元,称其为滤芯或滤元,滤芯通常有蜡烛式和悬挂式两种放置方式。过滤时,水从滤芯的外侧通过滤芯上的微孔,进入滤芯中空管内,汇集后引出过滤器体外。当过滤器运行一段时间后,滤芯上的微孔严重堵塞,运行压降增加到最大允许值时,对滤芯进行反冲洗,然后重新投运。由于微孔介质过滤器通常设在普通过滤器之后,其进水杂质含量较低,运行周期较长,所以,在生产实践中,经常采用更换滤芯的方式来恢复过滤器的正常运行。

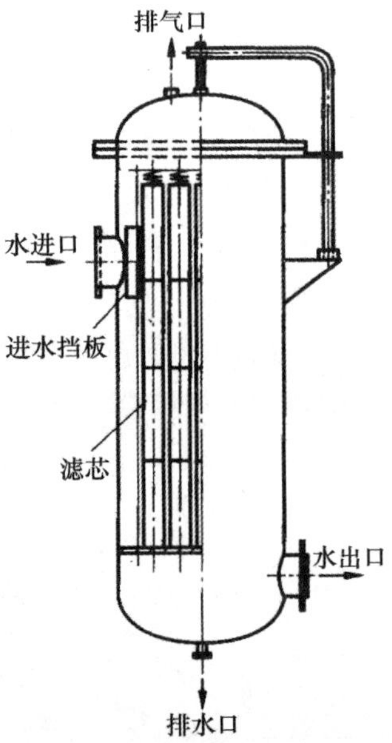

图 13-19　微孔介质过滤器

1μm、5μm、10μm 等滤芯就是指能滤去 1μm、5μm、10μm 以上的颗粒物。目前微孔介质过滤器中使用的滤芯种类很多,常用的有 PP 熔喷滤芯和折叠滤芯等。

1) PP 熔喷滤芯

PP 熔喷滤芯是采用无毒无味的聚丙烯粒子,经过加热熔融、喷丝、牵引、接受成形而制成的管状滤芯,如图 13-20 所示。

2) 折叠滤芯

折叠滤芯是超细聚丙烯纤维膜及无纺布或(丝网)内外支撑层折叠而成,滤芯外壳中心杆及端盖采用热熔焊接技术加工成型,不含任何胶合剂,无泄露,无二次污染,如图 13-21 所示。折叠滤芯采用折叠式,膜过滤面积大,纳污量大,压差低,使用寿命长,滤芯整体为 100%纯 PP 材质,具有广泛的化学相容量。

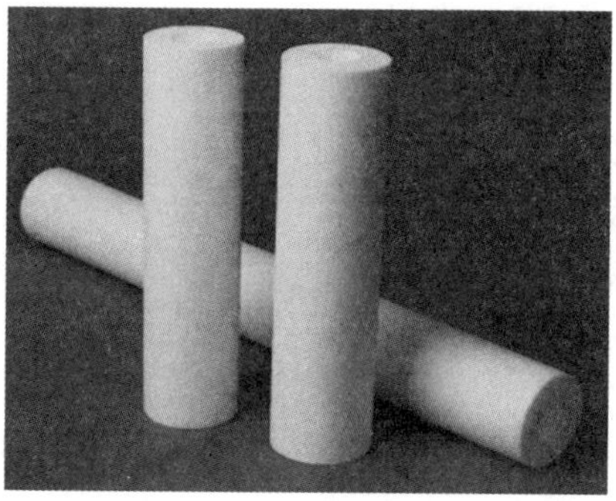

图 13-20　PP 熔喷滤芯

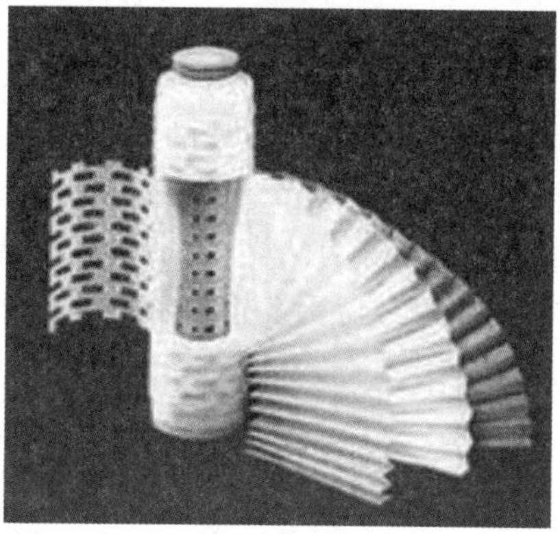

图 13-21　折叠滤芯

预处理系统由高密度沉淀池、空气擦洗滤池以及相关的泵、风机等组成。自取水出水通过供水管道进入 2×350m^3/h 高密度沉淀池，絮凝沉淀反应后，出水分两路自流入 2×250m^3/h 重力式空气擦洗滤池或到循环水塔池，经过空气擦洗滤池处理的过滤水，一路进入清水池，通过化学补给水泵供化水预脱盐系统使用；另一路进入工业水池，经工业水泵供工业用水。预处理系统流程如图 13-22 所示。

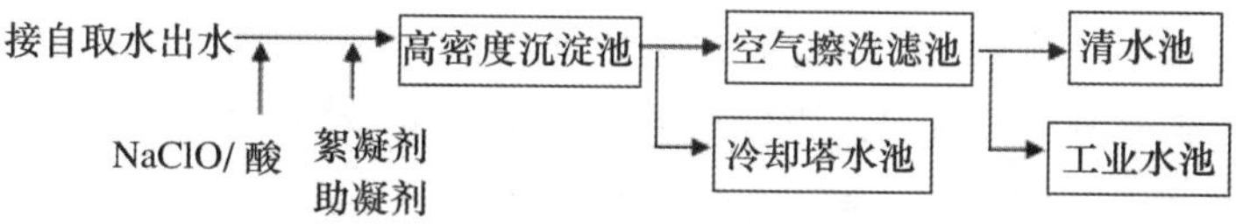

图 13-22　预处理系统流程

预处理系统处理后的出水水质指标见表 13-7。

表 13-7　　**预处理后的出水水质指标**

高密度沉淀池出水	≤3NTU
空气擦洗滤池出水	≤1NTU

预处理系统主要设备规范见表 13-8。

表 13-8　　**预处理系统主要设备规范**

名称	数量	出力(容量)
高密度沉淀池	2	350m^3/h
空气擦洗滤池	2	250m^3/h
絮凝剂溶药池	1	20m^3
絮凝剂计量箱	2	1.5m^3
助凝剂一体化泡药机	1	2.0m^3/h
次氯酸钠计量箱	2	1.0m^3
次氯酸钠储罐	2	6.3m^3
清水池	2	450m^3
工业水池	1	330m^3
生活水池	1	125m^3

13.5 膜分离技术

膜分离技术是利用特殊的有机或无机材料制成的具有选择透过性能的薄膜(即有的物质可以通过薄膜,有的被截留),在外力推动下对混合物进行分离、提纯、浓缩的一种分离方法。这种推动力可以分为两类:一类借助外界能量,物质发生由低位向高位的流动;另一类是以化学位差为推动力,物质发生由高位向低位的流动。表 13-9 列出了一些主要膜分离过程的推动力。

表 13-9　　主要膜分离过程的推动力

推动力	膜分离过程
压力差	反渗透、超滤、微滤
电位差	电渗析、电除盐
浓度差	透析

与传统的分离技术(蒸馏、吸附、萃取分离等)相比,膜分离技术有如下特点:

(1) 膜分离通常是一个高效分离过程。在按物质颗粒大小分离的领域,以重力为基础的分离技术最小极限是微米,而膜分离却可以做到将颗粒大小为纳米的物质进行分离。

(2) 膜分离过程不发生相变,和其他方法比能耗低。

(3) 膜分离过程是在常温下进行的,特别适用于热敏感物质的处理。

(4) 膜分离法分离装置简单,操作容易且易控制。

目前用于电厂水处理的膜分离技术主要有超滤(UF)、反渗透(RO)、电除盐(EDI)三种。

13.5.1 超滤

超滤(UF)是以孔径为 1nm～0.05μm 的不对称多孔性半透膜——超滤膜作为过滤介质,在 0.1～1.0MPa 的静压力推动下,溶液中的溶剂、溶解盐类和小分子溶质透过膜,而各种悬浮颗粒、胶体、蛋白质、微生物和大分子等被截留,以达到分离纯化目的的一种膜分离技术。就其分离范围,它填充了反渗透(RO)、纳滤(NF)与普通过滤之间的空隙。

1. 超滤的基本原理

在压力作用下,水从高压侧透过膜到低压侧,水中大分子及微粒组分被膜阻挡,水逐渐浓缩而后以浓缩液排出。超滤膜具有选择性的表面层上有一定大小和开口的孔,它的分离机理主要是靠物理的筛分作用,如图 13-23 所示。

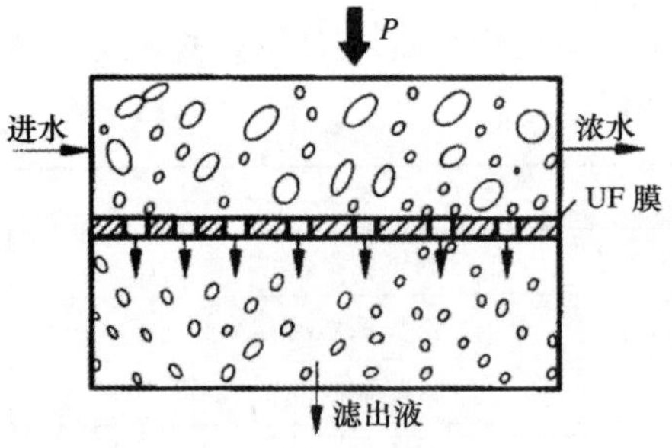

图 13-23　超滤原理示意

超滤分离的原理可基本理解为筛分,但同时又受到粒子荷电性及荷电膜相互作用的影响。因此,实际上,超滤膜对溶质的分离过程主要有:①在膜表面及微孔内吸附(一次吸附);②在孔中停留而被去除(阻塞);③在膜面的机械截留(筛分)。

2. 超滤膜的特性

超滤膜的分离特性是指膜的透水通量和截留率,这与膜的孔结构有关。膜的截留能力以截留分子量 MW 来表示。截留分子量 MW 指能被超滤膜截留住 90% 以上的溶质最小分子量,又称切割分子量。

超滤膜组件中常用的有机膜材料有:醋酸纤维素(CA)、聚砜(PS)、聚偏氟乙烯(PVDF)、聚丙烯腈(PAN)等。

3. 超滤组件及装置

超滤组件常用的是中空纤维式。中空纤维分内压式和外压式两种，外压式反洗如图13-24所示。运行方式有两种：一种是全流过滤；一种是错流过滤，如图 13-25 所示。超滤装置如图 13-26 所示。

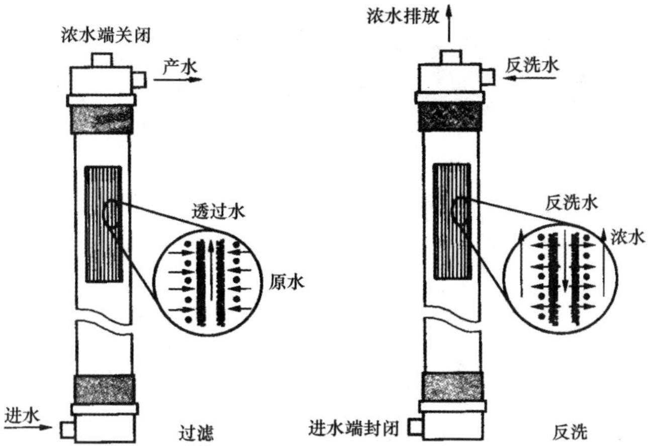

图 13-24　外压式组件

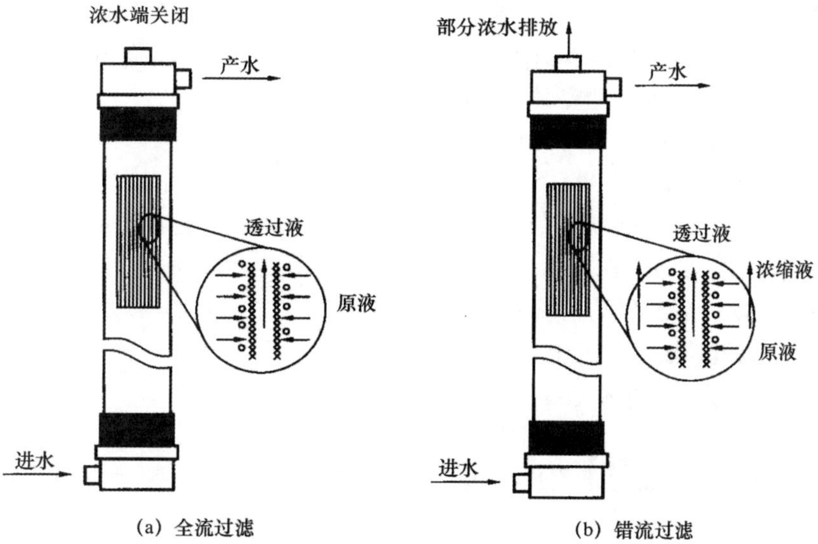

图 13-25　全流过滤和错流过滤

4. 超滤装置运行与维护

1) 运行条件

(1) 流速。流速指的是料液对于膜表面的线速度。膜组件不同，流速不同，如中空纤维组件的流速一般小于 1m/s。

(2) 操作压力与压力降。操作压力一般是指料液在组件进口处的压力，常用 0.1～1.0MPa。所处理的料液不同、超滤膜的切割分子量不同，操作压力也不同。压力降是指原水进口压力与浓水出口压力的差值，压力降与进水量和浓水排放量有密切关系。

图 13-26　超滤装置

(3) 温度。进水温度对透过通量有显著的影响，一般水温每升高1℃，透水速率约增加2.0%。商品超滤组件标称的纯水透过通量是在25℃条件下测试的。当水温随季节变化幅度较大时，应采取调温措施。

(4) 回收率与浓水排放量。回收率是透过水量与进水量之比值。当进水流量一定时，降低浓水排放量，回收率上升，且膜面浓缩液流速变慢，容易导致膜污染。

2) 清洗条件

(1) 运行周期。超滤在两次清洗之间的使用时间称为运行周期。膜压差和透水通量的变化是膜污染的客观反映。因此，可以根据膜压差升高或透水量下降的程度决定是否需要清洗。

(2) 压力控制。反冲洗时，必须将压力控制在膜厂商规定的值以下，以防膜受损。

(3) 清洗流量。提高流量可以加大清洗水在膜表面的流速，提高除污效果。反冲洗时，反洗流量通常是正常运行时透过通量的2～4倍。

(4) 清洗时间。每次清洗时间的长短应从清洗效果和经济性两方面来考虑，中空纤维膜制造商建议的反洗时间是30～60s。

(5) 清洗液温度。温度可以改变清洗反应的化学平衡，提高化学反应的速率，增加污染物和反应产物的溶解度。因此，在组件允许的使用温度范围内，可以适当提高清洗液温度。

(6) 清洗剂浓度。适当提高清洗剂浓度，可以改变清洗反应平衡，加快清洗反应，增加清洗剂向污垢层内部的渗透力，获得较好的清洗效果。

(7) 清洗方式。以中空纤维超滤膜的清洗为例，常用方式有：

① 正洗——进水侧进行冲洗，通常采用超滤进水，周期为10～60min。

② 反洗——从产水侧把等于或优于透过水质量的水输向进水侧，与过滤过程水流方向相反，通常周期为10～60min。

③ 气洗——无油压缩空气通过膜的进水侧表面，利用压缩空气和水混合震荡作用去除污物，通常周期为2～24h。

④ 化学增强反洗(CEB)——在膜丝的产水侧加入具有一定浓度和特殊效果的化学药剂，通过循环流动、浸泡等方式，将膜外表面在过滤过程中形成的污物清洗下来，通常周期为2～24h。

⑤ 化学清洗(CIP)——采用适当的化学试剂，如酸、碱、氧化剂、洗涤剂等对组件进行清洗。当超滤膜元件通量下降或压差上升到一定程度时进行，通常的周期为1～6个月。超滤装置清洗方式如图13-27和图13-28所示。

3) 故障与处理

当超滤系统出现产水量减少、膜压差增加或透过水质变差等现象时，首先应判断装置本身

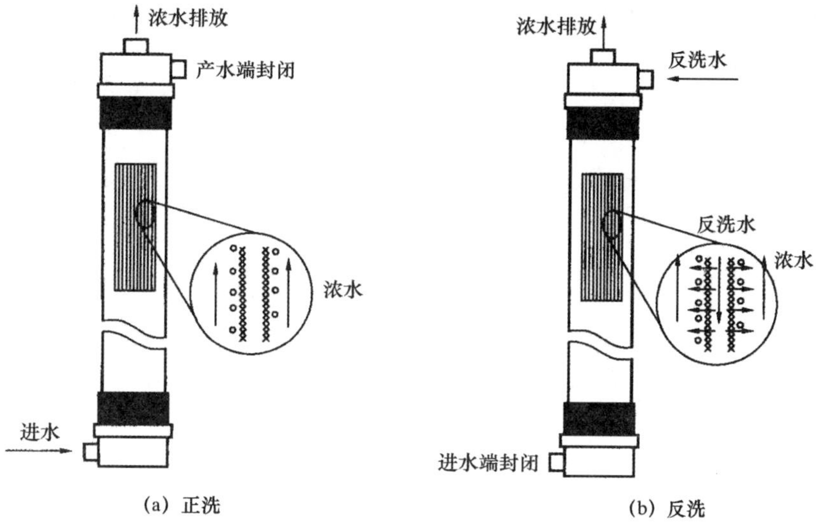

图 13-27　超滤系统的正洗和反洗

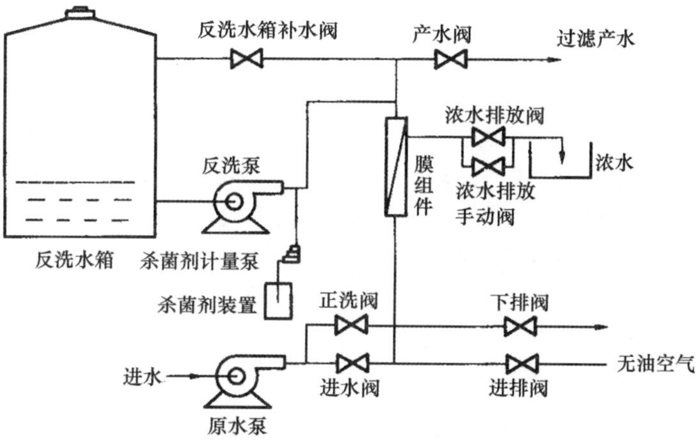

图 13-28　超滤运行和反洗流路

是否真的出现了故障。

(1) 透过通量下降。新的膜组件在运行初期,透过量不断下降,当膜表面形成一层稳定的凝胶层后,通量趋于一个稳定值。此后若再出现通量的下降,说明膜被压密或被污堵。若是压密,则可以试图停机松弛,但一般不易恢复;若是污染,则应清洗。

(2) 膜压差增大。膜压差增大,多是由污染引起的。当膜压差超过初始值 0.05MPa,或超过膜组件提供商的规定值时,可采用等压冲洗法清洗;如无效,则加入化学药剂强化清洗。必要时,进行化学清洗。

(3) 水质变差。水质变差有可能是浓差极化或膜污染引起的,此时应进行物理或化学清洗。但若出水水质急剧恶化,则可能是密封元件损坏或膜破损,此时,应停机将出水排空,拆下组件,更换元件或膜组件。

4) 超滤维护保养

(1) 超滤常规维护

① 每次停机进行 1 次反洗(BW)。

② 及时根据运行状况,调整化学增强反洗(CEB)的频率。

(2) 短期停机维护

短期停机是指停运1周以内。每天必须运行1~2h或反洗1~2次,并化学增强反洗1次。

(3) 长期停机维护

停机超过1周,即为长期停机,要求进行封存。封存前要进行彻底人工化学清洗,并用1%的亚硫酸氢钠进行封存。

如果封存超过1月,则应排尽封存液,进行1次反洗后,重新进行封存。封存设备投运前,应进行1次化学增强反洗。

5) 膜完整性测试

超滤膜在出厂前一般都进行了检测,但在使用过程中还是可能发生膜的破损。因此,应定期对膜组件进行完整性测试。

(1) 完整性测试的原理

泡点测试是表征膜最大孔径的一种简单而常用的方法,该方法是通过测定将空气吹过充满液体的膜所需的压力来计算最大孔径。先用液体介质将膜完全润湿,即让膜中所有的孔中都充满液体,在膜的一侧通入空气,且压力逐渐增加,起先由于表面张力的作用,空气不会穿透膜,当压力达到某一临界点时,空气会从一个或多个孔中逸出,这个临界压力称为泡点。

该原理可以用来测定膜的最大孔径,在工程上则可以用来进行膜丝及组件的完整性测试。

将膜完全润湿后,在膜丝的一侧加入压缩空气,当空气的压力低于泡点压力时,膜的气孔均能保持湿润,除了扩散出来的极少量空气外,没有明显的气流穿过润湿的膜孔。但若膜存在缺陷(如纤维断裂),则在远低于泡点的压力下空气就会从缺陷处逸出。

观察在膜丝充满液体一侧出现的连续气泡,或者监测气体一侧压力的变化情况,可以判断膜丝及组件的完整性。

(2) 完整性测试方法

① 气泡观察法

将膜组件中充满测试所用的液体,使膜完全浸润,于是膜丝中所有的孔内都充满液体。然后,在膜组件的进水侧缓慢通入无油压缩空气,且逐渐提高进气压力,同时通过观察产水侧是否有气泡连续逸出(产水阀门处于打开状态)。

当产水侧观察有气泡逸出时,记下进水侧通入空气的压力值,此即为该膜组件的泡点压力。如果测得的泡点压力小于给定压力(依厂家而定),表明膜丝或组件存在泄漏点。超滤膜组件完整性测试方法如图13-29所示。

② 压力衰减法

用测试液体将膜组件充分润湿,使膜中所有的孔内都充满液体。打开产水阀门,在膜组件的进水侧缓慢通入无油压缩空气,逐渐提高进气压力至设定值,该设定值为低于膜起泡点压力的某个值。

最初时,进气侧的水会受压穿过膜壁进入产水侧,因此会有一定量的液体排出(大约会持续2min)。等待压力稳定在设定值时,将进气侧关闭密封并保持压力10min。理论上进水侧空气压力不应下降,实际中因管件、阀门可能存在微量泄漏,通常设定一个压力下降的允许值,例如0.03MPa。如果10min后进水侧压力衰减超过该设定值,说明膜组件存在泄漏。

该方法可以针对单个组件进行,也可以针对整套装置或分组进行,是一种简便易行的现场测试方法。

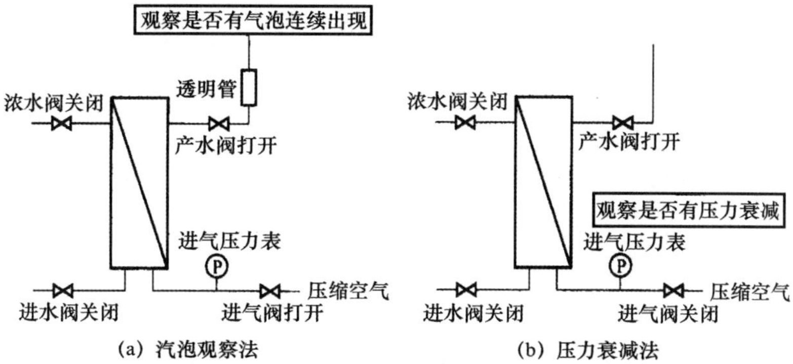

图 13-29　超滤膜组件完整性测试方法

5. 超滤系统

1）超滤系统简介

超滤系统(3 套)包括化学补给水泵、自清洗过滤器、超滤膜组件、反洗系统、化学清洗装置和相关的管道、阀门、支架、加药装置，以及测量仪表等。

超滤加药装置包括加氧化剂(次氯酸钠)、酸、碱装置。

自清洗过滤器由若干特定颜色的塑料叠片叠压组成，叠片两边刻有大量一定微米尺寸的沟槽，一串同种模式的叠片叠压在特别设计的内撑上，通过弹簧和液体压力压紧时，叠片之间的沟槽交叉，从而形成一系列独特过滤通道的深层过滤单元，这个过滤单元装在一个耐压耐腐蚀的滤筒中，形成过滤器。在过滤时，过滤叠片通过弹簧和流体压力压紧，压差越大，压紧力越强，保证了自锁性高效过滤。液体由叠片外缘通过沟槽流向叠片内缘，经过若干个过滤点，形成独特的深层过滤。过滤结束后通过手工或液压使叠片之间松开进行手工清洗或自动反冲洗。自清洗过滤器位于超滤膜组件前，当该设备进、出口压差达到设定值时，能自动反洗。

自清洗过滤器如图 13-30 所示。

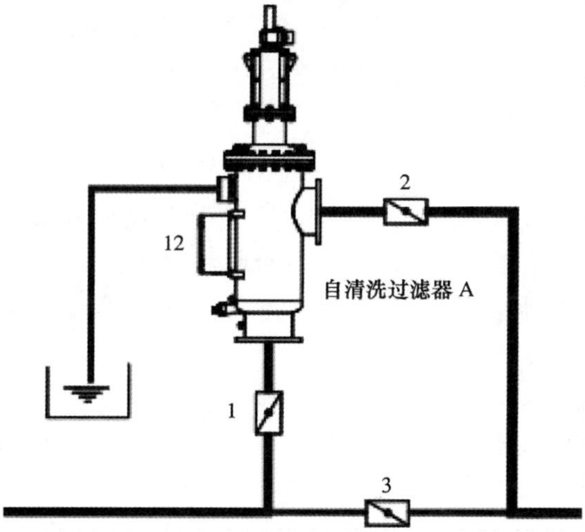

图 13-30　自清洗过滤器

自清洗过滤器过滤精度为 100μm，自清洗过滤器设备规范见表 13-10。

表 13-10　　自清洗过滤器设备规范

项目	自清洗过滤器
单套出力(m^3/h)	150
数量(套)	3
形式	网式
过滤精度(μm)	100
滤网材质	316L 过滤网
制造商	Amiad

根据实际水质特点，选择透水量大、化学稳定性好、抗污染性能好及机械强度好的超滤膜。过滤时，比膜孔径大的颗粒被截留在膜的表面，并存留在毛细管间。而滤液以及包含在滤液中的离子和小于膜孔径的颗粒物通过膜表面，产水通过膜丝内孔，从端盖出水管汇流到产水母管中。外压式膜件过滤过程如图 13-31 所示。

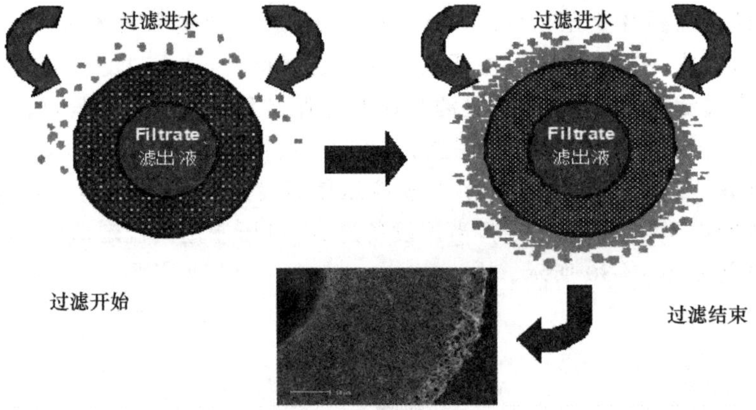

图 13-31　外压式膜件过滤过程示意

每套超滤装置安装在一个框架上，膜元件采用并列布置的方式，每一列的进、出水母管设置阀门，以便清洗时与清洗液进出管相连接。每个超滤膜组件产品进、出水管都将有透明连接组件。每个超滤膜组件产品水管和进、出水管设取样点和必需的检测表计，数量及位置能有效地监督、诊断并确定系统的缺陷。

超滤膜系统配有膜柱完整性检测程序及控制仪表等。膜系统设有完善的完整性检测程序，需定期进行膜系统完整性测试，超滤装置化学清洗及维护性清洗均可实现自动清洗。

超滤装置如图 13-32 所示。

超滤装置运行方式为全量过滤式，超滤装置设备规范见表 13-11。

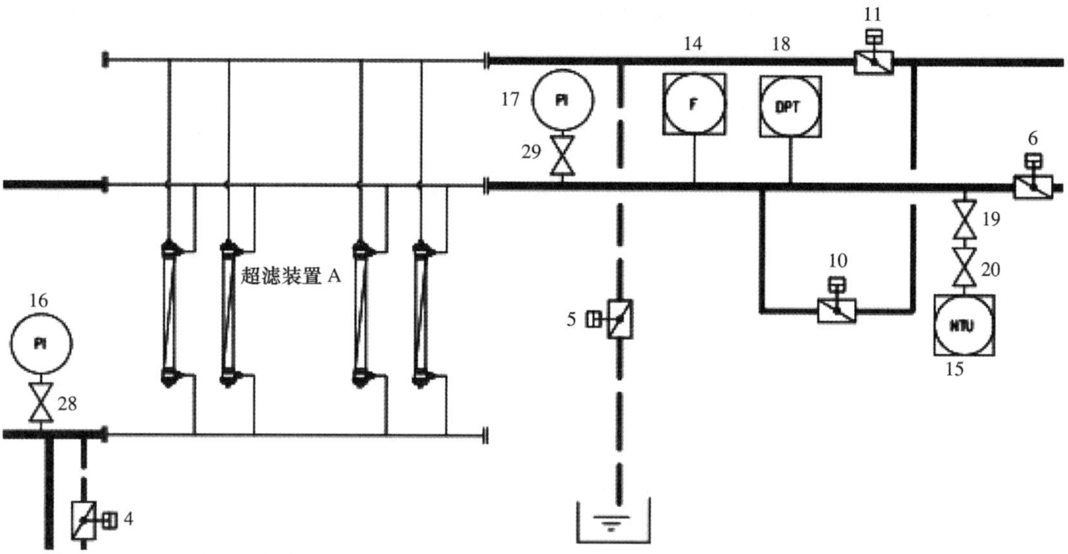

图 13-32　超滤装置

表 13-11　　　　**超滤装置设备规范**

项目	超滤装置
膜组件型号	Liqui-Fluxw20-08N
单套出力(m^3/h)	129
装置套数	3
回收率	≥90.6%
工作压力(MPa)	0.25
膜件材料	PES
膜数量(支/套)	24
最大压力(MPa)	0.35
温度范围(℃)	<40
pH 范围	6～9
制造商	Membrane

2）超滤系统运行及控制

超滤系统的运行、反洗以及化学清洗等步骤由 PLC 进行顺序控制。

正常产水程序为：产水—正洗—反洗—正洗—产水。

超滤反洗装置由超滤反洗水泵、反洗保安过滤器及相应的管道、阀门等设备组成。超滤反洗泵配有变频器，以减轻超滤膜受水流的瞬间冲击，并便于化学清洗时低流量的要求。

超滤反洗分为一般反洗和化学增强反洗两种。一般反洗又分为正常运行反洗和停运反洗，反洗时需加氧化剂次氯酸钠，反洗的间隔持续时间可以用 PLC 设置控制或变更。化学增强反洗时除加次氯酸钠外，还根据实际情况加酸、加碱，化学增强反洗频率根据实际情况确定。反冲洗水源为超滤产水箱内的超滤水。

化学清洗采用正冲化学清洗药剂循环回清洗水箱的方式进行，所选用的化学药剂要根据污染物的种类进行选择。化学清洗的时间要根据 TMP(膜间压差)[TMP=(膜前压力+回流压力)/2－产水压力]的上升数值来确定，比如 TMP 为 0.07MPa 时，系统要进行化学清洗。

3）超滤系统运行中的注意事项

① 运行时进出口压差≤80kPa，出口流量≤130t/h，浊度≤0.15NTU。

② 系统停运时 7—10 月每 24h 进行停机反洗 1 次，其他时间每 48h 进行停机反洗 1 次。

③ 系统运行时清水池液位应高于 2m，超滤水箱应保持在高液位。

4）超滤清洗注意事项

① 每月 15 日进行 CEB1 清洗。

② 每月 30 日进行 CEB2 清洗。

③ 化学增强反洗清洗时，观察超滤反洗泵的频率(进药时频率自动到 30Hz，冲洗时频率自动到 38Hz)。

④ 化学增强反洗清洗时，超滤水箱和清水池液位应在高液位。

⑤ 化学增强反洗清洗时，化学清洗水箱放空阀、回流阀必须在开启状态。

⑥ 化学增强反洗清洗后，观察运行中的进出口压差，产水水质是否正常。

5）超滤异常情况及处理

超滤异常情况及处理见表 13-12。

表 13-12　　超滤异常情况及处理

故障症状	故障原因	解决方法
自清洗过滤器不能反洗	反洗马达故障；卡死	检查维修相关马达、转动设备
超滤装置故障停机	超滤自动阀门在规定时间(2min)内没收到开启或关闭反馈信号	检查/维修相关阀门
	超滤进水流量长时间大于 130m³/h	检查进水流量调节阀；检查上位机内超滤进水流量 PID 调节设置
	超滤跨膜压差过大(>80kPa)	进行化学增强反洗
	产水浊度高(>0.2NTU)	检查原水水质；进行完整性检测
超滤出力不够	超滤进口阀门开度不够	检查进口手、自动阀门
	系统跨膜压差过高，产水阻力过大	进行化学加强反洗；更换膜元件

13.5.2　反渗透

1. *渗透和反渗透*

一种溶剂(水)通过半透膜进入另一种溶液或者是溶剂(水)从一种稀溶液向另一种比较浓的溶液透过的现象称为渗透。渗透停止达到渗透平衡，刚好使纯水向浓溶液的渗透停止时的压力，称为该浓溶液的渗透压。

若在浓溶液一边加上比自然渗透压更高的压力时，可扭转自然渗透方向，将浓溶液中的溶剂(水)压到半透膜的另一边稀溶液中，这是和自然渗透过程相反的过程，称为反渗透。这种现象表明，当对盐水一侧施加的压力超过该盐水的渗透压时，可以利用半透膜装置从盐水中获得淡水，渗透和反渗透的原理如图 13-33 所示。

反渗透过程必须具备两个条件：一是必须有一种高选择性和高渗透性(一般指透水性)的选择性半透膜；二是操作压力必须高于溶液的渗透压。

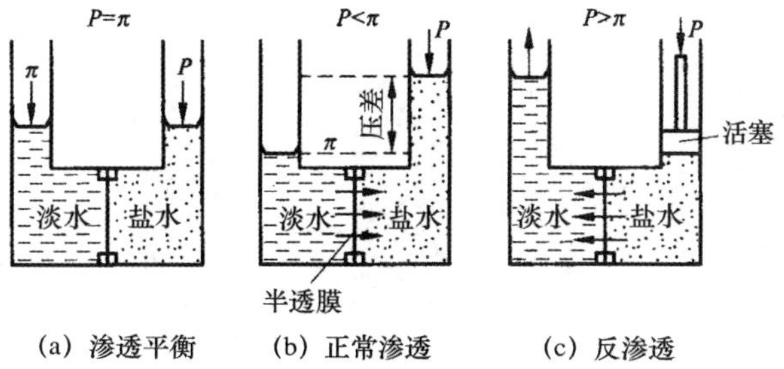

图 13-33　渗透和反渗透原理

2. 反渗透膜透过机理

反渗透膜的透过机理主要有：氢键理论(醋酸纤维素)；优先吸附-毛细孔流理论；溶解扩散理论；对有机物和颗粒状物去除的筛分机理。

3. 反渗透膜

理想的分离膜必须从分离性、透过性和物理、化学稳定性及经济性来综合考虑。具体要求为：

① 单位面积高水通量，高截留率。

② 化学稳定性好，耐氯和其他氧化物氧化，耐高温，耐酸碱。

③ 抗生物、悬浮物与胶体的污染。

④ 机械强度高，多孔支撑层的压实作用小。

⑤ 原料充足，制造容易，价格便宜。

目前在工业中应用的膜，主要是醋酸纤维素膜和芳香聚酰胺膜以及复合膜。

醋酸纤维素膜原料便宜、透水量大、除盐率高，但抗压密性差，不耐温，不耐化学药品和细菌的侵蚀；芳香聚酰胺膜膜特点是原料价格较高，透水和除盐性能较好，尤其是机械强度高；复合膜是用两种不同材料制成的膜，因而可以使性能达到最优化。

1）按膜的结构分类

(1) 对称(均一)膜。透水量很小，没有应用价值。

(2) 非对称膜。表面致密层或脱盐层，它与除盐作用有关，其厚度在 0.25～1μm。表面致密层或脱盐层的下面紧接着有一较厚的多孔海绵层，支撑着表面层，所以称为支撑层。支撑层与除盐作用无关。表面层的含水率为 12%，支撑层的含水率为 60%，面层的细孔在 10nm 以下，而支撑层的细孔多数在 100nm 以上。

(3) 复合膜。非对称反渗透膜使用过程中，存在明显压密现象及难以平衡的透水量与脱盐率之间的矛盾。复合膜是由很薄的而且致密的脱盐层与高孔隙率的基膜复合而成的。通常，先制造多孔支撑膜，然后再设法在其表面形成一层非常薄的致密皮层，这两层的材料一般是由不同材料制成。脱盐层可选用适当的材质以有效地提高膜的分离率和抗污染性；支撑层和过渡层可以做到孔隙率高、结构可随意调节，因而可以有效地提高膜的水通量以及机械性能、稳定性等。在相同条件下，复合膜水通量(透水率)，一般比非对称膜高 50%～100%。

非对称膜和复合膜的结构比较如图 13-34 所示。

2）按膜材料分类

(1) 醋酸纤维素膜(CA 膜)。醋酸纤维素膜易受微生物分解，适用的 pH 范围窄，耐高温性能不强等。

(2) 芳香聚酰胺膜(PA 膜)。芳香聚酰胺膜的特点：对二价和一价离子脱盐率较高，对有

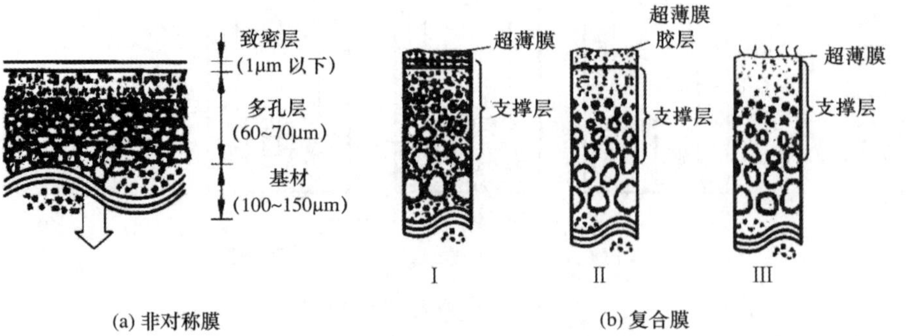

图 13-34　复合膜的结构与非对称膜的结构比较

机物和二氧化硅去除效果也较好;机械性能、抗压密效应和抗污染能力比较好;有良好的化学稳定性,pH 适应范围广;耐热性能好;对水中游离氯比较敏感。

(3) 复合膜。超薄脱盐层材料主要为芳香聚酰胺。复合膜由于表层薄,故透水率高、进水需压力低、除盐率也好,有良好的化学稳定性和耐热性,抗污染能力强,但机械强度差。

4. 反渗透膜的基本性能

1) 透水率(或水通量)

透水率是指单位时间、单位膜面积上纯水的透过量,代表反渗透膜的透量大小,用 J_w 表示。影响透水率的因素除膜本身性质外,还有压力、进水含盐量、水温等。一般水温每上升1℃,透水率上升 2%～3%,所以透水率通常要注明温度,但一般常用 25℃作为标准。

2) 透盐率(盐通量)和脱盐率

反渗透膜主要用于水脱盐,透盐率指盐通过反渗透膜速度 J_s。J_s 值越小,说明膜的脱盐率越高。

3) 膜压密系数

反渗透膜长期在高压下工作,由于压力和温度作用,膜会被压缩,还会发生高分子链错位,引发不可逆变形,导致水通量下降。观察发现,膜压密主要发生在脱盐层和支撑层之间的过渡区域内。目前常用的超薄反渗透复合膜,膜压密系数都很小,抗压密性能强。

4) 抗水解性

膜是高分子材料,它在温度和酸碱作用下,会发生水解,温度越高,水解越快,pH 值超过某一范围,水解也会加快。水解使膜的结构发生破坏,使膜的透水率和脱盐率下降。醋酸纤维素膜应在 pH 值 4～6 的情况下工作,水解少,使用寿命长(最佳值是 pH=4.8)。芳香聚酰胺膜和复合膜抗水解性能比醋酸纤维素膜好,所以适应的 pH 范围广。一般,芳香聚酰胺膜工作 pH 值为 3～11,复合膜工作 pH 值可达 2～12。

5) 抗氧化性

水中常见氧化剂有溶解氧及游离氯(杀菌用),它会将高分子材料的膜氧化,氧化后膜的结构破坏,性能发生不可逆变化。一般来说,芳香聚酰胺膜和复合膜抗氧化能力比醋酸纤维素膜差。醋酸纤维素膜要求进水中游离氯小于 0.3mg/L,而芳香聚酰胺膜和复合膜要求小于0.1mg/L,有时甚至要求为零,需向水中添加还原剂,控制水的氧化还原电位。

6) 耐温性

耐温性有两重意义:一是某些特殊用途的膜,要在高温下消毒杀菌,耐温性决定它的加热温度与时间;二是运行中提高水温的可能性,因为水温提高,水黏度下降,可提高透水率,但水温高，又加速膜的性能变化（主要指水解和结构破坏），影响膜使用寿命。水温提高，透盐率也会略有上升。一般，水处理中使用的复合膜最高使用温度为 40℃～45℃，醋酸纤维素膜和芳香聚酰胺膜为 35℃，特殊的膜最高可达 90℃。

7）机械强度

膜机械强度包括膜的爆破强度和抗拉强度。爆破强度是指膜面所能承受的垂直方向的压力（MPa），抗拉强度是指膜面所能承受的平行方向的拉力（MPa）。

8）抗微生物污染能力

膜是有机材质，会使细菌在膜面滋生和繁殖，其结果是破坏膜的脱盐层，使膜脱盐能力下降。滋生的细菌又使膜面受到污染，细菌及生物黏液会使膜孔被堵塞，使水通量下降。芳香聚酰胺膜和复合膜抗微生物污染能力通常比醋酸纤维素膜强。

9）选择透过性

反渗透膜的脱盐率对水中不同的盐是不同的，对水中不同物质有不同的脱除规律，该规律称为反渗透膜的选择透过性。

膜对水中无机电解质的脱除主要有如下规律：

（1）孔径小的膜对离子脱除率高。

（2）降低膜的介电常数或增加溶液的介电常数可提高脱除率。

（3）半径大的离子脱除率高。例如，醋酸纤维素反渗透膜对离子分离度由高到低的顺序是

$$Li^+ > Na^+ > K^+, Cl^- > Br^- > I^-$$

（4）电荷高的离子脱除率高。例如，某些离子的脱除率由高到低的顺序是

$$PO_4^{3-} > SO_4^{2-} > Cl^-, Fe^{3+} > Ca^{2+} > Na^+$$

（5）离子浓度越高，脱除率越低。要尽量避免浓差极化导致膜表面浓度增加的现象发生。

（6）温度升高，脱除率提高。虽然温度高，离子进入膜孔的量增加，透过膜的速度增加，但是由于溶剂透过的速度更快，故透过液中离子浓度总体下降。

（7）膜对水中有机物的脱除规律：分子量越大，去除效果越好；分子量越小，去除效果越差。

（8）膜对水中溶解气体的脱除规律：对氨、氯、二氧化碳和硫化氢等气体，去除效果较差。

5. 膜组件

反渗透装置由反渗透器、泵、过滤器、阀、仪表及管路等组成。将膜以某种形式组装在一个基本的单元设备中，可以在外界压力下实现对水中各组分分离的器件称为膜元件，有时也称膜组件。在膜分离的工业应用装置中，一般根据处理水量，可设置数个至数百个膜组件组成反渗透器。

工业上常用的膜组件主要有板框式、圆管式、中空纤维式、螺旋卷式四种类型。其中，螺旋卷式膜组件是目前应用最广的一种膜组件。

螺旋卷式膜元件是双层结构，在两层膜中间为多孔支撑材料。双层膜的三个边缘与多孔支撑材料密封形成一个膜袋（收集产水），两个膜袋之间再铺上一层隔网（盐水隔网），然后插入中间冲孔的塑料管（中心管），插入边缘处密封后沿中心管卷绕这种多层材料（膜＋多孔支撑材料＋膜 ＋进水隔网），就形成一个螺旋式反渗透膜元件，如图 13-35 所示。

在使用中是将 1～6 个卷好的螺旋式膜元件串接起来，放入一个压力容器中，构成一个反渗透器组件（一个压力容器）。其中，进水与中心管平行流动，被浓缩后从另一端排出，而通过

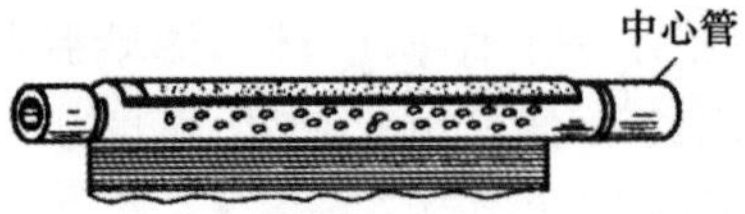

(a) 多孔中心管

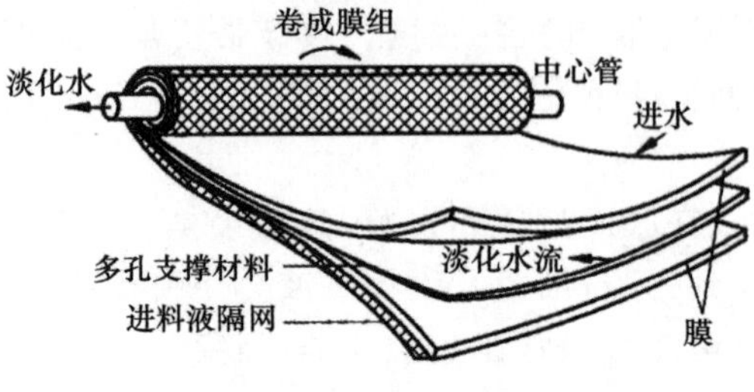

(b) 螺旋式卷绕

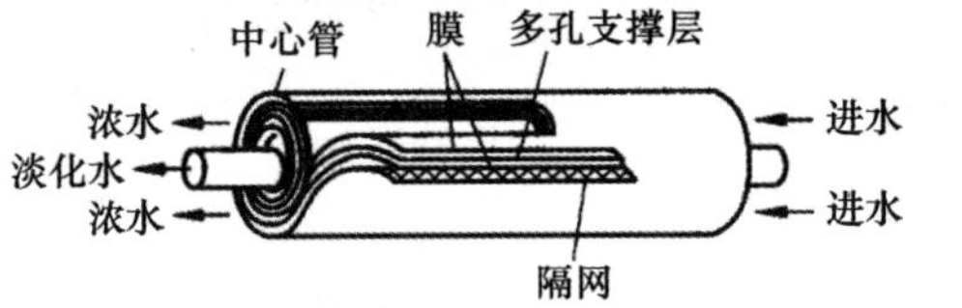

(c) 螺旋式膜元件

图 13-35　螺旋卷式反渗透膜元件

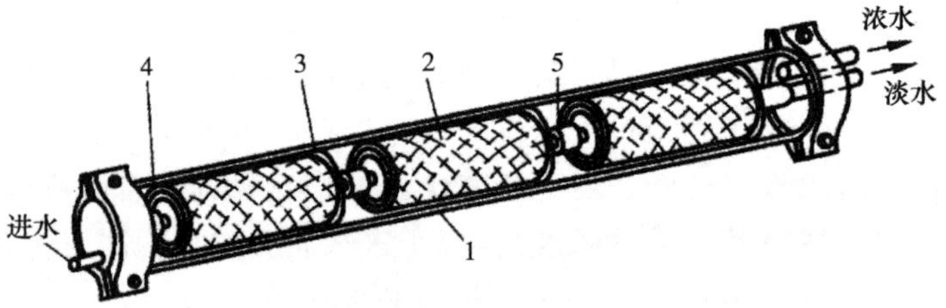

1—管式压力容器;2—螺旋式膜元件;3—密封圈;4—密封端帽;5—密封连接

图 13-36　螺旋卷式反渗透膜组件

膜的淡水(产水)则由多孔支撑材料收集起来,由中心管排出,如图 13-36 所示。

支撑材料的主要作用有两点:一是支撑膜;二是为产水提供多孔及较小压力降的流通道路。这两点要求实际上是相互对立的,第一点要求一个平滑、连续、坚固的基质;第二点则要求一个粗糙、不连续、松散的基质。

螺旋卷式膜组件是目前应用最广的一种膜组件,主要优点是单位体积内膜面积大,结构紧凑,占地面积小,易于大规模生产。缺点是当进水中有悬浮物时比较容易堵塞,此外产水侧的支撑材料要求高,不易密封。

6. *反渗透装置及其基本流程*

如图 13-37 所示,水处理系统中反渗透通常由给水前处理装置、反渗透装置本体及后处理装置三部分组成。反渗透装置本体部分包括能去除水中 5～20μm 微粒的保安过滤器、高压泵、反渗透器和有关仪表控制设备。

典型反渗透装置如图 13-38 所示。

实际使用中,反渗透的流程有很多,具体形式要根据不同的进水水质和最终要求的出水水

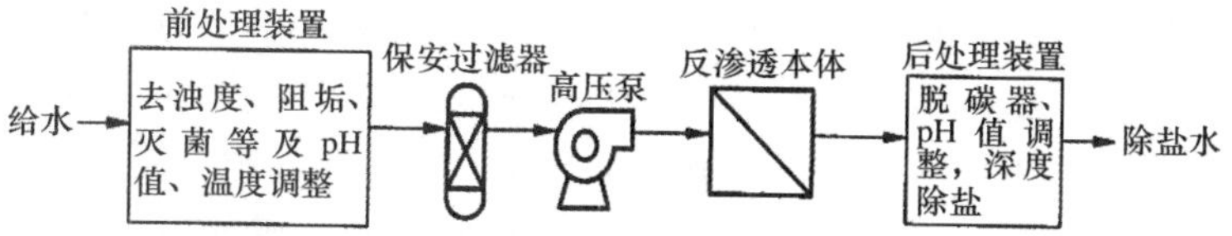

图 13-37　反渗透装置的基本系统

图 13-38　典型反渗透装置

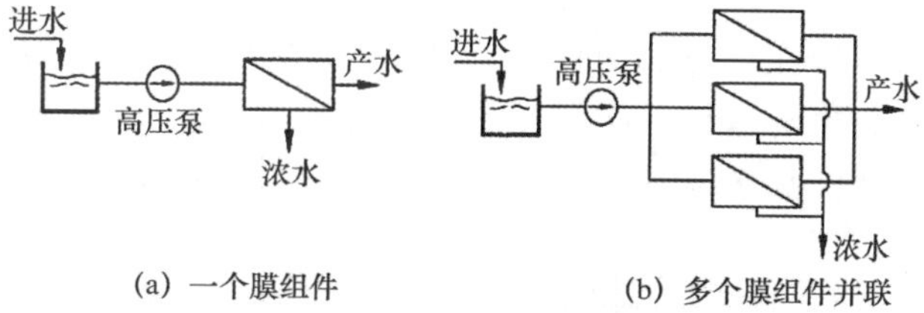

图 13-39　一级一段反渗透装置

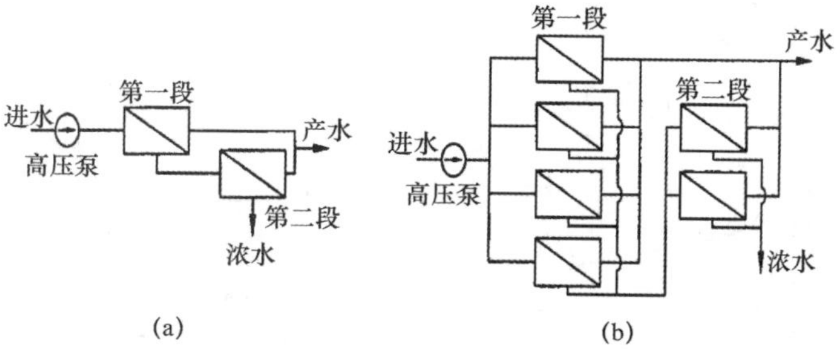

图 13-40　一级二段反渗透装置

质以及水回收率而决定。常见的主要形式如图 13-39 和图 13-40 所示。

(1) 一级流程。是指在有效膜面积保持不变时，原水一次通过反渗透器便能达到要求的流程。此流程操作简单、耗能少。

(2) 一级多段流程。反渗透处理水时，如果一次处理水回收率达不到要求，可采用多段的方法。由于有产水流出，第二段、第三段等给水量逐级递减，所以此流程中有效膜截面积也逐段递减。

(3) 二级流程。当一级流程出水水质达不到要求时，可采用二级流程的方式。把一级流程得到的产水，作为二级的进水，进行再次淡化。

由此可见，当进水一次通过膜，就称为一级处理；一级处理出水再经过膜处理一次，就称为二级处理。在工业用水处理中，很少有三级或三级以上的处理。一级处理的出水需用水箱收集后用泵升压才能进入二级反渗透;二级反渗透的浓水由于水质很好,可以回收进入一级给水,以提高水回收率,减少水的浪费。反渗透中的多段处理是提高水回收率的有效手段,一段反渗透处理的浓水(排水)再经过一次反渗透,就是第二段反渗透处理。

大型卷式膜反渗透水处理装置常在一个压力容器内装 6 个膜元件,当处理水量小时,可仅用一个压力容器[图 13-39(a)],若处理水量大时,可用多个压力容器并联[图 13-39(b)],此即一级一段反渗透装置,水回收率约 50%。所需的膜组件总数可用所需的产水水量除以每个膜元件在该进水水质下允许透水量计算而得。

若要提高水回收率,可以采用一级二段反渗透器,如图 13-40(b)所示。每个压力容器内装 6 个膜元件,它的水回收率可达 75%。要求第一段反渗透膜组件和第二段反渗透膜组件中的浓水流量相似且不低于规定值,以防止浓差极化。按此原则可以设计每一段中压力容器个数。简单的估算方法如下:若第一段反渗透进水流量 100%,第一段产水 50%,浓水 50%(6 个膜元件水回收率 50%),第二段进水流量为 50%,浓水为 25%,要保证每个压力容器末端膜元件中浓水流量相似,则第一段与第二段压力容器个数比应为 50% : 25% = 2 : 1,也即是所有的膜元件(反渗容器),2/3 放在第一段,1/3 放在第二段。

7. 反渗透装置的主要性能参数

1) 产水量(Q_p)

产水量是指反渗透装置在单位时间内生产的淡水数量(m^3/h)。膜的产水量主要取决于膜的材质、结构等因素,但也与运行条件有关。影响因素有:膜的水渗透系数及膜的水渗透系数的衰减情况、膜面污染情况、水温、压力、进水含盐量等,如图 13-41 所示。

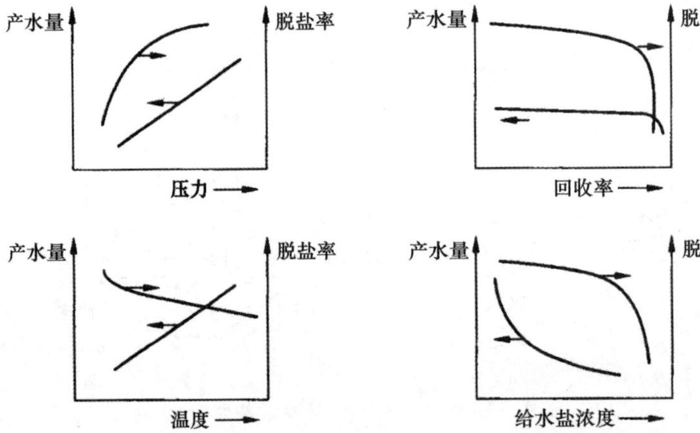

图 13-41　压力、温度、回收率及给水盐浓度对反渗透性能的影响

产水率随运行温度、运行压力上升而增加,当压力下降至接近供水渗透压时,产水量趋于零;产水率随进水浓度、回收率增加而下降;产水率随膜面污染增加而下降;产水率随运行时间增加而下降。

2) 水回收率(Y)

$$Y = (Q_p/Q_f) \times 100\% = [Q_p/(Q_p + Q_m)] \times 100\% \tag{13-2}$$

式中　Q_f——给水流量(m^3/h);

Q_m——浓水流量(m^3/h)。

3）浓缩倍率（CF）

$$CF = Q_f / Q_m = 100/(100 - Y) \tag{13-3}$$

4）脱盐率（R）或盐分透过率（Sp）

$$Sp = (C_p / C_f) \times 100\% \quad \text{（中空纤维式）} \tag{13-4}$$

$$Sp = \{C_p / [(C_f + C_m)/2]\} \times 100\% \quad \text{（卷式）} \tag{13-5}$$

$$R = 100\% - Sp \tag{13-6}$$

式中　C_f——进水含盐量（mg/L）；

C_p——产水含盐量（mg/L）；

C_m——浓水含盐量（mg/L）。

8. 反渗透给水的前处理和产水的后处理

由于膜是一种精密度很高的分离介质，对进水有较高的要求。若给水前处理不完善，给水水质不合格，则膜会很快被污染，造成运行中膜的压差增大，被迫进行频繁清洗，甚至使膜的寿命大大减少，更换膜元件。

因此，具备完善的给水前处理系统，确保反渗透进水水质符合要求，是一件非常重要的事情。

1）反渗透给水水质指标

反渗透给水水质标准见表 13-13。

表 13-13　　反渗透给水水质标准

项目	膜的品种与形式	醋酸纤维素膜	中空纤维式（芳香聚酰胺膜）	卷式复合膜
1	浊度	<1.0FTU		<1.0FTU
2	淤泥密度指数（SDI_{15}）	<5	<3	<5
3	水温（℃）	5～40	5～35	5～45
4	pH	4～6（运行） 3～7（清洗）		4～11（运行） 2.5～11（清洗）
5	COD_{Mn}mg O_2/L	<3		<3
6	游离氯（以 Cl_2 计）mg/L	0.2～1 （控制为 0.3）	<0.1 （控制为 0）	<0.1 （控制为 0）
7	含铁量（以 Fe 计）mg/L	<0.05	<0.05	<0.05
8	朗格谬尔指数	浓水<0.5	浓水<0.5	浓水<0.5
9	$[SO_4^{2-}] \cdot [Ca^{2+}]$	浓水 $<19 \times 10^{-5}$		
10	沉淀物质 Ba、Sr、SiO_2 等	浓水不发生沉淀		

注：表中的水质标准，严格讲，是指反渗透装置保安过滤器的进水应达到的标准。

2）反渗透给水前处理

反渗透给水前处理的具体过程要根据水源水质、膜组件的形式作出合理的选择。

（1）彻底去除进水中悬浮物颗粒及胶体

对反渗透进水中的悬浮颗粒和胶体必须彻底地去除。因为只有水分子能顺利通过反渗透膜，水中其他的物质才能都被截留。水中悬浮颗粒及胶体通常用浊度指标（NTU、FTU）来表示,但由于水浊度的测定误差较大,所以在反渗透进水中提出了新的反映水中悬浮颗粒和胶体物质多少的指标淤塞指数(SDI)。

① 淤塞指数(SDI)

淤塞指数是表征水中微粒和胶体颗粒危害的一种指标。在一定压力下,被测水通过 0.45μm 的微孔滤膜,根据膜的淤塞速度来测定。测定装置如图 13-42 所示。

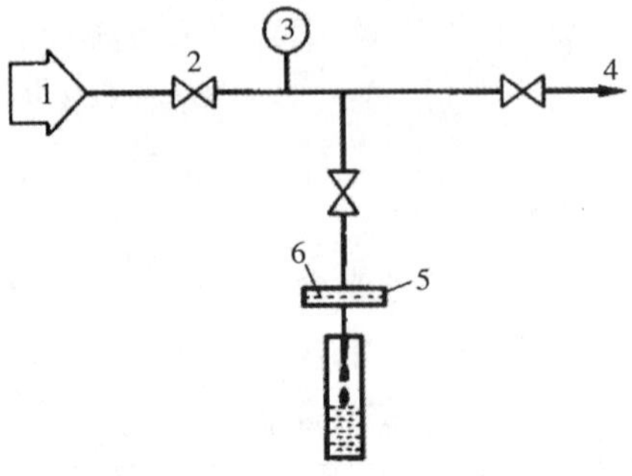

1—进水;2—阀门;3—压力表;4—放气;5—过滤器;6—微孔滤膜

图 13-42 淤塞指数的测定装置

测定方法:将被测水压力升至 207kPa(2.1kg/cm^2),让水通过直径 47mm、孔径 0.45μm 的膜过滤器,记录过滤 500mL 所需的时间 t_0,再继续过滤 15min,再记录过滤 500mL 所需的时间 t_1,按下式进行计算,得到 SDI_{15} 为

$$SDI_{15}=\frac{\left(1-\frac{t_0}{t_1}\right)\times 100}{15} \tag{13-7}$$

② 前处理中去除水中悬浮颗粒及胶体的方法

对于地表水,经过混凝—澄清—过滤的预处理后,必须通过前处理进一步彻底去除悬浮物和胶体,一般方法有二次混凝、细砂过滤、微滤和超滤等。

(2) pH 值的控制

水的 pH 对膜的水解和老化影响很大。反渗透进水 pH 实际控制值偏酸性,对防止膜面结垢也有利。

(3) 给水温度的控制

水温对膜的透水量有影响,多数反渗透膜操作温度每增加 1℃,透水量可增加 3%左右,可以采用各种加热器(如蒸汽加热等)调节给水温度。

(4) 防止微生物和氧化性物质的破坏

反渗透膜是有机材料,本身会引起微生物的滋生,反渗透进水中存在较多的有机物质(COD_{Mn}),也会促进微生物滋生,再加上反渗透给水温度适宜,若给水中添加磷系阻垢剂,更使微生物生长迅速。微生物对膜的影响包括两个方面:一是微生物对膜的破坏;二是微生物及其产生的黏液会在膜面沉积,堵塞膜的通道,使膜运行中压差上升,产水量下降。

防止微生物生长的方法是在给水前处理中添加杀菌剂。目前常用的是次氯酸钠,控制一定的余氯量。

对于复合膜和芳香聚酰胺膜,由于它们抗氧化性很差(尤其是复合膜),所以,可改加非氧化性杀菌剂,或运行中加氯处理后脱去余氯,以免复合膜和芳香聚酰胺膜被活性氯氧化而受损伤。

目前常用的脱氯法是通过加一些化学还原剂来除去,如亚硫酸氢钠和亚硫酸钠等。

(5) 防止垢的析出

因为在反渗透工艺中给水的盐类被浓缩,比如在回收率为 75%时,水被浓缩 4 倍,以致使浓水中某些盐浓度可能超过它们的溶解度,沉积可能会发生。

如果水中盐类在浓水中发生了沉积,膜就会受到污染,透水量降低,压差明显上升,反渗透装置的效率就迅速降低。目前常用的防垢方法是添加阻垢剂。

（6）保证反渗透给水的一定压力

渗透压力与给水中的含盐量和水温成正比，与膜无关。反渗透系统的进水压力要求比渗透压力大几十倍。提高进水压力，膜会被压密实，盐透过率会减小；与此同时，水的透过率就可成比例的增加，从而保证了要求的水回收率。但是，进水压力超过一定极限会引起膜的衰老，压实变形加剧，从而加速膜的透水能力衰退。

3）反渗透的后处理

反渗透产水的后处理方式主要取决于反渗透产水水质及用户对水质的要求。一般来讲，反渗透产水的水质，电导率在 10～50μS/cm（指处理自来水或苦咸水），主要成分是 Na^+、Cl^-、HCO_3^- 及 CO_2。在 CO_2 含量高时，由于它 100％透过膜，因此产水 pH 值低，呈酸性，有一定的腐蚀倾向。设置二级反渗透，在一级反渗透出水中添加 NaOH，提高 pH 值，将 CO_2 转化为 $NaHCO_3$，有助于降低二级反渗透出水电导率。

从用户对水质要求来看，若处理的水是用作高参数锅炉的补给水，反渗透的产水水质不能满足要求，必须在反渗透之后，再设置进一步处理装置，比如离子交换或电除盐（EDI）装置。

9. 反渗透膜污染及防治

1）膜污染定义

膜污染是指处理物料中的微粒、胶体粒子或溶质分子与膜发生物理化学相互作用或因浓差极化，使某些溶质在膜表面浓度超过其溶解度及机械作用而引起的在膜表面或膜孔内吸附、沉积，造成膜孔径变小或堵塞，使膜产生透过流量与分离特性的不可逆变化现象。

2）膜污染物种类

污染物的种类包括：无机物——$CaSO_4$、$CaCO_3$、铁盐或凝胶、磷酸钙复合物、无机胶体等；有机物——蛋白质、脂肪、碳水化合物、微生物、有机胶体及凝胶、腐质酸、多羟基芳香化合物等。

3）影响膜污染的因素

影响膜污染的因素主要有以下几方面：粒子或溶质尺寸及形态；溶质与膜的相互作用；膜的结构与性质；溶液特性的影响；膜的物理特性；操作参数。

4）膜的清洗

在任何膜分离技术应用中，膜的透水量会随运行时间增长而下降，即膜污染问题必然产生。因此，必须采取一定的清洗方法，使膜面或膜孔内污染物去除，达到透水量恢复，延长膜寿命的目的。

（1）清洗条件

① 当进水参数一定时，透过液电导明显增加。

② 进水温度一定，高压泵出口压力增加 8％～10％才能保证膜通量不变。

③ 进料的流速和温度一定时，反渗透装置的进出口压差增加 25％～50％。

④ 在恶劣进水条件运转 3 个月，在正常进水条件下运转 6 个月需进行常规清洗。

此外，在反渗透系统停运时，必须定期对膜进行清洗，既不能使反渗透膜变干，又要防止微生物的繁殖生长。

（2）清洗方法

化学清洗在反渗透膜的清洗中使用最广泛，化学清洗通常是用化学清洗剂，如稀碱、稀酸、酶、表面活性剂、络合剂和氧化剂等清洗。使用的化学清洗剂必须与膜材料相容，并严格按膜生产厂提出的条件（压力、温度和流速）进行清洗，以防膜产生不可逆损伤。当然，化学清洗的效果还取决于清洗液的 pH 值、温度、流速和循环时间等。典型化学清洗系统如图 13-43 所示。

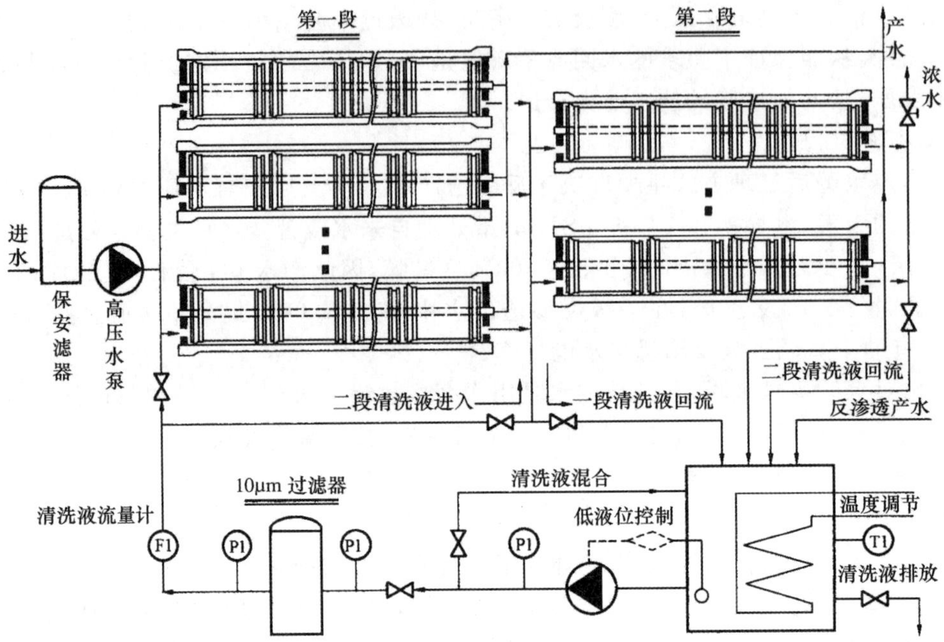

图 13-43 典型化学清洗系统

10. 反渗透装置运行与维护

1) 反渗透装置的工作过程

(1) 启动阶段。实际上是对反渗透系统的冲洗过程,即将反渗透装置充满水,排除空气,排放不合格的淡水。冲洗时间一般为 60s 左右。

(2) 运行阶段。实际是反渗透系统生产淡水的过程。

(3) 停机阶段。

(4) 低压冲洗。又称停机冲洗,此阶段就是用淡水置换浓水的过程,即用淡水冲洗反渗透装置,直至浓水侧排水水质与淡水水质基本相同为止,时间通常约需 10min。

反渗透装置短期(如 15～30d)停运时,应每 1～3d 低压冲洗 1 次,防止微生物滋生。

2) 膜元件的长期保护

反渗透装置长期(如大于 30d)停运时,应该用保护液浸泡反渗透膜,防止微生物滋生和膜失水。保护液一般为含有杀菌剂的水溶液。

11. 反渗透脱盐系统

1) 反渗透脱盐系统

反渗透脱盐系统主要由换热器、提升泵、保安过滤器、高压泵、反渗透膜组件、冲洗和清洗装置以及相应管道、阀门、支架、加药装置工作平台、测量仪表组成。

反渗透脱盐系统工艺流程如图 3-44 所示。

反渗透脱盐系统选用 2 台管式换热器,以提高反渗透的产水量。换热器出力满足现有 3 套系统用水量要求,不考虑备用余量。

保安过滤器用于拦截从超滤系统中偶尔流失的破碎颗粒和杂质,保护高压泵及膜元件不被损坏,真正起到"保安"的作用。保安过滤器的结构满足快速更换滤元的要求,采用压差控制

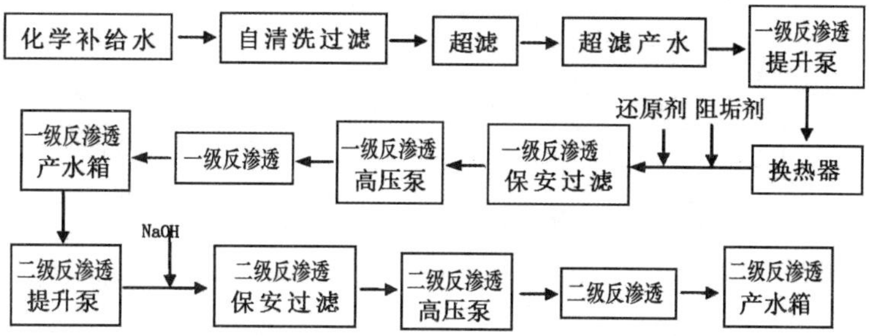

图 13-44　反渗透脱盐系统工艺流程

方式。当系统压差小于设定压差时，进行正常过滤。当系统压差超过设定压差时，进行清洗排污。当系统压差达到极限值时，应及时更换滤芯。保安过滤器设备参数见表 13-14 所示。

表 13-14　　**保安过滤器设备参数**

项目	一级保安过滤器
出力(m^3/h)	157
直径/壁厚(mm)	DN600
滤芯过滤精度(μm)	5
滤芯数量(根/台)	5
项目	二级保安过滤器
出力(m^3/h)	120
直径/壁厚(mm)	DN400
滤芯过滤精度(μm)	5
滤芯数量(根/台)	4

反渗透高压泵是反渗透系统的核心设备之一，为反渗透系统提供压力进行脱盐。反渗透高压泵进口装压力开关，压力低时报警及停泵；出口装高压开关，压力高时报警及停泵。

高压泵电机为变频电机，当温度和原水含盐量等变化时，保持预脱盐系统出力的稳定。

一级反渗透高压泵选用卧式离心泵，其性能参数为：流量 $Q=157m^3/h$，出力 $P=1.25MPa$，功率 $W=90kW$。叶轮及泵壳材料：304 不锈钢，采用变频控制。

二级反渗透高压泵选用卧式离心泵，其性能参数为：流量 $Q=120m^3/h$，出力 $P=0.95MPa$，功率 $W=55kW$。叶轮及泵壳材料：304 不锈钢，采用变频控制。

反渗透膜组件采用陶氏反渗透膜元件。元件为螺旋卷式结构，简称卷式结构，它由多叶膜袋组成，每一叶膜袋由两片膜正面相背的膜片、置于两片膜片间的产品水流道和放置在膜表面的湍流网格状进水流道组成，该膜袋三边用胶黏剂密封，第四边开口于有孔的产水收集管上。与其他元件结构相比，具有水流分布均匀、耐污染程度高、更换费用低、外部管路简单、易于清洗维护保养和设计自由度大等许多优点。

一级反渗透和二级反渗透如图 13-45 和图 13-46 所示。

反渗透装置设备参数见表 13-15 和表 13-16。

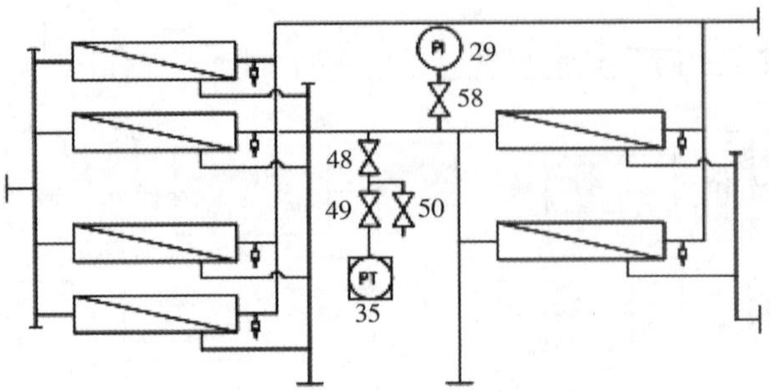

图 13-45　一级反渗透示意

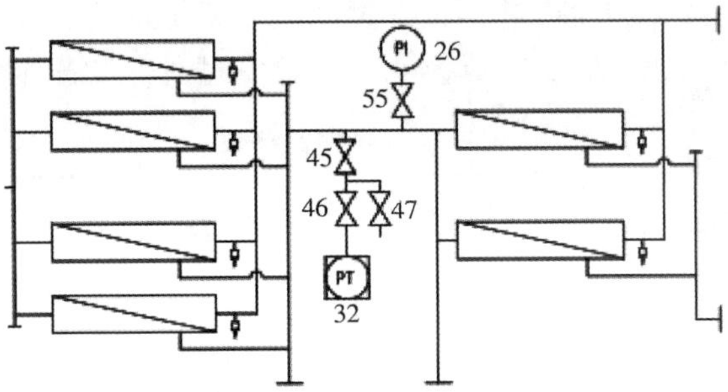

图 13-46　二级反渗透示意

表 13-15　　**一级反渗透装置设备参数**

项目	一级反渗透装置
数量（套）	3
单套设备装置出力(m^3/h)	118
系列排列方式	16:8
单套膜元件数量(个)	144
膜元件总数量(个)	432
单套使用年限	3
单套年平均更换率	30%
单套回收率	≥75%
系统脱盐率(1年内)	99%
系统脱盐率(3年内)	98%
制造商	美国陶氏
项目	一级反渗透膜元件
型式及型号	BW30-400/34i
单套脱盐率	99%
材料	聚酰胺
设计运行水通量[$L/(m^2 \cdot h)$]	22
过膜压差(MPa)	0.15
制造商	美国陶氏
项目	一级反渗透膜壳
单套反渗透膜壳数量(个)	24
膜壳总数量(个)	72

表 13-16　　二级反渗透装置设备参数

项目	二级反渗透装置
数量（套）	3
单套设备装置出力(m^3/h)	100
系列排列方式	9：4
单套膜元件数量(个)	78
膜元件总数量(个)	234
单套使用年限	3
单套年平均更换率	30%
单套流量(m^3/h)	100
单套回收率	≥85%
系统脱盐率(1 年内)	99%
系统脱盐率(3 年内)	98%
项目	二级反渗透膜元件
型式及型号	LE440i
单套脱盐率	99%
材料	聚酰胺
设计运行水通量[$L/(m^2 \cdot h)$]	31.2
过膜压差(MPa)	0.15
制造商	美国陶氏
项目	二级反渗透膜壳
单套反渗透膜壳数量(个)	13
膜壳总数量(个)	39

反渗透加药装置包括还原剂($NaHSO_3$)、阻垢剂、碱、非氧化性杀菌剂加药装置。

加还原剂的目的是还原超滤出水中的余氯，使进水满足反渗透膜元件对余氯的要求($<0.1mg/L$)。还原剂加药装置由 2 个溶液箱、2 台计量泵和 2 台搅拌机以及相关阀门等附件组成。

加阻垢剂(有机聚合物)的目的是防止反渗透膜浓水侧出现碳酸盐垢、硫酸盐垢以及氟化钙垢。阻垢剂加药装置由 2 个溶液箱、3 台计量泵、2 只搅拌机和相关阀门、管道等组成。

加碱的目的是提高 pH 值，将 CO_2 转化为 $NaHCO_3$，有助于降低二级反渗透出水电导率。反渗透加碱装置由 2 个溶液箱、2 台计量泵和相关的阀门、管道等组成。

加非氧杀菌剂的目的是防止微生物的生长繁殖。非氧杀菌剂加药装置由 1 个溶液箱、2 台计量泵和相关的阀门、管道等组成。

反渗透脱盐系统主要设备规范见表 13-17。

表 13-17　　反渗透脱盐系统主要设备规范

名称	数量(个)	容量(m^3)	材质
超滤水箱	2	200	钢衬聚脲防腐
一级反渗透产水箱	1	200	不锈钢
二级产水箱	1	200	不锈钢
化学清洗水箱	1	5	钢衬胶
除盐水箱	2	1000	钢衬聚脲防腐
阻垢剂计量箱	2	1	PP
还原剂计量箱	2	1	PP
盐酸计量箱	1	1	PP
碱计量箱	2	1	PP
次氯酸钠计量箱	2	1	PP
非氧计量箱	1	1	PP
次氯酸钠储罐	2	6.3	钢衬丁腈橡胶
碱储罐	1	6.3	碳钢
盐酸储罐	1	6.3	钢衬胶

2）反渗透系统的运行及控制

整套系统设有程序启停装置,停用后能延时自动冲洗。反渗透的控制,在就地和控制室内实现。系统的运行根据预脱盐水箱的水位自动控制启停。反渗透的运行包括预冲洗、冲洗、运行、运行后冲洗 4 个步骤。

反渗透运行时的监测项目有:进水、产水、浓水流量;进水、产水压力和一段、二段膜压差;总进水温度、pH 值、流量、电导率、压力、ORP、产水电导率。通过对以上数据的监测,可以比较直观地对膜组件运行状况作出快速判断。当超滤产水箱水位上升到一定液位时,反渗透系统才具备运行条件。当超滤水箱液位低或反渗透水箱达到高液位时,整个系统会自动停止。

(1) 反渗透运行前注意事项

① 反渗透产水手动阀必须打开,浓水手动排放阀必须打开。

② 反渗透产水管与反渗透水箱之间的阀门必须打开。

(2) 一级反渗透运行中的注意事项

① 监视一级反渗透的进水氧化还原电位(ORP)≤250mV,调整回收率≥75%,脱盐率≥98%,出水流量≤118t,段间压差≤0.4MPa,保安过滤器的进出口压差≤0.15MPa(若压差≥0.15MPa,检查无其他原因,应更换滤芯)。

② 前冲洗还原剂计量泵可以按照调试的固定给药量运行。

③ 高压泵变频器可以按照进水或产水流量人工输入数值给定频率运行。

④ 停机可以是系统停机报警触发,也可以是条件引发触发,还可以是人工点操触发。

⑤ 反渗透装置停机后,必须人工执行“后冲洗”步序;冲洗时间由外部人工设定。

⑥ 备用水泵或备用的计量泵,在有故障切换时,需就地检查手动阀状态后,再在上位机上选择切换。

(3) 二级反渗透运行中的注意事项

① 监视二级反渗透的进水 pH 值控制为 7.5 左右,调整回收率≥85%,出水流量≤100t,段间压差≤0.4MPa,保安过滤器的进出口压差≤0.15MPa(若压差≥0.15MPa,检查无其他原因,应更换滤芯)。

② 前冲洗碱计量泵可以按照调试的固定给药量运行。

③ 高压泵变频器可以按照进水或产水流量人工输入数值给定频率运行。

④ 停机可以是系统停机报警触发，也可以是条件引发触发，还可以是人工点操触发。

⑤ 后冲洗在设备停机后，在无其他设备正在后冲洗时，人工点击执行“后冲洗”。冲洗时间外部人工设定。

⑥ 执行后冲洗步序后，系统进入停机步序。

⑦ 备用水泵或备用的计量泵，在有故障切换时，需就地检查手动阀状态后，再在上位机上选择切换。

预脱盐系统控制指标见表 13-18。

表 13-18　　预脱盐系统控制指标

项目		控制指标
超滤	胶体硅去除率	≥99%
	SDI	≤3
	浊度	≤0.15NTU
	回收率	≥95%
一级反渗透	脱盐率	≥99%(1 年内) ≥98%(3 年内)
	回收率	≥75%(3 年后)
二级反渗透	脱盐率	≥95%(1 年内)
	回收率	≥85%(3 年后)

3）膜的化学清洗

膜的化学清洗的目的是除去黏附在膜表面和浓水通道上的污物，以恢复膜内部的清洁状态，是否需要清洗需根据实际运行情况来确定。当膜组件受到微生物、有机物、无机物等物质的污染后，在膜表面产生积聚，这样使得膜组件的产水量和脱盐率下降、一段和二段之间的压力差增大，同时电导率增高。此时，通过化学清洗系统，对膜进行化学清洗，恢复其脱盐能力。

超滤和反渗透共用一套化学清洗装置。化学清洗装置由清洗水箱、清洗水泵、清洗保安过滤器(超滤和反渗透的滤芯过滤精度分别是 100μm 和 5μm)及相应的管道、阀门等设备组成。化学清洗系统如图 13-47 所示。

反渗透化学清洗注意事项：

① 清洗操作时要有安全防护措施，如穿戴防护镜、手套、鞋和衣等。用到酸液清洗时，要考虑到通风。

② 固体清洗剂必须充分溶解后，再加其他化学试剂，进行充分混合后才能进入反渗透装置。

③ 清洗剂用量为每个元件 50L，清洗液流量为 6.8～9m^3/h，清洗压力为 0.14～0.42MPa，清洗时间一般为 12h。

④ 清洗过程中密切注意清洗液温升情况，切忌温度超过 30℃；观察清洗水箱液位和清洗液的颜色变化，必要时补充清洗液。

⑤ 清洗结束后，取残液进行分析，确定污染物种类，为日后清洗提供依据。

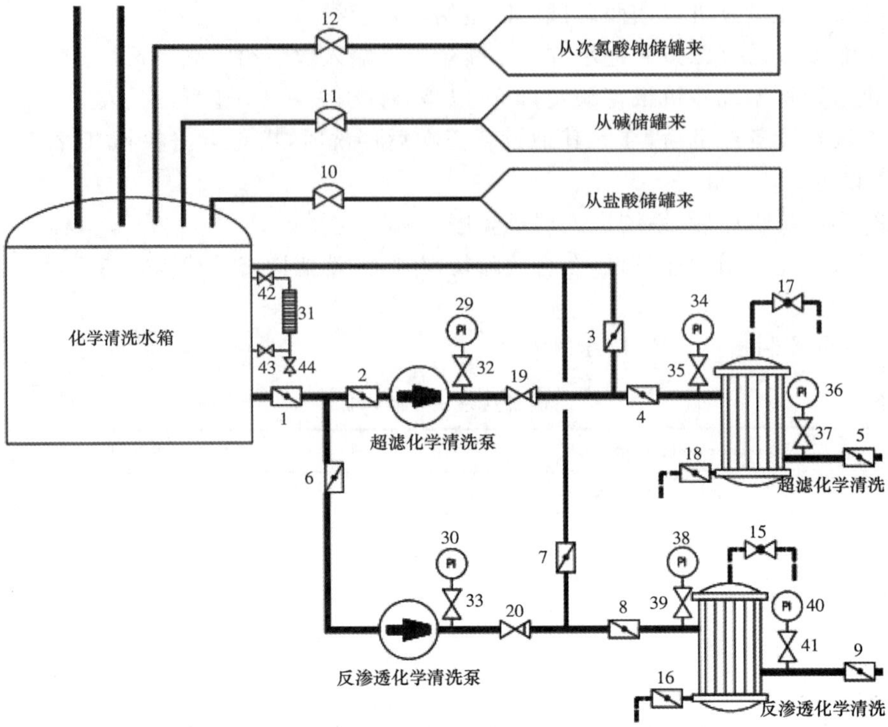

图 13-47 化学清洗系统

4）反渗透异常情况及处理

反渗透异常情况及处理见表 13-19 和表 13-20。

表 13-19 **一级反渗透异常情况及处理**

故障症状	故障原因	解决方法
一级反渗透进水SDI值高	超滤进水水质变差	检查预处理系统
	超滤膜元件受损/断丝	超滤完整性检测；维修/更换膜元件
	进水氧化剂投加不到位	检查氧化剂加药系统
一级保安过滤器压差高	滤芯堵塞(进出口压差>0.15MPa)	更换保安过滤器滤芯
	短时间压差升高，可能由于超滤出水水质变差引起	化验超滤出水水质；检查 SDI 值
一级高压泵进口压力低	提升泵出力不够；启动的提升泵与反渗透不相匹配	检查提升泵及反渗透装置的数量
	保安过滤器滤芯堵塞	更换保安过滤器滤芯
一级反渗透故障停机	反渗透自动阀门在规定时间内没收到开启或关闭反馈信号	检查/维修相关阀门
	高压泵变频故障	检查设备运行负荷；检查设备，将变频器复位
	高压泵进口压力低故障	见上述高压泵进口压力低故障处理
	反渗透产水流量高	检查设备，检查设备运行负荷
	反渗透产水压力高	检查阀门，检查设备运行负荷
	反渗透产水压力低	检查产水爆破片
	进水氧化还原电位(OPR)高	检查还原剂加药

续表

故障症状	故障原因	解决方法
一级反渗透产水量低	高压泵出力不够/出口阀开度不足	检查阀门及升压泵运行频率
	提升泵出力不足	检查阀门及提升泵运行负荷
	反渗透浓水排放过大	检查流量及浓水阀开度(调整回收率＞76%)
	反渗透膜元件受污染	段间压差＞0.4MPa，进行化学清洗
一级反渗透产水电导高	超滤出水电导率升高	检查原水电导，超滤系统的运行
	膜连接件"O"形圈泄漏	检查各压力容器，找出并更换有问题的连接器
	膜元件由于各种元件损坏	检查各压力容器，找出并更换有问题的膜元件
	膜元件受到污染/污堵	段间压差＞0.4MPa，化学清洗

表 13-20　　二级反渗透异常情况及处理

故障症状	故障原因	解决方法
二级反渗透进水SDI值高	一级反渗透进水水质变差	检查超滤处理系统
	一级反渗透膜元件受损	维修/更换膜元件
二级保安过滤器压差高	滤芯堵塞(进出口压差＞0.15MPa)	更换保安过滤器滤芯
	短时间压差升高，可能由于一级反渗透出水水质变差引起	化验一级反渗透出水水质；检查 SDI 值
二级高压泵进口压力低	提升泵出力不够；启动的提升泵与反渗透不相匹配	检查提升泵及反渗透装置的数量
	保安过滤器滤芯堵塞	更换保安过滤器滤芯
二级反渗透故障停机	反渗透自动阀门在规定时间内没收到开启或关闭反馈信号	检查/维修相关阀门
	反渗透段间压差(＞0.4MPa)	膜元件污堵，需要清洗
	高压泵变频故障	检查设备运行负荷；检查设备，将变频器复位
	高压泵进口压力低故障	见上述高压泵进口压力低故障处理
	反渗透产水流量高	检查设备，检查设备运行负荷
	反渗透产水压力高	检查阀门，检查设备运行负荷
	反渗透产水压力低	检查产水爆破片
二级反渗透产水量低	高压泵出力不够/出口阀开度不足	检查阀门及高压泵运行频率
	提升泵出力不足	检查阀门及提升泵运行负荷
	反渗透浓水排放过大	检查流量及浓水阀开度(调整回收率＞85%)
	反渗透膜元件受污染	段间压差＞0.4MPa，进行化学清洗
二级反渗透产水电导高	一级反渗透出水电导率升高或进水 pH 值不达标	检查一级反渗透的脱盐率(＞98%)，碱加药
	膜连接件"O"形圈泄漏	检查各压力容器，找出并更换有问题的连接器
	膜元件由于各种元件损坏	检查各压力容器，找出并更换有问题的膜元件
	反渗透段间压差(＞0.4MPa)	膜元件污堵，需要清洗

13.5.3 电除盐

1. 电渗析

电渗析(简称ED)是一种利用电能的膜分离技术，它以直流电为推动力，利用阴、阳离子交换膜对水中阴、阳离子的选择透过性，使一个水体中的离子通过膜转移到另一个水体中的物质分离。

1）电渗析的基本原理

（1）离子交换膜的特性

离子交换膜是对离子具有选择透过性的高分子材料制成的薄膜。常用磺酸型阳离子交换树脂制成阳膜和季铵型阴离子交换树脂制成阴膜。离子交换膜之所以具有选择性，是因为膜上孔隙和膜上离子活性基团的作用。在水溶液中，这种膜的高分子母体(以R来代表)是不溶解的但会发生溶胀，膜体结构变松，从而造成微细、弯曲和贯通膜两面之间的通道，以供离子的进出，同时膜上的活性基团发生解离，产生离子进入溶液(H^+和OH^-)。于是，在阳膜上就留下带有强烈负电场的阴离子(RSO_3^-)，带有正电荷的阳离子就可以通过阳膜，而带有负电荷的阴离子却不能(图13-48)。同理，阴膜的活性基团具有强烈的正电场，只能透过阴离子而不能透过阳离子。这种与活性基团所带的电荷相反的离子穿过膜的现象，称为反离子迁移，这即是电渗析作用原理的关键，也是电渗析器中的主要过程。由此可知，离子交换膜更确切应称为离子选择透过性膜。

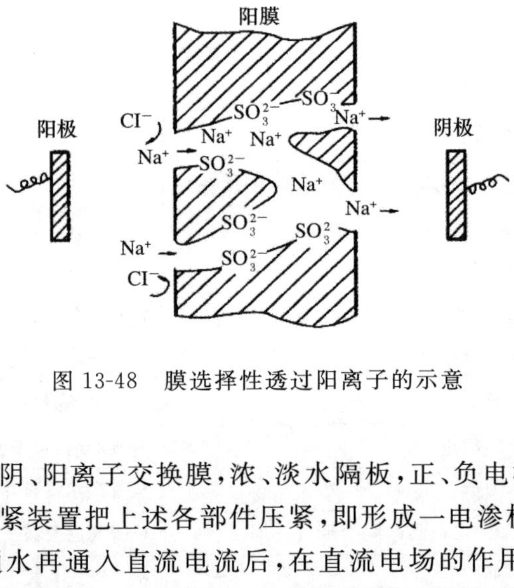

图13-48 膜选择性透过阳离子的示意

（2）电渗析作用原理

电渗析器主要部件是阴、阳离子交换膜，浓、淡水隔板，正、负电极，电极框，导水板和夹紧装置(或压紧装置)。用夹紧装置把上述各部件压紧，即形成一电渗析装置。在这样的装置中，水流分三路进出。当先通水再通入直流电流后，在直流电场的作用下，阴离子向阳极方向移动，阳离子向阴极方向移动，如图13-49所示。凡是阳极侧是阴膜、阴极侧是阳膜的隔室中，水中的正、负离子向室外迁移，水中的离子减少，这种隔室称为淡水室。同理，在阳极侧是阳膜、阴极侧是阴膜的隔室，室中的正、负离子由于膜的选择透过性，它们迁移不出来，而相邻隔室的离子会迁入，使室内的离子浓度增加，这种隔室称为浓水室。

直接和电极相接触的隔室称为极水室。在极水室中发生电化学反应，阳极上产生初生态氧和初生态氯，有氧气和氯气逸出，水溶液呈酸性；阴极上产生氢气，水溶液呈碱性，有硬度离子时，极水室易生成水垢。临近极水室的第一张膜一般用阳膜或特制的耐氧化较强的膜，常称之为极膜。

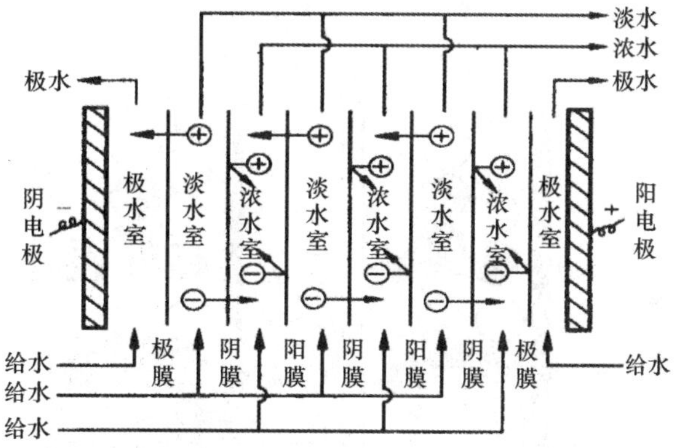

图 13-49　电渗析作用原理示意

2）电渗析运行中的极化现象

在电渗析运行过程中，由于离子在离子交换膜内的迁移数比在溶液中的迁移数要大，因而，在一定的水流速度、浓度和温度下，当电流密度上升到某一定数值时，即会在膜-溶液界面两边产生浓度梯度，在膜面的滞流层中，除盐侧（淡水室）膜-溶液的界面上，可迁移的电解质离子几乎为零，从而使水解离成 H^+ 及 OH^-，这即极化观象。

2. 电除盐的工作原理

电除盐或电去离子（简称 EDI），也称连续去离子（简称 CDI），是电渗析和离子交换技术的结合，但性能又优于二者的一种新型的膜分离技术。这种新装置实际上是在电渗析器中填装了离子交换树脂，其特点是：

(1) 利用水解离产生的 H^+ 和 OH^- 自动再生填充在电渗析器淡室中的离子交换树脂，因而不需使用酸碱，实现清洁生产。

(2) 设备运行的同时就自行再生，因此相当于连续获得再生的离子交换柱，从而实现了对水连续深度脱盐。

(3) 产水水质好，日常运行管理方便。

EDI 是以电渗析装置为基本结构，在其中装填强酸阳离子交换树脂和强碱阴离子交换树脂（颗粒、纤维或编织物）。按树脂的装填方式 EDI 分为下列两种形式：第一种是只在电渗析淡水室的阴膜和阳膜之间充填混合离子交换树脂；第二种是在电渗析淡水室和浓水室中间都充填混合离子交换树脂。

现以第一种形式为例来分析 EDI 的原理。如图 13-50 所示，在电渗析淡水室的阴膜和阳膜之间填充离子交换树脂，水中离子首先因交换作用而吸着于树脂颗粒上，然后在电场作用下经由树脂颗粒构成的“离子传输通道”迁移到膜表面并透过离子交换膜进入浓水室。由于交换树脂不断发生交换作用与再生作用，形成离子通道。淡水室中离子交换树脂的导电能力比所接触的水要高 2～3 个数量级，使淡水室体系的电导率大大增加，提高了电渗析的极限电流。EDI 装置在极化状态下运行，膜和离子交换树脂的界面层会发生极化，它使水解离，产生 OH^- 和 H^+，这些离子除部分参与负载电流外大多数对树脂起再生作用，使淡水室中的阴、阳离子交换树脂再生，保持其交换能力。这样，EDI 装置就可以连续生产高纯水。

在 EDI 工作过程中，离子交换只是手段，不是目的。在直流电场作用下，使阴、阳离子分别作定向迁移，分别透过阴膜和阳膜，使淡水室离子得到分离。在流道内，电流的传导不再单靠阴、阳离子在溶液中的运动，也包括了离子的交换和离子通过离子交换树脂的运动，因而提

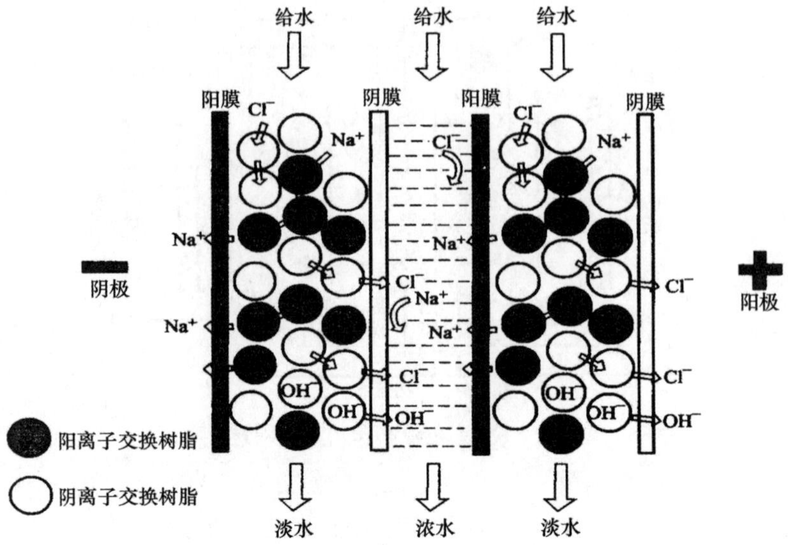

图 13-50　EDI 基本原理

高了离子在流道内的迁移速度,加快了离子的分离。

在淡水室流道内,阴、阳离子交换树脂因可交换离子不同,有多种存在形态,如 R_2Ca、R_2Mg、RNa、RH、R_2SO_4、RCl、$RHCO_3$、ROH 等。关于离子交换树脂的再生,由于 EDI 是在极化状态下运行,膜及离子交换树脂表面发生极化,水解离成 OH^- 和 H^+,对树脂起了再生作用,这个再生作用是与交换同时进行的,所以是连续的,它可以使树脂运行中一直保持为良好的再生态。

EDI 中,离子交换、离子迁移和离子交换树脂的再生这三个过程同时进行,相互促进。当进水离子浓度一定时,在一定电场的作用下,离子交换、离子迁移和离子交换树脂的再生达到某种程度的动态平衡,使离子得到分离,实现连续去除离子的效果。

3. 电除盐模块的分类

为了保证 EDI 装置连续制水,提高系统运行的稳定性,EDI 装置通常采用模块化设计,即利用若干个一定规格的 EDI 模块组合成一套 EDI 装置。模块化的设计,可以方便地对故障模块进行维修或更换处理;另外,还可以使装置保持一定的扩展性。

1) 按结构形式分类

EDI 模块的内部部件主要由阳、阴电极板,极框,离子交换膜,淡水隔板,浓水隔板及端压板等部件按一定的顺序组装而成。设备的外形一般为方形或圆形,因此有板框式 EDI 模块和螺旋卷式 EDI 模块两类。

2) 按运行方式分类

根据浓水处理方式,可将 EDI 模块分为浓水循环式和浓水直排式两类。目前普遍采用的是浓水直排式 EDI 模块。

如果在 EDI 模块的浓水室及极水室中也填充了离子交换树脂等导电性材料,则可以不设浓水循环系统。这种模块称为浓水直排式 EDI 模块,如图 13-51 所示。

与浓水循环式相比,浓水直排式有如下特点:

① 提高工作电流的方法不是靠增加含盐量,而是借助于导电性材料,可以用较低的能耗获得较好的除盐效果。

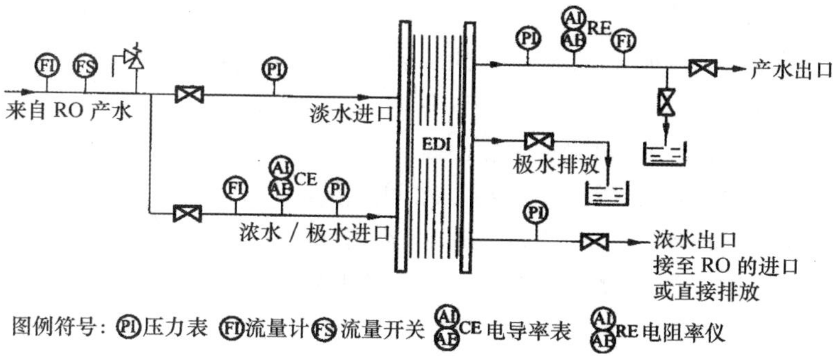

图 13-51　浓水直排式 EDI 装置工艺流程

② 对进水水质的波动有一定适应性。

③ 离子交换树脂可以迅速地吸收迁移进浓水室的 SiO_2 及 CO_2 等弱酸物质，并可以降低膜表面的浓差极化，改善浓水室结垢的问题。

④ 可以省掉加盐装置、浓水循环泵等辅助设备。

⑤ 浓水室的水流速度不高。

⑥ 进水电导率太低时，EDI 装置可能无法适应。在此种情况下，可通过对浓水进行循环或在进水中加盐的方法予以解决。

4. 电除盐装置对进水的要求

电除盐进水水质控制指标见表 13-21。

表 13-21　电除盐进水水质控制指标

项目	单位	控制目标
pH 值	—	6.0～8.0
硬度（以 $CaCO_3$ 计）	ppm	<0.1
SiO_2	ppm	<0.5
TOC	ppm	<0.5
余氯	ppm	<0.05
总 CO_2	ppm	<5
TEA（总可交换阴离子，含 CO_2 以 $CaCO_3$ 计）	ppm	≤25
Fe、Mn	ppm	<0.01
SDI	—	1.0

5. 电除盐装置的运行

1）启动前的再生

当 EDI 模块停运的时间较长或进行过化学清洗后，淡水室 H 型和 OH 型树脂百分含量达不到要求时，则投入运行前需要对模块进行再生。在对 EDI 模块进行再生时，可以按正常的操作程序启动 EDI 系统。

2）影响 EDI 装置运行效果的因素

（1）操作电压与运行电流

在进水水质相对稳定的条件下，当操作电压为 U_1 时，在电压-电流关系曲线上出现一个拐

点 I_1。I_1即为 EDI 膜堆的极限电流，如图 13-52 所示。U_1为 EDI 膜堆的分解电压；如果继续提高操作电压，在电压-电流关系曲线上出现另一个拐点 I_2。I_2即为 EDI 膜堆的再生电流，U_2即为 EDI 膜堆的再生电压。

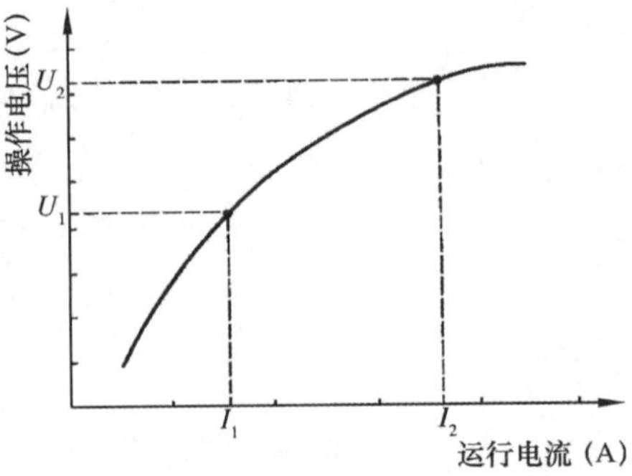

图 13-52　不同操作电压的条件下电压-电流关系曲线

EDI 的正常操作电压应运行在 U_1至 U_2之间，当操作电压高于 U_2时，此时相当于膜堆的再生过程，淡水室中离子交换树脂再生出来的杂质离子将会影响 EDI 装置的出水水质。

(2) 进水电导率

由于在高浓度的溶液中，浓差极化程度轻，水解离速度小，树脂得不到有效的再生，主要起到增强离子迁移的作用，此时离子交换起了主要作用，在较短的时间内淡水室内的树脂就被杂质离子所饱和。因此，当进水电导率大于 100μS/cm，即使提高操作电流，也不能阻止产水水质下降的趋势。

(3) 淡水进水流量

过低的运行流速可能使模块的温升增高，以至于对模块造成损坏。进水流速较高，进水将带入更多的杂质离子，使树脂迅速达到饱和，使淡水室出水水质下降。EDI 模块中淡水室的水流速度一般控制在 20～50m/h。

(4) 进水离子组成成分

不同价态离子的迁移速度各不相同。二价离子无论是在与离子交换树脂进行交换反应的速率上，还是在沿树脂链进行迁移的速度上，都要比一价离子慢。

(5) 水温

EDI 模块的运行温度一般控制在 5℃～35℃。将 EDI 模块的进水温度适当加以提高，则可以加快 EDI 膜堆中离子的迁移速度，同时还能促进离子交换树脂的交换和再生作用，因而可以提高产水的电阻率。另外，由于 CO_2、SiO_2 等弱酸性离子的水解作用随进水水温的升高而增强，因此其去除率也有相应的提高。

6. 电除盐装置的维护

1) 停机保护

(1) 短期停机(停机不超过 3d)

主要由于报警或工艺方面的原因所造成的停机，可按下述步骤停运和保护 EDI 装置：

① 停运整流器。

② 停运浓水循环泵。

③ 停运加盐装置。

④ 关闭所有进出水阀门，停止向 EDI 装置进水。

⑤ 保持模块内部的水分，防止模块脱水。

(2) 长期停机停运步骤和 EDI 装置保护(停机超过 3d)

① 先按短期停机的程序①—④进行处理。

② 卸去 EDI 装置的内部压力。

③ 对装置进行杀菌处理。

④ 关闭所有的进出口阀门，保持模块内部的湿润。

⑤ 断开整流器、控制盘和泵的电源。

经过长期停机后的 EDI 装置在重新使用前，应注意检查和调整模块端板的间距。

2）模块的储藏

由于模块内的树脂和膜耐温能力有限，要求模块使用和储藏温度不低于 0℃，不高于 50℃。

（1）短期储藏的注意事项

① 确保模块密封。

② 膜和树脂不能脱水干燥。

（2）长期储藏的注意事项

① 按 EDI 模块的出厂状态，排出多余的水分并保持内部湿润。

② 必须向模块内加入杀菌剂进行封存。

按此方法处理的模块最多可保存 1 年。

3）EDI 装置的清洗与消毒

EDI 膜堆和管路可能会由于硬度、微生物、有机物及金属氧化物等因素而引起污染或结垢，统称污堵。

污堵原因包括以下几个方面：

① 运行的积累。

② 进水水质不符合要求。

③ 回收率太高。

④ 微生物滋生。

4）清洗方法

根据模块的运行状况或取出污垢进行分析，以确定污垢化学成分，然后进行浸泡或动态循环清洗。

常见的污垢类型：

① 钙镁垢——易发部位为浓水室和阴极室。

② 硅垢——易发部位为浓水室和阴极室。

③ 有机物污染——树脂和膜会发生有机物污染，易发部位为淡水室。

④ 铁锰污垢——当进水铁锰含量过高时，则引起树脂和膜的中毒，易发部位为淡水室。

⑤ 微生物污染。

5）消毒

当 EDI 模块需要长期储存或发生微生物污染时，常用离子型及有机物消毒剂等消毒，如过乙酸、丙二醇等。用离子型消毒剂消毒后的模块，在下次开机前应进行再生；使用有机消毒剂消毒后，EDI 装置投运时需要经过较长的正洗时间，才能将产水 TOC 降低下来。

6）EDI 模块的再生

导致树脂中 H 型和 OH 型树脂的失效的几种情况：

① 对模块进行了化学清洗。

② 较长时间的停机。

③ 模块在低电流甚至断电的情况下运行了一段时间。

电再生的实质就是水电离出的 H^+ 型和 OH^- 与树脂中杂质离子的交换反应。为了提高再生度和再生速度，需要调整设备的运行工况，如提高工作电流、强化水的电离。

7. 电除盐的应用

纯水的制备,过去的几十年中一直以离子交换法为主,随着膜技术的发展,膜法配合离子交换法制取纯水应用很广泛。EDI技术的开发成功,则是纯水制备的又一项变革,它开创了采用三膜处理(UF+RO+EDI)来制取纯水的新技术。与传统的离子交换相比,三膜处理具有不需要大量酸碱、运行费用低、无环境污染等优点。

EDI作为电渗析和离子交换结合而产生的技术,主要用于以下场合:

① 在膜脱盐之后替代复床或混合床制取纯水。

② 在离子交换系统中替代混床。

③ 在原水含盐量低的场合,与其他手段结合可作预脱盐。

④ 用作半导体等行业冲洗水的回收处理。

EDI技术与混床、电渗析、反渗透相比,可连续生产,产水品质好,制水成本低,无废水、化学污染物排放,有利于节水和环保,是一项对环境无害的水处理工艺。但EDI要求进水水质要好(电导率低,无悬浮物及胶体),最佳的应用方式是与反渗透匹配,对反渗透出水作进一步纯化。当EDI用于离子交换(或其他类似处理方式)后面,即使进水电导率低,EDI初期出水水质很好,但由于进水中胶体物质没有彻底除净,EDI极易受悬浮物及胶体污染造成水流通道堵塞,产水量减少,出水水质下降。

火电厂水处理系统中,EDI一般代替混床作为深度除盐设备,从而获得纯水或超纯水,多采用全膜处理工艺(UF+RO+EDI),不仅能保证出水水质,还能保证出水水量。

8. 电除盐系统

1) 电除盐系统

EDI除盐系统工艺流程如图13-53所示。

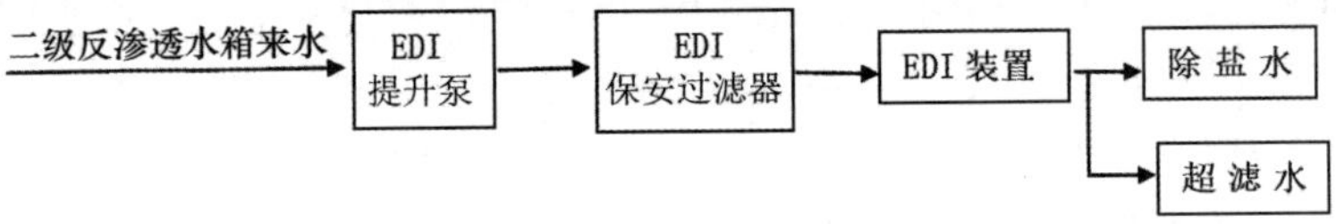

图13-53　EDI除盐系统工艺流程

电除盐装置设备主要由EDI提升泵、保安过滤器、EDI模块、化学清洗装置、附件及所供设备系统内的管道和阀门、支架,以及整个工艺过程要求的仪表组成。

电除盐系统如图13-54所示。

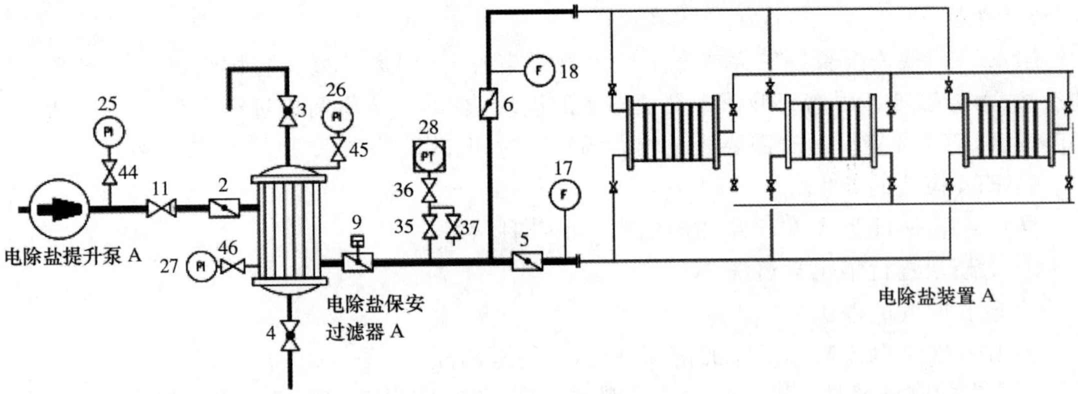

图13-54　电除盐系统

EDI 提升泵选用 3 台 Xylem 公司生产的卧式离心泵，其性能参数为：流量 $Q=100m^3/h$，出力 $P=0.5MPa$，功率 $N=22kW$。泵体过流部分及附件的材料均采用不锈钢；泵的密封方式采用机械密封，并考虑防腐要求，泵为变频调节。

EDI 保安过滤器在 EDI 组件前可用于拦截从反渗透系统中偶尔流失的破碎颗粒和杂质，保护 EDI 组件不被损坏。保安过滤器的控制方式采用压差控制方式，当过滤器压差达到设定值时，需更换滤芯。EDI 保安过滤器性能参数见表 13-22。

表 13-22　　EDI 保安过滤器性能参数

项目	EDI 保安过滤器
流量(m^3/h)	100
数量(台)	3
滤芯过滤精度(μm)	1
滤芯数量	4

EDI 膜块型号为 IP-LXM45Z。EDI 装置设备参数见表 13-23。

表 13-23　　EDI 装置设备参数

项目	电除盐装置
数量(套)	3
单套设备装置出力(m^3/h)	90
单套膜块数量(个)	15
膜块总数量(个)	45
单套使用年限(年)	5
单套年平均更换率	20%
单套流量(m^3/h)	90
单套回收率	≥90%
系统产水电导($\mu S/cm$)	0.1
电压(VDC)	0～600/0～400
电流(ADC)	0～6/0～5.2
制造商	IONPURE

2) 电除盐装置的运行与控制

(1) 电除盐装置的控制

3 套电除盐装置，单套出力 $90m^3/h$。电除盐组件采用程序控制，自动监控。其运行、化学清洗等步骤由 PLC 进行顺序控制。EDI 系统监测项目主要有：系统产水量、进水温度、进口压力、进水与产水压差、回收率、电功率。EDI 膜堆操作控制参数见表 13-24，电除盐产水水质控制指标见表 13-25。

表 13-24　　膜堆操作控制参数

参数	范围
IP-LXM45Z 产水	2.55～7.7m^3/h
进水温度	4.4℃～40℃
进口压力	3.4～6.9bar 最小流量到标准流量 4.5～6.9bar 标准流量到最大流量
进水与产水压差	ΔP1.4～2.0bar 标准流量 ΔP0.3～0.7bar 最小流量 ΔP2.7～3.4bar 最大流量
回收率	90%～95%
电功率	最大 600V 直流 最大 6.0A 直流
产水工作室	45 个

表 13-25　　电除盐产水水质控制指标

项目	单　位	控制指标
硬度	mmol/L	0
钠	μg/L	≤15
SiO_2	μg/L	≤20
电阻率	MΩ/cm	≥5
pH 值	—	6.5～7.0
溶解氧	ppm	≤0.3

(2) 电除盐装置的运行

① 启动直流电

a. 将电流设置为 0%。

b. 逐渐加大电流至每台 CEDI 膜堆 2～4amps(LXM45Z 膜堆的最大电压为 600V)。

c. CEDI 膜堆以再生形式装运,但若在没有电流的情况下就开始让水通过膜堆，则膜堆内的树脂会被消耗。因此,膜堆需要一定的时间来完成再生并生产符合要求的高质量水(一般要用几分钟)。

② 调整进出水量

a. 逐渐打开淡水出口阀至与淡水冲洗出口阀同样的位置。

b. 逐渐打开淡水出口阀,同时逐渐关闭淡水冲洗出口阀来设置所需淡水流量及淡水进口和出口压力值。

③ 停机与保护

若系统需要短时间停止工作,且管道设置允许系统排水,则一些手动阀必须关闭。包括关闭淡水进口阀、关闭淡水出口阀、关闭淡水冲洗阀和关闭浓水排放阀。

若 CEDI 膜堆要停止工作 3d 以上,则必须为长期关闭及存放做好准备,以防止生物生长。

注意:在为长期关闭做准备所有步骤时都必须关闭 CEDI 膜堆电源!

a. CEDI 膜堆电源必须关闭。

b. 允许 CEDI 排干所有备用水。

c. 封闭或用塞子塞紧 CEDI 膜堆入口及出口，以使其保持湿润状态。

d. 在长期关机之后，可能需要对 CEDI 膜堆进行再生。再生过程需要 8～16h。

④ 电除盐运行中的注意事项

a. 监视电除盐的出水，水电阻率≥5MΩ，二氧化硅≤20μg/L，出水流量≤90t，浓水流量≥5t，保安过滤器的进出口压差≤0.15MPa（若压差≥0.15MPa，检查无其他原因，应更换滤芯）。

b. 整流器在 EDI 给水泵无故障状态；淡水、浓水的流量限位开关都已经接收到流量正常信号的条件均满足后 10s 后启动。

c. 投运后，要依据产水电阻表检测值≥5.0MΩ 确认进入下一步。如果条件不允许运行，可自动判断停机，也可以人工操作停机。

13.6　循环冷却水处理

在工业生产过程中，冷却用水的比例很大，冷却水基本上占总用水量的 90%～95%。

天然水中含有许多无机质和有机质，如不经过专门处理，冷却水在循环利用过程中，不仅温度会升高，且由于盐类浓缩等作用，会产生腐蚀、结垢和微生物生长等问题。

13.6.1　冷却水系统和设备

1. 冷却水系统

用水来冷却工艺介质的系统称作冷却水系统。冷却水系统通常有两种：直流冷却水系统和循环冷却水系统。

1）直流冷却水系统

在直流冷却水系统中，冷却水仅仅通过换热设备（如凝汽器）一次就排放，不循环利用。

2）循环冷却水系统

循环冷却水系统分为闭式循环冷却水系统和开式循环冷却水系统两种。

（1）闭式循环冷却水系统

闭式循环冷却水系统是指冷却水本身在一个完全闭合的系统中不断循环运行，冷却水不与空气接触，水的冷却是由另外一个开式冷却水（或空气）系统的换热设备来完成的。这种系统的特点是：水不蒸发、不排放，补充水量小。因此，通常采用软化水或除盐水作补充水。

闭式循环冷却水系统一般只是在传热量较小及有特殊要求的设备上使用，例如水内冷发电机的水冷却系统，某些大型转动设备的轴承冷却水等。

（2）开式循环冷却水系统

开式循环冷却水系统是工业生产中应用很普遍的一种冷却水系统，其工艺流程如图 13-55 所示。该系统是指冷却水由循环水泵送入热交换器内进行热交换，升温后的冷却水经冷却塔降温后，再由循环水泵送入热交换器内循环利用，这种循环利用的冷却水称循环冷却水。这种系统的特点是：由于水中有 CO_2 散失和盐类浓缩现象，在热交换器铜管内或冷却塔的填料上有结垢问题；由于温度适宜、阳光充足、营养丰富，有微生物的滋长问题；由于冷却水在塔内对空气洗涤，有生成污垢的可能；由于循环冷却水与空气接触，水中溶解氧是饱和的，所以还有换热器材料的腐蚀问题。由于循环冷却水的水

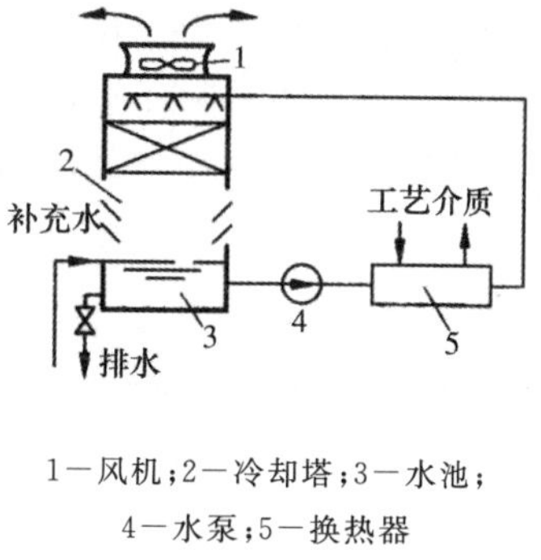

1—风机；2—冷却塔；3—水池；4—水泵；5—换热器

图 13-55　开式循环冷却水系统

质比起补充水水质明显恶化,给冷却水系统带来了一系列问题,所以对循环冷却水进行水质控制处理是非常必要的。

2. 冷却构筑物

在循环冷却水系统中,用来降低水温(从热交换器排出的热水)的构筑物或设备称为冷却构筑物或冷却设备。电厂循环冷却水系统中的冷却构筑物通常采用冷却塔。

在冷却塔中,热水从塔顶由上向下喷散成水滴或水膜状,空气则由下向上与水滴或水膜成逆流运动,或者在水平方向与水滴或水膜成交流(横流)运动,使水与空气接触,进行热交换,来降低循环水的温度。冷却塔具有占地面积小、冷却效果好、水量损失小、处理水量的幅度较宽等优点,在各行各业应用很广泛。

冷却塔按塔的构造以及空气流动的控制情况,可分为自然通风冷却塔和机力通风冷却塔两大类。

1) 自然通风冷却塔

这种冷却塔具有特殊形状的通风筒,以提供循环水冷却所需要的空气流量。它的水是从上部喷下,由于塔内空气与塔外空气温度差而形成的比重差,通风筒具有很强的抽风能力,使新鲜空气从塔下进入,与水发生热量交换,湿蒸汽从塔顶排出,循环水得到冷却。

2) 机力通风冷却塔

机力通风冷却塔中,为完成循环水冷却所需的空气流量是由风机供给的,因此通风量稳定,冷却效率较高,占地面积较小,投资省,在相同条件下,冷却后的水温比自然通风冷却塔要低 3℃～5℃。但是由于需要风机通风,运行耗电量大,维护工作量大,在大型和特大型冷却塔中,风机的制造和运行都存在很多问题,往往它被双曲线型冷却塔所取代。但它在中小型冷却水系统中应用较多。其结构如图 13-56 所示。

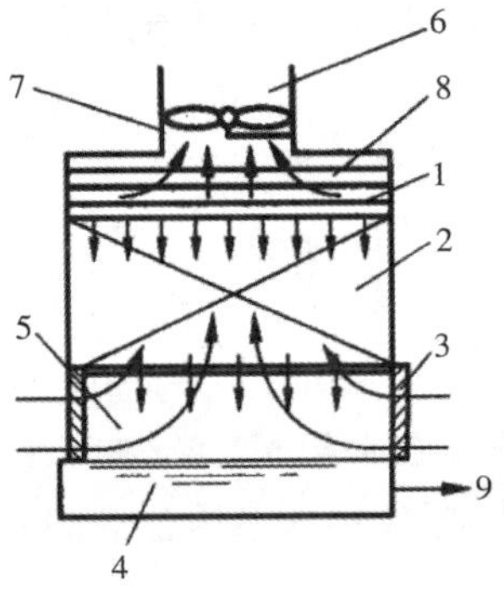

1—配水系统;2—填料;3—百叶窗;4—集水池;5—空气分配区;6—风机;7—风筒;8—热空气和水蒸气;9—冷水

图 13-56 机力通风冷却塔

3. 循环冷却水系统

循环冷却水系统配置一套循环水系统,包括 3 段机力通风冷却塔、3 台循环水泵及其配套电机、4 套平板滤网和 2 套胶球清洗系统。

循环冷却水系统工艺流程依次为:机力通风冷却塔→滤网→循环水泵→出口液控阀门→供水管→凝汽器→回水管→机力通风冷却塔,如图 13-57 所示。

配置的 3 段机力通风冷却塔,单列直线式布置。单段机力通风冷却塔的正常冷却水量为3 600m^3/h,最大循环水量达到 4 320m^3/h,其主要技术参数见表 13-26。机力通风塔的型式:方形、钢筋混凝土结构、机械通风、双侧进风、逆流式冷却塔,风机电动机用 380V 双速电动机。

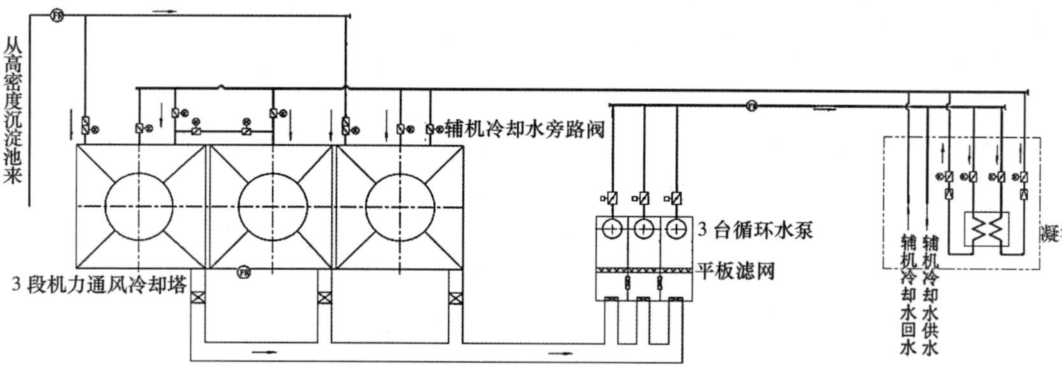

图 13-57　循环冷却水系统工艺流程

表 13-26　　**机力通风塔主要技术参数**

项目	单位	数值
冷却水量	m^3/h	3600
淋水密度	$m^3/(m^2 \cdot h)$	14.33
进水温度	℃	41
出水温度	℃	31
干球温度	℃	30.5
湿球温度	℃	26.8
相对湿度		76%
设计温差	℃	10
风机数量	台	3
电机电压	V	380
频率	Hz	50
电机冷却方式		空冷
电机防护等级		IP55
电机绝缘等级		F 级
配水方式		管式配水
填料型式		薄膜式

13.6.2　循环冷却水系统的防垢处理

防垢方法主要有两类：一是外部处理，即在补充水进入冷却水系统之前，就将其结垢物质去除或降低，如排污法、石灰沉淀法、离子交换法等；二是内部处理，即向循环冷却水中加入某种药品，使水中的结垢物质转化为不结垢物质，或者使水中的结垢物质变形、分散，稳定在水中，如加酸法、加水质稳定剂法等。目前电厂循环冷却水系统常用的防垢方法是阻垢剂法（水质稳定剂法）。

阻垢剂法是在循环冷却水中，加入少量某种化学药剂，就可以将其极限碳酸盐硬度提高，起到防止结垢的作用，这种药剂就称为阻垢剂。目前在循环冷却水处理系统中使用的阻垢剂有以下几类：

1. 聚合磷酸盐

聚合磷酸盐是一种在分子内由2个以上的P原子、碱金属或碱土金属原子和氧原子结合的物质总称。

按其结构可分为偏磷酸盐、直链聚磷酸盐、超聚磷酸盐。目前在循环冷却水处理中使用的主要是三聚磷酸钠($Na_5P_3O_{10}$)和六偏磷酸钠[$(NaPO_3)_6$]。向循环冷却水中加入1～5mg/L的聚磷酸盐,就能使极限磷酸盐硬度上升,起到阻垢作用,加药量与阻垢的关系如图13-58所示。

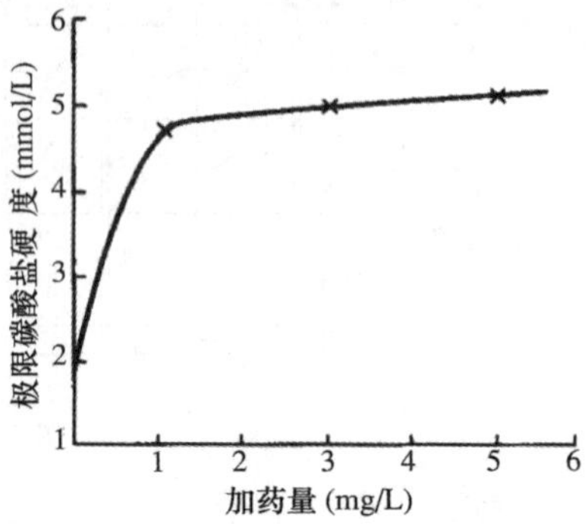

图13-58 三聚磷酸钠加药量与其稳定能力之间的关系

2. 有机膦酸盐

有机膦酸盐与聚合磷酸盐相比,具有化学稳定性好、不易水解和降解、加药量低、阻垢性能好、耐高温及易与其他类型阻垢剂产生协同效应等优点。

有机膦酸盐可以看作是磷酸分子中羟基被烷基取代后的化合物,其中在循环冷却水系统中常使用的有机膦酸盐有:ATMP(氨基三甲叉膦酸盐)、EDTMP(乙二胺四甲叉磷酸盐)、HEDP(1-羟基2-乙川-1,1二膦酸)、PBTCA(2-膦酸基丁烷-1,2,4-三膦酸)。

这类化合物化学稳定性较好,不易被酸碱破坏,也不易水解成正磷酸盐,而且能耐较高温度,对一些氧化剂也有耐氧化能力。

有机膦酸盐在溶液中能解离出H^+,解离后的负离子可以和金属离子形成稳定的络合物,从而提高对$CaCO_3$的稳定作用。其阻垢能力如图13-59所示。

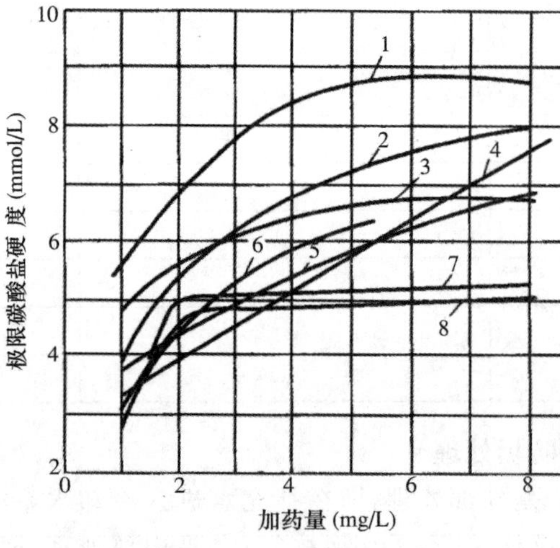

1—ATMP;2—EDTMP;3—HEDP;4—聚丙烯;5—聚丙烯酸钠;
6—聚马来酸;7—三聚磷酸钠;8—六偏磷酸钠

图13-59 常用药剂的处理效果

从图13-59可以看出,有机膦酸盐加入水中后,极限碳酸盐硬度的升高值比加入聚磷酸盐要高,一般加药量在2～4mg/L时,极限碳酸盐硬度就可达到6～7mg/L,再增加加药量,极限碳酸盐硬度提高不多。

3. 聚羧酸类

常见的主要有以下几种：

① 聚丙烯酸及其衍生物：聚丙烯酸、聚丙烯酸钠、聚甲基丙烯酸。它的加药量为 2～8mg/L，一般在 4mg/L，其阻垢率就可达 80%以上。若与有机膦酸盐复合使用，效果更好。

② 聚马来酸：它也是一种阴离子型阻垢剂，阻垢性能也与聚合度有关，一般分子量在 10000以下，阻垢效果最好。加药量为 2～3mg/L，但单独使用阻垢效果较差，常和 Zn^{2+}、有机膦酸盐等一起复合使用，阻垢效果较好。从阻垢机理上讲，它不但能抑制 $CaCO_3$、$CaSO_4$，而且对 $Ca_3(PO_4)_2$ 也有较好的分散性，并且耐热。

③ 聚丙烯酰胺：它是一种非离子型阻垢剂，它的性能与分子量有很大关系，作为阻垢剂使用的聚丙烯酰胺分子量为 10^5～10^6，但很少作为主阻垢剂使用，常作为配合污泥剥离时使用的阻垢剂。

④ 几种新型阻垢剂：除以上使用的阻垢剂以外，新近开发使用的阻垢剂还有丙烯酸类共聚物、马来酸共聚物、磺酸共聚物、聚天冬氨酸(PASP)、聚环氧琥珀酸(PESA)等。

13.6.3 循环冷却水系统中的污泥控制、微生物控制和腐蚀控制

1. 污泥控制

1) 补充水的预处理

如果补充水中的悬浮物含量较高，就会使循环水系统遭受污染，给运行带来一系列问题，必须进行处理。这包括对循环冷却水的补充水进行混凝、澄清处理(或沉淀处理)及过滤处理。

2) 旁流过滤

旁流过滤是指从循环冷却水系统中分流出一部分流量进行过滤处理，以维持循环水中悬浮物在一定范围之内。该工艺比采用混凝、澄清处理补充水(或投加药剂)更为经济、可靠。

2. 微生物控制

循环冷却系统的水温、光照和营养物等条件都适宜微生物的生长，所以循环冷却水中的微生物生长很严重。

1) 循环冷却水系统中的微生物

循环冷却水系统中的微生物分为动物和植物两大类。动物又分为后生物(如蜗牛、贝类等软体动物)和原生动物(如纤毛虫、鞭毛虫等)两类；植物包含藻类、细菌和真菌等。但其中数量较多、危害最大的是植物类的微生物。

2) 循环冷却水系统中微生物的危害

(1) 形成黏泥，加速污泥沉积

在循环冷却水系统中，除了微生物分泌出来的黏液使悬浮物粘连和沉降外，一部分细菌(如铁细菌和硫细菌)还可以在金属上附着、生长和繁殖，产生生物膜，逐渐形成一层厚厚的黏泥。

(2) 微生物附着于管壁，加速腐蚀

微生物本身很少作为一种独立的腐蚀原因，而是由于微生物促进污泥沉积，使得污泥下面的金属表面为贫氧区，形成氧的浓差极化电池而使金属遭受局部腐蚀。

(3) 某些动物可能堵塞管道

循环冷却水中若存在某些动物残骸，可能会堵塞管道，破坏冷却水的循环，影响传热，会给设备带来危害。

3）循环冷却水系统中微生物的控制

在循环冷却水系统中主要是投加某种化学药剂来控制微生物的污染。控制水中微生物的药剂分为杀死生物药剂和抑制生物繁殖药剂两类。

杀死生物药剂的作用是杀死微生物，又可分为杀菌剂、杀真菌剂和杀藻类剂等；抑制生物繁殖药剂的作用是抑制微生物的繁殖，又可分为抑菌剂和抑真菌剂等。杀死生物药剂如果按杀生机理来分，又可分为氧化型杀生剂和非氧化型杀生剂两大类。氧化型杀生剂大都是很强的氧化剂，能氧化微生物体中的酶而杀死微生物，如 Cl_2、NaOCl、ClO_2、O_3、漂白粉等；非氧化型杀生剂因药剂不同而杀生机理也有所不同，有的是破坏生物代谢过程，有的是破坏细胞膜，有的是破坏生物体内酶，如季铵盐、氯酚等。在目前的循环冷却水处理中，由于杀生剂的杀生效果受到诸多因素的影响，因此适合于循环冷却水系统使用的药剂并不是很多。通常把这些药剂都统称为杀菌剂，另外，因为循环冷却水系统中的微生物种类和数量都繁多，使用单一杀生剂往往难以取得比较理想的效果。而且，若是长时间使用同一种杀生剂，会使循环冷却水中的微生物体产生抗药性，降低药剂的杀生效果。因此，现场应根据循环冷却水的实际杀生效果，不断调整药剂的剂量和种类，以取得最佳的杀菌效果。

3. 腐蚀控制

防止循环冷却水系统金属腐蚀的方法有很多，如电化学保护法、涂料覆盖法、硫酸亚铁镀膜和投加缓蚀剂等，最常用的是在冷却水中投加缓蚀剂的方法。

在循环冷却水系统中，投加少许药剂(一般在 mg/L 级)便在金属表面形成一层保护膜，将金属表面覆盖起来，从而与腐蚀介质隔绝，能使金属腐蚀速率大大降低，这种药剂就称为缓蚀剂。目前国内外大多数循环冷却水系统都是采用这种投加缓蚀剂的处理方法。

13.6.4 循环冷却水系统运行及管理

循环冷却水系统参数：保有水量(水池)2 320m^3，循环水量 5 267～10 131m^3/h，补充水量 156m^3/h，浓缩倍数大于 3.0。

1. 杀菌灭藻处理

为了有效地控制凝汽器内微生物的繁殖，防止设备的堵塞和腐蚀，对循环水进行杀菌灭藻处理。所用杀菌剂有氧化性杀菌剂和非氧化性杀菌剂两种。

1）氧化性杀菌剂

次氯酸钠溶液为微黄色溶液，有似氯气的气味，有非常刺鼻的气味，极不稳定，受高热分解产生有毒的腐蚀性烟气；具有腐蚀性；具有强氧化性。

次氯酸钠消毒杀菌最主要的作用方式是通过它的水解作用形成次氯酸，次氯酸再进一步分解形成新生态氧[O]，新生态氧的极强氧化性使菌体和病毒的蛋白质变性，进而杀死微生物。

采用投加运行安全方便的 10%成品次氯酸钠溶液。外购次氯酸钠溶液经卸药泵输送至储存罐，储存罐与水工预处理系统及工业废水处理系统共用，次氯酸钠加药方式为循泵房进水前池冲击式投加，加药浓度按 3mg/L，每 8h 一次，每次 1h。

2）非氧化性杀菌剂

主要成分为异噻唑啉酮，主要由 5-氯-2-甲基-4-异噻唑啉-3-酮(CIT)和 2-甲基-4-异噻唑啉-3-酮(MIT)组成。

异噻唑啉酮是通过断开细菌和藻类蛋白质的键而起杀生作用的。异噻唑啉酮与微生物接触后，能迅速地不可逆地抑制其生长，从而导致微生物细胞的死亡，故对常见细菌、真菌、藻类等具有很强的抑制和杀灭作用。

每 2 周按系统保有水量，视菌藻情况投加 EP-903 氧化性杀生剂 40ppm（每次约 120kg），每 2 周投加 EP-912 非氧化性杀生剂 100ppm 1 次（每次约 300kg）。EP-903 和 EP-912 不可同时投加。冬季可以视运行情况适当减少投加频率。具体为每月投加 1 次 EP-912 非氧化性杀菌剂

2. 阻垢、缓蚀处理

循环冷却水防垢处理用的是中低硬度水缓蚀阻垢剂——多元醇磷酸酯全有机复合水处理剂（EP-420），循环水中浓度达到 60～80ppm（循环水系统正常运行，浓缩倍数达到 3.0 倍以上）。每天 EP-420 用量 35～40kg，在已经安装的加药桶内倒入 EP-420 阻垢缓蚀剂，根据加药罐的大小和计量泵的大小稀释，确保 1 罐药剂能用 4～7d，降低工作量。

按表 13-27 调整 EP-420 药剂的投加量。

表 13-27　　冷却水系统运行时控制的参数

控制参数	国标	国电南浔公司
总硬度（$CaCO_3$计）	30～200mg/L（Ca^{2+}）	500～600mg/L
M—碱度（$CaCO_3$计）	<500mg/L	300～400mg/L
Cl^-	<1000mg/L（碳钢） <300mg/L（不锈钢）	<500mg/L
总铁	<0.5mg/L	<1.0mg/L
总磷		4～8ppm
浊度		<20NTU
电导率		<2000μS/cm
pH	7.5～8.8	自然平衡

多元醇磷酸酯为主体的全有机复合水处理配方，是淡黄色至黄色透明液体，储存于阴凉干燥处，有效期 1 年。该药剂主要是利用其与水中金属离子优异的螯合能力和对无机盐类较好的去活化作用，来达到水质稳定不结垢的目的。缓蚀阻垢剂在中低硬水质中具有良好的阻垢缓蚀性能，具有很好的耐高温性和抗氧化性，能在金属表面快速的形成一层均匀的保护膜，并对防护膜有修补作用，防止金属的腐蚀。能分散氧化铁垢和污泥，使其不产生沉积。

循环冷却水阻垢剂加药系统由 2 个带不锈钢滤网和搅拌装置的阻垢剂溶箱、2 只加药泵和相关的管道、阀门等组成。

循环冷却水系统异常情况原因及处理方法见表 13-28。

表 13-28　　　　　　　　　异常情况原因及处理方法

异常情况	原因分析及处理方法
pH值有明显的上升或下降	原因:系统浓缩倍数过高或补充水指标有变化 处理方法:加大排水量,降低浓缩倍数;检查补充水有无变化
钙硬、电导率偏高	原因:系统浓缩倍数过高或补充水指标有变化 处理方法:加大排水量,降低浓缩倍数;检查补充水有无变化
浊度偏高	原因:补充水浊度升高、旁滤器运行异常、有物料泄漏 处理方法:查找补充水浊度升高的原因;调试旁滤器至正常运行状态;对换热器进行排查,及时堵漏 注:如长时间高浊度运行,需加大非氧化性的投加频率至1次/(10～15)d
总铁偏高	原因:补充水的铁离子有变化、系统的腐蚀增大 处理方法:检查补充水的铁离子有无上升的情况;检查挂片腐蚀是否有上升迹象;检查药剂浓度是否在控制范围内;检查杀菌剂是否投加正常;检查系统是否有物料泄漏 注:针对以上情况现场服务工程师提出综合处理意见

第14章　热力设备水质控制

14.1　热力设备的腐蚀和防止

14.1.1　金属腐蚀的基本概念和原理

1. 金属腐蚀的定义和分类

金属腐蚀是金属由于受环境介质的化学或电化学作用而引起的破坏或变质。

金属腐蚀过程就是材料和环境的反应过程。环境一般指材料所处的介质、温度和压力等。从热力学的观点来看，绝大多数金属都具有被环境介质中的氧化剂氧化的倾向。因此，金属发生腐蚀是一种自然趋势和普遍现象。

由于腐蚀领域涉及的范围极为广泛，发生腐蚀的金属材料和环境以及腐蚀的机理也是多种多样，所以腐蚀的分类有多种方法。

根据腐蚀环境的不同，金属的腐蚀大致可分为干腐蚀、湿腐蚀、熔盐腐蚀、有机介质中的腐蚀。

根据腐蚀过程的特点，金属的腐蚀可分为化学腐蚀和电化学腐蚀。

根据腐蚀在金属表面上的分布情况，可将腐蚀分为全面腐蚀和局部腐蚀。

2. 金属的电化学腐蚀

热力设备的金属腐蚀大都属于电化学腐蚀。电化学腐蚀是指金属表面与电解质发生电化学作用而引起的破坏。在电化学腐蚀过程中，金属的氧化(阳极反应)和氧化剂的还原(阴极反应)在被腐蚀的金属表面上不同的区域同时进行，电子可通过金属基体从阳极区流向阴极区，从而产生电流。例如，碳钢在酸中腐蚀时，在阳极区铁被氧化为Fe^{2+}，所放出的电子通过钢的基体由阳极(Fe)流至钢中的阴极(Fe_3C)表面，被H^+吸收而产生氢气，即

阳极反应　　$Fe \rightarrow Fe^{2+} + 2e$　　(14-1)

阴极反应　　$2H^+ + 2e \rightarrow H_2$　　(14-2)

总反应　　$Fe + 2H^+ \rightarrow Fe^{2+} + H_2$　　(14-3)

可见，电化学腐蚀实际上是一种短路原电池反应的结果，这种短路原电池称为腐蚀电池。

14.1.2　热力设备的氧腐蚀及防止

热力设备在运行和停用期间都可能发生氧腐蚀。

1. 运行中氧腐蚀的部位

金属发生氧腐蚀的原因是金属所接触的介质中含有溶解氧，所以凡有溶解氧的部位，都有可能发生氧腐蚀。但不同部位，水质条件(氧浓度、温度等)不同，腐蚀程度也就不同。在采用除氧水工况的情况下，氧腐蚀主要发生在温度较高的高压给水管道、省煤器等部位。另外，在疏水系统中，由于疏水箱一般不密闭，溶解氧浓度接近饱和值，并且水中溶解有较多的游离二氧化碳，所以氧腐蚀比较严重。凝结水系统也会遭受氧腐蚀，但腐蚀程度较轻，因为凝结水中正常含氧量低于$30\mu g/L$，且水温较低。除氧器运行正常时，给水中的氧一般在省煤器就耗尽了，所以水冷壁系统不会遭受氧腐蚀；但当除氧器运行不正常或锅炉启动初期，溶解氧可能进入水冷壁系统，造成水冷壁管的氧腐蚀。锅炉运行时，省煤器入口段的腐蚀一般比较严重。

2. 氧腐蚀过程

由于金属表面保护膜的缺陷、硫化物夹杂等原因，当碳钢与含氧水接触时，碳钢表面各部位的电极电位不相等，从而形成微腐蚀电池。另外，根据 Fe—H_2O 体系的电位—pH 图可知，在中性或弱碱性水中，碳钢主要发生氧腐蚀。因此，在腐蚀电池的作用下，阴极区表面上主要发生溶解氧的阴极还原反应

$$O_2 + 2H_2O + 4e \rightarrow 4OH^- \tag{14-4}$$

而在阳极区表面上发生铁的阳极溶解反应

$$Fe \rightarrow Fe^{2+} + 2e \tag{14-5}$$

阳极反应产生的 Fe^{2+} 在遇到水中的 OH^- 和 O_2 时发生下列次生反应

$$Fe^{2+} + 2OH^- \rightarrow Fe(OH)_2 \tag{14-6}$$

$$4Fe(OH)_2 + O_2 + 2H_2O \rightarrow 4Fe(OH)_3 \tag{14-7}$$

$$Fe(OH)_2 + 2Fe(OH)_3 \rightarrow Fe_3O_4 + 4H_2O \tag{14-8}$$

在这些次生产物中，$Fe(OH)_2$ 是不稳定的，它很容易进一步发生次生反应，其中，反应产物 $Fe(OH)_3$ 常常是各种含水氧化铁（$Fe_2O_3 \cdot nH_2O$）或羟基氧化铁（FeOOH）的混合物。因此，最后的腐蚀产物主要是 Fe_3O_4 和 Fe_2O_3 或 FeOOH。

3. 氧腐蚀的特征

上述这些氧的腐蚀产物比较容易在水流速度较慢和表面比较粗糙或有沉积物的金属表面沉积，而这种次生产物的沉积物常常是疏松的，没有保护性，不能阻止腐蚀的继续进行，而且会妨碍水中溶解氧向金属表面的扩散，使其下面的溶解氧浓度低于其周围钢表面的溶解氧浓度，从而形成氧浓差腐蚀电池。这样，次生产物下面的钢表面又成为氧浓差腐蚀电池的阳极区，溶液的 pH 值降低，Cl^- 浓度提高，铁的阳极溶解反应加快，从而形成腐蚀坑。与此同时，腐蚀产生的部分 Fe^{2+} 会不断地通过疏松的次生产物层向外扩散，并在遇到水中的 OH^- 和 O_2 时发生上述次生反应，产生越来越多的次生产物。这样，次生产物逐渐在腐蚀坑上堆积，结果形成许多小鼓包。这些鼓包的大小差别很大，其直径从 1～30mm 不等，这种腐蚀特征称为溃疡腐蚀。鼓包表面的颜色可能呈黄褐色、砖红色或黑褐色，次层是黑色粉末状物，这些都是腐蚀产物。将这些腐蚀产物除去之后，便可看到一些大小不一的腐蚀坑，如图 14-1 所示。

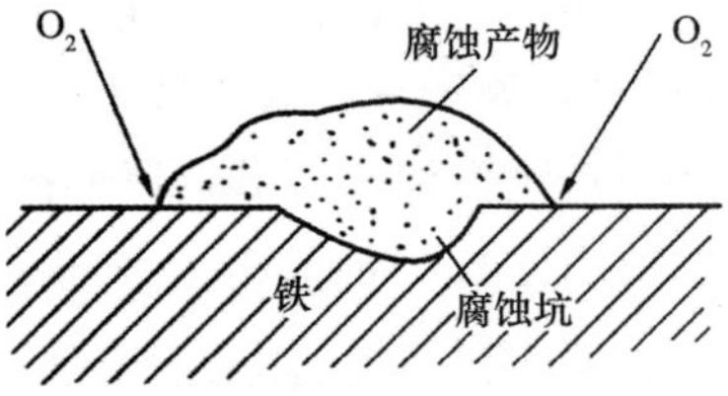

图 14-1　氧腐蚀特征示意

各层腐蚀产物的颜色不同，是因为它们是组成不同或晶态不同的物质。表层的腐蚀产物，在较低温度下主要是铁锈（即 FeOOH），其颜色较浅，以黄褐色为主；在较高温度下主要是 Fe_3O_4 和 Fe_2O_3，其颜色较深，为黑褐色或砖红色。因为沉积的腐蚀产物内部缺氧，所以由表及里腐蚀产物的价态降低。因此，次层的黑色粉末通常是 Fe_3O_4，而在紧靠金属表面处还可能有黑色的 FeO 层。

4. 氧腐蚀的影响因素

运行设备氧腐蚀的关键在于形成闭塞电池，金属表面保护膜的完整性直接影响闭塞电池的形成。因此，影响膜完整的因素，也是影响氧腐蚀速度和腐蚀分布状况的因素。主要影响因素有：溶解氧浓度、pH 值、温度、离子成分、流速。

5. 防止氧腐蚀的方法

要防止氧腐蚀，主要的方法是减少水中的溶解氧，或在一定条件下增加溶解氧。对于热力

发电厂，因为天然水中溶有氧气，所以补给水中含有氧气。汽轮机凝结水中也有氧，因为空气可以从汽轮机低压缸、凝结器、凝结水泵或其他处于真空状态下运行的设备不严密处漏入凝结水。敞口的水箱、疏水系统和生产返回水泵中，也会溶入空气。可见，给水中必然含有溶解氧。通常，我们用给水除氧的方法来防止锅炉运行期间的氧腐蚀。

给水除氧常采用热力除氧法和化学除氧法。热力除氧法是利用热力除氧器将水中溶解氧除去，它是给水除氧的主要措施。化学除氧法是在给水中加入还原剂除去热力除氧后给水中残留的氧，它是给水除氧的辅助措施。

1）热力除氧法

根据亨利定律，一种气体在液相中的溶解度与它在气液分界上气相中的平衡分压成正比。在敞口设备中把水温提高时，水面上水蒸气的分压增大，其他气体的分压下降，则这些气体在水中的溶解度也下降，因而不断从水中析出。当水温达到沸点时，水面上水蒸气的压力和外界压力相等，其他气体的分压则降为零。此时，溶解在水中的气体全部逸出。

根据这个原理，热力除氧器不仅可以除去水中溶解的氧，还能同时除去大部分溶解的二氧化碳气体，另外还可以促使水中的重碳酸盐分解。因为重碳酸盐和 CO_2 间有以下平衡关系：

$$2HCO_3^- \rightarrow H_2O + CO_3^{2-} + CO_2 \uparrow \tag{14-9}$$

CO_2 浓度降低，就会促进反应向右方移动，即重碳酸盐发生分解。

2）化学除氧法

给水化学除氧法所使用的药品通常是联胺。

（1）影响联胺和氧反应的因素

联胺和氧的直接反应 $N_2H_4 + O_2 \rightarrow N_2 + 2H_2O$ 是个复杂的反应。影响联胺和氧反应速度的因素主要是水的 pH 值和温度。

① 水的 pH 值

联胺在碱性水中才显强还原性，水的 pH 值在 9～11 时，反应速度最大，因而，若给水的 pH 值在 9 以上，有利于联胺除氧的反应。

② 温度

温度愈高，联胺和氧的反应愈快。水温在 100℃ 以下时，反应很慢；水温高于 150℃时，反应很快。但是若溶解氧量在 10μg/L 以下时，实际上联胺和氧之间不再反应，即使提高温度也无明显效果。

（2）给水加联氨除氧的工艺

对于高压以上机组为了取得良好的除氧效果，给水联氨处理的合适条件应是：水温 150℃以上，水的 pH 值 9 以上，有适当的 N_2H_4 过剩量。而实际电厂高压以上的火力机组，从高压除氧器流出的给水温度一般已经高于 150℃，给水 pH 值按运行规程中规定的参考值为 8.8～9.3，所以能满足联胺处理所需要的较佳条件。虽然在相同的温度和 pH 值条件下，N_2H_4 过剩量愈多，除氧愈快，但在实际运行中，N_2H_4 过剩量不宜过多。因为过剩量太大不仅多消耗药品，使运行费用增加，而且可能使残留 N_2H_4 带入蒸汽，另外联氨在高温高压下热分解产生过多的氨会增加凝汽器铜管的腐蚀。一般正常运行中控制省煤器入口处给水中 N_2H_4，过剩量 20～50μg/L。联氨不仅与氧反应，还能与铁、铜氧化物反应，所以在锅炉启动阶段，由于水中的铁、铜氧化物较多，而且 N_2H_4 还要消耗一部分在给水系统金属表面的氧化物上，因而应加大联氨的加药量，一般控制在 100μg/L，待到省煤器入口处给水有剩余 N_2H_4 出现时，逐渐减少加药量，直到正常运行控制值。

联氨处理所用药剂一般为含40%联氨的水合联氨溶液,也可能用更稀一些的。

(3) 联氨加入部位

联氨一般加在高压除氧器水箱出口的给水泵管中,通过给水泵的搅动,使药液和给水均匀混合。除氧器正常运行时,其出水的溶解氧含量已经很低,一般小于10μg/L,温度又在270℃以下,此时 N_2H_4 与溶解氧之间的反应很慢,所以实际上省煤器入口处给水中的溶解氧含量不会有明显降低。为了使联氨与氧作用时间长些,并且利用联氨的还原性减轻低压加热管的腐蚀,可以把联氨的加入点设置在凝结水泵的出口。

(4) 使用联氨的注意事项

储存:联氨浓溶液应当密封保存,大批的联氨应储存在露天仓库或易燃物仓库。有联氨浓溶液的地方应严禁明火。

使用:搬运操作人员或分析联氨人员应戴橡皮手套和护目眼镜,严禁用嘴吸移液管。若药品溅入眼中,应立即用大量清水冲洗;若溅到皮肤上,可先用乙醇洗被溅处,然后用水冲洗,也可以用肥皂洗。在操作联氨的地方应当通风良好,水源充足,以便当联氨溅到地上时用水冲洗。

14.1.3 热力设备的酸性腐蚀及防止

1. 汽水系统中酸性物质的来源

1) 二氧化碳

补给水中所含的碳酸化合物是汽水系统中二氧化碳的主要来源。另外,凝汽器发生泄漏时,漏入汽轮机凝结水的冷却水也会带入碳酸化合物,其中主要是碳酸氢盐。同时,汽水系统中二氧化碳主要来源是由真空状态运行的设备不严密处漏入的空气,这会使凝结水中二氧化碳含量增加。

碳酸化合物进入给水系统后,在高压除氧器中,碳酸盐会热分解一部分,碳酸盐也会部分水解,放出二氧化碳,这两个反应表示如下:

$$2HCO_3^- \rightarrow H_2O + CO_3^{2-} + CO_2\uparrow \tag{14-10}$$

$$CO_3^{2-} + H_2O \rightarrow 2OH^- + CO_2\uparrow \tag{14-11}$$

除氧工况下的运行经验表明,热力除氧器能将水中的大部分二氧化碳除去。由于碳酸氢盐和碳酸盐的分解需较长时间,因此,在除氧器后给水中的碳酸化合物主要是碳酸氢盐和碳酸盐。当它们进入锅炉后,随温度和压力的增加,分解速度加快,几乎能完全分解成二氧化碳。生成的二氧化碳随蒸汽进入汽轮机和凝汽器,在凝汽器中会有一部分二氧化碳被凝汽器抽气抽走,但仍有相当部分二氧化碳溶入汽轮机凝结水,使凝结水受二氧化碳污染。

2) 有机物

火力发电厂使用的生水,如果是地下水,一般几乎不含有机物;若使用地表水,如江水、河水、湖水或水库水,则往往含较多的有机物。天然水中的有机物的主要成分是腐植酸和富里酸,它们都是含羧基(—COOH)的高分子有机酸。在正常运行情况下,生水中这些有机物在补给水处理系统中,只能除去80%左右,仍有部分有机物进入给水系统。另外,由于凝汽器的泄漏,冷却水中的有机物也可能直接进入汽水系统。腐植酸类有机物在给水和炉水中受热分解后,可产生甲酸、乙酸、丙酸等低分子有机酸。被污染的源水中的人造有机物在炉水中热分解,不仅可产生低分子有机酸,还可产生无机酸。

2. 汽水系统中的二氧化碳腐蚀

1）二氧化碳腐蚀的部位和特征

汽水系统中的二氧化碳腐蚀是指溶解在水中的游离二氧化碳导致的析氢腐蚀，二氧化碳腐蚀比较严重的部位是在凝结水系统。因为给水中的碳酸化合物在锅炉水中分解产生的二氧化碳随蒸汽进入汽轮机，随后虽有一部分在凝汽器抽气中被抽走，但仍有部分溶入凝结水中。由于凝结水水质较纯，缓冲性较小，溶入少量的二氧化碳就会使它的 pH 值显著下降。此外，疏水系统、除氧器后的设备也会受到二氧化碳的腐蚀。

碳钢和低合金钢在流动介质中受二氧化碳腐蚀时，在温度不太高的情况下，其特征是材料均匀减薄。因为在这种条件下的二氧化碳腐蚀，往往出现大面积损坏。

2）二氧化碳腐蚀的过程

人们早已知道，含二氧化碳的水溶液对钢材的侵蚀性比同样 pH 值的完全电离的强酸溶液（如盐酸溶液）更强，但其原因仅在近十年来才弄清。钢铁在无氧的二氧化碳水溶液中的腐蚀速度主要取决于钢铁表面上氢气的析出速度，氢气析出速度越大，则钢铁的腐蚀速度越快。研究发现，氢气从含二氧化碳的水溶液中析出是通过两条途径同时进行的：一条途径是水中的二氧化碳分子与水分子结合形成碳酸分子，它电离产生的氢离子扩散到金属表面上，得电子还原为氢气放出；另一条途径是水中二氧化碳分子向钢铁表面扩散，被吸附在金属表面上，在金属表面上与水分子结合形成吸附碳酸分子，直接还原析出氢气。

从以上所述的析氢过程可以看出，由于碳酸是弱酸，其水溶液中存在弱酸电离平衡

$$H_2CO_3 \Leftrightarrow H^+ + HCO_3^- \tag{14-12}$$

这样，在腐蚀过程中被消耗的氢离子，可由碳酸分子的继续电离而不断得到补充，在水中游离二氧化碳没有消耗完之前，水溶液的 pH 值基本维持不变，钢铁的腐蚀速度也基本保持不变，腐蚀过程持续不断。而在完全电离的强酸溶液中，一方面随着腐蚀反应的进行，溶液的 pH 值逐渐上升，钢铁的腐蚀速度也就逐渐减小。另一方面，水中游离二氧化碳又能通过吸附，在钢铁表面上直接得电子还原，从而加速了腐蚀反应的阴极过程（即得电子过程）。这样，促使铁的阳极溶解（腐蚀）过程速度也加快。就是这种特殊的还原机理，使二氧化碳水溶液对钢铁的腐蚀性比相同 pH 值、完全电离的强酸溶液更强。

二氧化碳水溶液对钢铁的腐蚀是氢损伤，包括氢鼓泡、氢脆、脱碳和氢蚀等。

3）影响二氧化碳腐蚀的因素

① 水中的游离二氧化碳的含量。钢铁的腐蚀速度随溶解二氧化碳量的增多而加快。

② 水的温度。当温度较低时，随温度升高腐蚀速度加快；在 100℃附近，腐蚀速度达到最大值；温度更高时，钢铁表面上生成了比较薄、致密且黏附性好的碳酸铁保护膜，腐蚀速度反而下降。

③ 水的流速。随着流速的增大，腐蚀速度加快，但当流速加快到流动状况已成紊流状态时，腐蚀速度不再随流速变化而变。

④ 水中的溶解氧。溶解氧的存在使腐蚀更加严重。

⑤ 金属材质。一般来说，增加合金元素铬的含量，可提高钢材耐二氧化碳腐蚀的性能。

4）防止二氧化碳腐蚀的方法

为了防止或减轻水汽系统中游离二氧化碳对热力设备及管道金属材料的腐蚀，除了选用不锈钢来制造某些关键部件外，还应减少进入系统的碳酸化合物。具体措施如下：

① 减少补给水带入的碳酸化合物。

② 尽量减少汽水损失,降低系统的补给水率。

③ 防止凝汽器泄漏,提高凝结水质量。

④ 注意防止空气漏入汽水系统,提高除氧器的效率,减少水中溶解氧含量。

此外,为了减少系统中二氧化碳腐蚀的程度,还普遍采取向汽水系统中加入碱化剂(如NH_3)的措施来中和水中的游离二氧化碳。

3. 汽轮机的酸性腐蚀

1) 汽轮机酸性腐蚀的部位和特征

由于用氨调节给水的pH值,水中某些酸性物质的阴离子容易被蒸汽带入汽轮机,从而引发汽轮机的酸性腐蚀。汽轮机的酸性腐蚀主要发生在低压缸的入口分流装置、隔板、隔板套、叶轮,以及排汽室缸壁等。受腐蚀部件的金属表面保护膜被破坏,金属晶粒裸露,表面呈现银灰色,类似钢铁受酸浸洗后的表面状况。隔板、导叶根部常形成腐蚀凹坑,严重时,蚀坑深达几毫米,以致影响叶片与隔板的结合,危及汽轮机的安全运行。这种腐蚀常发生在铸铁、铸钢或普通碳钢部件上,而在这些部位的合金钢部件则不发生酸性腐蚀。

2) 汽轮机发生酸性腐蚀的原因

汽轮机中上述部位发生酸性腐蚀的原因与这些部位的金属接触的蒸汽和凝结水的性质有关。通常,过热蒸汽中携带的挥发性酸的含量是很低的,仅有μg/L数量级的浓度。而蒸汽的氨含量要高约两个数量级。这种蒸汽大量凝结所产生的凝结水,其pH值一般在8.5左右,不会导致低压缸中的金属材料发生严重腐蚀。可是,蒸汽的凝结和水的蒸发都不是瞬间就能完成的。如果把水迅速加热或冷却,则在相变时会发生水的过热或过冷现象;蒸汽的迅速膨胀,也会产生蒸汽过冷现象。在汽轮机中,蒸汽以音速流动,迅速膨胀。在蒸汽凝结成水的过程中,水凝结成核,继而形成水滴的速度很慢。因此,实际上汽轮机运行时,蒸汽凝结成水并不是在饱和温度和压力下进行的,而是在相当于理论(平衡)湿度4%附近的湿蒸汽区发生的,这个区域称为威尔逊线区。因此,汽轮机运行时,蒸汽膨胀做功过程中,在威尔逊线区才真正开始凝结而形成最初的凝结水。在再热式汽轮机中,产生最初凝结水的这个区域是在低压缸的最后几级。由于汽轮机运行条件的变化,这个区域的位置也会有一些变动。

汽轮机的酸性腐蚀恰好是发生在产生初凝水的部位,因而它与蒸汽初凝水的化学特性是密切相关的。过热蒸汽所携带的化学物质在蒸汽相和初凝水中的浓度取决于它们的分配系数的大小。若一个物质的分配系数小于1,则蒸汽凝结形成初凝水时,该物质溶于初凝水的倾向大,导致该物质在初凝水中浓缩。过热蒸汽中携带的酸性物质的分配系数值通常都小于1。例如,100℃时,盐酸、硫酸等的分配系数均在3×10^{-4}左右;甲酸、乙酸、丙酸的分配系数分别为0.20、0.44和0.92。因此,当蒸汽中形成初凝水时,它们将被初凝水"洗出",造成酸性物质在初凝水中富集和浓缩。试验数据表明,初凝水中乙酸的浓缩倍率在10以上,氯离子的浓缩倍率达20以上;而对增大初凝水的缓冲性、平衡酸性物质阴离子有利的钠离子的浓缩倍率却不大,初凝水中钠离子浓度只比过热蒸汽中的钠离子浓度略高一点。这样,初凝水中浓缩的酸性物质如果没有被碱性物质所中和,将使初凝水呈酸性,它们只有在初凝水被带到流程中温度更低的区域时才会稀释。高参数机组采用化学除盐水作补给水后,一般采用氨作碱化剂来提高水汽系统介质的pH值。但由于氨的分配系数大,因而在汽轮机尾部汽、液两相共存的湿蒸汽区,氨大部分留在蒸汽相中。因此,即使在给水中所含的氨量是足够的,在这些部位的液相中,氨的含量也仍可能不够。氨本身又是弱碱,它只能部分地中和初凝水中的酸性物质,这将导致初凝水的pH值低于蒸汽的pH值。实测结果表明,初凝水的pH值可能降到中性甚至酸性 pH 值范围。这种性质的初凝水对形成部位的铸钢、铸铁和碳钢部件具有侵蚀性。当有空气漏入热力设备汽水系统中使蒸汽中氧含量增大时，也使蒸汽初凝水中的溶解氧含量增大，从而大大增加了初凝水对低压缸金属材料的侵蚀性。

3）防止汽轮机酸性腐蚀的方法

为解决汽轮机蒸汽初凝区的酸性腐蚀问题，最根本的措施是严格控制给水的纯度，确保给水的氢电导率（25℃）小于 0.2μS/cm。为此，必须认真地做好补给水处理工作，并且要特别注意防止给水被有机物污染。另外，也可从改变受酸性腐蚀区域的汽轮机部件表面的性能方面考虑，如采用等离子喷镀或电刷镀等措施，在金属材料表面镀上一层耐腐蚀材料，来防止酸性腐蚀。

为了防止汽轮机酸性腐蚀和游离二氧化碳的腐蚀，具体措施就是减轻给水的腐蚀性，即机组采用碱性水工况运行。此时，除了尽量减少给水中的溶解氧含量外，还需要调节给水的 pH 值。所谓给水的 pH 值调节，就是往给水中加入一定量的碱性物质，控制给水的 pH 值在适当的范围，使钢和铜合金的腐蚀速度比较低，以保证给水含铁量和含铜量符合规定的指标。

试验证明，pH 值在 9.5 以上可减缓碳钢的腐蚀，而 pH 值在 8.5～9.5 之间，铜合金的腐蚀较小。因此，对钢铁和铜合金混用的热力系统，为兼顾钢铁和铜合金的防腐蚀要求，一般将给水的 pH 值调节在 8.8～9.3 范围内。

目前给水加氨处理是火力发电厂较为普遍的调节给水 pH 值的方法。给水加氨处理的实质是用氨来中和给水中的游离二氧化碳，并碱化介质，把给水的 pH 值提高到规定的数值。

氨在常温、常压下是一种有刺激性气味的无色气体，极易溶于水，其水溶液称为氨水，一般市售氨水的密度为 0.071g/cm^3，含氨量约 28%。氨在常温下加压极易液化，液态氨称为液氨，沸点－33.4℃。氨在高温高压下不会分解，易挥发，无毒，可以在各种机组、各类型电厂中使用。

给水中加氨后，水中存在着下面的平衡关系

$$NH_3 \cdot H_2O \Leftrightarrow NH_4^+ + OH^- \tag{14-13}$$

因而使水呈碱性，可以中和水中游离的二氧化碳，反应如下：

$$NH_3 \cdot H_2O + CO_2 \Leftrightarrow NH_4HCO_3 \tag{14-14}$$

$$NH_3 \cdot H_2O + NH_4HCO_3 \Leftrightarrow (NH_4)_2CO_3 + H_2O \tag{14-15}$$

实际上，在汽水系统中 NH_3、CO_2、和 H_2O 之间存在着复杂的平衡关系，氨在气液两相的分配系数如图 14-2 所示。

汽水系统中热力设备在运行过程中，有液相的蒸发和汽相的凝结，以及抽汽等过程。氨又是一种易挥发的物质，因而氨进入锅炉后会挥发进入蒸汽，随蒸汽通过汽轮机后排入凝汽器。在凝汽器中，富集在空冷区的氨，一部分会被抽气器抽走，另有一部分溶入凝结水中。随后，当凝结水进入除氧器后，氨会随除氧器排汽而遗失一些，剩余的氨则进入给水中继续在汽水循环系统中循环。试验表明，氨在凝汽器和除氧器中的损失率为 20%～30%。因而，在加氨处理时，估计加氨量的多少，要考虑氨在水汽系统和水处理系统中的实际损失情况。一般通过加氨量调整实验来确定，以使给水 pH 值调节到 8.8～9.3 的控制范围为宜。

因为氨是挥发性很强的物质，不论在水汽系统中的哪个部位加入，整个系统的各个部位都会有氨，但在加入部位附近管道中的水的 pH 值会明显高一些。因此，若低压加热器是铜管，水的 pH 值不宜太高；而为了抑制高压加热器碳钢管的腐蚀，则要求给水 pH 值调节得高一些。

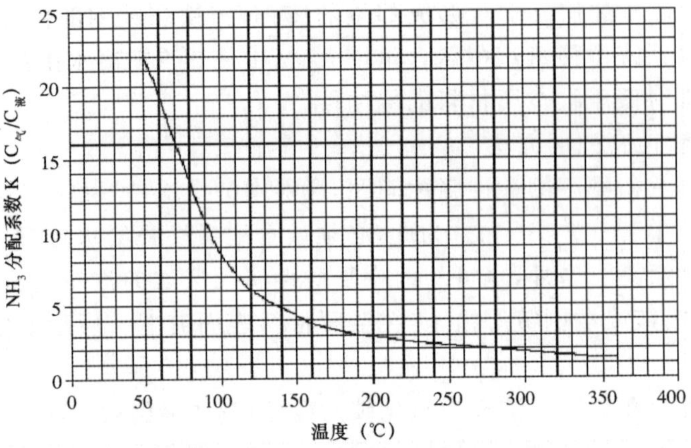

图 14-2 气液两相中氨的分配系数

14.1.4 热力设备的停用腐蚀及停用保护

在锅炉、汽轮机、凝汽器、加热器等热力设备停运期间,如果不采取有效的保护措施或保护措施不当,设备汽水侧金属表面会发生强烈的腐蚀,这种腐蚀就称为热力设备的停用腐蚀。火力发电厂常因停运后的防腐措施不足或方法不当,造成热力设备的锈蚀、腐蚀和损坏,尤其是汽水侧的腐蚀,对电厂的安全、经济运行造成严重影响。

1. 热力设备的停用腐蚀

1) 停用腐蚀产生的原因

(1) 汽水系统内部有氧气。热力设备停用时,因为汽水系统内部的温度和压力逐渐下降,所以蒸汽凝结。因此,停运后,空气会从设备不严密处或检修处大量渗入汽水系统内部,带入的氧溶解在水中。

(2) 金属表面有水膜或金属浸于水中。由于停运放水时,不可能彻底放空,因此,有的部位仍有积水,使金属浸于水中。积水的蒸发或潮湿空气的影响,使汽水系统内部湿度很大。这样,在潮湿的金属表面氧腐蚀电池得以形成,使金属迅速腐蚀生锈。

2) 停用腐蚀的特征

各种热力设备的停用腐蚀,其本质主要是氧腐蚀,但各自有不同特点。

(1) 锅炉停用时的氧腐蚀,与运行时的氧腐蚀相比,在腐蚀部位、腐蚀程度、腐蚀形态、腐蚀产物颜色、组成等方面都有明显不同。因此,停炉时,氧可以扩散到各个部位,几乎锅炉的所有部位均会发生停炉氧腐蚀。

① 过热器。运行时不发生氧腐蚀;停炉时,立式过热器的下弯头常有严重的氧腐蚀。

② 再热器。运行中不会有氧腐蚀;停用时,在积水部位有严重腐蚀。

③ 省煤器。运行中出口段腐蚀较轻,入口段腐蚀较重;停炉时,整个省煤器均有腐蚀,且出口段腐蚀更严重。

④ 水冷壁管、下降管和汽包。锅炉运行时,只有当除氧器运行不正常时,汽包和下降管中才会有氧腐蚀,水冷壁管是不会发生氧腐蚀的;停炉时,汽包、下降管、水冷壁管中均会遭受氧腐蚀,汽包的水侧腐蚀严重。

(2) 汽轮机的停用腐蚀,通常在喷嘴和叶片上出现,有时也在转子叶轮和转子本体上发生。停用腐蚀在有氯化物污染的机组上更严重,并表现为点蚀。

停用时,氧腐蚀的主要形态是点蚀,形成的腐蚀产物表层呈黄褐色,其附着能力低、疏松、易被水带走。由于停用时的氧浓度比运行时大，因此，停用时腐蚀范围广，腐蚀面积大，停用腐蚀比运行中氧腐蚀严重。

3）停用腐蚀的影响因素

影响热力设备停用腐蚀的因素，对放水停用的设备，其停用腐蚀类似大气腐蚀中的情况，影响因素有温度、湿度、金属表面水膜成分和金属表面的清洁程度等；对充水停用的设备，金属浸于水中，影响因素有水温、水中溶解氧含量、水的成分以及金属表面的清洁程度等。

（1）湿度。对放水停用的设备，金属表面的潮气对腐蚀速度影响大。因为在有湿分的大气中，金属腐蚀都是表面有水膜时的电化学腐蚀。大气中相对湿度大，易在金属表面结露，形成水膜，造成腐蚀增加。在大气中，各种金属都有一个腐蚀速度呈现迅速增大的湿度范围，湿度超过这一临界值时，金属腐蚀速度急剧增加；而低于此值，金属腐蚀很轻或几乎不腐蚀。对钢、铜等金属，此“临界相对湿度”值在 50%～70%。当热力设备内部相对湿度小于 35%时，铁可完全停止生锈。实际上，如果金属表面无强烈的吸湿剂沾污，相对湿度低于 60%时，铁的锈蚀即停止。

（2）含盐量。水中或金属表面水膜中盐分浓度增加，腐蚀速度加剧。特别是氯化物和硫酸盐含量增加，使腐蚀速度上升很明显。汽轮机停用时，若叶片等部件上有氯化物沉积，就会引起点蚀。

（3）金属表面清洁程度。当金属表面有沉积物或水渣时，妨碍氧扩散进去，沉积物或水渣下面的金属电位较负，成为阳极；而沉积物或水渣周围，氧容易扩散到的金属表面，电位较正，成为阴极。由于这种氧浓度差异原电池的存在，所以使腐蚀加剧。

4）停用腐蚀的危害

（1）在短期内停用设备也会遭到大面积破坏，甚至腐蚀穿孔。

（2）加剧热力设备运行时的腐蚀。停用腐蚀的腐蚀产物在锅炉再启动时，进入锅炉后形成水垢，促使锅炉炉水介质浓缩腐蚀速度加剧，以及造成炉管内摩擦阻力增大，水质恶化，锅炉化学清洗周期缩短等。停机时，汽轮机中的停用腐蚀部位，可能成为汽轮机应力腐蚀破裂或腐蚀疲劳裂纹的起源。

2. 热力设备的停用保护

为保证热力设备的安全运行，热力设备在停用或备用期间，必须采用有效的防锈蚀措施，以避免或减轻停用腐蚀。按照保护方法或措施的作用原理，停用保护方法可分为三类：

一是阻止空气进入热力设备水汽系统内部。其实质是减少金属表面上的水膜或积水中氧的浓度。这类方法有充氮法、保持蒸汽压力法等。

二是降低热力设备水汽系统内部的湿度。其实质是防止金属表面凝结水膜，形成电化学腐蚀电池。这类方法有烘干法、干燥法等。

三是使用缓蚀剂，减缓金属表面的腐蚀；或加碱化剂，调整保护溶液的 pH 值，使腐蚀减轻。所用药剂有氨、联氨、气相缓蚀剂、新型除氧-钝化剂等。这类方法的实质是使电化学腐蚀中的阳极或阴极反应阻滞。

1）停用保护方法的选择原则

（1）机组的参数和类型。首先要考虑锅炉的类别。直流炉对水质要求高，只能用挥发性药品保护，如联氨和氨或充氮保护；汽包炉则既可以用挥发性药剂，也可以用非挥发性药剂。其次是考虑机组的参数。

（2）停用时间的长短。停用时间不同，所选用的方法也不同。对热备用状态的锅炉，必须考虑能随时投入运行,所采用的方法不能排掉炉水,也不能改变炉水成分,因此,一般采用保持蒸汽压力法。对于短期停用机组,要求短期保护以后能投入运行,锅炉一般采用湿式保护,其他热力设备可以采用湿式保护,也可采用干式保护。对于长期停用的机组,要求所用保护方法防锈蚀作用持久,一般可用湿式保护,如加联氨和氨,或用于干式保护,如充氮法。

(3) 现场条件。选择保护方法时,要考虑采用某种保护方法的现实可能性。现场条件包括设计条件、给水的水质、环境温度和药剂来源等。

在选择停用保护方法时,必须充分考虑机组的特点,才能选择合适的药剂或恰当的保护方法。也只有在充分考虑到需要保护的时间的长短,才能选择出既有满意的防锈蚀效果,又方便机组启动的保护方法。

2) 锅炉停用保护方法

锅炉停用保护方法有:干式保护法、湿式保护法以及联合保护法。

干式保护法有:热炉放水余热烘干法、负压余热烘干法、邻炉热风烘干法、充氮法、气相缓蚀剂法、纯十八胺法等。

湿式保护法有:氨水法、氨-联氨法、蒸汽压力法、给水压力法等。

联合保护法有:充氮或充蒸汽的湿式保护法。

(1) 热炉放水余热烘干法。热炉放水是指锅炉停运后,压力降到 0.5~0.8MPa 时,迅速放尽锅内存水,利用炉膛余热烘干受热面。若炉膛温度降到 105℃,锅内空气湿度仍高于 70%,则锅炉点火继续烘干。此法适用于临时检修或小修锅炉时,停用期限在 1 周以内。

(2) 负压余热烘干法。锅炉停运后,压力降到 0.5~0.8MPa 时,迅速放尽锅内存水,然后立即抽真空,加速锅内排出湿气的过程,并提高烘干效果。此法适用于锅炉大、小修时,停运期限可长至 3 个月。

(3) 邻炉热风干燥法。热炉放水后,将正在运行的邻炉的热风引入炉膛,继续烘干汽水系统表面,直到锅内空气湿度低于 70%。此法适用于锅炉冷态备用,大、小修期间,停用期限在 1 个月以内。

(4) 充氮法。当锅炉压力降到 0.3~0.5MPa 时,接好充氮管,待压力降到 0.05MPa 时,充入氮气并保持压力 0.03MPa 以上。氮气本身无腐蚀性,它的作用是阻止空气漏入锅内。此法适用于长期冷态备用的锅炉保护,停用期限可达 3 个月以上。

(5) 气相缓蚀剂法。锅炉烘干,锅内空气湿度小于 90%时,向锅内充入气化了的气相缓蚀剂。待锅内气相缓蚀剂含量达 $30g/m^2$ 时,停止充气,封闭锅炉。此法适用于冷态备用锅炉。一般使用期限为 1 个月,但具实际经验者报道,有的机组用此法保护长达 1 年以上。

气相缓蚀剂,如碳酸环己胺、碳酸铵等,它们具有较大挥发性,溶于水后能解离出具有缓蚀性能的保护性基团的化合物。气相缓蚀剂应具备如下的基本特点:化学稳定性高;有一定蒸汽压,以保证充满被保护设备的各个部位,还应能保留较长时间;在水中有一定溶解度;有较高的防腐能力。

(6) 保持蒸汽压力法。有时,锅炉因临时小故障或外部电负荷需求情况而处于热备用态状态,需采取保护措施,但锅炉必须随时再投入运行,因此,锅炉不能放水,也不能改变炉水成分。在这种情况下,可采用保持蒸汽压力法。其方法是:锅炉停用后,用间歇点火方法,保持蒸汽压力大于 0.5MPa,一般使蒸汽压力达 0.98MPa,以防止外部空气漏入。此法适用于 1 周以内的短期停用保护,耗费较大。

(7) 保持给水压力法。锅炉停运后,用除氧合格的给水充满锅内,保持给水压力 0.5~

1.0MPa，并保证一定量的溢流量，以防止空气漏入。此法适用于停用期 1 周以内的短期停用锅炉的保护。保护期间定期检查锅内水压力和水中溶解氧的含量，如压力不合格或溶解氧大于 7μg/L，应立即采取补救措施。

(8) 氨水法。锅炉停用后放尽锅内存水，用氨溶液作防锈蚀介质充满锅炉，防止空气进入。使用的氨液浓度为 500～700mg/L。氨液呈碱性，加入氨，使水碱化到一定程度，有利于钢铁表面形成保护层，可减轻腐蚀。因为浓度较大的氨液对铜合金有腐蚀，所以使用此法保护前应隔离可能与氨液接触的铜合金部件。解除设备停用保护、准备再启动的锅炉，在点火前应加强锅炉本体到过热器的冲洗。点火后，用蒸汽冲洗过热器，必须待蒸汽中氨含量小于 2mg/kg时，才能并汽。此法可适用于停用期为 1 个月以内的锅炉保护。

(9) 氨-联氨法。锅炉停用后，把锅内存水放尽，充入加了联氨并用氨调 pH 值的给水。保持水中联氨过剩量 200mg/L 以上，水的 pH 值为 10～10.5。用此法保护锅炉，其停用期可达 3 个月以上。适用于长期停用、冷备用或封存的锅炉的保护，当然也适用于 3 个月以内的停用保护。在保护期，应定期检查联氨的浓度和 pH 值。

氨-联氨法在汽包炉和直流炉上都采用，锅炉本体、过热器均可采用此法保护。但中间再热机组的再热系统不能用此法保护，因为再热器与汽轮机系统连接，用湿式保护法，汽轮机有进水的危险。再热器系统可用干燥热风保护。此法是高参数大容量机组普遍采用的保护方法。

(10) 联合保护法。联合保护法是最主要的保护法，因单靠一种保护法是很难卓有成效地防止锅炉的停用腐蚀。联合保护法中最常用的是充氮或充蒸汽的湿式保护法。其方法是：在锅炉停运后，未完成炉内换水，充入氮气，并加入联氨和氨，使联氨量达 200～300mg/L，水 pH 值达 10 以上，氮压保持 0.03MPa 以上。若保护期较长，则联氨量还需增加。

(11) 纯十八胺法。十八胺又称薄膜胺，是发电厂热力设备和工业锅炉停炉保护的防腐蚀药剂。十八胺与金属表面接触后，会很容易在金属表面上形成一层分子薄膜，把空气与金属隔绝，从而防止水及大气中氧及二氧化碳对金属的腐蚀，保护了金属，保护效果好。

在发电厂，十八胺的使用是在机组停运过程中，将其加入系统，它进入锅炉后，在高温下挥发进入蒸汽，从而布满整个锅炉、汽轮机及热力系统，在热力系统的所有设备、管道，形成一层憎水性保护膜，起到保护作用。因此，它的保护范围为锅炉、汽轮机及整个热力系统所有设备及水汽管道(包括极难保护的疏水管道)。对工业锅炉，十八胺的使用是在停炉前，将其加入给水，进入锅炉后，它挥发进入蒸汽，布满整个过热器和蒸汽供热管道，在金属表面形成一层保护膜，起到保护作用。

该方法适用于各种备用机组和备用锅炉的保护，特别适用于检修设备和长期停备用设备的保护。十八胺保护后的机组在再次启动时，由于温度作用，形成的十八胺膜会很快分解为 NH_3、H_2 等气体并被排出系统，渗入垢下的十八胺分解产生的气体还会使某些浮垢脱落，从而降低结垢速率。

3) 启动锅炉停用保护

在锅炉的炉墙及锅炉内部经处理干燥后，可用以下两种方式进行保护：

(1) 氮保护。将氮气从下炉筒排污处和给水管道中的氮气进口处不断地输入，将个别部件顶上的放氮口的阀门打开，让炉体中的空气排出，直至内部均充满氮气后再将各放氮口关闭。最后，将进氮口阀门关闭。炉子本体在保养期间，各个炉门、人孔门、手孔均应密封关闭防止氮气泄漏，并定期进行检查，及时补充氮气，保证氮气的充满度。

(2) 干法保养。在上、下炉筒内，距离均匀地各放置14个铁罐，罐内盛有1.5kg左右的氧化钙，以便防潮吸水，罐内药品厚度不超过罐边高度的1/3为宜，药品纯度在50%以上，颗粒度为10～30mm，铁罐放妥后关闭人孔盖。

在保养期间，炉内应紧闭，管道应隔绝，并每3个月打开人孔盖进行1次检查，如药品已消耗成粉状，应进行调换。

4) 汽轮机和凝汽器的停用保护方法

汽轮机和凝汽器在停用期间，采用干法保护。首先必须使汽轮机和凝汽器停运后内部保持干燥。为此，凝汽器在停用以后，先排水，使其自然干燥，底部积水可以采用吹干的办法除去，凝汽器内部可以放入干燥剂。

5) 加热器的停用保护方法

(1) 低压加热器的管材一般是铜管，可以采用干法保养或充氮保养。

(2) 高压加热器所用管材一般为钢管，停用保护方法为充氮保养或加联氨保养。加联氨保养时，联氨溶液的浓度视保养时间长短不同，pH值用氨调至大于10。

6) 除氧器的停用保护方法

除氧器若停用时间在1周以内，通热蒸汽进行热循环，维持水温大于106℃。若停用时间在1周以上至3个月以内，采用把水放空、充氮保养的方法；或采用加联氨溶液，上部充氮气的保养方法。若停用时间在3个月以上，采用干式保养，水全部放掉，水箱充氮气保养。

7) 余热锅炉停炉保养方法

余热锅炉停炉保养方法采用氨水碱化烘干法(带压放水)，停炉前4h，加氨提高给水pH值至9.4～10.0，热炉放水，余热烘干。

(1) 燃气轮机停运后，接值长令，可进行带压放水操作。带压放水时，应密切注意汽包上、下壁温差不超过50℃。

(2) 先进行除氧系统和低压系统的带压放水。开启低压汽包紧急放水阀、低压汽包定期排污阀进行放水；开启除氧水箱的紧急放水阀、定期排污阀进行放水。

(3) 当低压汽包水位、除氧水箱水位不再降低时，开启低压省煤器、凝结水加热器的放水阀进行放水。

(4) 当低压汽包、除氧水箱压力降至零时，开启低压系统和除氧系统所有疏水阀和排空阀。

(5) 当高压汽包压力降至0.8MPa时，可进行高压系统带压放水。开启高压汽包紧急放水阀、高压汽包定期排污阀进行放水。

(6) 当高压汽包水位不再降低时，开启高压省煤器放水阀进行放水。

(7) 当高压汽包压力降至零时，开启高压系统所有疏水阀和排空阀。

(8) 当确认余热锅炉内水已经放尽后，如无检修工作需要，关闭余热锅炉侧高低压系统、除氧系统的所有疏水阀、排空阀、向空排汽阀、定期排污阀、紧急放水阀。

(9) 24h后再次进行放水操作，彻底排尽高低压系统、除氧系统积存余水。

8) 启动锅炉停炉保养方法

(1) 干法保养。干法保养是使锅炉内无水，适用于长期停用的锅炉。具体方法是将炉水全部放出，开启所有人孔、手孔，清除水垢和污物，用小火焰或邻炉热风来烘锅炉，使炉内的存水蒸发，然后将盛有干燥剂的无盖铁盒或其他容器放在锅筒中。将所有门、孔关闭严密，防止空气进入，一定要注意各门、孔的严密性，否则会因泄漏而影响干燥剂的吸潮效果，甚至达不到吸潮防腐的目的。干燥剂一般采用无水氯化钙或生石灰，用量按每立方米锅炉容积加 1～2kg 无水氯化钙或 2～3kg 生石灰计算，每隔 1～2 个月应打开锅筒人孔检查 1 次，发现干燥剂吸潮失效应予以更换。

（2）湿法保养。锅炉内部清洗干净后，充入碱性溶剂，使金属表面形成碱性保护膜而达到防潮目的，湿法保养适用于短期停用的锅炉，采用的碱性溶液为氢氧化钠或磷酸三钠，也可用氢氧化钠、磷酸三钠和亚硫酸钠混合溶液。在湿法保养中，炉水碱度维持在 5～12mg/L。每 5 天左右化验 1 次，如碱度低于下限，应补充碱液。湿法保养时要清除受热面烟气侧的积灰并保持干燥，以防结露腐蚀；在冬季不要在没有防冻措施的场所进行锅炉的湿法保养。氢氧化钠或磷酸三钠的用量，对锅炉里是放凝结水或软化水不一样，每吨水的碱液加入量见表 14-1。

表 14-1　　湿法保养碱性溶液的用量(kg/t)

碱性溶液	锅炉放入凝结水时	锅炉放入软化水时
氢氧化钠	2	8～10
磷酸三钠	5	20

14.2　机组的水化学工况

14.2.1　机组水化学工况概述

为降低锅炉炉管的腐蚀速率，减小炉管沉积物与结垢量，提高蒸汽品质，必须对锅炉水进行调节处理。低/中压汽包锅炉、高压汽包锅炉、直流锅炉因其压力不同、水质特点不同，而采取不同的水化学工况。

目前实际应用的锅炉水调节方式大致分三类：

① 不含酸式盐（Na_2HPO_4）的磷酸盐处理方式：磷酸盐处理、低磷酸盐处理、平衡磷酸盐处理、低磷酸盐低 NaOH 处理。

② 含酸式盐的磷酸盐处理方式：协调 pH-磷酸盐处理。

③ 非磷酸盐处理方式：氢氧化钠处理、全挥发处理、中性处理、联合处理。

按照锅炉水中金属的氧化还原电位划分，锅炉水化学工况可分为两类：

① 还原性水化学工况：磷酸盐处理、低磷酸盐处理、平衡磷酸盐处理、低磷酸盐低 NaOH 处理、氢氧化钠处理、全挥发处理。

② 氧化性水化学工况：中性处理、联合处理。

14.2.2　机组水化学工况及其控制

为了减轻和防止锅炉给水对金属材料的腐蚀，减少随给水带入锅炉的腐蚀产物和其他杂质，防止因采用给水减温引起混合式过热器、再热器和汽轮机积盐，就必须对锅炉给水进行调节处理。

1. 给水处理

给水处理是指向给水加入水处理药剂，改变水的成分及其化学特性，如 pH、氧化还原电位等，以降低给水系统的各种金属的综合腐蚀速率。不同温度下铁-水体系电位-pH 平衡如图 14-3 所示。相较而言，金属在纯净的中性水中的腐蚀速率往往比在弱碱性水中高，因此，几乎所有的锅炉给水都采用弱碱性处理。

给水处理因常在给水中加入氨和联氨等具有挥发性的化学药品，所以又称全挥发处理。根据是否要加入除氧剂，可分为还原性全挥发处理和弱氧化性全挥发处理。

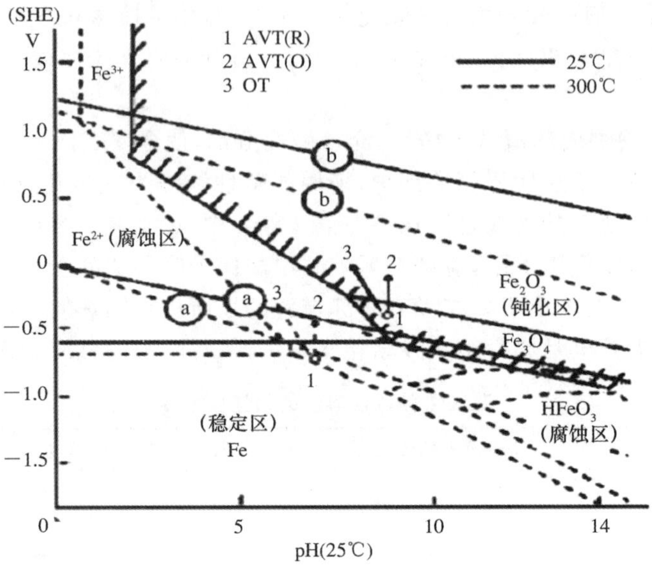

图 14-3 不同温度下铁-水体系电位-pH 平衡图

还原性全挥发处理是指锅炉给水加氨和还原剂(又称除氧剂,如联氨)的处理,英文简称 AVT(R)。防腐机理是通过热力除氧并加除氧剂进行化学辅助除氧的方法,以降低水的氧化还原电位(ORP),使铁的电极电位接近于稳定区,这是一种阴极保护法。

1) 加氨处理

为了防止给水对金属的侵蚀,除消去溶解氧外,还必须调节 pH 值,因为随着给水的 pH 值增大,钢铁的腐蚀明显减少。调节给水 pH 值较为普遍的方法就是加氨处理。给水加氨处理的实质是用氨来中和给水中的游离二氧化碳,并碱化介质,把给水 pH 值提高到规定的数值。

2) 联氨除氧处理

联氨在常温、常压下是无色液体;沸点 113.5℃;25℃时,密度为 $1.004g/cm^3$。联氨遇热会分解,吸水性很强,易挥发,空气中联氨对呼吸系统及皮肤有侵害作用。一般市售联氨浓度为 40%或 80%的水合联氨。当空气中联氨蒸汽浓度达到 4.7%时,遇火会发生爆炸。

联氨在碱性水溶液中,是一种很强的还原剂,可将水中的溶解氧还原,产物对热力系统无害。反应式为

$$N_2H_4 + O_2 \rightarrow N_2 + 2H_2O \tag{14-16}$$

联氨和水中溶解氧的反应速度受温度、pH 值和联氨过剩量的影响。为了使联氨和溶解氧的反应进行得迅速而且完全,应维持以下条件:足够的水温(150℃以上)、一定的碱性(pH 值在 9~11)、适当的过剩量(控制在 10~30μg/L)。

联氨的加药点设置在闭式除盐水母管及给水泵入口母管。另设 1 台停炉保护加药泵用于机组的停炉保护,溶液箱与联氨溶液箱共用,加药点为给水泵入口母管。

2. 炉水处理

炉水处理是指对进入锅炉之前的水,即锅炉给水中的悬浮物、胶体物、有机物、各种溶解的盐类和气体进行处理,并对炉内水质进行调整,使锅炉给水和炉水的品质符合标准,进而防止锅炉汽水系统结垢、积盐和腐蚀。炉水处理常用的方法是磷酸盐处理。

燃气轮机锅炉因为给水水质有较大改观，所以炉内处理的任务也由防止炉内结垢（达不到溶度积）转化成以控制炉水化学稳定性、提高炉水 pH 值为主。理论上，只需加 NaOH 即可。但中和反应瞬间完成，缺乏必要的缓冲性，用 NaOH 来维持炉水 pH 值尽量少波动并不是最佳选择。可采用多元磷酸正盐进行锅内水化学工况校正，运行控制炉水 PO_4^{3-} 在 0.2～0.8mg/L。

磷酸盐在锅炉水处理中主要作缓蚀剂和阻垢剂，其作用机理分为缓蚀机理和阻垢机理。

（1）缓蚀机理

碳钢在水中的腐蚀是微电池造成的，其电化学反应式为

阳极：$Fe \rightarrow Fe^{2+} + 2e$　　(14-17)

阴极：$O_2 + 2H_2O + 4e \rightarrow 4OH^-$　　(14-18)

当水中具有一定浓度的 Ca^{2+} 或其他二价金属离子时，聚合磷酸根离子与 Ca^{2+} 形成带正电荷的配离子，这种配离子以胶溶状态存在于水溶液中。碳钢在水中腐蚀时，阳极反应产物 Fe^{2+} 向阴极方向扩散移动，胶溶状态的带正电荷的聚磷酸钙配离子可再与 Fe^{2+} 络合，生成以聚磷酸钙铁为主要成分的配离子，依靠腐蚀电流沉积于阴极表面，形成沉淀皮膜。这种膜具有一定的致密性，能阻挡溶解氧扩散到阴极，即抑制了腐蚀电池的阴极反应，从而抑制了整个腐蚀反应。

（2）阻垢机理

水垢主要是碳酸钙垢、磷酸钙垢、硅酸钙垢和硅酸镁垢等。当无过量的 PO_4^{3-} 或 SiO_2 存在时，磷酸钙垢和硅酸镁垢不容易生成，最容易生成的是碳酸钙垢。在水中加入少量的聚磷酸盐就能防止碳酸钙沉淀析出。之所以能有效阻止碳酸钙沉淀，是由于聚磷酸盐有效地控制了晶核形成的速度。此外，聚磷酸盐还能螯合 Ca^{2+}、Mg^{2+} 等离子，形成单环螯合物或双环螯合物。这样就破坏了碳酸钙等晶体的正常生长过程，从而阻止了碳酸钙水垢的形成。

以磷酸三钠防垢剂为例，会以各自不同的机制发挥作用。主要反应如下：

$$3Ca(HCO_3)_2 + 2Na_3PO_4 \rightarrow Ca_3(PO_4)_2 \downarrow + 3Na_2CO_3 + 3CO_2 \uparrow + 3H_2O \quad (14\text{-}19)$$

$$3CaSO_4 + 2Na_3PO_4 \rightarrow Ca_3(PO_4)_2 \downarrow + 3Na_2SO_4 \quad (14\text{-}20)$$

$$3Mg(HCO_3)_2 + 2Na_3PO_4 \rightarrow Mg_3(PO_4)_2 \downarrow + 3Na_2CO_3 + 3CO_2 \uparrow + 3H_2O \quad (14\text{-}21)$$

$$3MgSO_4 + 2Na_3PO_4 \rightarrow Mg_3(PO_4)_2 \downarrow + 3Na_2SO_4 \quad (14\text{-}22)$$

当水温相当高，并有足够的碱度时，磷酸钙会变成水渣状的羟基磷灰石 $Ca_{10}(OH)_2(PO_4)_6$，可随锅炉排污排至炉外。

$$10Ca_3(PO_4)_2 \cdot H_2O + 6NaOH = 3Ca_{10}(OH)_2(PO_4)_6 + 2Na_3PO_4 + 10H_2O \quad (14\text{-}23)$$

磷酸盐加药点在机组高压锅筒内。

3）磷酸盐“暂时消失”现象

当锅炉负荷增加时，炉水中磷酸钠盐的浓度明显下降；而当锅炉负荷降低时，炉水中磷酸钠盐的浓度又重新升高。这种现象称为磷酸盐的“暂时消失”现象，也称“隐藏”现象。

产生这种现象的原因是在高热负荷区域或机组在短时大幅度升负荷时，管内沸腾过程加剧，使靠近管壁层的水中某些易溶的磷酸钠盐等达到或超过其饱和浓度，就以磷酸钠和磷酸氢二钠混合物形式沉积于水冷壁管上，从而使炉水中磷酸钠盐的浓度降低，pH 值升高。磷酸盐“暂时消失”时，会引起沉积物下碱性介质（NaOH）浓缩腐蚀、炉管过热，并与其他沉积物反应形成复杂水垢。相反，当短时大幅降低机组负荷时，锅炉水中磷酸根含量又很快上升，pH 值下降。此时，会导致沉积物下酸性介质（NaH_2PO_4 或 Na_2HPO_4）浓缩，出现局部酸性环境，破坏水冷壁管表面氧化保护，引起磷酸盐酸性腐蚀和应力腐蚀。酸性磷酸盐腐蚀的典型产物是

$NaFePO_4$,它大量存在时会使高参数锅炉水冷壁管形成明显的蚀坑或腐蚀穿孔。

(1) 产生磷酸盐"暂时消失"现象的条件如下:

① 炉水总磷酸根含量较高。当磷酸根浓度小于 1mg/L 时,负荷波动对炉水水质影响很小,磷酸盐"暂时消失"可不考虑。真正不发生消失现象的磷酸根浓度为 0.3mg/L。

② 水冷壁管内壁有沉积物。金属氧化物的存在对磷酸盐的溶解度有很大影响,如 Na_3PO_4 与 Fe_3O_4 共存时,Na_3PO_4 的溶解度下降 1/3~1/2。因此,保持水冷壁管内壁的清洁有助于防止磷酸盐"暂时消失",可以此间接判断锅炉的脏污程度。

③ 高的热负荷。当采用的磷酸盐处理方式使磷酸根浓度较高时,在热负荷较高的高参数炉中,不可避免存在磷酸盐"暂时消失"。锅炉参数越高,炉膛热负荷越大,锅炉汽化过程越剧烈,也就越容易发生这种"暂时消失"现象。

(2) 磷酸盐的"暂时消失"现象有以下危害:

① 磷酸盐的附着物传热性能差,容易引起炉管过热、爆管。

② 磷酸盐与其他沉淀物发生反应,生成复杂的难溶性水垢,加剧结垢和腐蚀过程。

③ 当磷酸盐发生"暂时消失"现象时,会使管内炉水中产生游离的氢氧化钠,一旦产生炉水浓缩,就会导致碱性腐蚀。

3. 国电南浔公司燃气轮机水质调节

1) 加药系统

加氨系统由带 2 个电动搅拌装置的氨溶液箱、1 个氨雾吸收器、3 台氨加药泵和相关的管道、阀门、附件所组成。

联氨加药系统由 2 个带自动搅拌装置的溶液箱、3 台加药泵、1 台停炉保护加药泵和相关的管路、阀门、仪表等组成。

磷酸盐加药系统由 2 个带电动搅拌装置的溶液箱、2 台加药泵和相关的管道、阀门等组成。

炉内加药系统运行注意事项:

① 正常运行时,一药箱运行,运行至药箱低液位,切换备用药箱运行;停运药箱有杂质、污物时,冲洗后方可重新溶药备用。

② 当某台运行泵出现故障或调节器失灵时,及时投运备用泵。

③ 汽水品质不合格需要调整加药量时,先调节计量泵频率,再调节泵行程或提高(降低)药液浓度,必须保持加药泵连续运行。

④ 一台泵不能满足汽水品质要求时,可以启备用泵加药,但不能使用一台泵向两台设备同时加药。

⑤ 注意观察泵出口压力表显示,若安全门动作或相关的指标上不去,可能是加药管堵塞或泵故障,应及时进行分析处理。

⑥ 炉内加药计量泵在运行状态下调整行程。

⑦ 须熟悉药品性能,配制药品时需佩戴好防护用品。如联氨有毒、易挥发、燃烧;液氨易挥发,对皮肤、眼睛有刺激性。联氨浓溶液要密封保存,联氨储存处严禁明火。操作时戴防护镜和皮手套。药品溅入眼睛中,应立即用水冲洗,也可用肥皂水洗。配药操作时,应通风良好、水源充足。

2) 运行与控制

(1) 给水处理的运行控制

给水全挥发处理时,各项控制指标应严格控制在标准值之内,其中最重要的控制指标是给水阳导和 pH 值。在平时机组运行中应控制好以下几点：

① pH 值。在机组运行过程中，给水 pH 值超过 9.6 以后对于防止汽水系统的腐蚀已经没有必要了，而低于 9.0 给水系统的含铁量就会明显增高，即腐蚀速度加快。因此，运行中给水 pH 值控制不允许低于 9.0，为增加汽水系统缓冲性，pH 值尽可能控制得高一点，但不要高于 9.6，一般控制在 9.4 附近。

② 阳导。给水管道金属的腐蚀速率与阳导有关，阳导高水中金属腐蚀产物就高。运行中，给水阳导应控制小于 0.2μS/cm，最好小于 0.15μS/cm。

③ 联氨。给水采用 AVT(R)，联氨的剩余浓度应控制低些，一般小于 20μg/L 就够了。

(2) 炉水磷酸盐处理的运行控制

炉水磷酸盐处理时，各项控制指标应严格控制在标准值之内，其中最主要的控制指标是炉水 pH 值和磷酸根的含量。通过对其的监测，能及时发现水质污染的状况并消除引起污染的原因，从而保持炉水磷酸盐处理所要求的高纯水质。同时，判断及避免磷酸盐“暂时消失”现象，以防锅炉恶性事故的发生。

炉水采用低磷酸盐处理中应注意以下几个方面：

① 配置适当的加药浓度。炉水的磷酸盐浓度要求控制在 0.2～0.8mg/L，配制的磷酸盐浓度在 10～30mg/L。

② 连续匀速的进行加药处理。为实现有效稳定的控制水质的目的，一要实现自动加药；二要提高仪表的投入率和准确率，对水质进行全程跟踪监测。

③ 在进行低磷酸盐处理时，磷酸盐的保有量相对较低，系统的缓冲能力下降，当凝汽器发生泄漏时，低磷酸盐处理很难保证系统水质。因此，必须加强对凝结水水质的监测。

④ 在机组启动过程中，首先严格按照“机组冷态启动管理规定”的要求，保证系统的汽水质量符合启动标准，避免启动阶段带入杂质。同时，为了有效控制机组启动过程中出现 pH 值偏低时的酸性腐蚀，根据系统有效容积，在机组上水阶段，一次性加入足量的磷酸盐，使系统保有量达到运行阶段的控制标准。

⑤ 对于结垢的锅炉，在进行磷酸盐加药处理时，必须先将水垢清理掉。因为磷酸盐会与原先生成的钙垢起作用，使水垢逐渐变成水渣脱落，从而使锅炉水中产生大量水渣而影响蒸汽质量。严重时，脱落的水垢甚至会堵塞炉管，导致水循环发生故障。

3) 汽水品质劣化的原因及处理

给水水质劣化的原因及处理方法见表 14-2。

表 14-2　给水水质劣化的原因及处理方法

现象	原因	处理方法
给水硬度不合格或外状浑浊	组成给水的凝结水、补给水硬度不合格或外状浑浊	查明硬度高或浑浊的水源将其进行处理或减少使用量
	生水渗入给水系统	消除生水渗入给水的可能
给水溶解氧不合格	除氧器排空阀开度不足	通知集控调整除氧器运行
	除氧器内部装置存在缺陷	联系检修，消除其缺陷
	向除氧器补水量过大	减少补水量，均匀补水
	取样器不严密	联系检修，对取样器查漏堵漏

续表

现象	原因	处理方法
给水含铜、铁量不合格	氨溶液浓度过低或过高	适当调整氨溶液浓度
	加氨装置及加氨系统有缺陷	及时消除加氨装置缺陷或系统的缺陷,保证加氨量
	补给水中漏入酸、碱	处理补给水,加强锅炉排污,使之恢复正常
	系统中二氧化碳含量过高	增加加氨量,中和因二氧化碳高而产生的酸性腐蚀
	组成给水的凝结水、补给水等铜、铁不合格	查明含铜、铁量大的水源,将此水源进行处理或减少其使用量
	漏入系统的氧量太高或水质加氨量过大或过小	减少漏入系统的氧量,调整加氨量
给水 pH 不合格	加氨量过高或过低	检测氨溶液浓度,适当调整加氨量
	加氨系统发生故障	检查并联系检修,消除故障
	组成给水的凝结水补给水 pH 异常	查明 pH 异常的水源,并对此水源进行处理
给水呈乳白色而其他指标没有变化	给水被油污染	查明污染源,设法消除

炉水水质劣化的原因及处理方法见表 14-3。

表 14-3　　炉水水质劣化的原因及处理方法

现象	原因	处理方法
炉水外状浑浊	给水浑浊	参见表 14-2 中"补给水硬度不合格或外状浑浊"处理
	锅炉长期没有排污或排污量不够	严格执行锅炉排污制度
	新炉或检修炉投运初期	对新炉或检修炉投运初期的水质,应增加排污次数和排污量,直至水质合格为止
炉水磷酸根含量不合格	磷酸盐加药设备或系统存在缺陷	消除磷酸盐加药设备或系统的缺陷
	磷酸盐加药量不当或磷酸盐溶液浓度过低或过高	调整磷酸盐溶液箱的浓度和加药量
	锅炉排污不当	调整锅炉排污量,在保证水质前提下,磷酸根过低时减少排污量,过高时增加排污量
	给水有硬度	消除给水硬度来源,适当增加加药量
	锅炉运行负荷变化过大	稳定锅炉运行工况,避免负荷剧烈变化
炉水 pH 不合格	给水 pH 值太低或太高	参见表 14-2 中"给水 pH 不合格"处理
	排污不当	严格执行排污制度
	凝汽器大量泄漏	汇报值长,迅速组织堵漏
	加药不当	按标准调整加药量,检查药品的成分,质量是否符合要求。如 pH 值太低不能维持,可适当加些氢氧化钠
	新炉或检修炉投运初期	新炉或检修炉投运初期,由于酸洗处理等原因,使炉水水质 pH 值偏低,可通过适当增加磷酸三钠量甚至氢氧化钠量配合排污加以调整

蒸汽品质劣化原因及处理方法见表 14-4。

表 14-4　蒸汽品质劣化原因及处理方法

现象	原因	处理方法
蒸汽含钠量，含硅量同时上升并超标	锅炉含盐量超标	检查给水水质情况，消除给水品质劣化的根源，严格执行锅炉排污制度，适当增加锅炉排污量（特别是连排量）
	锅炉运行工况不稳定，汽包水位高，负荷变化大	汇报值长，调整好锅炉运行工况
	汽包内部汽水分离装置有缺陷	消除汽包内部水汽分离装置缺陷
	混合式减温器水质不良	提高减温水（给水）品质
	锅炉加药浓度过大或速度过快	降低锅炉的加药浓度和速度
饱和蒸汽品质正常而过热蒸汽品质恶化	混合式减温器的水质不良	提高混合式减温器的水质（给水水质）

14.3　机组汽水品质控制

14.3.1　机组汽水质量控制标准

燃气轮机机组汽水质量控制标准见表 14-5。

表 14-5　燃气轮机机组汽水质量控制标准

监测点	项目	单位	标准	
			启动（清洗阶段）	正常运行标准
凝泵出口	硬度	μmol/L	—	≤2.0
	电导率（25℃）	μS/cm	≤0.30	≤0.20
	溶解氧	μg/L	—	≤50
给水	硬度	μmol/L	≤5.0	≤2.0
	pH	—	9.5～9.8	9.5～9.8
	氢电导率（25℃）	μS/cm	≤3.00	≤0.30
	溶解氧	μg/L	—	≤20
	二氧化硅	μg/L	—	应保证蒸汽二氧化硅符合标准
	铁	μg/L	≤100	≤50
	铜	μg/L	—	≤10
	钠	μg/L	—	—
主蒸汽	氢电导率（25℃）	μS/cm	≤3.00	≤0.30
	二氧化硅	μg/kg	≤80	≤20
	铁	μg/kg	—	≤20
	铜	μg/kg	—	≤5
	钠	μg/kg	≤50	≤10

续表

监测点	项目	单位	标准	
			启动(清洗阶段)	正常运行标准
补给水	电导率	μS/cm	≤0.20	≤0.20
	二氧化硅	μg/L	≤20	≤20
	TOC	μg/L	≤200	≤200
闭冷水	pH	—	≥9.5	≥9.5
	电导率	μS/cm	≤30	≤30

14.3.2 机组汽水集中取样分析装置

炉内汽水集中取样装置由降温减压架(高温盘)、取样仪表屏(低温盘)及手工取样系统组成。样品通过不锈钢管引至汽水集中取样架,分别经冷却器冷却、减压,再经恒温装置恒温后引至仪表盘,供在线仪表和手工分析用。汽水集中取样架各水样均有排污管,以冲洗机组启动时管内积聚的杂质。取样装置采用闭式循环水冷却,闭式水温度 $T \leqslant 35℃$,压力(进入取样装置)P 为 0.2~0.4MPa,水量不少于 35t/h。

根据不同的样品,一般采用不同的降温减压方式。如对于闭冷水的样品采用直接取样;凝结水泵出口、除氧器出口的样品采用一级降温一级减压方式;温度 $200℃ \leqslant T \leqslant 570℃$、压力 $0.8\text{MPa} < P < 32\text{MPa}$ 的样品(过热蒸汽、主蒸汽、饱和蒸汽、炉水等)采用二级降温一级减压方式。

1. 降温、减压架

为完成高压高温的汽水样品减压和初冷,该部分包括高温高压阀门、样品冷却器、减压阀、安全阀、样品排污和冷却水供排水管系统。主要任务是将各取样点的蒸汽和水引入降温减压架,由高压阀门控制,一路连接排污管,供装置在投运初期排除样品中的污物;另一路连接冷却器,冷却器内接逆向通入的冷却水,使样品冷却降温,冷却后的样品经减压阀减压后送至人工取样和仪表屏。

2. 取样仪表屏

由低温仪表盘和人工取样架两部分合二为一。该部分包括背压整定阀、恒温装置、双金属(或数字)温度计、浮子流量计、离子交换柱、电磁阀、化学仪表和报警仪等。从降温减压架送来的样品,按照各点需要监测的项目进行分配。一路送至人工取样屏,供人工取样分析;其余分支样品分别引入相应的化学分析仪表,进行在线测量。正常情况下,该系统对各取样点在线仪表进行连续检测,并将各仪表检测信号通过 PLC 控制系统送入汽水品质实时监视系统。

为了避免水样含氨对电导率测量的影响,样品需先经阳离子交换后再送入导电度仪表。同时,采用恒温装置,消除样品温度变化对化学仪表测量精度的影响。

14.4 热力设备的化学清洗

14.4.1 锅炉化学清洗的必要性

锅炉的化学清洗,就是用溶有化学药品的水溶液,在锅炉金属表面很少遭受侵蚀条件下,清除炉管内表面的水垢或沉积物,使金属表面洁净并在金属表面上形成一层良好的耐蚀性保护膜。

1. 新建锅炉化学清洗的必要性

新建锅炉在制造、储存和安装过程中，不可避免地会形成氧化物、腐蚀产物和焊渣，并且会带入砂子、尘土、水泥和保温材料碎渣等含硅杂质。管道在加工成型时，有时使用含硅、铜的冷热润滑剂(如石英砂、硫酸铜)，或者在弯管时灌砂，这些都可能使管内残留含硅、铜的杂质。此外，设备在出厂时还可能涂覆有油脂类的防腐剂。这些杂质如果在锅炉投运前不除掉，就会产生下列危害：

(1) 锅炉启动时，汽水品质，特别是含硅量不容易合格，影响机组的启动时间。

(2) 妨碍炉管管壁的传热，造成炉管过热或损坏。

(3) 在锅内的水中形成碎片或沉渣，堵塞炉管，破坏汽水的正常流动工况。

(4) 加速受热面沉积物的积累，使介质浓缩腐蚀加剧，导致炉管变薄、穿孔和爆破。

2. 运行锅炉化学清洗的必要性

锅炉投入运行以后即使有完善的补给水处理工艺和合理的锅内水工况，仍然不可避免地会有杂质进入给水系统，热力系统也会遭受腐蚀。如不进行化学清洗除掉这些污脏物，将会在受热面形成水垢，影响炉管的传热和汽水流动特性，加速介质浓缩腐蚀和炉管的损坏，恶化蒸汽品质，危害机组的正常运行。因此，锅炉运行一定时间以后，必须进行化学清洗。

3. 化学清洗周期

各种参数和类别的新建锅炉，在投运前都要进行化学清洗。

运行锅炉进行化学清洗的间隔，应根据锅炉类型、参数、燃料品种、补给水品质以及内部的实际污脏程度来决定。一般来说，根据锅炉运行年限或锅炉炉管内结垢量或综合这两个因素来确定化学清洗时间。目前只能根据运行经验来确定锅炉需化学清洗的运行年限。

如果是根据锅炉炉管内结垢量来确定化学清洗的周期，就应该查明受热面的结垢量。通常，采用割管检查的方法，割管部位应该选择在最容易发生结垢和腐蚀的部位。一般割管部位是：受热面热负荷最高的部位，如喷燃器附近，还有冷灰斗和焊口处等部位。此外，由于炉管的向火侧比背火侧热负荷高得多，结垢和腐蚀也就严重得多，所以，应该选择炉管的向火侧来检查结垢量，并以此作为依据来确定是否需要进行化学清洗。至于锅炉炉管内结垢量应该达到多少才进行清洗的问题，也是根据运行经验确定的。运行锅炉清洗的时间间隔和炉管向火侧沉积物的极限量见表 14-6。

表 14-6　　运行锅炉清洗的时间间隔和炉管向火侧沉积物的极限量

炉型	汽包炉			直流炉
主蒸汽压力(MPa)	<5.88	5.88～12.64	>12.74	
垢量(g/m^2)	600～900	400～600	300～400	200～300
清洗时间间隔(年)	12～15	10～12	5～10	5～10

14.4.2　常用的清洗剂和添加剂

锅炉内部的污脏物，就其化学成分而论，主要是铁，其次可能有铜、硅及油脂类物质等。为了去除这些有害物质，并使金属表面钝化，就应根据具体情况来选取不同的清洗对策。因此，化学清洗可能包括有脱脂除硅、除铁除铜以及钝化等基本过程；就所采用的清洗介质而言，化学清洗工艺可能包括碱洗/碱煮、酸洗及中和钝化等基本过程。由于其中起清洗作用的主要步骤是酸洗过程，因此又往往称它所用的溶剂为清洗剂。

清洗剂的作用是除掉金属表面聚积的铁的氧化物及水垢。除去铁的氧化物及水垢是化学清洗的主要步骤。

常用清洗剂主要是无机酸和有机酸,例如盐酸、氢氟酸、柠檬酸、己二胺四乙酸、羟基乙酸和甲酸等。因此,化学清洗常常又称为酸洗。

1. 常用的清洗剂

1) 盐酸

采用盐酸清洗时,既可除氧化皮,还能溶解钙、镁水垢,其反应可能有

$$CaCO_3 + 2HCl \rightarrow CaCl_2 + H_2O + CO_2\uparrow \tag{14-24}$$

$$MgCO_3 \cdot Mg(OH)_2 + 4HCl \rightarrow 2MgCl_2 + 3H_2O + CO_2\uparrow \tag{14-25}$$

$$Fe_2O_3 + 6HCl \rightarrow 2FeCl_3 + 3H_2O \tag{14-26}$$

$$Fe_3O_4 + 8HCl \rightarrow 2FeCl_3 + FeCl_2 + 4H_2O \tag{14-27}$$

$$Fe + 2HCl \rightarrow FeCl_2 + H_2\uparrow \tag{14-28}$$

$$Fe + 2FeCl_3 \rightarrow 3FeCl_2 \tag{14-29}$$

其中,起清洗作用的反应是式(14-24)~式(14-27),但所产生的气体及流动清洗溶液的冲刷作用也会有利于清洗(剥离作用)。一方面,盐酸和一部分氧化物作用时,破坏了氧化物与金属的连接,使氧化物剥离下来;另一方面,夹杂在氧化物中的铁和氧化物下面的铁会和盐酸反应产生氢气,逸出时将铁的氧化物从金属面上剥离下来。

而反应式(14-28)、式(14-29)会导致基体金属发生腐蚀,这是不希望发生的,应添加缓蚀剂和还原剂来加以减缓金属腐蚀。

盐酸作为清洗剂的优点在于:溶解铁的氧化物的能力大,价廉、货广、易得,输送简便,清洗工艺易于掌握,且为人们所熟悉。不足在于:不适用于清洗奥氏体不锈钢的锅炉体系;当清洗含硅较多的沉积物时,效果不佳;当附着物中含铜较多时,要考虑添加铜离子络合剂并采用特殊的除铜工艺;对基体的侵蚀较大,废液浓度较大,耗水较多,费时较长,临时工作量也较大。

2) 氢氟酸

氢氟酸溶解硅化合物的能力很强,低浓度的氢氟酸就能发生反应:$SiO_2 + 6HF = H_2SiF_6$,更重要的是它对 α-Fe_2O_3 和磁性 Fe_3O_4 有很强的溶解能力。氢氟酸是弱酸,但低浓度的氢氟酸却比盐酸和柠檬酸对铁的氧化物有更强的溶解能力,这显然不是靠 H^+ 的作用,而是由于其络合作用,其反应为 $2Fe^{3+} + 6F^- \rightarrow Fe(FeF_6)$。加之氢氟酸溶解铁的氧化物,其始速度高,反应快,所需温度低,时间短,因此,它适用于开路法清洗。采用氢氟酸清洗时,工作量小,清洗系统简单,无需耐酸清洗泵,耗水量也大大减少,对基体金属的侵蚀也小。可用来清洗奥氏体钢部件,可清洗炉前、炉后系统而不必拆除或隔离汽水系统中的阀门,从而可十分方便地实现对机组的全面清洗。但浓氢氟酸易烧伤人体,氢氟酸蒸汽极毒,必须十分注意使用安全,其废液必须用石灰彻底处理:$2F^- + Ca^{2+} \rightarrow CaF_2\downarrow$,而且氢氟酸来源不充足,价格较贵。

3) 柠檬酸

柠檬酸是目前化学清洗中应用较多的一种有机酸,市售为白色晶体,分子式为 $H_3C_6H_5O_7$,在水溶液中是三元酸,其离解度随着 pH 值的升高而增加。柠檬酸与 Fe_3O_4 反应较缓,能与 Fe_2O_3 直接反应生成溶解度较小的柠檬酸铁,易产生沉淀。因此,在用柠檬酸作清洗剂时,要在清洗液中加氨,将溶液的 pH 值调至 3.5~4.0。因为在这样的条件下,清洗溶液的主要成分是柠檬酸单氨,在这种溶液中铁离子会生成易溶的络合物,可得到较好的清洗效果。此时,清洗液中发生的化学反应如下:

$$Fe_2O_3 + 2H_3C_6H_5O_7 \rightarrow 2FeC_6H_5O_7 \downarrow + 3H_2O \tag{14-30}$$

$$Fe_3O_4 + 3NH_4H_2C_6H_5O_7 \rightarrow NH_4FeC_6H_5O_7 + 2NH_4(FeC_6H_5O_7OH) + 2H_2O \tag{14-31}$$

实践表明，当用柠檬酸作清洗剂时，为防止产生柠檬酸铁沉淀，应保证以下工艺条件：①柠檬酸溶液应有足够的浓度，不能小于 1%，常用 2%～4%；②温度 90℃～98℃，最低时不得低于 85℃，且清洗过程中不应突然降低温度；③将清洗液的 pH 值调控在 3.5～4.0 的范围内；④清洗流速一般采用 0.6m/s，最高可用 1.0 m/s；⑤在保证沉积物能清除的条件下，可采用最短的时间(3～4h)，一般不得超过 6h；⑥为了避免清洗废液中胶态柠檬酸铁络合物附着到金属表面上，形成很难冲洗掉的有色膜状物质，在清洗结束后，还必须采用热水或柠檬酸单氨的稀溶液来置换清洗废液，而不能将热的柠檬酸清洗废液直接放空。

用柠檬酸作清洗剂有许多优点：由于铁离子与柠檬酸生成易溶的络合物，清洗时不会形成大量悬浮物和沉渣；柠檬酸对金属基体的侵蚀性小，它可以用来清洗奥氏体钢和其他特种钢材制造的锅炉设备；即使柠檬酸残留内部，也没有危险，柠檬酸在高温下会分解成二氧化碳和水，可用来清洗结构复杂的高参数大容量机组。缺点在于：清除附着物能力比盐酸弱，只能清除铁垢和铁锈，不能清除铜垢、钙镁水垢和硅酸盐水垢；清洗时要求较高的温度和流速，需要大容量的酸洗泵；价格也较贵。因此，通常是在不宜用盐酸的情况下才用柠檬酸。

4）乙二胺四乙酸

乙二胺四乙酸(EDTA)及其铵盐也用来作为清洗剂，因为它是一种络合剂，可以和 Fe^{2+}、Cu^{2+}、Ca^{2+}、Mg^{2+} 等离子形成络合物，这些络合物易溶于水，在清洗过程中，随着络合反应的进行，清洗液 pH 值不断地上升，达到使铁钝化的 pH 值，从而实现了除垢和钝化一步完成。应用 EDTA 作为清洗剂，具有以下优点：①对氧化铁、铜垢、钙镁垢都有较强的清洗能力；②需要清洗时溶液浓度较低，清洗时间较短，对金属的腐蚀性小；③清洗废液残留在锅内没有危险性；④可用来清洗较复杂的锅炉和奥氏体钢制造的设备；⑤清洗时临时装置比较简单；⑥清洗废液可以回收大部分 EDTA；⑦清洗以后，金属表面可以生成良好的保护膜，不必另作钝化处理。其缺点是药品价格较贵，清洗成本高。

2. 化学清洗添加剂

为了提高清洗效果，降低清洗过程中清洗剂对锅炉金属的腐蚀，通常在清洗液中加入少量的化学药品，作为化学清洗的添加剂。

1）缓蚀剂

缓蚀剂又称阻蚀剂或抑制剂，它可以显著地降低清洗剂对金属的腐蚀速度，使腐蚀速度控制在允许的范围之内。

2）掩蔽剂

在清洗含铜量较多的沉积物时，由于清洗液中含 Cu^{2+} 较高，铜会在钢铁表面析出，使钢铁腐蚀，其反应式为

$$Fe + Cu^{2+} \rightarrow Fe^{2+} + Cu \tag{14-32}$$

这就是所谓的镀铜现象，而添加掩蔽剂可以防止镀铜现象的发生。常用掩蔽剂有硫脲、氨等。

3）还原剂

清洗液中的 Fe^{3+} 会引起基体金属的腐蚀，其反应式为

$$Fe + 2Fe^{3+} \rightarrow 3Fe^{2+} \tag{14-33}$$

当 Fe^{3+} 超过一定量会使钢铁腐蚀显著增加，甚至产生点蚀。一般希望 $Fe^{3+} < 300mg/L$，

当其含量超过时,可以加还原剂(加氯化亚锡),使 Fe^{3+} 还原为 Fe^{2+} 。除了氯化亚锡可作为还原剂之外,在有机酸清洗液中还可加联氨、草酸等作还原剂。

4) 助溶剂

硅酸盐水垢、铜垢在一般的酸液(主要是盐酸和有机酸)中不易溶解,氧化铁在其中的溶解速度也不快。为了促进沉积物的溶解,可在清洗剂中加适量的助溶剂。在清洗液中加氟化物可以促进氧化铁的溶解,因为氟化物和 Fe^{3+} 有络合作用,可以使溶液的 Fe^{3+} 浓度很小,这样清洗剂和氧化铁的反应容易进行。所加的氟化物一般为氟化铵,其加入量一般为清洗液的0.2%~0.3%。

进行盐酸清洗时,如有硅酸盐水垢,为了促进其溶解,在清洗液中加入氟化钠或氟化铵,一般加入量为清洗液的 0.5%~2.0%,氟化物在盐酸中生成氢氟酸,将促进硅化合物的溶解。

5) 表面活性剂

表面活性剂又称界面活性剂,它是能够显著降低水的表面张力的物质。这些物质是有机化合物,其分子由极性基和非极性基组成,极性基(如$-OH$、$-COOH$、NH_{3+}、$-SO_3H$)是亲水的,非极性基(碳氢基)是憎水的。表面活性剂能够在液体/液体界面或液体/固体界面上定向排列,改变界面张力,从而起到润湿、加溶和乳化等作用。

14.4.3 化学清洗方案的制定

1. 化学清洗的方式

化学清洗有静置浸泡和流动清洗(亦称动态清洗)两种方式,通常采用流动清洗,它的优点是:①锅炉各个部位清洗溶液的温度、浓度和金属的温度都均匀;②溶液的流动可起搅动作用,有利于清洗和排除清洗废液的沉渣或悬浮物;③根据出口清洗液的分析结果可以很容易地判断清洗的进度和终点。

流动清洗可以分为闭式循环法和开路法。闭式循环法是将要清洗的部位组成循环回路,由输送机械将清洗液送入系统,循环一定时间,然后排放废液;这种方法适用于盐酸、柠檬酸洗炉。开路法是将清洗液一次性通过被清洗的金属表面,不循环;开路法只用于氢氟酸洗炉,因为氢氟酸溶解铁的氧化物的速度比较快。

2. 化学清洗的工艺条件

确定化学清洗的工艺条件,除考虑选择清洗剂、添加剂和清洗方式外,还应考虑以下因素:

1) 清洗液的温度

清洗液的温度对清洗效果有较大的影响。一方面清洗剂溶解铁的氧化物的速度随温度升高而加快,因此,清洗效果随温度升高而加快;另一方面,缓蚀剂的缓蚀能力随温度的升高而下降,当超过一定温度时甚至可能完全失效,因此,在一定时间内必须维持合适的温度。在确定清洗温度时,要注意不同的清洗剂使用的温度不同。一般来说,无机酸清洗的温度低,在60℃~70℃之间;有机酸的清洗温度高一些,在90℃~98℃之间。同时,不同的缓蚀剂允许的最高温度也不一样,清洗温度的上限主要取决于缓蚀剂的容许温度。

2) 清洗流速

清洗流速要合理确定,既要保证良好的清洗效果和带走不溶的沉积物,又要使缓蚀剂的效率高,金属腐蚀速度低。流速高,对于提高清洗效果,带走沉积物是有利的,但缓蚀效率会降低,腐蚀速度加快;流速低,对金属的腐蚀速度慢,但影响清洗效果,有些沉积物带不走,甚至可能造成过热器的堵塞。因此,清洗流速不能过高或过低,一般认为,流速应低于1m/s,盐酸清洗流速为 0.1~0.2m/s,有机酸清洗流速 0.3~0.6m/s,氢氟酸清洗流速不小于 0.15m/s。

3）清洗时间

清洗时间是指清洗液在清洗系统中静置或循环的时间。清洗剂不同，和铁的氧化物等沉积物的反应时间也不同，因此，清洗时间随清洗剂不同而有差别，清洗方案所预定的清洗时间，一般是根据试验结果和有关经验确定的。但实际的清洗终点，则是参照这个预定时间，并根据化学监督数据和监视管样清洗的情况确定的。清洗时间是从清洗开始至清洗干净所需的时间，洗净的标志是监视管已基本干净，清洗液中的含铁量不再明显变化。

4）清洗剂和添加剂的浓度

清洗时所用的清洗剂和各种添加剂的浓度，随锅炉内沉积物的状况不同而异。缓蚀剂的浓度，应以保证金属腐蚀速度最小为原则。

3. 化学清洗的范围

在确定清洗系统之前，首先要确定清洗的范围。化学清洗的范围，因锅炉的类型、参数和清洗种类（新建炉启动前清洗还是运行炉清洗）不同而有所区别。新建锅炉汽水系统各个部位可能较脏，所以化学清洗的范围较广。一般，高压及高压以下汽包炉，清洗范围包括锅炉的省煤器、水冷壁和汽包等；超高压及超高压以上汽包炉，除了清洗锅炉本体（包括过热器）之外，还要考虑清洗炉前系统，即从凝结水泵出口至除氧器的汽轮机凝结水通道和从除氧器水箱至省煤器前的全部给水通道。新建直流炉的清洗范围，一般包括锅炉全部汽水系统和炉前系统，对于中间再热机组，再热器也应进行清洗；凝汽器和高压加热器的汽侧及各种疏水管道，一般不进行化学清洗，只用蒸汽或水冲洗。对于运行锅炉，无论是汽包炉还是直流炉，一般只清洗锅炉本体。

4. 化学清洗的系统

清洗范围和工艺条件确定之后，应根据工艺要求，结合锅炉结构特点、沉积物状况和现场具体条件拟定合理的清洗系统。拟定清洗系统的原则是：

① 安全可靠。一是保证各部分的清洗效果好，既不出现有些部位过洗，又不出现某些部位没有洗干净；二是清洗废液能够排尽，清洗下来的腐蚀产物能够冲走。

② 简单方便。系统简单，临时管道和设备少，操作方便。

清洗系统的划分按下列要求进行：

① 应避免将炉前系统的脏物带入锅炉本体和过热器，一般应将锅炉分为炉前系统、炉本体和蒸汽系统三个系统进行清洗。

② 应使每个回路具有相差不多的通流截面或速度。为了使确定的系统安全可靠，必须保证清洗液在清洗系统各个部位有适当的流速，清洗结束时废液能够顺利地排掉。为了保证清洗系统各个部位有适当的流速，必须根据系统的通流截面和流动阻力来选择适当的清洗泵，以具有足够的流量和扬程。如果清洗泵的容量不够，或清洗溶液箱的容积太小，可以将整个化学清洗系统划分成几个独立的清洗回路，依次进行清洗。

14.4.4　化学清洗工艺的实施及监督

1. 化学清洗步骤

除 EDTA 洗炉工艺之外，用其他的清洗剂洗炉的步骤是：水冲洗、碱洗或碱煮、酸洗、漂洗、钝化等。

1）水冲洗

水冲洗的流速越大越好，以便达到冲洗的目的。实际上，流速往往受现场条件（如泵的出力）的限制，但水冲洗的流速一般应保持大于 0.6m/s。当清洗系统复杂时，可考虑分组进行冲洗。冲洗时,可先用清水冲至透明后再用除盐水置换。

2) 碱洗或碱煮

碱煮的目的:一是除油脂;二是除二氧化硅;三是松动沉积物,提高酸洗效果。

在大多数情况下水冲洗后采用碱洗,但当锅炉内油脂较多、沉积物中含硅量较大时可考虑碱煮。

碱洗,通常用0.2%~0.5%Na_3PO_4、0.1%~0.2%Na_2HPO_4,或者用0.5%~1.0%NaOH、0.5%~1.0%Na_3PO_4,此外加0.05%的表面活性剂,如601、401洗净剂。因为奥氏体钢对游离氢氧根敏感,如果清洗系统内有奥氏体钢制造的部件,碱洗时不用NaOH。碱洗溶液应采用除盐水配制,并以边循环边加药的方式用泵送入系统。

碱洗时,首先,使系统内充以除盐水,循环并加热到85℃以上,便可连续加入已配好的浓碱母液。加药完毕以后,维持温度90℃~98℃,循环流速0.3m/s以上,持续8~24h。碱洗结束后,先放尽清洗系统内的碱洗废液,然后用除盐水冲洗清洗回路,一直冲到出水pH≤8.4,水质透明、无细颗粒沉淀物和油脂为止。

3) 酸洗

当使用盐酸或柠檬酸清洗时,通常采用闭式循环方式进行。在碱洗后,往系统注入适量的除盐水,维持循环,并加热到所需温度,盐酸最高温度为60℃,柠檬酸通常控制温度为90℃~98℃,然后边循环边加入所需的缓蚀剂和浓酸量。加药后继续按拟定的清洗回路进行大流量的循环清洗,并定期倒换清洗回路。酸洗持续的时间一般为4~6h,但实际上应根据化学监督的结果来判断酸洗的终点。当清洗至酸液中铁离子浓度基本稳定时,应退出监视管进行检查。若监视管已清洗干净,再循环1h左右,即可结束酸洗。这时,便可开始用除盐水顶排废液以免进入空气造成严重腐蚀,并进行水冲洗,冲洗至排出水的电导率小于50μS/cm、pH=4.0~4.5、全铁含量小于50mg/L为止。

当使用氢氟酸清洗时,一般采用开路方式。它是首先开启清洗泵,向清洗系统注入预先加热到一定温度的除盐水,然后启动加药泵,在清洗泵出口管道上加入一定比例的缓蚀剂和清洗剂。于是,含有缓蚀剂的清洗液流经整个清洗系统而直接排出。开路清洗一般不超过2~3h,“开路”与“浸泡”相结合的酸洗不超过4h。然后,尽可能增大除盐水流量进行顶酸和冲洗,接着用pH=9的氨溶液置换并适当冲洗系统,即可进行钝化处理。

4) 漂洗

当用盐酸或柠檬酸清洗时,为保证冲洗合格,冲洗时间较长,有可能产生二次锈。因此,当冲洗时间大于3.5h或监视管段显示清洗表面出现浮锈时,应进行漂洗(否则,可不进行漂洗,直接进入钝化过程),即用较稀的酸性溶液进行一次冲洗,这种冲洗称为漂洗。实践证明,漂洗能使酸洗后的金属表面洁净,能缩短冲洗时间,减小水耗,并有利于钝化处理。

(1) 柠檬酸漂洗。柠檬酸漂洗时,一般采用0.1%~0.3%柠檬酸溶液,添加0.1%的缓蚀剂(如SH-369),用氨水调节pH=3.5~4.0,温度75℃~90℃,循环流速大于0.1m/s,循环2h左右。漂洗液中总铁量应小于300mg/L;否则,应用热的除盐水更换部分漂洗液至铁离子含量小于该值后,方可进行钝化。

(2) 磷酸-三聚磷酸钠漂洗。磷酸-三聚磷酸钠漂洗的工艺条件为:0.15%~0.25%磷酸+0.2%~0.3%三聚磷酸钠+0.05%~0.1%缓蚀剂,pH=2.5~3.5,温度43℃~47℃,流速0.2~1m/s,循环1~2h。具体做法如下:在酸洗、水冲洗并清理系统内沉渣后,交叉注入H_3PO_4和$Na_5P_3O_{10}$溶液,调整两种药剂的比例,使混合溶液的pH=2.5~3.5,加热并维持温度在 43℃～47℃范围内，循环 1～2h。这种漂洗方法，无论是盐酸、柠檬酸或氢氟酸清洗，均可采用。

5）钝化

漂洗结束后，将漂洗液的温度和 pH 值调整到钝化工艺要求的范围内开始注入钝化剂进行钝化处理。

亚硝酸钠或双氧水钝化的优点是要求温度较低，时间较短，并能形成钢灰色或银色钝化膜。但是，钝化剂浓度不够可能产生点蚀。另外，亚硝酸钠钝化过程将 Na^+ 引入系统，要求彻底冲洗；亚硝酸钠有毒，在酸中分解会产生有毒气体 NO_2；废液中 NH_4NO_2 为致癌物，应适当处理。而双氧水无毒，废液易于处理。因此，近年来双氧水钝化法的应用越来越广泛，而亚硝酸钠法基本上不再使用。

联氨钝化要求较高的温度和较长时间，并且 N_2H_4 有毒。但是，该方法不会给系统引入有害物质，并可形成棕褐色或黑色膜。适用于直流炉，尤其是过热器系统的钝化处理。

磷酸盐钝化形成黑色钝化膜，但会给系统引入有害物质，钝化膜耐腐蚀性较差，在高温下易被损坏，故仅适用于中、低压锅炉。

如果钝化液中铁离子浓度小于 100mg/L，则钝化结束排放钝化液后，可以不冲洗系统。否则应按下述要求对清洗系统进行水冲洗：先将临时系统冲洗干净；然后，再用含 10mg/L 联氨，并用氨水调节 pH 在 9.0～9.5 之间的除盐水将系统冲洗一遍。

2. 化学清洗中的化学监督

化学监督内容包括监视管段和腐蚀指示片及化验清洗液。

1）监视管段的检查

监视管段应选用污脏程度比较严重的并带有焊口的水冷壁管，其长度为 350～400mm，两端焊有法兰盘。监视管段安装于循环泵出口，控制管内流速与被清洗的锅炉水冷壁管内流速相似。监视管段应在系统进酸后投入。基建炉的监视管段一般在清洗结束后取出。运行炉的监视管段应在预计酸洗结束时间前取下，并检查管内是否已清洗干净，若管段已清洗干净，酸液仍需要再循环 1h 后，方可结束酸洗。

2）腐蚀指示片的制作

腐蚀指示片的材料应与锅炉被清洗部分的材质相同，管材样片的加工是先将钢管用铣床铣成条，再用刨床刨平，切成 35mm×12mm×3mm 的长方形试片，磨平抛光至光洁度为▽9，用千分尺精确测量指示片表面尺寸，用丙酮或无水乙醇洗去表面油，放入 30℃～40℃的烘箱内烘干，置于干燥器内干燥 1h，然后称重。指示片在加工过程中，严禁敲打、撞击。

3）化学分析与留样分析项目

（1）化学清洗过程中的测试项目

① 煮炉和碱洗过程：汽包炉取盐段和净段的水样，每小时测定碱度 1 次，换水时每小时测定碱度 1 次，直至水样碱度和正常炉水碱度相近为止。

② 循环配酸过程：每 10～20min 测定酸洗回路出、入口酸浓度 1 次，直至浓度均匀并达到指标要求。

③ 酸洗过程：循环酸洗过程中，应注意酸液温度、循环流速、汽包及酸槽的液位，每小时记录 1 次，每半小时测定 1 次溶酸箱出口、进酸管、排酸管的酸浓度和含铁量。

开式酸洗系统在开始进酸时，每 3min 测定 1 次锅炉出入口酸液的酸浓度，酸洗过程中，每 5min 测定 1 次锅炉出入口酸液的酸浓度及含铁量。

为提高静止酸洗时效果,酸液在锅炉内浸泡一定时间(约1.5h)后,可放出部分酸液至溶液箱内,加热至50℃~60℃,再送回锅炉。酸液的加热一般不超过3次,每半小时测定1次酸浓度和含铁量。

为了计算洗出的铁渣量,在酸洗过程中还应定期取排出液混合样品,测定其悬浮物和总铁量的平均值。

④ 碱洗后的水冲洗:每15min测定1次出口水的pH值、每隔30min收集1次平均样。

⑤ 酸洗后的水冲洗:每15min测定1次出口水的pH值、酸浓度和电导率,冲洗接近终点时,每15min测定1次含铁量。

⑥ 稀柠檬酸漂洗过程:每半小时测定1次出口漂洗液酸的浓度。

⑦ 钝化过程:每小时测定1次钝化液浓度和pH值。

⑧ 过热器的水冲洗过程:分别从饱和蒸汽和过热蒸汽取样,每隔半小时测定碱度1次。

(2) 留样分析项目

碱洗留样:主要测定碱度、二氧化硅和沉积物含量。稀柠檬酸漂洗留样:主要测定沉积物含量。

参考文献

[1] Mohammadreza Tahan, Elias Tsoutsanis, Masdi Muhammad, Z. A. Abdul Karim. Performance-based health monitoring, diagnostics and prognostics for condition-based maintenance of gas turbines: A review [J]. Applied Energy, 2017, Vol. 198: 122-144.

[2] 蒋东翔，刘超，杨文广，等. 关于重型燃气轮机预测诊断与健康管理的研究综述[J]. 热能动力工程，2015，30(2)：174-179.

[3] Yulong Ying, Jingchao Li, Zhimin Chen, Jian Guo. Study on Rolling Bearing on-line Reliability Analysis Based on Vibration Information Processing[J]. Computers & Electrical Engineering, Nov 2017.

[4] Y. G. Li. Gas Turbine Performance and Health Status Estimation Using Adaptive Gas Path Analysis[J]. Journal of Engineering for Gas Turbines and Power, Vol. 132, No. 4, Article ID 041701, 2010.

[5] Elias Tsoutsanis, Nader Meskin, Mohieddine Benammar, Khashayar Khorasani. Dynamic Performance Simulation of An Aeroderivative Gas Turbine Using the MATLAB SIMULINK Environment[C]. ASME International Mechanical Engineering Congress and Exposition, IMECE 2013, November 15-21, 2013, San Diego, California, USA.

[6] S. Can Gün, Kim Kihyung. Gas Turbine Combined Cycle Dynamic Simulation: A Physics Based Simple Approach[J]. Journal of Engineering for Gas Turbines and Power, 136(1):1-15.

[7] Elias Tsoutsanis, Nader Meskin, Mohieddine Benammar, Khashayar Khorasani. A Dynamic Prognosis Scheme for Flexible Operation of Gas Turbines[J]. Applied Energy, 2016, Vol. 164: 686-701.

[8] Roberto Capata. An artificial Neural Network-based Diagnostic Methodology for Gas Turbine Path Analysis-part I: Introduction[J]. Energy, Ecology and Environment, 2016, 1(6):343-350.

[9] Kestner B K, Lee Y K, Voleti G, et al. Diagnostics of Highly Degraded Industrial Gas Turbines Using Bayesian Networks[C]. ASME 2011 Turbo Expo: Turbine Technical Conference and Exposition. American Society of Mechanical Engineers, Paper No. GT2011-45249, pp. 39-49.

[10] Lee Y K, Mavris D N, Volovoi V V, et al. A Fault Diagnosis Method for Industrial Gas Turbines Using Bayesian Data Analysis[J]. Journal of Engineering for Gas Turbines and Power, 2010, 132(4): 0416021-0416026.

[11] A. Salar, A. K. Sedigh, S. Hosseini, and H. Khaledi. A Hybrid EKF-fuzzy Approach to Fault Detection and Isolation of Industrial Gas Turbines[C]. ASME 2011 Turbo Expo: Turbine Technical Conference and Exposition, American Society of Mechanical Engineers, Paper No. GT2011-45878, pp. 251-260.

[12] Kong C, Lim S. Study on Fault Diagnostics of a Turboprop Engine Using Inverse Performance Model and Artificial Intelligent Methods[C]. ASME 2011 Turbo Expo: Turbine Technical Conference and Exposition. American Society of Mechanical Engineers, Paper No. GT2011-45336, pp. 75-83.

[13] Wang L, Li Y G, Ghafir M F A. Rough Set Diagnostic Frameworks for Gas Turbine Fault Classification[C]. ASME Turbo Expo 2013: Turbine Technical Conference and Exposition. American Society of Mechanical Engineers, Paper No. GT2013-94430, pp. V002T07A007.

[14] 徐鹏，曹云鹏，欧惠宇，等. 船用三轴燃气轮机气路故障建模与聚类诊断技术[J]. Chinese Journal of Ship Research, 2014, 9(3): 89-92.

[15] 赵雄飞，刘永葆，贺星，等. 基于小偏差方法的燃气轮机气路故障判据的建立[J]. 机械工程与自动化，2011 (4)：115-117.

[16] 鲁峰，黄金泉，吕怡秋，等. 基于非线性自适应滤波的发动机气路部件健康诊断方法[J]. 航空学报，2013，34(11)：2529-2538.
[17] Li Y G. Training Future Engineers on Gas Turbine Gas Path Diagnostics Using PYTHIA[C]. ASME Turbo Expo 2014：Turbine Technical Conference and Exposition. American Society of Mechanical Engineers，Paper No. GT2014-25856，pp. V006T08A003.
[18] Amare Desalegn Fentaye，Syed Ihtsham Ul-Haq Gilani，Aklilu Tesfamichael Baheta，S. A. Che Ghani，A. Alias，R. Mamat，M. Rahman. Gas turbine gas path diagnostics：A review [C]. MATEC Web of Conferences，2016，Vol. 74.
[19] Elias Tsoutsanis，Nader Meskin，Mohieddine Benammar，Khashayar Khorasani. Transient Gas Turbine Performance Diagnostics Through Nonlinear Adaptation of Compressor and Turbine Maps[J]. Journal of Engineering for Gas Turbines and Power，2015，9(137)：091201.
[20] Elias Tsoutsanis，Nader Meskin，Mohieddine Benammar，Khashayar Khorasani. A Component Map Tuning Method for Performance Prediction and Diagnostics of Gas Turbine Compressors[J]. Applied Energy，2014，Vol. 135：572-585.
[21] Li Y G，Ghafir M F A，Wang L，et al. Nonlinear Multiple Points Gas Turbine off-design Performance Adaptation Using a Genetic Algorithm[J]. Journal of Engineering for Gas Turbines and Power，2011，133(7)：071701.
[22] Li Y G，Ghafir M F A，Wang L，et al. Improved Multiple Point Nonlinear Genetic Algorithm Based Performance Adaptation Using Least Square Method[J]. Journal of Engineering for Gas Turbines and Power，2012，134(3)：031701.
[23] YG Li，E Tsoutsanis，P Pilidis，M Newby. Part-Load Performance of Gas Turbines - Part II：Multi-Point Adaptation with Compressor Map Generation and GA Optimization[C]. Asme Gas Turbine India Conference，2012：743-751.
[24] Elias Tsoutsanis，Nader Meskin. Derivative-driven Window-based Regression Method for Gas Turbine Performance Prognostics[J]. Energy，2017，Vol. 128：302-311.
[25] Elias Tsoutsanis，Yi-Guang Li，Pericles Pilidis，Mike Newby. Non-linear Model Calibration for off-design Performance Prediction of Gas Turbines With Experimental Data[J]. The Aeronautical Journal，Royal Aeronautical Society 2017：1-20.
[26] Ulong Ying，Yunpeng Cao，Shuying Li，Jingchao Li，and Jian Guo. Study on Gas Turbine Engine Fault Diagnostic Approach With a Hybrid of Gray Relation Theory and Gas-path Analysis [J]. Advances in Mechanical Engineering，2016，8(1)：1-14.
[27] 邢媛. 基于离散工作点集扩维的燃气轮机故障诊断方法研究[D]. 哈尔滨工业大学，2013.
[28] 焦树建. 燃气-蒸汽联合循环的理论基础[M]. 北京：清华大学出版社，2003.
[29] 杨顺虎. 燃气-蒸汽联合循环发电设备及运行[M]. 北京：中国电力出版社，2003.
[30] 姚秀平. 燃气轮机与联合循环发电[M]. 北京：中国电力出版社，2010.
[31] 单志栩. 余热锅炉设备与运行[M]. 北京：中国电力出版社，2015.
[32] 中华人民共和国电力行业标准. DL/T 5174—2003 燃气-蒸汽联合循环电厂设计规定[S]. 北京：中国电力出版社，2003.
[33] 中华人民共和国国家标准. GB 13271—2014 锅炉大气污染物排放标准[S]. 北京：中国标准出版社，2014.
[34] 中华人民共和国国家标准. GB 50041—2008 锅炉房设计规范[S]. 北京：中国标准出版社，2008.
[35] 何语平. 大型天然气联合循环电厂对余热锅炉蒸汽系统的选择[J]. 中国电力，2004，37(2)：17-21.
[36] 杨松. 燃气-蒸汽联合循环余热锅炉概述[J]. 电站系统工程，2005，21(4)：43-44.
[37] 李奕. 联合循环发电装置余热锅炉的大型化与国产化[J]. 电站系统工程，2005，21(5)：59-60.

[38] 周曙光，刘忠楼，邓建国. 9F级联合循环余热锅炉受压部件设计特点[J]. 锅炉技术，2005，36(5)：7-10，60.
[39] 何语平. 燃用天然气的350MW级联合循环机组蒸汽系统的优化和设备选型[J]. 燃气轮机技术，2005，18(3)：13-18.
[40] 臧向东. 燃气蒸汽联合循环余热锅炉的发展和研究[J]. 浙江电力，2005(2)：12-16.
[41] 侯晓东. 9FA级燃机余热锅炉设计与现状[J]. 余热锅炉，2005(4)：1-11.
[42] 郭萌. 天然气锅炉中天然气的燃烧及调整[J]. 电力建设，2003，24(2)：19-21.
[43] 黄庆宏. 汽轮机与燃气轮机原理及应用[M]. 南京：东南大学出版社，2005.
[44] 中国华电集团公司. 大型燃气-蒸汽联合循环发电技术丛书：设备及系统分册[M]. 北京：中国电力出版社，2009.
[45] 郝相俊. 燃气-蒸汽联合循环热电联产发电机组的设计特点[J]. 华电技术，2013，35(03)：20-21，25，78.
[46] 李杨，金光勋. 新一代F级联合循环汽轮机通流设计特点[J]. 热力透平，2017，46(01)：33-36，59.
[47] 董奎，艾松. 先进型F级燃气-蒸汽联合循环供热工程应用[J]. 热力透平，2013，42(04)：302-307.
[48] 何青，罗宁. 燃气蒸汽联合循环热电联产机组热经济性分析[J]. 热力发电，2018，47(05)：49-56.
[49] 刘俊峰. F级燃气-蒸汽联合循环机组供热经济性分析[J]. 汽轮机技术，2017，59(03)：231-233.
[50] 倪玮晨，张长志，赵毅，等. 蒸汽联合循环发电机组供热运行方式研究[J]. 资源节约与环保，2018(07)：148.
[51] 王荣. 燃气-蒸汽联合循环电站中的汽轮机控制系统分析[J]. 燃气轮机技术，1998(02)：22-26，65.
[52] 赵琦，毛志伟. 9F单轴燃气-蒸汽联合循环汽轮机的控制和保护[J]. 浙江电力，2005(05)：27-30.
[53] 丁桓如，吴春华，龚云峰，等. 工业用水处理工程[M]. 北京：清华大学出版社，2014.
[54] 崔玉川. 水的除盐方法与工程应用[M]. 北京：化学工业出版社，2008.
[55] 张葆宗. 反渗透水处理应用技术[M]. 北京：中国电力出版社，2004.
[56] 周柏青. 全膜水处理技术[M]. 北京：中国电力出版社，2006.
[57] 冯敏. 现代水处理技术[M]. 北京：化学工业出版社，2010.
[58] 吴春华，龚云峰，赵晓丹，等. 超超临界火电机组培训系列教材(电厂化学分册)[M]. 北京：中国电力出版社，2013.
[59] 周柏青，陈志和. 热力发电厂水处理[M]. 4版. 北京：中国电力出版社，2009.
[60] 李培元，周柏青. 发电厂水处理及水质控制[M]. 3版. 北京：中国电力出版社，2012.
[61] 陈志和，周柏青. 水处理设备系统及运行[M]. 北京：中国电力出版社，2010.
[62] 周本省. 工业水处理技术[M]. 2版. 北京：化学工业出版社，2002.